高等学校电子信息类系列教材

微波测量理论与实践

马 超 李要伟 陈 蕾 编著
吴 边 王 青

西安电子科技大学出版社

内容简介

本书主要介绍微波网络特性参数和信号特性参数测量的基本原理与方法，微波参数测量技术的发展脉络与技术传承，微波参数测量过程中的误差分析与消除，现代微波测量发展的方向以及与新技术、新方法的融合等。本书以归一化传输线理论为基础讨论了微波系统能量传输过程，从测量线技术入手介绍了微波网络特性参数(S参数、阻抗、反射系数、驻波比等)、信号特性参数(功率、频率、介质参数、增益等)的多种测量方法及特点。

本书可作为高等学校电磁场与微波技术、雷达、通信、测量仪器等相关专业本科生的专业课教材，还可供生产企业、研究单位、测量仪器研发公司以及微波技术研究人员学习参考。

图书在版编目(CIP)数据

微波测量理论与实践/马超等编著. —西安：西安电子科技大学出版社，2022.11
(2024.4 重印)
ISBN 978-7-5606-6546-7

Ⅰ. ①微… Ⅱ. ①马… Ⅲ. ①微波测量—研究 Ⅳ. ①TM931

中国版本图书馆 CIP 数据核字(2022)第 147378 号

策　　划　李惠萍
责任编辑　李惠萍
出版发行　西安电子科技大学出版社(西安市太白南路 2 号)
电　　话　(029)88202421　88201467　　邮　　编　710071
网　　址　www.xduph.com　　电子邮箱　xdupfxb001@163.com
经　　销　新华书店
印刷单位　陕西天意印务有限责任公司
版　　次　2022 年 11 月第 1 版　2024 年 4 月第 2 次印刷
开　　本　787 毫米×1092 毫米　1/16　印张　21.5
字　　数　510千字
定　　价　50.00 元
ISBN 978-7-5606-6546-7/TM
XDUP 6848001-2

前　言

门捷列夫说过："没有测量，就没有科学。"而微波测量(Microwave Measurement)是对工作于微波波段的元器件、天线、馈线、电路、整机、系统、传播媒质及链路的性能与参数进行的测量。对于高校电子信息类专业来讲，微波测量是一门既经典又新颖的专业基础课，它和微波理论相辅相成。微波理论的实际应用要靠微波测量来验证，同时在微波理论的指导下微波测量理论、技术和方法也逐步得到发展，所以说微波测量又是一门实践性很强的专业理论课。从某种意义上来说，微波测量与微波理论同等重要。微波测量发展到今天，已经形成了比较完备的理论体系，包括参数测量理论、数据处理理论、误差分析理论等。

计算机科学、材料科学以及测量理论的快速发展使得微波测量的方法与测试环境不断完善，应用领域也不断拓宽。微波测量技术的传承、微波测量理论的发展、微波测量设备与器件的不断优化、测试软件的不断完善，都对微波测量技术的发展起到了非常重要的作用，对于理解微波测量过程的指导思想与实施方法、把握微波测量领域的发展方向具有重要的意义。

关于微波测量，早期有许多经典的教材和专著。由于实验环境不断改善，新的测量设备与测量方法不断进步，因此，我们根据微波测量的新理论和新技术，参考国内外优秀教材，并在现有的实验环境和教学课时安排下，编撰了此书。全书共十五章，依次为：引论，归一化传输线理论，测量线技术，阻抗与网络参数的测量，反射计原理及反射系数测量，网络分析仪的原理与应用，微波信号源和频谱分析仪的原理与应用，六端口技术，微波功率测量，微波频率与波长及 Q 值的测量，衰减测量，相位移测量，微波噪声系数测量，介质参数测量，天线测量。

本书特点如下：

(1) 理论体系完整。本书系统介绍了微波测量理论发展历程、测量技术更新与演进、测量参数的归纳、测量方法的改进、测量误差的分析与消除技术等内容。

(2) 知识衔接严密。在先修"电磁场理论""微波技术基础""微波网络"课程的基础上安排"微波测量"课程，有利于学生掌握微波中网络特性参数和信号特性参数的具体概念及测量方法。掌握微波测量的理论及方法对学习"微波电子线路"课程和后续的"天线原理与测量"课程都有极佳的辅助作用。

(3) 理论与实践结合完美。借助实验室测量线、网络分析仪、频谱分析仪、微波功率计、微波信号发生器、天线测试系统等设备，可以做到理论联系实际，从传统经典测量方法入手，最终掌握现代测量设备的原理及使用方法。

(4) 拓展与辐射范围广。结合“微波虚拟仿真实验”课程，利用实验室购买的乐普科微带电路刻板机，学生可以自主设计微波无源或有源电路，自主进行刻板安装、参数测量及修改，大大提高实际动手能力，同时也为毕业设计打下基础。

限于作者水平，书中不足之处在所难免，恳请广大读者不吝指正。

作 者

2022 年 8 月于西安电子科技大学

目　录

第一章　引　　论

1.1　微波测量的特点和主要任务

电子仪器，特别是电子测量仪器是一个国家的战略性产品和装备。钱学森同志说："新技术革命的关键技术是信息技术。信息技术由测量技术、计算机技术和通信技术三部分组成。测量技术则是关键和基础"。

微波测量是电磁场与微波技术学科重要的组成部分，与微波理论、微波电子线路一起成为该学科的三大支柱。掌握微波技术，意味着不仅要掌握这个波段的理论，还要能解决一系列技术问题，如电磁波的产生、放大、发射、接收、传输、控制和测量等。在这些工作中，微波测量是进行量值测定并保持统一的一门专业技术，它与微波理论、技术共栖交融，是微波相关学科中必不可少的组成部分。因此，从某种意义上来说，没有微波测量就没有今天高度发展的微波理论、技术与应用。

电子行业在过去的几十年里发生了翻天覆地的变化：系统性能有了巨大的改进，硬件尺寸越来越小，质量和可靠性都有了很大提高，制造成本也越来越低。这些变化有力地推动了微波测量技术的飞速发展。微波测量技术的传承，微波测量理论的逐步发展，测量设备与器件的不断优化，测试软件的不断完善，都对微波测量技术的发展起到了非常重要的作用，我们有必要对其进行详细的介绍。这也是本书出版的目的。

1. 微波测量的特点

微波测量(Microwave Measurement)，是对工作于微波波段的元器件、天线、馈线、电路、整机、系统、传播媒质及链路的性能与参数进行的测量。微波测量的特点总结如下：

(1) 适用面广。在微波理论日臻完善的今天，微波测量在理论研究、产品设计和系统研发过程中的应用越来越广泛，作用也越来越重要。

(2) 分析方法不同。随着波长变短，电路分析参数由集总参数转为分布参数，测量任务、测量方法、测量仪器都与低频、高频电路有所不同。微波测量的内容已经变为研究微波能量传递，即各种微波器件对于能量传递的影响。

(3) 实践性强。微波理论的发展与实际应用要靠微波测量实践来验证，同时，在微波理论的指导下，微波测量理论、技术和方法也逐步得到发展。

微波是波长很短的电磁波，处于无线电磁波的高频段，大致可以分为微波波段和超微波波段两部分，并与红外光谱相衔接。目前我们所学习的微波理论与技术中的微波主要是指频率为0.3～300 GHz(波长从1 m至1 mm)的电磁波。微波波段又划为分米波(0.3～

3 GHz)、厘米波(3～30 GHz)和毫米波(30～300 GHz)，如图 1.1.1 所示。常用微波波段名称见表 1.1.1。

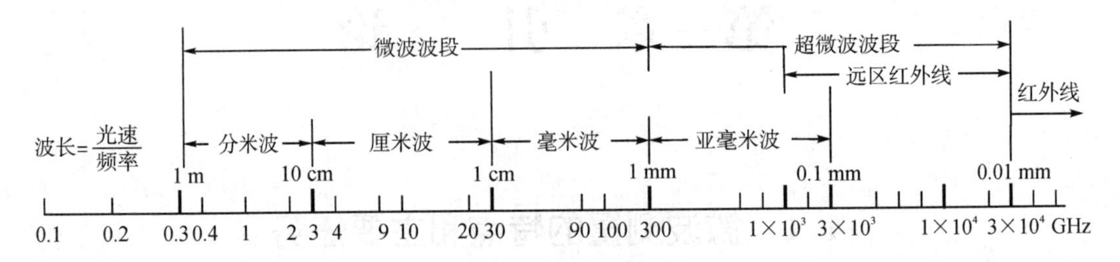

图 1.1.1　微波波谱

表 1.1.1　常用微波波段名称

波段代号	频率/GHz	标称波长/cm	波长范围/cm
P(UHF)	0.3～1.0	65	100～30
L	1.0～2.0	22	30～15
S	2.0～4.0	10	15～7.5
C	4.0～8.0	5	7.5～3.75
X	8.0～12.0	3	3.75～2.5
Ku	12.0～18.0	2	2.5～1.67
K	18.0～27.0	1.25	1.67～1.11
Ka	27.0～40.0	0.8	1.11～0.75
U	40.0～60.0	0.6	0.75～0.5
V	60.0～80.0	0.4	0.5～0.375
W	80.0～100.0	0.3	0.375～0.3

2. 微波测量主要的任务

微波测量的主要任务有以下四项：

(1) 利用当前已有的微波技术条件组成合乎要求的测量装置和仪器(通常要使用当前的技术去专门制造)。

(2) 利用当前已有的微波理论与技术，研究符合实际的测量方法(包括新的测量仪器与先进的测量方法)。

(3) 在各项微波测量中分析、消除各种误差，实现必要的测量精确度，从而保证测量结果的可信赖性。

(4) 开展微波计量工作，在微波量值的统一性和法制性上给予保证，即采用当前最先进的理论与技术，由国家计量机关制定出微波各项量值基准和各级传递标准，从而保证微波量值的统一。

本书中微波测量的任务主要涉及前三项。大家可以通过学习微波基本参数的测量方法，来掌握微波测量的基本原理与技术。

1.2 微波测量的参数分类

微波测量的各种参数分为网络特性参数和信号特性参数。

1.2.1 网络特性参数

网络特性参数的测量只关注传输主模的特性，不关注结构中某一区域场的分布情况，原因是场的理论求解困难，虽然可用软件建模求数值解，但最终还必须由实践加以验证。分析微波网络的具体步骤是先根据微波网络求解或测量出网络特性参数，再根据网络特性参数分析出能量传递情况。

根据微波网络(含有源网络)的等效概念，在传输主模条件下，把接入传输线中的通过式元件或不均匀性结构等效为双口网络，把传输线末端封闭的终端式元件等效为单口网络，把多分支元件或多根传输线的结构等效为多口网络，这些网络外部特性的电参数即网络特性参数。多口网络可以转化成双口网络来测量，双口网络又可转化为单口网络来测量。因此，微波网络特性参数的测量可归结为对双口网络和单口网络的表征参数的测量。常用的双口网络等效电路形式有阻抗网络、导纳网络及散射网络。

1. 阻抗网络

双口网络可用阻抗 Z 参数描述(即阻抗网络)，如图 1.2.1 所示。该网络参数方程和 Z 参数矩阵分别为

$$\begin{cases} U_1 = Z_{11} I_1 + Z_{12} I_2 \\ U_2 = Z_{21} I_1 + Z_{22} I_2 \end{cases} \tag{1.2-1}$$

$$\boldsymbol{Z} = \begin{bmatrix} Z_{11} & Z_{12} \\ Z_{21} & Z_{22} \end{bmatrix} = \begin{bmatrix} \dfrac{Z_{11}}{Z_1} & \dfrac{Z_{12}}{\sqrt{Z_1 Z_2}} \\ \dfrac{Z_{21}}{\sqrt{Z_1 Z_2}} & \dfrac{Z_{22}}{Z_2} \end{bmatrix} \tag{1.2-2}$$

其中，Z_1、Z_2 为端口 T_1、T_2 所连接传输线的输入、输出阻抗。Z_{11}、Z_{22} 为端口 T_1、T_2 的自阻抗，Z_{12}、Z_{21} 为阻抗网络的互阻抗。若 T_2 接负载 Z_2，则端口 T_1 的输入阻抗为

$$Z_1 = \frac{U_1}{I_1} = \frac{D_Z + Z_{11} Z_2}{Z_{22} + Z_2} \tag{1.2-3}$$

其中，$Z_2 = U_2/(-I_2)$，$D_Z = Z_{11} Z_{22} - Z_{12} Z_{21}$。对于互易网络，有 $Z_{12} = Z_{21}$，对于对称双口网络有 $Z_{11} = Z_{22}$。

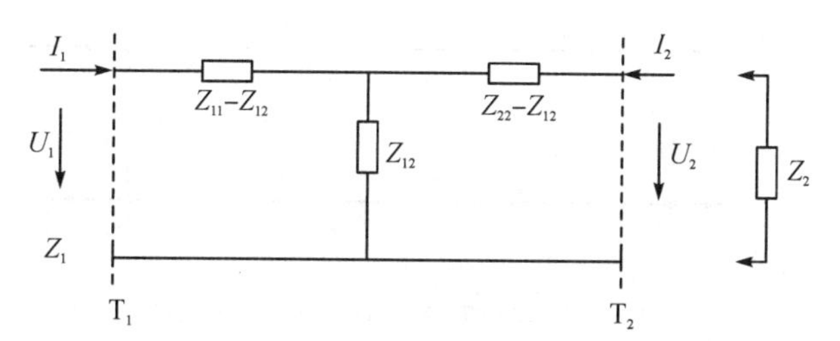

图 1.2.1 阻抗网络

2. 导纳网络

双口网络可用导纳 Y 参数描述，即导纳网络，如图 1.2.2 所示。该网络参数方程和端口的导纳、互导纳分别为

$$\begin{cases} I_1 = Y_{11}U_1 + Y_{12}U_2 \\ I_2 = Y_{21}U_1 + Y_{22}U_2 \end{cases} \tag{1.2-4}$$

$$\begin{cases} Y_1 = \dfrac{I_1}{U_1} = Y_{11} - \dfrac{Y_{12}^2}{Y_{22} + Y_2} \\ Y_2 = \dfrac{I_2}{U_2} \\ Y_{12} = Y_{21} \end{cases} \tag{1.2-5}$$

其中，Y_1、Y_2 分别为输入导纳和输出导纳；Y_{11}、Y_{22} 分别为端口 T_1、T_2 的自导纳；Y_{12}、Y_{21} 均为导纳网络的互导纳。

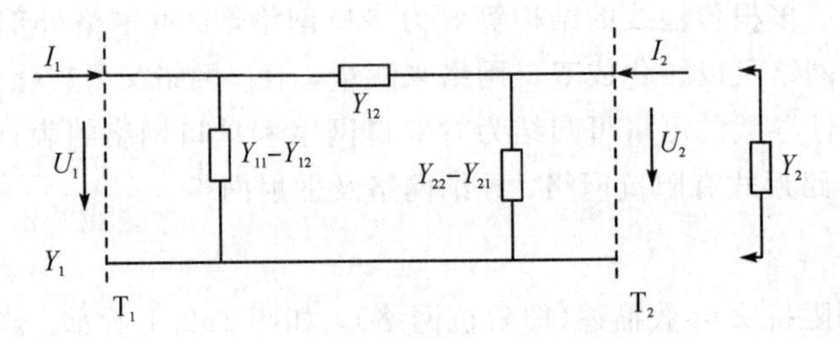

图 1.2.2　导纳网络

3. 散射网络

从理论分析，特别是从测量方便性的角度出发，双口网络的特性常用散射参数 S 来表征，如图 1.2.3 所示。散射参数主要关注与网络相连的各分支传输系统的端口参考面上归一化入射波和反射波电压相对大小与相对相位，依据散射参数可得到驻波比、反射系数、阻抗及其功率等量。

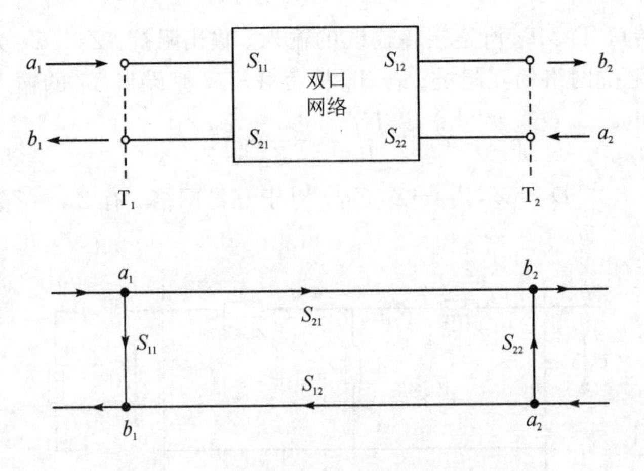

图 1.2.3　双口网络散射参数及其信流图

双口网络的节点电压与散射参数的关系：

$$b_1 = S_{11}a_1 + S_{12}a_2 \tag{1.2-6}$$

$$b_2 = S_{21}a_1 + S_{22}a_2 \tag{1.2-7}$$

其中，a_1、a_2 分别为网络 T_1、T_2 端口的归一化入射波电压(电流)，b_1、b_2 分别为网络 T_1、T_2 端口的归一化反射波电压(电流)，S_{11}、S_{22} 为反射参数，S_{21}、S_{12} 为传输参数。对于互易网络，有 $S_{12}=S_{21}$；对于对称双口网络，有 $S_{11}=S_{22}$。

对于双口网络，输入与输出的关系为

$$\Gamma_{\text{in}} = \frac{b_1}{a_1} = \frac{D_S - \dfrac{S_{11}}{\Gamma_{\text{out}}}}{S_{22} - \dfrac{1}{\Gamma_{\text{out}}}} = S_{11} + \frac{S_{21}S_{12}\Gamma_{\text{out}}}{1 - S_{22}\Gamma_{\text{out}}} \tag{1.2-8}$$

式中，$D_S = S_{11}S_{22} - S_{12}S_{21}$，$\Gamma_{\text{in}}$为网络输入端反射系数(负载匹配条件下同 S_{11})，Γ_{out}为网络输出端反射系数。由于$\begin{cases} u_1 = a_1 + b_1 \\ i_1 = a_1 - b_1 \end{cases}$，$\begin{cases} u_2 = a_2 + b_2 \\ i_2 = a_2 - b_2 \end{cases}$，因而有

$$Z_{\text{in}} = \frac{1+\Gamma_{\text{in}}}{1-\Gamma_{\text{in}}} \quad 或 \quad \Gamma_{\text{in}} = \frac{Z_{\text{in}} - 1}{Z_{\text{in}} + 1} \tag{1.2-9}$$

其中，Z_{in}为网络输入端阻抗。

对于单口网络，其特性只需用一个反射系数 Γ(即 $\Gamma = b/a$)来表征，如图 1.2.4 所示；有时亦采用与 Γ 有直接关系的归一化阻抗参数 $Z=(1+\Gamma)/(1-\Gamma)$来表征。当双口网络的终端接匹配负载时，可以像测量单口网络的 Γ 一样测量其反射参数 S_{11} 或 S_{22}。

图 1.2.4　单口网络模型及其信流图

散射参数进一步可划分为反射参数(Γ、S_{11}、S_{22})和传输参数(S_{21}、S_{12})两种。

1) 反射参数

当一个双口网络在 T_2 端口无反射负载(见图 1.2.5(a))时，和单口网络(见图 1.2.5(b))

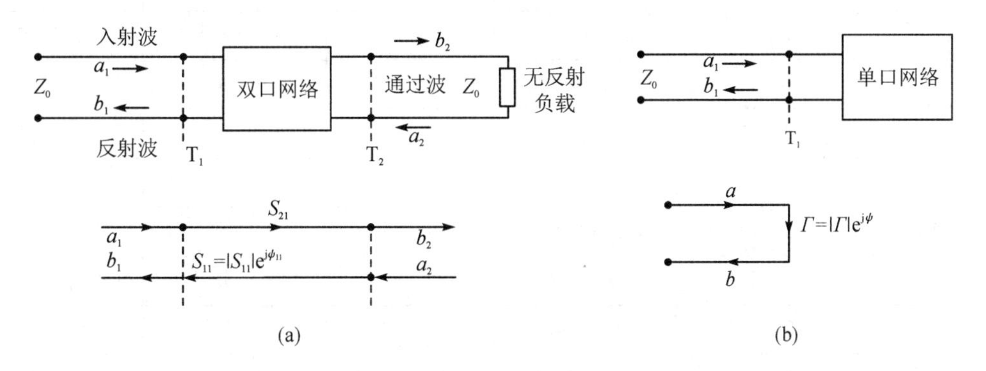

图 1.2.5　网络模型及信流图(Z_0 为匹配阻抗)

(a) 双口网络模型及信流图；(b) 单口网络模型及信流图

一样，在输入传输线上都会由于阻抗不匹配而产生反射波，该反射波将与入射波合成为驻波，驻波相对电压分布为

$$u=[1+|\Gamma|^2+2|\Gamma|\cos(\psi-2\beta D)]^{1/2} \tag{1.2-10}$$

式中，$|\Gamma|$和ψ分别为T_1端口反射系数的模和相角；D为远离信号源方向上距T_1端口的距离；$\beta=2\pi/\lambda_g$为传输线相移常数，λ_g是传输线波长。

传输线上的驻波状态取决于网络的反射特性，其形状用$|\Gamma|$或驻波比ρ表征，其位置关系用相角$(\psi-2\beta D)$表征。驻波比定义为

$$\rho=\frac{|u_{\max}|}{|u_{\min}|} \tag{1.2-11}$$

在实际测试中，由于常使用标准衰减器来测量$|\Gamma|$或ρ，所以它们又常以分贝(dB)为单位，称为分贝驻波比：

$$\rho_{dB}=20\lg\rho \tag{1.2-12}$$

回波损耗定义为

$$RL=-20\lg|\Gamma| \tag{1.2-13}$$

它表示反射波的损耗。回波损耗为∞时，说明网络的反射波为0，即网络达到匹配状态。反射系数的模$|\Gamma|$、回波损耗RL、驻波比ρ三者之间的互换如表1.2.1所示。

表1.2.1　反射系数的模$|\Gamma|$、回波损耗RL、驻波比ρ三者之间的互换

驻波比	回波损耗	反射系数的模	驻波比	回波损耗	反射系数的模
1.0	∞	0.0000	1.17	22.12	0.0783
1.01	46.02	0.005	1.18	21.66	0.0826
1.02	40.08	0.0099	1.19	21.23	0.0868
1.03	36.60	0.0148	1.20	20.82	0.0909
1.04	34.15	0.0196	1.30	17.69	0.1304
1.05	32.25	0.0244	1.40	15.56	0.1667
1.06	30.71	0.0291	1.50	13.98	0.2000
1.07	29.41	0.0338	1.60	12.73	0.2308
1.08	28.30	0.0385	1.70	11.72	0.2593
1.09	27.31	0.0430	1.80	10.88	0.2657
1.10	26.44	0.0476	1.90	10.66	0.3103
1.11	25.65	0.0521	2.00	9.54	0.3333
1.12	24.94	0.0566	3.00	6.02	0.5000
1.13	24.49	0.0610	4.00	4.37	0.6000
1.14	23.68	0.0654	5.00	3.52	0.6666
1.15	23.13	0.0698	10.00	1.74	0.8182
1.16	21.66	0.0826	∞	0.00	1.0000

2）传输参数

由式(1.2-7)和图 1.2.5(a)知，当双口网络输出端接匹配负载时，有

$$S_{21}=\frac{b_2}{a_1}=|S_{21}|e^{j\psi_{21}} \tag{1.2-14}$$

定义衰减 $A=-20\lg|S_{21}|$，而 ψ_{21} 为传输系数 S_{21} 的辐角，即相移，或称相位移、相角。

反射参数和传输参数都是复数，但在微波工程中，为表征元器件的匹配程度，通常用反射系数的模 $|\Gamma|$ 或有关的标量参数作为主要技术指标。另外，从测量的繁简、难易角度出发，亦有必要把反射参数的测量分为标量反射参数($|\Gamma|$、$|S_{11}|$、$|S_{22}|$、驻波比($\rho=(1+|\Gamma|)/(1-|\Gamma|)$、回波损耗)的测量和矢量反射参数($\Gamma$、$S_{11}$、$S_{22}$ 及 Z)的测量。同理，也可以把传输参数的测量分为标量传输参数($|S_{21}|$、$|S_{12}|$)的测量和矢量传输参数(S_{21}、S_{12})的测量。在实际中，又常需要把矢量传输参数的模和辐角分为两个指标，即衰减($A=-20\lg|S_{21}|$)和相移($\psi_{21}=\arg S_{21}$)。然而在很多情况下，仍需要全面测量矢量传输参数，即测量复数 S_{21}、S_{12}。

综上所述，网络特性参数如表 1.2.2 所示。

表 1.2.2 网络特性参数

网络特性参数	符号或表达式
标量反射参数	$\|\Gamma\|$，$\|S_{11}\|$，$\|S_{22}\|$，$\rho=(1+\|\Gamma\|)/(1-\|\Gamma\|)$，$RL=-20\lg\|\Gamma\|$，$\rho_{11}=(1+\|S_{11}\|)/(1-\|S_{11}\|)$，$\rho_{22}=(1+\|S_{22}\|)/(1-\|S_{22}\|)$
阻抗、反射系数与散射参数 S	$Z=(1+\Gamma)/(1-\Gamma)$，Γ，S_{11}，S_{22}，S_{21}，S_{12}
传输参数的分项(衰减与相移)	$A=-20\lg\|S_{21}\|$，$\psi_{21}=\arg S_{21}$

网络特性参数的测量是依靠适当的测量装置来实现的，结合国内外所使用的测量装置，对标量反射参数的测量主要是用测量线法、反射计法(含反射桥)及扫频测量；对阻抗和散射参数 S 的测量主要是用测量线法、网络分析仪法(含扫频测量)、六端口技术和时域法；对衰减与相移的测量，除网络分析仪法之外，还有其他一些常用的分项测量法。

1.2.2 信号特性参数

信号特性参数测量也是微波测量的重要组成部分，在生产、科研、国防等领域应用十分广泛。一般情况下，信号特性参数主要包括功率、频率、频谱、波形、噪声、介电常数、Q 值等。对于整机而言，信号特性参数包括灵敏度、噪声、误码率等；对于大功率振荡器而言，信号特性参数包括频谱纯度、功率稳定性、频率稳定性等；对于天线而言，信号特性参数包括电路特性、辐射特性、方向图、增益、极化等。上述信号特性参数的概念与测量方法将在后续章节中详细介绍，在此不再赘述。

图 1.2.6 详细描述了驻波沿传输线分布及 $|\Gamma|$、RL、ρ、ρ_{dB} 之间的关系。

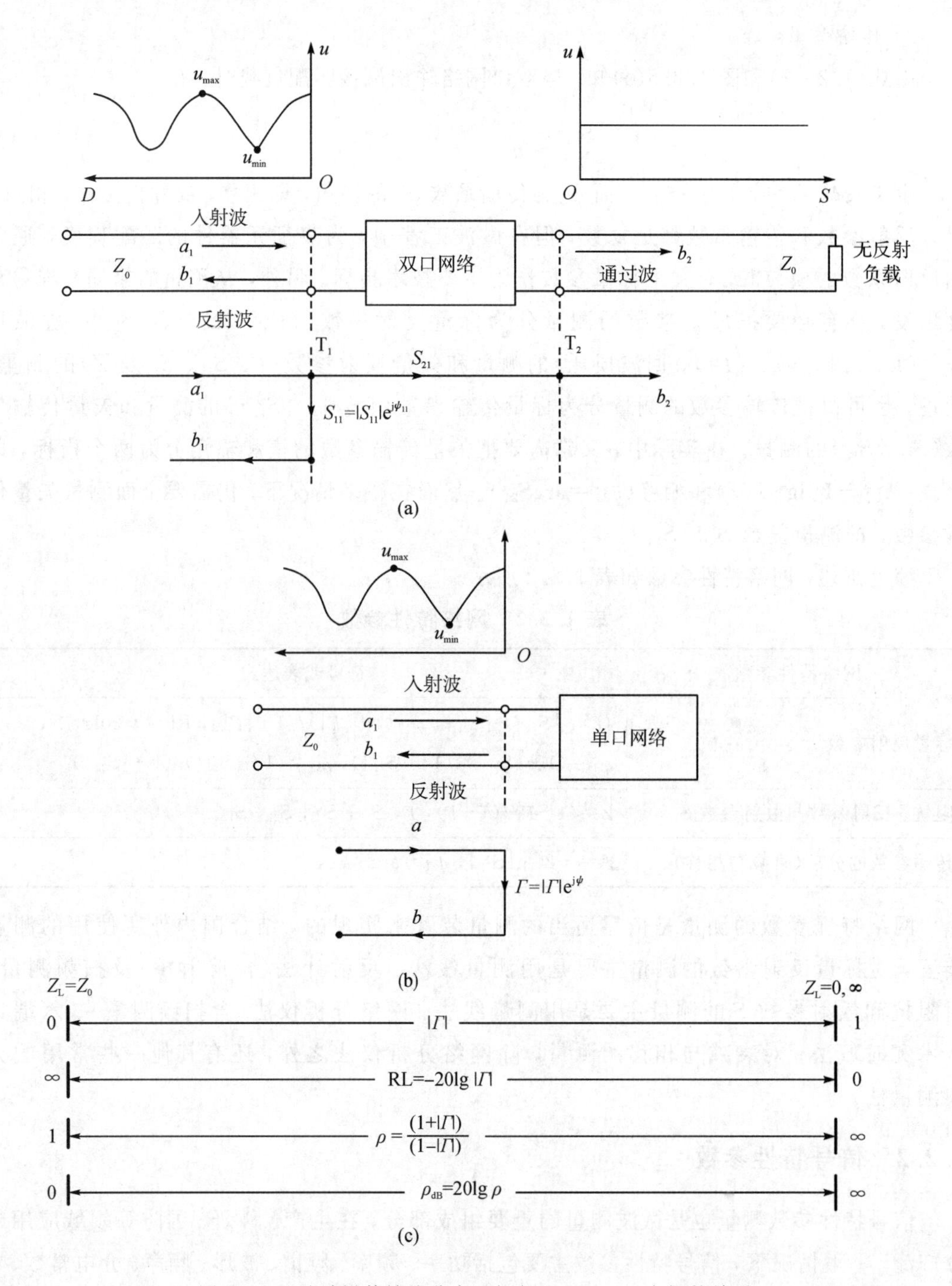

图 1.2.6　驻波沿传输线分布及$|\Gamma|$、RL、ρ、ρ_{dB}之间的关系

1.2.3　微波测量参数之间的关系

微波测量中主要的网络特性参数和信号特性参数可以归纳为三大部分(如图 1.2.7 所示)，即阻抗部分、功率部分和频率部分。其中，阻抗部分指网络特性参数，主要包括阻抗 Z、驻波比 ρ、反射系数 Γ、散射参数 S、回波损耗 RL、衰减 A、相移 φ 等，与之相关的微波

器件有阻抗变换器、阻抗匹配器、天线等，对应的测量设备有网络分析仪、测量线、阻抗测试仪等。功率部分指信号特性参数的功率，与之相关的微波器件有功分器、衰减器、耦合器、放大器、开关等，对应的测量设备有频谱分析仪、测量线、功率计等。频率部分指信号特性参数的频率，与之相关的微波器件有振荡器、压控振荡器、频率合成器、分频器、变频器、倍频器、混频器、滤波器等，对应的测量设备有频谱分析仪、频率计数器、测量线等。

可以看出，微波测量中主要的网络特性参数和信号特性参数都可以用测量线完成，在传统的微波测量理论中，测量线有着非常重要的作用。

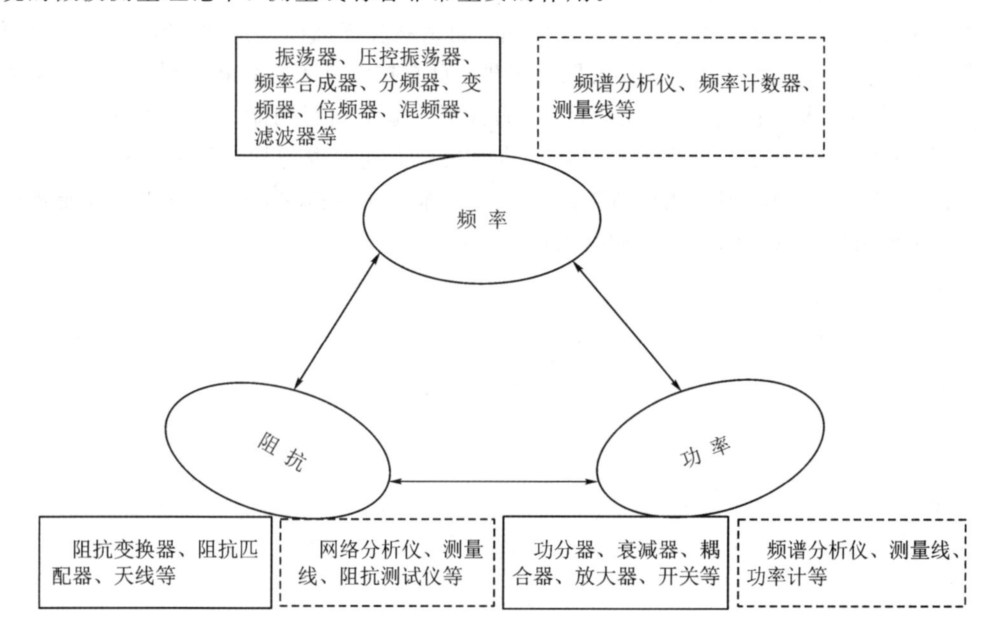

图 1.2.7　微波测量中参数关系

1.3　微波测量的发展动态

随着新的科学技术，特别是系统论、信息论和计算机技术的迅速发展，整个微波测量领域从思想到方法、从理论到手段、从技术到仪器都发生了深刻的变化：一方面，测量仪器采用的先进技术推动仪器向数字化、智能化、自动化、模块化、标准化发展；另一方面，随着测量仪器"软件化"，"软件就是仪器""网络就是仪器"等概念的提出，传统的测试与测量仪器的设计方法必然发生改变。目前，微波测量技术发展分为以下几个方向。

1）微波测量向太赫兹(THz)测量技术发展

随着毫米波技术的逐渐成熟，亚毫米波频段的开发与利用提上了日程，这对测量仪器、数据采集与处理、计算机等又提出了新的要求，多学科技术的交叉融合、综合运用，促进了微波测量理论、技术和仪器的进一步发展。

2）测量结果的数字化发展

微波测量采用了频率合成技术、取样技术、宽带扫频技术、数字控制技术、计算机技术等，信号源的扫频带宽和测量仪器的动态测量范围大大提高。宽频带微波系统的另一个特点是可提供被测系统的多种信息特征，在平台上调用不同的测试软件就可以完成多种测试任务，提供多种参数信息。

3）测试系统向多样化发展

对于微波测量，如反射计型自动网络分析仪，测试速度快，使用软件对误差模型进行修正；比如六端口反射计，体积小、成本低，用校准程序测定数字模型的待定常数来处理误差；再比如时域反射计，可测时域特性，通过 FFT 转换为频域特性，也可把频域测量转换为时域测量，利用反卷积技术可以把时域反射计的距离分辨率提高到一个波导波长。

4）测试系统的信息化发展

随着网络的迅速发展，大数据的普遍应用，测试系统逐渐向自动化、智能化、模块化、虚拟化、网络化发展。微波测试仪器要跟上发展，只有扩大进入网络和数据库的能力，数据总线和通信接口都要比以前的产品具有更快的数据传输率和联网能力。“网络就是仪器”等概念的提出，必然会改变传统测试和仪器的设计方法，其中也包括仪器的应用软件，而在有些测试过程中，当现场测试条件有限或测试仪器笨重不易携带，现场测试不方便或有危险时，通过网络进行远程测试是一种有效而可靠的办法。

第二章　归一化传输线理论

本章旨在引出归一化传输线理论，它将作为讲述微波测量的基本理论。

微波传输线是指用于传输微波信息和能量的各种形式的传输系统，其作用是引导电磁波沿一定方向传输，因此又称为导波系统，分为双导线传输线(传 TEM 波)、均匀填充介质的金属波导管(波导)及介质传输线(表面波波导)。其中，介质传输线包括介质波导、镜像线表面波传输线。

2.1　传输线(TEM 波)电路理论

无耗双导线传输线的模型如图 2.1.1 所示。虚线左端为源，虚线右端为负载，传输线特性阻抗为 Z_0，相移常数为 β，线长 l 为负载端接面至源端接面的长度，源反射系数为 Γ_g，负载反射系数为 Γ_L，z 为从负载端接面 0 处向源方向的传输长度。下面分析沿传输线分布的电压和电流。

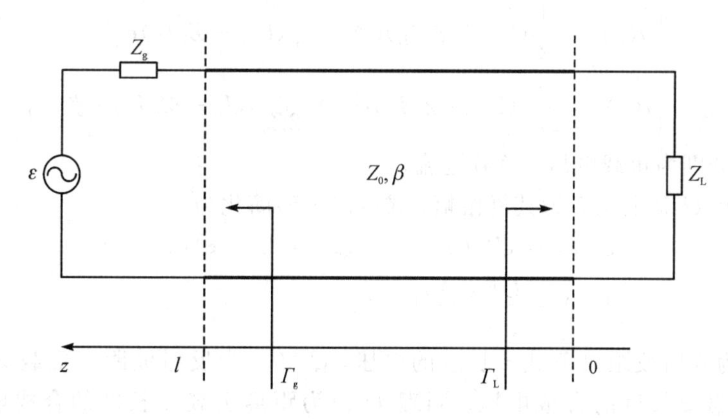

图 2.1.1　传输线模型

设：传输线只传输 TEM 波，且均匀无耗($\alpha=0$)，波的角频率为 ω；线上电压为 u，电流为 i。

传输线方程为

$$\begin{cases} \dfrac{du}{dz} = -(R + j\omega L)i \\ \dfrac{di}{dz} = -(G + j\omega C)u \end{cases} \tag{2.1-1}$$

因传输线无耗，R、G 均为零，得

$$\begin{cases} -\dfrac{du}{dz} = j\omega Li \\ -\dfrac{di}{dz} = j\omega Cu \end{cases} \tag{2.1-2}$$

对式(2.1.2)二次求导，得

$$\begin{cases}\dfrac{\mathrm{d}^2 i}{\mathrm{d}z^2}=(\mathrm{j}\omega C)(\mathrm{j}\omega L)i=-\beta^2 i\\[2ex]\dfrac{\mathrm{d}^2 u}{\mathrm{d}z^2}=(\mathrm{j}\omega C)(\mathrm{j}\omega L)u=-\beta^2 u\end{cases}\tag{2.1-3}$$

通解为

$$\begin{cases}u(z')=A_1\mathrm{e}^{-\mathrm{j}\beta z'}+A_2\mathrm{e}^{\mathrm{j}\beta z'}\\[1ex]i(z')=\dfrac{1}{Z_0}(A_1\mathrm{e}^{-\mathrm{j}\beta z'}-A_2\mathrm{e}^{\mathrm{j}\beta z'})\end{cases}\tag{2.1-4}$$

式中，z'为距离源端线长，$z'+z=l$。

由终端边界条件：

$$\begin{cases}u(0)=U_{\mathrm{L}}\\ i(0)=I_{\mathrm{L}}\end{cases}(\text{负载端 } z=0)$$

解得

$$\begin{cases}A_1=\dfrac{U_{\mathrm{L}}+Z_0I_{\mathrm{L}}}{2}\mathrm{e}^{\mathrm{j}\beta l}\\[2ex]A_2=\dfrac{U_{\mathrm{L}}-Z_0I_{\mathrm{L}}}{2}\mathrm{e}^{-\mathrm{j}\beta l}\end{cases}$$

那么有

$$\begin{cases}u(z)=\dfrac{1}{2}(U_{\mathrm{L}}+Z_0I_{\mathrm{L}})\mathrm{e}^{\mathrm{j}\beta z}+\dfrac{1}{2}(U_{\mathrm{L}}-Z_0I_{\mathrm{L}})\mathrm{e}^{-\mathrm{j}\beta z}\\[2ex]i(z)=\dfrac{1}{2Z_0}(U_{\mathrm{L}}+Z_0I_{\mathrm{L}})\mathrm{e}^{\mathrm{j}\beta z}-\dfrac{1}{2Z_0}(U_{\mathrm{L}}-Z_0I_{\mathrm{L}})\mathrm{e}^{-\mathrm{j}\beta z}\end{cases}\tag{2.1-5}$$

式中，U_{L}、I_{L} 分别为负载电压、负载电流。

设线上电压 U 和电流 I 为其复振幅，式(2.1-5)简化为

$$\begin{cases}U(z)=U^+(z)+U^-(z)=U^+(z)(1+\Gamma)\\[1ex]I(z)=\dfrac{U^+(z)}{Z_0}(1-\Gamma)\end{cases}\tag{2.1-6}$$

式中，$U^+(z)$为入射波距离负载 z 长度的电压，$U^-(z)$为反射波距离负载 z 长度的电压，$U(z)$为距离负载 z 长度的合成电压。同理 $I(z)$为距离负载 z 长度的合成电流。$U^+(z)$、$U^-(z)$和 Γ 有如下关系：

$$\begin{cases}U^+(z)=\dfrac{1}{2}(U_{\mathrm{L}}+Z_0I_{\mathrm{L}})\mathrm{e}^{\mathrm{j}\beta z}\\[2ex]U^-(z)=\dfrac{1}{2}(U_{\mathrm{L}}-Z_0I_{\mathrm{L}})\mathrm{e}^{-\mathrm{j}\beta z}\\[2ex]\Gamma=\dfrac{U^-(z)}{U^+(z)}=\Gamma_{\mathrm{L}}\mathrm{e}^{-2\mathrm{j}\beta z}\end{cases}$$

电流、电压均由沿$-z$方向传输的入射波和沿$+z$方向传播的反射波叠加而成。特性阻抗 $Z_0=R_0+\mathrm{j}X_0$；传输常数 $\gamma=\alpha+\mathrm{j}\beta$；由于传输线假设为无耗，因而 $\alpha=0$，传输常数等于相移常数 β。

在理想无耗状态下，将电压 $U^+(z)$、$U^-(z)$代入式(2.1-6)，并应用欧拉公式，可得到沿传输线的驻波电压、电流的三角表示式，即

$$\begin{cases} U(z)=U_{\mathrm{L}}\cos(\beta z)+\mathrm{j}I_{\mathrm{L}}Z_0\sin(\beta z) \\ I(z)=\mathrm{j}\dfrac{U_{\mathrm{L}}}{Z_0}\sin(\beta z)+I_{\mathrm{L}}\cos(\beta z) \end{cases} \tag{2.1-7}$$

其中

$$\beta=\frac{2\pi}{\lambda},\quad \lambda_{\mathrm{g}}=\frac{\lambda_0}{\sqrt{\varepsilon_{\mathrm{r}}}},\quad Z_0=\sqrt{\frac{R+\mathrm{j}\omega L}{G+\mathrm{j}\omega C}}$$

z 点的 $U(z)$ 与 $I(z)$ 比值即为阻抗表达式：

$$Z(z)=\frac{U(z)}{I(z)}=Z_0\,\frac{1+\Gamma}{1-\Gamma}$$

由式(2.1－7)得

$$Z(z)=Z_0\,\frac{Z_{\mathrm{L}}+\mathrm{j}Z_0\tan(\beta z)}{Z_0+\mathrm{j}Z_{\mathrm{L}}\tan(\beta z)} \tag{2.1-8}$$

传输功率定义为 $P=\mathrm{Re}(\frac{1}{2}UI^*)$，负载吸收功率 P_{L} 为

$$P_{\mathrm{L}}=P^+(1-|\Gamma_{\mathrm{L}}|^2) \tag{2.1-9}$$

式中，P^+ 为入射功率，$P^+=\frac{1}{2}\frac{|U^+|^2}{Z_0}$，$|U^+|$ 为入射电压的模。总结如下：

(1) 传输线的工作状态由 Γ_{L} 确定。当 $\Gamma_{\mathrm{L}}=0$ 时，为行波状态；当 $|\Gamma_{\mathrm{L}}|=1$ 时，为驻波状态；当 $0<|\Gamma_{\mathrm{L}}|<1$ 时，为行驻波状态。

(2) 阻抗 Z 的计算。阻抗 Z 的计算与匹配技术在微波技术基础课已有介绍，也可使用圆图求出阻抗或导纳并得到匹配点。归一化阻抗计算公式为

$$\bar{Z}_{\mathrm{L}}=\bar{R}_{\mathrm{L}}+\mathrm{j}\bar{X}_{\mathrm{L}}=\frac{\rho}{\rho^2\cos\theta+\sin^2\theta}+\mathrm{j}\,\frac{(1-\rho^2)\cot\theta}{\rho^2\cot^2\theta+1} \tag{2.1-10}$$

式中，$\theta=\beta\bar{D}_{\min}$，为电长度；$\bar{Z}_{\mathrm{L}}$ 为归一化负载阻抗。

(3) 传输功率及其考虑。① 功率如何有效地传输给负载；② 影响功率传输的因素都有哪些？

2.2　归一化传输线理论

在阻抗计算中引入归一化阻抗：

$$\bar{Z}=\frac{Z}{Z_0}=\frac{1+\Gamma}{1-\Gamma}$$

使得阻抗计算式中不含有 Z_0，便于计算。既然有归一化阻抗 $\bar{Z}$，就应该有归一化电压 $\bar{U}$ 和归一化电流 $\bar{I}$，并且

$$\bar{Z}=\frac{\bar{U}}{\bar{I}}=\frac{1+\Gamma}{1-\Gamma} \tag{2.2-1}$$

下文将介绍归一化电压 $\bar{U}$ 与归一化电流 $\bar{I}$，以及它们与归一化阻抗的关系。

这里应注意归一化电压 $\bar{U}$ 与归一化电流 $\bar{I}$ 应仍然保持原有的属性，如下式：

$$\begin{cases}\bar{U}=\bar{U}^{+}+\bar{U}^{-}=\bar{U}^{+}(1+\Gamma), \quad \Gamma=\bar{U}^{-}/\bar{U}^{+}=\Gamma_{\mathrm{L}}\mathrm{e}^{-\mathrm{j}2\beta z}\\ \bar{I}=\bar{I}^{+}(1-\Gamma)\\ \bar{Z}=\dfrac{\bar{U}}{\bar{I}}=\dfrac{1+\Gamma}{1-\Gamma}=\dfrac{\bar{Z}_{\mathrm{L}}+\mathrm{j}\tan(\beta z)}{1+\mathrm{j}\bar{Z}_{\mathrm{L}}\tan(\beta z)}\\ P=\mathrm{Re}\left(\dfrac{1}{2}\bar{U}\bar{I}^{*}\right)=P^{+}(1-|\Gamma|^{2})\end{cases} \tag{2.2-2}$$

其中，$P^{+}=\frac{1}{2}|\bar{U}^{+}|^{2}\rightarrow|\bar{U}^{+}|=\sqrt{2P^{+}}$。

要确定$\begin{bmatrix}U\\I\end{bmatrix}$与归一化$\begin{bmatrix}\bar{U}\\\bar{I}\end{bmatrix}$的关系，传输线需要满足以下约束条件：

(1) 反射系数Γ保持不变；

(2) $\arg(\bar{U}^{+})=\arg(U^{+})$；

(3) 用$\begin{bmatrix}U\\I\end{bmatrix}$和$\begin{bmatrix}\bar{U}\\\bar{I}\end{bmatrix}$计算的传输功率一致。

由约束条件(3)可知，$\frac{1}{2}|\bar{U}^{+}|^{2}=\frac{1}{2}\frac{|U^{+}|^{2}}{Z_{0}}$，从而得到$|\bar{U}^{+}|=\frac{U^{+}}{\sqrt{Z_{0}}}$。

再考虑到约束条件(1)、(2)可得

$$\begin{cases}\bar{U}=\dfrac{U}{\sqrt{Z_{0}}}\\ \bar{I}=I\sqrt{Z_{0}}\end{cases}\rightarrow\begin{bmatrix}\bar{U}\\\bar{I}\end{bmatrix}=\begin{bmatrix}\dfrac{1}{\sqrt{Z_{0}}} & 0\\ 0 & \sqrt{Z_{0}}\end{bmatrix}\begin{bmatrix}U\\I\end{bmatrix} \tag{2.2-3}$$

由定义的归一化电压$\bar{U}$和归一化电流$\bar{I}$，知$\frac{\bar{U}}{\bar{I}}=\bar{Z}$，又由于$P=\frac{1}{2}\mathrm{Re}(UI^{*})=\frac{1}{2}\mathrm{Re}(\bar{U}\bar{I}^{*})$

得$\bar{U}=\frac{U}{\sqrt{Z_{0}}}$，$\bar{I}=I\sqrt{Z_{0}}$。

$\begin{bmatrix}U\\I\end{bmatrix}$与$\begin{bmatrix}\bar{U}\\\bar{I}\end{bmatrix}$的变换相当于经过一个理想变压器($1:\sqrt{Z_{0}}$)，即

$$\begin{cases}\bar{U}:U=1:\sqrt{Z_{0}}\\ \bar{I}:I=\sqrt{Z_{0}}:1\end{cases} \tag{2.2-4}$$

$$\frac{\bar{U}}{\bar{I}}=\frac{U/\sqrt{Z_{0}}}{I\sqrt{Z_{0}}}=\frac{Z}{Z_{0}}=\bar{Z} \tag{2.2-5}$$

变换前后传输功率不变。

传输线归一化后，模型相对简单，特性阻抗Z_0归一化后为1，源电动势、源内阻、负载阻抗也要归一化，如图2.2.1所示。

电压、电流归一化后，与反射系数Γ的关系不变；归一化阻抗要还原实际阻抗就要乘特性阻抗Z_0；用归一化电压、归一化电流算出的传输功率不变。归纳总结如下：

$$\begin{cases}\bar{U}=\bar{U}^{+}(1+\Gamma)\\ \bar{I}=\bar{I}^{+}(1-\Gamma)\end{cases} \tag{2.2-6}$$

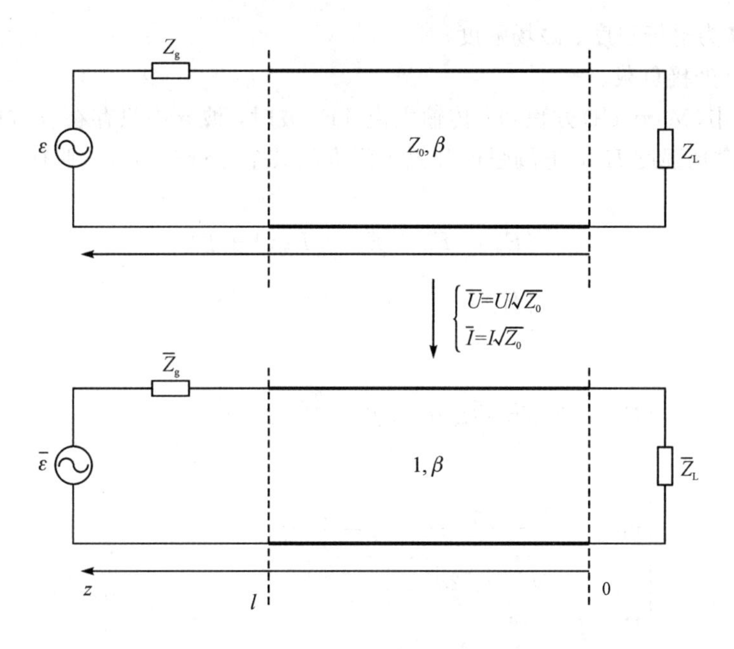

图 2.2.1　传输线归一化前后模型

$$\overline{Z} = \frac{\overline{U}}{\overline{I}} = \frac{1+\Gamma}{1-\Gamma} = \frac{\overline{Z}_L + \mathrm{j}\tan(\beta z)}{1+\mathrm{j}\overline{Z}_L\tan(\beta z)} \tag{2.2-7}$$

$$P = \mathrm{Re}\left(\frac{1}{2}\overline{U}\overline{I}^*\right) = P^+(1-|\Gamma|^2),\ P^+ = \frac{1}{2}|\overline{U}^+|^2 \tag{2.2-8}$$

2.3　归一化传输线理论向波导系统推广

归一化传输线理论可向只传输 TE_{10} 波的矩形波导系统推广。波导属于广义传输线，它传输的微波功率以及出现的物理现象(如反射现象)与一般传输线的类似，只是波导中存在色散现象，即具有(相、群)速度随频率或波长变化而改变的特性。

波导如图 2.3.1 所示，a 为宽边、b 为窄边。入射功率 P^+ 沿 $-z$ 方向进入波导。

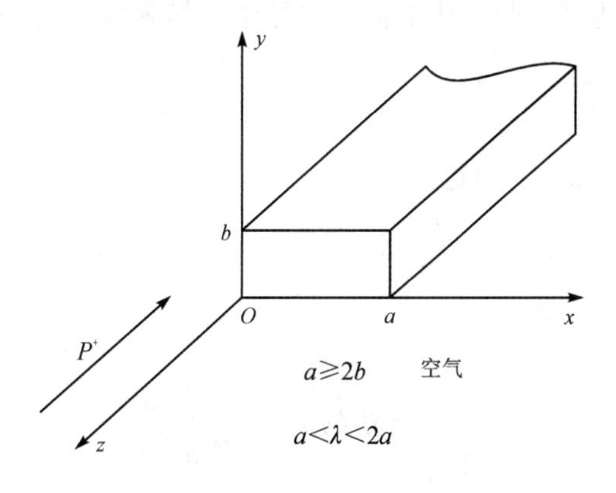

图 2.3.1　波导入射端面

设：(1)波导只传输 TE_{10} 波，且均匀无耗；

(2) $\boldsymbol{E}$，$\boldsymbol{H}$ 为电场强度、磁场强度；

(3) $z_0=0$ 处接负载。

由麦克斯韦(Maxwell)方程知，传输主模 TE_{10} 波时，波导中只存在 y 方向电场强度 E_y 和 $-z$ 方向的磁场强度 H_z，电场强度和磁场强度的其余分量全为零，则有

$$\begin{cases} E_y = E_y^+ + E_y^- = E_y^+(1+\Gamma) \\ H_z = \dfrac{E_y^+}{\eta_{TE_{10}}}(1-\Gamma) \end{cases} \tag{2.3-1}$$

式中

$$\begin{cases} E_y^+ = E_0\sin(\dfrac{\pi}{a}x)e^{j\beta z}, \ \beta = \dfrac{2\pi}{\lambda_p}, \ \lambda_p = \dfrac{\lambda}{\sqrt{1-(\dfrac{\lambda}{2a})^2}} \\ \eta_{TE_{10}} = \dfrac{\eta}{\sqrt{1-(\dfrac{\lambda}{2a})^2}}, \ \eta = 120\pi \\ \Gamma = \Gamma_L e^{-j2\beta z} \end{cases} \tag{2.3-2}$$

波导的传输功率 P 为

$$P = \iint_s S_{av}(-e_z)ds \tag{2.3-3}$$

式中，S_{av}为平均坡印廷矢量的模值，P^+为入射功率，有

$$S_{av} = \mathrm{Re}(\frac{1}{2}\boldsymbol{E}\times\boldsymbol{H}) = \frac{|E_y^+|^2}{2\eta_{TE_{10}}}(1-|\Gamma_L|^2) = P^+(1-|\Gamma_L|^2) \tag{2.3-4}$$

$$P^+ = \iint_s \frac{|E_y^+|^2}{2\eta_{TE_{10}}}ds = \int_0^a\int_0^b \frac{E_0^2}{2\eta_{TE_{10}}}\sin^2(\frac{\pi}{a}x)dydx = \frac{ab}{4\eta_{TE_{10}}}|E_0|^2 \tag{2.3-5}$$

归一化传输线理论向只传输 TE_{10} 波的矩形波导推广，其约束条件如下：

(1) 电场反射系数即为归一化电压反射系数；

(2) $\arg(\overline{U}^+)=\arg(E_y^+)$；

(3) 计算的传输功率相同。

下面将推导归一化电压、归一化电流与波导中电场强度 y 分量、磁场强度 z 分量的关系，即$\begin{bmatrix}\overline{U}\\ \overline{I}\end{bmatrix}$与$\begin{bmatrix}E_y\\ H_z\end{bmatrix}$的关系。

由约束条件(3)和式(2.3-5)得

$$\overline{U}^+ = \sqrt{2P^+} = \sqrt{\frac{ab}{2\eta_{TE_{10}}}}|E_0| \quad 即 \quad \overline{U} = \sqrt{\frac{ab}{2\eta_{TE_{10}}}}E_0 \tag{2.3-6}$$

再考虑约束条件(1)和(2)，有

$$\begin{cases} \overline{U} = \sqrt{\dfrac{ab}{2\eta_{TE_{10}}}}\dfrac{E_y}{\sin(\dfrac{\pi}{a}x)} \\ \overline{I} = \sqrt{\dfrac{ab\eta_{TE_{10}}}{2}}\dfrac{H_z}{\sin(\dfrac{\pi}{a}x)} \end{cases} \tag{2.3-7}$$

关系式(2.3-7)说明了$\begin{bmatrix}\overline{U}\\ \overline{I}\end{bmatrix}$与$\begin{bmatrix}E_y\\ H_z\end{bmatrix}$的对应关系，即波导宽边中心沿 y 轴的电场强度正比于沿传输线的归一化电压分布，这表明归一化电路理论可应用于只传输 TE_{10} 波的波导系统，因此可用本理论作为微波测量的理论基础。

2.4　归一化电压 $\overline{U}$ 和归一化电流 $\overline{I}$ 以及传输功率 P 与电路系统的关系

电压、电流归一化后，分析电路系统哪些因素会对传输功率产生影响，可用电路分析中的戴维南定理或诺顿定理推导出功率方程，并对功率方程进行讨论与总结。

微波信号源的归一化：按戴维南定理将微波信号源等效为电压源与电阻的串联，或按诺顿定理将微波信号源等效为电流源与电导的并联。等效源如图 2.4.1(a)和图 2.4.1(b)所示。

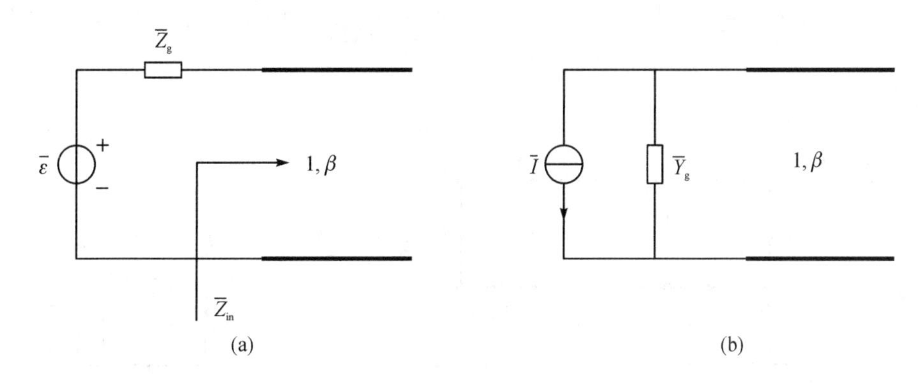

图 2.4.1　等效源模型

(a) 戴维南定理；(b) 诺顿定理

图 2.4.1 所示模型的源反射系数分别为

$$\Gamma_g = \frac{\overline{Z}_g - 1}{\overline{Z}_g + 1} \tag{2.4-1}$$

$$\Gamma_g = \frac{1 - \overline{Y}_g}{1 + \overline{Y}_g} \tag{2.4-2}$$

源阻抗与源导纳分别为

$$\overline{Z}_g = \frac{1 + \Gamma_g}{1 - \Gamma_g} \tag{2.4-3}$$

$$\overline{Y}_g = \frac{1 - \Gamma_g}{1 + \Gamma_g} \tag{2.4-4}$$

源的相关功率定义如下：

(1) 资用功率 P_{avs}：源的最大输出功率，$P_{avs} = P_{in}\Big|_{\Gamma_{in}=\Gamma_g^*}$，资用功率也用 P_a 表示。

(2) 额定功率 P_0：$Z_{in} = Z_0$ 时源的输出功率。

(3) 输入功率 P_{in}：源注入网络的功率。

(4) 传到负载的功率 P_L：负载从网络得到的功率，也称负载吸收功率。

(5) 负载资用功率 P_{avn}：负载从网络得到的最大功率，$P_{avn}=P_L\Big|_{\Gamma_L=\Gamma_{out}^*}$。

源的相关功率分析过程要用到微波网络的知识。微波网络理论是解决微波系统问题的一种方法，其特点是不需要知道系统内部的场结构，只需要知道电信号通过系统后其幅度和相位等的变化。微波网络理论包括两方面：

网络分析：已知元件结构→等效网络→网络参数分析→网络外特性。

网络综合：给定工作特性指标→确定网络等效电路→元器件结构。

具体方法是将各种传输线等效为理想传输线，不均匀性结构等效为网络。

讨论源的输出功率，可将传输线与负载一起看作一个负载。从信流图(见图 2.4.2)可知(此时 $\Gamma_g=\Gamma_s$)：

$$P_{in}=|b_s|^2-|a_s|^2 \tag{2.4-5}$$

$$b_s=a_L=b_g+\Gamma_s a_s \tag{2.4-6}$$

$$a_s=b_L=\Gamma_L a_L \tag{2.4-7}$$

$$P_{in}=|b_s|^2(1-|\Gamma_L|^2)=\left|\frac{b_g}{1-\Gamma_s\Gamma_L}\right|^2(1-|\Gamma_L|^2) \tag{2.4-8}$$

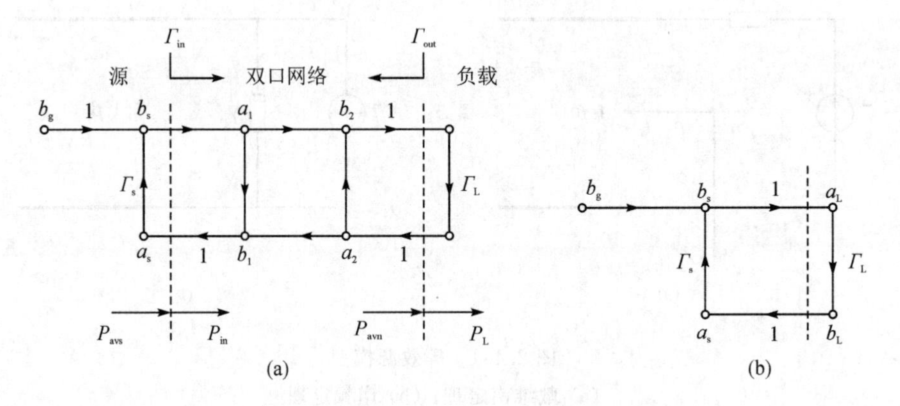

图 2.4.2　双口网络及等效源信流图

(a) 双口网络信流图；(b) 源资用功率信流图

当共轭匹配，即 $\Gamma_s=\Gamma_L^*$ 时，负载可以从源获得最大功率输出，有

$$P_{avs}=\frac{|b_g|^2}{1-|\Gamma_s|^2} \tag{2.4-9}$$

传输到负载上的功率为

$$P_L=|b_2|^2(1-|\Gamma_L|^2) \tag{2.4-10}$$

根据负载资用功率定义，有

$$P_{avn}=|b_2|^2(1-|\Gamma_{out}|^2),\ \Gamma_{out}=S_{22}+\frac{S_{12}S_{21}\Gamma_s}{1-S_{11}\Gamma_s} \tag{2.4-11}$$

由信流图可以得到 b_2 与 b_g 之间的关系：

$$b_2=\frac{S_{21}b_g}{1-(S_{11}\Gamma_s+S_{22}\Gamma_L+S_{21}\Gamma_L S_{12}\Gamma_s)+S_{11}\Gamma_s S_{22}\Gamma_L}=\frac{S_{21}b_g}{(1-S_{11}\Gamma_s)(1-\Gamma_{out}\Gamma_L)} \tag{2.4-12}$$

各功率的关系为：$P_a=P_{in}\Big|_{\Gamma_{in}=\Gamma_g^*}$，共轭匹配；$P_0=P_{in}\Big|_{\Gamma_{in}=0}$，或 $\bar{Z}_L=1$，负载匹配。

2.4.1　$\bar{U}$ 和 $\bar{I}$ 与电路系统的关系

简化的二端口模型如图 2.4.3 所示。传输线某一点取 $A-A'$面，用虚线表示，虚线左边划归源，虚线右边划归负载。变形后 $\bar{\varepsilon}\to\bar{\varepsilon}'$、$\bar{Z}_g\to\bar{Z}'_g$、$\bar{Z}_L\to\bar{Z}'_L$，$A-A'$面两边反射系数与阻抗不变。

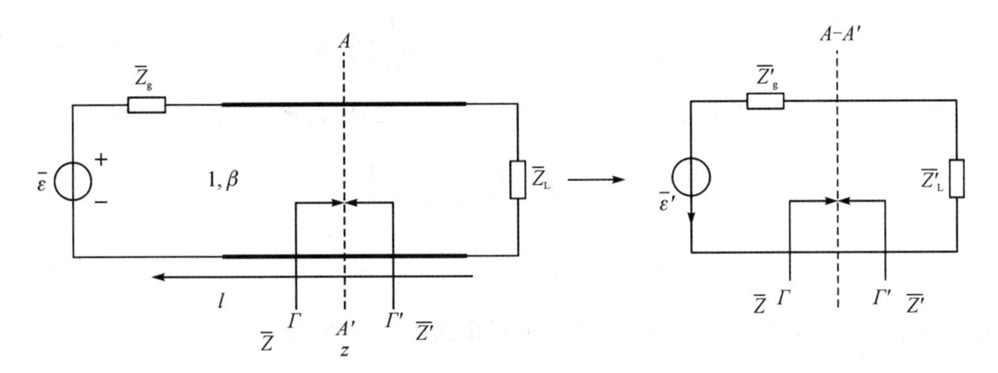

图 2.4.3　二端口模型及变形图

$A-A'$处：

$$\bar{Z}=\frac{1+\Gamma}{1-\Gamma}\quad(\Gamma=\Gamma_L e^{-j2\beta z})\tag{2.4-13}$$

$$\bar{Z}'=\frac{1+\Gamma'}{1-\Gamma'}\quad(\Gamma'=\Gamma_g e^{-j2\beta(l-z)})\tag{2.4-14}$$

式中，l 为传输线长度，z 是负载端接面到 $A-A'$面的距离。式(2.4-13)乘以式(2.4-14)，可得

$$\Gamma'\Gamma=\Gamma_L\Gamma_g e^{-j2\beta l}\tag{2.4-15}$$

由戴维南定理，有

$$\bar{\varepsilon}'=\frac{1-\Gamma_g}{1-\Gamma'}\bar{\varepsilon}e^{-j2\beta(l-z)}\tag{2.4-16}$$

$A-A'$面归一化电压为

$$\bar{U}=\frac{\bar{Z}\cdot\bar{\varepsilon}'}{\bar{Z}'+\bar{Z}}=\frac{\dfrac{1+\Gamma}{1-\Gamma}\cdot\dfrac{1-\Gamma_g}{1-\Gamma'}\bar{\varepsilon}e^{-j\beta(l-z)}}{\dfrac{1+\Gamma'}{1-\Gamma'}+\dfrac{1+\Gamma}{1-\Gamma}}=\frac{\varepsilon'_0}{1-\Gamma'\Gamma}(1+\Gamma)\tag{2.4-17}$$

式中，$\varepsilon'_0=\frac{1}{2}(1-\Gamma_g)\bar{\varepsilon}e^{-j\beta(l-z)}=\bar{U}\Big|_{\Gamma_L=0}$，$\varepsilon'_0$为行波电压。

综上得

$$\bar{U}=\bar{U}^+(1+\Gamma),\ \bar{I}=\bar{I}^+(1-\Gamma)\tag{2.4-18}$$

式中

$$\bar{U}^+=\frac{\varepsilon'_0}{1-\Gamma_g\Gamma_L e^{-j2\beta l}},\ \varepsilon'_0=\bar{U}\Big|_{\Gamma_L=0}\tag{2.4-19}$$

传输线上任意 z 点的反射系数为

$$\Gamma_z=\Gamma_L e^{-j2\beta z}\tag{2.4-20}$$

2.4.2 传输功率 P 与电路系统的关系

负载得到的功率为入射功率减去反射功率，即

$$P_L = P^+ (1 - |\Gamma_L|^2) \tag{2.4-21}$$

入射功率为

$$P^+ = \frac{1}{2}|\overline{U}^+|^2 = \frac{P_0}{|1 - \Gamma_g \Gamma_L e^{-j2\beta l}|^2} \tag{2.4-22}$$

式中，$P_0 = \frac{1}{2}|\varepsilon_0'|^2$，$P_0$ 为源的额定功率。将式(2.4-22)代入式(2.4-21)，得

$$P_L = \frac{P_0(1 - |\Gamma_L|^2)}{|1 - \Gamma_L \Gamma_g e^{-j2\beta l}|^2} \tag{2.4-23}$$

$$P_a = P_{in}\Big|_{\Gamma_{in}=\Gamma_g^*} = P_L\Big|_{\Gamma_L e^{-j2\beta l}=\Gamma_g^*} \tag{2.4-24}$$

因为 $P_a = \frac{P_0}{1-|\Gamma_g|^2}$，$P_0 = P_a(1-|\Gamma_g|^2)$，所以由式(2.4-23)得

$$P_L = P_a \frac{(1 - |\Gamma_L|^2)(1 - |\Gamma_g|^2)}{|1 - \Gamma_g \Gamma_L e^{-j2\beta l}|^2} \tag{2.4-25}$$

式(2.4-25)即为传输线的功率方程。功率方程的推导和讨论在功率测量章节也有论述。

2.4.3 功率方程的讨论

1. 传输线的最佳长度 $l_{佳}$

式(2.4-25)给出了负载吸收功率与源资用功率、源端反射系数、负载端反射系数以及传输线长度的关系。为使负载吸收功率 P_L 尽量大，传输线长度应满足一定要求，即

$$\arg(\Gamma_g) + \arg(\Gamma_L) - 2\beta l_{佳} = 2k\pi,\ k = 0, 1, \cdots \tag{2.4-26}$$

式(2.4-26)满足时可保证式(2.4-25)的分母最小，由式(2.4-26)算出的传输线长度为最佳长度 $l_{佳}$。

传输线长度为最佳长度 $l_{佳}$ 时，负载吸收的功率为

$$P\Big|_{l=l_{佳}} = P_{max} = \frac{P_0(1 - |\Gamma_L|^2)}{(1-|\Gamma_L||\Gamma_g|)^2} \tag{2.4-27}$$

2. 匹配问题

依据功率方程可知，负载吸收功率除了和传输线长度有关，还与源端和负载端的匹配情况有关，以下分别讨论：

(1) 负载与传输线匹配。此时负载无反射 $\Gamma_L = 0(\overline{Z}_L = 1)$，负载吸收功率为额定功率，$P_L = P_0$。此时传输线上为导行波，负载吸收功率未必最大。

(2) 源与传输线匹配。此时源端无反射，$\Gamma_g = 0(\overline{Z}_g = 1)$，负载吸收功率为 $P_L = P_a(1-|\Gamma_L|^2)$，此时入射功率(大小)与负载无关。

(3) 共轭匹配。信号源与传输线输入端接面共轭匹配，$\Gamma_{in} = \Gamma_g^*$，负载吸收功率最大，$P_L = P_{avs}$，传输线上未必为行波。

(4) 双匹配。如图 2.4.4 所示，传输线上加入互易、无耗匹配网络[S']和[S]，与[S']

源端(虚线 2)共轭匹配，使得资用功率 P_a 传到匹配网络[S']，匹配网络[S']与传输线要求匹配，输入端(虚线 1)反射系数为零，$\Gamma_g=0$，此时传输线上为行波；匹配网络[S]左端与传输线匹配 $\Gamma_L=0$，右端与负载共轭匹配，此时"线"上为行波，负载吸收功率最大，$P_L=P_a$。

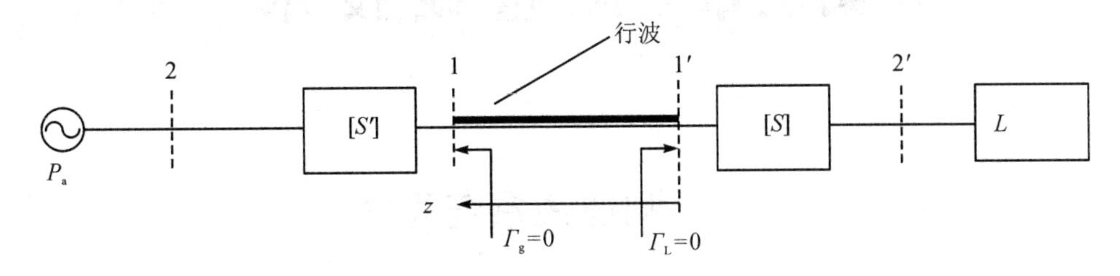

图 2.4.4　双匹配

基于以上各种匹配关系，功率方程总结如下：

(1) 功率源资用功率 P_a 表征源的最大可利用功率，或共轭匹配时功率源的输出功率。

(2) 功率源向无反射负载传输的功率 P_0，表征源的输出额定功率。

(3) 源入射到负载的入射波功率 P_{in}，与 Γ_g、Γ_L 的大小及其相位有关。

(4) 源传输到负载的功率 P_L，或任意负载吸收的功率，同样与 Γ_g、Γ_L 的大小和相位有关。

第三章　测量线技术

3.1　测量线系统简介

测量线是一种测量驻波、阻抗、散射参数的经典测量装置。二十世纪五六十年代，测量线曾作为微波网络参数的测量标准，有微波万用表之称，可测单口网络，也可测双口网络，目前已逐渐被网络分析仪所取代。但测量线因具有成本低、方便灵活、原理清晰等优点，在微波测量中仍然占有重要地位，特别是与六端口技术相结合，更能显示出其独到之处。

测量线测量散射参数的基本思想是，通过测量待测网络两端传输线上沿传输线分布的电压来测量或推算网络的散射参数。

测量线的种类按传输线的结构来分有波导测量线、同轴测量线和平板测量线三种，如图 3.1.1 所示。

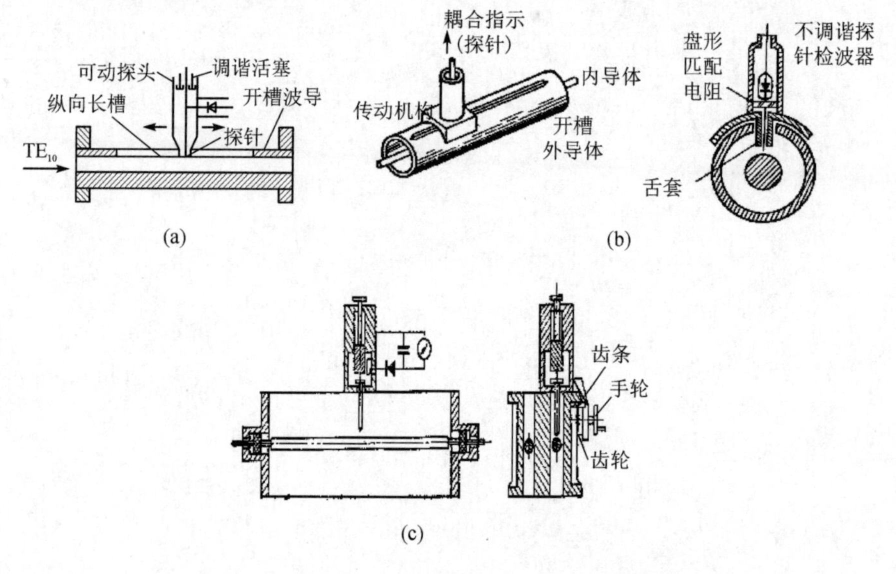

图 3.1.1　测量线结构示意图

(a) 波导测量线；(b) 同轴测量线；(c) 平板测量线

3.1.1　测量线系统组成

微波测量系统一般可分为点频和扫频两种类型。网络分析仪系统为扫频微波测量系统，测量线系统为点频微波测量系统。测量线系统是微波测量的基础，组成相对简单，精度相对较高。测量线系统包括微波信号源(后文简称信号源)、测量装置、指示设备三个部分，如图 3.1.2 所示。

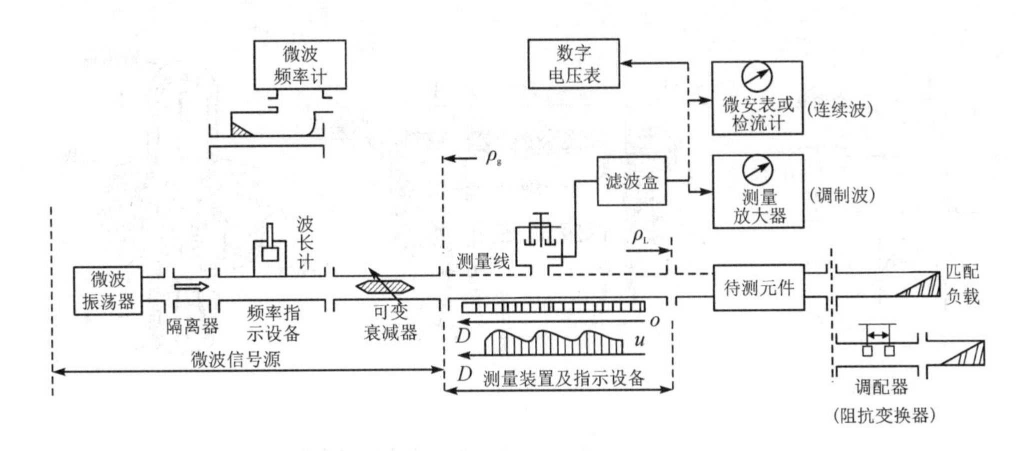

图 3.1.2 测量线系统组成

图 3.1.3 所示为测量线系统实物，包括 3 cm 微波信号源、隔离器、波长计、可变衰减器、定向耦合器、测量线、选频放大器、功率计以及辅助器件。下面将简单介绍测量线系统的部分组成器件。

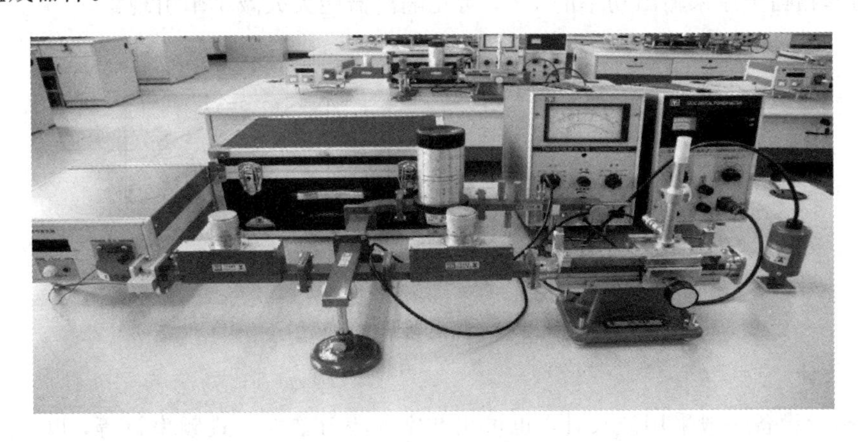

图 3.1.3 测量线系统实物

1. 微波信号源

一个微波测量装置需要由外部提供一个微波测试信号，提供这个信号的设备称为微波信号源。微波信号源有简易和标准，点频和扫频，稳频、稳幅和非稳频、非稳幅等之分。

从产生微波信号的微波振荡器上看，有反射速调管、返波管、磁控管、固态源等。从输出功率上看，有大、中、小功率之分。此处不详细讨论微波信号源，只从组成微波测量系统上说明提供微波测试信号的一般概念与要求。几种常用微波信号源的结构如图 3.1.4 所示。

2. 隔离器

待测元件产生的反射波回到微波信号源时，将使微波信号源产生“牵引”现象，引起输出功率和频率的变动，在微波信号源与测量装置之间接入隔离器，可减小这种现象。测量线系统通常可选用铁氧体单向隔离器，该隔离器正向衰减一般小于 0.5 dB，反向衰减约为 20～30 dB，可以防止反射波倒灌，保护微波信号源，如图 3.1.5 所示。若没有单向隔离器，

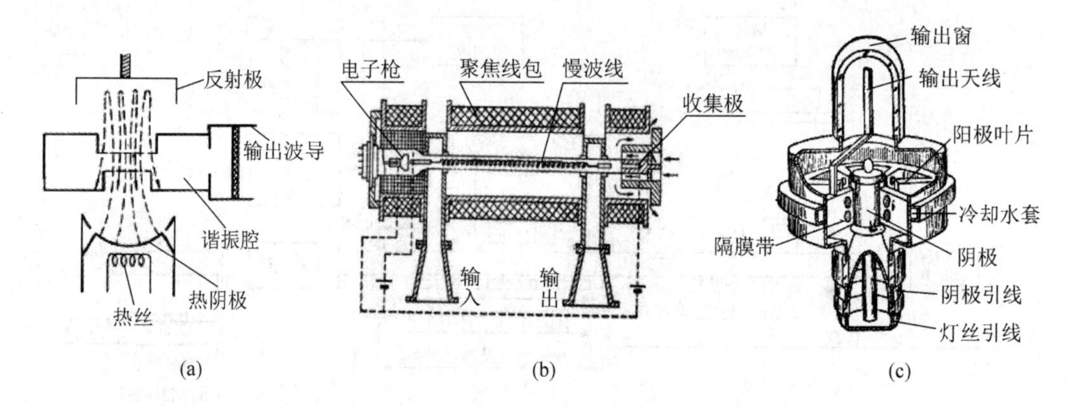

图 3.1.4　几种常用微波信号源的结构示意图

(a) 速调管结构；(b) 返波管结构；(c) 磁控管结构

通常选用衰减量约为 10 dB 的固定或可变衰减器来代替。设接入衰减量为 10 dB 的普通衰减器，即使考虑最坏情况，即终端短路时产生全反射，反射波再回到微波信号源要衰减 20 dB，功率相当于原来输出功率的 1%，可见隔离器能大大减小牵引现象。

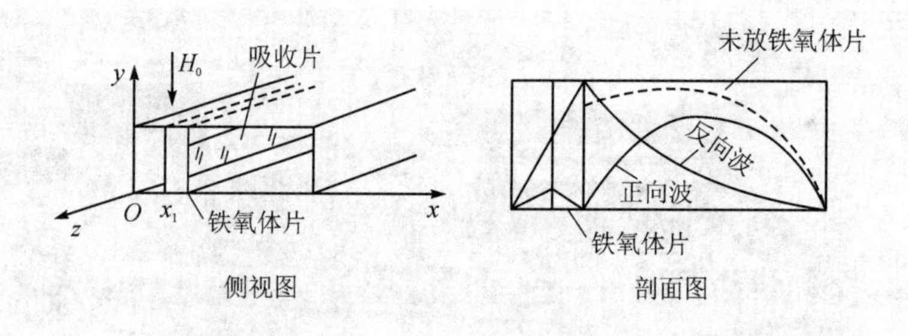

图 3.1.5　隔离器结构示意图

3. 波长计

频率指示设备一般采用波长计，也可用数字频率计、外差式频率计等，以指示测试信号的频率。注意：用波长计测完频率之后，波长计要偏离谐振点，以免影响测试信号的稳定性，波长计要求腔体 Q 值高，曲线尖锐。常用的波导波长计的结构如图 3.1.6 所示。根据不同结构，波导波长计又分为通过式和吸收式，相应的电路模型和通带如图 3.1.7(a)和图 3.1.7(b)所示。

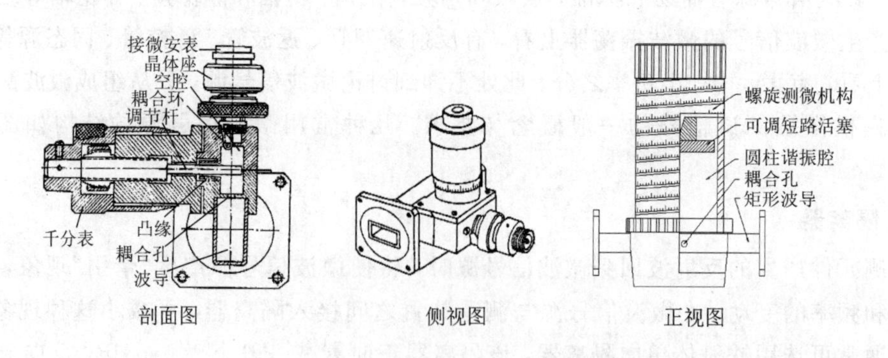

图 3.1.6　常用的波导波长计结构图

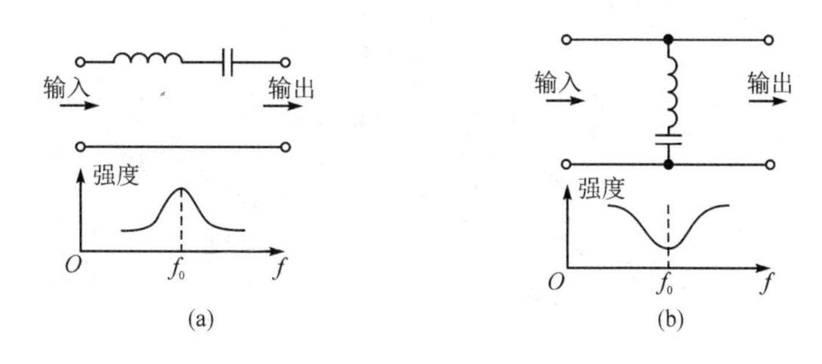

图 3.1.7 两种波导波长计

(a) 通过式；(b) 吸收式

4. 可变衰减器

可变衰减器用于调整测试信号的功率或电平大小。其指标要求有工作频带、源驻波比($\rho_g \leqslant 1.02$)、起始衰减量、衰减范围及校正曲线等。可变衰减器分为吸收式和截止式两种，吸收式是在介质片上涂抹石墨或镍铬合金用于吸收信号。图 3.1.8 和图 3.1.9 显示了几种波导吸收式衰减器。图 3.1.9 所示的圆波导极化衰减器衰减范围大，可精密测量衰减量，测量公式为 $A = -40\lg|\cos\theta|$。图 3.1.8 和 3.1.9 所示衰减器的衰减范围为，尖刀形：0～35 dB；铡刀形：0～kS(S 为铡刀形衰减器吸收片进入波导的面积，k 为衰减系数)；圆波导极化：0～∞ dB。截止式是插入一段尺寸较小的传输线段，使电磁波在此段中处于截止状态下，传播常数 γ 为纯实数，$\gamma = \alpha = \frac{2\pi}{\lambda_g}\sqrt{1-\left(\frac{\lambda_g}{\lambda}\right)^2}$，衰减量 $A = \alpha l \approx \frac{2\pi}{\lambda_g} l$。

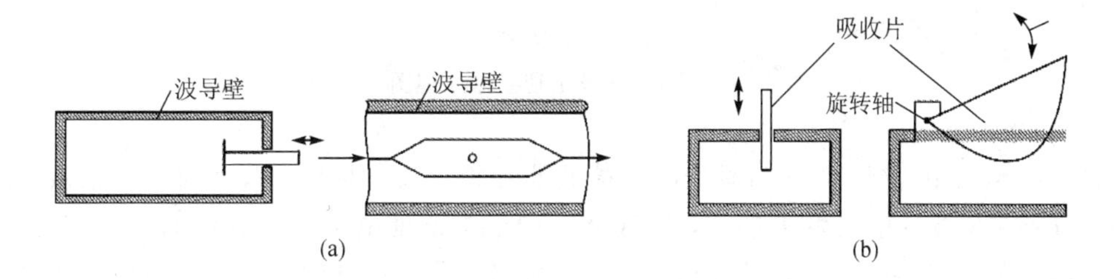

图 3.1.8 波导吸收式可变衰减器结构示意图

(a) 尖刀形衰减器；(b) 铡刀形衰减器

作为一个测试系统，从微波信号源到测量线之前的部分，即在提供测试信号的输出端之前的部分称为信号源部分。从信号源输出端向源端看去的源反射应该尽可能小，即信号源应尽可能匹配，通常要求源驻波比 ρ_g 小于 1.02(或小于 1.05)。

5. 测量线

测量线包含开槽线、耦合指示器和传动机构三个部分。

1) 开槽线

开槽线是在矩形波导宽边的中央开一条严格平行于纵向轴线的长条槽缝。它是与待测元件连接的一段波导传输线。开槽线的接入不应该对待测元件的性能产生任何影响。从这点出发，人们对开槽线的制造提出了机械加工要求，开槽线须经过专门制造。开槽线两端做成渐变形状或阶梯变换，以减少槽端反射。

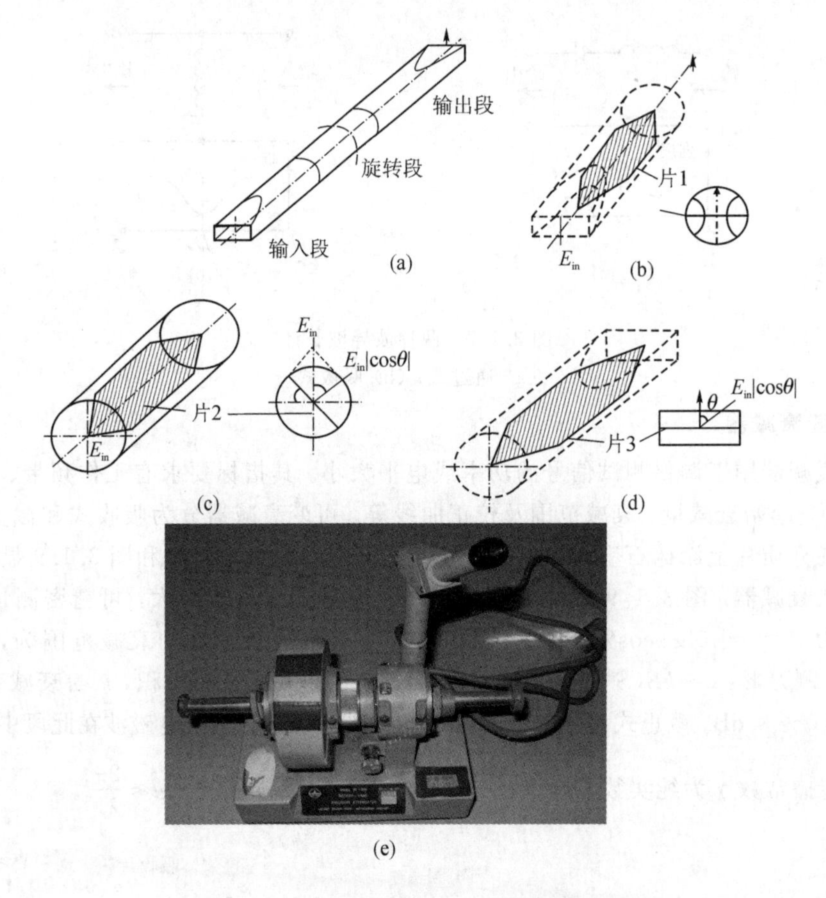

图 3.1.9　圆波导极化衰减器原理图及照片

2）耦合指示器

耦合指示器由探针、调谐腔体、晶体检波器和指示设备构成。探针通过开槽线伸进波导内，与所在位置的电场发生耦合，在探针上产生与该处电场强度成比例的感应电动势，该感动电动势经过探针的调谐腔体送至晶体检波器，晶体检波器把这个感应电动势的能量转换为直流电流或低频电流，最后用微安计、光点检流计或测量放大器来指示。

探针的几何尺寸要足够小，以使探针对场结构的影响可以忽略不计。探针的直径通常取 0.3～0.5 mm，探针可用磷铜丝镀银制成，伸入波导内的长度可调，一般取波导高度的5%～10%。探针上部的腔体为双腔调谐腔体，内同轴线的调谐活塞由一层极薄的氧化物绝缘物质构成，能形成很大电容，从而获得可靠的高频短路。从探针向同轴线看入，内外同轴线是串联的。探针上部的腔体也有制成单调谐腔体的。调谐活塞是为了调谐探针。

探针与开槽线之间设有舌套，舌套的作用是使探针移动时与开槽线之间的分布电容 C_2 保持恒定，以免测出的驻波图形失真。探针与波导底边的分布电容为 C_1，因为 $C_2 \gg C_1$，所以当探针移动时，如果 C_2 不稳定将破坏腔体谐振条件，从而使指示数据失真。加入舌套后，分布电容 C_2 保持恒定，因而起到屏蔽作用。舌套的另一个作用是能够屏蔽因探针与槽端的反射而产生的谐振现象。

3）传动机构

传动机构要保证探针沿槽缝中心移动时平稳，且在整个槽缝内穿入深度不变，进一步保证耦合恒定，使驻波最小点和最大点重复出现。如厘米波段的测量线，要求探针的平稳度和平行度均在 0.01 mm 左右。

波导测量线按不同精度分为三级，其中主要指标是合成电压驻波比，分别为小于1.01、小于 1.03、小于 1.05。

6. 辅助器件

辅助器件有短路片、短路活塞、调配器、匹配负载(ρ=1.02～1.003)等，都收纳于附件箱内。

3.1.2　探针调谐与晶体定标

探针等效电路如图 3.1.10 所示。将探针在均匀传输线中引入的不连续性等效为探针导纳，即 $Y_P=G_P+jB_P$，探针导纳跨接在等效双导线之间。

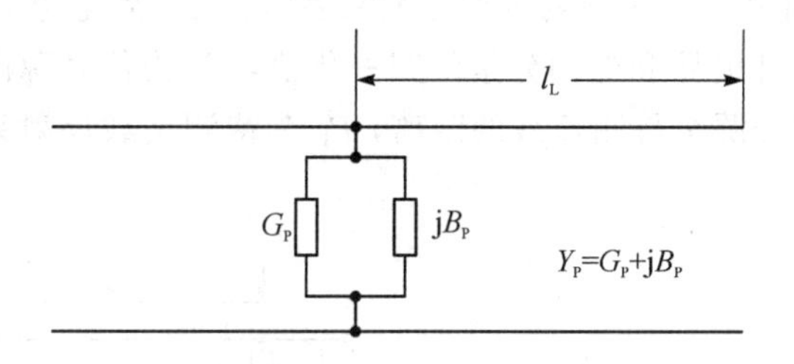

图 3.1.10　探针等效电路

使用测量线时，需要调整的部分主要是探针，并认为信号源与传输线是匹配的，即源导纳 $Y_g=G_g=1(\Gamma_g=0)$。探针处合成的驻波电压分析如下：

(1) 未插入探针时，入射波 u_i 遇待测负载而产生的反射波，反向传输回信号源，由于 $\Gamma_g=0$，该反射波被信号源吸收而不再反射，因此在传输线上探针处(图 3.1.10 中 l_L 处)的合成驻波电压为

$$u=u_i(1+\Gamma_L e^{-j2\theta}) \tag{3.1-1}$$

式中，$\theta=\beta l_L=(2\pi/\lambda_g)l_L$，$\lambda_g$ 为传输线波长，l_L 为探针至待测负载的距离。令入射波电压 $u_i=1$，则有

$$u=1+\Gamma_L e^{-j2\theta} \tag{3.1-2}$$

(2) 插入探针后(设 $\Gamma_g=0$)，根据等效电路概念，探针引入的不均匀性必然会产生反射波，与此同时还要拾取一小部分功率用于指示，因此探针可以等效为一个并联导纳 $Y_P=G_P+jB_P$，并跨接在双端匹配的等效双导线之间，如图 3.1.11(a)所示。探针引入的附加反射为

$$\Gamma_P=\frac{1-Y}{1+Y}=\frac{-Y_P}{2+Y_P} \tag{3.1-3a}$$

由于探针深度很浅，Y_P 很小，故

$$\Gamma_P=-\frac{G_P+jB_P}{2} \tag{3.1-3b}$$

当 $B_P=0$(探针调谐完善)时，有

$$\Gamma_P=-\frac{G_P}{2} \tag{3.1-3c}$$

信号源与负载两端理想无反射时，$Y_0=1$，此时探针等效电路及探针反射的信流图如图 3.1.11所示。

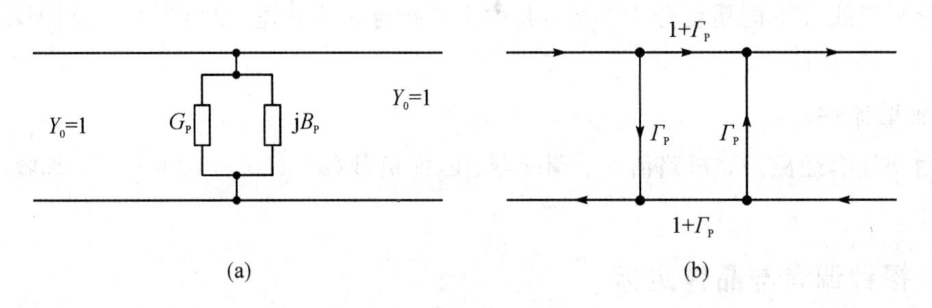

图 3.1.11　两端匹配的探针等效电路及其信流图

(a) 两端匹配的探针等效电路；(b) 信流图

测量线两端分别用恒流源和待测负载导纳来表示，其等效电路如图 3.1.12(a)所示。图中，G_P 和 B_P 分别是探针电导和电纳分量的归一化值，G_g 为信号源内电导归一化值，Y_L 为待测负载导纳，L 为信号源至待测负载的距离，Γ_L 为待测负载反射系数，Γ_g 为信号源反射系数。

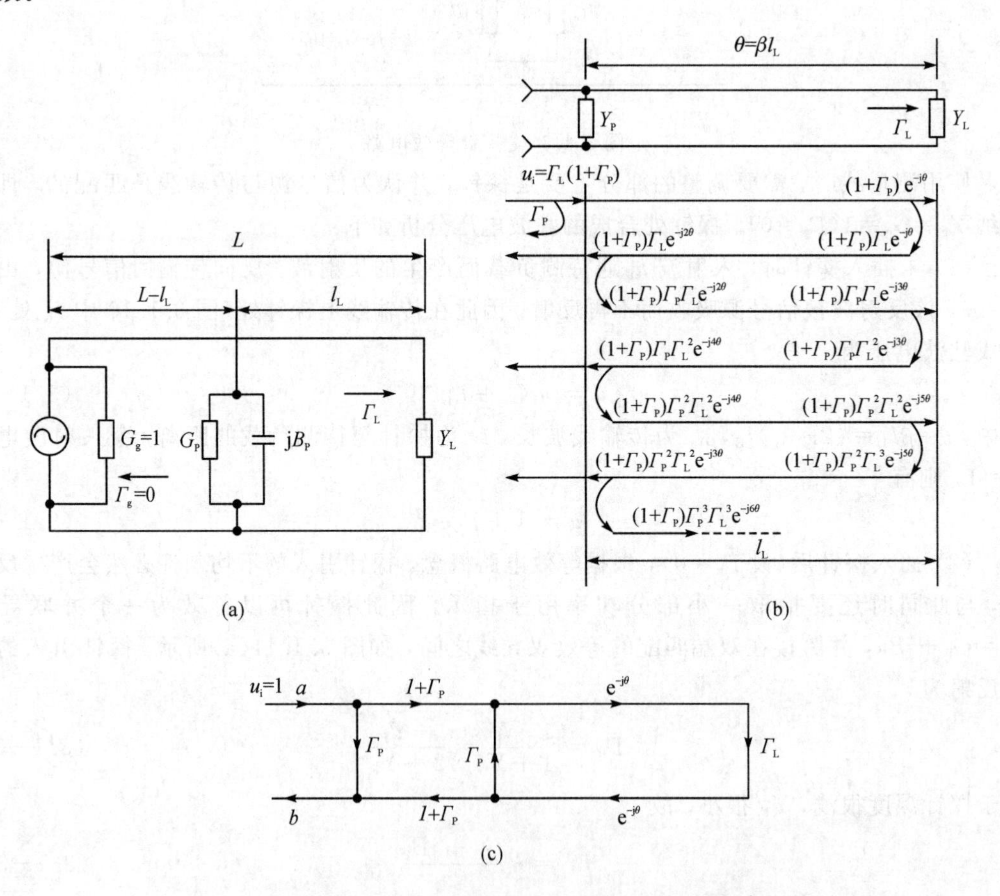

图 3.1.12　探针测量系统等效电路、插入探针后的物理过程及其信流图

(a) 探针测量系统等效电路；(b) $\Gamma_g=0$ 时，插入探针后的物理过程；(c) 信流图

图 3.1.12(b)表示 $\Gamma_g=0$ 时，插入探针后，测量电路中所发生的物理过程。多次反射稳定之后，利用级数求和就可求出探针处的驻波电压。可以预见，这时的驻波将不同于未插入探针时的驻波，即式(3.1-2)。物理过程的图解有助于理解概念，但计算较复杂。上述物理过程引入之后，驻波将采用与之对应的信流图(见图 3.1.12(c))来分析计算。

设探针处入射波和反射波电压分别用 a 和 b 表示。令$a=1$，由信流图解出

$$b=\Gamma_P+\frac{(1+\Gamma_P)^2\Gamma_L e^{-j2\theta}}{1-\Gamma_P\Gamma_L e^{-j2\theta}} \tag{3.1-4}$$

探针处合成的驻波电压为

$$\begin{aligned} u &= a+b=1+\Gamma_P+\frac{(1+\Gamma_P)^2\Gamma_L e^{-j2\theta}}{1-\Gamma_P\Gamma_L e^{-j2\theta}} \\ &= (1+\Gamma_P)(1+\Gamma_L e^{-j2\theta})\frac{1}{1-\Gamma_P\Gamma_L e^{-j2\theta}} \end{aligned} \tag{3.1-5}$$

比较式(3.1-5)与式(3.1-2)可知，若 $\Gamma_P=0$(即拔出探针)，则式(3.1-5)简化为式(3.1-2)。可见，只要测量传输线上的驻波，就必须用探针取样，而要取样，就会干扰真实波形，这就不可避免地引入了测量误差。

探针引入的干扰主要由式(3.1-5)的第三个因子引起，称为探针的加载效应，表现在它对驻波位置和驻波比 ρ_L 产生干扰作用。下面就根据式(3.1-5)分别来讨论这两个问题，以便从中得到减小这些误差的测量技巧。

3.1.3 探针电纳对驻波位置的影响

(1) 负载匹配时($\Gamma_L=0$)，式(3.1-5)化为

$$u=(1+\Gamma_P)=\left(1-\frac{G_P}{2}\right)-j\frac{B_P}{2} \tag{3.1-6a}$$

式(3.1-6a)说明传输线上的行波电压与探针位置无关，探针只是引起驻波电压振幅和相位的变化。

当探针调谐完善时，$B_P=0$，则有

$$u=1-\frac{G_P}{2} \tag{3.1-6b}$$

可见在谐振时由于探针的耦合(拾取能量)，行波电压振幅减小了。

(2) 一般情况 $\Gamma_L\neq0$，式(3.1-5)的第一因子$(1+\Gamma_P)$与探针位置无关，只引起驻波电压振幅减小，对测量驻波比无影响；第二因子为待测负载的真实驻波波形；第三因子对真实驻波波形的振幅和位置都有干扰作用，称为干扰因子。

由于 Γ_P 很小，对干扰因子取一级近似，则式(3.1-5)变为

$$u=(1+\Gamma_P)(1+|\Gamma_L|e^{-j(2\theta-\psi_L)})(1+|\Gamma_P\Gamma_L|e^{-j(2\theta-\psi_P-\psi_L)}) \tag{3.1-7a}$$

取绝对值并略去 Γ_P 的二次方项，得

$$|u|=|1+\Gamma_P|[1+|\Gamma_L|^2+2|\Gamma_L|\cos(2\theta-\psi_L)]^{\frac{1}{2}}[1+|\Gamma_L\Gamma_P|\cos(2\theta-\psi_P-\psi_L)] \tag{3.1-7b}$$

令 $\theta'=2\theta-\psi_L=4\pi(l_L-l_{M1})/\lambda_g=4\pi l'/\lambda_g$，$l_{M1}=\psi_L\lambda_g/4\pi$，$l_{M1}$是从负载到驻波第一个最大点的距离；$l'$是探针到驻波第一个最大点的距离。驻波最大点和最小点分别发生在 $\theta'=2k\pi$ 和 $\theta'=(2k+1)\pi$的位置，如图 3.1.13 所示。

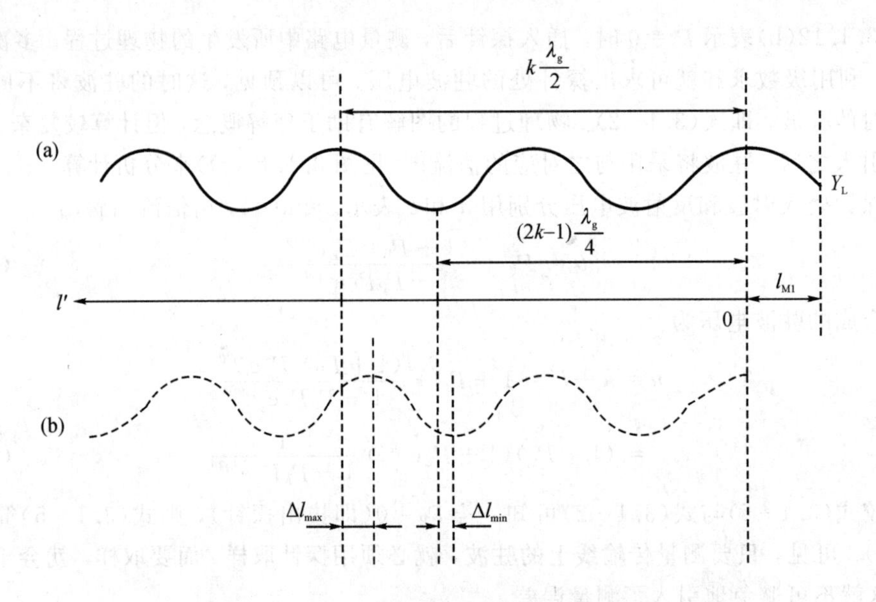

图 3.1.13　探针电纳对一般负载驻波位置的影响

(a) 待测负载的真实波形；(b) 探针电纳干扰后的波形

式(3.1-7b)可写为

$$|u| \approx |1+\Gamma_P|(1+|\Gamma_L|^2+2|\Gamma_L|\cos\theta')^{\frac{1}{2}}[1+|\Gamma_L\Gamma_P|\cos(\theta'-\psi_P)] \tag{3.1-7c}$$

令$\frac{d|u|}{d\theta'}=0$，由于$\Gamma_P \approx -\frac{1}{2}G_P-j\frac{1}{2}B_P=|\Gamma_P|\cos\psi_P+j|\Gamma_P|\sin\psi_P=|\Gamma_P|e^{j\psi_P}$，将$|\Gamma_P|\cos\psi_P=-\frac{1}{2}G_P$，$|\Gamma_P|\sin\psi_P=-\frac{1}{2}B_P$代入式(3.1-7c)，并略去小量，可得

$$\tan\theta' \approx -(1+|\Gamma_L|^2+2|\Gamma_L|\cos\theta')\times\frac{1}{2}B_P \tag{3.1-7d}$$

驻波最大点，和最小点分别发生在$\theta'_{max}\approx 2k\pi$，$\theta'_{min}\approx(2k-1)\pi$，$k=1, 2, \cdots$

当$\frac{d|u|}{d\theta'}=0$，解出的θ'并不等于$2k\pi$和$(2k+1)\pi$，而偏移一个小角度，即

$$\delta_{max}\approx(1+|\Gamma_L|)^2|\Gamma_P|\sin\psi_P=-(1+|\Gamma_L|)^2\frac{B_P}{2}$$

$$\delta_{min}\approx(1-|\Gamma_L|)^2|\Gamma_P|\sin\psi_P=-(1-|\Gamma_L|)^2\frac{B_P}{2}$$

则

$$\theta'_{max}\approx 2k\pi-(1+|\Gamma_L|)^2\frac{B_P}{2},\ \theta'_{min}\approx(2k-1)\pi-(1-|\Gamma_L|)^2\frac{B_P}{2} \tag{3.1-7e}$$

将$\theta'_{max}=\frac{4\pi}{\lambda_g}l'_{max}$，$\theta'_{min}=\frac{4\pi}{\lambda_g}l'_{min}$，$|\Gamma_L|=\frac{(\rho_L-1)}{(\rho_L+1)}$代入式(3.1-7e)，得

$$\Delta l_{max}=l'_{max}-k\frac{\lambda_g}{2}\approx-\frac{\lambda_g}{2\pi}\cdot\frac{\rho_L^2}{(\rho_L+1)^2}\cdot B_P \tag{3.1-8a}$$

$$\Delta l_{min}=l'_{min}-(2k-1)\frac{\lambda_g}{2}\approx-\frac{\lambda_g}{2\pi}\cdot\frac{1}{(\rho_L+1)^2}\cdot B_P \tag{3.1-8b}$$

可以得出：① 当探针调谐不完善且为容性失谐时，驻波最大点和最小点均向负载端偏离，$|\Delta l_{max}|>|\Delta l_{min}|$，最大点偏移量大于最小点偏移量，波形不对称，如图 3.1.13(b)所示，当失谐为感性时，驻波向信号源方向偏离。② 当探针调谐完善时，$B_P=0$，则有 $\Delta l_{max}=\Delta l_{min}=0$，探针对最大点和最小点的位置均无影响。③当待测终端为开路或短路(或终端接纯阻抗)时，$\rho_L\to\infty$，则有 $\Delta l_{min}=0$，$\Delta l_{max}=-\lambda_g B_P/(2\pi)$，这时波节点位置无偏移，波腹点位置偏离最大，如图 3.1.14(b)所示。但 $B_P=0$ 时，波腹点位置亦无偏移。

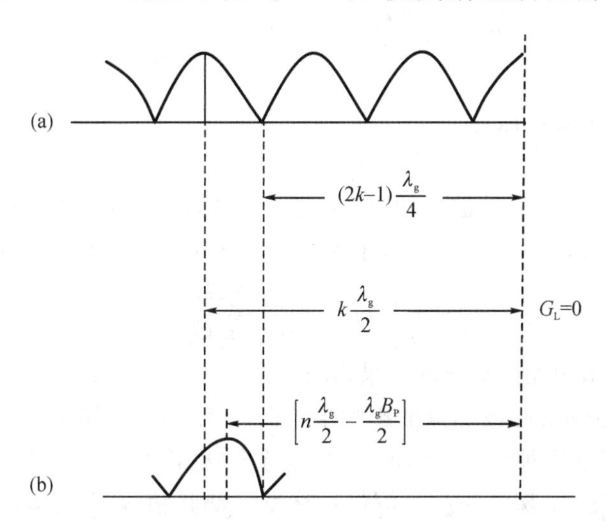

图 3.1.14　探针电纳对电抗负载驻波位置的影响

(a) 待测终端开路的真实波形；(b) 待测终端开路时 B_P 对驻波位置的影响

结论：波节点位移 Δl_{min} 总是小于波腹点位移 Δl_{max}；驻波比 ρ 愈大，Δl_{max} 愈大。此结论说明测量驻波位置时应当以波节点为依据，从而减小测量结果的误差。同时要注意探针调谐，当调谐完善时 $B_P=0$，可使 $\Delta l_{max}=\Delta l_{min}=0$。

探针的调谐方法是，在测量线的输出端接匹配负载，调节腔体活塞，使指示最大。若欲判断调谐是否“完善”，可用短路法来检验，即将测量线终端短路，用交叉读数法测出相邻两个波节位置，再测出最大点位置(最大点邻近取平均值)，并看它是否处在两个波节的平均位置上。若有能觉察的偏移量 Δl_{max}，说明 $B_P\neq 0$。此外，还可根据 Δl_{max} 的偏离方向判断 B_P 的性质，若 B_P 较大，应按上述方法进一步调谐探针。

3.1.4　探针电导对驻波比的影响

探针的引入不仅影响驻波位置，还影响驻波比的大小。由式(3.1-7c)可以看出，当 $\theta'=2k\pi$时，代表真实驻波的第二个因子变为最大，而干扰因子除使最大点位置稍有偏离之外，还使真实驻波的波腹值减小，即

$$|u|_{max}\approx|1+\Gamma_P|(1+|\Gamma_L|)(1+|\Gamma_L\Gamma_P|\cos\psi_P)$$

由式(3.1-3b)有 $\mathrm{Re}(\Gamma_P)=|\Gamma_P|\cos\psi_P=-\frac{G_P}{2}$，代入上式得出

$$|u|_{max}\approx|1+\Gamma_P|(1+|\Gamma_L|)(1-|\Gamma_L|\frac{G_P}{2})\tag{3.1-9}$$

同理，$\theta'=(2k+1)\pi$ 时，有

$$|u|_{\min} \approx |1+\Gamma_P|(1-|\Gamma_L|)(1+|\Gamma_L|\frac{G_P}{2}) \qquad (3.1-10)$$

观察式(3.1-9)和式(3.1-10)的第三个因子得知，前者小于1，后者大于1。其物理含义为：当 $B_P\approx0$ 时，驻波最大点减小得多，而最小点减小得少，结果使驻波比测量值始终比真实值要小。由式(3.1-9)和式(3.1-10)得出驻波比测量值的表达式为

$$\rho'_L=\frac{|u|_{\max}}{|u|_{\min}}\approx\rho_L\cdot\frac{1-\frac{|\Gamma_L|G_P}{2}}{1+\frac{|\Gamma_L|G_P}{2}} \qquad (3.1-11)$$

由于 G_P 很小，上式近似为

$$\rho'_L\approx\rho_L(1-|\Gamma_L|G_P) \qquad (3.1-12)$$

说明探针越短(G_P 越小)，对驻波比的影响越小。把式(3.1-12)中的 $|\Gamma_L|$ 转换成 ρ_L，并使用 $1-G_P\approx1/(1+G_P)$，$G_P\ll1$，再于分子和分母上分别略去一个小量 G_P，得到

$$\frac{\rho'_L}{\rho_L}=\frac{1+\rho_L+G_P}{1+\rho_L+\rho_L G_P} \qquad (3.1-13)$$

式(3.1-13)与用等效电路法导出的结果相同。

把探针电导、电纳对驻波测量的影响绘于图 3.1.15 中。图中绘出了三种探针电导的 (ρ'_L/ρ_L)-$(1/\rho_L)$ 曲线和两种探针电纳的“位置偏移量(电长度)-$(1/\rho_L)$”曲线，这些曲线说明待测元件的驻波比较大，探针深度越深(G_P 越大)，测量值 ρ'_L 比真实值减少得越多；而 B_P 越大(调谐不完善)，对位置偏移量影响越大。

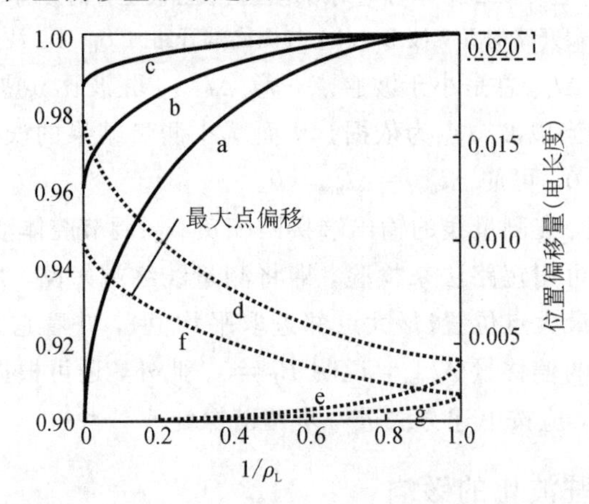

图 3.1.15　探针电导、电纳对驻波测量的影响(实线表示探针电导 $G_P(B_P=0)$ 对驻波比测量值 ρ'_L 的影响，曲线 a、b、c 分别表示 $G_P=0.1$，0.05，0.01 的情况；虚线表示 B_P 对最大点和最小点位置偏移量(电长度)的影响，曲线 d 和 e 对应于 $B_P=0.1$ 的情况，f 和 g 对应于 $B_P=0.5$ 的情况。)

综合 3.1.3、3.1.4 所述得出以下结论：

(1) 为了准确进行测量，探针的调谐是非常必要的，这不仅能得到高灵敏度的指示，而且能使驻波位置的测量误差最小(调谐完善时为零)。

(2) 由于 $\Delta l_{\min}<\Delta l_{\max}$，测量驻波位置时，必须以波节点位置 $D_{\min}$ 为依据，并用交叉读数进行测量，即在波节点位置 $D_{\min}$ 两端等指示值的位置 D_1、D_2 求平均，得到较准确的 $D_{\min}$。$D_{\min}=(D_1+D_2)/2$。为使 $D_{\min}$ 测量准确，还应适当增加信号源功率，使探针在最小点

邻近的两侧所取的等指示值最好接近指示仪表的半程。

(3) 探针插入深度通常取波导窄边的5%～10%，视指示设备的灵敏度高低灵活掌握，但一定尽可能使插入深度浅。还要注意当探针深度和使用频率改变时，要重新进行探针调谐。

3.1.5　晶体定标

如图3.1.16所示，晶体二极管的检波电流(或检波器输出负载上的电压降)与探针拾取的驻波电压(称为拾取电压)并非直线关系。根据理论分析和实际使用可知，一般地，它们在低电压范围近似平方律关系，在高电压范围近似直线关系。此外，检波特性还与温度有关。因此在测量之前需要对晶体检波特性进行定标，即测出 $I-U$ 曲线，或找出检波率经验公式。

设检波电流 I 与拾取电压 U 的一般关系式为

$$I = c \cdot U^n \tag{3.1-14}$$

式中，c 为常数；n 为检波率；U 为拾取电压，它与探针的耦合电场强度成正比。n 随 U 有时按分段变化。

晶体定标曲线的测定方法是，将测量线输出端短路，根据传输线内的驻波分布规律进行测量。当终端短路时，传输线上驻波电压的纵向分布如图3.1.17所示，驻波电压表达式为

$$U = U_m \sin \frac{2\pi \bar{d}}{\lambda_g} \tag{3.1-15}$$

式中，λ_g 为传输线波长，d 是以波节点为零点向两侧最大值 U_m 方向传输的距离，$\bar{d}=(d+d')/2$。

驻波电压的相对值为

$$U' = \frac{U}{U_m} = \sin \frac{2\pi \bar{d}}{\lambda_g} \tag{3.1-16}$$

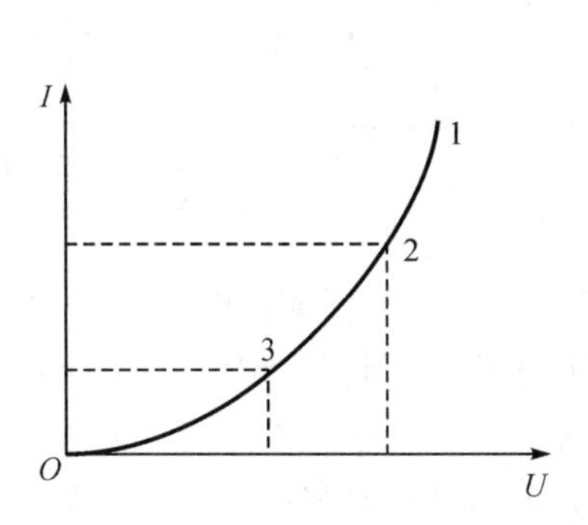

图3.1.16　晶体二极管检波特性图

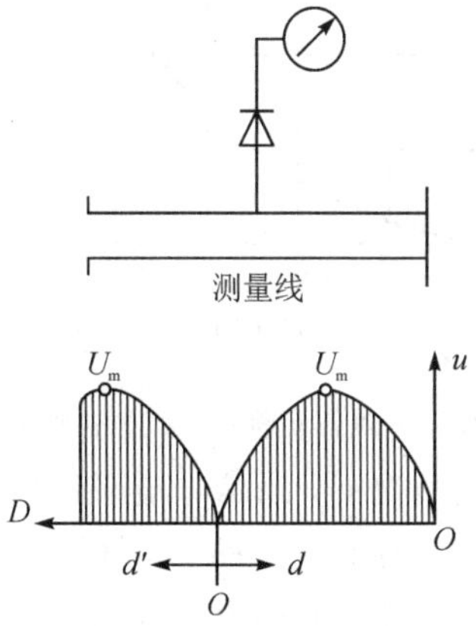

图3.1.17　晶体定标测定方法

将式(3.1-16)代入式(3.1-14)，有

$$I' = \frac{I}{I_{max}} = \left(\sin \frac{2\pi \bar{d}}{\lambda_g}\right)^n = (U')^n \tag{3.1-17}$$

式中，I'为检波器相对于驻波的最大点读数。

若把测量数据绘在双对数直角坐标上，就可以直接从图上求出检波率 n，还能判断有

无分段特性。对式(3.1-17)取对数得出

$$n=\frac{\lg I'}{\lg U'} \tag{3.1-18}$$

例如，探针深度为 0.5 mm，频率为 9660 MHz，$I_{max}=100$ 格，$\lambda_g=42.00$ mm(用交叉读数法测出)，晶体定标数据列于表 3.1.1 中。

表 3.1.1　晶体定标数据

$I'\times100$	0.0	2.0	5.0	10.0	20.0	30.0	40.0	50.0	60.0	70.0	80.0	90.0	100.0
$\bar{d}_k$/mm	0.00	1.10	1.65	2.40	3.40	4.20	4.90	5.60	6.30	6.95	7.75	8.65	10.50
$U'\times100$	0.0	16.4	24.4	35.2	48.8	58.8	66.9	74.3	80.9	86.2	91.6	94.6	100.0

在直角坐标上绘出的光滑曲线，如图 3.1.18 所示，即为晶体定标曲线。在双对数坐标上绘出曲线，求得检波率 $n=85/39=2.18$(见图 3.1.19)，即 $U'=(I')^{1/2.18}$。

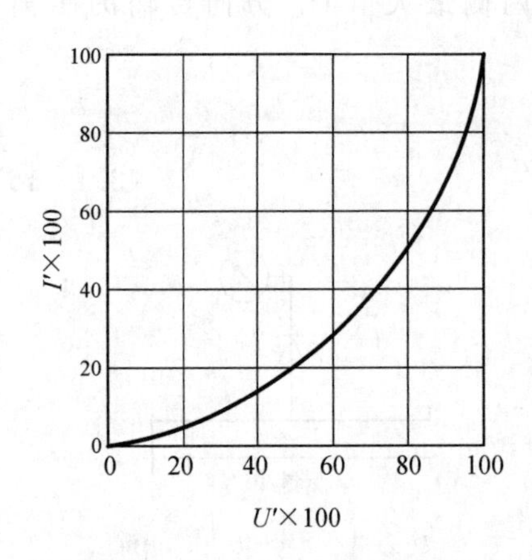

图 3.1.18　晶体定标曲线(直角坐标)

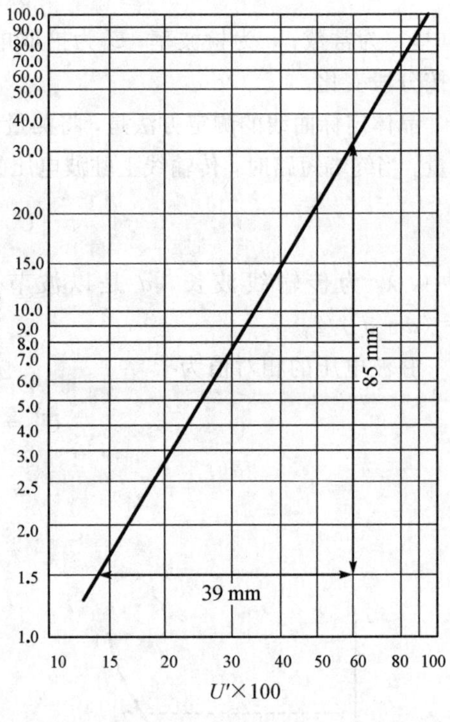

图 3.1.19　作图法求晶体检波率(双对数坐标)

一般情况下，当信号电平比较小时，如主线传输功率不大于 10 mW(10 dBm)，探针深度不大于波导高度 b 的 15%(耦合衰减远大于 20 dB)，则晶体检波器的电平不大于 10 μW(-20 dBm)时，可以认为不超过平方律范围(按检波输出计，通常认为调制波输出电压不大于几毫伏，连续波输出电流不大于 10 μA 时，$n=2$)。作为正式测量，若要求 $n=2$，晶体检波器必须进行调整，并用定标法核对之后才能使用。另一种较好的办法是把晶体定标数据与计算机相结合，用拟合法求其检波公式，以提高数据处理的速度和精度。

注意：在上述测量中，实际包括测量放大器的非线性误差；由于晶体二极管一致性误差大，所以当更换指示仪器和晶体之后，都必须绘出新的定标曲线；此外，检波特性随时间、温度变化较大，定标工作应该经常进行。

3.2　驻波比测量

3.2.1　直接法测量驻波比

当测量线调整好之后，且已知检波特性或定标曲线时，把待测元件接在测量线输出端，移动探针，测出I_{max}和I_{min}，从定标曲线上查出U'_{max}和U'_{min}，则驻波比为

$$\rho=\frac{U'_{max}}{U'_{min}} \tag{3.2-1}$$

$$\rho=\left(\frac{I'_{max}}{I'_{min}}\right)^{1/n} \tag{3.2-2}$$

上例中，测得某负载的$I_{max}=90.0$格，$I_{min}=66.0$格，由定标曲线(见图3.1.19)查得$U'_{max}=0.950$，$U'_{min}=0.835$，则驻波比$\rho=0.950/0.835=1.14$。若用式(3.2-2)求解，得$\rho=(90.0/66.0)^{1/2.18}=1.15$，两者基本一致。

直接法测量驻波比的范围，受限于指示设备的动态范围。对于指针仪表，它们的满度通常为100分格(有的是120分格)。使用此类仪表，若按半量程以上使用，按平方律估计，则可测驻波比最大范围为$\sqrt{1/0.5}=1.4$，若按3/4的量程使用，则$\sqrt{1/0.25}=2$。因此，对于不变换量程的指针仪表，可测驻波比范围为$\rho<2$。若用测量放大器，在注意各档的零点校准和检波率变化的情况下，可测范围有所增加。直接法通常可测6以下的驻波比。

在测量2以下的中小驻波比时，信号电平较小时，基于上述的检波晶体工作于平方律范围，在粗略测量中，可按$n=2$简单计算。

3.2.2　等指示宽度法测量驻波比

当$\rho>6$时，直接法测量驻波比主要限制如下：

(1) 最大点与最小点相差悬殊。要正常指示最小点I_{min}，就不能指示出最大点I_{max}(已经超出量程)，即使勉强读出数据，由于I_{min}在很低量程范围，其测量结果必然误差很大；

(2) 检波率不恒定。

因此，当待测驻波比ρ超出直接法测量范围，需使用等指示宽度法或其他合适的方法。

等指示宽度法是在驻波比最小点I_{min}附近测量数据，再根据驻波分布规律，求其驻波比的，因此，可以克服上述限制。

图3.2.1给出了传输线内的驻波图形。由式$u=[1+|\Gamma|^2+2|\Gamma|\cos(\psi-2\beta D)]^{\frac{1}{2}}$知，最小点($\psi-2\beta D=\pi$)的相对电压为

$$u_{min}=(1+|\Gamma|^2-2|\Gamma|)^{1/2}=1-|\Gamma| \tag{3.2-3}$$

由检波特性(见式(3.1-14))知

$$I_{min}=c'[1-|\Gamma|]^n \tag{3.2-4}$$

其中，c'为常数。从最小点向两侧移动探针，使电流读数均为最小点读数的k倍，即kI_{min}。设等

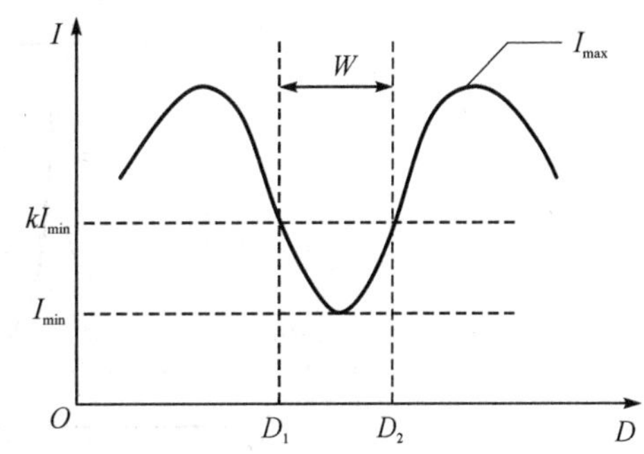

图3.2.1　等指示宽度法

指示点的宽度为 W，则该处相对电压为

$$u = \left[1 + |\Gamma|^2 - 2|\Gamma|\cos\left(\frac{2\pi W}{\lambda_g}\right)\right]^{1/2}$$

由检波特性知

$$kI_{\min} = c'\left[1 + |\Gamma|^2 - 2|\Gamma|\cos\left(\frac{2\pi W}{\lambda_g}\right)\right]^{n/2} \tag{3.2-5}$$

由式(3.2-5)和式(3.2-4)求出 k，利用公式 $\cos(2\theta)=2\cos^2(\theta)-1$ 及 $|\Gamma|=(\rho-1)/(\rho+1)$，求出

$$\rho = \frac{\sqrt{k^{2/n} - \cos^2(\pi W/\lambda_g)}}{\sin(\pi W/\lambda_g)} \tag{3.2-6}$$

式中，k 为测量点读数与最小点读数 $I_{\min}$ 的倍数，n 为检波率，$W=D_2-D_1$。

若 $k=2$(二倍最小点法)，且 $n=2$，则有

$$\rho = \sqrt{1 + \left[\frac{1}{\sin^2(\pi W/\lambda_g)}\right]} \quad (n=2,\ k=2) \tag{3.2-7}$$

对于大驻波比($\rho \geqslant 10$)，W 很小，有

$$\rho \approx \frac{\lambda_g}{\pi W} \quad (n=2,\ k=2) \tag{3.2-8}$$

由上式可以看出，W/λ_g 随驻波比 ρ 的增大而很快地减小。当 W/λ_g 值小于 0.05 时，曲线有陡峭斜率，这时 W/λ_g 的测量误差对 ρ 影响很大，因此在测量 W 时，必须使用高精度指示装置(如百分表等)才能较准确地测量 ρ 值。

例如，移动探针读得 $I_{\min}=46$ 格，$kI_{\min}=92$ 格，两个等指示点位置刻度 $D_1=53.481$ mm，$D_2=55.081$ mm，$\lambda_g=32.000$ mm，检波率 $n=1.8$，由式(3.2-6)算得 $\rho=6.97$。

推广等指示宽度法可以得到"二等指示宽度法"，具体方法介绍如下。

二等指示宽度法的测量线路同等指示宽度法的，沿传输线的驻波电压分布如图 3.2.2 所示。移动探针在"波节"附近测量等指示为 I_1、I_2、I_3 的等指示宽度(W_1、W_2、W_3)，且使 I_1、I_2、I_3 为等比数列，即 $\frac{I_3}{I_2}=\frac{I_2}{I_1}$。

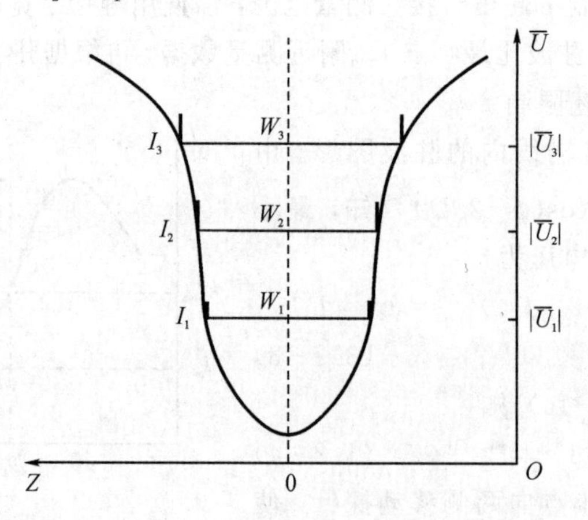

图 3.2.2 二等指示宽度法

由 3.2.2 节所述，有

$$\left(\frac{|\bar{u}_i|}{|\bar{u}|_{\min}}\right)^2=(\rho^2-1)\sin^2\left(\frac{\pi W_i}{\lambda_g}\right)+1\quad (i=1,2,3)$$

再由$\frac{I_3}{I_2}=\frac{I_2}{I_1}$，可得

$$\frac{|\bar{U}_3|}{|\bar{U}_2|}=\frac{|\bar{U}_2|}{|\bar{U}_1|}$$

即

$$\frac{(\rho^2-1)\sin^2\left(\frac{\pi W_3}{\lambda_g}\right)+1}{(\rho^2-1)\sin^2\left(\frac{\pi W_2}{\lambda_g}\right)+1}=\frac{(\rho^2-1)\sin^2\left(\frac{\pi W_2}{\lambda_g}\right)+1}{(\rho^2-1)\sin^2\left(\frac{\pi W_1}{\lambda_g}\right)+1}$$

解得

$$\rho=\sqrt{\frac{\cos^4\left(\frac{\pi W_2}{\lambda_g}\right)-\cos^2\left(\frac{\pi W_3}{\lambda_g}\right)\cos^2\left(\frac{\pi W_1}{\lambda_g}\right)}{\sin^4\left(\frac{\pi W_2}{\lambda_g}\right)-\sin^2\left(\frac{\pi W_3}{\lambda_g}\right)\sin^2\left(\frac{\pi W_1}{\lambda_g}\right)}}\tag{3.2-9}$$

二等指示宽度法的测量步骤与等指示宽度法的基本相同，三个电流值要求成比例。

三等指示宽度法不受检波电流显示仪表限制，不用进行晶体定标，且可测量超大驻波比。

其他等指示宽度法(二倍最小点法)：

$$k=\frac{I_k}{I_{\min}}=2$$

如果 $n=2$，则有

$$\rho=\sqrt{1+\frac{1}{\sin^2\left(\frac{\pi W}{\lambda_g}\right)}}\tag{3.2-10}$$

$\rho\geqslant 10$ 时，可近似 $\rho\approx\frac{\lambda_g}{\pi W}$。

3.2.3　功率衰减法测量驻波比

功率衰减法测量驻波比是一个简便而准确的方法。它的测量准确度主要取决于标准可变衰减器的校准误差和测量线路的适配误差，与检波率 n 无关。功率衰减法是利用标准可变衰减器测量驻波最大点和最小点的电平差，由电平差(分贝差)来计算驻波比的，它可以测量任意驻波比。

功率衰减法测量驻波比的实验线路如图 3.2.3(a)所示。设信号源送入标准可变衰减器的入射波电压为 u_0^+，通过波为 u_1^+，由待测元件产生的反射波为 Γu_1^+，则在测量线内 u_1^+ 和 Γu_1^+ 形成驻波。第一次把探针置于驻波最小点位置，有 $u_{\min1}=u_1^+(1-|\Gamma|)$，调节检波器的灵敏度，使其指到某一明确且易于计算的读数，同时读得衰减量 $A_{\min}$，则有

$$A_{\min} = 20\lg\left[\frac{|u_0^+|}{u_1^+}\right] = 20\lg\left[\frac{|u_0^+|(1-|\Gamma|)}{|u_{\min 1}|}\right] \tag{3.2-11}$$

第二次把探针调到驻波最大点位置，同时增加衰减量，使 $u_{\max 2}=u_{\min 1}$，即第二次检波器读数与第一次相等，这时读取衰减量 $A_{\max}$，有

$$A_{\max} = 20\lg\left[\frac{|u_0^+|}{|u_2^+|}\right] = 20\lg\left|\frac{u_0^+(1+|\Gamma|)}{u_{\max 2}}\right| \tag{3.2-12}$$

因此，有

$$A_{\max} - A_{\min} = 20\lg\rho \tag{3.2-13}$$

或

$$\rho = 10^{(A_{\max}-A_{\min})/20} \tag{3.2-14}$$

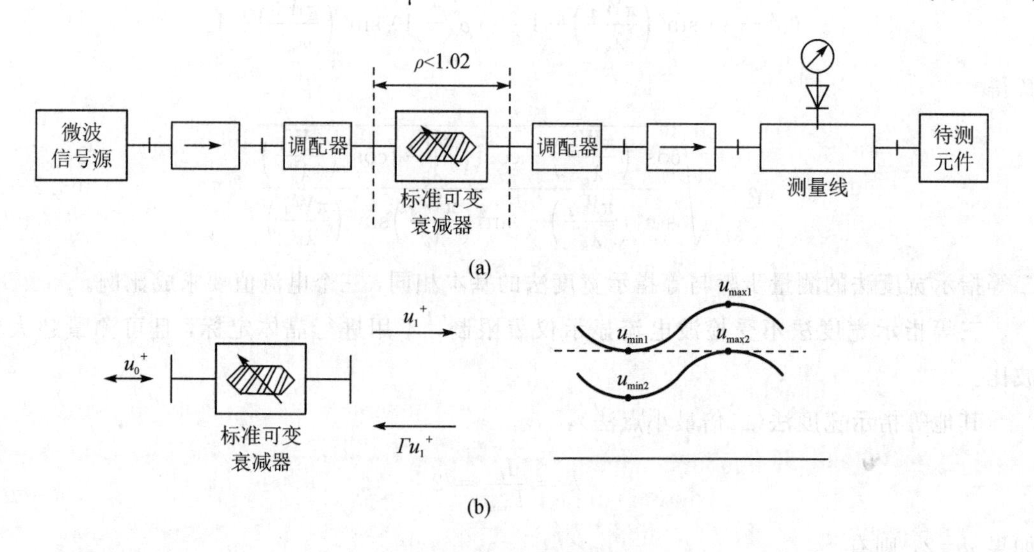

图 3.2.3　功率衰减法测量驻波比

功率衰减法是由标准可变衰减器改变入射波振幅(或功率)使检波器读数不变来测量驻波最大点和最小点的电平差的。因此它的测量精度主要取决于标准可变衰减器的精度、测量系统的匹配程度，与检波率无关。所谓测量系统的匹配程度是指标准可变衰减器前后两端保持匹配，否则会引入衰减的失配误差，为此常加入两个调配器(见图 3.2.3(a))，在测量之前先把两边的驻波比 ρ 调到 1.02 以下。

例如，用功率衰减法测得驻波最小点和最大点的衰减量分别为 $A_{\min}=0.2$ dB，$A_{\max}=28.2$ dB，由式(3.2-14)可算出 $\rho=10^{\frac{28.0}{20}}=25.1$。

如果信号源有足够大的功率，或者应用高灵敏度的微波频谱分析仪或微波超外差接收机作探针指示装置，就能指示出微弱的电平，同时，如果标准可变衰减器又有足够大的变化范围，那么此法就能够测出高达 1000 的驻波比。

3.2.4　滑动小反射负载法测量驻波比

由图 1.2.6(a)可知，双口网络驻波比的测试，只要在输出端口接入匹配负载，就可按单口网络测试驻波比方法进行。但测量极小反射的双口网络的驻波比，前文所述的直接法

和功率衰减法在测量时有两个困难：

(1) 不易准确指示出测量线中很小的场强变化。

(2) 难以得到“完全匹配”的终端负载，而这个终端负载的反射将影响测量结果的准确度。

接下来将讨论能克服这些困难的测量方法，即滑动小反射负载法。

1. 测量线路和原理

针对匹配负载存在小反射的实际情况，设法把负载反射与待测网络的反射分离开，最常用的方法便是滑动负载，称为滑动小反射负载法。该方法测量线路如图 3.2.4(a)所示。测量线中的反射波由待测元件的小反射(Γ_L)和滑动负载的小反射(Γ'_L)组成，并与入射波形成驻波。滑动负载中 Γ'_L 的相位改变，而待测元件的小反射 Γ_L 的相位固定不变。设 $|\Gamma'_L|<|\Gamma_L|$(如图 3.2.4(b)所示)，当 Γ'_L 与 Γ_L 相同时，有 $\Gamma_{max}=|\Gamma_L|+|\Gamma'_L|$，相反时，有 $\Gamma_{min}=|\Gamma_L|-|\Gamma'_L|$。于是求出 $|\Gamma'_L|<|\Gamma_L|$ 时，$|\Gamma_L|$ 和 $|\Gamma'_L|$ 的解分别为

$$|\Gamma_L|=\frac{(\Gamma_{max}+\Gamma_{min})}{2} \tag{3.2-15a}$$

$$|\Gamma'_L|=\frac{(\Gamma_{max}-\Gamma_{min})}{2} \tag{3.2-15b}$$

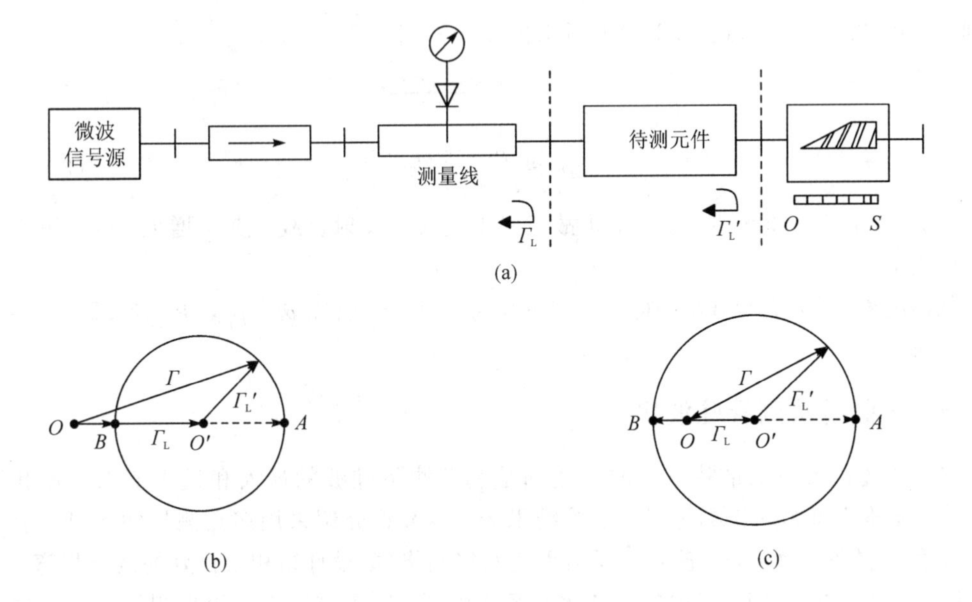

图 3.2.4 滑动小反射负载法测量驻波比

同理，求出 $|\Gamma'_L|>|\Gamma_L|$ 时(如图 3.2.4(c)所示)，$|\Gamma_L|$ 和 $|\Gamma'_L|$ 的解分别为

$$|\Gamma_L|=\frac{(\Gamma_{max}-\Gamma_{min})}{2} \tag{3.2-16a}$$

$$|\Gamma'_L|=\frac{(\Gamma_{max}+\Gamma_{min})}{2} \tag{3.2-16b}$$

由上可知，滑动小反射负载能把混合在一起的两个小反射波分离开。但欲按上述关系测量它们的大小，要先知道 $|\Gamma'_L|$ 和 $|\Gamma_L|$ 哪个大，以及两个小反射波什么时候同相或反相。

2. 测量方法

负载不动，沿全程移动探针，找出一组相邻的比值最大的检波指示最大值和最小值，然后把探针置于最大值位置，再反复移动负载和探针，直到无论是固定探针滑动负载，还是固定负载移动探针，指示均为最大值为止。这时 Γ'_L 与 Γ_L 达到同相位，总的驻波比达到最大。之后，把负载固定到此位置，移动探针，测出最大驻波比 $\rho_{max}=(1+|\Gamma_{max}|)/(1-|\Gamma_{max}|)$，由于 $|\Gamma_{max}|$ 也很小，有

$$\rho_{max}\approx 1+2(|\Gamma_L|+|\Gamma'_L|) \tag{3.2-17}$$

把负载移动 $\lambda_g/4$ 的距离，使 Γ_L 与 Γ'_L 由原来的同相变为反相，总驻波比变为最小，这时再移动探针，测出最小驻波比 ρ_{min}。ρ_{min} 与 Γ_L 有如下关系：

$$\rho_{min}\approx 1+2(|\Gamma_L|-|\Gamma'_L|)\quad (|\Gamma'_L|<|\Gamma_L|) \tag{3.2-18}$$

$$\rho_{min}\approx 1+2(|\Gamma'_L|-|\Gamma_L|)\quad (|\Gamma'_L|>|\Gamma_L|) \tag{3.2-19}$$

由式(3.2-17)与式(3.2-18)可求出 $\rho'_L<\rho_L$ 时待测元件的驻波比 ρ_L 和滑动负载的驻波比 ρ'_L 分别为

$$\rho_L\approx\frac{\rho_{max}+\rho_{min}}{2} \tag{3.2-20a}$$

$$\rho'_L\approx 1+\frac{\rho_{max}-\rho_{min}}{2} \tag{3.2-20b}$$

同理，由式(3.2-17)与式(3.2-19)可求出 $\rho'_L>\rho_L$ 时 ρ_L 和 ρ'_L 分别为

$$\rho_L\approx 1+\frac{\rho_{max}-\rho_{min}}{2} \tag{3.2-21a}$$

$$\rho'_L\approx\frac{\rho_{max}+\rho_{min}}{2} \tag{3.2-21b}$$

若 ρ'_L 和 ρ_L 的大小无法区别时，可故意错位连接小反射负载，使 ρ_L 增大，两次测量不变的值即为 ρ'_L。

例如用滑动小反射负载法测得 $\rho_{max}=1.19$，$\rho_{min}=1.08$，已知 $\rho'_L<\rho_L$，由式(3.2-20a)求出 $\rho_L=1.14$。

3.2.5 *S* 曲线法测量驻波比

前面讨论的四种测量驻波比的方法都是基于测量驻波的最大和最小值来确定驻波比的，并且基本上都是一次测量得出实验结果的。本节将介绍采用多点测量的 *S* 曲线法，该方法具有数据平均意义，在测量小反射无耗双口网络(如设计得相当良好的波导拐弯、扭波导、接头、开槽线、过渡段等)的驻波比时经常用到。这个方法也能用来测量互易无耗双口网络的任意驻波比，但更经常的还是用来测量互易无耗双口网络的小驻波比。*S* 曲线法属于半精密测量。

1. 测量线路和原理

S 曲线法测量驻波比的测量线路如图 3.2.5 所示，在待测双口网络输出端不接匹配负载，而接可移动短路活塞。设信号源匹配，当入射波传到待测元件时，假定它不产生反射，即无衰减(无耗网络)地通过待测元件。入射波通过待测元件再由短路活塞全部反射回来，并在传输线 L_1 和 L_2 中形成纯驻波。如果在这种情况下移动短路活塞，那么，L_1 中的波节

点位置将与活塞移动的距离成比例变化，这就好像用活塞向前推动或向后牵拉驻波一样。但是实际上待测网络是有反射的，这时，当入射波传到待测网络时，将有部分能量反射回去，剩下的能量仍无衰减地通过(无耗网络)，并由活塞全部反射回来，这个反射波遇到待测网络(假定输出端亦不匹配)，则仍是部分通过，部分再次反射，这样经过多次反射，在 L_2 中将形成纯驻波。在 L_1 中的反射波则是第一次待测元件的反射波与 L_2 中多次反射回来的反射波之和，这个合成的反射波与原来的入射波再合成为 L_1 中的纯驻波，如图 3.2.6(b)所示。显然，在 L_1 中驻波波节的位置与待测元件的反射、活塞的位置有关。移动活塞，L_1 中的波节位置与活塞移动的距离将不再是线性关系，而是与待测元件的反射大小有关的一种新的函数关系。如果把这个关系找到，也就不难通过 L_1 中波节位置和活塞距离之间的函数关系来求出待测元件的驻波比。而这个函数关系，可通过网络参数求得。

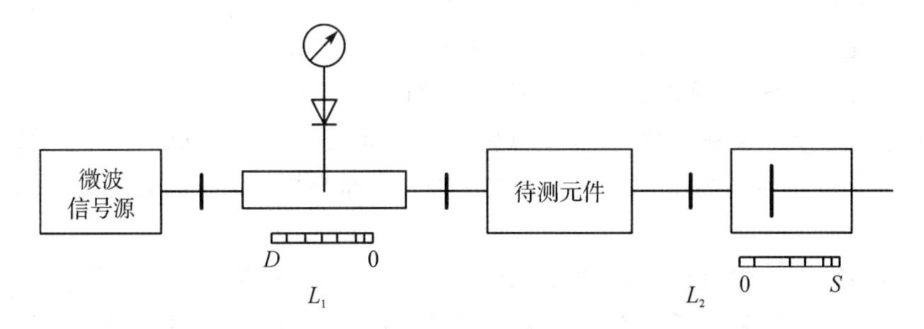

图 3.2.5　S 曲线法测量驻波比的测量线路

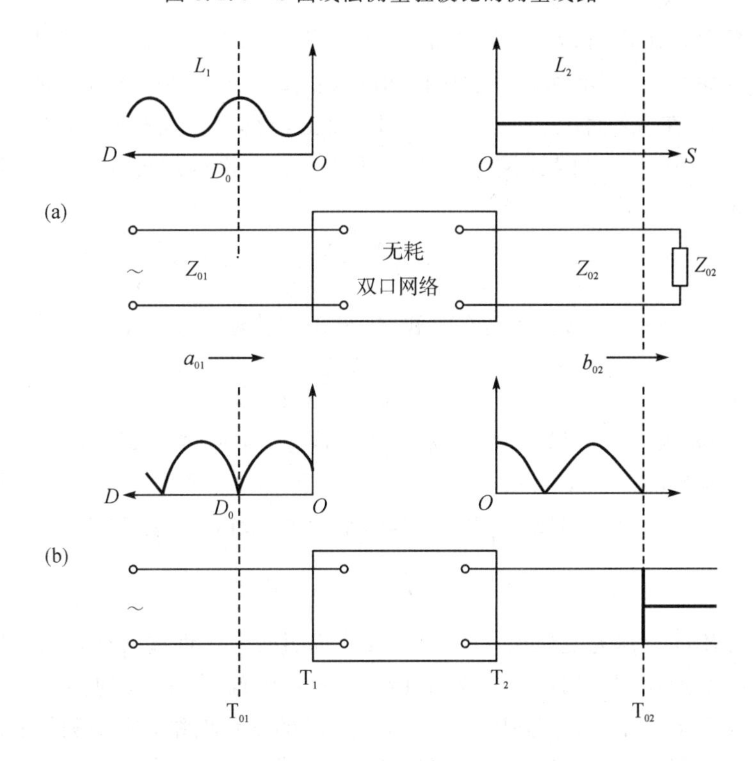

图 3.2.6　S 曲线法测量原理图示

(T_1 和 T_2 分别为待测网络的输入端和输出端；T_{01} 和 T_{02} 分别为输入端和输出端的特性端接面)

(a) 待测网络接匹配负载；(b) 待测网络接短路活塞

设待测网络无耗、互易，可用 $ABCD$ 传输参数表示，则有

$$U_1 = AU_2 + BI_2$$

$$I_1 = CU_2 + DI_2$$

式中，U_1、I_1 是网络输入端的电压和电流；U_2、I_2 是网络输出端的电压和电流。网络的输入阻抗为

$$Z_{in} = \frac{U_1}{I_1} = \frac{AU_2 + BI_2}{CU_2 + DI_2} \tag{3.2-22}$$

或

$$Z_{in} = \frac{A_1 Z_{out} + B_1}{C_1 Z_{out} + 1} \tag{3.2-23}$$

式中，$Z_{out}=U_2/I_2$，$A_1=A/D$，$B_1=B/D$，$C_1=C/D$，式(3.2-23)中有三个常数，需要给出三个条件才能确定并求出驻波比与节点位置的关系式，此三个条件如下：

(1) 在输出传输线 L_2 终端接上匹配负载。此时，L_2 中只有行波，在 L_1 中由于待测网络的反射而形成驻波，设驻波比为 ρ。把探针放在驻波最大点位置 D_0 上，D_0 处的截面记为 T_{01}，称为输入端的特性端接面。这时 L_1 中的驻波比 ρ 即为待测元件的驻波比，如图 3.2.6(a)所示。

(2) 在传输线 L_2 终端换接短路器(见图 3.2.6(b))。调整活塞位置，使在 D_0 位置上的探针指示为零，此时活塞位置记为 S_0，把 S_0 处的截面 T_{02} 称为输出端的特性端接面。

(3) 在 T_{02} 截面端接任意电抗 jX_{out}。

在下面分析中，取 D_0 和 S_0 作为基准面，即取两个特性端接面 T_{01} 和 T_{02} 之间的部分作为双口网络来求参数 A_1、B_1 和 C_1，然后再扣除长度 D_0、S_0，转变为 T_1 和 T_2 的待测网络。

由条件(2)知，在 T_{01} 面上，$Z_{in}=0$，在 T_{02} 面上，$Z_{out}=0$，由式(3.2-23)有 $B_1=0$；由条件(3)知，$Z_{out}=jX_{out}$。因为网络无耗，所以 Z_{in} 也必然是纯电抗，设 $Z_{in}=jX_{in}$。由式(3.2-23)有

$$jX_{in} = \frac{A_1(jX_{out})}{C_1(jX_{out}) + 1} \tag{3.2-24}$$

再由条件(1)知，$Z_{in}=\rho Z_{01}$，$Z_{out}=Z_{02}$(Z_{01} 和 Z_{02} 分别为传输线 L_1 和 L_2 的特性阻抗)，有

$$\rho Z_{01} = \frac{A_1 Z_{02}}{C_1 Z_{02} + 1} \tag{3.2-25}$$

式(3.2-24)要求 C_1 为虚数、A_1 为实数才能成立，式(3.2-25)则要求 C_1 和 A_1 都为实数才能成立。因此，$C_1=0$，再由式(3.2-25)可得 $A_1=\rho Z_{01}/Z_{02}$，将 A_1 连同 $B_1=0$ 及 $C_1=0$代入式(3.2-23)可得出以 T_{01} 和 T_{02} 为基准面的无耗网络表达式：

$$Z_{in} = \rho \frac{Z_{01}}{Z_{02}} Z_{out} = n^2 Z_{out} \tag{3.2-26}$$

式中，$n^2=\rho Z_{01}/Z_{02}$，n 称为变压比。式(3.2-26)说明两个特性端接面之间可以等效为变压器网络，有阻抗变换作用，如图 3.2.7(a)所示。由特性端接面再转换到待测元件的输入、输出端面还应减去 D_0 和 S_0，得到图 3.2-7(b)所示的正切网络。在该测量系统中，设把短路活塞拉到任一位置 S，此时 L_1 上的波节位置为 D，则由特性端接面 T_{02} 和 T_{01} 看来有

$$Z_{out} = jZ_{02}\tan\beta_2 \times (S - S_0)$$

和

$$Z_{in}=jZ_{01}\tan\beta_1(D_0-D)=-jZ_{01}\tan\beta_1(D-D_0)$$

将以上两式代入式(3.2－26)得出正切关系式为

$$\tan\beta_1(D-D_0)=\gamma\tan\beta_2(S-S_0) \tag{3.2-27}$$

式中，$\gamma=-\rho$，$\beta_1=2\pi/\lambda_{g1}$，$\beta_2=2\pi/\lambda_{g2}$，$\lambda_{g1}$和$\lambda_{g2}$分别为 L_1 和 L_2 中的传输线波长。

式(3.2－27)说明，当活塞位置 S 移动时，在 L_1 中的驻波波节位置 D 也随之移动，绘成曲线如图 3.2.8 所示。用这种方法表示的无耗网络称为正切网络，D－S 曲线称为正切关系曲线，习惯称为 S 曲线。

对 S 曲线的数学解析指出：① 在 S 曲线上，由 D_0 和 S_0 确定的 P 点具有最大负斜率 $m=\gamma\lambda_{g1}/\lambda_{g2}$；② 过 P 点有一条中线，中线斜率为$-\lambda_{g1}/\lambda_{g2}$；③ S 曲线的峰点和谷点的切线都平行于中线。这两条切线之间的纵坐标之差 Δ 与驻波比 ρ 的关系为

$$\rho=-\gamma=\cot\left[2\pi\left(\frac{1}{8}-\frac{\Delta}{4\lambda_{g1}}\right)\right] \tag{3.2-28}$$

用实验方法测出 S 曲线后，由于最大负斜率线的作图不够准确，因此常用式(3.2－28)计算驻波比；④ S 曲线随 D 和 S 的变化具有半波长重复性；⑤ 从原理上讲，S 曲线能用于任何驻波比的测量，但更常用于互易无耗双口网络小驻波比的测量，因此需要进一步讨论用 S 曲线测量小驻波比的方法。

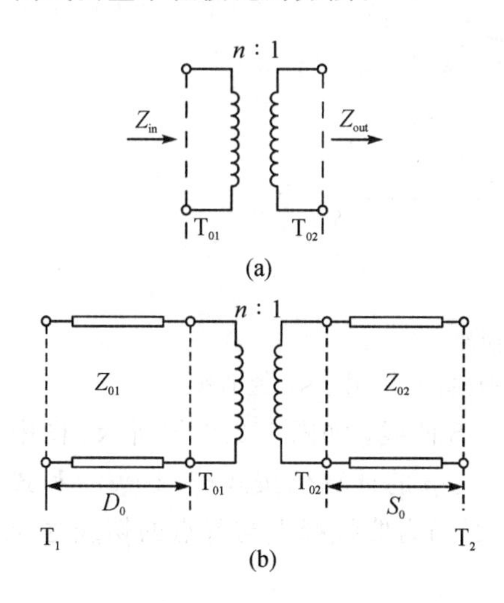

图 3.2.7　正切网络图

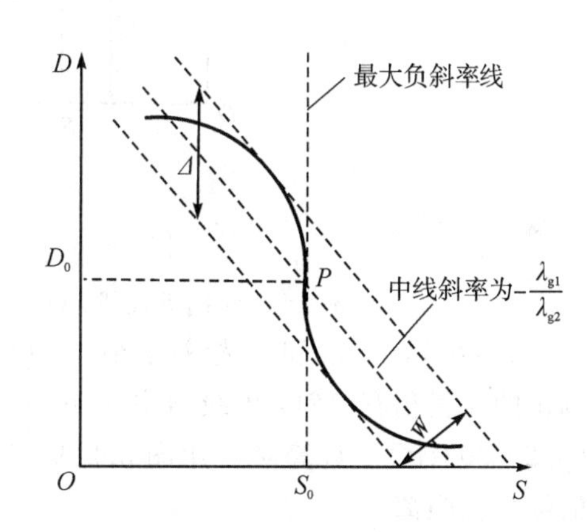

3.2.8　正切关系 D-S 曲线

2. S 曲线法测量小驻波比

小驻波情况下，S 曲线起伏很小，几乎与中线重合，如图 3.2.9(a)所示。为此变换纵坐标以放大 S 曲线的起伏程度，把纵坐标改写成 $D+S+KS$，$K=(\lambda_{g1}/\lambda_{g2})-1$，如图 3.2.9(b)所示。这时的 S 曲线与其中线的交点仍是最大负斜率点，$m=(\gamma+1)\lambda_{g2}/\lambda_{g1}$。

图 3.2.9 中的 Δ 仍是峰点和谷点切线之间的纵坐标距离，与 ρ 的关系式为

$$\rho=-\gamma=\frac{1+\sin(\pi\Delta/\lambda_{g1})}{1-\sin(\pi\Delta/\lambda_{g1})} \tag{3.2-29}$$

当 Δ 值很小时($\Delta\leqslant 0.03\lambda_{g1}$)，有

$$\rho=1+\frac{2\pi\Delta}{\lambda_{g1}} \tag{3.2-30}$$

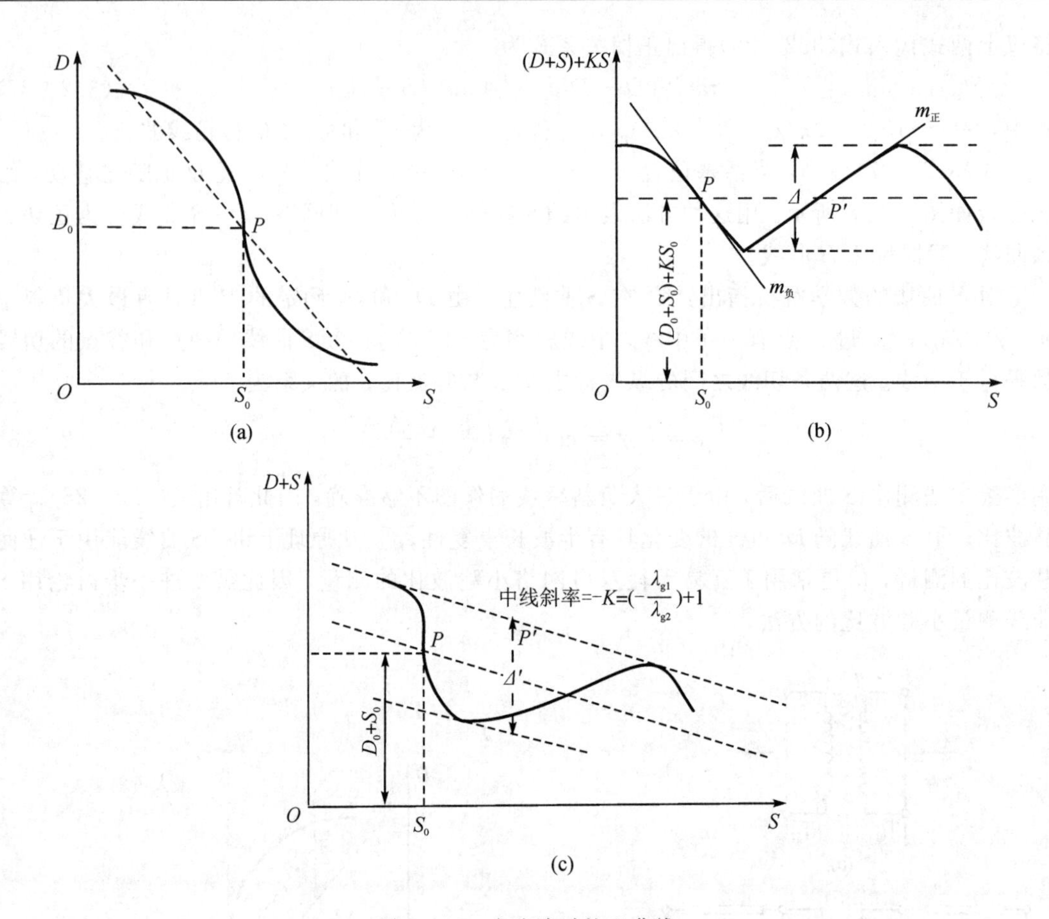

图 3.2.9　小驻波时的 S 曲线

(a) $\rho=-\gamma\approx1$ 的 S 曲线；(b) $(D+S+KS)$- S 曲线；(c) $(D+S)$- S 曲线

若 $\rho\approx1$，而 λ_{g1} 和 λ_{g2} 相差很小，可以直接绘 $(D+S)$- S 曲线，如图 3.2.9(c)所示。图中画出的曲线稍有偏斜，中线斜率 $-K=-[(\lambda_{g1}/\lambda_{g2})-1]$。$\rho$ 的计算仍按式(3.2-29)和式(3.2-30)计算，计算时 Δ 用图 3.2.9(c)中的 Δ' 代替，Δ' 仍为曲线峰点与谷点的切线之间的纵坐标距离。

由以上分析看出，S 曲线法测量数据较多，具有数字平均意义，能减小随机误差，也避免使用要求匹配性很高的终端负载。当然，S 曲线使用的标准件为短路活塞，为保证最小点位置的测量精度，短路活塞的驻波比要足够大。通常要求短路的驻波比大于 30，同轴短路活塞的驻波比大于 15。此外，在测量中要注意：

(1) S 曲线的测量准确度主要取决于波节位置的准确度，为此要用交叉读数法测量波节位置(在波长较短时应使用百分表测量)。

(2) 该法测量精度还受信号源频率的调制、谐波、频率漂移和频率牵引等现象的影响，因此在测量之前应正确调整信号源，源驻波比应小于 1.05。

例如，用 S 曲线法测量某开槽波导段的插入驻波比。测量数据列于表 3.2.1 中，绘出的 S 曲线如图 3.2.10 所示。从图中求出 $\Delta=0.185$ mm；由式(3.2-29)可算出 $\rho=1.028$。关于 D_0、S_0，在测量驻波比时不必求出。

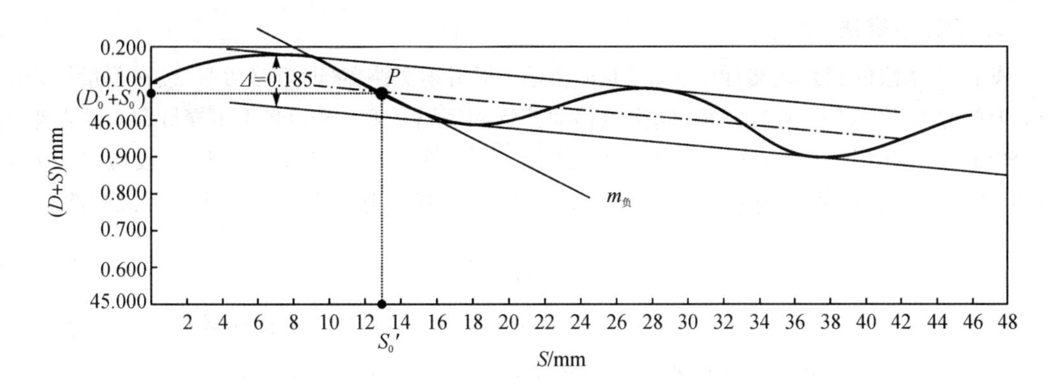

图 3.2.10 开槽波导段的实测 S 曲线

表 3.2.1 某开槽波导段的测量数据

序号	$S=(S'-15)$/mm	D/mm	$(D+S)$/mm	序号	$S=(S'-15)$/mm	D/mm	$(D+S)$/mm
1	0.000	46.093	46.096	13	24.000	22.025	46.025
2	2.000	44.139	46.139	14	26.000	20.084	46.084
3	4.000	42.181	46.181	15	28.000	18.089	46.089
4	6.000	40.192	46.192	16	30.000	16.076	46.076
5	8.000	38.183	46.183	17	32.000	14.031	46.031
6	10.000	36.154	46.154	18	34.000	11.964	45.964
7	12.000	34.101	46.101	19	36.000	9.913	45.913
8	14.000	32.037	46.037	20	38.000	7.901	45.901
9	16.000	29.982	45.982	21	40.000	5.902	45.902
10	18.000	27.968	45.968	22	42.000	3.926	45.926
11	20.000	25.988	45.988	23	44.000	1.969	45.969
12	22.000	24.036	46.036	24	46.000	0.000	46.000

注：$\lambda_{g1}=41.957$ mm，$\lambda_{g2}=41.858$ mm，$f=9660$ MHz，$D_T=5.310$ mm，$S_T=19.871$ mm，输入端 T_1 在测量线上的参考面为 D_T，输出端 T_2 在测量线上的参考面为 S_T。

式(3.2-27)的正切关系在小驻波比的情况下可以化为线性方程，由计算机做回归分析，可提高精度和速度。

3.2.6 微波信号源驻波比的测量方法

在微波系统中经常需要测定信号源的驻波比，常用的方法有两种：辅助信号源法、短路活塞法。

1. 辅助信号源法

将待测信号源处于停振状态(如速调管信号源，将它的反射极电压旋钮自工作位置调开)，把待测信号源作为待测终端负载接于测量线的输出端，把辅助信号源接在测量线的输入端(要保持足够的隔离度)，根据驻波比大小选择合适的方法进行测量。辅助信号源的优点是测量步骤简单，特别适用于用调配器调整微波信号源驻波比到规定值以下的场合。但是需要一个辅助信号源，其频率要与待测信号频率对准，调校时应认真、仔细。

2. 短路活塞法

短路活塞法的测量线路如图 3.2.11(a)所示。把滑动短路器(即短路活塞)接在测量线输出端，把探针移到驻波最大点位置，同步地移动探针和短路活塞，这相当于用探针和短路器组成一个"滑动终端器"。由探针指示出最大点的最大值 I_{max} 和最大点的最小值 I_{min}。设检波率为平方律，"滑动终端器"的反射系数 $|\Gamma_L|\approx 1$(探针充分短，其反射忽略不计)。则信号源驻波比为

$$\rho_g = \sqrt{\frac{I_{max}}{I_{min}}} \tag{3.2-31}$$

若在探针与滑动短路器之间装有可调刚性连接器，把探针调到驻波最大点位置后锁住，则可方便地测出 ρ_g。否则，应手动保持同步，逐点测出最大点指示值，绘出分布曲线，求出 I_{max} 和 I_{min} 的值。

在该测量线路中，为了避免短路器反射对微波振荡器的牵引作用，在微波振荡器输出电路中必须接有不小于 10 dB 的隔离器，这时测出的信号源驻波比包括隔离器在内。

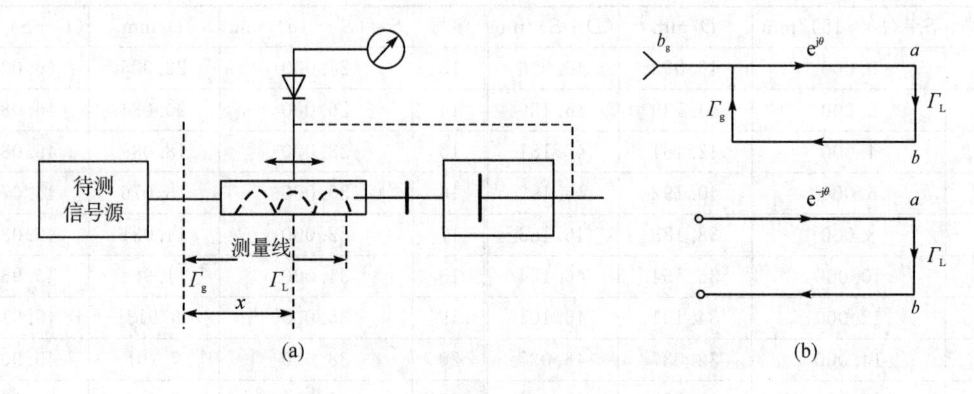

图 3.2.11 信号源驻波比的测量线路及其信流图

(a) 短路活塞法测量源驻波比；(b) 信流图

由图 3.2-11(b)的信流图得，探针处入射电压 $a=\dfrac{b_g e^{-j\theta}}{1-\Gamma_g\Gamma_L e^{-j2\theta}}$，反射电压 $b=a\Gamma_L$，将探针右端包括短路活塞看成一个负载，反射系数为 Γ_L，合成电压为 u_L，则有

$$u_L = a + b = b_g \frac{(1+\Gamma_L)e^{-j\theta}}{1-\Gamma_g\Gamma_L e^{-j2\theta}} \tag{3.2-32}$$

式中 a、b 分别为 x 段内的入射波和反射波。

$$\theta = \beta x,\ \beta = \frac{2\pi}{\lambda_g}$$

设 $x_1(\theta_1)$ 和 $x_2(\theta_2)$ 处的电压分别为 $u_L(\theta_1)$ 和 $u_L(\theta_2)$，则有

$$\frac{u_L(\theta_1)}{u_L(\theta_2)} = \frac{1-\Gamma_g\Gamma_L e^{-j2\theta_2}}{1-\Gamma_g\Gamma_L e^{-j2\theta_1}} \cdot e^{-j(\theta_1-\theta_2)} \tag{3.2-33}$$

当 $2\theta_1+\arg\Gamma_L+\arg\Gamma_g=2k\pi$ 和 $2\theta_2+\arg\Gamma_L+\arg\Gamma_g=(2k+1)\pi$，$k=0, 1, 2\cdots$时，式(3.2-33)出现最大比值，即

$$\frac{u_{Lmax}}{u_{Lmin}} = \frac{1+|\Gamma_g\Gamma_L|}{1-|\Gamma_g\Gamma_L|} \cdot e^{j\frac{\pi}{2}} \tag{3.2-34}$$

$$\theta_2-\theta_1 = \frac{\pi}{2},\ x_2-x_1 = \frac{\lambda_g}{4} \tag{3.2-35}$$

驻波最大值与最小值在位置上相差$\frac{\lambda_g}{4}$。对式(3.2-34)取绝对值，并设检波率$n=2$，则检波指示若为I_{max}和I_{min}，就有驻波比：

$$\rho_g = \frac{\rho_L\sqrt{\frac{I_{max}}{I_{min}}}-1}{\rho_L-\sqrt{\frac{I_{max}}{I_{min}}}} \tag{3.2-36}$$

由探针和短路活塞组成的滑动终端器的反射系数$|\Gamma_L|\approx 1$，驻波比$\rho_L\to\infty$，将$\rho_L\to\infty$代入式(3.2-36)，就得到式(3.2-31)。

3.2.7　晶体检波器驻波比的测量方法

在微波系统中常用晶体检波器作为微波功率的监测装置，或用来测量功率的相对值，故需要知道其驻波比的大小。

晶体检波器是低功率的微波器件，它的驻波比有时随输入功率而变。因此，在测量它的驻波比时要保持在实际使用状态。若使用直接法测量其驻波比，则探针在驻波最大点时，因耦合能量较大，而使检波指示稍变小，当探针在最小点时，检波指示又稍微变大，所以只能测出粗略的值。为此，常采用定向耦合器-衰减器法测量晶体检波器的驻波比。测量线路如图3.2.12所示。耦合到副波导的微波信号在短路活塞与检波器之间多次反射形成驻波。把短路器视为等效信号源，其反射系数$|\Gamma_{ge}|\approx 1(|\rho_{ge}|\to\infty)$，设检波器驻波比为$\rho_{检}$，由式(3.2-36)求出

$$\rho_{检} = \frac{\rho_{ge}\sqrt{I_{max}/I_{min}}-1}{\rho_{ge}-\sqrt{I_{max}/I_{min}}} \approx \sqrt{\frac{I_{max}}{I_{min}}} \tag{3.2-37}$$

式中，I_{max}和I_{min}分别为调整短路器时，检波指示的最大值和最小值。

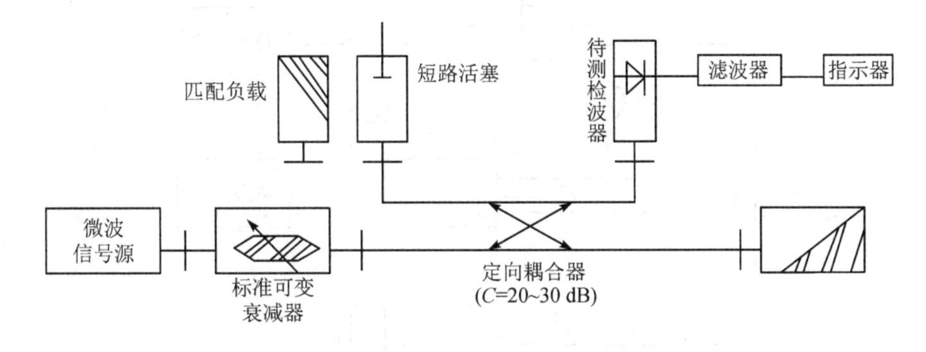

图3.2.12　测量晶体检波器驻波比的测量线路

为使检波器的功率保持在实际工作电平上，必须采用功率衰减法测量$\rho_{检}$，即先将标准可变衰减器置于A_1刻度，再将短路器调到检波指示的最小值I_{min}；然后调整信号源功率，使I_{min}等于检波器的实际工作值；最后移动短路活塞，使检波指示出现最大值I_{max}，与此同时增加标准可变衰减器的衰减量，使I_{max}减小到实际工作值(即I_{min})，读取衰减量A_2。则有

$$\rho_{检} = 10^{\left(\frac{A_2-A_1}{20}\right)} \tag{3.2-38}$$

在测量中为减小标准衰减器的失配误差，应保持衰减器两端有良好的匹配状态。

3.3　测量线误差分析及其检验方法

驻波比的测量精度除了与正确选择测量方法之外，还与测量线本身误差有直接关系。测量线误差的来源有开槽线剩余反射、传动机构的不平稳(即不平稳度)、探针反射、线体衰减和探针位置的标尺误差等，主要是前三项。

3.3.1　开槽线剩余反射引入的误差及其检验方法

开槽线剩余反射是测量线误差主要来源之一，其产生原因、对测量结果的影响以及检验方法如下：

(1) 产生原因：加工误差、连接法兰的尺寸不标准、加工不精密或开槽的不连续。槽缝还使测量线的波导波长比不开槽缝的波导波长要长。

(2) 对测量结果的影响：实际测量线视为两部分组成，一为不连续性部分，可等效为互易、对称、无耗的双口网络，用散射参数表示；二为扣除不连续性之后的理想测量线，如图3.3.1所示。设待测负载反射系数为 Γ_L，则测量值为

$$\Gamma'_L = S_{11} + \frac{S_{12}S_{21}\Gamma_L}{1 - S_{22}\Gamma_L} \tag{3.3-1}$$

令 $S_{11}=\Gamma_0$，根据散射矩阵的幺正性，并适当选择参考面位置使散射参数 $S_{11}=\Gamma_0$，$S_{22}=\Gamma_0{}^*$，则有

$$\Gamma'_L = \frac{\Gamma_0 + \Gamma_L}{1 + \Gamma_0{}^*\Gamma_L} \tag{3.3-2}$$

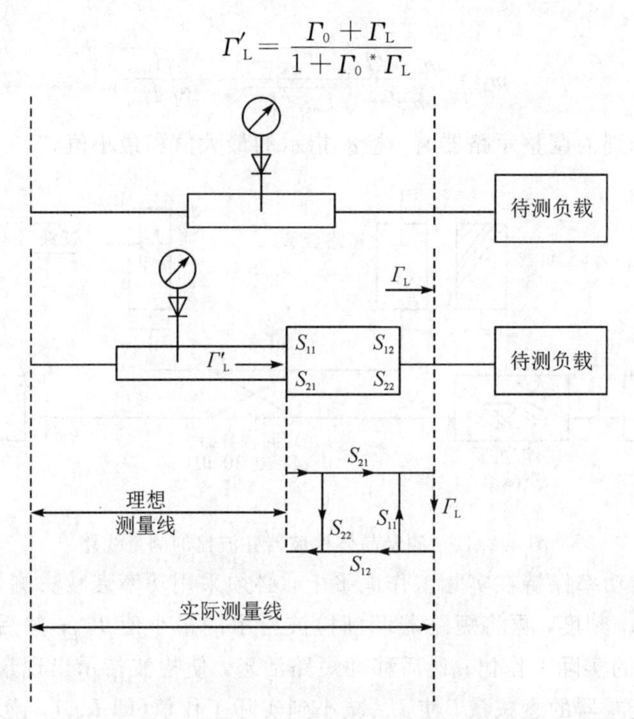

图 3.3.1　开槽线剩余反射引入的测量误差

考虑到 Γ_0 与 Γ_L 之间的相位极端情况(±π 和 2π)及 $|\Gamma_0|$ 很小，得到

$$\Delta|\Gamma|_{max} = |\Gamma'_L| - |\Gamma_L| \approx \pm|\Gamma_0|(1 - |\Gamma_L|^2) \tag{3.3-3}$$

由式(3.3-3)可见，待测负载的$|\Gamma_L|$越小，开槽线剩余反射引入的误差越大。驻波比的相对误差为

$$(\delta_\rho)_{剩余} = \frac{\Delta\rho}{\rho} = \frac{1-|\Gamma_L|}{1+|\Gamma_L|}\cdot\frac{2}{(1-|\Gamma_L|)^2}\cdot\Delta|\Gamma|_{max} = \pm 2|\Gamma_0| \qquad (3.3-4)$$

(3) 开槽线剩余反射的检验方法：剩余反射用剩余驻波比表示，$\rho_{剩余}=\frac{1+|\Gamma_0|}{1-|\Gamma_0|}\approx 1+2|\Gamma_0|$。剩余驻波比的检验，一般使用 S 曲线法，即 $\rho_{剩余}=1+2\pi\Delta/\lambda_{g1}$（见式(3.2-30)），$|\Gamma_0|=\pi\Delta/\lambda_{g1}$。其测量线路如图 3.3.2 所示，$(\delta_\rho)_{剩余}$按式(3.3-4)计算。

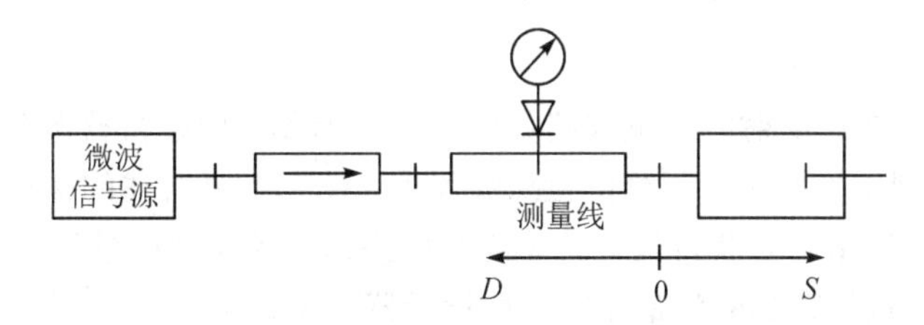

图 3.3.2 S 曲线法检验剩余驻波比的测量线路

3.3.2 不平稳度引入的测量误差及其检验方法

不平稳度引入的误差也是测量线误差的主要来源之一，其产生原因、不平稳度等效驻波比、不平稳度对测量结果的影响及检验方法如下：

(1) 产生原因：测量线传动机构的加工误差、同轴测量线的中心导体下垂等，使探针沿开槽线移动时深浅不等而造成探针耦合不规则变化。

(2) 不平稳度等效驻波比：由传动机构不平稳引起探针耦合输出变化所等效的电压驻波比称为不平稳度等效驻波比。

设探针耦合输出最大值为 I_{max}，最小值为 I_{min}，则不平稳度等效驻波比 $\rho_{平稳}$ 为

$$\rho_{平稳} = \left(\frac{I_{max}}{I_{min}}\right)^{1/n} \qquad (3.3-5)$$

设检波率 $n=2$，$\bar{I}=(I_{max}+I_{min})/2$，$\Delta I=I_{max}-I_{min}$，$\Delta I\ll\bar{I}$，则

$$\rho_{平稳} \approx 1+\frac{\Delta I}{2\bar{I}} = 1+\frac{I_{max}-I_{min}}{I_{max}+I_{min}} \qquad (3.3-6)$$

与 $\rho_{平稳}$ 相应的不平稳度等效反射系数为

$$|\Gamma_{平稳}| = \frac{I_{max}-I_{min}}{2(I_{max}+I_{min})} \qquad (3.3-7)$$

(3) 不平稳度对测量结果的影响：按公式(3.3-4)的推导方法，将端口反射$|\Gamma_0|$用$|\Gamma_{平稳}|$替换，并把式(3.3-7)代入其中，得出不平稳度等效驻波比的相对误差为

$$(\delta_\rho)_{平稳} = \pm 2|\Gamma_{平稳}| = \pm\frac{I_{max}-I_{min}}{I_{max}+I_{min}} \qquad (3.3-8)$$

(4) 不平稳度检验方法：把标准短路活塞接在待检测量线的输出端(与图 3.3.2 相同)，按说明书规定调整探针深度(若无规定，波导测量线取 $b/10$，b 为波导窄边尺寸)，沿测量线全程移动探针，测出各个最大点值，得到一组指示值 I，并找出相差最大的两个值；再把短路活塞移动$(\frac{1}{10}\sim\frac{1}{20})\lambda_g$ 的距离，重复上述步骤。依此类推，直到活塞移动距离超过 $\lambda_g/2$ 为止。最后，

在各组找出的两个值中，选取相差最大的那一组的两个值作为 I_{max} 和 I_{min}，按式(3.3-8)计算 $(\delta_\rho)_{平稳}$。

3.3.3 探针反射引入的测量误差及其检验方法

由式(3.1-12)知，探针反射引入的驻波比相对误差为

$$(\delta_\rho)_{探针}=\frac{\rho_L'-\rho_L}{\rho_L}=-|\Gamma_L|G_P=-2|\Gamma_L||\Gamma_P| \tag{3.3-9}$$

检验探针反射的方法有两种：短路活塞法、标准匹配负载法。

1. 短路活塞法

短路活塞法检验探针反射的测量线路如图 3.3.3 所示。调整待检测量线、辅助测量线及测试系统使它们达到工作状态，调整待检探针深度；按 3.1 节所述的探针调谐方法分别调谐两个测量线的探针，使指示器获得最大值；接上短路器，将辅助测量线的探针移到驻波最大点，将待检测量线的探针移到驻波最小点，从指示器 2 上读得 I_{max}；辅助测量线的探针不动，将待检测量线的探针移到驻波最大点，从指示器 2 上读得 I_{min}。当晶体检波率 $n=2$ 时，待检测量线的探针的反射系数 $|\Gamma_P|$ 和探针电导 G_P 分别为

$$|\Gamma_P|=\frac{I_{max}-I_{min}}{2(I_{max}+I_{min})},\ G_P=2|\Gamma_P| \tag{3.3-10}$$

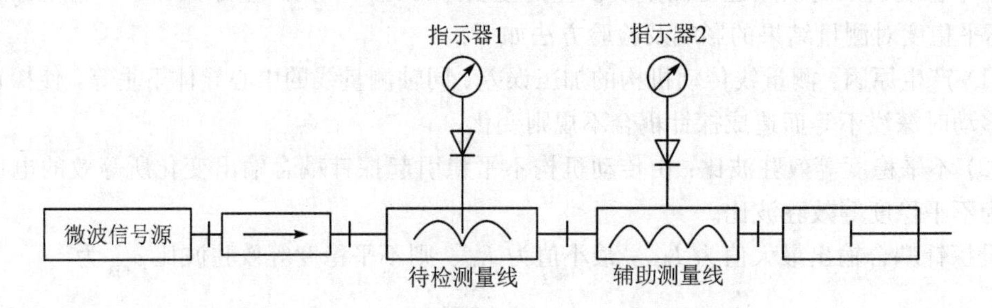

图 3.3.3 用短路活塞法检验探针反射的测量线路

2. 标准匹配负载法

将图 3.3.3 所示测量系统中的辅助测量线和待检测量线互换位置，再把标准匹配负载接在待检测量线的输出端，辅助测量线的探针放在任意位置不动，移动待检测量线的探针，记录辅助测量线的探针指示的最大值 I_{max} 和最小值 I_{min}，则有驻波比

$$\rho_P=\left(\frac{I_{max}}{I_{min}}\right)^{1/n}\approx 1+2|\Gamma_P|$$

即

$$|\Gamma_P|=\frac{(I_{max}/I_{min})^{1/n}-1}{2} \tag{3.3-11}$$

3.3.4 合成电压驻波比与测量线误差合成

开槽线剩余反射和不平稳度等效反射的实际合成可用合成电压驻波比表示，记为 ρ_Σ。合成电压驻波比的检验方法有两种：标准无反射负载法、滑动小反射负载法。

上面分析的测量线的三项主要误差，若采用分项检验法，则总的驻波比相对误差为

$$\delta_\rho = \pm \sqrt{(\delta_\rho)^2_{\text{剩余}} + (\delta_\rho)^2_{\text{平稳}}} - (\delta_\rho)_{\text{探针}} \tag{3.3-12}$$

若采用合成电压驻波比表示，则为

$$\delta_\rho = (\delta_\rho)_{\text{合成}} - (\delta_\rho)_{\text{探针}} \tag{3.3-13}$$

也可采用反射系数的模值的绝对误差之和来表示，即

$$\Delta|\Gamma| = \Delta|\Gamma_{\text{剩余}}| + \Delta|\Gamma_{\text{平稳}}| + \Delta|\Gamma_{\text{探针}}| + \Delta|\Gamma_{\text{衰减}}|$$

有

$$\Delta|\Gamma| = \pm A_x - B_x|\Gamma_{\mathrm{L}}| \mp A_x|\Gamma_{\mathrm{L}}|^2 + C_x|\Gamma_{\mathrm{L}}|^3 \tag{3.3-14}$$

式中，$A_x=|\Gamma_0|+|\Gamma_{\text{平稳}}|$；$B_x=|\Gamma_{\mathrm{P}}|+2\alpha L$，$L$ 是驻波最小点到测量线输出端的距离。$C_x=|\Gamma_{\mathrm{P}}|$；$\Delta|\Gamma_{\text{衰减}}|=-2\alpha L|\Gamma_{\mathrm{L}}|$，$\alpha$ 是线体衰减常数。测量线的精度等级可用 A_x、B_x、C_x 的大小表示。

测量线使用中，探针深度增加可使不平稳度的相对变化减小，但探针电导影响加大，从这个意义上说探针存在最佳深度。

第四章　阻抗与网络参数的测量

第三章讨论了驻波比的测量，涉及反射参数的模，未涉及反射参数的相位。然而，在很多实际情况下不仅需要知道反射参数的模，还要知道其相位，即需要测量复反射系数或阻抗，如微波元件的网络参数或天线的输入阻抗等都是微波工作者经常测试的内容之一。为此，本章在驻波比测量的基础上进一步讨论阻抗和网络参数的测量方法。

从微波网络学习中知道，对于许多复杂的微波网络，用理论的方法计算网络参数显然是困难的，而用测量的方法确定这些参数却是唯一可行的途径，即使是可以计算的网络参数，也必须经过测量来验证。因此，微波网络中，阻抗与网络参数的测量是微波测量的重要内容之一。

微波元件可分为单口、双口和多口三种类型。测量阻抗和网络参数按所要用到的测量装置和测量方法，可分为测量线法、网络分析仪法、六端口技术和时域测量法四种。本章主要讨论测量线法。

4.1　测量线法测量输入阻抗

4.1.1　单口微波元件等效电路

根据微波网络的等效概念，任何一个微波元件的均匀部分等效为理想传输双导线，不均匀部分等效为低频网络。一个单口微波元件(单口网络)在给定工作频率上的网络特性可以用以下三种方法来描述：

(1) 反射系数法：网络特性用反射系数的模$|\Gamma|$和相位ψ表示，即$\Gamma=|\Gamma|e^{j\psi}$。

(2) 驻波比法：网络特性用驻波比ρ和驻波最小点到网络输入端接面的距离$\bar{D}$表示。

(3) 输入阻抗(导纳)法：网络特性用等效阻抗元素z或导纳元素y表示，z和y都是归一化值。

这三种表示方法仅是形式上的不同，它们之间的关系如表4.1.1所示，已知一种形式可以求出其余两种形式。

表4.1.1中各符号的意义如下：

(1) $\Gamma=|\Gamma|e^{j\psi}$，为端接面T_1处的复反射系数，$|\Gamma|$和ψ分别表示反射系数的模和相位。

(2) $\bar{D}$为输入波导(或同轴线)中，从端接面T_1向信号源方向的第一个驻波最小点到端接面T_1的距离。

(3) R、X、G、B分别为端接面T_1处的归一化电阻、电抗、电导、电纳；$\beta=2\pi/\lambda_g$，为输入波导(或同轴线)中的相位常数，λ_g为传输线波长。

表 4.1.1　单口网络表达形式和关系式

表达方式	已知 $\lvert\Gamma\rvert$、ψ	已知 ρ、$\overline{D}$	已知 $Z=R+\mathrm{j}X$	已知 $Y=G+\mathrm{j}B$
Γ $\lvert\Gamma\rvert e^{j\psi}$ T_1	$\Gamma=\lvert\Gamma\rvert e^{j\psi}$	$\lvert\Gamma\rvert=\frac{\rho-1}{\rho+1}$ $\psi=2\beta\overline{D}+\pi$ $\beta=\frac{2\pi}{\lambda_g}$	$\Gamma=\frac{z-1}{z+1}$ $\lvert\Gamma\rvert=\sqrt{\frac{(R-1)^2+X^2}{(R+1)^2+X^2}}$ $\psi=\arctan\left[\frac{2X}{(R^2+X^2)-1}\right]$	$\Gamma=\frac{1-Y}{1+Y}$ $\lvert\Gamma\rvert=\sqrt{\frac{(1-G)^2+B^2}{(1+G)^2+B^2}}$ $\psi=\arctan\left[\frac{-2B}{1-(G^2+B^2)}\right]$
ρ $\overline{D}$ T_1	$\rho=\frac{1+\lvert\Gamma\rvert}{1-\lvert\Gamma\rvert}$ $\overline{D}=\frac{\psi-\pi}{2\beta}$	ρ $\overline{D}$	$\rho=\frac{\sqrt{(R+1)^2+X^2}+\sqrt{(R-1)^2+X^2}}{\sqrt{(R+1)^2+X^2}-\sqrt{(R-1)^2+X^2}}$ $\overline{D}=\frac{1}{2\beta}\left\{\arctan\left[\frac{2X}{(R^2+X^2)-1}\right]-\pi\right\}$	$\rho=\frac{\sqrt{(1+G)^2+B^2}+\sqrt{(1-G)^2+B^2}}{\sqrt{(1+G)^2+B^2}-\sqrt{(1-G)^2+B^2}}$ $\overline{D}=\frac{1}{2\beta}\left\{\arctan\left[\frac{2B}{1-(G^2+B^2)}\right]-\pi\right\}$
Z $(R+\mathrm{j}X)$ T_1	$Z=\frac{1+\Gamma}{1-\Gamma}$ $R=\frac{1-\lvert\Gamma\rvert^2}{1-2\lvert\Gamma\rvert\cos\psi+\lvert\Gamma\rvert^2}$ $X=\frac{2\lvert\Gamma\rvert\sin\psi}{1-2\lvert\Gamma\rvert\cos\psi+\lvert\Gamma\rvert^2}$	$R=\frac{\rho}{\rho^2\cos^2(\beta\overline{D})+\sin^2(\beta\overline{D})}$ $X=\frac{(1-\rho^2)\cot(\beta\overline{D})}{\rho^2\cot^2(\beta\overline{D})+1}$	$Z=R+\mathrm{j}X$	$R=\frac{G}{G^2+B^2}$ $X=\frac{-B}{G^2+B^2}$
Y $(G+\mathrm{j}B)$ T_1	$Y=\frac{1-\Gamma}{1+\Gamma}$ $G=\frac{1-\lvert\Gamma\rvert^2}{1+2\lvert\Gamma\rvert\cos\psi+\lvert\Gamma\rvert^2}$ $B=\frac{-2\lvert\Gamma\rvert\sin\psi}{1+2\lvert\Gamma\rvert\cos\psi+\lvert\Gamma\rvert^2}$	$G=\frac{\rho}{\rho^2\sin^2(\beta\overline{D})+\cos^2(\beta\overline{D})}$ $B=\frac{(\rho^2-1)\cot(\beta\overline{D})}{\rho^2+\cot^2(\beta\overline{D})}$	$G=\frac{R}{R^2+X^2}$ $B=\frac{-X}{R^2+X^2}$	$Y=G+\mathrm{j}B$

在阻抗测量中，经常使用阻抗圆图计算阻抗或导纳，如图 4.1.1 所示。

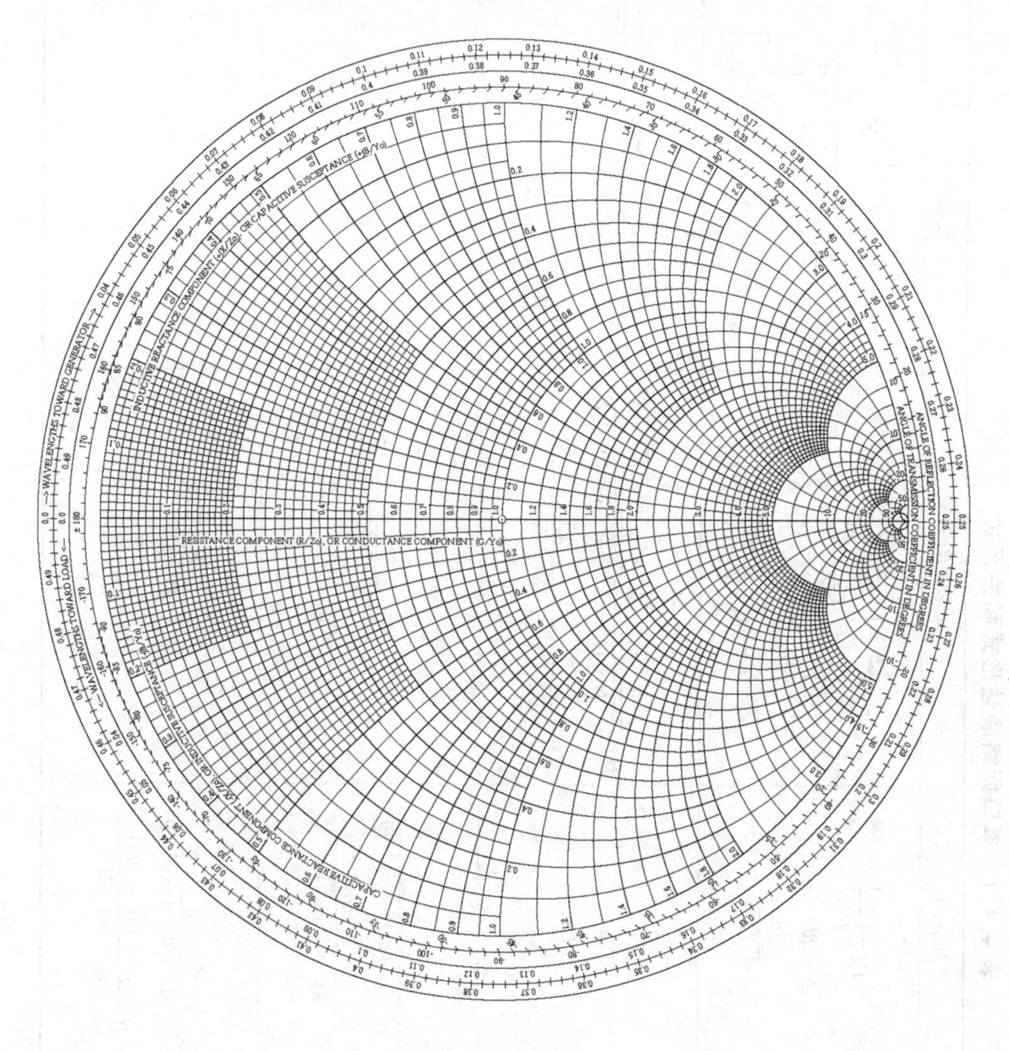

图 4.1.1　阻抗圆图

当双口及多口网络(除第 i 口外)其余各口均接有固定的负载阻抗时，从第 i 口看来，双口及多口网络亦等效于一个单口网络，该口的输入阻抗(或反射系数)也和单口网络一样测量；当其余各口均接匹配负载时，第 i 口的输入反射系数便等于该网络的某个散射参数，即 S_{ii}。

4.1.2　输入阻抗的测量

单口微波元件输入传输线中的驻波分布图形如图 4.1.2 所示。由单口微波元件等效电路可知，欲测量单口网络输入端的等效阻抗，就应该把网络输入端接到测量线的输出端，在测量线上只要测出驻波比和驻波最小点位置 $D_{\min}$ 与网络输入端的距离 $\bar{D}$，就可以求出该网络的输入阻抗(或导纳)。

需要指出的是，由于构造上的限制，测量线探针的有效移动范围有限，它的起点并不是测量线的输出端，因此，需要在测量线上先找出等效于端接面的参考面。其方法是在测量线的输出端接短路片，根据阻抗每隔半波长重复的原理，在测量线开槽线上找到一个适当的距零

点 O 为 D_T 的位置作为端接面的等效参考面 T_1，如图 4.1.3(a)所示。确定等效参考面位置 D_T 之后，将短路片去掉，换接待测的微波元件，测出驻波比 ρ 和 $\bar{D}$，此时的 $\bar{D}$ 应为紧靠 D_T 面左边的最小点位置 D_{min} 与 D_T 之间的距离，如图 4.1.3(b)所示。之后从阻抗圆图中查出待测元件的输入阻抗，或用表 4.1.1 所示的公式来计算所需要的值，实际可视精确度要求而定(用阻抗圆图方便，但精确度差些)。

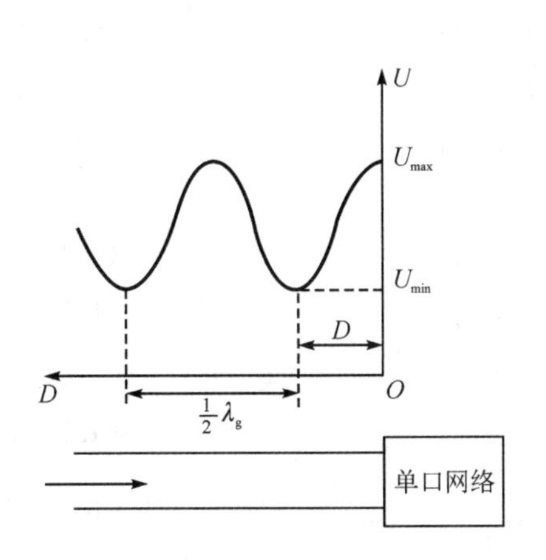

图 4.1.2　单口网络驻波分布

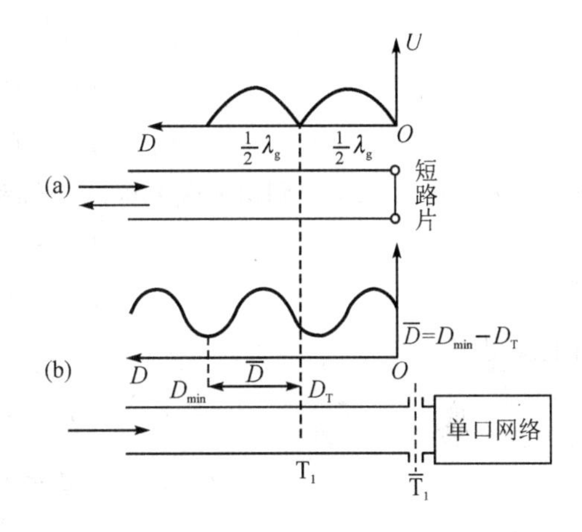

图 4.1.3　测量单口网络输入阻抗的方法

4.1.3　多探针阻抗图示仪及近期发展

上述测量输入阻抗的方法是利用移动探针来测量其表征反射特性的驻波分布(u_{max}、u_{min} 和 $\bar{D}$)，从而求出输入阻抗的。同理，若在传输线上设有多个探针，并已知探针之间距离，则可以通过多探针取样其驻波分布，求出输入阻抗，这就是多探针法(也称固定探针法)。图 4.1.4 所示为一种经典的四探针阻抗图示仪的原理图。

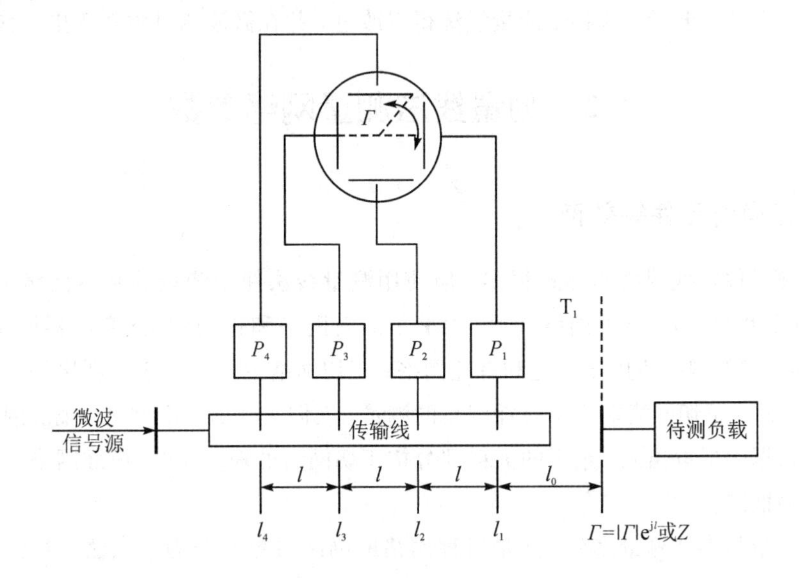

图 4.1.4　四探针阻抗图示仪原理图

设待测反射系数 $\Gamma=|\Gamma|e^{j\psi}$，根据驻波特性有

$$|u_i| = |1 + \Gamma e^{j\psi_i}| = (1 + |\Gamma|^2 + 2|\Gamma|\cos\psi_i)^{\frac{1}{2}} \tag{4.1-1}$$

式中，$i=1, 2, 3, 4$；$\psi_i = \psi - 2\beta l_i$；$\beta = 2\pi/\lambda_g$。

令 $l_0 = \lambda_g/2$，$l = \lambda_g/8$，检测装置为平方律检波器或功率计，则有功率 $P_i = K|u_i|^2$。令 $K=1$，则

$$P_1 = 1 + |\Gamma|^2 + 2|\Gamma|\cos\psi \tag{4.1-2a}$$

$$P_2 = 1 + |\Gamma|^2 + 2|\Gamma|\sin\psi \tag{4.1-2b}$$

$$P_3 = 1 + |\Gamma|^2 - 2|\Gamma|\cos\psi \tag{4.1-2c}$$

$$P_4 = 1 + |\Gamma|^2 - 2|\Gamma|\sin\psi \tag{4.1-2d}$$

将 P_1、P_3 和 P_2、P_4 分别送入荧光屏的 x 轴和 y 轴，有

$$x = P_1 - P_3 = 4|\Gamma|\cos\psi \tag{4.1-3a}$$

$$y = P_2 - P_4 = 4|\Gamma|\sin\psi \tag{4.1-3b}$$

由上式得出

$$|\Gamma| \propto \sqrt{x^2 + y^2} \tag{4.1-4a}$$

$$\psi = \arctan\frac{y}{x} \tag{4.1-4b}$$

利用式(4.1-4)，先对测量装置进行校准，再接入待测负载，在荧光屏上就可以显示出反射系数 Γ；在荧光屏上若敷以阻抗圆图，就可以同时显示输入阻抗 $Z=R+jX$。

式(4.1-2)至(4.1-4)是在中心频率，$l_0=\lambda_g/2$，$l=\lambda_g/8$ 时得出的。实际上，只要 l_0 和 l 是已知的，并测出信号频率 f，再把 l_0、l、f 和传输线尺寸参数都存储在计算机内，以及把测出的各探针检测值 P_i 送入计算机，就可以自动测出参数 Γ。当所用探针的耦合强度颇强，即不能认为探针对线上驻波分布无影响时，便需要采用第八章所述的六端口电路的数学模型和校正程序，使多个固定的探针可取样驻波特性，即通过多个绝对值(幅值)的测量来实现阻抗与网络参数的自动化测量，这将使测量线法得以改进，并在微波测量中发挥更大作用。

4.2 测量线法测量网络参数

4.2.1 双口微波元件等效网络

双口微波元件等效网络的形式很多，但使用测量线法便于测量的基本网络形式有四种，即阻抗网络(T 型网络)、导纳网络(π 型网络)、散射网络和正切网络(变压器网络)。T 型网络、π 型网络、散射网络适用于无耗和有耗网络；正切网络主要适用于无耗网络，特别适用于小反射情况。为使正切网络能用于有耗网络的测量，人们又提出规准网络。规准网络是把有耗部分从测量数据中提取出来，余下的无耗部分按正切网络处理。因此，规准网络是正切网络在有耗网络中的推广。

从必须测量与多余测量来分，测量每种网络的网络参数又分为三点法、多点法和精密法三类。在实际测量中，应根据要求选择适用的测量法。表 4.2.1 和表 4.2.2 给出了四种网络的形式和相互转换的关系。

表 4.2.1　双口微波元件的四种等效网络形式

	网络形式	基本关系式
阻抗网络（T型网络）	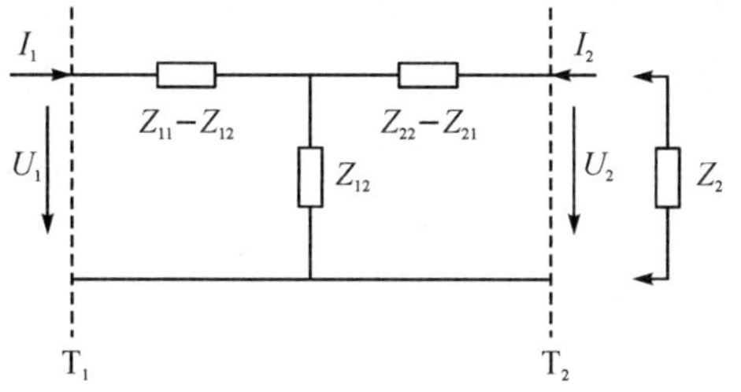 I_1 I_2 $Z_{11}-Z_{12}$ $Z_{22}-Z_{21}$ U_1 Z_{12} U_2 Z_2 T_1 T_2	$\begin{cases} U_1 = Z_{11}I_1 + Z_{12}I_2 \\ U_2 = Z_{21}I_1 + Z_{22}I_2 \end{cases}$, $\begin{cases} Z_1 = \dfrac{U_1}{I_1} = Z_{11} - \dfrac{Z_{12}^2}{Z_{22}+Z_2} \\ Z_2 = -\dfrac{U_2}{I_2} \\ Z_{21} = Z_{12} \end{cases}$
导纳网络（π型网络）	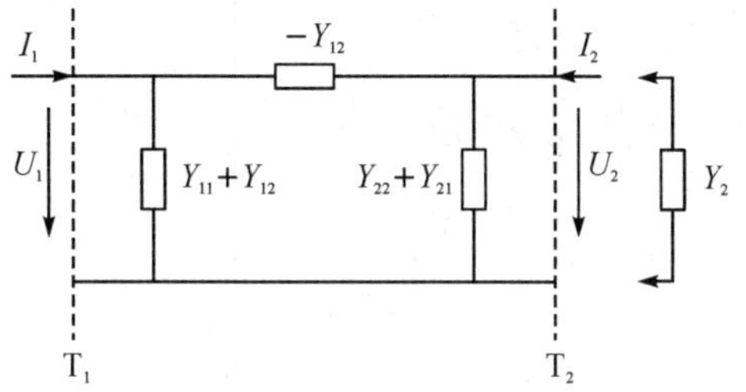 I_1 $-Y_{12}$ I_2 U_1 $Y_{11}+Y_{12}$ $Y_{22}+Y_{21}$ U_2 Y_2 T_1 T_2	$\begin{cases} I_1 = Y_{11}U_1 + Y_{12}U_2 \\ I_2 = Y_{21}U_1 + Y_{22}U_2 \end{cases}$, $\begin{cases} Y_1 = \dfrac{I_1}{U_1} = Y_{11} - \dfrac{Y_{12}^2}{Y_{22}+Y_2} \\ Y_2 = -\dfrac{I_2}{U_2} \\ Y_{21} = Y_{12} \end{cases}$
散射网络	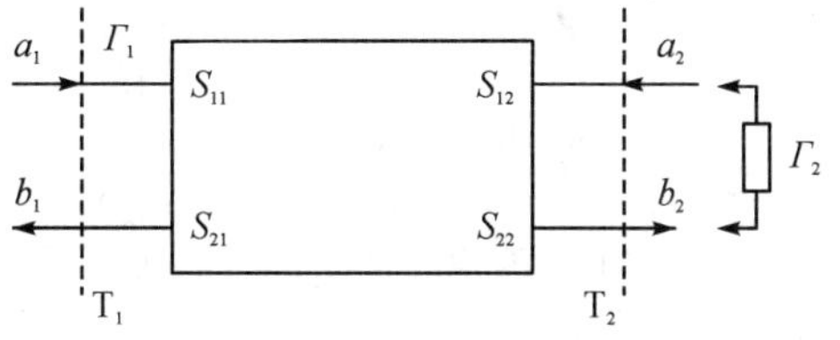 a_1 Γ_1 S_{11} S_{12} a_2 Γ_2 b_1 S_{21} S_{22} b_2 T_1 T_2	$\begin{cases} b_1 = S_{11}a_1 + S_{12}a_2 \\ b_2 = S_{21}a_1 + S_{22}a_2 \end{cases}$, $\begin{cases} \Gamma_1 = \dfrac{b_1}{a_1} = S_{11} + \dfrac{S_{12}^2\Gamma_2}{1-S_{22}\Gamma_2} \\ \Gamma_2 = \dfrac{a_2}{b_2} \\ S_{21} = S_{12} \end{cases}$
正切网络（变压器网络）	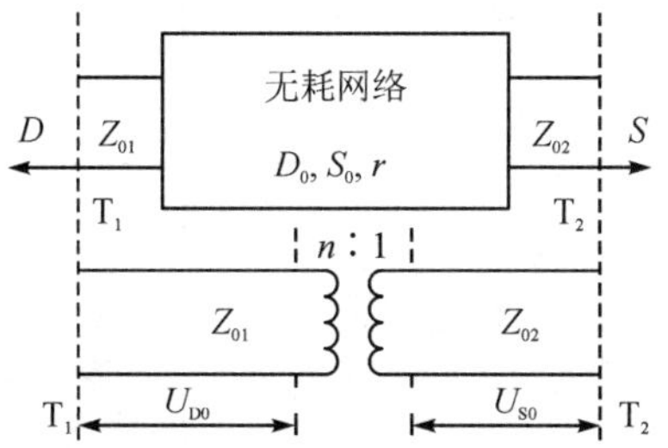 无耗网络 D Z_{01} D_0, S_0, r Z_{02} S T_1 T_2 $n:1$ Z_{01} Z_{02} T_1 U_{D0} U_{S0} T_2	$\begin{cases} \tan[\beta_1(D-D_0)] = \gamma\tan[\beta_2(S-S_0)] \\ \beta_1 = \dfrac{2\pi}{\lambda_{g1}}, \quad \beta_2 = \dfrac{2\pi}{\lambda_{g2}} \\ \gamma = -\rho \\ n = \sqrt{-\gamma\dfrac{Z_{01}}{Z_{02}}} = \sqrt{\rho\dfrac{Z_{01}}{Z_{02}}} \end{cases}$

表 4.2.2 四种双口网络之间的表达关系式

已知网络参数	T 型网络 Z_{11}、Z_{12}、Z_{22}	π 型网络 Y_{11}、Y_{12}、Y_{22}	散射网络 S_{11}、S_{12}、S_{22}
Z_{11}、Z_{22}、Z_{12}、Z_{21} $(Z_{21}=Z_{12})$	$\lvert Z\rvert=\begin{vmatrix} Z_{11} & Z_{12} \\ Z_{21} & Z_{22} \end{vmatrix}=Z_{11}Z_{22}-Z_{12}^2$	$Y_{11}=\dfrac{Z_{22}}{\lvert Z\rvert}$ $Y_{22}=\dfrac{Z_{11}}{\lvert Z\rvert}$ $Y_{12}=\dfrac{Z_{12}}{\lvert Z\rvert}$	$S_{11}=\dfrac{\lvert Z\rvert-Z_{22}Z_{01}+Z_{11}Z_{02}-Z_{01}Z_{02}}{\lvert Z\rvert+Z_{22}Z_{01}+Z_{11}Z_{02}+Z_{01}Z_{02}}$ $S_{22}=\dfrac{\lvert Z\rvert+Z_{22}Z_{01}-Z_{11}Z_{02}-Z_{01}Z_{02}}{\lvert Z\rvert+Z_{22}Z_{01}+Z_{11}Z_{02}+Z_{01}Z_{02}}$ $S_{12}=\dfrac{2Z_{12}\sqrt{Z_{01}Z_{02}}}{\lvert Z\rvert+Z_{22}Z_{01}+Z_{11}Z_{02}+Z_{01}Z_{02}}$
Y_{11}、Y_{22}、Y_{12}、Y_{21} $(Y_{21}=Y_{12})$	$Z_{11}=\dfrac{Y_{22}}{\lvert Y\rvert}$ $Z_{22}=\dfrac{Y_{11}}{\lvert Y\rvert}$ $Z_{12}=\dfrac{Y_{12}}{\lvert Y\rvert}$	$\lvert Y\rvert=\begin{vmatrix} Y_{11} & Y_{12} \\ Y_{21} & Y_{22} \end{vmatrix}=Y_{11}Y_{22}-Y_{12}^2$	$S_{11}=\dfrac{-\lvert Y\rvert+Y_{22}Y_{01}-Y_{11}Y_{02}+Y_{01}Y_{02}}{\lvert Y\rvert+Y_{22}Y_{01}+Y_{11}Y_{02}+Y_{01}Y_{02}}$ $S_{22}=\dfrac{-\lvert Y\rvert-Y_{22}Y_{01}+Y_{11}Y_{02}+Y_{01}Y_{02}}{\lvert Y\rvert+Y_{22}Y_{01}+Y_{11}Y_{02}+Y_{01}Y_{02}}$ $S_{12}=\dfrac{2Y_{12}\sqrt{Y_{01}Y_{02}}}{\lvert Y\rvert+Y_{22}Y_{01}+Y_{11}Y_{02}+Y_{01}Y_{02}}$
S_{11}、S_{22}、S_{12}、S_{21} $(S_{21}=S_{12})$	$z_{11}=\dfrac{Z_{11}}{Z_{01}}=\dfrac{1+S_{11}-S_{22}-\lvert S\rvert}{1-S_{11}-S_{22}+\lvert S\rvert}$ $z_{22}=\dfrac{Z_{11}}{Z_{02}}=\dfrac{1-S_{11}+S_{22}-\lvert S\rvert}{1-S_{11}-S_{22}+\lvert S\rvert}$ $z_{12}=\dfrac{Z_{12}}{\sqrt{Z_{01}Z_{02}}}=\dfrac{2S_{12}}{1-S_{11}-S_{22}+\lvert S\rvert}$	$y_{11}=\dfrac{Y_{11}}{Y_{01}}=\dfrac{1-S_{11}+S_{22}-\lvert S\rvert}{1+S_{11}+S_{22}+\lvert S\rvert}$ $y_{22}=\dfrac{Y_{11}}{Y_{02}}=\dfrac{1+S_{11}-S_{22}-\lvert S\rvert}{1+S_{11}+S_{22}+\lvert S\rvert}$ $y_{12}=\dfrac{Y_{12}}{\sqrt{Y_{01}Y_{02}}}=\dfrac{2S_{12}}{1+S_{11}+S_{22}+\lvert S\rvert}$	$\lvert S\rvert=\begin{vmatrix} S_{11} & S_{12} \\ S_{21} & S_{22} \end{vmatrix}=S_{11}S_{22}-S_{12}^2$
D_0、S_0、γ	$z_{11}=\dfrac{Z_{11}}{Z_{01}}=-\mathrm{j}\,\dfrac{\alpha\beta+\gamma}{\beta-\alpha\gamma}$, $z_{22}=\dfrac{Z_{22}}{Z_{02}}=\mathrm{j}\,\dfrac{1+\alpha\beta\gamma}{\beta-\alpha\gamma}$ $\alpha=\tan(\beta_1 D_0)$, $\beta=\tan(\beta_2 S_0)$ $z_{12}^2=\dfrac{Z_{12}^2}{Z_{01}Z_{02}}=\dfrac{\gamma(1+\alpha^2)(1+\beta^2)}{(\beta-\alpha\gamma)^2}$	$y_{11}=\dfrac{Y_{11}}{Y_{01}}=-\mathrm{j}\,\dfrac{\alpha'\beta'+\gamma}{\beta'-\alpha'\gamma}$, $y_{22}=\dfrac{Y_{22}}{Y_{02}}=\mathrm{j}\,\dfrac{1+\alpha'\beta'\gamma}{\beta'-\alpha'\gamma}$ $\alpha'=-\cot(\beta_1 D_0)$, $\beta'=-\cot(\beta_2 S_0)$ $y_{12}^2=\dfrac{Y_{12}^2}{Y_{01}Y_{02}}=\dfrac{\gamma(1+\alpha'^2)(1+\beta'^2)}{(\beta'-\alpha'\gamma)^2}$	$S_{11}=\left(\dfrac{\gamma+1}{\gamma-1}\right)\mathrm{e}^{\mathrm{j}2\beta_1 D_0}$ $S_{22}=\left(\dfrac{\gamma+1}{\gamma-1}\right)\mathrm{e}^{\mathrm{j}(2\beta_2 S_0+\pi)}$ $S_{12}^2=\dfrac{-4\gamma}{(\gamma-1)^2}\mathrm{e}^{\mathrm{j}(\beta_1 D_0+\beta_2 S_0)}$

4.2.2　三点法测量双口网络参数

所谓三点法，是指必须测量的次数为三次，由三次测得的数据计算出双口互易网络的全部参数。这是因为双口互易网络只有三个参数是独立的，因此测量三次就够了。

1. 三点法测量阻抗和导纳参数

双口阻抗网络如表 4.2.1 第一行所示。当输出端 T_2 接已知负载阻抗 Z_2 时，输入端 T_1 的输入阻抗为

$$Z_1 = Z_{11} - \frac{Z_{12}^2}{Z_{22} + Z_2}$$

用归一值表示为

$$z_1 = z_{11} - \frac{z_{12}^2}{z_{22} + z_2} \tag{4.2-1}$$

式中，$z_1 = Z_1/Z_{01}$，$z_{11} = Z_{11}/Z_{01}$，$z_{22} = Z_{22}/Z_{02}$，$z_{12} = Z_{12}/\sqrt{Z_{01}Z_{02}}$，$Z_{01}$ 和 Z_{02} 为网络输入传输线和输出传输线的特性阻抗。

分别用三个已知负载测出相应三个输入阻抗，就可以求出待测双口网络的三个未知阻抗参数。这三个已知负载对应的输出端通常选择短路、开路和接入已知负载。

当输出端分别短路($z_2=0$)、开路($z_2=\infty$)和接入已知负载 $z_2=z_{2L}$时，测出的输入端阻抗分别为 z_{1S}、z_{1O}、z_{1L}，由式(4.2-1)写出

$$z_{1S} = z_{11} - \frac{z_{12}^2}{z_{22}} \quad \text{(输出端短路)}$$

$$z_{1O} = z_{11} \quad \text{(输出端开路)}$$

$$z_{1L} = z_{11} - \frac{z_{12}^2}{z_{22} + z_{2L}} \quad \text{(输出端接已知负载 } z_{2L}\text{)}$$

解得

$$\begin{cases} z_{11} = z_{1O} \\ z_{22} = z_{2L}\left(\dfrac{z_{1O} - z_{1L}}{z_{1L} - z_{1S}}\right) \\ z_{12}^2 = z_{2L}\left[\dfrac{(z_{1O} - z_{1L})(z_{1O} - z_{1S})}{z_{1L} - z_{1S}}\right] = z_{22}(z_{1O} - z_{1S}) \end{cases} \tag{4.2-2}$$

如果 z_{2L}为匹配负载，则 $z_{2L}=1$。

独立进行的第三次测量，也可以调换待测双口网络的端面 T_1 和 T_2，即输入端开路，在输出端测出输入阻抗 z_{2O}，可以证明

$$\begin{cases} z_{11} = z_{1O} \\ z_{22} = z_{2O} \\ z_{12}^2 = z_{2O}(z_{1O} - z_{1S}) \end{cases} \tag{4.2-3}$$

由此可见，输入端短路、开路和输出端短路、开路任取三次测量均可得到同样的阻抗参数。如果网络是对称的，$z_{11}=z_{22}$，那么网络只有两个独立参数，此时进行两次测量就可以了。

同理，用上述方法测量导纳网络的参数 y_{11}、y_{22} 和 y_{12}时，其计算公式与式(4.2-2)、式(4.2-3)的形式完全相同，只要把归一化阻抗换成相应的归一化导纳即可。

根据上面讨论的三点法测量阻抗和导纳参数可知，双口网络参数的测量，实际上是对双口网络的阻抗进行三次独立的测量，即在双口网络输出端接三次不同已知负载的情况下，测

量三次输入阻抗，也就是把双口网络的测量转化为单口网络的测量，所以具体测量方法与4.1节所述完全相同。需要指出的是，波导口空载时，由于辐射的原因不能得到反射系数为+1的开路条件。确定开路负载的方法是，利用滑动短路器，把活塞放在距参考面 S_T 的距离为 $S_{开路}=[S_T\pm(\lambda_g/4)]$ 的位置上，如图4.2.1所示，则短路器输入阻抗约为∞，视为开路。

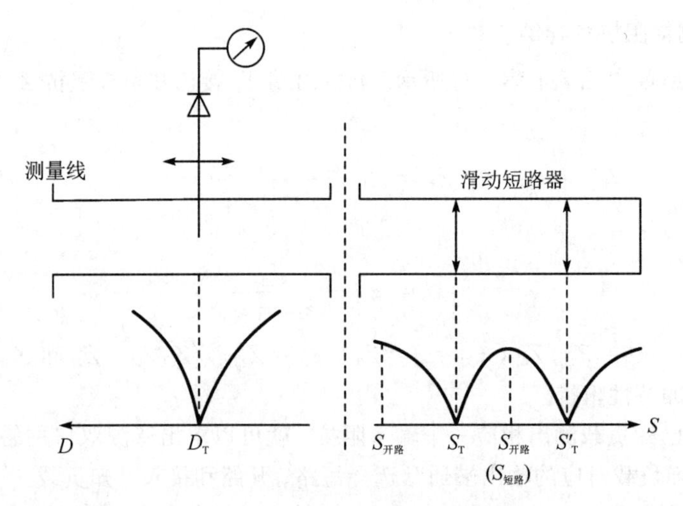

图4.2.1　确定开路负载的方法

2. 三点法测量散射参数

依据前文所述三点法测量阻抗和导纳参数，当待测网络的输出端分别短路($\Gamma_2=-1$)、开路($\Gamma_2=1$)和接入匹配负载($\Gamma_2=0$)时，在输入端依次测量出反射系数 Γ_{1S}、Γ_{1O}、Γ_{1L}。如表4.2.1第三行所示，根据表中散射网络公式(输入端反射系数为 Γ_1，输出端反射系数为 Γ_2)：

$$\Gamma_1=S_{11}+\frac{S_{12}^2\Gamma_2}{1-S_{22}\Gamma_2} \tag{4.2-4}$$

求出

$$\Gamma_{1S}=S_{11}-\frac{S_{12}^2}{S_{22}+1} \tag{4.2-5a}$$

$$\Gamma_{1O}=S_{11}-\frac{S_{12}^2}{S_{22}-1} \tag{4.2-5b}$$

$$\Gamma_{1L}=S_{11} \tag{4.2-5c}$$

解出 S 参数为

$$S_{11}=\Gamma_{1L} \tag{4.2-6a}$$

$$S_{22}=\frac{(\Gamma_{1O}+\Gamma_{1S})-2\Gamma_{1L}}{\Gamma_{1O}-\Gamma_{1S}} \tag{4.2-6b}$$

$$S_{12}^2=S_{11}S_{22}+\frac{\Gamma_{1L}(\Gamma_{1O}+\Gamma_{1S})-2\Gamma_{1O}\Gamma_{1S}}{\Gamma_{1O}-\Gamma_{1S}} \tag{4.2-6c}$$

如果网络是对称的，$S_{11}=S_{22}$，那么网络的散射参数只要进行两次测量就可。

S 参数的测量方法与阻抗(导纳)的测量方法相同，只是计算参数时，不是计算阻抗(导纳)，而是计算反射系数。注意：散射网络 S 参数不能用集总参数元件等效，只能用参数的值来表示。

3. 三点法测量正切网络的参数

3.2.5节讨论过用 S 曲线法测量驻波比，那时未考虑参数的相位。若要想测出正切网络的全部参数，则还应该测出相位 D_0 和 S_0。

正切网络是由参数 γ、D_0 和 S_0 描述的(见表 4.2.1)，因此，与 T 型网络参数的测量一样，正切网络的参数测量也需要进行三次独立测量。首先在网络输出端接上匹配负载(见图 3.2.6)，测定输入波导 L_1 中的驻波比($\rho=-\gamma$)，同时，确定网络输入端的特性端接面 T_{01}，测出 D_0；其次，输出端换接可移动短路器，把探针放置在 D_0 处，调整短路活塞使探针出现零指示，从而确定网络输出端特性接面 T_{02},即测出 S_0。

以上讨论的三点法均属于一次测量(必须测量)得出的数据，准确度不高。为提高测量精度，需采用多点法。

4.2.3　多点法测量双口网络参数

多点法测量结果具有统计平均意义。这里的多点法，并不是把一个参数测量 n 次，再取平均值作为测量结果，而是指在已知函数关系条件下的曲线拟合，即通过 n 个数据点绘出一条符合数据点的“最佳”曲线，再从曲线关系中求出所需要的网络参数，如 3.2.5 节中 S 曲线法测量驻波比。

1. 多点法测量正切网络的参数(S 曲线法)

S 曲线法测量无耗互易双口网络的测量线路如图 3.2.5 所示，其测量原理也与 3.2.5 节所述类似，3.2.5 节只是没有突出说明正切网络的相位参数 D_0 和 S_0。

关于 D_0、S_0 的求法，现以图 3.2.10 为例进行说明。从绘出的 S 曲线上，求出中线与曲线的交点 P(最大负斜率点)。P 点的纵坐标应为($D_0'+S_0'$)，其横坐标应为 S_0'。因为在测量 S 曲线数据时，并未考虑待测元件的输入端 T_1 在测量线上的参考面 D_T 和输出端 T_2 在滑动短路器上的参考面 S_T，所以有

$$D_0=[P\text{ 点纵坐标值}-S'_0]-D_T \tag{4.2-7}$$

$$S_0=P\text{ 点横坐标值}-S_T \tag{4.2-8}$$

例如，根据表 3.2.1 的实验数据求正切网络的参数，绘出的曲线如图 3.2.10 所示。从曲线上求出 $\gamma=-1.028$，由式(4.2-7)和式(4.2-8)得

$$D_0=(46.089-28.0)-5.310=12.8\ \text{mm}$$

$$S_0=28.0-19.871=8.1\ \text{mm}$$

D_0、S_0 测量结果的有效数字减少，是由于横坐标比例过大而使 S_0' 失去有效数字之故。正切网络的测量结果如图 4.2.2 所示。

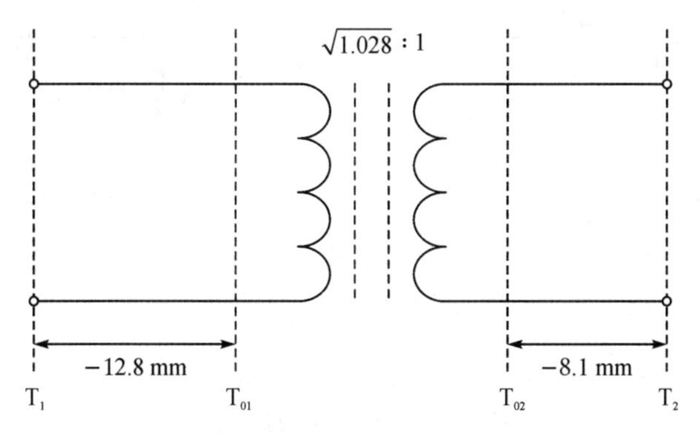

图 4.2.2　图 3.2.10 的测量结果

2. 多点法测量散射参数

双口互易网络的散射参数见表 4.2.1。a 和 b 分别表示入射波归一化电压和反射波归一化电压。网络的散射参数方程为

$$[b]=[S][a] \tag{4.2-9}$$

式中，

$$[b]=\begin{bmatrix}b_1\\b_2\end{bmatrix},\ [a]=\begin{bmatrix}a_1\\a_2\end{bmatrix},\ [S]=\begin{bmatrix}S_{11}&S_{12}\\S_{21}&S_{22}\end{bmatrix}$$

输入与输出关系为

$$\Gamma_{\mathrm{in}}=\frac{b_1}{a_1}=\frac{|S|-S_{11}/\Gamma_{\mathrm{out}}}{S_{22}-1/\Gamma_{\mathrm{out}}} \tag{4.2-10}$$

式中，$\Gamma_{\mathrm{out}}=a_2/b_2$，表示输出端接负载时的反射系数；$\Gamma_{\mathrm{in}}$ 表示输入端反射系数；$|S|=S_{11}S_{22}-S_{12}^2$。

式(4.2-10)还可写成

$$\Gamma_{\mathrm{in}}=S_{11}-\frac{S_{12}^2}{S_{22}-1/\Gamma_{\mathrm{out}}} \tag{4.2-11}$$

Γ_{in} 和 Γ_{out} 构成双线性变换。当 Γ_{out} 在复平面描绘出一个圆时，则 Γ_{in} 在输入反射系数复平面内必将描绘出一个圆。如果在待测网络的输出端接可调短路器，在 $\lambda_{g2}/2$ 的行程中选偶数个点，如 8 个点，其间隔为 $\lambda_{g2}/16$(即 45°)，$|\Gamma_{\mathrm{out}}|=1$，则有输入轨迹圆，如图 4.2.3(a)所示。假定待测网络的 S 参数已知，则通过双线性变换把 Γ_{out} 圆变换到 Γ_{in} 的复平面上仍为圆，如图 4.2.3(b)所示。O' 是输出平面上原点 O 的变换点，称为“镜像圆心”。在输出平面上还有一条通过原点的直线 PQ，变换到输入平面上仍为通过输入轨迹圆圆心 C 的直线 $P'Q'$。经过这个变换可以明显看出输入平面上的矢径 $\overline{OO'}=S_{11}$(由式(4.2-10)可知输出平面的原点为 $\Gamma_{\mathrm{out}}=0$ 的点)，但 S_{12} 和 S_{22} 不能简单得出。下面结合图解法的步骤与分析讲解网络参数测量原理。

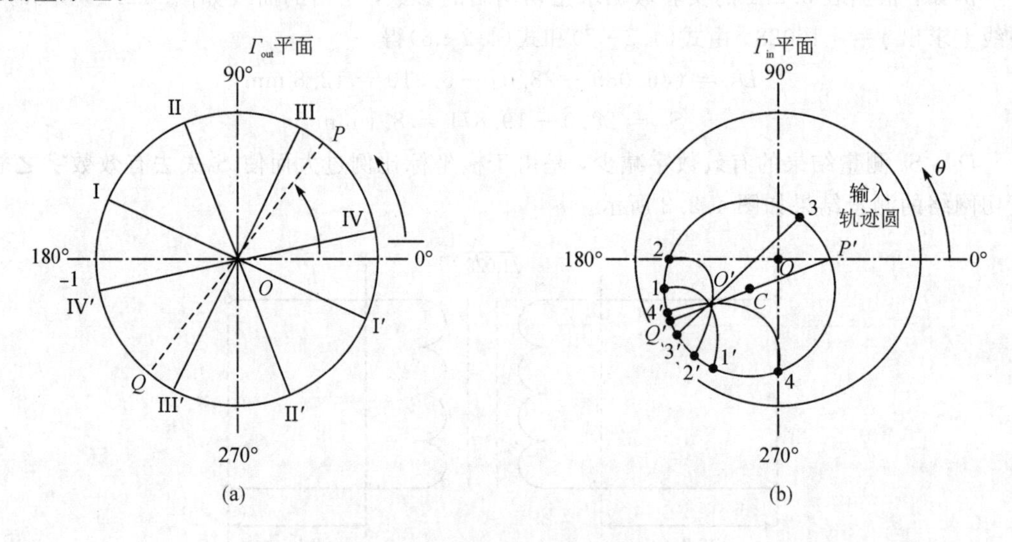

图 4.2.3 输入输出复平面变换图

(a) 输出复平面；(b) 输入复平面

测量网络参数的线路见图 3.2.5。

1) 求 S_{11}、$|S_{12}|$和$|S_{22}|$

(1) 在输出端滑动短路器标尺的$\lambda_{g2}/2$区段上选$2n$个等间隔点，间隔为$\lambda_{g2}/(4n)$，按远离待测网络输出端的方向，从某一位置开始，将活塞依次调到各点上。在每点上测出输入端的驻波比ρ_j和最小点位置D_j。把前n个点标上序号$j=1, 2, 3, \cdots, n$；后n个点标上序号$j'=1', 2', 3', \cdots, n'$。序号$j$和$j'$相应于短路器上的长度差为$\lambda_{g2}/4$。

(2) 计算：

$$|(\Gamma_{\text{in}})_j| = \frac{\rho_j - 1}{\rho_j + 1} \tag{4.2-12a}$$

$$\theta_j = \frac{2\pi D_j}{\lambda_{g1}} \tag{4.2-12b}$$

(3) 在极坐标纸上，以$|(\Gamma_{\text{in}})_j|$为径向长度，以θ_j为辐角标出各数据点，并标以测量序号。画出最适合所有数据点的轨迹圆，确定圆心C，如图 4.2.4 所示(图中$n=3$)。

(4) 求平均中心$\overline{O}$：用直线连接1、1′，2、2′…，这些直线应该交于一点，求出最适合各交点的平均中心$\overline{O}$(这是一个平均过程)，如图 4.2.4 所示。

(5) 求镜像圆心O'及S_{11}：如图 4.2.5 所示，用直线连接C和$\overline{O}$点，过C点作垂线，与输入轨迹圆交于K点($CK \perp C\overline{O}$)；过$\overline{O}$点作垂线，与输入轨迹圆交于L点($L\overline{O} \perp C\overline{O}$)，$CK$与$L\overline{O}$的方向保持相反；用直线连接$LK$，与$C\overline{O}$交于$O'$。$O'$即为镜像圆心，矢径$\overline{OO'} = \Gamma'_0 = |\Gamma'_0| e^{j\theta'_0}$。

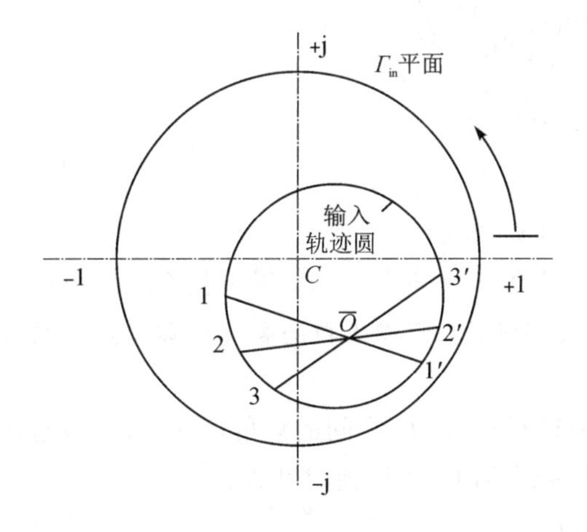

图 4.2.4　输入轨迹圆、圆心C和平均中心$\overline{O}$

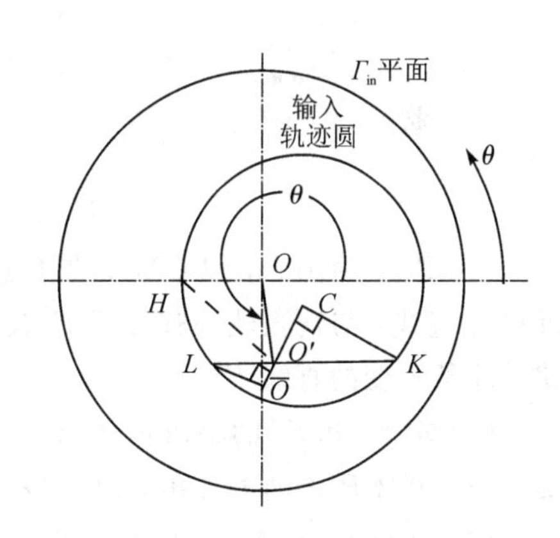

图 4.2.5　确定镜像圆心O'

(6) 计算S_{11}和$|S_{22}|$：

$$S_{11} = |\Gamma'_0| e^{j[\theta'_0 - 4\pi D_T/\lambda_{g1} \pm \pi]} = \overline{OO'} e^{j\arg S_{11}} \tag{4.2-13}$$

$$|S_{22}| = \overline{CO'}/R \tag{4.2-14}$$

式中，$R=CK$，R是输入轨迹圆半径。

$$\rho_{\text{插入}} = \frac{1+|S_{11}|}{1-|S_{11}|}$$

(7) 计算$|S_{12}|$：过O'作$C\overline{O}$垂线，与输入轨迹圆交于$H(O'H \perp C\overline{O})$，得出

$$|S_{12}| = \frac{\overline{O'H}}{\sqrt{R}} \tag{4.2-15}$$

$$A = -20\lg|S_{12}| = -20\lg(O'H) + 10\lg R$$

上述中，$|S_{22}|$和$|S_{12}|$的求解公式，即式(4.2.14)和式(4.2.15)的证明参见后文的$|S_{22}|$和$|S_{12}|$的推证。

2) 求 S_{12} 和 S_{22} 的辐角

(1) 在输入轨迹圆上任找一个特殊点，一般要求选在输入轨迹圆良好的数据点上，最好是落在输入轨迹圆上。设选定的数据点为 D_K 和 S_K，计算 $\theta_S = -(720°/\lambda_{g2})S_K$。

这个特殊点，也可以由滑动短路器或标准固定短路器给出一个固定长度的 S 值，设为 $S_{固}$，测出相应的输入数据。这个数据必然落在或邻近输入轨迹圆上，然后计算 $\theta_S = -(720°/\lambda_{g2})S_{固}$。

(2) 设这个特殊点在输入轨迹圆上为 M' 点，如图 4.2.6 所示，从 M' 过 O' 作直线交输入轨迹圆于 N 点。从 N 过 C 点作直线交输入轨迹圆于 M'' 点。

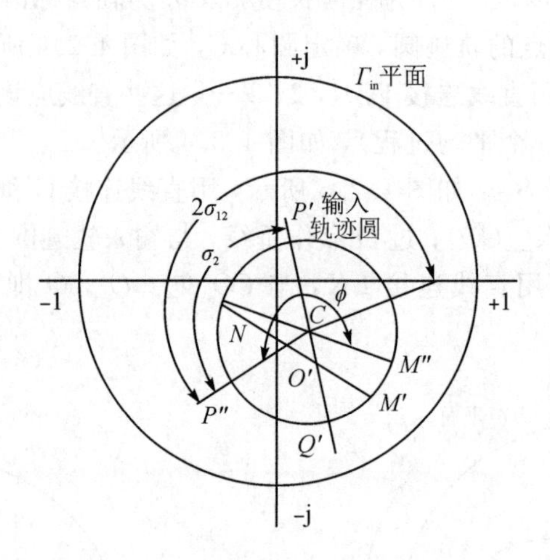

图 4.2.6 确定 S_{12} 和 S_{22} 的辐角

(3) 以 C 为圆心，以 CM'' 为矢径逆时针旋转 ϕ 角($\phi = 360° - \theta_S$)，得矢径 CP''。再从 O' 过 C 作直线，与输入轨迹圆交于 P' 点，$O'P'$ 再反向延长，与输入轨迹圆交于 Q'，这条直线就是那条不变的直线 $P'Q'$。

(4) 求 S_{22} 和 S_{12} 的辐角 σ_2 和 $2\sigma_{12}$：度量出矢径 CP' 和 CP'' 之间的夹角，即为 σ_2。度量出实轴与矢径 CP'' 之间的夹角，即为 $2\sigma_{12}$。度量所有辐角时，都以逆时针为正。

(5) 计算 S_{22} 和 S_{12} 在参考面 T_1 和 T_2 的相位。

$$\arg S_{22} = \sigma_2 - \frac{4\pi}{\lambda_{g2}} S_T \pm \pi \tag{4.2-16}$$

$$\arg S_{12} = \sigma_{12} - 2\pi\left(\frac{D_T}{\lambda_{g1}} + \frac{S_T}{\lambda_{g2}}\right) \tag{4.2-17}$$

式中，D_T 和 S_T 分别是 T_1 和 T_2 在测量线和滑动短路器上的参考面刻度值。

3) S 参数汇总

由上述图解得出的 S 参数分别为

$$S_{11} = \overline{OO'}\,e^{j\arg S_{11}}$$

$$S_{22} = \frac{\overline{CO'}}{R}\,e^{j\arg S_{22}}$$

$$S_{12}=\frac{\overline{O'H}}{\sqrt{R}}\mathrm{e}^{\mathrm{j}\arg S_{12}}$$

$$\arg S_{11}=\theta'_0-\frac{4\pi D_{\mathrm{T}}}{\lambda_{\mathrm{g1}}}\pm\pi$$

$$\arg S_{22}=\sigma_2-\frac{4\pi S_{\mathrm{T}}}{\lambda_{\mathrm{g2}}}\pm\pi$$

$$\arg S_{12}=\sigma_{12}-2\pi\left(\frac{D_{\mathrm{T}}}{\lambda_{\mathrm{g1}}}+\frac{S_{\mathrm{T}}}{\lambda_{\mathrm{g2}}}\right)$$

插入驻波比为

$$\rho=\frac{1+|S_{11}|}{1-|S_{11}|}$$

插入损耗为

$$A=-20\lg|S_{12}|\,(\mathrm{dB})$$

4) S_{22}和 S_{12}辐角的推证

如图 4.2.7 所示，P'和Q'是输出平面上的 P 和 Q 点在输入平面上的变换点。

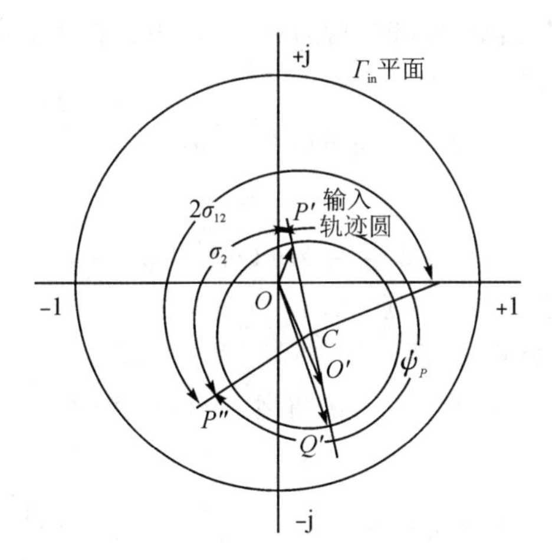

图 4.2.7　S_{22}和 S_{12}辐角推证

设

$$\Gamma_{\mathrm{out}}\Big|_P=1\cdot\mathrm{e}^{\mathrm{j}\psi_P}$$

$$\Gamma_{\mathrm{out}}\Big|_Q=1\cdot\mathrm{e}^{\mathrm{j}\psi_Q}=\mathrm{e}^{\mathrm{j}(\psi_P\pm\pi)}=-\mathrm{e}^{\mathrm{j}\psi_P}$$

由式(4.2-11)可得

$$\Gamma_{\mathrm{in}}|_{P'}=S_{11}-\frac{S_{12}^2}{S_{22}-(1/(\Gamma_{\mathrm{out}}|_P))}=S_{11}+\frac{S_{12}^2}{\mathrm{e}^{-\mathrm{j}\psi_P}-S_{22}}=\overrightarrow{OP'}\tag{4.2-18}$$

$$\Gamma_{\mathrm{in}}|_{Q'}=S_{11}-\frac{S_{12}^2}{\mathrm{e}^{-\mathrm{j}\psi_P}+S_{22}}=\overrightarrow{OQ'}\tag{4.2-19}$$

由式(4.2-18)结合图 4.2.7 的矢量图知

$$\overrightarrow{OP'}=\overrightarrow{OO'}+\overrightarrow{O'P'}=S_{11}+\overrightarrow{O'P'}\tag{4.2-20}$$

由式(4.2-19)知

$$\overrightarrow{OQ'}=\overrightarrow{OO'}-\overrightarrow{Q'O'}=S_{11}-\overrightarrow{Q'O'}\tag{4.2-21}$$

把式(4.2-20)和式(4.2-21)分别与式(4.2-18)和式(4.2-19)相比较，得出

$$\overrightarrow{O'P'} = \frac{S_{12}^2}{e^{-j\psi_P} - S_{22}} \tag{4.2-22}$$

$$\overrightarrow{Q'O'} = \frac{S_{12}^2}{e^{-j\psi_P} + S_{22}} \tag{4.2-23}$$

其辐角为

$$\arg \overrightarrow{O'P'} = 2\arg S_{12} - \arg(e^{-j\psi_P} - S_{22}) = 2\sigma_{12} + \psi_P - \arg(1 - |S_{22}| e^{j(\sigma_2 + \psi_P)}) \tag{4.2-24}$$

$$\arg \overrightarrow{Q'O'} = 2\arg S_{12} + \psi_P - \arg(1 + |S_{22}| e^{j(\sigma_2 + \psi_P)}) \tag{4.2-25}$$

由 $\arg \overrightarrow{O'P'} = \arg \overrightarrow{Q'O'}$ 得出

$$\arg(1 - |S_{22}| e^{j(\sigma_2 + \psi_P)}) = \arg(1 + |S_{22}| e^{j(\sigma_2 + \psi_P)})$$

在 $|S_{22}| < 1$ 的条件下解出

$$\sigma_2 + \psi_P = n \times 360° \quad (n = 0,\ 1,\ 2\cdots)$$

$$\arg S_{22} = \sigma_2 = -\psi_P + 360° \quad (n = 1) \tag{4.2-26}$$

可见把矢径 $\overrightarrow{CP'}$ 顺时针旋转 ψ_P（即 $-\psi_P$）得 $\overrightarrow{CP''}$，于是在图上可以度量出 $\sigma_2 = 360° - \psi_P$。

把式(4.2-26)代入式(4.2-24)，得出

$$2\sigma_{12} = \arg \overrightarrow{O'P'} - \psi_P + 360° \tag{4.2-27a}$$

即

$$2\sigma_{12} = \arg \overrightarrow{O'P'} + \sigma_2 \tag{4.2-27b}$$

在图上可以度量出 $2\sigma_{12}$，如图 4.2.7 所示。

5) $|S_{22}|$ 和 $|S_{12}|$ 的详细推证

如图 4.2.8 所示，由式(4.2-22)、式(4.2-23)和式(4.2-26)可知，$\overline{Q'O'}$ 和 $\overline{O'P'}$ 的长度分别为

$$\overline{O'P'} = \frac{|S_{12}|^2}{1 - |S_{22}|}, \quad \overline{Q'O'} = \frac{|S_{12}|^2}{1 + |S_{22}|}$$

及

$$\overline{Q'P'} = \overline{Q'O'} + \overline{O'P'} = 2R$$

所以

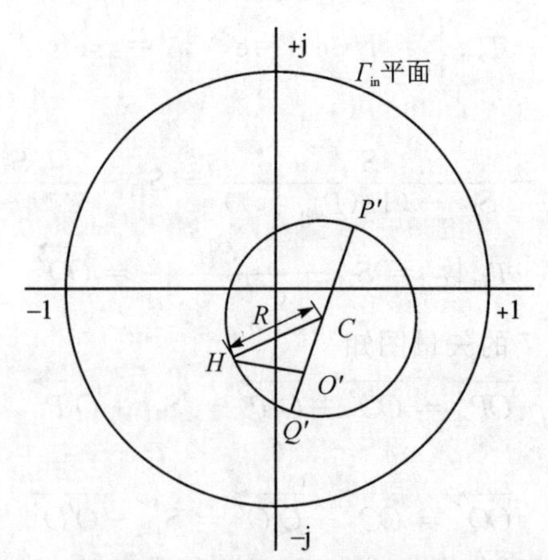

图 4.2.8 $|S_{22}|$ 和 $|S_{12}|$ 的推证

$$R=\frac{1}{2}(\overline{Q'O'}+\overline{O'P'})=\frac{|S_{12}|^2}{1-|S_{22}|^2} \tag{4.2-28}$$

$$\overline{O'C}=\overline{O'P'}-R=\frac{|S_{12}|^2}{1-|S_{22}|}-\frac{|S_{12}|^2}{1-|S_{22}|^2}=\frac{|S_{12}|^2}{1-|S_{22}|^2}|S_{22}|=R|S_{22}| \tag{4.2-29}$$

由式(4.2-29)得$|S_{22}|=\dfrac{\overline{O'C}}{R}$，式(4.2-14)得证。

把式(4.2-14)代入式(4.2-28)，利用$R^2-(\overline{O'C^2})^2=(\overline{O'H^2})^2$，求出$|S_{12}|=\dfrac{\overline{O'H}}{\sqrt{R}}$，式(4.2-15)得证。

3. 几点说明

(1) 在测量各数据点时，必然会引入测量误差，这就使得实测数据点并不会像前面讲的那样“整齐”地排列在一个圆上，有时不能很好地绘出“最适合数据点”的圆来，因此，可以对数据点进行圆拟合(回归分析)以得到精确的测量结果，这就是精密法。

(2) 上述的图解法，由于要求在半波长内取偶数个点，致使活塞的预置刻度不可能完全处在标尺的刻线上而引入预置误差，为了克服这点，可采用反射系数变换法，即把式(4.2-10)写成分式线性变换方程：

$$W=\frac{a_1z+a_2}{a_3z-1} \tag{4.2-30}$$

式中，$W=\Gamma_{in}$，$z=\Gamma_{out}$，$a_1=a_2a_3-a_{12}a_{21}$，$a_2=-S_{11}$，$a_3=S_{22}$。

变换式(4.2-30)表示把输出轨迹圆Γ_{out}变换到输入轨迹圆Γ_{in}。这样，在测量时就可以把活塞预置在等间隔标尺刻线上的n个位置上，再根据这n个数据点对，经过最小二乘法拟合，由计算机求出a_1、a_2、a_3来，减小了预置误差。

4.2.4　多口微波网络参数的测量要点

线性、无源、互易的多口微波网络结构如图4.2.9所示。在给定的各端口面T_1，T_2，…，T_N上能用任何网络形式表达它的等效电路。但从测量的角度看，同双口网络一样，仍然是以阻抗网络、导纳网络和散射网络使用较多，也有用变压器网络等效电路表示的。

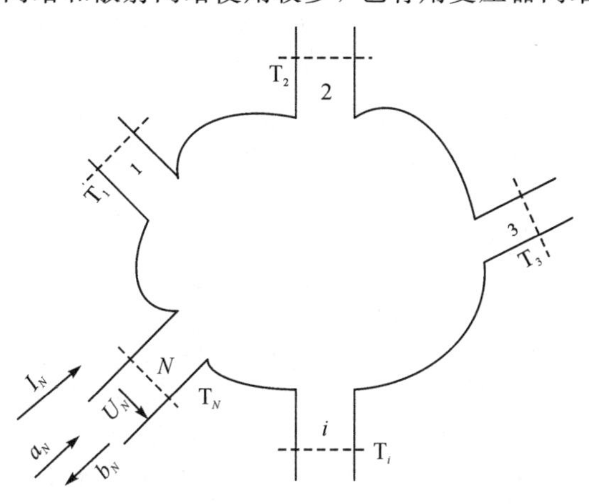

图4.2.9　多口微波网络结构

多口网络的阻抗、导纳和散射参数的参数方程分别为

$$\begin{bmatrix} U_1 \\ U_2 \\ \vdots \\ U_N \end{bmatrix} = \begin{bmatrix} Z_{11} & Z_{12} & \cdots & Z_{1N} \\ Z_{21} & Z_{22} & \cdots & Z_{2N} \\ \vdots & \vdots & & \vdots \\ Z_{N1} & Z_{N2} & \cdots & Z_{NN} \end{bmatrix} \begin{bmatrix} I_1 \\ I_2 \\ \vdots \\ I_N \end{bmatrix} \tag{4.2-31}$$

$$\begin{bmatrix} I_1 \\ I_2 \\ \vdots \\ I_N \end{bmatrix} = \begin{bmatrix} Y_{11} & Y_{12} & \cdots & Y_{1N} \\ Y_{21} & Y_{22} & \cdots & Y_{2N} \\ \vdots & \vdots & & \vdots \\ Y_{N1} & Y_{N2} & \cdots & Y_{NN} \end{bmatrix} \begin{bmatrix} U_1 \\ U_2 \\ \vdots \\ U_N \end{bmatrix} \tag{4.2-32}$$

$$\begin{bmatrix} b_1 \\ b_2 \\ \vdots \\ b_N \end{bmatrix} = \begin{bmatrix} S_{11} & S_{12} & \cdots & S_{1N} \\ S_{21} & S_{22} & \cdots & S_{2N} \\ \vdots & \vdots & & \vdots \\ S_{N1} & S_{N2} & \cdots & S_{NN} \end{bmatrix} \begin{bmatrix} a_1 \\ a_2 \\ \vdots \\ a_N \end{bmatrix} \tag{4.2-33}$$

一个 N 口微波网络有 $N\times N$ 个参数，对于互易网络有 $N(N+1)/2$ 个参数。

若多口微波元件是对称的，则组成网络的参数数目还可以减少。像常用的 E-T、H-T和魔 T 等波导分支，它们在几何结构上对称。如 E-T 分支，按三口互易网络计算应有 6 个参数，但由于结构对称，只有 4 个参数是独立的，因此，只要 4 次独立的测量就可以测出 E-T 的全部参数。

测量 N 口微波元件的方法是在$(N-2)$个端口上接已知负载，比如开路($Z_{\mathrm{L}}=\infty$)、短路($Y_{\mathrm{L}}=\infty$)或接匹配负载($\Gamma_{\mathrm{L}}=0$)，把 N 口网络简化成双口网络，按双口网络进行测量。然后依次测量所有两个口组成的双口网络，最后得出需要测量的全部参数。

第五章　反射计原理及反射系数测量

反射计法是一个经典且常用于测量标量反射参数的方法。二十世纪五十年代以前，由于定向耦合器方向性的限制，反射计法没有得到迅速发展，多用在大功率传输线中用于监测驻波比。在这个时期，人们致力于提高测量线的精度，以作为微波阻抗标准。但在二十世纪五六十年代以后，定向耦合器的质量得到提高(较强耦合及方向性)，并出现了用调配的方法改善定向耦合器的有限方向性，这使反射计的测量精度大大提高，并出现了精密调配反射计，该反射计成为当时的驻波比和阻抗测量标准仪器。

反射计与测量线比较，在原理和仪器结构上都不同。反射计的概念在微波测量中极为重要，除测量标量反射参数外，它还是组成近代微波测量仪器的基础，网络分析仪、六端口技术及微波功率校准等都是由反射计发展而来的。

本章通过$|\Gamma|$(含$|S_{11}|$和$|S_{22}|$)的测量来建立反射计的基本概念，并介绍其测试原理和调配方法，最后提出用反射计测量反射系数的途径。

5.1　基本反射计工作原理

5.1.1　基本反射计与测量$|\Gamma|$的方法

1. 理想反射计

基本反射计是由两只反接的定向耦合器组成的，测量线路如图 5.1.1(a)所示。它由微波信号源、反射计和待测负载三部分组成。如果源驻波比$\rho_g=1$且幅度不变，定向耦合器的方向性视为无穷大，且无反射，晶体检波器视为理想匹配，则基本反射计为理想反射计。为说明其工作原理，从理想反射计入手，推导出基本反射计测量反射系数模值$|\Gamma|$的方法。设图 5.1.1(a)基本反射计测量线路为理想电路，主线上的入射波经入射耦合器(D_i)取样从端口 4 送入检波器，设端口 4 的输出电压为b_4；反射波经反射耦合器(D_r)取样从端口 3 送入检波器，端口 3 的输出电压为b_3。绘出理想反射计的信流图，如图 5.1.1(b)所示。设待测负载的反射系数的模值为$|\Gamma|$，由信流图求出

$$\frac{b_3}{b_4}=\frac{S_{32}a_2}{S_{41}a_1}=\frac{S_{32}a_2}{(S_{41}/S_{21})b_2}=\frac{S_{21}S_{32}}{S_{41}}\Gamma_L \qquad (5.1-1a)$$

两只检波器测出的信号幅度之比为

$$\frac{b_3}{b_4}=K\mid\Gamma_L\mid \qquad (5.1-1b)$$

式中，$K=|S_{21}S_{32}/S_{41}|$，K 为比例常数。由测得的$|\Gamma_L|$再换成驻波比$\rho_L=(1+|\Gamma_L|)/(1-|\Gamma_L|)$或回波损耗 $RL=20\lg(1/|\Gamma_L|)$。

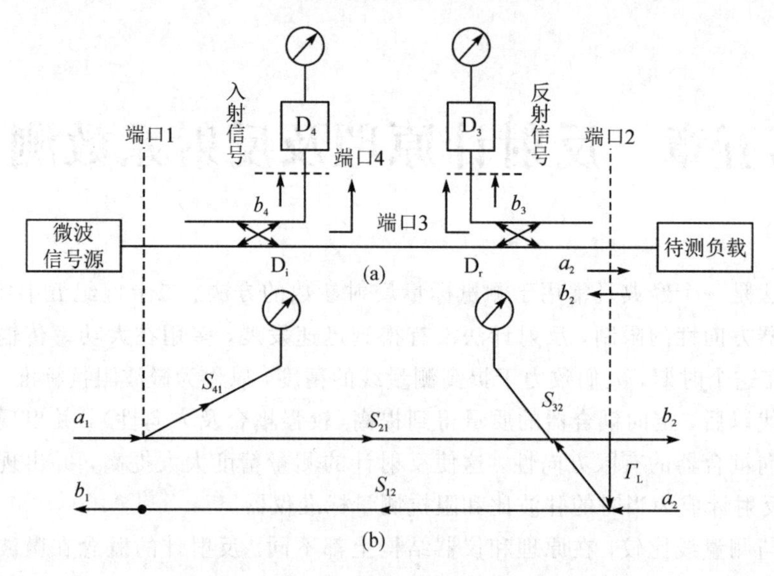

图 5.1.1 基本反射计

(a) 反射计基本测量线路；(b) 理想反射计信流图

2. 校准与测量

利用反射计测量$|\Gamma_L|$之前，要先进行校准(求 K)。通常采用短路器(如质量好的短路板，或在精密测量中采用$\lambda/4$标准短路器)作为标准来确定常数 K。其方法是，将一短路器($|\Gamma_L|=1$)接到反射计的输出端，读出电压比值$|b_3/b_4|_{校}$，由式(5.1-1b)求出常数 K：

$$K=\left|\frac{b_3}{b_4}\right|_{校}$$

当反射计的输出端接待测负载时，读出$|b_3/b_4|_{测}$，按式(5.1-1b)求出待测负载的反射系数，即

$$|\Gamma_L|=\frac{1}{K}\left|\frac{b_3}{b_4}\right|_{测}=\frac{\left|\dfrac{b_3}{b_4}\right|_{测}}{\left|\dfrac{b_3}{b_4}\right|_{校}}=\frac{|b_3|_{测}}{|b_3|_{校}}\frac{|b_4|_{校}}{|b_4|_{测}} \tag{5.1-2}$$

如果晶体检波器是平方律，则有

$$|\Gamma_L|=\sqrt{\left(\frac{I_{测}}{I_{校}}\right)_3\left(\frac{I_{校}}{I_{测}}\right)_4} \tag{5.1-3}$$

式中，I 为检波指示装置(如测量放大器等)的电流指示度。

由图 5.1.1(b)还可以看出，理想反射计的入射指示值 b_4 与所接负载 Γ_L 的值无关，有$|b_4|_{校}=|b_4|_{测}$，于是式(5.1-3)成为

$$|\Gamma_L|=\sqrt{\left(\frac{I_{测}}{I_{校}}\right)_3} \tag{5.1-4}$$

式(5.1-4)说明当信号源幅度不变时，入射耦合器可以去掉，基本反射计变成单定向耦合器反射计。这相当于终端短路时，入射波被全反射，可由$|b_3|_{校}$来表示线路中入射波的大小，而待测负载的反射波则由$|b_3|_{测}$来表示。

在实际中，对定向耦合器的方向性应该要求尽量高，对耦合度要求较强，特别是对反射耦合器要求更强些，一般不弱于 20 dB，通常取 10 dB 或 6 dB 左右，以减小检测的困难。

对带宽的要求，视具体情况而定。

5.1.2　实际双定向耦合器反射计分析

在反射计的实际电路中，由于实际定向耦合器的方向性有限，且在主线上引入反射，因而会有一小部分入射波耦合到检测装置 D_3（反射系数 Γ_{D3}）中（串话），有一小部分反射波耦合到检测装置 D_4（反射系数 Γ_{D4}）中，实际信号源和检波器也非理想匹配。因此，在考虑这些实际因素的条件下，$|b_3/b_4|$ 不再满足式(5.1-1b)的线性关系而引入测量误差。下面的分析表明：若想减小其测量误差，则需加入调配器，以提高反射计的测量精度。这里先对实际双定向耦合器反射计进行分析。

1. 定向耦合器与检波指示装置组合的信流图

把图 5.1.1(a)所示线路改画成四端口网络，如图 5.1.2 所示。虚线方框内为反射计测量装置，有两个耦合器，令其连接面 T 左边为 2′，右边为 1′，由此划分为两个"定向耦合器-检波指示装置"组合单元，即入射组合和反射组合。现以入射组合为例进行介绍，信流图如图 5.1.3 所示。

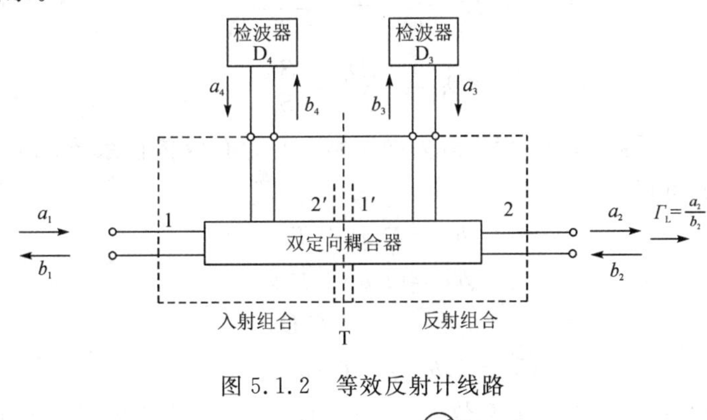

图 5.1.2　等效反射计线路

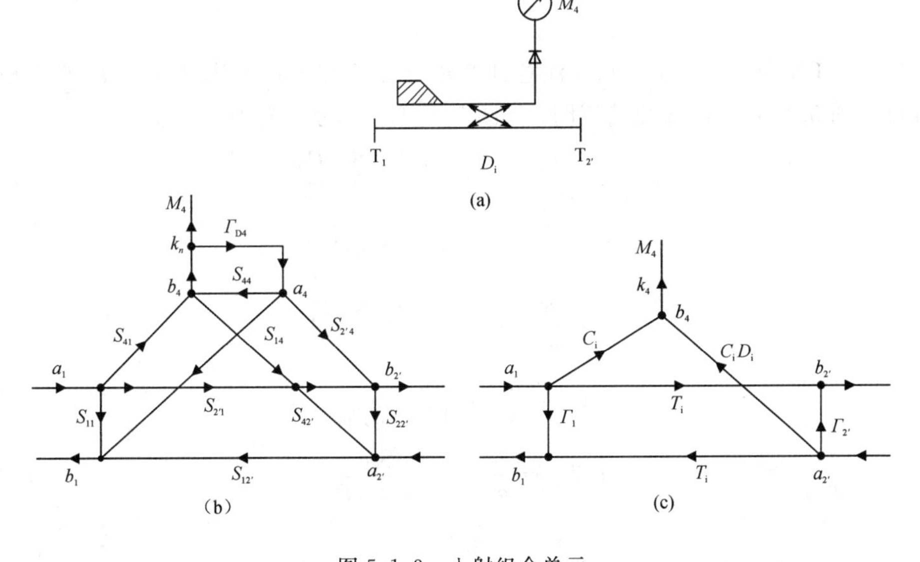

图 5.1.3　入射组合单元

(a) 入射定向耦合器 D_i 和检波器组合单元；(b) 信流图；(c) 简化信流图

散射方程为

$$\begin{bmatrix} b_1 \\ b_{2'} \\ b_4 \end{bmatrix} = \begin{bmatrix} S_{11} & S_{12'} & S_{14} \\ S_{2'1} & S_{2'2'} & S_{2'4} \\ S_{41} & S_{42'} & S_{44} \end{bmatrix} \begin{bmatrix} a_1 \\ a_{2'} \\ a_4 \end{bmatrix} \tag{5.1-5}$$

式中

$$a_4 = \Gamma_{D4} b_4$$

根据不接触环法则，图 5.1.3(b)可简化为图 5.1.3(c)，有

$$\Gamma_1 = \frac{b_1}{a_1} = \frac{S_{11}(1 - S_{44}\Gamma_{D4}) + S_{41}S_{14}\Gamma_{D4}}{(1 - S_{44}\Gamma_{D4})} = S_{11} + \frac{S_{41}\Gamma_{D4}S_{14}}{1 - S_{44}\Gamma_{D4}} \tag{5.1-6a}$$

$$\Gamma_{2'} = \frac{b_{2'}}{a_{2'}} = S_{2'2'} + \frac{S_{42'}\Gamma_{D4}S_{2'4}}{1 - S_{44}\Gamma_{D4}} \tag{5.1-6b}$$

$$T_i = \frac{b_{2'}}{a_1} = S_{2'1} + \frac{S_{41}\Gamma_{D4}S_{2'4}}{1 - S_{44}\Gamma_{D4}} \tag{5.1-6c}$$

$$C_i = \frac{b_4}{a_1} = \frac{S_{41}}{1 - S_{44}\Gamma_{D4}} \tag{5.1-6d}$$

$$C_iD_i = \frac{b_4}{a_{2'}} = \frac{S_{42'}}{1 - S_{44}\Gamma_{D4}} \tag{5.1-6e}$$

$$D_i = \frac{C_iD_i}{C_i} = \frac{S_{42'}}{S_{41}} \tag{5.1-6f}$$

式中，C_i 为有效耦合系数，C_iD_i 为有效方向系数，T 为有效传输系数，Γ_D为检波器反射系数。由图 5.1.3(c)可得

$$b_1 = \Gamma_1 a_1 + T_i a_{2'} \tag{5.1-7a}$$

$$b_{2'} = T_i a_1 + \Gamma_2 a_{2'} \tag{5.1-7b}$$

$$b_4 = C_i a_1 + C_i D_i a_{2'} \tag{5.1-7c}$$

$$M_4 = k_4 b_4 = k_4 C_i (a_1 + D_i a_{2'}) \tag{5.1-7d}$$

式中，$k_n(n=3, 4)$为检波器传输系数，$M_n(n=3, 4)$为与端口出射波 b 成比例的电压幅度值。

同理，对于反射组合单元，只要注意到其耦合器连接方向与图 5.1.3(a)的是相反的，就不难得到图 5.1.4(b)的简化信流图，如图 5.1.4(c)所示。其中

$$\Gamma_{1'} = \frac{b_{1'}}{a_{1'}} = S_{1'1'} + \frac{S_{31'}S_{1'3}\Gamma_{D3}}{1 - S_{33}\Gamma_{D3}} \tag{5.1-8a}$$

$$\Gamma_2 = \frac{b_2}{a_2} = S_{22} + \frac{S_{32}S_{23}\Gamma_{D3}}{1 - S_{33}\Gamma_{D3}} \tag{5.1-8b}$$

$$T_r = \frac{b_2}{a_{1'}} = S_{21'} + \frac{S_{31'}S_{23}\Gamma_{D3}}{1 - S_{33}\Gamma_{D3}} \tag{5.1-8c}$$

$$C_r = \frac{b_3}{a_2} = \frac{S_{32}}{1 - S_{33}\Gamma_{D3}} \tag{5.1-8d}$$

$$C_rD_r = \frac{b_3}{a_{1'}} = \frac{S_{31'}}{1 - S_{33}\Gamma_{D3}} \tag{5.1-8e}$$

$$D_r = \frac{C_rD_r}{C_r} = \frac{S_{31'}}{S_{32}} \tag{5.1-8f}$$

$$b_{1'} = \Gamma_{1'}a_{1'} + T_r a_2 \tag{5.1-9a}$$

$$b_2 = T_r a_{1'} + \Gamma_2 a_2 \tag{5.1-9b}$$

$$b_3 = C_r a_2 + C_r D_r a_{1'} \tag{5.1-9c}$$

$$M_3 = k_3 b_3 = k_3 C_r (a_2 + D_r a_{1'}) \tag{5.1-9d}$$

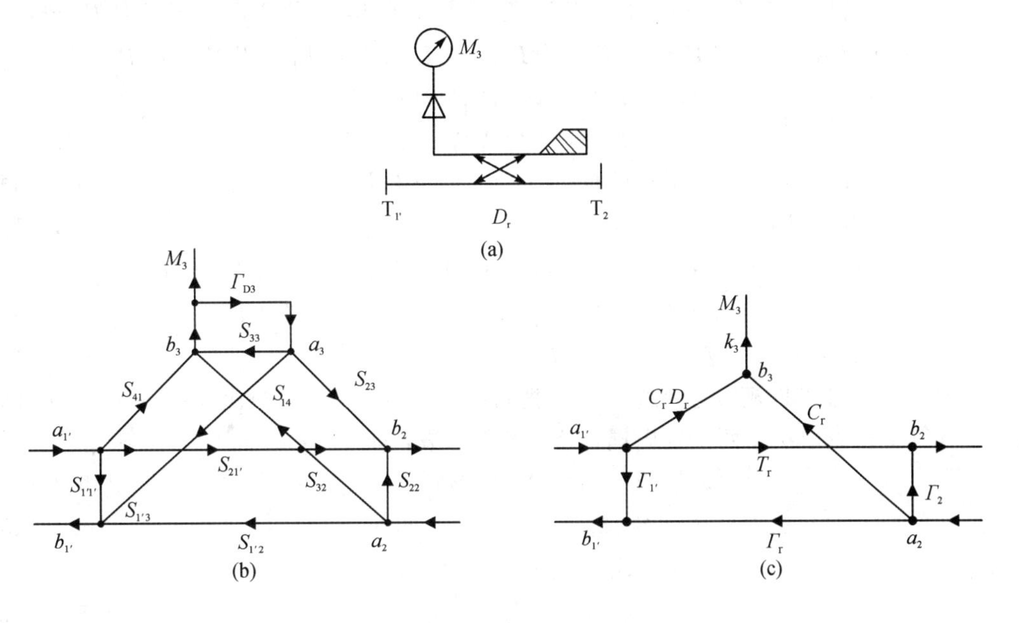

图 5.1.4　反射组合单元

(a) 反射定向耦合器 D_r 和检波器组合单元；(b) 信流图；(c) 简化信流图

2. 双定向耦合器反射计电路的信流图及其解

根据图 5.1.3(c)和图 5.1.4(c)，并设信号源反射系数为 Γ_g，待测负载反射系数为 Γ_L，绘出双定向耦合器反射计电路的信流图(见图 5.1.5)。

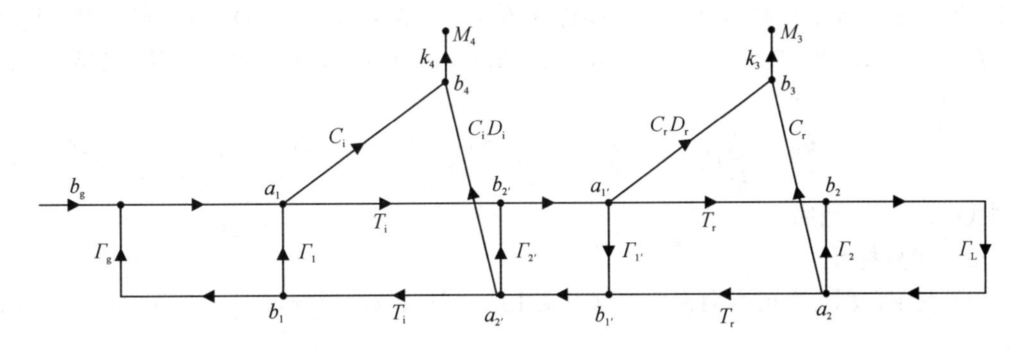

图 5.1.5　双定向耦合器反射计电路的信流图

由不接触环法则求出

$$\frac{b_4}{b_g} = \frac{1}{\Delta}[(-C_i\Gamma_2 + C_i\Gamma_{1'}\Gamma_{2'}\Gamma_2 + T_i T_r{}^2 C_i D_i - C_i T_r^2 \Gamma_{2'} - T_i \Gamma_{1'} C_i D_i \Gamma_2) \times \Gamma_L +$$

$$C_i(1 - \Gamma_{1'}\Gamma_{2'}) + T_i \Gamma_{1'} C_i D_i]$$

$$= \frac{1}{\Delta}[C\Gamma_L + D] \tag{5.1-10a}$$

$$\frac{b_3}{b_g}=\frac{1}{\Delta}[(T_iT_rC_r-T_i\Gamma_2C_rD_r)\Gamma_L+T_iC_rD_r]=\frac{1}{\Delta}[A\Gamma_L+B] \tag{5.1-10b}$$

式中

$$\Delta=1-\Gamma_g\Gamma_1-\Gamma_{1'}\Gamma_{2'}-\Gamma_2\Gamma_L-T_r^2\Gamma_{2'}\Gamma_L-T_r^2T_i^2\Gamma_L\Gamma_g-T_i^2\Gamma_{1'}\Gamma_g+\Gamma_g\Gamma_1\Gamma_{1'}\Gamma_{2'}+$$
$$\Gamma_{1'}\Gamma_{2'}\Gamma_2\Gamma_L+\Gamma_g\Gamma_1\Gamma_2\Gamma_L+\Gamma_g\Gamma_1T_r^2\Gamma_{2'}\Gamma_L+\Gamma_1\Gamma_LT_i^2\Gamma_{1'}\Gamma_g-\Gamma_g\Gamma_1\Gamma_{1'}\Gamma_{2'}\Gamma_2\Gamma_L$$

$$\Delta=(1-\Gamma_g\Gamma_1)(1-\Gamma_{1'}\Gamma_{2'})(1-\Gamma_2\Gamma_L)-$$
$$T_r^2\Gamma_{2'}\Gamma_L-T_i^2T_r^2\Gamma_L\Gamma_g-T_i^2\Gamma_{1'}\Gamma_g \tag{5.1-11}$$

$$A=T_iT_rC_r-T_i\Gamma_2C_rD_r=C_rT_i(T_r-\Gamma_2D_r) \tag{5.1-12a}$$

$$B=T_iC_rD_r \tag{5.1-12b}$$

$$C=-C_i\Gamma_2+C_i\Gamma_{1'}\Gamma_2\Gamma_{2'}+T_iT_r^2C_iD_i-C_iT_r^2\Gamma_{2'}-T_i\Gamma_{1'}\Gamma_2C_iD_i$$
$$=C_i(-\Gamma_2+\Gamma_{1'}\Gamma_{2'}\Gamma_2+T_iT_r^2D_i-T_r^2\Gamma_{2'}-T_i\Gamma_{1'}\Gamma_2D_i) \tag{5.1-12c}$$

$$D=C_i(1-\Gamma_{1'}\Gamma_{2'}+T_i\Gamma_{1'}D_i) \tag{5.1-12d}$$

若两个检波器都匹配($\Gamma_{D3}=\Gamma_{D4}=0$)，把式(5.1-6)和(5.1-8)代入式(5.1-12)，则参数 A、B、C、D 只取决于两个定向耦合器的散射参数，有

$$A=S_{32}S_{2'1}S_{21'}-S_{22}S_{31'} \tag{5.1-13a}$$

$$B=S_{2'1}S_{31'} \tag{5.1-13b}$$

$$C=-S_{41}S_{22}+S_{41}S_{1'1'}S_{2'2'}S_{22}+$$
$$(S_{2'1}S_{21'}^2-S_{42'}S_{2'1}S_{1'1'}S_{22})S_{42'} \tag{5.1-13c}$$

$$D=S_{41}-S_{41}S_{1'1'}S_{2'2'}+S_{2'1}S_{1'1'}S_{42'} \tag{5.1-13d}$$

由式(5.1-10)求出：

$$\frac{b_3}{b_4}=\frac{A\Gamma_L+B}{C\Gamma_L+D} \tag{5.1-14}$$

与式(5.1-1)相比较可知，由于实际电路并非理想型，待测反射系数$|\Gamma_L|$与$|b_3|/|b_4|$并不成反比例关系。只有当两个定向耦合器的方向性为无穷大(即 $D_r=D_i=0$)，且所有反射系数均为零(即 $\Gamma_1=\Gamma_{2'}=\Gamma_{1'}=\Gamma_2=0$)时，式(5.1-12)中的 B 和 C 才变为零，式(5.1-14)才变为($\Gamma_{D3}=\Gamma_{D4}=0$ 时)

$$\frac{b_3}{b_4}=\frac{A}{D}\Gamma_L=\frac{C_rT_iT_r}{C_i}\Gamma_L=\frac{S_{32}S_{21'}S_{2'1}}{S_{42}}\Gamma_L=\frac{S_{32}S_{21}}{S_{42}}\Gamma_L \tag{5.1-15}$$

其与式(5.1-1a)相同。

由上述分析可知：

(1) 受定向耦合器的方向性的限制以及主线反射系数的影响，$|\Gamma_L|$与$|b_3/b_4|$失去线性关系。

(2) 为使$|\Gamma_L|$与$|b_3/b_4|$能够保持线性关系(即式(5.1-1))，需设法使 $B=C=0$ 才行，这就要求接入带调配器的调配反射计。

(3) 关于检波器的调配，在公式中没有提出要求，可以作为一个常数看待，但从要求提高指示灵敏度和稳定性角度来看，检波器的调配应该尽可能匹配。

(4) 关于信号源的匹配，从 b_3 和 b_4 的比值上看，不受源失配($\Gamma_g\neq0$)的影响(共模变化)，但它影响 b_3 和 b_4 指示值的大小和稳定性(见式(5.1-10))。因此从信号源输出最大和稳定性上看，要求对信号源进行匹配。

由此得出，优质反射计的设计首先应选用耦合度适当、方向性尽可能高、主线反射参数(S_{11}，S_{22})尽可能小的定向耦合器；其次选用匹配尽可能好的微波信号源和检波器。

5.1.3　实际单定向耦合器反射计分析

由双定向耦合器反射计工作原理(见式(5.1-3)和式(5.1-4))可知，当微波信号源输出稳定，或经过稳幅环路，则图 5.1.1(a)的入射组合单元可以忽略不用，双定向耦合器反射计遂成为单定向耦合器反射计，其信流图如图 5.1.6 所示。

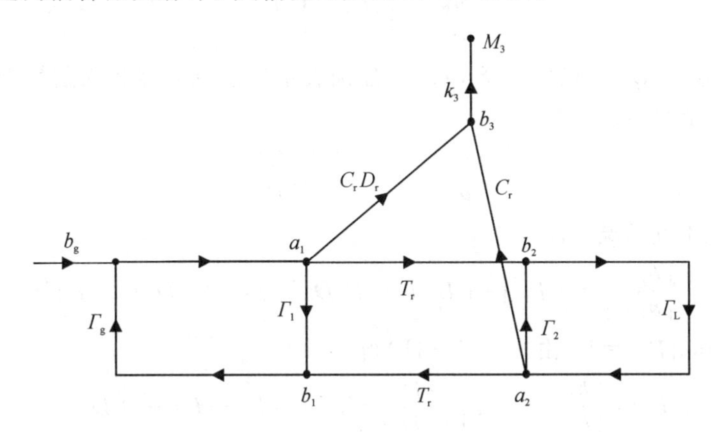

图 5.1.6　单定向耦合器反射计的信流图

从信流图求出：

$$\frac{b_3}{b_g}=\frac{[C_rD_r(1-\Gamma_2\Gamma_L)+T_r\Gamma_LC_r]}{\Delta}=\frac{A'\Gamma_L+B'}{C'\Gamma_L+D'} \tag{5.1-16}$$

式中

$$A'=C_rT_r-C_rD_r\Gamma_2$$
$$B'=C_rD_r$$
$$\Delta=C'\Gamma_L+D'=1-\Gamma_g\Gamma_1+(\Gamma_1\Gamma_2\Gamma_g-\Gamma_2-T_r^2\Gamma_g)\Gamma_L$$
$$C'=\Gamma_1\Gamma_2\Gamma_g-\Gamma_2-T_r^2\Gamma_g$$
$$D'=1-\Gamma_g\Gamma_1$$

由式(5.1-16)可看出，它与双定向耦合器反射计公式(5.1-14)有相同形式。同样，要求满足 $B'=C'=0$ 的条件时，$|\Gamma_L|$与$|b_3|$才有线性关系，满足这个条件的方法是加入调配器(见 5.3 节)。但与双定向耦合器反射计不同的是 C'和 D'都与源反射系数有关，因此，信号源的不稳定和不匹配将使$|\Gamma_L|$的测量结果产生误差(即非共模变化的缘故)。可见，单定向耦合器反射计对信号源输出稳定和匹配的要求比双定向耦合器反射计要高。当 $B'=C'=0$ 时，有

$$\left|\frac{b_3}{b_g}\right|=\left|\frac{A'}{D'}\right||\Gamma_L|=K|\Gamma_L| \text{ 或 } |b_3|=K'|\Gamma_L| \tag{5.1-17}$$

5.1.4　基本反射计主要误差源及误差分析

综合上述分析可知，实际反射计的主要误差源有：定向耦合器方向性误差、校准用的标准短路器不完善误差、检测指示误差、微波信号源幅度和频率的不稳定性误差等。

1. 定向耦合器方向性误差

在实际中，波导型定向耦合器的方向性一般可达 40 dB 左右，同轴型定向耦合器的方向性可达 30 dB 左右。

1) 双定向耦合器反射计方向性误差分析

为分析有限方向性引入的测量误差，设 $\Gamma_1=\Gamma_{2'}=\Gamma_{1'}=\Gamma_2=0$，$T_i=T_r=1$，源反射系数 $\Gamma_g=0$，则式(5.1-12)和式(5.1-14)变成

$$\frac{b_3}{b_4}=\frac{C_rD_r+C_r\Gamma_L}{C_i+C_iD_i\Gamma_L} \tag{5.1-18}$$

式中，$C_r(C_r=S_{32})$、D_r 和 $C_i(C_i=S_{41})$、D_i 分别表示反射耦合器和入射耦合器的耦合系数和方向性系数。设 $C_r=C_i$，有

$$\frac{b_3}{b_4}=\Gamma_L\frac{1+D_r/\Gamma_L}{1+D_i\Gamma_L} \tag{5.1-19}$$

考虑到相位不利情况，有

$$\left|\frac{b_3}{b_4}\right|_{测}\approx|\Gamma_L|+|D_r|+|D_rD_i||\Gamma_L|+|D_i||\Gamma_L|^2 \tag{5.1-20}$$

用短路器校准时，$|\Gamma_L|=1$，由式(5.1-1b)得

$$K=\left|\frac{b_3}{b_4}\right|_{校}=\left|\frac{1-D_r}{1-D_i}\right|\approx|1-(D_r-D_i+D_rD_i)| \tag{5.1-21}$$

把式(5.1-20)和(5.1-21)代入式(5.1-2)，求出测量值

$$|\Gamma_L|'=\frac{1}{K}\left|\frac{b_3}{b_4}\right|_{测}=\frac{|\Gamma_L|+|D_r|+|D_rD_i||\Gamma_L|+|D_i||\Gamma_L|^2}{|1-(D_r-D_i+D_rD_i)|}$$

展开并忽略高阶小量，得出 $|\Gamma'_L|$ 为

$$|\Gamma'_L|\approx|\Gamma_L|+(|D_r|+|D_r|^2+|D_iD_r|)+(|D_r|+|D_i|+2|D_rD_i|)|\Gamma_L|+(|D_i|+|D_i|^2+|D_iD_r|)|\Gamma_L|^2$$

测量值的不确定性为

$$\Delta|\Gamma|=|\Gamma'_L|-|\Gamma_L|=A_x+B_x|\Gamma_L|+C_x|\Gamma_L|^2 \tag{5.1-22}$$

式中

$$A_x=|D_r|+|D_r|^2+|D_iD_r|\approx|D_r|$$

$$B_x=|D_r|+|D_i|+2|D_iD_r|\approx|D_r|+|D_i|$$

$$C_x=|D_i|+|D_i|^2+|D_iD_r|\approx|D_i|$$

若两个定向耦合器的方向性均为 40 dB，则

$$\Delta|\Gamma|=0.01+0.02|\Gamma_L|+0.01|\Gamma_L|^2$$

若两个定向耦合器的方向性均为 30 dB，则

$$\Delta|\Gamma|=0.03+0.06|\Gamma_L|+0.03|\Gamma_L|^2$$

式(5.1-22)中的常数 A_x、B_x、C_x 表示反射计有限方向性的精度。对于小反射情况，主要是 A_x 误差项。

2) 单定向耦合器反射计方向性误差分析及源反射系数的影响

设 $\Gamma_1=\Gamma_2=0$，$T_r=1$，则式(5.1-16)变为

$$\left|\frac{b_3}{b_g}\right|=\left|C_r\Gamma_L\frac{1+D_r/\Gamma_L}{1-\Gamma_g\Gamma_L}\right| \tag{5.1-23}$$

Γ_g 很小，则

$$\left|\frac{b_3}{b_g}\right| \approx |C_r\Gamma_L(1+\frac{D_r}{\Gamma_L}+\Gamma_g\Gamma_L+D_r\Gamma_g)| \tag{5.1-24a}$$

校准时，$\Gamma_L=-1(|\Gamma_L|=1)$，将其代入式(5.1-23)，得

$$K=\left|\frac{b_3}{b_g}\right|_{校}=|C_r|\left|\frac{1-D_r}{1+\Gamma_g}\right| \approx |C_r||(1-D_r-D_r\Gamma_g-\Gamma_g)| \tag{5.1-24b}$$

把式(5.1-24a)、式(5.1-24b)代入式(5.1-17)，求出测量值为

$$|\Gamma'_L|=\frac{1}{K}\left|\frac{b_3}{b_g}\right|_{测}=\frac{|\Gamma_L(1+D_r/\Gamma_L+\Gamma_g\Gamma_L+D_r\Gamma_g)|}{|1-D_r-D_r\Gamma_g+\Gamma_g|}$$

考虑到相位最不利条件，忽略高阶小量，有

$$\begin{aligned}|\Gamma'_L|&=|\Gamma_L|\frac{1+|D_r/\Gamma_L|+|\Gamma_g\Gamma_L|+|D_r\Gamma_g|}{1-(|D_r|+|D_r\Gamma_g|+|\Gamma_g|)}\\&\approx|\Gamma_L|+|D_r|+|D_r|^2+|D_r||\Gamma_g|+(|D_r|+|\Gamma_g|+2|D_r\Gamma_g|)|\Gamma_L|+\\&\quad(|\Gamma_g|+|\Gamma_g|^2+|D_r||\Gamma_g|)|\Gamma_L|^2\end{aligned} \tag{5.1-24c}$$

测量值的不确定性为

$$\Delta|\Gamma_L|=|\Gamma'_L|-|\Gamma_L|=A_x+B_x|\Gamma_L|+C_x|\Gamma_L|^2 \tag{5.1-25}$$

式中

$$A_x=|D_r|+|D_r|^2+|D_r\Gamma_g|\approx|D_r|$$

$$B_x=|\Gamma_g|+|D_r|+2|D_r\Gamma_g|\approx|D_r|+|\Gamma_g|=A_x+C_x$$

$$C_x=|\Gamma_g|+|\Gamma_g|^2+|D_r||\Gamma_g|\approx|\Gamma_g|$$

例如，设定向耦合器方向性为 40 dB，即 $|D_r|=0.01$，信号源驻比 $\rho_g=1.05$，$|\Gamma_g|=0.024$，则

$$\Delta|\Gamma_L|=0.01+0.03|\Gamma_L|+0.02|\Gamma_L|^2$$

若 $\rho_g=1.01$，$|\Gamma_g|=0.005$，则

$$\Delta|\Gamma_L|=0.01+0.015|\Gamma_L|+0.005|\Gamma_L|^2$$

2. 标准短路器不完善误差

当标准短路器不完善，且 $|\Gamma_L|_{短路}$ 小于 1 时，会产生误差，但标准短路器可以校正，由式(5.1-1b)可知

$$K=\frac{1}{|\Gamma_L|_{短路}}\left|\frac{b_3}{b_4}\right|_{校} \tag{5.1-26}$$

3. 检测指示误差

检测指示误差与反射计采用的检测装置和指示装置有关。如果采用晶体检波器和测量放大器作检测系统，则检测指示误差取决于晶体检波律的变化和测量放大器的非线性度。一般在测量放大器的总读数(分压器的分压系数和电表指示度的乘积)不超过一万的范围内，可以认为晶体检波律不变。测量放大器的分压器和放大器的非线性度，可用已知电压加到输入端进行校正并计算误差。设测量放大器的相对电压测量误差为 $\delta_{电压}$，检波率为 n，则双定向耦合器反射计反射系数的测量误差由式(5.1-3)求出，即

$$\Delta|\Gamma|\approx\pm\frac{2\delta_{电压}}{n} \tag{5.1-27}$$

上式导出时，设校准与测量时测量放大器的相对电压测量误差和晶体检波律均相等。对于单定向耦合器反射计，有

$$\Delta\mid\Gamma\mid\approx\pm\frac{\delta_{\text{电压}}}{n} \tag{5.1-28}$$

由 $\Delta|\Gamma|$ 求出驻波比的误差为

$$\Delta\rho\approx\pm\frac{(\rho+1)^2}{2}\Delta\mid\Gamma\mid \tag{5.1-29}$$

经过精密校正后，由检测指示引入的驻波比的相对正负误差绝对值不大于1%；若用小功率计作检波指示，该项误差则可小到0.5%以下。

4. 微波信号源幅度和频率不稳定性误差

信号源幅度不稳定，对双定向耦合器反射计影响较小，因为它属于共模测试，即校准与测试时均取两信号的比值，但对单定向耦合器反射计的影响较大。为减小幅度不稳定的影响，需采用自动稳幅电路，则该项误差可使驻波比相对误差绝对值减小到0.5%以下；用一般微波信号源时，驻波比相对误差绝对值可减小1%左右。信号源频率不稳定，将由定向耦合器的频率特性产生误差。

关于信号源驻波比的影响，由式(5.1-25)知，对单定向耦合器反射计有明显影响；从式(5.1-22)看，对双定向耦合器虽无影响，但由于源驻波比影响信号源输出功率的稳定性，所以无论对哪种反射计线路，都应使源驻波比尽可能小，特别是单定向耦合器反射计对源驻波比要求更加严格。

由上述误差源的分析可以看出，定向耦合器方向性误差是最主要的误差项，耦合器主臂的反射参数也会引入误差，因此，为提高反射计测量精确度，必须提高定向耦合器的性能指标。但这是有一定限度的，所以还需要在线路设计上设法减小误差。后来，针对定向耦合器方向性有限的实际情况，人们提出通过调配的办法来提高反射计的精度，即调配反射计。下面两节分述双、单定向耦合器调配反射计的调配原理和方法。

5.2 提高点频反射计测量精确度的方法

由于对定向耦合器的性能指标不能过于苛求，故应在承认硬件存在误差的基础上，设法提高其测量精确度，本节将介绍一种调配法，即调配反射计的原理。

5.2.1 双定向耦合器调配反射计的原理

由式(5.1-1)、式(5.1-10)和式(5.1-14)可知，要使定向耦合器反射计能够精确测量反射系数的模值$|\Gamma|$，必须使 $B=C=0$，且要求信号源匹配(设检波器已经调好)。达到这一要求的方法是在图5.1.1(a)所示反射计线路中接入三只调配器 T_x、T_y 和 T_z，如图5.2.1所示。这三者的作用是：调整 T_x 使 $B=0$，调整 T_y 使 $C=0$，调整 T_z 使信号源近似匹配。双定向耦合器调配反射计的调配原理和方法如下：

(1) 用短路器调整 T_z 使信号源近似匹配并使式(5.1-10)中的 $\Delta=1$。将滑动短路器接在反射计的输出端，往返移动短路活塞，观察检测装置 b_4 的电表指针的摆动情况。仔细地调整 T_z，用产生的附加反射来影响 Γ_g，使电表指针的摆动幅度减到最小(说明信号源反射最小)。

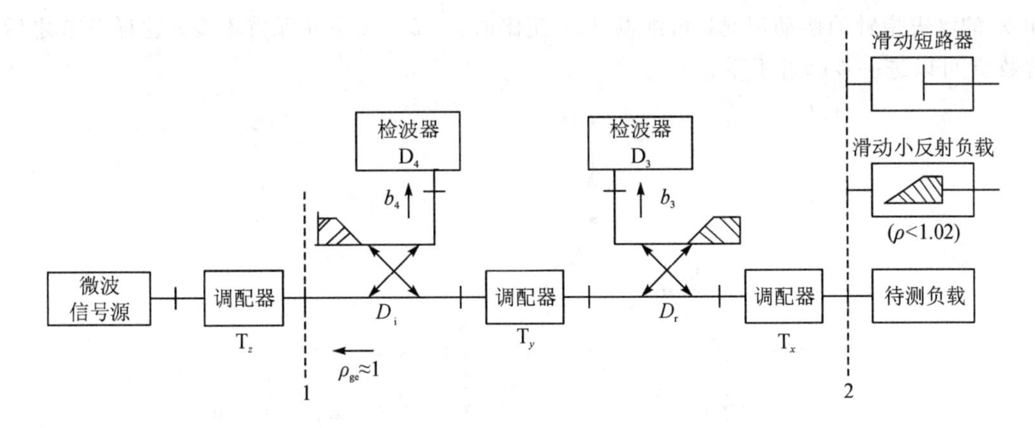

图 5.2.1　双定向耦合器调配反射计的连接线路

调整 T_z 的原理见图 5.2.2。如果达到理想情况，由式(5.1-10)中的 Δ 可知道，$\Delta=1$，设 $\Gamma_L=-e^{-j\theta}$，则由式(5.1-11)得

$$\Gamma_{ge}=\frac{\Gamma_{1'}\Gamma_{2'}-\Gamma_2 e^{-j\theta}-T_r^2\Gamma_{2'}e^{-j\theta}-\Gamma_{1'}\Gamma_{2'}\Gamma_2 e^{-j\theta}}{-\Gamma_1+T_i^2T_r^2e^{-j\theta}-T_i^2\Gamma_{1'}+\Gamma_1\Gamma_{1'}\Gamma_{2'}-\Gamma_1\Gamma_2e^{-j\theta}+\Gamma_1\Gamma_{1'}\Gamma_{2'}\Gamma_2e^{-j\theta}-\Gamma_1T_r^2\Gamma_{2'}e^{-j\theta}-\Gamma_2T_i^2\Gamma_{1'}e^{-j\theta}} \tag{5.2-1}$$

式中，$\theta=2\beta S$，S 为短路活塞至端面“2”的距离，β 为相位移常数。

由式(5.2-1)看出，因为式中的反射系数通常是很小的，而 $|T_i|$ 和 $|T_r|$ 都是趋近于 1 的，所以调整后的 Γ_{ge} 是很小的。设调整后的 T_z 散射参数为 n_{11}、n_{22}、n_{12}、n_{21}，调整前的源反射系数为 Γ_g，则可以求出调整后的等效源反射系数为

$$\Gamma_{ge}=n_{22}+\frac{n_{21}n_{12}\Gamma_g}{1-n_{11}\Gamma_g}=n_{22}-\frac{n_{21}n_{12}}{n_{11}-(1/\Gamma_g)} \tag{5.2-2}$$

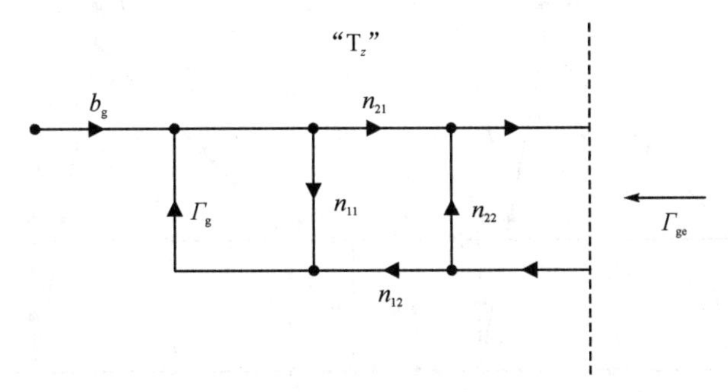

图 5.2.2　调整 T_z 原理图(n_{ij} 为 T_z 的散射参数)

(2) 用滑动小反射负载调整 T_x 使 $B=0$。取下滑动短路器，换上滑动小反射负载($\rho<1.01$)，如图 5.2.3 所示。

调节 T_x，使检测装置 b_3 的电表指示为零。这时，T_x 产生一个大小和相位适当的反射波，并在反射定向耦合器的臂 3 中，将抵消由入射波引入的输出波 $a_{1'}C_rD_r$。如果滑动小反射负载的驻波比为 1，则上述步骤完成后，反射定向耦合器具有无限大的等效方向性，由此式(5.1-14)中的常数 B 便等于零。但实际上不能获得驻波比为 1 的理想终端负载，因而调节 T_x 后，只能使常数 B 减到最小。同时在调节 T_x 的过程中，由于反射波的变动，会引起 b_3 和 b_4 的电表指针变动(见式(5.1-10))，因此，需要反复移动滑动小反射负载，并观察 b_3

和 b_4 的电表指针的摆动情况，再细调 T_x，使比值 $|b_3/b_4|$ 最小并保持不变。这样调节之后，常数 B 可以进一步趋近于零。

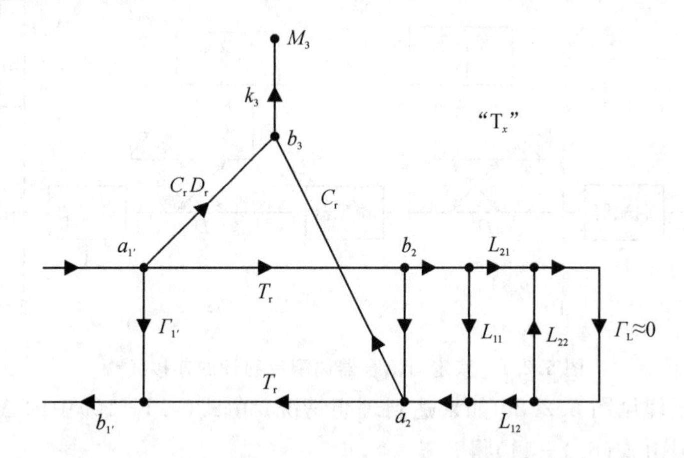

图 5.2.3 调整 T_x 原理图(L_{ij} 为 T_x 的散射参数)

在滑动小反射负载的反射很小的情况下，b_4 基本上不变。因此，在调节 T_x 的过程中，只需注意 b_3 的电表指针不随滑动负载的移动而变化即可。

(3) 用短路器调节 T_y 使 $C=0$。取下滑动负载，换上滑动短路器，如图 5.2.4 所示。反复移动短路活塞，观察检测装置 b_3 和 b_4 的电表指针的摆动情况。调节 T_y，使比值 $|b_3/b_4|$ 保持不变。这时，常数 C 也趋近于零。调节 T_y，改变其参数 m_{11}、m_{22}、m_{21}、m_{12}，主要改变 $\Gamma_{1'}$ 和 $\Gamma_{2'}$，观察式(5.1-12c)和式(5.1-10)可知，调节 T_y 到某一状态时，可使 C 趋近于 0。

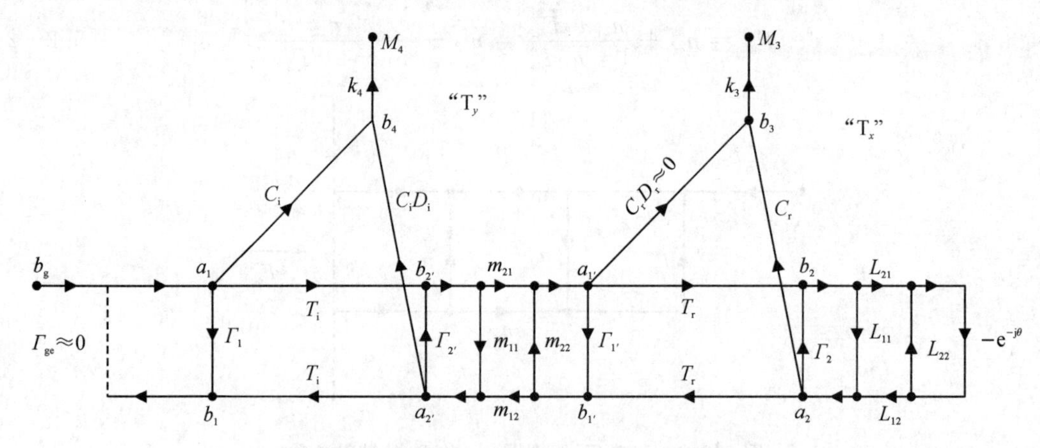

图 5.2.4 调整 T_y 原理图(m_{ij} 为 T_y 的散射参数)

一般情况下，完成上述调整步骤后，测量线路的参数得到新值，反射计可以达到足够理想的精度。必要时，可以按先调节 T_x、后调节 T_y 的顺序，反复进行调整，使比值 $|b_3/b_4|$ 保持不变，可使 $B=C=0$ 的条件得到进一步满足。

T_x 和 T_y 调好之后，可能还需要进一步调节 T_z，以减小调整 T_x、T_y 时对式(5.2-1)的影响。T_z 的调节并不影响已经获得的条件 $B=C=0$。

经过上述调整后，反射计的比值 $|b_3/b_4|$ 和待测负载的反射系数 $|\Gamma_L|$ 已成正比关系，如式(5.1-1)所示。之后，就可以进行校准和测试。若 T_z 调整得很完善，则电路中的入射波

幅度不随负载变化，也可按式(5.1－4)进行校准和测量。

关于图5.2.1中所用的滑动短路器和滑动小反射负载，在精密测量时，应该在调配器T_x的输出端接入标准直波导，再把可移动的短路活塞和小反射吸收片插入标准直波导内，用于调节T_x、T_y、T_z。

5.2.2　单定向耦合器调配反射计的原理

单定向耦合器调配反射计的连接线路如图5.2.5所示。由式(5.1－16)和式(5.1－17)可知，调配的目的仍是使$B'=C'=0$，并使信号源近似匹配。

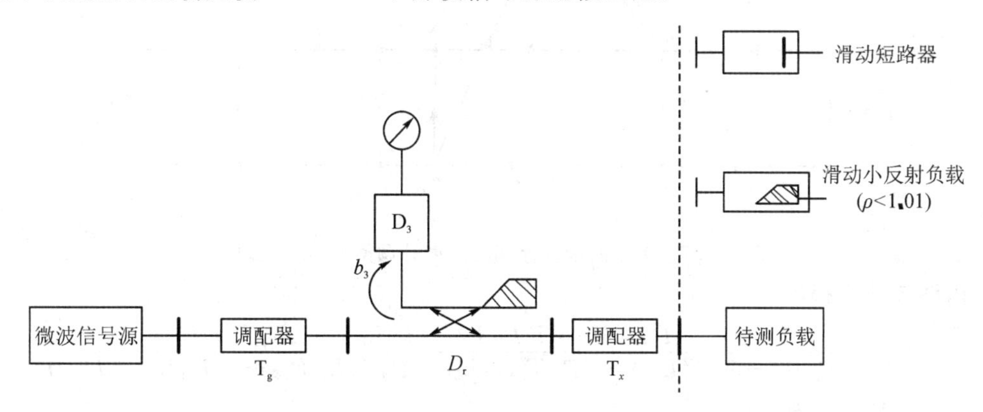

图5.2.5　单定向耦合器调配反射计的连接线路

1. 调整T_g使$\Delta=1$(兼含$C'=0$和信号源近似匹配的情况)

在反射计输出端接滑动短路器，其线路图如图5.2.5所示。设信号源反射系数$\Gamma_g\neq0$，调整T_g，当b_3的电表指示不随短路活塞的移动而摆动时，则有$\Delta=1$，由式(5.1－16)中的Δ得出

$$\Gamma_{ge}=\frac{\Gamma_2 e^{-j\theta}}{\Gamma_1+\Gamma_1\Gamma_2 e^{-j\theta}+T_r e^{-j\theta}} \tag{5.2-3}$$

由图5.2.6得出

$$\Gamma_{ge}=m_{22}+\frac{m_{21}m_{12}\Gamma_g}{1-\Gamma_g m_{11}}=m_{22}-\frac{m_{21}m_{12}}{m_{11}-(1/\Gamma_g)} \tag{5.2-4}$$

式(5.2－3)中的Γ_1和Γ_2实际上很小，$|T_r|$趋近于1，所以$\Gamma_{ge}\approx0$或很小。

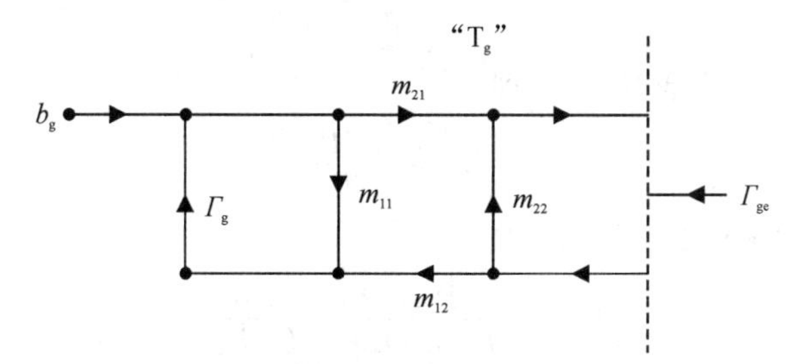

图5.2.6　单定向耦合器调配反射计调整T_g的信流图

2. 调整T_x使$B'=0$

将滑动短路器换成滑动小反射负载。把T_g与信号源视为一个单元，用Γ_{ge}等效之，如图5.2.7所示。调整T_x提供适当相位的小反射波，使b_3的电表指示为零(或最小)，并反复滑动小反射负载，使指针摆动最小或不摆动，则等效方向系数$C_r D_r\approx0$，即式(5.1－16)中的$B'\approx0$。

通过上述两步调整，可获得式(5.1-17)的正比关系。但是要注意，仔细调配之后，测量线路的参数为新的状态。

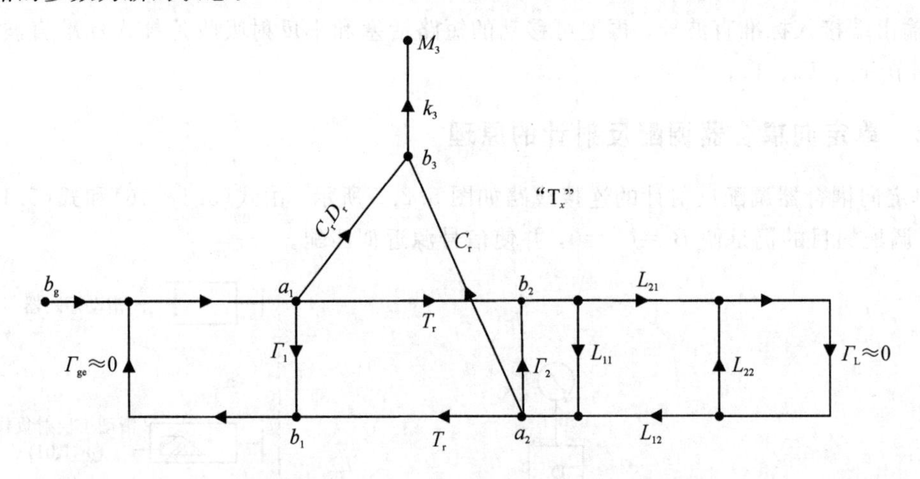

图 5.2.7　单定向耦合器调配反射计调整 T_x 的信流图

由图 5.2.7 得出

$$\begin{aligned}\frac{b_3}{b_g}&=\frac{(D_r+T_rL_{11})+(T_rL_{21}L_{12}-D_rL_{22}-T_rL_{11}L_{22})\Gamma_L}{(1-\Gamma_{ge}\Gamma_1-\Gamma_{ge}T_r^2L_{11})+(\Gamma_{ge}T_r^2L_{11}L_{22}-\Gamma_{ge}T_r^2L_{21}L_{12}-\Gamma_2\Gamma_{11}L_{21}-L_{22})\Gamma_L}\\&=\frac{A'\Gamma_L+B'}{C'\Gamma_L+D'}\end{aligned}\tag{5.2-5}$$

图 5.2.7 有六个一阶环：$\Gamma_{ge}\Gamma_1$，$\Gamma_{ge}T_r^2L_{11}$，$\Gamma_{ge}T_r^2L_{21}L_{12}\Gamma_L$，$\Gamma_2L_{11}$，$\Gamma_2L_{21}L_{12}\Gamma_L$，$L_{22}\Gamma_L$；有五个二阶环：$(\Gamma_{ge}\Gamma_1)(\Gamma_2L_{11})$，$(\Gamma_{ge}\Gamma_1)(\Gamma_2L_{21}L_{12}\Gamma_L)$，$(\Gamma_{ge}\Gamma_1)(L_{22}\Gamma_L)$，$(\Gamma_2L_{11})(L_{22}\Gamma_L)$，$(\Gamma_{ge}T_r^2L_{11})(\Gamma_LL_{22})$；有一个三阶环：$(\Gamma_{ge}\Gamma_1)(\Gamma_2L_{11})(\Gamma_LL_{22})$。由 b_g 到 b_3 有三条通路，其路值分别为：C_rD_r，$T_rL_{11}C_r$，$T_rL_{21}L_{12}\Gamma_LC_r$。由于定向耦合器的反射参数$|\Gamma_1|$和$|\Gamma_2|$远小于 1，所以含有 Γ_1 和 Γ_2 的三阶环及二阶环均略去，得到

$$\frac{b_3}{b_g}=\frac{C_rD_r(1-\Gamma_2L_{11}-\Gamma_2L_{21}L_{12}\Gamma_L-L_{22}\Gamma_L)+T_rL_{11}C_r(1-L_{22}T_L)+T_rL_{21}L_{12}C_r\Gamma_L}{1-(\Gamma_{ge}\Gamma_1+\Gamma_{ge}T_r^2L_{11}+\Gamma_{ge}T_r^2L_{21}L_{12}\Gamma_L+\Gamma_2L_{11}+\Gamma_2\Gamma_LL_{21}L_{12}+L_{22}\Gamma_L)+\Gamma_{ge}T_r^2L_{11}L_{22}\Gamma_L}\tag{5.2-6}$$

再考虑到定向耦合器的方向性 $D_r\ll1$，忽略含有 $D_r\Gamma_2$ 乘积项的高阶小量，整理式(5.2-6)，得出式(5.2-5)。

调整 T_x 之后，已经满足 $B'=0$，即

$$L_{11}=\frac{-D_r}{T_r}\tag{5.2-7}$$

调整 T_g 之后，已经满足 $C'=0$，即

$$\Gamma_{ge}=\frac{\Gamma_2L_{21}L_{12}+L_{22}}{T_r^2(L_{11}L_{22}-L_{21}L_{12})}\tag{5.2-8}$$

就是说，调配之后对于待测 Γ_L 的关系式即为式(5.1-17)。可见调整后的常数已经不再是原来的常数了。

5.2.3　调配反射计调配不完善误差分析

所谓的调配不完善，是指式(5.1-14)或式(5.1-16)中的 B 和 C 接近于零，但实际上

又不等于零的情况，因而对测量值引入误差，与此同时耦合器主臂的反射系数的影响也考虑在内。在下面的分析中，认为 B 和 C 都是小量，即调配之后，方向性和主臂反射系数的影响均已基本消除。

以双定向耦合器调配反射计为例来分析调配不完善引入的误差。由式(5.1-14)知

$$\frac{b_3}{b_4}=\frac{A\Gamma_L+B}{C\Gamma_L+D}=\frac{A}{D}\cdot\frac{\Gamma_L+B/A}{1+(C/D)\Gamma_L}$$
$$\approx\frac{A}{D}\left[\Gamma_L+\frac{B}{A}-\frac{C}{D}\Gamma_L^2-\frac{BC}{AD}\Gamma_L\right]$$

忽略二阶小量，有

$$\frac{b_3}{b_4}\approx\frac{A}{D}\left(\Gamma_L+\frac{B}{A}-\frac{C}{D}\Gamma_L^2\right) \tag{5.2-9}$$

校准时，$\Gamma_L=-1(|\Gamma_L|=1)$，由式(5.2-9)可知

$$K=\left|\frac{b_3}{b_4}\right|_{校}=\left|\frac{A}{D}\right|\left|\left(1-\frac{B}{A}+\frac{C}{D}\right)\right| \tag{5.2-10a}$$

测量值为

$$|\Gamma'_L|=\frac{1}{K}\left|\frac{b_3}{b_4}\right|_{测}=\frac{|\Gamma_L+B/A-(C/D)\Gamma_L^2|}{|1-(B/A)+(C/D)|}$$

考虑到相位最不利的情况，有

$$|\Gamma'_L|=\frac{1}{K}\left|\frac{b_3}{b_4}\right|_{测}=\frac{|\Gamma_L+B/A-(C/D)\Gamma_L^2|}{|1-(B/A)+(C/D)|}$$
$$\approx|\Gamma_L|+|B/A|+|C/D||\Gamma_L|^2+|B/A||\Gamma_L|+|B/A|^2+$$
$$|BC/AD||\Gamma_L|^2+|C/D||\Gamma_L|+|BC/AD|+|C/D|^2|\Gamma_L|^2$$

忽略二阶小量，有

$$|\Gamma'_L|\approx|\Gamma_L|+\left|\frac{B}{A}\right|+\left(\left|\frac{B}{A}\right|+\left|\frac{C}{D}\right|\right)|\Gamma_L|+\left|\frac{C}{D}\right||\Gamma_L|^2 \tag{5.2-10b}$$

测量值的不确定性为

$$\Delta|\Gamma_L|=|\Gamma'_L|-|\Gamma_L|=A_x+B_x|\Gamma_L|+C_x|\Gamma_L|^2 \tag{5.2-11}$$

式中
$$A_x=\left|\frac{B}{A}\right|,\ B_x=\left|\frac{B}{A}\right|+\left|\frac{C}{D}\right|,\ C_x=\left|\frac{C}{D}\right|$$

为确定调配反射计的精确度指数 A_x、B_x 和 C_x，需要测出 $|B/A|$ 和 $|C/D|$，其方法如下：

(1) 测定 $|B/A|$。把滑动小反射负载接在调配反射计的输出端，反复滑动小反射负载吸收片，并观测 $|b_3/b_4|$ 的最大值和最小值。由式(5.2-9)可知($|\Gamma_L|$ 很小，略去 Γ_L^2 项，认为 b_4 基本不变)

$$\left|\frac{b_3}{b_4}\right|_{max}=\left|\frac{A}{D}\right|\left(|\Gamma_L|_{小反射}+\left|\frac{B}{A}\right|\right) \tag{5.2-12a}$$

设 $|\Gamma_L|_{小反射}>|B/A|$，有

$$\left|\frac{b_3}{b_4}\right|_{min}=\left|\frac{A}{D}\right|\left(|\Gamma_L|_{小反射}-\left|\frac{B}{A}\right|\right) \tag{5.2-12b}$$

如图 5.2.8(a)所示。若 $|\Gamma_L|_{小反射}<|B/A|$，则式(5.2-12b)变为

$$\left|\frac{b_3}{b_4}\right|_{min}=\left|\frac{A}{D}\right|\left(\left|\frac{B}{A}\right|-|\Gamma_L|_{小反射}\right) \tag{5.2-12c}$$

如图 5.2.8(b)所示，图中

$$QX = \Gamma_{\mathrm{L}},\ OQ = B/A,\ \overline{OA} = |b_3/b_4|_{\max},\ \overline{OB} = |b_3/b_4|_{\min}$$

由式(5.2-12)求出$|\Gamma_{\mathrm{L}}|_{小反射} > |B/A|$时的计算式为

$$\frac{|b_3/b_4|_{\max}}{|b_3/b_4|_{\min}} = \frac{|\Gamma_{\mathrm{L}}|_{小反射} + |B/A|}{|\Gamma_{\mathrm{L}}|_{小反射} - |B/A|} \approx 1 + \frac{2|B/A|}{|\Gamma_{\mathrm{L}}|_{小反射}} \tag{5.2-13a}$$

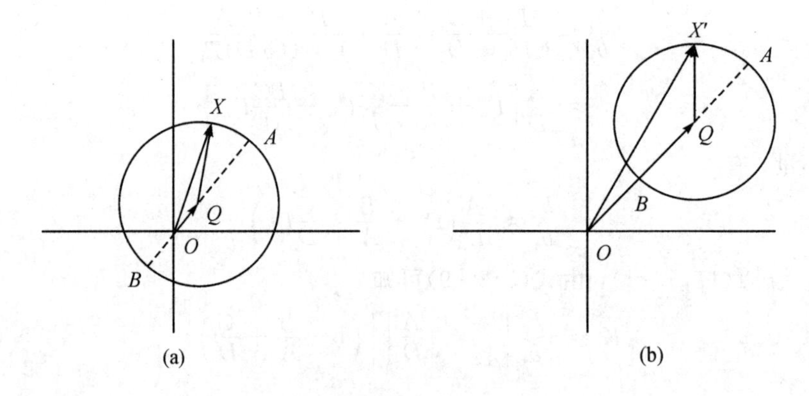

图 5.2.8 测定$|B/A|$原理图

(a) $|\Gamma_{\mathrm{L}}|_{小反射} > |B/A|$；(b) $||\Gamma_{\mathrm{L}}|_{小反射} < |B/A|$

当检波器为平方律检波时，有

$$\left|\frac{B}{A}\right| = \frac{|\Gamma_{\mathrm{L}}|_{小反射}}{2}\left[\sqrt{\frac{(I_3/I_4)_{\max}}{(I_3/I_4)_{\min}}} - 1\right] \tag{5.2-13b}$$

若$|\Gamma_{\mathrm{L}}|_{小反射} < |B/A|$，则有

$$\left|\frac{B}{A}\right| = \frac{2|\Gamma_{\mathrm{L}}|_{小反射}}{\dfrac{|b_3/b_4|_{\max}}{|b_3/b_4|_{\min}} - 1} \tag{5.2-13c}$$

在使用式(5.2-13a)时注意，应避免$|\Gamma_{\mathrm{L}}|_{小反射}$与$|B/A|$处于接近状态。

(2) 测定$|C/D|$。在调配反射计输出端接入滑动短路器。$|\Gamma_{\mathrm{L}}|_{短路} = -\mathrm{e}^{-\mathrm{j}\theta}$，往复滑动短路活塞，并观测$|b_3/b_4|$的最大值和最小值。由式(5.2-9)可知，$|B/A| \ll |\Gamma_{\mathrm{L}}|_{短路}$，$B/A$可忽略不计，认为$b_3$基本不变，则

$$\left|\frac{b_3}{b_4}\right| \approx \left|\frac{A}{D}\right| |\Gamma_{\mathrm{L}}|_{短路} \left|\left(1 + \frac{C}{D}\mathrm{e}^{-\mathrm{j}2\theta}\right)\right|$$

移动短路活塞(改变θ)，得到

$$\left|\frac{b_3}{b_4}\right|_{\max} = \left|\frac{A}{D}\right|\left(1 + \left|\frac{C}{D}\right|\right) \tag{5.2-13a}$$

$$\left|\frac{b_3}{b_4}\right|_{\min} = \left|\frac{A}{D}\right|\left(1 - \left|\frac{C}{D}\right|\right) \tag{5.2-13b}$$

$$\frac{|b_3/b_4|_{\max}}{|b_3/b_4|_{\min}} \approx 1 + 2\left|\frac{C}{D}\right| \tag{5.2-14a}$$

平方律检波时，有

$$\left|\frac{C}{D}\right| \approx \frac{1}{2}\left(\sqrt{\frac{(I_3/I_4)_{\max}}{(I_3/I_4)_{\min}}} - 1\right) \tag{5.2-14b}$$

例如，按上述方法，用$\rho = 1.005$($|\Gamma_{\mathrm{L}}|_{小反射} = 0.0025$)的滑动小反射负载检验调配反射

计，设$|\Gamma_L|_{小反射}>|B/A|$，测得

$$\frac{(I_3/I_4)_{max}}{(I_3/I_4)_{min}}=1.26$$

求出

$$\left|\frac{B}{A}\right|\approx\frac{0.0025}{2}(\sqrt{1.26}-1)\approx1.5\times10^{-4}$$

用$\rho\approx\infty$($|\Gamma_L|\approx1$)的滑动短路器，测得

$$\frac{(I_3/I_4)_{max}}{(I_3/I_4)_{min}}=1.0052$$

求出

$$\left|\frac{C}{D}\right|\approx\frac{1}{2}(\sqrt{1.0052}-1)\approx1.3\times10^{-3}$$

把$|B/A|$和$|C/D|$代入式(5.2-11)，求出

$$\Delta|\Gamma_L|\approx(1.5+14.5|\Gamma_L|+13|\Gamma_L|^2)\times10^{-4}$$

设待测中断驻波比$\rho=1.5$，($|\Gamma_L|=0.2$)，则

$$\begin{aligned}\Delta|\Gamma_L|&\approx(1.5+14.5\times0.2+13\times0.2^2)\times10^{-4}\\&\approx4.92\times10^{-4}\approx5\times10^{-4}\end{aligned}$$

驻波比误差为

$$\Delta\rho=[(\rho+1)^2/2]\Delta|\Gamma|\approx[(1.5+1)^2/2]\times5\times10^{-4}\approx1.6\times10^{-3}$$

驻波比相对误差为

$$\frac{\Delta\rho}{\rho}\approx\frac{1.6\times10^{-3}}{1.5}\approx1.07\times10^{-3}\approx0.1\%$$

关于信号源幅度不稳定，主要在单定向耦合器反射计中需多加考虑。采用一般微波信号源时，驻波比测量的相对误差可能在±1%左右，如果采用自动稳幅微波信号源，该误差的绝对值则可能减小到0.5%以下。

信号源频率不稳定对调配器的准确调配有较大影响。频率不稳，相当于调配不完善，在调配不完善的误差分析中已经包括在内。

综合5.1.4节和本节的误差分析可求出反射计的总误差。关于调配反射计，可计入的主要误差为调配不完善和检测指示误差；关于基本反射计(不加调配器)，可计入的主要误差为方向性误差和检测指示误差。设定向耦合器方向性为30～35 dB，调配器按一般调配精度考虑，测量驻波比ρ小于2时，反射计相对其测量误差如表5.2.1所示。

表5.2.1　反射计误差分析

误差源	相对测量误差	
	基本反射计	一般调配反射计
检测指示误差/%	1～2	1
方向性误差/%	4～8	—
调配不完善误差/%	—	0.1
相对总误差/%	±(5～10)	±1.1

5.3　电桥反射计法测量反射系数

由上述定向耦合器反射计工作原理可知：反射计的基本测量装置，要求能够把反射波分离出来。这样的微波元件，除定向耦合器之外，还有微波电桥，如双 T、魔 T、环形桥、微波集成电阻桥等。

5.3.1　双 T 与魔 T 的电桥反射计

图 5.3.1(a)示出了双 T(或魔 T)电桥反射计的测量系统，图 5.3.1(b)和图 5.3.1(c)分别是双 T 电桥反射计和魔 T 电桥反射计在理想情况下的信流图。设信号源、检波器、基准负载的反射系数均为零，即 $\Gamma_g=\Gamma_D=a_2=a_4=0$，待测负载的反射系数为 Γ_L。

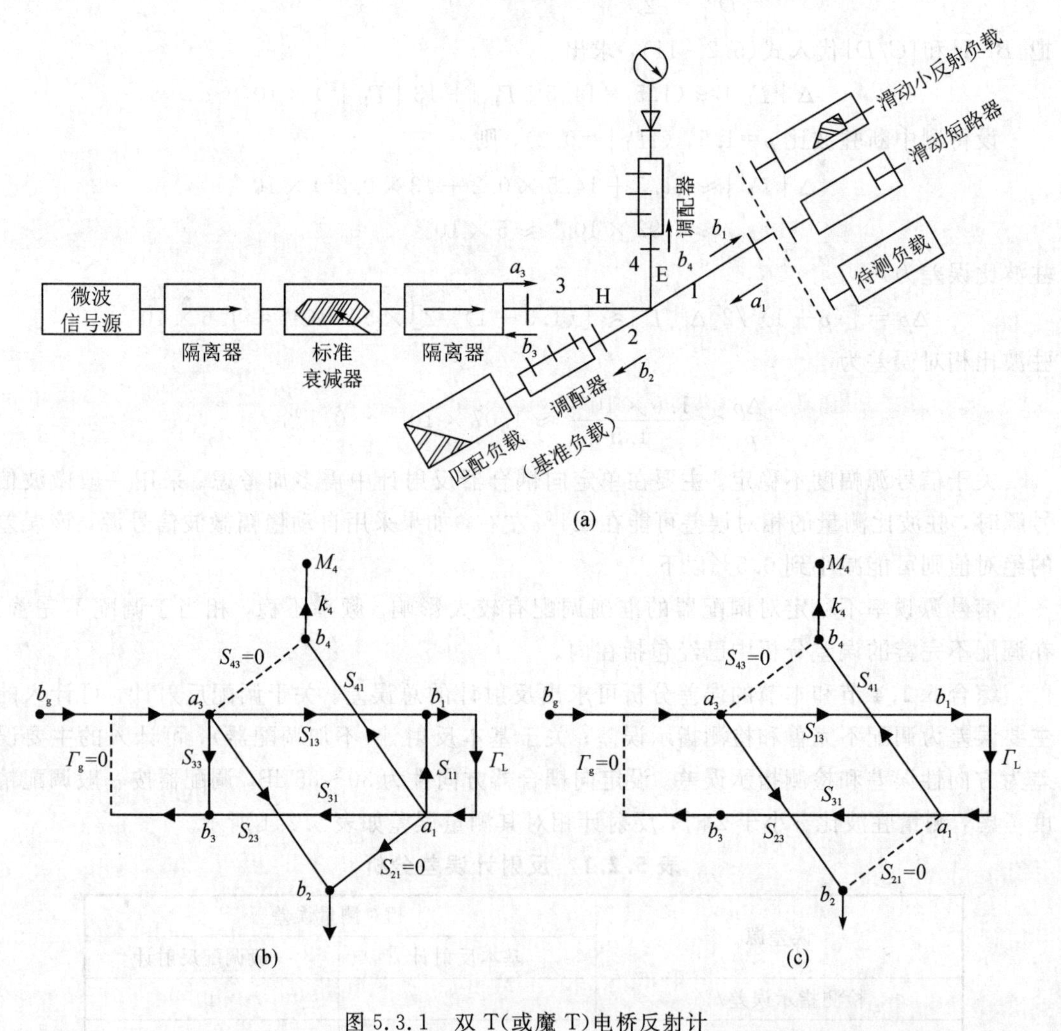

图 5.3.1　双 T(或魔 T)电桥反射计

(a) 双 T(或魔 T)电桥反射计的测量线路；(b) 双 T 电桥反射计信流图(理想情况)；(c) 魔 T 电桥反射计信流图(理想情况)

对于双 T 电桥(见图 5.3.1(b))有

$$\frac{b_4}{b_g}=\frac{S_{13}S_{41}\Gamma_L}{1-S_{11}\Gamma_L} \tag{5.3-1}$$

根据双 T 的无耗性(散射矩阵幺正性)、对称性，求出 $|S_{13}|=[(1-|S_{33}|^2)/2]^{\frac{1}{2}}$，$|S_{41}|=[(1-|S_{44}|^2)/2]^{\frac{1}{2}}$，代入式(5.3-1)并用相对功率表示，有

$$\overline{P}_4=\frac{|b_4|^2}{|b_g|^2}=\frac{1}{4}(1-|S_{33}|^2)(1-|S_{44}|^2)\left|\frac{1}{1-S_{11}\Gamma_L}\right|^2|\Gamma_L|^2 \tag{5.3-2}$$

考虑到相位不利因素，臂 4 的指示在某一范围内变化，即

$$\overline{P}_4\Big|_{\substack{\max\\\min}}=\frac{1}{4}(1-|S_{33}|^2)(1-|S_{44}|^2)\frac{1}{(1\mp|S_{11}\Gamma_L|)^2}|\Gamma_L|^2 \tag{5.3-3}$$

S_{11}为小量时，通过校准取平均值可以消除其影响。但测量时仍引入相对误差，由式(5.3-1)知，$\delta_{|\Gamma|}=\Delta|\Gamma_L|/|\Gamma_L|=\pm|S_{11}|$。

对于魔 T 电桥，根据其特性(各口匹配，对口隔离)使式(5.3-3)变成 $\overline{P}_4=|\Gamma_L|^2/4$，其信流图如图 5.3.1(c)所示，此时，魔 T 电桥反射计相当于定向耦合器反射计。

5.3.2 微波集成电阻桥式反射计

图 5.3.2(a)所示是基本惠斯通电桥，电阻 R_A、R_B、R_C 都是 50 Ω，1、2 为微波信号源端口，3、4 为检波器端口，5、6 为测试端口。由惠斯通电桥特性知，信号源端口与检波器端口相互隔离。其特性相似于前述的双 T(魔 T)电桥，具有定向耦合器特性，因此可以作为反射计电路。

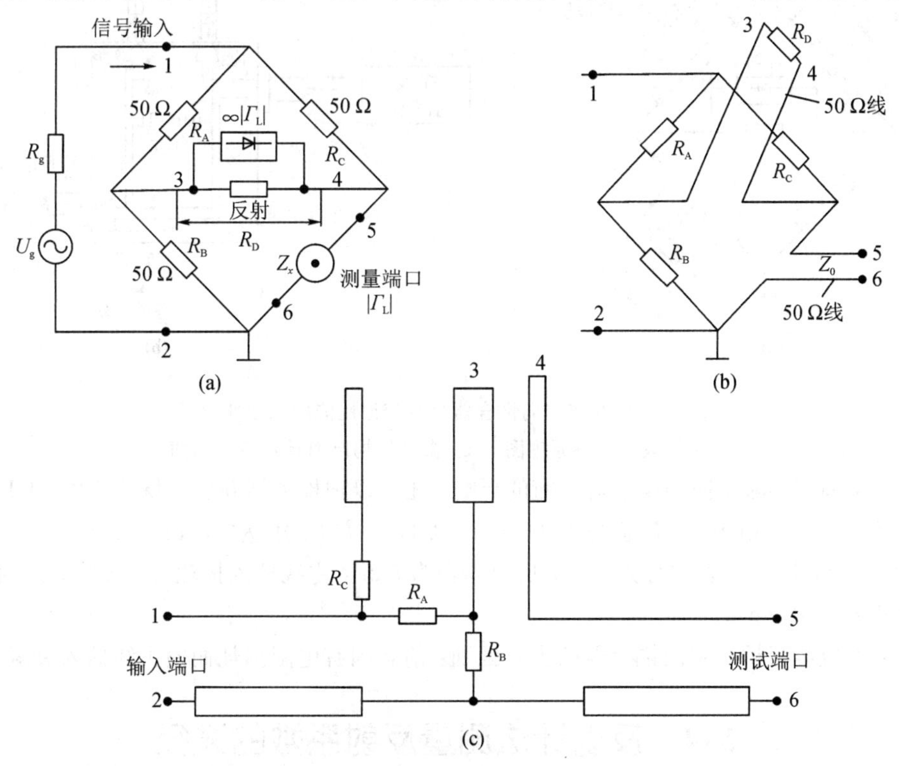

图 5.3.2　微波集成惠斯通电桥原理图

(a) 基本惠斯通电桥；(b) 传输线式惠斯通电桥；(c) 微波集成惠斯通电桥

惠斯通电桥的三个臂已接入 50 Ω 阻抗，当电桥平衡时，则测量端口所接的阻抗也必定是 50 Ω，即驻波比为 1。当测量端口接入待测阻抗 Z_x 时，则有

$$\frac{U_D}{U_g}=\frac{1}{8}\left(\frac{50-Z_x}{50+Z_x}\right)=\frac{1}{8}\Gamma_x \tag{5.3-4}$$

式中，Γ_x 是 Z_x 的反射系数，U_D 和 R_D 分别是检波器上的电压和阻抗，U_g 和 R_g 是信号源电压和内阻抗（上式设匹配时 $R_g=50\ \Omega$，$R_D=50\ \Omega$）。图 5.3.2(b)是在测量端口和检波端口接上 50 Ω传输线的惠斯通电桥。图 5.3.2(c)是一种实际的微波集成惠斯通电桥，其中电阻 R_A 和 R_B 是专用薄膜电阻，电阻 R_C 是特制的。据 Narda 公司报道，这些电阻的精度从2 GHz到 18 GHz 频率段均在 0.5%以内。Narda 电阻桥 5282 型的有效方向性为 35 dB(2～18 GHz)。

在微波结构的惠斯顿电桥中，由于测量端口的同轴接头有接地外导体，故对于检波器要求接入对地平衡器，即平衡-不平衡转换器，图 5.3.2(c)所示的电路结构便有这个作用。

图 5.3.3 是与双定向耦合器具有相似性能的惠斯通电桥。在该方案中为了与入射臂特性相匹配，在另一臂中也接入参考检波器。这种电桥虽然不是真正的定向耦合器，但为表示其指标的优劣仍采用有效方向性一词，定义

$$\text{电桥“方向性”}=10\lg\frac{P_{反射}(短路)}{P_{反射}(匹配负载)}\ (\text{dB}) \tag{5.3-5}$$

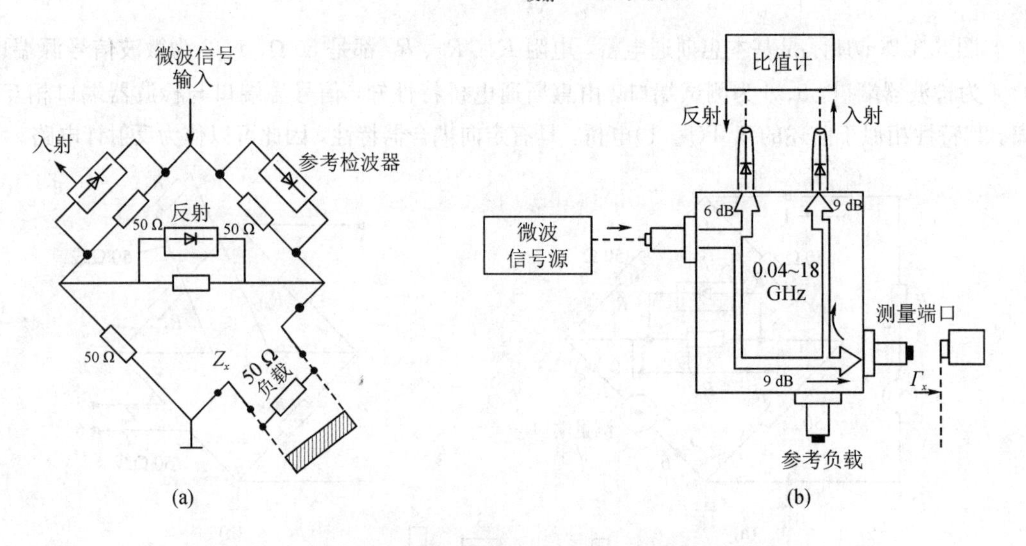

图 5.3.3 与双定向耦合器具有相似性能的惠斯通电桥

(a) 集成电阻桥原理图；(b) 微带结构反射计示意电路图

为展宽频带和减小附加反射对平衡的影响，还可以把检波器并装于桥路之内。HP 公司的 11666A 型反射计电桥，频宽为 0.04～18 GHz，方向性为 38 dB(0.04～1 GHz)和 26 dB(1～18 GHz)。入射耦合为 6 dB，反射耦合为 9 dB，主线插入损耗为 9 dB。其反射计系统示意图见图 5.3.3(b)。

微波集成电阻桥与定向耦合器的主要区别：前者因有电阻损耗而使主线插入衰减大。

5.4 反射计法测量反射系数的途径

上面讨论的反射计常称为四端口反射计，因为通常在其两个检测端口上直接进行幅度检

波，故只能用来测量$|\Gamma|$。若想用它来测量反射系数(即阻抗)，还需要获得相位信息方可全面确定Γ，$\Gamma=|\Gamma|e^{j\psi}$。

人们在探讨用反射计测量Γ的途径上，长期以来做了大量工作，提出很多方案，现在总结看来，主要有两条途径：一是增加幅度检测端口数目，二是采用复比值计法。

5.4.1　增加检测端口数目

为使四端口反射计能兼测相位，还需要增加幅度检测的端口，才有可能同时确定Γ的模和相位。图 5.4.1 示出了一种四端口反射计与探针的组合方案，即五端口测量装置。它在反射计与待测负载之间的某一固定位置上接入一个探针耦合器，将耦合输出接到另一只检波器上，探针深度和检波指示灵敏度可调，探针与待测端面 T_1 的距离设为 l_P，探针所在位置称为相位参考面。先在 T_1 面上接匹配负载，调整探针灵敏度，使它与入射检测装置 b_4 的灵敏度相等。由图 5.4.1 有$|U_P|=|U_i|$，其矢量图见图 5.4.2(a)(匹配负载的$U_r=0$)。

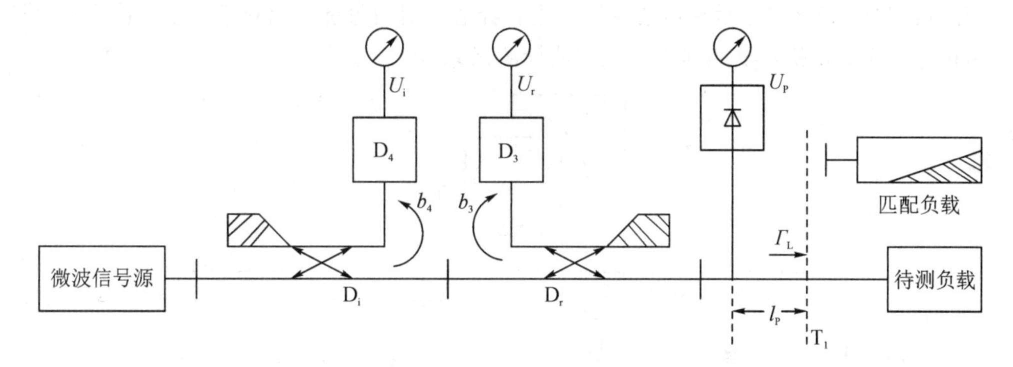

图 5.4.1　反射计-探针组合法测量复反射系数

在 T_1 面接上匹配负载，则由于产生反射而使$U_P=U_i+U_r$，用相对值表示有$u_P=U_P/U_i=1+\Gamma$，$\Gamma=U_r/U_i$，其矢量图见图 5.4.2(b)。由图可得$|u_P|^2=1+|\Gamma|^2+2|\Gamma|\cos\psi$，从而解出参考相位面(探针处)的反射系数的相角。

$$\cos\psi=\frac{[|u_P|^2-(1+|\Gamma|^2)]}{2|\Gamma|}\tag{5.4-1}$$

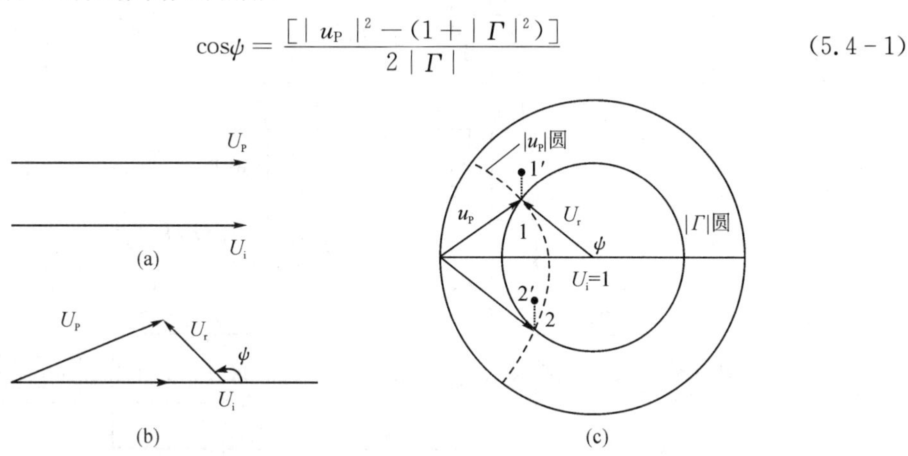

图 5.4.2　图 5.4.1 的矢量图

由上式看出，由反射计测出$|\Gamma|$，再测出探针的指示$|u_P|^2$，就可求出相位$\pm\psi$。于是求出待测负载的反射相位为

$$\psi_L = \pm\psi + \frac{4\pi l_P}{\lambda_g} \tag{5.4-2}$$

但还存在一个问题，即式(5.4-1)有二解，ψ 取哪个解尚需判断。判断方法是把矢量图(见图 5.4.2(b))移入阻抗圆图(见图 5.4.2(c))，$|u_P|$ 与 $|\Gamma|$ 圆有两个交点 1 和 2。加大探针耦合深度，使探针容纳增加，根据导纳圆图原理知，容纳增加使点 1 和点 2 应沿等电导圆按箭头方向移到 1′和 2′，如果交点从 1 移到 1′，U_r 和 u_P 均增大，即探针加深时，如发现 U_r 和 U_P 指示同时加大，其相角 ψ 应取"＋"，反之取"－"。确定了 ψ 的正负，便可最后求出 $\Gamma_L = |\Gamma_L| e^{j\psi_L}$。

由上可知，五端口还需要附加判断解的措施，若用六端口则可直接解决这个问题。

5.4.2 复比值计法

用四端口反射计实现反射系数测量的另一条途径是放弃直接检波，通过混频的办法，把反射相位信息变换到低频上去，从而测出 Γ，该方法称为复比值计法。经过复比值计检测出的复数信息可以把 Γ_L 直接显示在示波管屏幕上，若把透明的阻抗圆图敷于其上，就能同时读出输入阻抗。图 5.4.3 就是早期提出的复比值计测量系统。

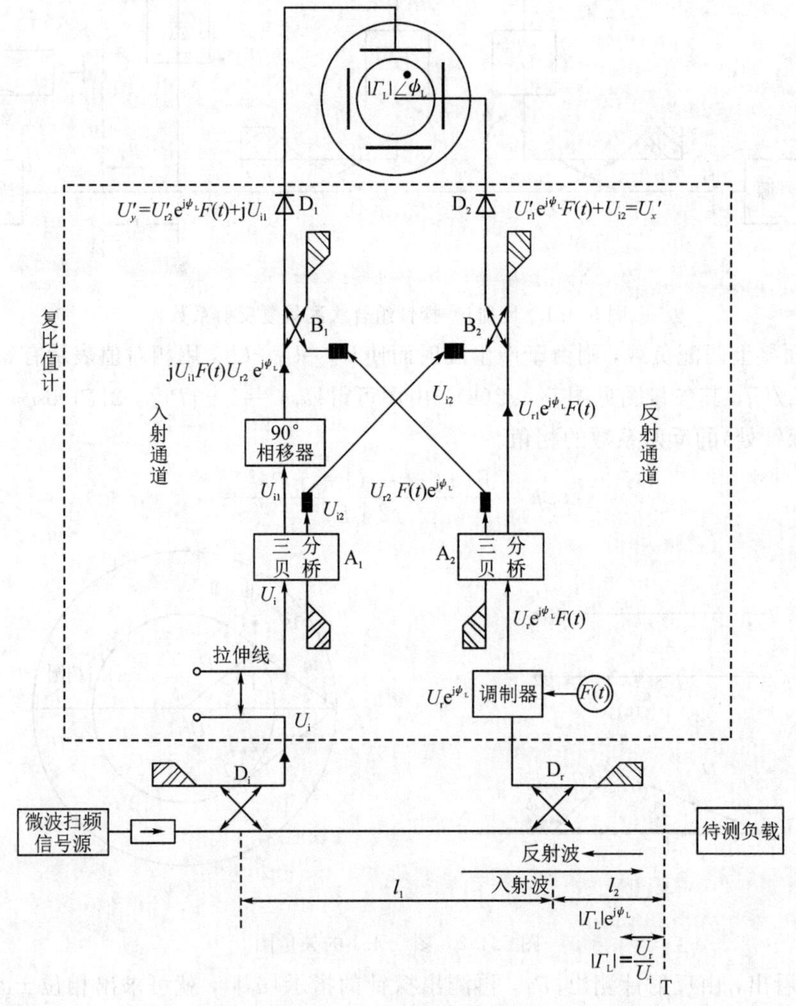

图 5.4.3 复比值计测量系统

设待测负载反射系数

$$\Gamma_L = |\Gamma_L| e^{j\psi_L} = |\Gamma_L| \cos\psi_L + j|\Gamma_L| \sin\psi_L$$
$$= \left|\frac{U_r}{U_i}\right| \cos\psi_L + j\left|\frac{U_r}{U_i}\right| \sin\psi_L \tag{5.4-3}$$

式中，$|\Gamma_L|$为电压反射系数的模，ψ_L 为电压反射系数的相角，U_r 为反射波电压振幅，U_i 为入射波电压振幅。

入射波电压 U_i 由定向耦合器 D_i 取样(设 U_i 的相位为零)，经过拉伸线由三分贝桥 A_1 将功率一分为二，其电压分别为 U_{i1} 和 U_{i2}。U_{i2} 经过合路器 B_2 送进反射通道，U_{i1} 经过 90°相移器成为 jU_{i1}。

反射波电压 $U_r e^{j\psi_L}$ 由定向耦合器 D_r 取样，经 $F(t)$调制后，由 A_2 将功率等分为二，其电压分别为 $U_{r1}F(t)e^{j\psi_L}$ 和 $U_{r2}F(t)e^{j\psi_L}$。$U_{r2}F(t)e^{j\psi_L}$ 经过合路器 B_1 送进入射通道，其振幅变为 U'_{r2}，与入射波电压 jU_{i1} 相加为

$$U'_y = U'_{r2}F(t)\cos\psi_L + j[U_{i1} + U'_{r2}F(t)\sin\psi_L]$$

经检波器 D_1 检波之后，在平方律条件下，合成检波输出电压为

$$U_y = [U'_{r2}F(t)\cos\psi_L]^2 + [U_{i1} + U'_{r2}F(t)\sin\psi_L]^2 \tag{5.4-4}$$

同理，合路器 B_2 输出为

$$U'_x = [U_{i2} + U'_{r1}F(t)\cos\psi_L] + jU'_{r1}F(t)\sin\psi_L$$

经检波器 D_2 平方律检波之后，合成检波输出电压为

$$U_x = [U_{i2} + U'_{r1}F(t)\cos\psi_L]^2 + [U'_{r1}F(t)\sin\psi_L]^2 \tag{5.4-5}$$

合路器 B_1、B_2，通常采用 10 dB 的过渡衰减量，以使 $U'_{r2} \ll U_{i1}$、$U'_{r1} \ll U_{i2}$(即 U_{i1} 和 U_{i2} 相当本振信号，U'_{r1} 和 U'_{r2} 相当于外来已调制信号，检波器 D_1 和 D_2 相当于混频器，在此条件下，相当于同频混频(中频为零))，式(5.4-5)和式(5.4-4)可简化为

$$U_x \approx U_{i2}\left(1 + 2\frac{U'_{r1}}{U_{i2}}F(t)\cos\psi_L\right) = U_{x0} + U_{x1} \tag{5.4-6a}$$

$$U_y \approx U_{i1}\left(1 + 2\frac{U'_{r2}}{U_{i1}}F(t)\sin\psi_L\right) = U_{y0} + U_{y1} \tag{5.4-6b}$$

式(5.4-6a)、式(5.4-6b)的第一项为输出直流(零中频)分量，第二项为由于 $F(t)$的调制而产生的时变(通常为 1000 Hz 交流)分量，将两式的时变分量分别经选频放大再整流为直流，并考虑到 $U_{i1} = U_{i2} \propto U_i$，$U'_{r1} = U'_{r2} \propto U_r$，所以，这两个直流输出信号分别为

$$\bar{U}_{x1} \propto |\Gamma_L| \cos\psi_L \tag{5.4-7a}$$

$$\bar{U}_{y1} \propto |\Gamma_L| \sin\psi_L \tag{5.4-7b}$$

与式(5.4-3)比较可知，$\bar{U}_{x1}$ 和 $\bar{U}_{y1}$ 分别表示反射系数的实部和虚部，利用它们分别控制示波器的水平和垂直方向偏转，经过校准(如标准短路器)，则光点轨迹就表示反射系数 Γ_L。

还需要说明拉伸线的作用。待测 Γ_L 以 T 面为参考。而取自定向耦合器 D_i 的入射波 U_i，与取自定向耦合器 D_r 的反射波 U_r 相比少走了路程$(l_1 + 2l_2)$，其相位差为 $\beta(l_1 + 2l_2)$，为此在入射通道接入拉伸线以延迟其相位，使荧光屏显示值 Γ_L 的相位 ψ_L 为参考面 T 处的值。

由这一方案看出：欲构成复数反射计的另一途径是直接在反射计的两个取样端口上，接

以某种形式的复比值计，用来测量反射系数(即阻抗)之用，如图 5.4.3 中虚线方框示出的便是。

所谓复比值计，就是能同时检测幅度、相位两种信息的指示装置。随着技术的发展，目前已经制出外差式幅相比值计(即外差式幅相接收机)，就把反射计法测量阻抗和网络参数的技术引入近代微波测量的行列，即网络分析仪。

第六章 网络分析仪的原理与应用

6.1 网络分析仪的发展脉络

网络分析仪是一种能在宽频带内进行扫描测量以确定网络参数的综合性微波测量仪器，全称是微波网络分析仪。网络分析仪是测量网络参数的一种新型仪器，它既能测量反射参数，又能测量传输参数；既能测量复数，又能测量模值；既能测量四个散射参数，又能自动转换为其他网络参数；既能测量无源网络，又能测量有源网络；既能点频测量，又能扫频测量；既能手动测量，又能自动测量；既能屏幕显示，又能打印结果。此外，网络分析仪还可测量可逆或不可逆的双口和单口网络的复数散射参数，并以扫频方式给出各散射参数的幅度、相位、频率特性。自动网络分析仪(ANA)能对测量结果逐点进行误差修正，并换算出其他几十种参数，如输入反射系数、输出反射系数、电压驻波比、阻抗(或导纳)、衰减(或增益)、相移和群延时等参数以及隔离度、定向度等。自动网络分析仪是一种多功能的测量设备，它是当前较为成熟、全面的一种微波网络参数测量仪器。

在5.4节曾提到用四端口反射计测量反射系数，其中一条途径是采用频率变换的复比值计法，即幅相接收机法。网络分析仪便是这种四端口反射计技术与幅相接收机相结合的产物。

网络分析仪的早期结构为阻抗图示仪(如图5.4.3所示)，在返波管问世之前，扫频信号源是由马达控制反射速调管的外腔制成的。后来随着扫频信号源和取样变频器的问题解决，网络分析仪得到迅速发展，但是在测量网络参数上还处于手控状态。直到将计算机应用于测量技术之后，才出现全自动测量网络参数的装置——自动网络分析仪(ANA)。

在微波元件(无源网络)和器件(有源网络)的设计、调试和测量中，网络参数大多采用散射参数，如双口网络有 S_{11}、S_{12}、S_{21} 和 S_{22} 四个散射参数，一般都是复数。而网络分析仪正是直接测量这些参数的一种仪器，能方便地将散射参数转换为其他多种形式的网络参数，因此，网络分析仪大大提高了微波测量的功能和工作效率。

自动网络分析仪由于在多个固定频率点上实行步进式“扫频”测量，因而能逐点修正误差，从而使扫频测量精度能够达到甚至超过手动测量的水平。由此可见，ANA既能实现高速、宽频带测量，又能达到一般标准计量设备的精度。

6.2 网络分析仪测量原理

网络分析仪是由反射计电路和幅相接收机两部分组成的。下面就介绍它的测量原理。

6.2.1 幅相接收机

幅相接收机有外差混频式、取样变频式、单边带式和调制副载波式等。这里仅介绍常用的取样变频幅相接收机的基本原理。

取样变频幅相接收机的方框图如图 6.2.1 所示。由定向耦合器取样的入射波和反射波，分别送入幅相接收机的参考通道和测试通道，经取样变频器向下变换到恒定不变的中频 f_{IF}(20.278 MHz)，再经过第二混频器变频到低频(278 kHz)，得到相位基准、测试相位和测试幅度三个信号。要求频率变换过程是线性的，不能改变原来微波信号的相位信息和振幅信息。本机振荡器(即第二本振)要能保持接收机的频率与从信号源来的微波频率同步地自动调谐(相位锁定)，以使中频 f_{IF} 恒定不变。自动增益控制(AGC)使测试通道振幅归一到参考通道的振幅。

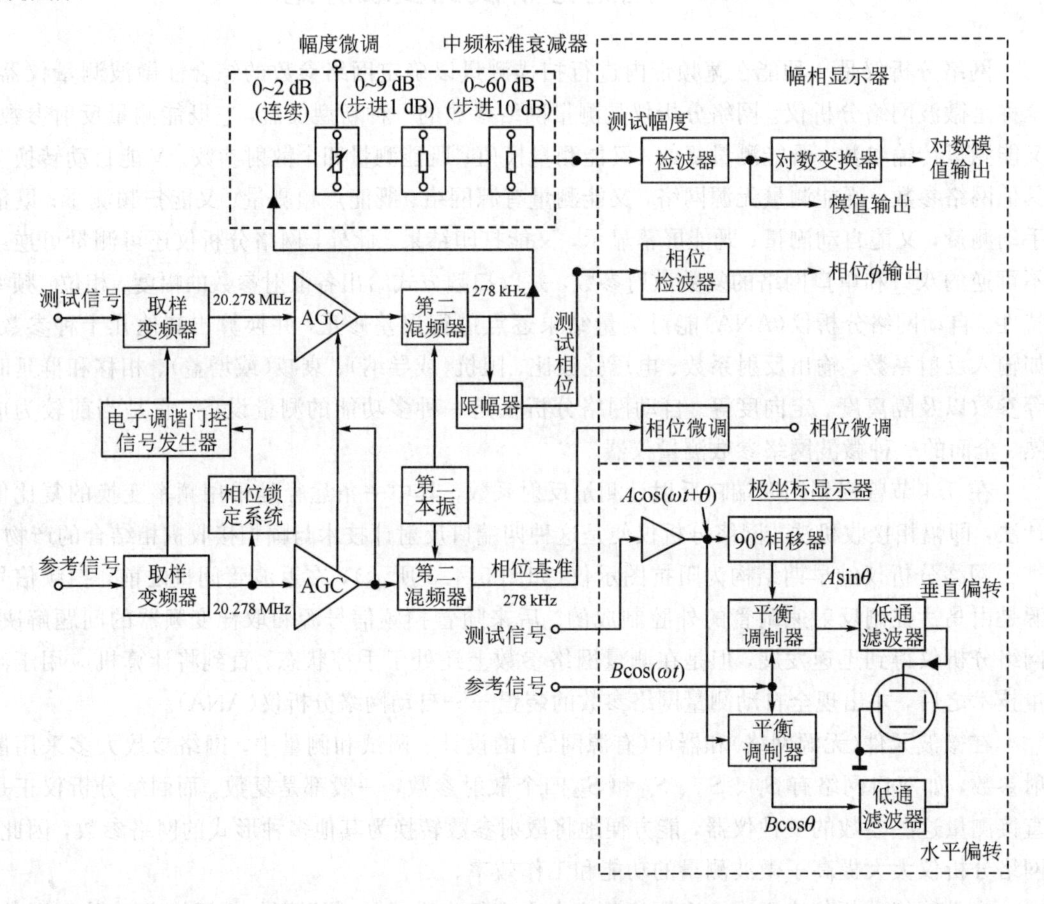

图 6.2.1　取样变频幅相接收机方框图

由幅相接收机输出的三个信号，有两种显示方法：

(1) 幅相显示。幅相接收机输出的三个信号送入幅相显示器，经过相位检波和幅度检波，分别显示出参考通道与测试通道之间的相位差和振幅比值，并用直角坐标显示出相位-频率和幅度-频率特性。

(2) 极坐标显示。278 kHz 的测试信号分解成垂直和水平两个分量，分别送入显示器的 y 轴和 x 轴，极坐标显示器就可显示出待测矢量随频率变化的轨迹；若辅以透明的阻抗圆图，就能读出归一化阻抗值。

图 6.2.1 中的中频标准衰减器的作用：当显示振幅比的轨迹时，用于控制振幅；当极

坐标显示时，用于扩展或压缩极坐标矢量的振幅。相位和幅度微调是为校准显示器而用的。

6.2.2 反射参数测量原理

1. 反射系数的点频测量

1）校准与测量

图 6.2.2 给出了双定向耦合器式和单定向耦合器式两种网络分析仪测量反射参数的线路。测量之前先要校准。校准方法：在端口 T_1 接短路板；调整测试通道的增益和“幅度微调”，使光点位于极坐标的最外圆上（$|\Gamma_L|=1$）；再调整参考通道的“拉伸线”和“相位微调”，使光点显示在极坐标的 180°位置上，得到 $\Gamma_L=1\cdot e^{j\pi}$，如图 6.2.3(a)所示，此时校准结束。

测量时，端口 T_1 换接待测负载，则显示器上直接显示出 Γ_L 的值（见图 6.2.3(b)，$\Gamma_L=0.8e^{j135^\circ}$）。测量小反射时，为提高其分辨力，可增加测试通道增益，以扩大极坐标径向比例。

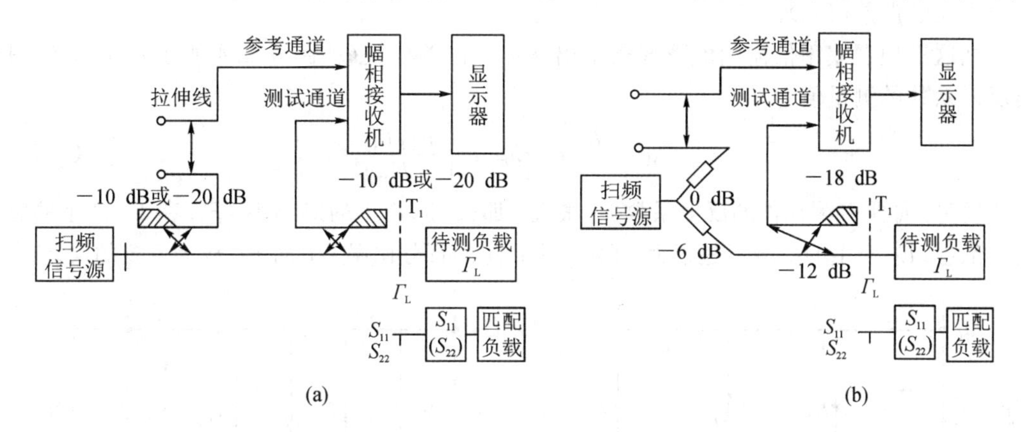

图 6.2.2　网络分析仪测量反射参数的线路

(a) 双定向耦合器式；(b) 单定向耦合器式

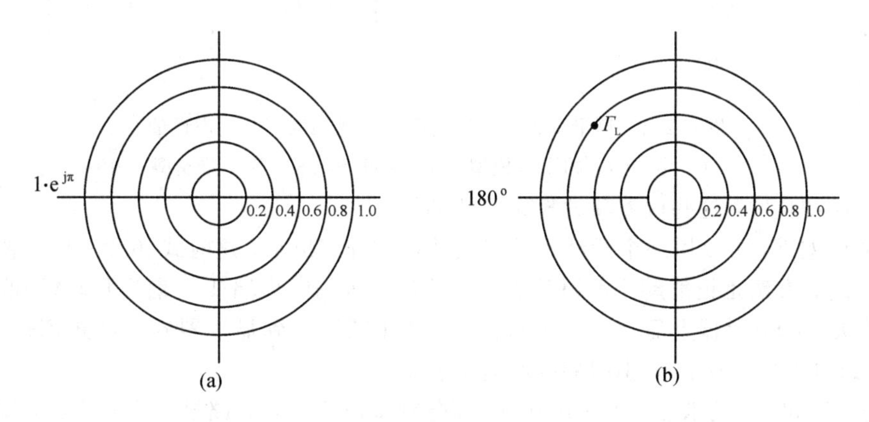

图 6.2.3　反射参数的点频测量

(a) 校准；(b) 测量

2）反射参数的误差模型及其校正方法

测量单口网络反射系数的误差源主要有三项：

(1) 串话误差（E_{DF}）。

如果在端口 T_1 接上全匹配负载($\Gamma_L=0$)，仍能测出反射，其原因可能有两个：一是在接收机中，参考通道的信号泄漏到测试通道中，二是测试通道定向耦合器的方向性有限。这两个原因引起的误差称为串话误差(E_{DF})。一般的泄漏项总在 80 dB 以上，而同轴定向耦合器的方向性一般不优于 40 dB，所以测试通道定向耦合器对串话误差贡献最大，它的方向性越差，这个误差的数值越大。

(2) 跟踪误差(E_{RF})。

如果定向耦合器各耦合臂的振幅、相位的频率响应不跟踪测试信号或接收机的两个通道不跟踪测试信号，则频率改变时测量数据会出现明显的起伏，由这个起伏引起的误差称为跟踪误差(E_{RF})。

(3) 等效源失配误差(E_{SF})。

由于测量装置的端口 T_1 不完全匹配(含信号源失配)而出现多次反射引起的误差称为等效源失配误差(E_{SF})。

把这三项误差用信流图的形式表示出来称为误差模型(如图 6.2.4 所示)。由信流图解出反射系数的测量值为

$$\Gamma_M=\frac{b_0}{a_0}=E_{DF}+\frac{E_{RF}\Gamma_L}{1-E_{SF}\Gamma_L} \tag{6.2-1}$$

上式说明：如果待测元件的反射系数 Γ_L 很大，那么 E_{DF} 产生的影响小，E_{RF} 和 E_{SF} 产生的影响大；反之，E_{SF} 产生的影响不是很大，E_{RF} 产生一定的百分比误差，而 E_{DF} 成为主要的误差项。

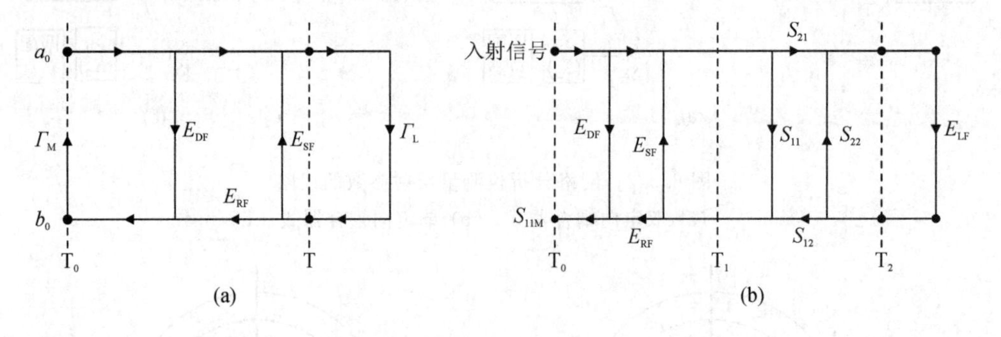

图 6.2.4　测量反射参数时的误差模型(端口 T_0 是虚设的)

(a) 测量 Γ_L 的误差模型；(b) 测量 S_{11}(S_{22})的误差模型

在点频测量中，这些误差项的校正方法如下：

串话误差 E_{DF} 可以用一个滑动小反射负载把它分离出来，这时式(6.2-1)近似为 $\Gamma_M\approx E_{DF}+E_{RF}\Gamma_L$。方法是把滑动小反射负载接在测试装置的输出端 T_1，前后移动(即改变相位)负载，使极坐标显示器上显示一个小圆轨迹，从小圆圆心到显示器圆心的距离是方向性向量的模(如图 6.2.5 所示)，小圆的圆心坐标就是 E_{DF}。

关于 E_{SF} 和 E_{RF} 的求法，可采用在 T_1 面分别接短路器和开路器的方法求出，即短路时，测量值为

$$\Gamma_{M2}=E_{DF}+\frac{(-1)E_{RF}}{1-E_{SF}(-1)} \tag{6.2-2}$$

开路时，测量值为

$$\Gamma_{M3}=E_{DF}+\frac{(+1)E_{RF}}{1-E_{SF}(+1)} \tag{6.2-3}$$

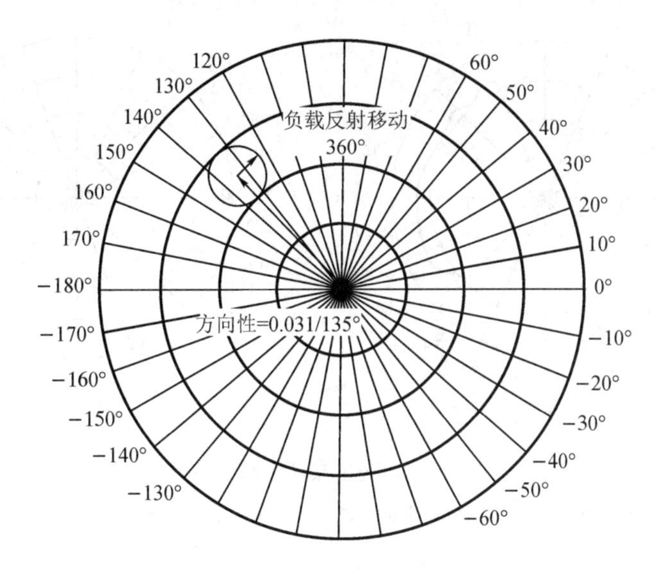

图 6.2.5　点频测量时，由滑动小反射负载确定串话误差项(E_{DF})(满度是$|\Gamma|=0.05$)

由式(6.2-2)和式(6.2-3)解出 E_{RF} 和 E_{SF}。把求出的 E_{DF}、E_{RF} 和 E_{SF} 代入式(6.2-1)，便可求出待测负载反射系数的校正值为

$$\Gamma_L = \frac{\Gamma_M - E_{DF}}{E_{SF}(\Gamma_M - E_{DF}) + E_{RF}} \tag{6.2-4a}$$

测量双口网络反射参数 S_{11}(或 S_{22})的误差源，除上述三项之外，还有匹配负载的剩余反射引起的误差，称为失配误差(E_{LF})。其误差模型如图 6.2.4(b)所示。由信流图求出 S_{11}(或 S_{22})的测量值 S_{11M} 为

$$S_{11M} = E_{DF} + \frac{S_{11}E_{RF}(1-S_{22}E_{LF}) + S_{21}S_{12}E_{LF}E_{RF}}{(1-S_{11}E_{SF})(1-S_{22}E_{LF}) - S_{21}S_{12}E_{SF}E_{LF}} \tag{6.2-4b}$$

当$|S_{21}S_{12}|$很小时，负载失配误差是一个小量，可以忽略，则式(6.2-4b)简化为

$$S_{11M} \approx E_{DF} + \frac{S_{11}E_{RF}}{1-S_{11}E_{SF}}$$

如果$|S_{21}S_{12}|$接近于 1，E_{LF}的影响较大，则点频测量时，可接入调配器，使 E_{LF} 的影响减小。若已知 E_{LF}，则可以按式(6.2-4b)进行校正。

2. 反射参数的扫频测量

1) 校准

在端口 T_1 上接短路板，测量系统调整到需要的工作频率范围。当用极坐标显示时，极坐标显示器就会出现图 6.2.6(a)所示的结果。调整“拉伸线”，使光点轨迹缩为一小团，调整增益控制，使这个光团移到最外圆上，再调整“相位微调”，使光团移到 180°的位置上(如图 6.2.6(b)所示)，从而获得校准点 $1\cdot e^{j\pi}$。

2) 测量

在端口 T_1 上换接待测负载，显示器上就显示出待测反射系数 Γ_L 的频响轨迹，如图 6.2.7 所示。

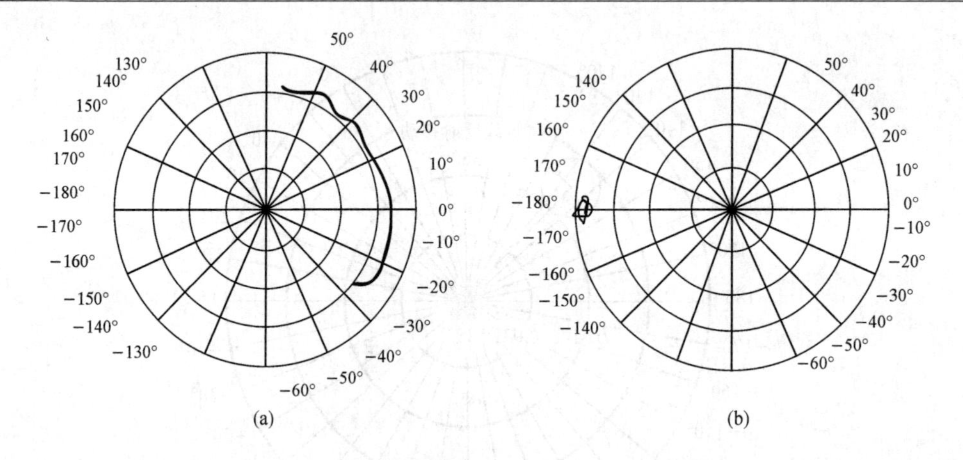

图 6.2.6 校准系统中的电长度

(a) 电长度平衡前输出端短路的扫频测量；(b) 调节相位，振幅微调，平衡后的结果

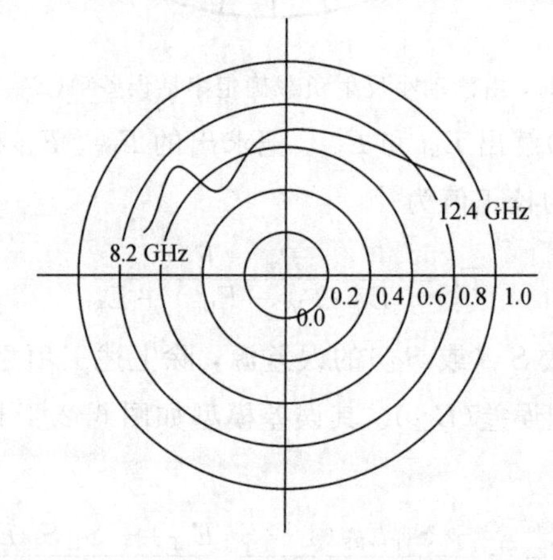

图 6.2.7 待测负载 Γ_L 的频响特性

3) 减少和校准频率跟踪误差

在校准中，使光团尽量缩小，但由于频率响应可能出现图 6.2.8(a)的情况，这就需要对所要求的频率点进行修正，如图中的 8.2、9、10、11、12.4 这几个点，读出各点的测量值 Γ_M，其理想值应为 $1 \cdot e^{j180°}$，令测量值与校正值之比作为校正系数 K，则有

$$K = \frac{\Gamma_M}{1 \cdot e^{j180°}} = \frac{|\Gamma_M|}{1} e^{j\Delta\psi} \qquad (6.2-5)$$

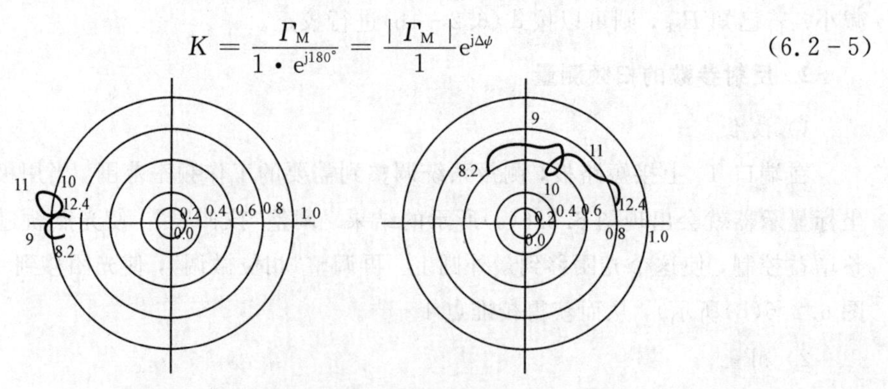

图 6.2.8 频率跟踪误差的校正方法

(a) 频率跟踪误差校准轨迹；(b) 待测负载反射系数测量值 Γ_M

式中

$$\Delta\psi = \arg\Gamma_M - 180°$$

由式(6.2-5)可求出图6.2.8(a)的校正系数绝对值$|K|$，如表6.2.1所示。

表6.2.1　校正系数绝对值$|K|$

频率/GHz	8.2	9	10	11	12.4
$\|K\|$	0.95	1.1	1.0	1.1	0.90
$\Delta\psi$	+10°	+5°	−20°	−15°	0°

当测量时，若反射系数轨迹如图6.2.8(b)所示，设测量值为$\Gamma_M=|\Gamma_M|e^{j\psi_M}$，则校正值为

$$\Gamma_L = \frac{|\Gamma_M|}{|K|}e^{j(\psi_M-\Delta\psi)} = \frac{|\Gamma_M|}{|K|}e^{j\psi_L} \tag{6.2-6}$$

由式(6.2-6)可求出图6.2.8(b)的Γ_L校正值，如表6.2.2所示。

表6.2.2　某待测元件的Γ_L校正值

频率/GHz	8.2	9.0	10.0	11.0	12.4
$\|\Gamma_M\|$	0.60	0.75	0.55	0.70	0.80
ψ_M	110°	85°	70°	45°	25°
$\|\Gamma_L\|$	$\frac{0.60}{0.95}=0.63$	$\frac{0.75}{1.10}=0.68$	$\frac{0.55}{1.00}=0.55$	$\frac{0.70}{1.10}=0.64$	$\frac{0.80}{0.90}=0.89$
ψ_L	100°	80°	90°	60°	25°

6.2.3　传输参数测量原理

1. 传输参数的点频测量

传输参数测量线路如图6.2.9所示(以极坐标显示为例说明其测量原理)。

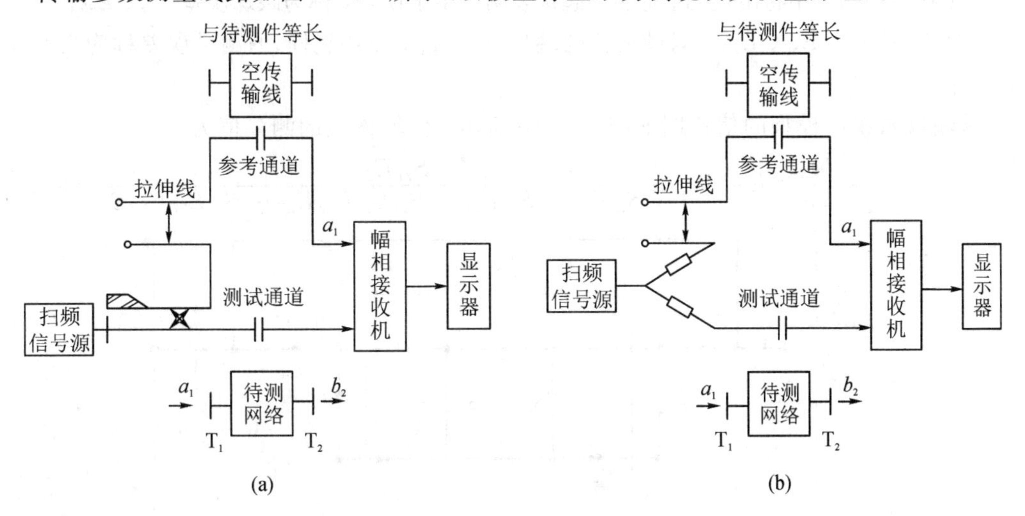

图6.2.9　用网络分析仪测量传输参数S_{21}(或S_{12})的线路

(a) 单定向耦合器式；(b) 功分器式

1）校准

把测试通道与待测网络两个端口对接，并调到给定测试频率，调整测试通道的增益和“幅度微调”，使光点处于极坐标最外圆上，再调整参考通道的“拉伸线”和“相位微调”，使光点移到 0°。

校准之后，保持“拉伸线”“幅度微调”和“相位微调”在测试过程中保持不变，并记录测试通道的增益分贝(dB)数，设为 A_1，且 $A_1=-20\lg|b_2/a_1|_{校}$，即以 A_1 作为测试的起始电平。

2）测量

在测试通道内接入待测元件，在参考通道内插入与待测元件等长的空传输线，以使两条通道的测试路程相等。

调整测试通道“增益”，使光点恢复到原来的幅度位置(最外圆上)，记录“增益”的分贝(dB)数，设为 A_2，且 $A_2=-20\lg|b_2/a_1|_{测}$，与校准时电平相比较，增益变化量为

$$A_2-A_1=-20\lg\left|\frac{b_2}{a_1}\right|_{测}-\left(-20\lg\left|\frac{b_2}{a_1}\right|_{校}\right)=-20\lg\left|\frac{b_{2测}}{b_{2校}}\right|=-20\lg|S_{21}|\quad(\text{dB})$$

所以有

$$|S_{21}|=10^{-\frac{A_2-A_1}{20}}\tag{6.2-7}$$

S_{21} 的相角 ψ_{21} 为测量时光点偏离校准点的角度。

例如，校准时，增益 $A_1=20.0$ dB。测量时，增益 $A_2=36.7$ dB，光点偏离校准点 $-150°$，则 $S_{21}=0.146\mathrm{e}^{-\mathrm{j}150°}$。

3）传输参数的误差模型

测量传输参数的误差源有三项：

(1) 串话误差(隔离误差) E_{XF}。如果在测量装置的端口 T_1 和 T_2 之间不接入任何网络(T_1 口接匹配负载，T_2 口断开)，而在接收机上仍测出某一传输信号，则表明产生了误差，称为该系统的串话误差(隔离误差) E_{XF}。

(2) 跟踪误差 E_{TF}、E_{RF}。如果输出振幅和两条通道的电长度随频率变化，但又不能跟踪测试信号，则在传输测量中将出现明显起伏，起伏表明产生了误差，称为跟踪误差 E_{TF}、E_{RF}。

(3) 失配误差 E_{SF}、E_{LF}。测量装置的端口 T_1、T_2 不匹配引起的测量误差称为失配误差 E_{SF}、E_{LF}。

传输参数误差模型的信流图如图 6.2.10 所示。传输参数的测量值为

$$S_{21M}=\frac{b_3}{a_0}=E_{XF}+\frac{S_{21}E_{TF}}{1-S_{11}E_{SF}-S_{22}E_{LF}-S_{21}S_{12}E_{SF}E_{LF}+S_{11}E_{SF}E_{LF}S_{22}}\tag{6.2-8}$$

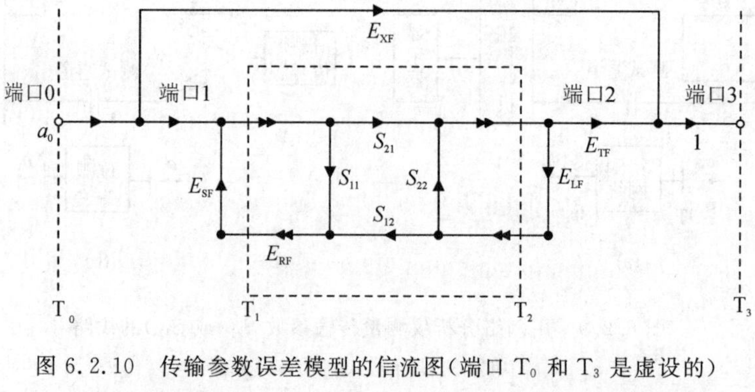

图 6.2.10　传输参数误差模型的信流图(端口 T_0 和 T_3 是虚设的)

串话误差 E_{XF} 通常是很小的，一般不大于 80 dB，约如系统噪声一样的低电平，所以只有在测量高衰减时才产生大的影响。跟踪误差 E_{TF}、E_{RF} 在传输参数测量中产生百分比误差。如果待测器件 S_{11} 和 S_{22} 都很小，那么失配误差 E_{SF}、E_{LF} 也小；反之，失配误差就大。

上述误差在点频测量时可以减小或校正，方法是：首先把失配误差调谐掉；然后在端口 1 接匹配负载，并断开端口 2，使 $S_{21}=S_{12}=0$，由式(6.2-8)有 $S_{21M}=E_{XF}$，测出串话误差 E_{XF}（有时它和噪声混在一起难于分辨）；最后校准跟踪误差 E_{TF}，即把端口 1 和 2 对接，调节相位和增益微调控制器，直到幅度为 1，相位为 0。

2. 传输参数的扫频测量

在扫频测量中，必须先校准测试和参考两通道的电长度，即把端口 1 和端口 2 对接，调节拉伸线和相位微调直到小光团聚集在极坐标显示器的“0”位置。若使用相位-频率显示时，先调节拉伸线使相位-频率曲线由斜线变成平直线，然后调节相位微调使在所用频率范围内得到近似的零度读数。

减小频率跟踪误差的方法：把端口 1 和端口 2 对接，在 $X-Y$ 记录仪上描出中频衰减器各位置的校准栅形线。但要注意，在这种情况下绘制的校准栅形线的纵坐标是传输衰减（$A=-20\lg|S_{21}|$），横坐标仍为频率。

6.2.4　四个 S 参数的测量装置

图 6.2.11 示出了四个 S 参数（S_{11}、S_{21}、S_{12} 和 S_{22}）的测量装置，该装置用四个开关来确定待测的量，如图 6.2.12 所示。

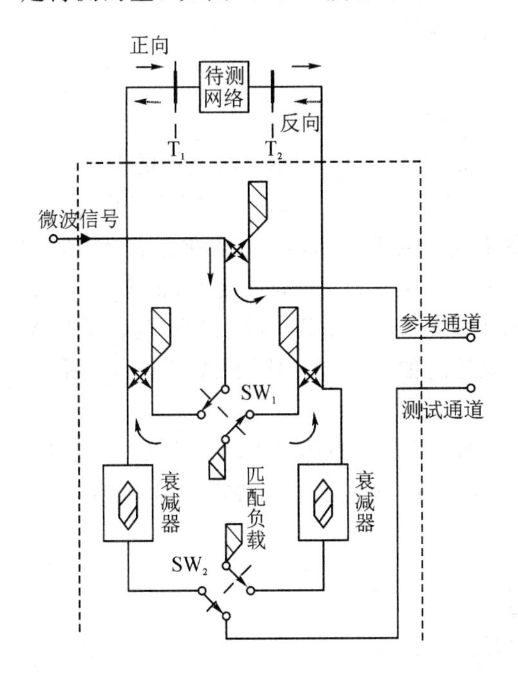

图 6.2.11　四个 S 参数的测量装置

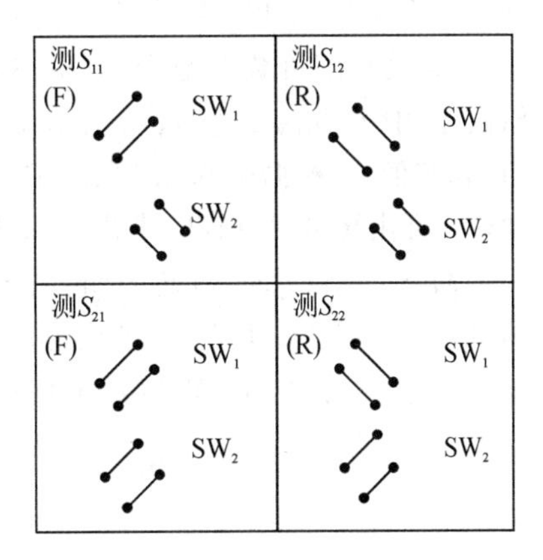

图 6.2.12　测量四个 S 参数的开关位置

图 6.2.12 所示的测量装置是由三个定向耦合器、两个匹配负载和两个衰减器组成的。中间的定向耦合器作为功分器之用。当测量 S_{11} 时，双口网络的端口 T_2 经过开关 SW_2 接匹配负载。微波信号经过左边的定向耦合器送到待测网络，同时经过中间的定向耦合器送到

参考通道，待测网络的反射信号经开关 SW_2 送到测试通道。当测量 S_{12} 时，微波信号经过开关 SW_1 和右边的定向耦合器送到待测网络的端口 T_2，通过待测网络的传输信号再经过 SW_2 送到测试通道。同理可测 S_{21} 和 S_{22}。衰减器是用来减小系统失配误差的。

另一种测量四个 S 参数的装置如图 6.2.13 所示。它是一种由三通道接收机来检测两路测试信号，并同时显示这两个参数的测量装置，即开关 SW 置于 F 时，测量正向参数 S_{11} 和 S_{21}；置于 R 时，测量反向参数 S_{22} 和 S_{12}。此装置与图 6.2.11 比较，能同时显示两个参数，但增加了一个检测通道。

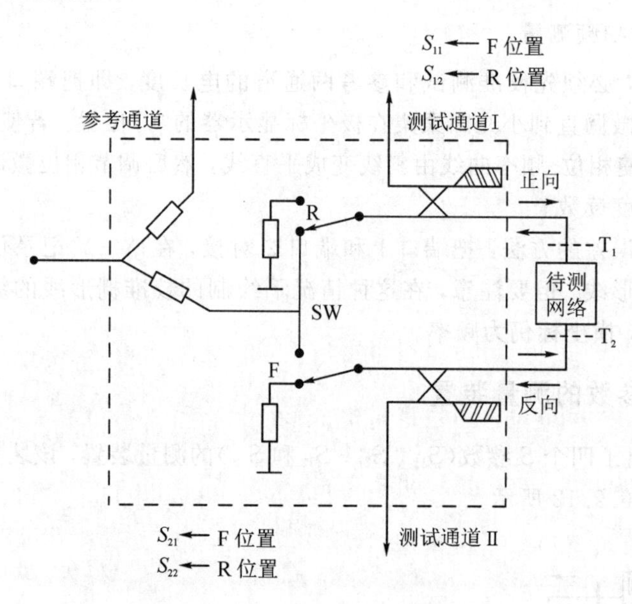

图 6.2.13　三通道 S 参数测量装置

上述两种测量装置的正向和反向测量误差模型如图 6.2.14 所示。误差项的意义与图 6.2.4(b)、图 6.2.10 中的误差项相同。下标第二个字母“F”表示正向测试，“R”表示反向测试。误差共有 12 项，即串话误差 E_{DF} 和 E_{DR}，串话误差 E_{XF} 和 E_{XR}，等效源失配误差 E_{SF} 和 E_{SR}，等效匹配负载失配误差 E_{LF} 和 E_{LR}，传输跟踪误差 E_{TF} 和 E_{TR}，反射跟踪误差 E_{RF} 和 E_{RR}。图中的 S_{11M}、S_{21M}、S_{12M} 和 S_{22M} 为待测网络的测量值，S_{11}、S_{21}、S_{12} 和 S_{22} 为待测网络的“真实值”。根据图 6.2.14(a)求出的 S_{11M}、S_{21M} 表达式如式(6.2-4b)和式(6.2-8)所示；同理，可由图 6.2.14(b)求出 S_{22M} 和 S_{12M} 的表达式。

而 S_{11}、S_{21}、S_{12} 和 S_{22} 分散在 S_{11M}、S_{21M}、S_{12M} 和 S_{22M} 四个表达式中间，设误差项已知，则可求出待测“真实值”，即校正值。求解方法有两种：① 迭代法，它要求有合适的初值；② 求出待测参数的校正值，分别为

$$S_{11}=\frac{[S_{11B}(1+S_{22B}E_{SR})]-(S_{21B}S_{12B}E_{LF})}{\Delta}\tag{6.2-9a}$$

$$S_{21}=\frac{S_{21B}[1+S_{22B}(E_{SR}-E_{LF})]}{\Delta}\tag{6.2-9b}$$

$$S_{12}=\frac{S_{12B}[1+S_{11B}(E_{SF}-E_{LR})]}{\Delta}\tag{6.2-9c}$$

$$S_{22}=\frac{[S_{22B}(1+S_{11B}E_{SF})]-(S_{21B}S_{12B}E_{LR})}{\Delta}\tag{6.2-9d}$$

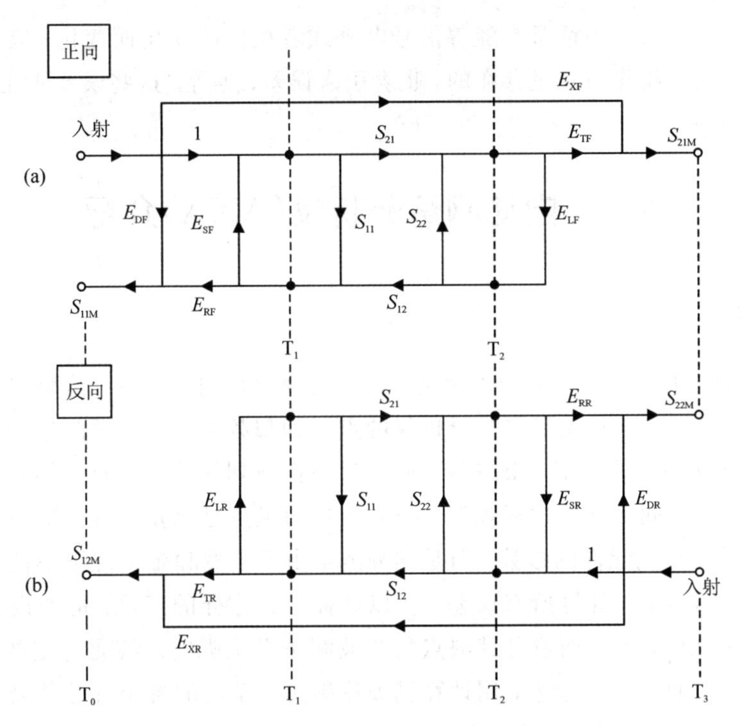

图 6.2.14　网络分析仪的正向、反向误差模型

(a) 正向误差模型；(b) 反向误差模型(T_0 和 T_3 是虚设的)

式中

$$S_{11B}=\frac{S_{11M}-E_{DF}}{E_{RF}},\ S_{21B}=\frac{S_{21M}-E_{XF}}{E_{TF}}$$

$$S_{12B}=\frac{S_{12M}-E_{XR}}{E_{TR}},\ S_{22B}=\frac{S_{22M}-E_{DR}}{E_{RR}}$$

$$\Delta=(1+S_{11B}E_{SF})(1+S_{22B}E_{SR})-(S_{21B}S_{12B}E_{LF}E_{LR})$$

小结：以上讨论了用网络分析仪测量四个 S 参数的测量原理和误差模型，误差参数共 12 项，现把各误差参数汇集于表 6.2.3 中。在测量过程中，若不用开关而由手动来倒换双口网络的输入和输出端口，则只有 6 项误差，利用式(6.2-9)计算时，有 $E_{DF}=E_{DR}$，$E_{SF}=E_{SR}$，$E_{RF}=E_{RR}$，$E_{TF}=E_{TR}$，$E_{XF}=E_{XR}$，$E_{LF}=E_{LR}$。

表 6.2.3　误差参数表

误差参数	物理含义
E_{DF}、E_{DR}	反射参数测量串话误差(有效方向性)
E_{XF}、E_{XR}	传输参数测量串话误差
E_{RF}、E_{RR}	反射参数测量跟踪误差
E_{TF}、E_{TR}	传输参数测量跟踪误差
E_{SF}、E_{SR}	等效源失配误差
E_{LF}、E_{LR}	等效匹配负载失配误差

上面分析的各项误差是基于线性的误差模型，实际上还会遇到其他类型的误差，例如在接收机中，前面部分的非线性误差会造成增益压缩或者使相位随幅度变化；接头的重复

性也是一项重要的误差；串话常常随着信号电平或者相位的变化而变化；衰减器也会引起相位和幅度误差；系统噪声总是存在的，也会引入误差；等等。这些误差往往难以校正并且常常被测量者忽视。

6.3 自动网络分析仪(ANA)介绍

6.3.1 概述

高度成熟的微波元器件和系统需精确、快速地测量它们的特性，这就要求网络分析仪能实现自动化测量。上节讨论了网络分析仪的点频和扫频测量。点频测量的优点是能用调配和校正的方法使系统的失配、跟踪和方向性误差都减到最小，因而能得到很高的测量精确度，它的缺点是时间缓慢和过程烦琐。扫频测量的优点是测量快速、结果直观并且能在很宽的频带内给出待测元件的参数。但是扫频测量由于在宽频带情况下不能很好地调配和使用校正方法，因而难于计算所有误差。所以就提出了这样的问题：能否设计出一种具备上述两种测量方法的优点，而避开其缺点的微波测量系统呢？回答是肯定的，只要把一般的网络分析仪和计算机结合起来，用计算机去控制测量系统的各个部分并处理来自幅相接收机的数据，就能做到这点，这种测量系统称为计算机控制的网络分析仪或称自动网络分析仪(Automatic Network Analyzer，ANA)。自动网络分析仪在下面三个方面得到提高。

(1) 精确度。自动网络分析仪采用“步进-频率扫描”，或者说是点频扫描，因此在测量频带内是有限数目的测量点。它不是在连续频率上消除掉系统误差，而是在测量之前，先在各步进频率点上测出系统内部的各项误差，然后在测量时，再在各步进频率点上从测得数据中“扣除”系统的误差，给出待测网络的校正特性。网络分析仪的全部误差项可以通过测量适当的标准器件得到。这些标准器件指短路、开路、滑动负载和滑动短路器，这样的标准器件是容易设计和制造的。在系统中所有次要的其余误差，仅由接口和开关的重复性、系统噪声、系统的漂移和校准时所用标准器件的误差所引起，因而提高了测量精确度。

(2) 速度。计算机能够非常容易地控制测试者手动操作的全部测量过程，因此，大大缩短了测量网络参数的时间，提高了工作效率。

(3) 灵活性。S 参数是设计微波元器件常用的，也是用网络分析仪最容易测定的一组参数。然而有时它们未必是所需要的，但计算机能把 S 参数转换成任何所需要的参数，即能从 S 参数得到 T、Y 或 Z 参数以及群延迟、电压驻波比、回波损耗、衰减或其他所需要的参数。从一个域转换成其他域也是容易的，例如根据频域的数值来确定时域响应。

6.3.2 自动网络分析仪测量原理

1. ANA 的组成及原理简述

自动网络分析仪由扫频信号源、S 参数测量装置、计算机和控制等部分组成，如图 6.3.1 所示。微波信号源提供测量所需要的微波信号功率，它的输出频率由计算机控制并且锁相，使在测量频带宽度内有许多稳定而可重复的频率点。S 参数的测量装置如

图 6.2.11(或图 6.2.13)所示，其开关是由计算机控制的。

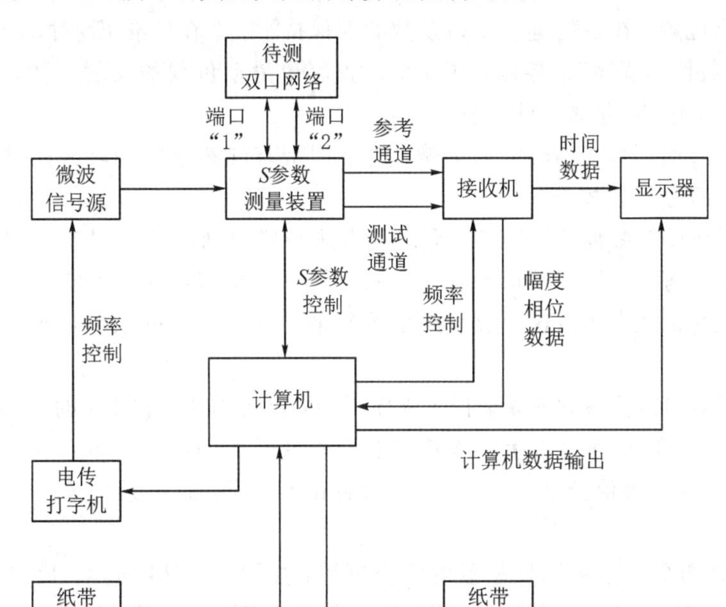

图 6.3.1　计算机控制的自动网络分析仪方框图

所有仪器的操作都由计算机控制。计算机能存储测量装置随着步进频率变化的误差数据(包括幅度和相位)，并进行所需要的计算。ANA 的操作步骤如下：

(1) 计算机根据指令要求把扫频信号源和接收机调整到所需要的测试频带，并把微波信号引入测量装置；根据指令要求，把 S 参数测量装置的开关接到要测的 S 参数的位置上；在各步进频率点上求出误差模型的各误差项，并存储于计算机内。

(2) 当测量时，先把测量数据输入到计算机内，再从计算机中调出预先测量并存储好的误差数据，最后按式(6.2-9)对测量数据进行校正，并将校正值转换成显示器或电传打印机所需要的信号，以便求出待测参数的步进-频率特性。ANA 的校正结果能达到标准实验室的精确度。

2. 校准与测量

根据不同的测量要求，误差项分为 8 项和 12 项两类模式，称为提高精确度模式，对应的计算机程序称为提高精确度程序。

1) 8 项模式

8 项模式的误差包括反射参数测量的 6 项 E_{DF}、E_{DR}、E_{SF}、E_{SR}、E_{RF}、E_{RR} 和传输参数测量的 2 项 E_{TF}、E_{TR}。这 8 项模式适用于高精确度单口网络的反射参数测量和双口网络特性参数的快速测量，对其幅、相频率响应能给出满意的精确度。

(1) 单口网络的反射参数的校准与测量。其误差模型如图 6.2.4(a)所示。按点频求误差项法(见 6.2.2 小节)求出 E_{DF}、E_{SF}、E_{RF}，反射系数的校正值按式(6.2-4a)计算，式中的 Γ_L 在网络分析仪中用 S_{11} 表示，即

$$S_{11}=\frac{S_{11M}-E_{DF}}{E_{SF}(S_{11M}-E_{DF})+E_{RF}} \tag{6.3-1}$$

求 E_{DF}时所用的滑动小反射装置是精密制造的，在测量端口 T_1 到滑动负载之间的半波长间隔上有 6 个位置，在各位置上反射系数的模保持不变。在校准 E_{DF}时，由提高精确度程序中的“滑动负载校准程序”来控制，在 6 个位置测量滑动负载的反射系数，并由计算机求出圆心 E_{DF}，随后把 E_{DF}存储在计算机内。

建立开路条件时，为减小辐射的影响，要采用带有屏蔽罩的同轴开路器，其边缘效应可由提高精确度程序予以校准。

(2) 双口网络反射参数的校准与测量。其方法与单口网络的反射参数的校正和测量方法相同，但在双口网络的另一端口上必须接入“无反射”负载，或至少应该与上面滑动小反射负载有相同质量的负载，由这个负载产生的剩余反射而引入的误差，不包括在 8 项模式之内。

(3) 双口网络的传输参数测量。在 8 项模式中，仅考虑 E_{TF}和 E_{TR}的校准，校准方法是把双口 T_1 和 T_2 对接(在连接点上应该是零损耗和零长度，即 $S_{11}=S_{22}=0$，$S_{12}=S_{21}=1$)，求出 E_{TF}和 E_{TR}，其校准值分别为 $S_{21}=S_{21M}/E_{TF}$和 $S_{12}=S_{12M}/E_{TR}$。

2) 12 项模式

12 项模式是四个 S 参数测量装置的综合模型，如图 6.2.14 所示。反射误差项校准方法同 8 项模式的。E_{LF}和 E_{LR}的校正方法是把匹配负载接于测试口 T_1 进行测试，按式(6.3-1)求出。E_{XF}和 E_{XR}的校准方法是在 T_1 和 T_2 分别接入固定匹配负载($S_{12}=S_{21}=0$)时，测量传输系数，即为隔离误差。然后，把 T_1 和 T_2 对接($S_{11}=S_{22}=0$，$S_{12}=S_{21}=1$)，由式(6.2-8)有 $S_{21M}=E_{XF}-E_{TF}/(1-E_{SF}E_{LF})$，求出 E_{TF}。同理可求 E_{TR}，把求出的各项误差项存储于计算机内，待测量时调用。

校准好之后的自动网络分析仪就可以方便地测量单口、双口甚至多口的微波无源或有源器件，测量结果自动消除和校准了所关心的误差项，可以达到满意的测量精确度。

6.3.3 典型实验室设备及指标

目前实验室配备的典型网络分析仪为 AV3656A 网络分析仪，如图 6.3.2 所示。

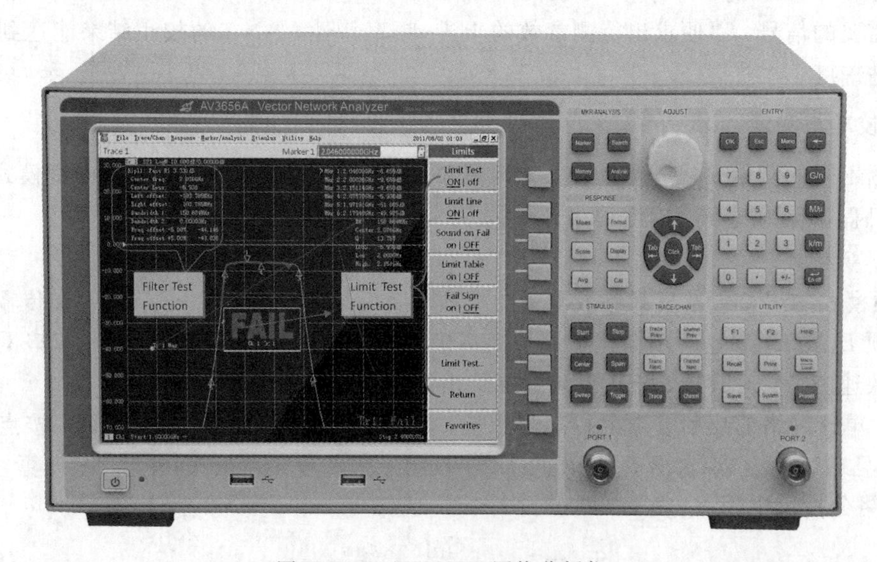

图 6.3.2　AV3656A 网络分析仪

AV3656A 系列网络分析仪性能指标：

(1) 频率范围：100 kHz～3 GHz。

(2) 频率准确度：±5×10^{-6}((23±3) ℃)。

(3) 频率分辨率：1 Hz。

(4) 端口损坏电平：+26 dBm 射频功率或 30 V 直流电压。

(5) 端口阻抗：50 Ω。

(6) 测量端口输出谐波(功率为+5 dBm)：≤−18 dBc。

(7) 测量端口输出非谐波(功率为+5 dBm，偏离载波 1 kHz 以远)：≤−20 dBc。

(8) 测量端口输出功率((23±3) ℃)：−45～+10 dBm。

(9) 灵敏度(23±3 ℃)见表 6.3.1。

表 6.3.1　灵敏度

频率范围	中频带宽/Hz	平均噪声电平/dBm
100 kHz～10 MHz	10	≤−90
10 MHz～3 GHz	10	≤−115

(10) 系统动态范围((23±3) ℃)见表 6.3.2。

表 6.3.2　动态范围

频率范围	动态范围(中频带宽 10 Hz)/dB	动态范围(中频带宽 3 kHz)/dB
100 kHz～10 MHz	100	70
10 MHz～3 GHz	125	95

(11) 校准后系统指标(中频带宽：100 Hz，(23±3) ℃)见表 6.3.3。

表 6.3.3　校准后系统指标　　单位：dB

频率范围	传输跟踪	反射跟踪	有效方向性	有效源匹配	有效负载匹配
100 kHz～10 MHz	±0.020	±0.020	49	44	49
10 MHz～3 GHz	±0.020	±0.020	46	40	46

(12) 测量域：频域和时域。

第七章　微波信号源和频谱分析仪的原理与应用

7.1　微波信号源

微波信号源就是产生微波信号的装置，又称为微波信号发生器，是现代微波系统和微波测量系统最基本的组成，它能够产生不同频率、不同幅度的微波正弦信号，且信号的频率、幅度和调制特性均可以在规定限度内进行调节。微波信号源的频率覆盖范围为300 MHz～300 GHz，由于微波信号本身的特性，在这个频率范围内，集总参数电路已不适用。在微波信号源设计中必须采用相应的器件和处理方法，使微波信号源的设计构造具有新的特征。以前，微波信号源的设计是以真空管和回波振荡器为主，这类信号源体积庞大，电压和电流难以控制，而且随环境变化，电压、电流总存在漂移；近年来，使用场效应管或二极管，以及用电场或磁场调谐的可变电抗器等的固态振荡器在微波信号源的设计中得到广泛应用，固态振荡器体积小，结构坚固，性能可靠又稳定。现在使用频率合成技术的信号源，具有极高的频率稳定性和较低的相位噪声。

7.1.1　微波信号源分类及指标要求

1. 微波信号源分类

按照不同的用途，微波信号源一般可分为三个层次：

1）简易微波信号发生器

简易微波信号发生器用于测试各种无源微波器件，对测量电路提供激励信号，其频率能在一定范围内调谐或选择，最大输出功率至少达到毫瓦级，并能连续衰减，至少能用一种低频方波进行开关式调幅(即脉冲调制)。其中功率能达到1瓦以上者，称为功率信号发生器，主要用于天线特性测量，可以用普通信号发生器外加功率放大器构成。

2）标准微波信号发生器

标准微波信号发生器用于测试放大器等有源装置，特别是测量微波接收机的各项性能指标。标准微波信号发生器要求信号的频率和功率能被更精细地调节并准确地读数；能将有用信号的大小准确衰减到微瓦甚至皮瓦级；能视用途不同而采取不同的调制方式，并能在一定范围内调节调制度。

3）微波扫频信号发生器(扫频源)

输出频率能从所需频率范围的一端连续地“扫变”到另一端，适用于连续频谱的测量或实时调试。一般来说，扫频源也可以设置为连续波工作状态，作为点频源使用。

目前，市场上出售的通用微波信号源主要分为三种类型：微波扫频信号源、微波合成信号源及微波合成扫频信号源，这是从实现方式和输出信号的频率特征方面分类的。微波扫频信号源既可输出快速连续的扫频信号，又可输出点频信号，其输出信号的指标较差，但价格便宜，可应用于一般的通用测试。微波合成信号源可输出频率精确、频谱优良的信号，一般还可进行步进和列表扫频，价格较高。微波合成扫频信号源是以上两种信号源的有机结合，功能丰富，性能优良，但价格昂贵。上述三种微波信号源的详细介绍见 7.1.2～7.1.4 小节。

2. 微波信号源的指标要求

微波信号源作为测量系统的激励源，被测器件各项性能参数的测量准确度，将直接依赖于微波信号源的指标。要准确地评价信号源的性能特性，必须掌握其输出信号的表征方法。微波信号源的指标主要包括频率特性、输出特性和调制特性三个方面。

1）频率特性

（1）频率范围。频率范围也称频率覆盖，即信号源能提供合格信号的频率范围，通常用其上、下限频率表示，频带较宽的微波信号源一般采用多波段拼接的方式实现。目前，微波信号源已实现从 10 MHz 到 60 GHz 的同轴连续覆盖，再往上则分别覆盖每个波导波段，最高有 178 GHz 的产品出现。

（2）频率准确度和稳定度。频率准确度是信号源实际输出频率 f 与理想输出频率 f_0 的差别，分为绝对准确度和相对准确度。绝对准确度是输出频率的误差实际大小，一般以 kHz、MHz 等为单位；相对准确度是输出频率的误差($f-f_0$)与理想输出频率 f_0 的比值，即

$$\alpha=\frac{f-f_0}{f_0}=\frac{\Delta f}{f_0} \tag{7.1-1}$$

稳定度则是准确度随时间变化的量度，它表征微波信号源维持于恒定频率的能力。合成信号发生器(简称合成器)在正常工作时，频率准确度只取决于所采用的频率基准的准确度和稳定度，而稳定度还与具体设计有关。合成器通常采用晶体振荡器(简称晶振)作为内部频率基准，影响其长期稳定性的主要因素是环境温度、湿度和电源等的缓慢变化，尤其是环境温度。因此根据需要不同，可分别采用普通、温补甚至恒温晶振，必要时可让晶振处在不断电工作状态，目前通用恒温晶振的日稳定度可以达到 5×10^{-10}。若采用外部频率基准则表现为输出频率与时基同步。非合成类信号发生器的频率准确度取决于频率预置信号的精度及振荡器的特性，一般情况下在 0.1%左右。

（3）频率分辨率。信号源能够精确控制的输出频率间隔为频率分辨率，它体现了窄带测量的能力，取决于信号源的设计和控制方式，目前一般频率分辨率可做到 1 Hz 或 0.1 Hz，理论上可以更精细。但在一定的频率稳定性前提下，太细的频率分辨率并没有实用意义。

（4）频率切换时间。频率切换时间是指微波信号源从一个输出频率过渡到另一个输出频率所需要的时间，高速频率切换主要应用于捷变频雷达、跳频通信等电子对抗领域。直接式合成的频率切换时间可以达到微秒级以下，射频锁相合成的频率切换时间能达到毫秒级或者更快，宽带微波锁相合成的频率切换时间则需要数十毫秒。

（5）频谱纯度。理想的信号源输出的连续波信号应是纯净的单线谱，但实际上不可避免伴有其他不希望的杂波和调制输出而影响频谱纯度。首先是信号的谐波，其次是设计不

周而引入的寄生调制、交调、泄漏等非谐波输出，其中倍频器的基波泄漏也称为分谐波。另外一个重要的指标是相位噪声。相位噪声是随机噪声对载波信号的调相产生的连续谱边带，一般来说越靠近载频越大，因此用距载频某一偏离处单个边带中单位带宽内的噪声功率与载波功率的比表示。需要特别指出的是，非合成信号源用剩余调频(即一段时间内的最大载波频率变化)来定义短期频率稳定度，但在合成信号源中消除了有源器件及振荡回路元件不稳定等因素所引起的频率随机漂移，现在倾向于采用载频两侧一定带宽内总调频能量的等效频偏定义剩余调频。事实上，短期稳定度、剩余调频和相位噪声表征的是同一个物理现象，只是观察角度不同，因而描述的侧重点不一样。

2) 输出特性

(1) 输出电平。微波信号源的输出电平一般以功率电平来表示，规定了特性阻抗后，可以折合为电压。作为通用微波测量的信号源，其最大输出电平应大于 0 dBm，一般达到 +10 dBm，大功率应用时要求更高。作为标准信号源，其最小输出电平应当能够连续衰减到 −100 dBm以下。

(2) 电磁兼容性。微波信号源必须有严密的屏蔽措施，以防止高频电磁场的泄漏，既保证最低电平读数有意义，又防止它干扰其他电子仪器的正常工作，同时，这也是抵抗外界电磁干扰、保障仪器正常工作的需要，为此各国都有明确的电磁兼容性标准。

(3) 输出电平的稳定度、平坦度和准确度。输出电平的稳定度是指输出电平随时间的变化；输出电平的平坦度是指在有效频率范围内调节频率时，输出电平的变化。输出电平的准确度是指匹配对实际输出的影响，具体指标取决于内部稳幅装置，或自动电平控制(ALC)系统的性能。利用计算机控制软件智能补偿已经成为提高综合性能的手段。另外，实际输出功率还与源阻抗是否匹配有关，一般来说微波信号源电压驻波比不应大于 1.5，输出电平准确度一般在±(3%～10%)的范围内。

3) 调制特性

调制的含义是让微波信号的某个参数随外加的控制信号而改变。调制特性主要包括调制种类、调制信号特性、调制指数、调制失真、寄生调制等。调制种类有调幅、调频及调相，调制信号特性的波形则可以是正弦波、方波、脉冲、三角波和锯齿波甚至噪声。天线测量中会用到对数调幅；雷达测量中还会用到脉冲调制，这是一种特殊的幅度调制。一般微波信号源除简单的脉冲信号外本身不提供调制信号，而只提供接收各种调制信号的接口，并设置实现微波信号调制的必要驱动电路，从外部注入适当的调制信号实现微波信号的调制，这称为外调制。功能更丰富的微波信号源不但接收外部调制信号，还能自己根据需要产生必要的调制信号，用户只需简单地设定调制方式和调制度即可获得所需的微波调制信号，这称为内调制。其实后者只是内置了一个函数波形发生器，属于低频或射频信号源范畴。

7.1.2　微波扫频信号源

微波扫频信号源(也称扫频源)是一种输出信号频率随时间在一定范围内、按一定规律重复连续变化的正弦信号源，它是频率特性测试仪的核心，常与标量网络分析仪、矢量网络分析仪或功率计等结合使用，主要用于测量各种网络的频率响应特性，是频域分析中必不可少的一种仪器。

微波测量的对象是微波元器件或整机的高频端。它们都工作在或宽或窄的一定频率范围之内，用扫频测量系统测试比较方便。扫频测量系统与点频测量系统，在组成原则上是相同的，所不同的是扫频测量系统要求信号源输出频率能以直接方式进行线性扫动，而测量装置要有足够的带宽。和点频测量相比，扫频测量具有以下优点：

（1）可实现网络频率特性的自动或半自动测量。

（2）所得待测网络的频率特性曲线是连续的。

点频测量是人工逐点改变输入信号的频率，测量速度慢，所得是被测电路稳态情况下的频率特性曲线。扫频测量是在一定扫描速度下获得被测电路的动态频率特性，更符合被测电路的实际应用。

微波扫频信号源的基本构成如图 7.1.1 所示。

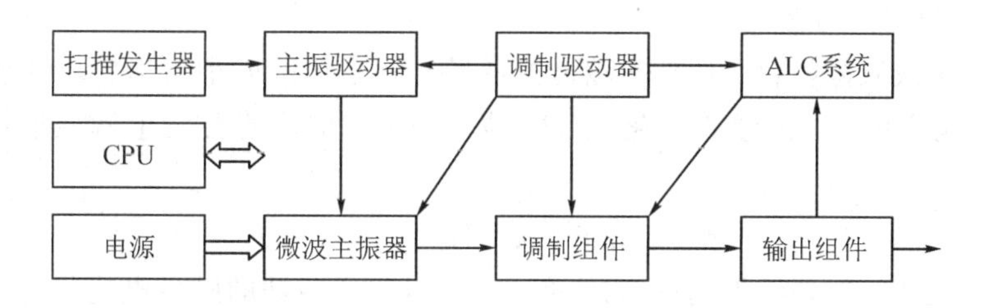

图 7.1.1　微波扫频信号源的基本构成

微波主振器是扫频源的核心，用以产生必要的微波频率范围，可选用连续调谐的宽带微波振荡器，如微波压控振荡器(VCO)、YIG 电调谐振荡器(YTO)、返波管振荡器(BWO)等。主振驱动器针对微波振荡器的特性进行驱动，使其工作于理想状态。主振驱动器，往往还需要实现振荡器调谐特性的线性补偿、扫描起始频率和扫频宽度预置等。扫描发生器产生标准的扫描电压三角波信号，通过主振驱动器推动微波主振器实现频率扫描。扫频速度，或者说扫描时间，是由扫描发生器来控制的。调制组件实现微波电平控制，主要部件是线性调制器和脉冲调制器。输出组件实现输出微波信号的滤波放大、电平检测等。ALC(自动电平控制)系统利用输出组件的检测仪器输出电平，自动调节调制组件动作，实现输出电平稳幅(或调幅)。调制驱动器将调制信号变换成相应的驱动信号并分别施加到对应的执行器件中，较高级的信号源自己能够产生调制信号。

1. 微波扫频信号的产生

微波扫频信号源是实现微波扫频测量的核心部件。实现扫频的方法很多，常用的微波扫频振荡器有：变容二极管电调振荡器，YIG(钇铁石榴石铁氧体)电调谐振荡器，返波管电调振荡器等。

1）变容二极管电调振荡器

当变容二极管加上反偏压 U 时，PN 结电容 C_D 与电压 U 的关系为

$$C_D = \frac{C_0}{\left(1+\dfrac{U}{U_D}\right)^n} \tag{7.1-2}$$

式中，C_0 是变容二极管零偏时的电容；U_D 是 PN 结的接触电位差，硅管的 U_D 约为 0.7 V，锗管的 U_D 约为 0.2～0.3 V；n 是 PN 结的系数，称为电容变化指数。n 取决于 PN 结的结

构变化和杂质分布情况，一般分为三种：① 扩散型二极管的杂质分布是缓慢的，相应的PN结称为“缓变结”，其 $n=1/3$；② 合金型二极管的杂质分布和空间电荷分布是突变的，相应的PN结称为“突变结”，其 $n=1/2$；③ 由特殊工艺制作并称为“超突变结”的变容二极管，其 n 在1～5之间。由于微波扫频信号源对扫频宽度有较高要求，所以用超突变结的变容二极管较好。

将变容二极管接入振荡器的振荡回路，再将周期扫描电压加到变容二极管上，则振荡频谱就随扫描电压呈周期性调频变化。但从式(7.1-2)看出，C_D 与反偏压 U 是非线性关系，C_D 与频率 f 的关系是

$$f=\frac{\omega}{2\pi}=\frac{1}{2\pi\sqrt{LC_D}} \tag{7.1-3}$$

所以 f 与 U 也是非线性关系。为得到线性调频，必须在电路设计上采取适当措施。

2) YIG电调谐振荡器

YIG是一种铁氧体材料，具有铁磁谐振的特性，通常做成小球形状，将小球按一定取向装在高频结构之中，在外置直流磁场 H_0 的作用下，小球便会发生铁磁谐振，其谐振频率为

$$f_0=0.0112\pi\,|\,H_0\,|\quad(\text{A/m}) \tag{7.1-4}$$

f_0 与小球尺寸无关，仅是线性地随 $|H_0|$ 变化，所以改变磁铁的励磁电流，便可改变 f_0。其谐振 Q 值高达数千，即损耗低、稳定性好。

一个典型的微波YIG电调谐振荡器如图7.1.2所示，YIG小球接入晶体管回路中，YIG小球通常封装在一个直径和轴线大约为几厘米的圆柱形磁铁中，微波信号通过一个回路耦合到球上。它的晶体管等效电路是个分流谐振器，能在微波范围内多个频段上实现线性调谐。

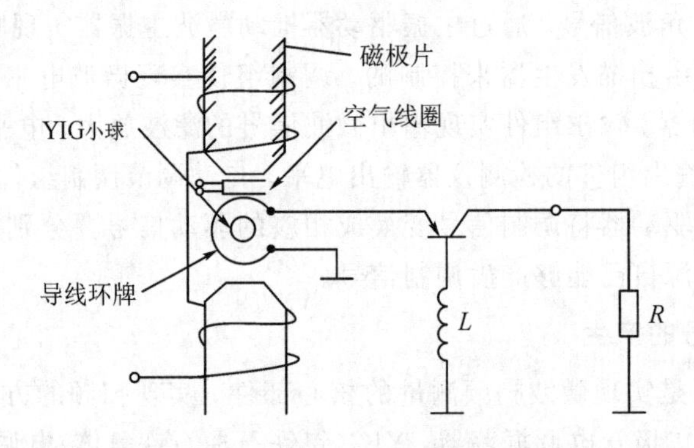

图7.1.2 微波YIG电调谐振荡器

由于YIG电调谐振荡器(YTO)在频率范围、调谐线性、频谱纯度以及体积、重量和可靠性等方面具有优势，现代的宽带微波合成信号源几乎采用YTO作为核心微波振荡器。YTO是以YIG小球为谐振子，以微波晶体管为有源器件的固态微波信号源，其输出频率与内部调谐磁场有较好的线性关系。内部调谐磁场由主线圈和副(调频)线圈两部分生成，前者感抗大、调谐慢，但调谐灵敏度高、调谐范围宽、高频干扰抑制好；后者感抗小从而调谐范围窄，但调谐速度快，并因调谐灵敏度低而具有良好的干扰抑制特性。二者结合使用，

特别有利于既需要大范围调谐又需要快速修正的宽带微波信号发生器，并易于实现调频(FM)。以 YTO 为核心振荡器的微波信号源主振及其驱动电路基本结构如图 7.1.3 所示。

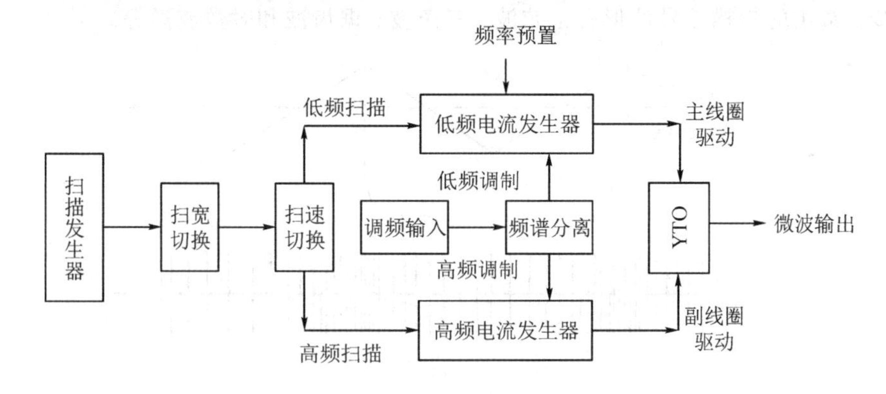

图 7.1.3　YTO 主振及驱动电路基本结构

频率预置调谐信号激励低频电流发生器进而驱动 YTO 主线圈，把输出频率调谐到预置频率。为了实现预置信号对输出频率的线性控制特性，电流发生器部分往往针对 YTO 的调谐非线性特征进行适当的线性补偿，这一点对于扫频控制尤其重要。根据 YTO 的驱动特点，调频信号则经过高、低频分离后，分别叠加到高、低频电流发生器的激励信号中，实现对输出电流的成比例调制，从而实现对 YTO 输出频率的调制。

YTO 的扫频是由扫描发生器控制的，扫频也可以看作是一种频率调制过程，同调频一样，扫描信号要根据扫描速度和扫描宽度的不同分别控制高、低频电流发生器来驱动 YTO。需要注意的是，扫描发生器的输出一般来说总是 0～10 V 的标准三角波电压，只是扫描速度不同而斜率不同。因此，扫描宽度是通过一个扫描宽度预置电路的比例变换来单独处理的，扫描的起始频率或中心频率则是利用频率预置电路实现的。

2. 微波扫频信号源的控制

微波扫频信号源增加了频率扫描和(或)功率扫描的功能。频率扫描有两种方式：斜率(Ramp)扫描和步进(Step)扫描。在斜率扫描方式下，输出的正弦波频率从所设置的起始频率增加到终止频率，在时间轴上就会产生一个线性的频率。而在步进扫描方式下，输出频率则是从一个频率快速地跳到另一个频率，在每个频率点上，信号源输出会停留一定的时间段。

对于斜率扫描而言，信号源要对精度、扫描时间和频率分辨率做出规定。而对于步进扫描，信号源则要对精度、点数和切换时间予以规定。点数少则为 2 点，多则达数百点。切换时间是指信号源从一个频率变换到另一个频率所需要的时间。

微波扫频信号源还有功率扫描功能。窄范围的功率扫描是通过调节自动电平控制(ALC)电路来实现的，而宽范围的功率扫描则是通过改变输出衰减器来实现的。

频率扫描的应用领域主要是测量器件的频响特性，而功率扫描主要用于测量放大器的饱和电平(1 dB 压缩点)。

1) *扫频控制*

扫描信号是扫描时间的基准信号。在扫频过程中，根据调谐振荡器的调谐特性，用频率预置信号把振荡器调谐到扫频起始频率，然后，根据调谐灵敏度，由扫描发生器产生一个与扫频宽度相对应的零起始的斜坡扫描信号，并叠加到振荡器的驱动电路中，这时就可以实现所需的微波信号扫频输出。扫频控制原理如图 7.1.4 所示。另外，扫描信号又作为显示器的水平偏转信号，使显示器给出的测量结果和扫频信号一一对应，实现了扫频和显示的同步。常用的扫描信号波形有正弦波、三角波、锯齿波和对数波形等。

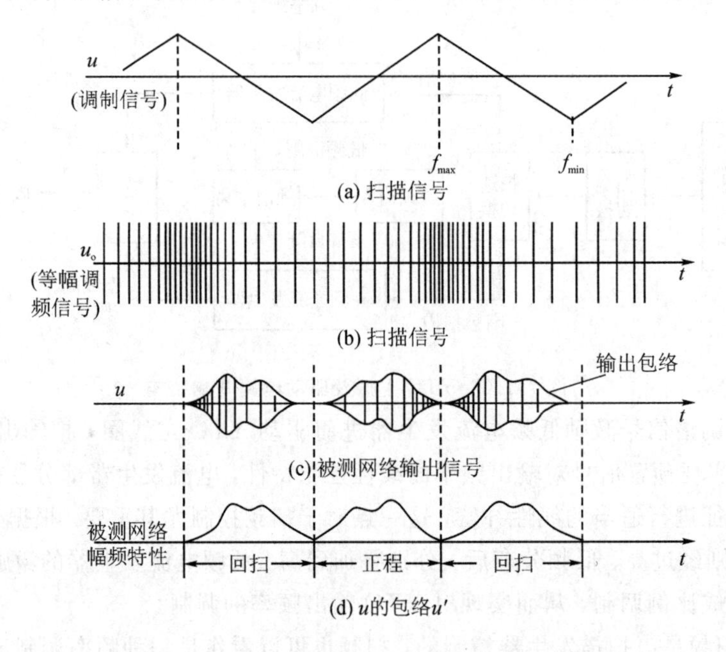

图 7.1.4 扫频控制原理

为了更精确地进行频率读数，通常在扫频信号中夹带着输出一个或多个可移动并可读数的频率标记脉冲，以便标识扫描区段中任意点上的信号频率值，称此频率标记脉冲为频标(Marker)。有时可将扫描区域改为在两个选定的频标点之间进行，称为“标记扫频”。有时，也可将锯齿波关掉，而由手控直流分量进行“手动扫频”。将直流分量停在某一点上就可输出点频的连续波信号。因此，所有的微波扫频源均可当普通微波信号源使用。

2) 电平和幅度控制

对于宽带微波振荡器及其相应功率控制器件而言，不管是点频上的幅度稳定性，还是频带内的幅度一致性，一般都不易做得很好，所以现代微波信号发生器都采用带有智能软件补偿的自动电平控制(ALC)系统，以实现更高的频率准确度和平坦度。稳幅的方法大都采用负反馈自动控制环路。

典型的 ALC 系统如图 7.1.5 所示，主要由线性调制器、脉冲调制器、定向耦合器、检波器和差分放大器等部分构成。主振器输出的信号通过线性调制器、脉冲调制器和定向耦合器到达输出端口，后者按一定比例耦合提取输出功率电平，经检波器转化成对应的直流电压信号，通过差分放大器与预计的参考电压相比较，误差输出信号驱动线性调制器改变衰减量，从而调整输出功率直至检波电压与参考电压相当，则输出功率稳定于预计电平。线性调制器是一种电调衰减器，一般由以 PIN 二极管为可变电阻的衰减电阻网络构成，定向耦合器前必要时可以增加放大器和滤波器以提高输出功率和频谱纯度。可以看出，只要预先测出定向耦合器的耦合度和频响，以及检波器的检波灵敏度、频响以及温度特性，理论上就可以计算出所有频率、功率输出状态下所需的参考电压。而相比之下，高精度电压参考信号的产生要容易得多。

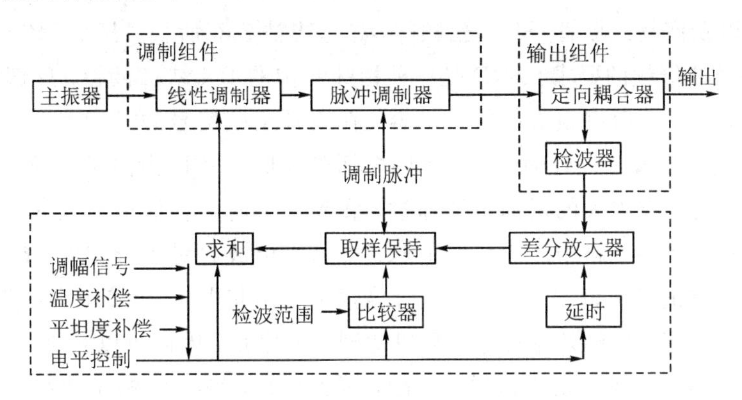

图 7.1.5　前馈式 ALC 原理框图

调幅也是在 ALC 系统中实现的。最简单的调幅只需把调制信号按比例叠加到参考电压当中去，在 ALC 系统的响应速度之内，参考电平的起伏自然导致输出电平的调制。考虑到系统的稳定性，应对 ALC 系统的响应速度适当加以控制。更高频的调幅可以通过前馈式 ALC 系统实现。其基本方法是把参考电压分成两路，一路按比例直接合并到线性调制器驱动信号中，超前实现电平的调制，而检波器上输出其解调信号，与延时后的另一路参考电平同时到达差分放大器，比较的结果可消除超前调制的误差。这样，即使 ALC 响应速度跟不上，也能在线性调制器的控制准确度意义下实现高频调制，因此希望调制器在足够的动态范围内能有良好的线性调制特性。

3）微波扩频

由上述介绍的各电路单元可以看出，原则上只要解决了微波器件的设计制造，就可以设计任何频率范围的微波信号源了。但实际上，由于受限于宽带振荡器、调制器、放大器等微波器件的设计制造工艺，若只采用上述电路单元，往往只适合于开发 2～8 GHz、8～12 GHz、12～18 GHz 等频率覆盖范围不大的微波信号源，像 2～20 GHz 这样超宽带的信号源，目前只有国外少数实力雄厚的大公司能够制造，并且是以其各自的大规模微波集成电路设计制造专利技术为支撑的。用适当的微波开关把不同频段的微波信号源拼接起来，固然可以得到宽带覆盖，但这样做既不方便也不经济。最常用的方法是立足于像 2～8 GHz 这样既便于实现又有一定绝对和相对频率覆盖的频段，再采用混频、分频、倍频等方法扩展实际输出频率范围，即微波扩频。这部分微波电路一般包含在输出组件中。

向下扩频最直接的方法是微波分频，9 GHz 以下的微波分频器已比较成熟。与倍频相反，N 分频的结果可以使相噪边带优化 $20\lg N$，因此该方法可以获得较好的谱线纯度。不足之处是分频输出的波形不好，而且输出电平是再生信号，因此需要分若干波段滤波整形、抑制谐波并进行输出电平的放大稳幅处理，这不利于扫频使用。向下扩频的另一种方法是下混频即另外产生一个点频微波信号与主振器输出进行基波混频，提取差频作为下混频输出，其频率误差为射频和本振之和，谐波和交调主要取决于混频器设计。对于稳幅和调制，如果利用主振作混频器射频输入，则可以直接利用主回路 ALC 系统；如果利用另外产生的点频作射频输入，则只需开发针对该频率的调制器，易于实现高指标。一个共同的优点是，混频方法不需要在下混频波段进行相对频率范围极宽的稳幅处理。

向上扩频基本上都采用倍频滤波方式。倍频的基本方法有限幅斩波、全波整流、变容二极管倍频、阶跃恢复二极管(SRD)倍频等，这些方法各有所长，其中SRD倍频更适合于宽带较大功率微波倍频的要求。SRD是一种特殊结构的PN结二极管，反偏时结电容是一个很小的常数，而正偏时有很大的扩散电容。在高频正弦信号的激励下，正向电压作用期间，SRD与普通二极管一样导通，但当反向电压作用时，SRD内由于电荷存储作用，电流并不立即截止，而是有很大的反向电流通过，直到某一时刻存储电荷放完才突然截止，形成阶跃电流，进而在外电路中产生极窄的脉冲，高次谐波含量十分丰富，配以适当的滤波器就可以得到所需的倍频输出。变容二极管倍频是利用其电压-电流的非线性关系实现的，在良好的电路匹配下，倍频效率理论上可以达到百分之百，因而可以获得较大的功率输出，但实际上在宽带情况下难以实现这样的匹配，因此应用不多。限幅斩波和全波整流分别用于奇次和偶次倍频，利用微波开关管把微波正弦波形变换成准方波或全波整流波形，由傅里叶展开可知分别只有奇次和偶次谐波，因而效率比SRD高且易于实现宽带匹配，但大功率输出有困难。

7.1.3　微波合成信号源

随着通信、雷达、电子侦察、宇宙航行、遥测遥控以及测量仪表等技术的发展，微波测量对信号频率的稳定度和准确度提出了越来越高的要求。在测量领域，如果信号源频率的稳定度和准确度不够高，就很难对电子设备进行准确的频率测量。微波扫频信号源为宽带微波测量带来了巨大的便利，但是，其频率准确度和稳定度都很难满足现代微波测量对频率准确度和稳定度的要求，这是由于其主振器及其驱动电路的不理想和不稳定造成的，虽然适当的补偿和巧妙的设计可以最大限度地减小它们的影响，但本质上是不可能完全消除的。对频率准确度和频谱纯度的追求，促进了频率合成器的产生和发展，利用频率合成器来提高微波主振性能的信号源就是微波合成信号源(简称合成源)。

微波合成信号源的基本构成如图7.1.6所示，与图7.1.1比较可见，微波合成信号源与微波扫频信号源最大的区别是用频率合成器替代了扫描发生器。微波主振器及主振驱动器仍是微波合成信号源的核心，频率合成器的作用是通过补偿修正主振驱动控制信号，实时修正微波主振器的输出相位误差，使其具备时基的相对准确度和长期稳定度。调制组件、输出组件以及ALC系统和调制驱动器的工作原理同微波扫频信号源是一样的。

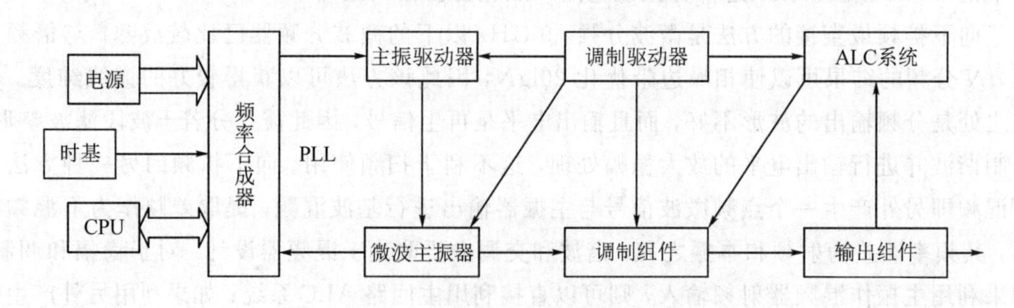

图7.1.6　微波合成信号源的基本构成

频率合成技术是指由一个或几个高度稳定的参考源通过加、减、乘、除及其组合运算来产生一系列离散频率。频率的代数运算是通过倍频、分频及混合技术来实现的，其基本原理如图 7.1.7 所示。

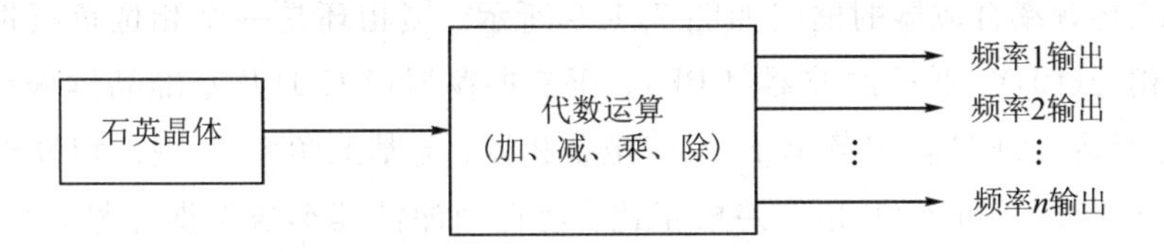

图 7.1.7　频率合成原理

通常实现频率合成的方法有直接式、锁相环式、直接数字式和混合式四种。

1. 直接式频率合成

直接式频率合成是用晶振产生稳定的参考频率作为激励源，先使参考信号通过谐波发生器产生具有丰富谐波的窄脉冲，再通过混频、分频、倍频、滤波等方法进行频率变换和组合来产生所需要的大量离散频率。图 7.1.8 所示为直接式频率合成原理框图。

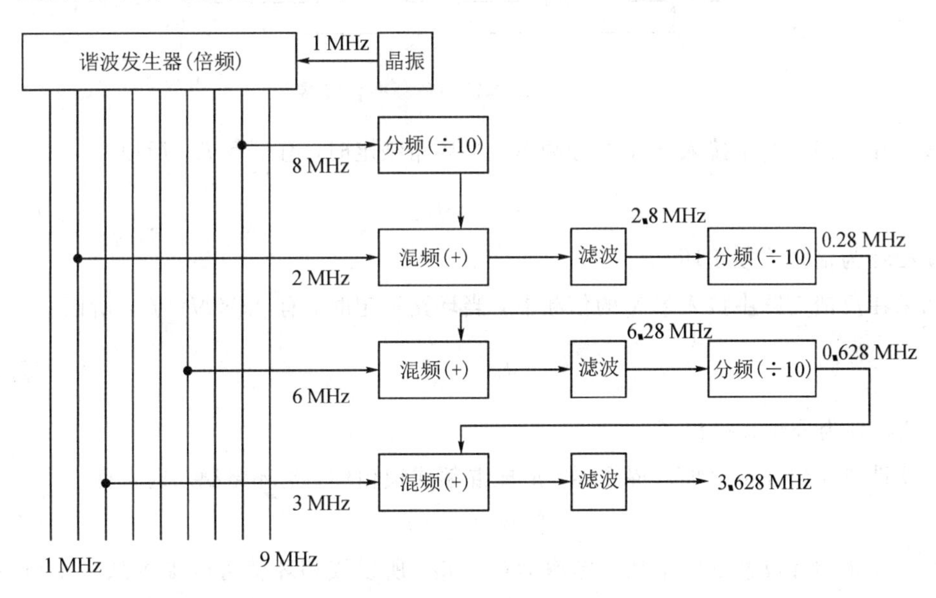

图 7.1.8　直接式频率合成原理框图

直接式频率合成的优点是工作稳定、可靠，频率转换时间短，能得到任意小的频率间隔(分辨力高)，相位噪声低；缺点是频率范围受到限制，所需器件多，体积和质量大，且对输出不需要的谐波、噪声和寄生频率难以抑制。近几年随着声表面波技术的发展，直接模拟式频率合成器体积变小，因此它还具有发展潜力。

2. 锁相环式频率合成

锁相环式频率合成是一种间接式的频率合成技术。它利用锁相环(PLL)把压控振荡器(VCO)的输出频率锁定在基准频率上，这样通过不同形式的锁相环就可以在一个基准频率的基础上合成不同的频率。经过 70 多年的发展，锁相环及频率合成技术的理论已相当成熟，如今国外各大半导体公司竞相推出自己的集成锁相环频率合成芯片，使得 PLL 频率合成芯片的性能越来越优良，且价格却越来越低。这些都决定了在频率合成的系统设计中，

PLL 频率合成仍属于首选方案之一。

1）基本锁相环频率合成器

基本锁相环频率合成器的框图如图 7.1.9 所示。锁相环是一个相位负反馈控制系统，该环路由鉴相器(PD)、低通滤波器(LPF)、压控振荡器(VCO)及基准晶体振荡器(图中未体现)等部分组成。VCO 输出频率 f_0 反馈至鉴相器，与基准频率 f_r 进行相位比较。鉴相器(PD)的输出 U_d 与 f_r 和 f_0 的相位差成正比，经低通滤波器形成调谐信号，调整调谐振荡器的频率，使 f_0 的相位趋于 f_r。由负反馈理论可知，最终达到稳态时，VCO 的输出频率 f_0 等于 f_r，即

$$f_0 = f_r \tag{7.1-5}$$

可见，锁相环的输出频率 f_0 和基准频率 f_r 具有同等稳定度。

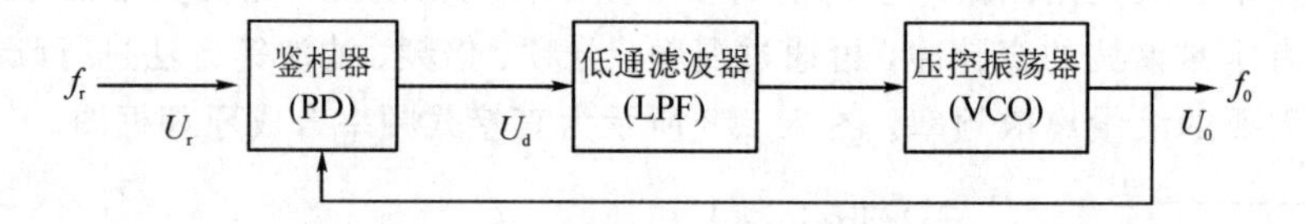

图 7.1.9 基本锁相环频率合成器

如果在反馈支路中接入÷N 的分频器，当环路锁定时，有$\frac{f_0}{N}=f_r$，所以

$$f_0 = Nf_r \tag{7.1-6}$$

此时锁相环为倍频式锁相环。

如果在反馈支路中接入×N 的倍频器，当环路锁定时，有 $f_0\times N=f_r$，所以

$$f_0 = \frac{f_r}{N} \tag{7.1-7}$$

此时，锁相环为分频式锁相环。

在反馈支路中还可以加入混频器，形成混频式锁相环，当环路稳定时，有

$$f_0 = f_{r1} \pm f_{r2} \tag{7.1-8}$$

由于在锁相环反馈支路中加入频率运算电路，所以锁相环就可以提供从一个单一参考频率合成得来的大量的频率。

2）提高频率分辨率的锁相合成技术

锁相环频率合成的频率分辨率取决于 f_r，输出频率只能够按照 f_r 的增量来改变。为了提高合成频率的分辨率就要减小参考频率 f_r，而这与转换时间的要求是矛盾的。根据工程中的经验公式：

$$T_s = \frac{25}{f_r} \tag{7.1-9}$$

转换时间与参考频率成反比，即 f_r 越小，转换时间越慢。这是我们所不希望的。在保证转换时间不变的前提下，提高频率分辨率的途径主要有多环频率合成法和小数分频法。

(1) 多环频率合成法。

图 7.1.10 示出了一个三环锁相频率合成器原理框图。

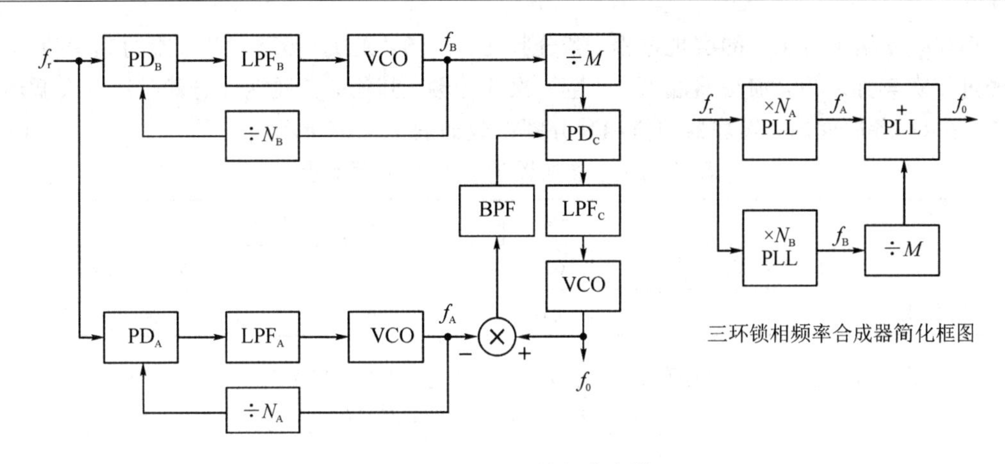

图 7.1.10　三环锁相合成器

环 A 的输出频率为　　$f_A = N_A f_r$

环 B 的输出频率为　　$f_B = N_B f_r$

环 C 中，有　　$f_0 - f_A = \dfrac{f_B}{M}$

因此，合成器的输出频率 $f_0 = \left(N_A + \left(\dfrac{N_B}{M}\right)\right) f_r$，输出频率 f_0 的变化增量为 f_r/M。这个增量小于 f_r，从而提高了频率分辨率。

(2) 小数分频法。

20 世纪 70 年代末发展起来的小数分频技术，核心思想是使锁相倍频器的反馈分频比不局限于整数，而可以是某小数 $N.F$，这样锁相环分辨率就不再受限于参考频率，而是主要取决于分频比的小数步进量。小数分频是通过可变分频和多次平均的办法实现的，图 7.1.11是小数分频实现框图。小数值 F 以二至十进制数写入 F 寄存器，在输入基准频率的作用下，F 寄存器的存数与相位累加器的存数在全加器(ACCU)中相加，当全加器达到满度值时就产生溢出(OVER)，溢出脉冲加到脉冲删除电路以删除一个来自 VCO 的脉冲，使 N 电路少计一个脉冲，相当于分频系数为 $N+1$。在溢出的同时，全加器将本次运算的余数存入相位累加器。如果全加器相加的结果没达到满度值，则不会产生溢出，锁相环仍按照 N 进行分频，并且本次相加的结果存入累加器作为全加器的基数等待下次相加，如此重复进行。

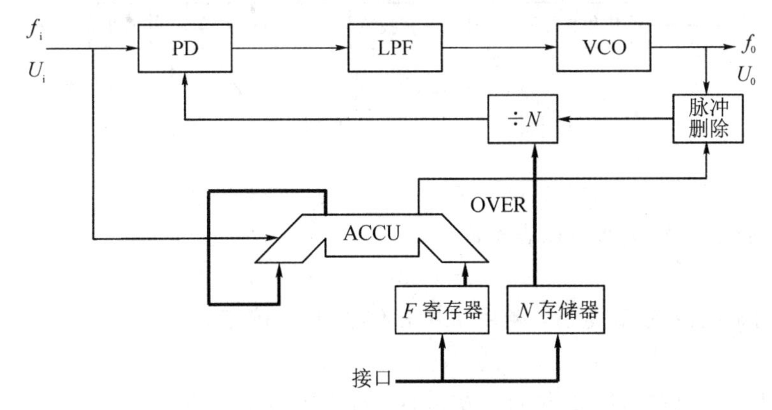

图 7.1.11　小数分频实现框图

例如，分频比为 4.3 的实现过程。若分频比为 4.3，则 $F=0.3$，累加器的起始值为 0，则经过 4 次累加之后，加法器溢出，产生一次 5 分频，其他 3 次均为 4 分频。每一次循环过程中，在 U_i 各周期内，累加器的值和其分频系数如表 7.1.1 所示。

表 7.1.1 累加器的值和其分频系数

序号	1	2	3	4	5	6	7	8	9	10
累加值	0.3	0.6	0.9	0.2	0.5	0.8	0.1	0.4	0.7	0
分频系数	4	4	4	5	4	4	5	4	4	5

加法器 10 次溢出，累加器存数才为 0。因此，得 VCO 的输出频率为

$$f_0=\frac{3\times4+5+2\times4+5+2\times4+5}{10}f_i=4.3f_i$$

可见，小数分频时，小数位数取决于 F 寄存器的位数。从原理上讲，小数部分的位数可以任意扩展，位数越多合成器的频率分辨率就越高。

3. 直接数字式频率合成(DDS)

直接数字式频率合成是一种波形合成方法，通常合成的波形是正弦波形，也可以根据需要合成方波、三角波或各种调制信号波形。通过改变 DDS 寄存器中的某些数字码，能够精确地控制输出波形的频率、幅度、相位以及调频脉冲的宽度等波形参数。

DDS 由相位累加器、相幅转换器(波形存储器 ROM 或正弦查找表)、数模转换器(D/A 转换器)、低通滤波器(LPF)和参考晶振五部分组成，如图 7.1.12 所示。其工作原理：在参考时钟的作用下，相位累加器按照预先设置好的频率控制码进行线性累加，其输出作为正弦查找表的地址，通过寻址输出相应的正弦幅度码，再由数模转换器将这些数字码变换为模拟电压或电流输出，最后经低通滤波器平滑输出波形。假设要输出的频率是固定的，那么相位增量就是一个常数，在每个时钟周期，相位累加器的数值就按照这个相位增量累加一次，相位增量的大小由频率控制字决定。如果相位增量增大，则相位累加器的增加就比较快，输出的频率就比较高，反之亦然。

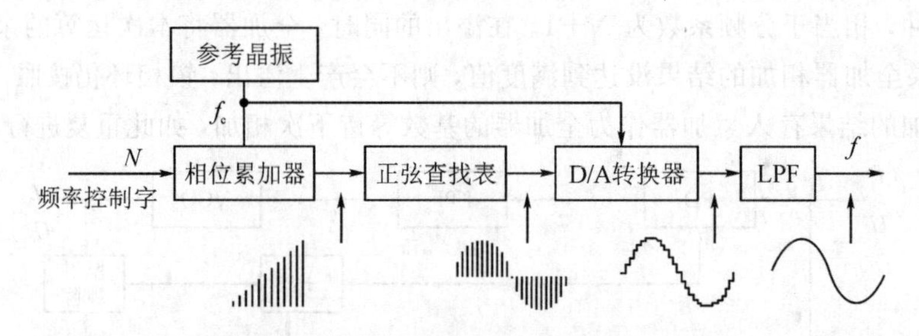

图 7.1.12 DDS 的基本结构及信号流程图

理想的正弦波信号 $u(t)$ 可以表示成

$$u(t)=A\cos(2\pi ft+\psi_0) \tag{7.1-10}$$

在振幅 A 和初始相位 ψ_0 确定后，频率 f 由相位 ψ_t 唯一确定

$$\psi_t=2\pi ft \tag{7.1-11}$$

每过一段时间 T_c，便对相位 ψ_t 进行一次采样，即令 $t=kT_c$，得到

$$\psi_t=2\pi f(kT_c)\ (k\in\mathbf{Z}) \tag{7.1-12}$$

于是可得每个时钟周期 T_c 内的相位增量 $\Delta\psi_t=2\pi f T_c$。DDS 就是利用这个原理进行频率合成的，即满 2π 时溢出。由式(7.1-12)可知在采样时钟 T_c 一定的情况下，频率 f 与相位增量 $\Delta\psi_t$ 构成映射关系，有

$$f=\frac{\Delta\psi_t}{2\pi T_c}=\frac{\Delta\psi_t f_c}{2\pi}=\frac{f_c}{2\pi/\Delta\psi_t} \tag{7.1-13}$$

$2\pi/\Delta\psi_t$ 表示一个相位周期 2π 内的相位点采样个数，用 M 表示。同时，对于一个 N 位的相位累加器，所能存储的相位个数最多为 2^N，当累加器积满时就会产生一次溢出，此时对应的相位正好积满 2π，最小相位步进为 $2\pi/(2^N)$，如果用频率控制字 K 控制相位累加的步进，这样每次累加的相位增量就是 $K\cdot 2\pi/(2^N)$，由式(7.1-13)可得

$$f=\frac{\Delta\psi_t f_c}{2\pi}=\frac{K}{2\pi}\cdot\frac{2\pi}{2^N}\cdot f_c=\frac{K\cdot f_c}{2^N} \tag{7.1-14}$$

式(7.1-14)表示 DDS 的输出信号频率与参考时钟频率、频率控制字之间的对应关系，从中可以看出随着输出频率的增加，频率控制字也必须增大，每个相位周期内的采样点数就随着减小。对于一个 $N=48$ bit 的相位累加器来说，如果频率控制字 K 取 0000…0001，则经过 2^{48} 个参考时钟周期后产生溢出；当 K 增加到 0111…1111 时，只要两个参考时钟周期，累加器就已经溢出了。根据 Nyquist 取样定理，每个相位周期内至少需要两个采样点才能形成输出波形，所以 DDS 的最大输出频率只有 $f_c/2$。实际应用中，为了保证输出波形的质量和更好地滤波，通常将 DDS 的输出频率限制在 $0.4f_c$ 以下。

DDS 采用全数字处理技术，用一个高稳定、高精度的参考时钟源来产生频率和相位可调的输出信号，具有很高的频率分辨率和相位分辨率，最小频率步进可以达到微赫兹级；DDS 由于没有锁相环那样的反馈环路，故可获得快速跳频时间，具有相位连续性；DDS 由于采用全数字结构，便于单片集成，还可以实现正交调制，这些优越性使直接数字式频率合成技术在短短的二三十年间得到了飞速发展，几年前 DDS 输出频率仅仅几兆赫兹，今天已有输出频率为几十吉赫兹的 DDS 芯片。DDS 宽带正交输出能力和频率可扩展的特点使 DDS 输出带宽的限制正逐步被打破，杂散信号也得到很好抑制。DDS 与其他频率合成方法的结合(即混合式)，可以使频率合成器的性能大大改善，将成为未来频率合成技术发展的主流方向。表 7.1.2 是三种基本频率合成器性能的比较。

表 7.1.2　三种基本频率合成器性能比较

参数	直接式	锁相环式	直接数字式
相位噪声	很低	与分频器有关	与集成工艺和时钟有关
杂散	与滤波器有关	与分频比、环路带宽、滤波器有关	与 DAC、相位舍位、幅度变化有关
捷变速度	快，取决于滤波器	与环路带宽有关	很快，与时钟频率有关
带宽	与滤波器有关	与环路带宽有关	与时钟频率有关
功耗	大	很小	较小
体积	大	很小	很小
价格	昂贵	便宜	较低

7.1.4 微波合成扫频信号源

1. 微波频率合成

常用的微波频率合成器实际上就是一个混频锁相环，如图 7.1.13 所示。微波扫频信号源的输出频率由 YIG 振荡器产生，用磁场调谐。用于稳定频率的反馈电路是锁相环，它采用谐波混频器或微波取样器把微波主振器的输出频率下变频到射频频段鉴相并构成环路，最终实现对微波主振器的锁定。图中带通滤波器与隔离器互相配合阻止本振及其在取样器中产生的谐波，以防干扰主振造成不希望的泄漏或调制寄生输出。

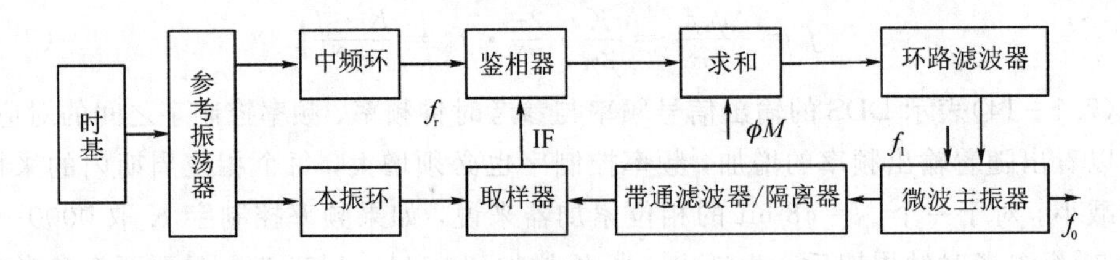

图 7.1.13 微波频率合成器简图

参考部分为源提供参考振荡器，它决定了源的短期稳定度(相位噪声)，而它的长期稳定度(即老化率)决定了输出频率的精度。参考振荡器一般是晶体振荡器。晶体的基频受若干参数影响：老化、温度和电源电压。时间长了，晶体上的张力会影响振荡频率；温度变化会引起晶体结构的变化，从而影响频率精度；另外，晶体的压电特性也会受电场的影响。为了改进晶体的性能，常采用温度补偿电路来限制输出频率随环境温度变化而变化，具有这种能力的晶振，称温补晶振(TCXO)。还有一种晶振称为炉控晶振(OCXO)，它把晶体放在恒温炉中，并对电源电压提供屏蔽。

许多信号源都可以由外输入源来提供更高的频率稳定度。

图 7.1.13 所示的锁相环中，选择合适的取样器、鉴相器及环路滤波器，可使微波输出频率 f_0 由两个射频频率 f_r 和 f_1 合成，即

$$f_0 = Nf_1 \pm f_r$$

其中取样器是在微波和射频之间建立联系的关键器件，由窄脉冲发生器和微波取样电路构成，前者把本振送来的大功率正弦信号转换成尖脉冲驱动取样电路，后者则像一个电子开关，在尖脉冲到来的瞬间把微波振荡该时刻的电压取样到中频端口。根据取样定理，中频端口输出频率相当于微波频率对本振频率取余。这样，微波频率甚至相位的变化就线性地体现到中频输出(IF)中，而成为锁相环实现功能的反馈依据。为了保证取样定理适用，取样脉宽应远小于微波周期，一般为数十甚至几皮秒。比取样器更直接的反馈变换是谐波混频器，其制作工艺相对简单、造价低、变频损耗小、便于环路设计，但对宽带频率合成来讲有一个缺点，就是对于特定的混频器其有效混频谐波往往是固定的，这样一来就要求本振与微波输出有同样的相对频宽，而宽带的本振设计往往与对其要求更苛刻的低相噪设计相矛盾，因此，谐波混频器一般只用在相对窄带的频率合成中。

2. 微波合成扫频信号源

微波合成扫频信号源是指具有模拟扫频功能的微波合成信号源，是合成源与扫频源的有机结合。与步进扫频相比，模拟扫频消除了调频间隔，真正实现了频率的连续变化，因此，合成扫频信号源必须选用连续调谐的宽带微波振荡器作主振器，如微波压控振荡器(VCO)、YIG电调谐振荡器(YTO)、返波管振荡器(BWO)等。在整机电气原理结构上，微波合成扫频信号源同合成源相比最大的变化是增加了与主机协调动作的扫描发生器，这不仅是扫频源中扫描发生器的简单移植，同时还是一个时序发生器，不但实现主振的模拟扫频驱动，而且完成锁相与扫频功能的有机联系。

起始频率的预置误差可以通过锁相来消除。其实，起始频率作为一个特定的频率点，可以像普通合成源一样通过锁相得到很高的频率准确度。具体地说，由于各种误差，预置信号只能把主振调谐到起始频率附近，而锁相环通过鉴相和环路滤波后将得到一个误差补偿信号，并叠加到预置信号上，最终使主振准确地调谐在希望的起始频率上，从而使扫频有了准确的起始点。针对扫频，由于锁相是以起始频率为目标的，它将阻止一切试图使主振输出偏离起始频率的动作。因此，简单地将扫描斜坡叠加到主振驱动当中，并不能实现所希望的扫频，而必须切断锁相环路，这一操作由取样保持电路来完成。它在切断环路的同时保持住维持准确的起始频率所需的预置补偿电压，事实上，该补偿电压体现了仪器当前环境下的综合调谐误差，因此保持该补偿信号并将其运用于整个扫频过程，也有利于提高整体扫频准确度。总之，该措施的指导思想是通过起始频率锁相获得整个扫频驱动的平移补偿(或者说零阶补偿)。

在目前的技术条件下，最高的扫频准确度是靠锁相扫频实现的。这实际上是一种数字扫频，与合成源的步进扫频有某种相似之处。不同之处在于锁相扫频的频率跳变间隔远小于整机的输出频率分辨率，因而宏观来看频率是均匀渐变的，而且这种渐变甚至在微观上也不是一系列微小步距的阶梯跳频。又由于锁相环的低通特性，且跳频是由反馈回路的变化造成的，调谐振荡器的实际输出频率将按照设定的时间常数在两个频率点之间平滑过渡。

利用反馈回路的变化实现锁相扫频，可采用适当的设计使频率跳变维持在环路同步带之内，则调谐振荡器的输出频率将同步于分频比的扫描，而分频比扫描实际上是一种数字扫描，借助现代高速计数器、累加器及频率参考作时钟，可以得到很高的扫描准确度。有两个问题值得注意：一是同扫宽和调谐非线性相比，锁相环的同步带宽极小，为了避免失锁，必须保证预置扫描信号的准确度并对调谐线性进行适当的补偿；二是精心设计环路带宽，在保证跟踪速度的前提下，尽量获得线性平滑的频率过渡。可见，锁相扫频的核心思想是利用锁相环的同步跟踪特性弥补扫频过程中的非线性误差，这是一种高阶补偿，能够达到扫宽万分之一以上的扫频准确度。注意：这个误差仍远大于合成连续波的频率准确度，这是因为锁相扫频虽然利用了锁相环，但锁相环只是工作在同步跟踪状态，并没有真正地锁定。稳定的频率锁定与连续的模拟扫频本质上是矛盾的。

7.1.5　典型实验室设备及指标

目前实验室配备的典型微波信号源有AV1441B信号发生器，如图7.1.14所示。

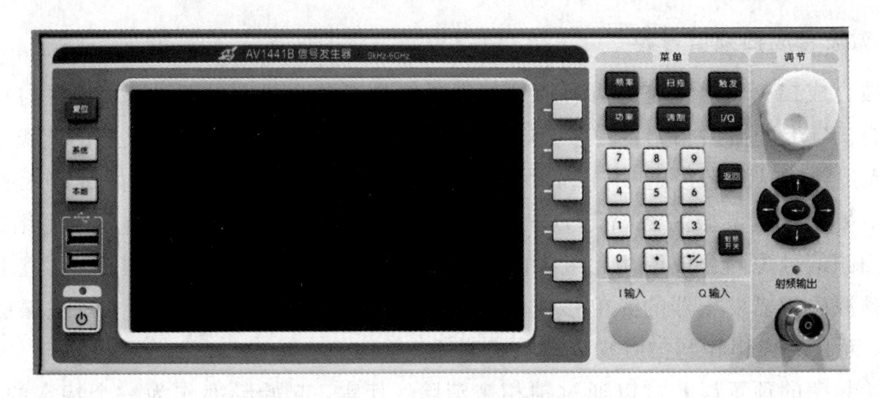

图 7.1.14　AV1441B 信号发生器

主要技术指标如下：

频率范围：9 kHz～6 GHz。

动态范围：−127～+10 dBm。

频率分辨率：0.01 Hz。

调制种类：脉冲调制、幅度调制和频率调制三种调制方式。

单边带相位噪声：<−104 dBc/Hz(载波频率为 3 GHz，频率偏移为 20 kHz)；
<−112 dBc/Hz(载波频率为 1 GHz，频率偏移为 20 kHz)；
<−118 dBc/Hz(载波频率为 500 MHz，频率偏移为 20 kHz)。

谐波寄生：<−30 dBc(输出功率小于+5 dBm)。

功率准确度(25 ℃±5 ℃)：±1.5 dB(−50 dBm≤输出功率≤+10 dBm)；
±2.0 dB(−110 dBm≤输出功率<−50 dBm)；
±3.0 dB(−120 dBm≤输出功率<−110 dBm)。

脉冲调制开关比：>80 dB(9 kHz≤f≤3 GHz)；>60 dB(3 GHz≤f≤6 GHz)。

调幅深度范围：0～90%。

调幅带宽(3 dB)：20 Hz～80 kHz。

调频带宽(3 dB)：20 Hz～100 kHz。

最大调频频偏：1.6 MHz÷N (N 为基波分频次数)。

7.2　频谱分析仪

在卫星通信、数字广播、雷达、军用无线电台等领域内，需要对发射信号做全面的解调分析，其中频域特性分析首当其冲，完成频域特性分析的仪器是频谱分析仪(简称频谱仪)。频谱分析仪是现代微波测量的重要工具，是通用的多功能测量仪器。它不仅用于测量各种信号的频谱，而且还可测量功率、失真、增益和噪声特性，广泛应用于微波通信、雷达、导航、电子对抗、空间技术、卫星地面站、频率管理、信号监测、EMI 诊断、EMC 测量等方面，进行各种信号监测、频谱分析。

频谱分析仪是分析信号的基本技术手段之一，其测试对象是各种复杂信号。信号的概念广泛出现于各领域中。这里所说的均指电信号，一般可表示为一个或多个变量的函数。根据信号包含信息的不同，信号可分为正弦波信号(CW 信号)、调制信号(包括模拟调制信号和数字调制信号)和噪声信号；根据信号随时间变化形式的不同，信号可分为连续稳定信号(信号随时间不变化)、周期性变化信号和瞬变的单次信号。针对以上各种信号，主要有如下三种分析技术：

(1) 时域分析，主要分析信号随时间变化的关系，如电压或电流随时间变化的关系。时域分析可直观反映信号的幅度、频率、相位的变化，可使用示波器测量信号的时域波形。

(2) 频域分析，对任意电信号的频谱所进行的研究。通过频域的频谱分析，可分析任何信号所包含的频率成分，即各种频率成分的频率和功率关系。

(3) 调制域分析，对被测信号进行解调分析，通过解调，主要完成各种调制信号调制精度的测试。

7.2.1 微波信号频谱分析

1. 基本概念

从图 7.2.1 可以看出，时域分析和频域分析是从不同角度来观察同一信号的。如果用示波器测量，显示的是信号的幅度随时间连续变化的一条曲线，通过这条曲线可以得到信号的波形、幅度和重复周期；如果用频谱分析仪测量，显示的是不同频率点上功率幅度的分布。时域分析与频域分析虽然都可以用来反映同一信号的特性，但是它们分析的角度不同，各有适用场合。

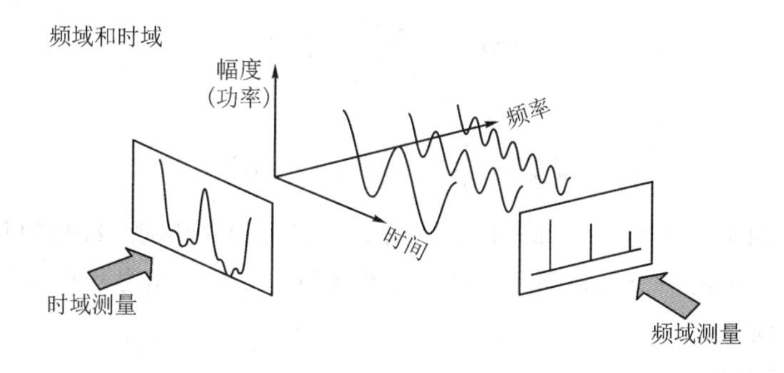

图 7.2.1 时域和频域的关系

信号的频谱分析是非常重要的，它能获得时域测量中所得不到的独特信息，例如谐波分量、寄生、交调、噪声边带等。频谱分析仪是信号频域分析的重要工具，被誉为频域示波器。

广义上，信号频谱是指组成信号的全部频率分量的总集，频谱测量就是在频域内测量信号的各频率分量，以获得信号的多种参数。狭义上，在一般的频谱测量中常将随频率变化的幅度谱称为频谱。

频谱测量的基础是傅里叶变换，傅里叶级数展开及傅里叶积分统称傅里叶变换，是频谱分析的理论依据，同时也是时域技术和频域技术联系的纽带。傅里叶变换以复指数函数 $e^{j\omega t}$ 为基本信号来构造其他各种信号，其实部和虚部分别是正弦函数和余弦函数。任意一个时域信号都可以被分解为一系列不同频率、不同相位、不同幅度的正弦波的组合。在已知信号幅度谱的条件下，通过计算可以获得频域内的其他参量。对信号进行频域分析就是通过频谱来研究信号本身的特性。从图形来看，信号的频谱有两种基本类型：① 离散频谱，又称线状谱线；② 连续频谱。实际的信号频谱往往是上述两种频谱的混合。

2. 周期信号的频谱

1) 周期信号的傅里叶变换

根据傅里叶理论，任何时域中周期信号都可以表达为不同频率、不同幅度的正弦信号与余弦信号之和。若一个周期信号 $x(t)$满足狄利赫里条件，则 $x(t)$可用傅里叶级数表示为

$$x(t)=\frac{a_0}{2}+\sum_{n=1}^{\infty}[a_n\cos(2\pi nf_0t)+b_n\sin(2\pi nf_0t)] \tag{7.2-1}$$

式中

$$a_n=\frac{2}{T}\int_{-\frac{T}{2}}^{\frac{T}{2}}x(t)\cos(2\pi nf_0t)\mathrm{d}t$$

$$b_n=\frac{2}{T}\int_{-\frac{T}{2}}^{\frac{T}{2}}x(t)\sin(2\pi nf_0t)\mathrm{d}t$$

也可以用适当的幅度和相位将正弦项和余弦项组合成一个单独的正弦曲线，即

$$x(t)=\frac{a_0}{2}+\sum_{n=1}^{\infty}\sqrt{a_n^2+b_n^2}\cos(2\pi nf_0t+\theta_n) \tag{7.2-2}$$

式中

$$\theta_n=\arctan\left(\frac{b_n}{a_n}\right)$$

用复指数代替正弦项和余弦项可得

$$x(t)=\sum_{n=-\infty}^{\infty}c_n\mathrm{e}^{\mathrm{j}2\pi nf_0t}$$

式中

$$c_n=\frac{1}{T}\int_{-\frac{T}{2}}^{\frac{T}{2}}x(t)\mathrm{e}^{-\mathrm{j}2\pi nf_0t}\mathrm{d}t$$

当所计算的时域特性为式(7.2-1)表达的周期信号的频谱时，级数的每个成分都要经过变换，成为频域中的一个单独部分，这就是冲激脉冲，周期信号因此一般表示为离散频谱，也被认为是线谱。

2) 周期信号频谱特性

从式(7.2-2)中可以看到周期性函数的频谱有如下一些重要特征：

(1) 离散性。频谱分布是离散的，每根谱线对应一个频谱分量，每个频率分量的频率是 $2\pi nf_0$，对应的幅值是 c_n，这种频谱也称为线状频谱。

(2) 谐波性。谱线只在基波频率的整数倍上出现，即谱线代表的是基波及其高次谐波分量的幅度或相位信息。

(3) 收敛性。在频谱图中，随着频率递增，幅度呈衰减趋势。

3) 脉冲宽度和频带宽度

脉冲宽度是时域中的概念，指的是在一个周期内脉冲波形的两个零点之间的时间间隔；频带宽度或带宽是频域概念，通常规定在周期信号频谱中，从零频率到需要考虑的最高次谐波频率之间的频段即为该信号的有效占有带宽，也称频带宽度。实际应用中常把从零频到频谱包络线第一个零点间的频段作为频带宽度。频带宽度与脉冲宽度成反比，随着脉冲宽度的减小，谱线从集中分布在纵轴附近渐渐向两边“拉开”，而且幅度逐渐变低、频带宽度逐渐增大。

4）重复周期对频谱的影响

时域内的重复周期与频域内谱线的间隔成反比，周期越大，谱线越密集。当时域内的波形向非周期信号渐变时，频域内的离散谱线会逐渐演变成连续频谱。

5）信号的能量谱

能量谱 $E(\omega)$表述信号的能量随着频率而变化的情况。信号 $f(t)$的能量定义为

$$E(\omega)=\int_{-\infty}^{+\infty}|f(t)|^2\mathrm{d}t \tag{7.2-3}$$

当 $E(\omega)$有限时，$f(t)$被称为能量有限信号，简称能量信号。

由帕斯瓦尔公式：

$$\int_{-\infty}^{+\infty}|f(t)|^2\mathrm{d}t=\frac{1}{2\pi}\int_{-\infty}^{+\infty}|F(\mathrm{j}\omega)|^2\mathrm{d}\omega \tag{7.2-4}$$

可知，信号经过傅里叶变换后能量保持不变，即令

$$S(\omega)=\frac{1}{\pi}|F(\mathrm{j}\omega)|^2 \tag{7.2-5}$$

因此得

$$E(\omega)=\int_{0}^{+\infty}S(\omega)\mathrm{d}\omega \tag{7.2-6}$$

$S(\omega)$称为信号的能量密度谱，表示单位频带内所含能量，描述信号的能量随着频率而变化的情况。一旦给出了信号的能量密度谱，任何带宽内的信号能量均与能量谱曲线下相应的面积成正比，因此，通过能量密度谱可以十分方便地对信号在各频段范围内占有的能量进行分析。

6）信号的功率谱

信号 $f(t)$的功率定义为

$$P(\omega)=\frac{1}{2\pi}\int_{-\frac{T}{2}}^{\frac{T}{2}}|f(t)|^2\mathrm{d}t \tag{7.2-7}$$

当 $P(\omega)$有限时，$f(t)$为功率有限信号，简称功率信号。由于信号的平均功率的时间定义为 $T\to+\infty$，显然一切能量有限信号的平均功率都为零。因此，一般的功率有限信号必定不是能量信号。

由帕斯瓦尔公式得

$$P(\omega)=\frac{1}{2\pi}\int_{-\infty}^{+\infty}\lim_{T\to+\infty}\frac{|F(\mathrm{j}\omega)|^2}{T}\mathrm{d}\omega \tag{7.2-8}$$

令

$$S_P(\omega)=\frac{1}{\pi}\lim_{T\to+\infty}\frac{|F(\mathrm{j}\omega)|^2}{T} \tag{7.2-9}$$

则有

$$P(\omega)=\int_{0}^{+\infty}S_P(\omega)\mathrm{d}\omega \tag{7.2-10}$$

式中 $S_P(\omega)$称为信号的功率密度谱，表示单位频带内的功率。

3. 非周期信号的频谱

1）非周期信号的傅里叶变换

尽管信号的傅里叶级数表示很有效，但仅限于周期信号。如果把非周期信号视为周期

无穷大的周期信号，则非周期信号可通过傅里叶变换表示在频域中。一个时域非周期信号的傅里叶变换定义为

$$F(\mathrm{j}\omega) = \int_{-\infty}^{+\infty} f(t)\mathrm{e}^{-\mathrm{j}\omega t}\mathrm{d}t \tag{7.2-11}$$

傅里叶反变换或逆变换为

$$f(t) = \frac{1}{2\pi}\int_{-\infty}^{+\infty} F(\mathrm{j}\omega)\mathrm{e}^{\mathrm{j}\omega t}\mathrm{d}\omega \tag{7.2-12}$$

类似于正弦和余弦信号，用式(7.2-11)可近似解决很多信号问题。对于那些在时域中有随机特性的信号，例如噪声或随机比特序列，很难找到好的解决方法，这种情况下使用式(7.2-11)的数值解决方法更容易。

2）非周期信号频谱特性

由式(7.2-11)可知，非周期信号频谱有如下特性：

(1) 频谱密度函数 $F(\mathrm{j}\omega)$是 ω 的连续函数，即非周期信号的频谱是连续的。

(2) 当 $f(t)$为实函数时，有 $F(\mathrm{j}\omega) = F^*(-\mathrm{j}\omega)$，且频谱的实部 $R(\omega)$是偶函数，虚部 $X(\omega)$是奇函数。

(3) 当 $f(t)$为虚函数时，有 $F(\mathrm{j}\omega) = -F^*(-\mathrm{j}\omega)$，且频谱的实部 $R(\omega)$是奇函数，虚部 $X(\omega)$是偶函数。

(4) 无论 $f(t)$为实函数或虚函数，幅度谱$|F(\mathrm{j}\omega)|$关于纵轴对称，相位谱 $\mathrm{e}^{\mathrm{j}\omega}$关于原点对称。

4. 离散时域信号的频谱

1）离散时域信号的傅里叶变换

离散时域信号的傅里叶交换(Discrete Fourier Transform，DFT)又称为离散傅里叶变换(DFT)，基本特性是以 $\mathrm{e}^{\mathrm{j}\omega n}$ 作为完备正交函数集对给定序列做正交展开。离散傅里叶变换是傅里叶变换的离散形式，它能将时域的取样信号变换成频域的取样信号表达形式，对时域中的真实信号进行数字化并完成离散傅里叶变换，从而形成信号的频域表示。

前面，已引入了傅里叶级数的复数形式，这里重新写出，但变量稍有变化(周期 T 变为 t_P，谐波次数 n 用 k 代替)，即

$$c_k = \frac{1}{t_\mathrm{P}}\int_{-\frac{P}{2}}^{\frac{P}{2}} x(t)\mathrm{e}^{-\mathrm{j}2\pi k f_0 t}\mathrm{d}t \tag{7.2-13}$$

现在来研究正弦周期波形。假定可以对它的一个周期进行取样，傅里叶级数可应用于这个取样波形，其不同之处在于时域取样波形不是连续波形，这意味着 $x(t)$将用 $x(nT)$代替，这里 T 是取样之间的时间间隔；另一个不同之处是，将结果乘以取样之间的时间间隔 T，完成对取样波形离散求和，而不进行积分，因此有

$$c_k = \frac{T}{t}\sum_{n=0}^{N-1} x(nT)\mathrm{e}^{-\mathrm{j}2\pi k n f_0 t} \tag{7.2-14}$$

注意：n 的范围选择为$n \approx 0, 1, 2, \cdots, N-1$，已形成 N 个取样。这个特定的范围不是强制性的，但它是定义离散傅里叶变换所惯用的。基频 f_0 还是离散频率点之间的间隔，我们将 f_0 重新命名为 F，并尽可能地给出相一致的表示符号。最后，离散傅里叶变换通常被定义为 N 乘以复数傅里叶级数系数，即

$$X(kF) = Nc_k$$

$$X(kF)=\frac{NT}{t_{\mathrm{P}}}\sum_{n=0}^{N-1}x(nT)\mathrm{e}^{-\mathrm{j}2\pi kFnT} \tag{7.2-15}$$

离散傅里叶变换的逆运算，即离散傅里叶逆变换(IDFT)由下式给出

$$x(nT)=\frac{1}{N}\sum_{k=0}^{N-1}X(kF)\mathrm{e}^{\mathrm{j}2\pi kFTn} \tag{7.2-16}$$

离散傅里叶逆变换提供了将离散频域信息变回离散时域波形的手段。离散傅里叶变换和离散傅里叶逆变换所具有的特性与相应的连续傅里叶变换十分相似。

2) 离散时域信号的频谱特性

(1) 离散傅里叶变换的频谱 $F(\mathrm{e}^{\mathrm{j}\omega})$ 是 ω 的周期函数，周期为 2π，即离散时间序列的频谱是周期性的。

(2) 如果离散时间序列是周期性的，在频域内的频谱一定是离散的，反之亦然。

(3) 若离散时间序列是非周期的，在频域内的频谱一定是连续的，反之亦然。

连续时间信号傅里叶变换仅仅是了解信号在系统中具有何种特性的一种工具和手段，并不直接用于在测量系统中反映信号的频域表示；DFT 是傅里叶变换的离散形式，能将时域中的取样信号变换成频域中的取样信号表达式。将时域中的真实信号数字化后进行 DFT，便可实现信号的频谱分析。

5. 快速傅里叶变换

快速傅里叶变换(FFT)是实施离散傅里叶变换的一种极其迅速而有效的算法，它的出现使傅里叶理论在实践中的广泛应用成为可能。

离散傅里叶变换所需的计算次数大约为 N^2，这里 N 是取样数或记录长度。而与之相对应的 FFT 所需的计算次数为 $N\mathrm{lb}N$(lb 表示以 2 为底的对数)，最常见的 FFT 算法要求 N 是 2 的幂次。频谱分析仪中的典型记录长度可能是 2^{10}，这意味着离散傅里叶变换要求一百万次以上的计算工作时，而 FFT 则只要求 1024 次计算。假定所有计算耗费的时间都相同，则 FFT 可以在不到 1%的离散傅里叶变换计算时间内完成计算。显然，FFT 可以大大节约计算时间。这就是现在仪器中广泛应用 FFT 的原因之一。

7.2.2 频谱分析仪的工作原理

下面以 AV4037 系列频谱分析仪为例，介绍频谱分析仪的工作原理。AV4037 系列频谱分析仪是一台由工控机控制、操作系统为 Windows XP、三次变频的超外差扫频式频谱分析仪，它由微波射频部分、中频部分、微波驱动部分、本振合成部分、数据采集处理部分、控制显示部分和电源部分组成，其原理框图如图 7.2.2 所示。

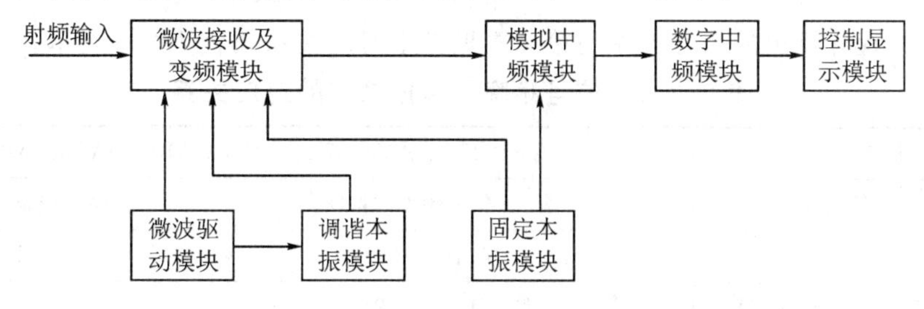

图 7.2.2　AV4037 系列频谱分析仪原理框图

微波射频部分原理框图见图 7.2.3。

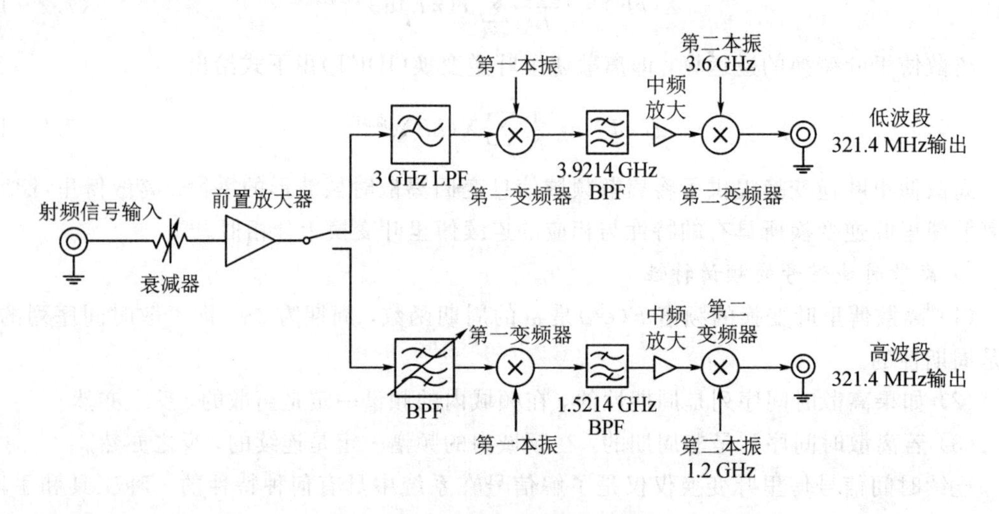

图 7.2.3 微波射频部分原理框图

在低波段，30 Hz～3.05 GHz 的信号经衰减器、前置放大器和 3 GHz 低通滤波器，与第一本振的基波(3.9～7.0 GHz)混频得 3.9214 GHz 中频信号，该中频信号再经 3.9214 GHz 带通滤波器和中频放大到第二变频器，3.9214 GHz 中频信号与低波段的第二本振 3.6 GHz 信号差频得到 321.4 MHz 第二中频信号。

在高波段，2.95～6 GHz 的信号经衰减器、前置放大器和选频带通滤波器，与第一本振的基波(4.5～7.5 GHz)混频得 1.5214 GHz 中频信号，该中频信号再经 1.5214 GHz 带通滤波器和中频放大到第二变频器，1.5214 GHz 中频信号与高波段的第二本振 1.2 GHz 信号差频得到 321.4 MHz 第二中频信号。

第一本振调谐方程如下：

低波段：

30 Hz～3.05 GHz

$F_{YTO}-F_{SIG}=F_{1st\ IF}$　　（$F_{1st\ IF}=3.9214$ GHz）

$F_{1st\ IF}-F_{2LO}=F_{2nd\ IF}$　　（$F_{2LO}=3.6$ GHz）

高波段：

2.95 GHz～6 GHz

$F_{YTO}-F_{SIG}=F_{1st\ IF}$　　（$F_{1st\ IF}=1.5214$ GHz）

$F_{1st\ IF}-F_{2LO}=F_{2nd\ IF}$　　（$F_{2LO}=1.2$ GHz）

按调谐方程计算出的信号频率与第一本振频率对应关系如表 7.2.1 所示。

表 7.2.1　信号频率与本振频率的对应关系

机型		AV4037A、AV4037B、AV4037MA、AV4037MB	
频段	信号频率	第一本振频率/GHz	混频谐波次数 N
低	30 Hz～3.05 GHz	3.9214～6.9714	1
高	2.95 GHz～6 GHz	4.4714～7.5214	1

微波射频部分得到的 321.4 MHz 第二中频信号经滤波、放大后进入第三变频器，与第三本振 300 MHz 信号差频得到 21.4 MHz 中频信号。21.4 MHz 中频信号通过滤波器、增益补偿放大器、抗混叠滤波器后被 ADC 采样送入 FPGA，进行数字下变频和 FIR 滤波等数字化处理，得到符合数字分辨率带宽要求的频谱。中频部分原理框图如图 7.2.4 所示。

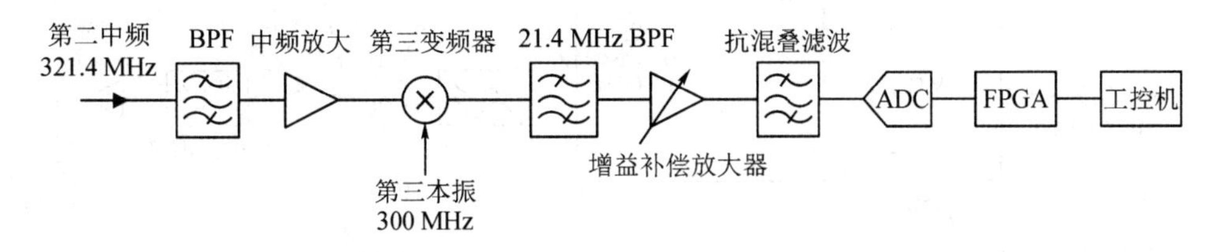

图 7.2.4 中频部分原理框图

本振合成部分主要由 3 个环路构成，即参考环、取样环、YTO(YIG 振荡器)环，如图 7.2.5 所示。参考环以 10 MHz OCXO(恒温晶体振荡器)为参考，产生并输出第二本振 3.6 GHz和 1.2 GHz 信号、第三本振 300 MHz、参考信号 600 MHz、同步参考 10 MHz。取样环为 YTO 环的双环工作模式提供取样本振信号。根据频带的不同，YTO 环有两种不同的工作方式：双环模式和单环模式。当频带小于或等于 5 MHz 时，YTO 环工作在双环模式，此时，取样环输出对 YTO 进行取样。当频带大于 5 MHz 时，YTO 环工作在单环模式，取样环不参与锁相。

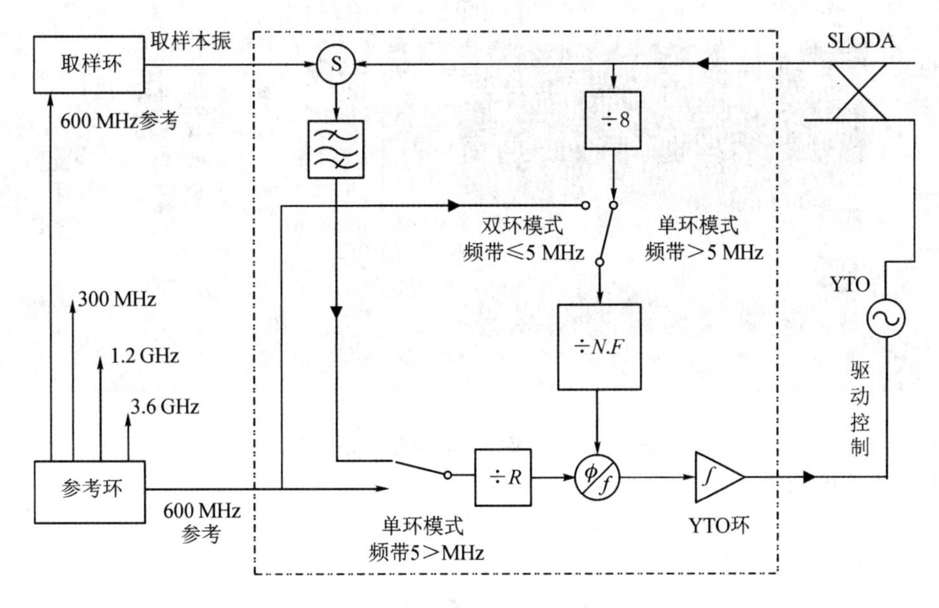

图 7.2.5 本振合成部分原理框图

主控制器部分控制频谱分析仪的内部操作，通过 I/O 端口从前面板键盘或外部计算机接收各种请求，由存储在闪存卡中的控制程序决定主控制器执行的功能。主控制器通过微波驱动板向 YTO、YTF(YIG 调制滤波器)、程控步进衰减器、射频开关等微波部件提供有关控制信号，最终将微波信号的频谱显示到屏幕上，以便测量微波信号特性参数，如频率、带宽、幅度、噪声、调制等。整机工作流程如图 7.2.6 所示。

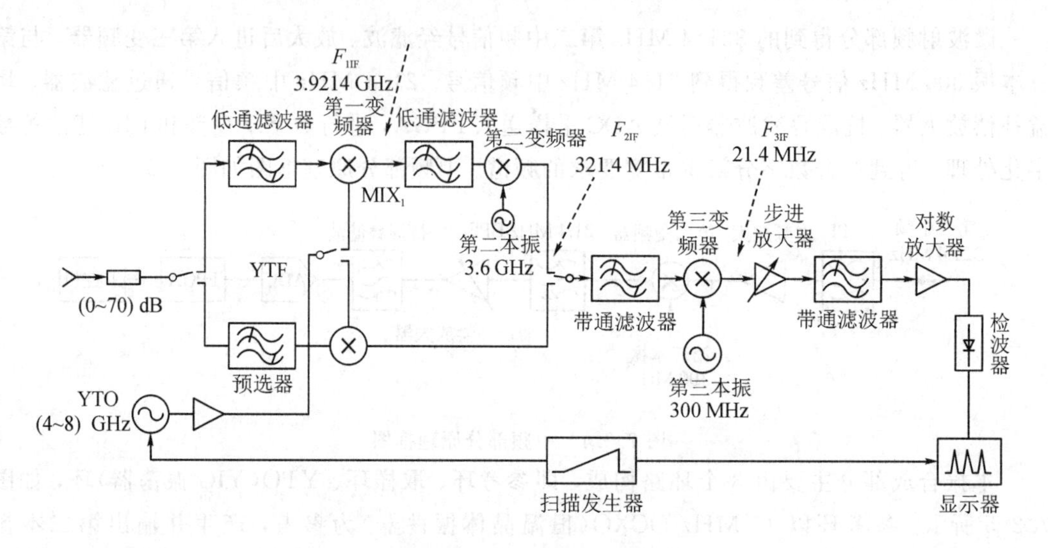

图 7.2.6 工作流程图

7.2.3 典型实验室设备及指标

目前实验室配备的典型微波频谱仪为AV4037系列频谱分析仪，如图7.2.7所示。

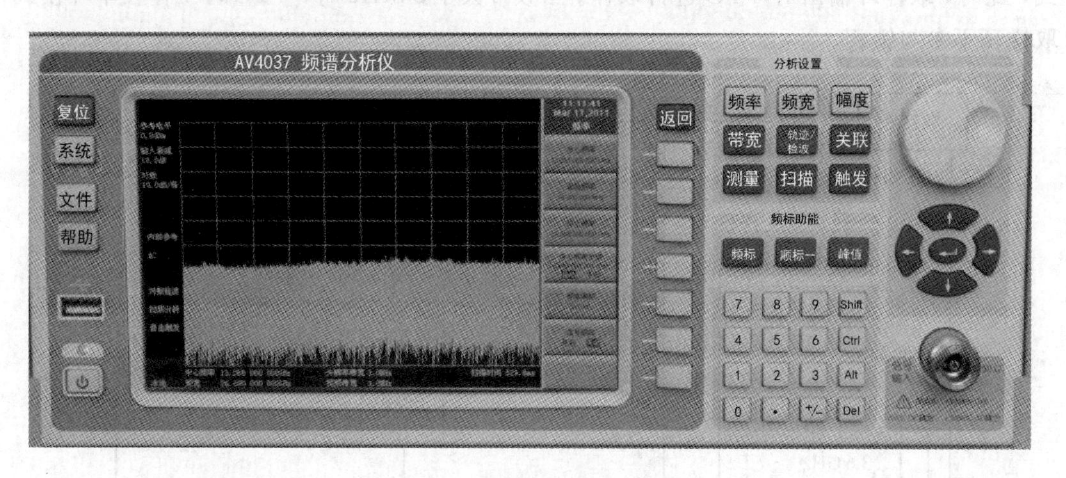

图 7.2.7 AV4037系列频谱分析仪

主要技术指标如下：

(1) 频率范围：30 Hz～ 6 GHz。

(2) 频率稳定度：见表7.2.2。

表 7.2.2 频率稳定度

产品型号	温度稳定度 0～+50 ℃(相对于+25 ℃)	老化率
AV4037系列	$\pm 0.05\times 10^{-6}$温度稳定度	$\pm 0.05\times 10^{-6}$/年 (连续加电30天后)

(3) 频率读出准确度：±(频率读数×频率参考误差+(0.5%+1/(扫描点数-1))×频宽+5%分辨率带宽+10 Hz)。

(4) 分辨率带宽：见表 7.2.3。

表 7.2.3　分辨率带宽

AV4037 系列	
范围	1 Hz～5 MHz 1-2-3-5 步进
准确度	±5%(1 Hz～3 MHz)，±20%(5 MHz)
转换误差	±0.5 dB

(5) 噪声边带(中心频率 1 GHz)：见表 7.2.4。

表 7.2.4　噪声边带

频偏	AV4037 系列
>1 kHz	≤-90 dBc/Hz
>10 kHz	≤-105 dBc/Hz
>100 kHz	≤-110 dBc/Hz

(6) 剩余调频 ：见表 7.2.5。

表 7.2.5　剩余调频

AV4037 系列	
状态	10 Hz 分辨率带宽、10 Hz 视频带宽、20 ms 峰峰值
指标	≤(2×N) Hz，N 为混频谐波次数

(7) 1 dB 增益压缩点：见表 7.2.6。

表 7.2.6　1 dB 增益压缩点

AV4037A、AV4037B		
频率范围 50 MHz～6 GHz	前置放大器关闭时	>0 dBm
	前置放大器开启时	>-15 dBm

(8) 平均噪声电平：见表 7.2.7。

表 7.2.7　平均噪声电平

AV4037A、AV4037B(1 Hz RBW，1 Hz VBW)		
频率范围	平均噪声电平(前置放大器关闭)	平均噪声电平(前置放大器开启)
100 kHz～1 MHz	< -130 dBm	< -145 dBm
1 MHz～10 MHz	< -142 dBm	< -155 dBm
10 MHz～3 GHz	< -135 dBm	< -151 dBm
3 GHz～6 GHz	< -133 dBm	< -150 dBm

(9) 二次谐波失真：见表 7.2.8。

表 7.2.8　二次谐波失真

AV4037A、AV4037B(前置放大器关闭)		
频率范围	输入混频器电平	二次谐波失真
10 MHz～200 MHz	−30 dBm	< −65 dBc
200 MHz～1.5 GHz	−30 dBm	< −80 dBc
1.5 GHz～3 GHz	−10 dBm	< −70 dBc

(10) 三阶交调失真：见表 7.2.9。

表 7.2.9　三阶交调失真

AV4037A、AV4037B(前置放大器关闭)	
频率范围	三阶交调失真
100 MHz～3 GHz	< −80 dBc
3 GHz～6 GHz	< −80 dBc

(11) 射频输入 VSWR(输入衰减≥10 dB)：≤1.5∶1 (50 MHz～4.8 GHz)；≤1.8∶1 (4.8 GHz～6 GHz)。

(12) 最大安全输入电平：+30 dBm(连续波，输入衰减为 10 dB)；0 U_{DC}(DC 耦合)，±50 U_{DC}(AC 耦合)。

(13) 参考电平范围：−150～ +30 dBm，最小 0.01 dB 步进。

第八章　六端口技术

六端口技术自1972年由美国国家标准与技术研究院(NIST)提出以来，获得迅速发展。六端口技术与计算机控制结合在微波阻抗与网络参数的自动化测量方面显示出极大优越性。六端口技术有如下特点：

(1) 六端口技术除能测量反射系数外，还可以测量净功率、S参数、衰减和相移。

(2) 在很宽频段都可使用。目前NIST微波计量室的六端口系统可以覆盖10 MHz～110 GHz的频率范围，低到数十千赫兹，高至数百千兆赫兹甚至到光频的六端口系统也能应用六端口技术。

(3) 可实现高精确度测量。目前采用六口端技术测量S参数的精确度已接近最好的点频手动测量系统所达到的水平。例如，对于15 dB以下的低耗衰减器，采用六端口技术测量的不确定度小于0.003 dB；对于60 dB以上的衰减器，测量的不确定度小于0.2 dB；测量反射系数的不确定度小于0.001，精密度优于0.0001。

(4) 与自动网络分析仪相比，测量设备简单。六端口技术采用幅度检波器(如功率探头等)来测量未知网络的幅度和相位数据，所有的高频数据都可以由直流电压表获得，易于实现自动化，而且比自动网络分析仪的体积小、成本低。

(5) 与自动网络分析仪具有同样的特点，可以用软件来弥补硬件的不完善性。

(6) 还可以用来测定无线电射频参数和微波对生物的影响。

8.1　六端口反射计的几何模型及设计准则

8.1.1　几何模型(物理模型)

如图8.1.1(a)所示，设T是待测元件的输入参考面，对于待测元件，b是入射波，a是反射波，a的大小和相位均取决于待测元件的反射特性，u和i分别表示输入参考面T上的合成电压、合成电流。此时，只要知道a和b，就可求出反射系数($\Gamma=|a/b|e^{j\psi}$)，也即只要知道$|a|$、$|b|$和相位角ψ，就可以求得Γ。那么，能否通过对三个电压幅度的测量(通过幅度检测装置测量)来测定反射系数呢？让我们来分析图8.1.1(a)，在参考面T上有

$$\begin{cases} u = b + a \\ i = b - a \end{cases} \tag{8.1-1}$$

$$\begin{cases} b = \dfrac{u+i}{2} \\ a = \dfrac{u-i}{2} \end{cases} \tag{8.1-2}$$

把式(8.1-1)绘成矢量图，如图8.1.1(b)所示。反射系数为

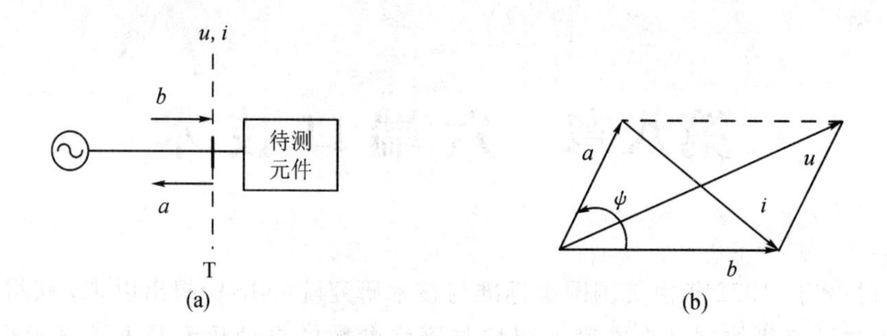

图 8.1.1 绝对电压法测 Γ 原理图

$$\Gamma=\frac{a}{b}=\left|\frac{a}{b}\right|\mathrm{e}^{\mathrm{j}\psi}$$

则

$$|\Gamma|=\left|\frac{a}{b}\right|$$

$$\cos\psi=\frac{|u|^2-|a|^2-|b|^2}{2|ab|}$$

由图 8.1.1(b)可知，只要获得其中任意三个矢量的绝对值，就可以画出这个矢量图，从而确定待测元件的反射系数。但还有一个模糊度，即 ψ 的正负号未定。对于绝对电压法(见图 8.1.1)这种电路，若把信号源输出口记为端口 1(T_1)，测量口记为端口 2(T_2)，把三个接幅度检测装置的端口分别记为端口 3(T_3)、端口 4(T_4)和端口 5(T_5)，那么就构成了五端口测量电路，如图 8.1.2(a)所示，图中 $P_3\sim P_5$ 表示 $T_3\sim T_5$ 各端口的功率值。五端口测量电路虽能兼测模值和辐角，但仍有模糊度问题。为解决这个问题，并有多余量来提高测量精确度，五端口测量电路还应再加一个端口，构成通常所说的六端口测量电路或六端口反射计，如图 8.1.2(b)所示，也可以再增加多余的检测端口构成七端口、八端口等测量电路，但提高的精确度与增加的设备并不成正比，所以目前多以六端口测量电路为宜，当然，也有用五端口测量电路的，还有用四端口测量电路的。

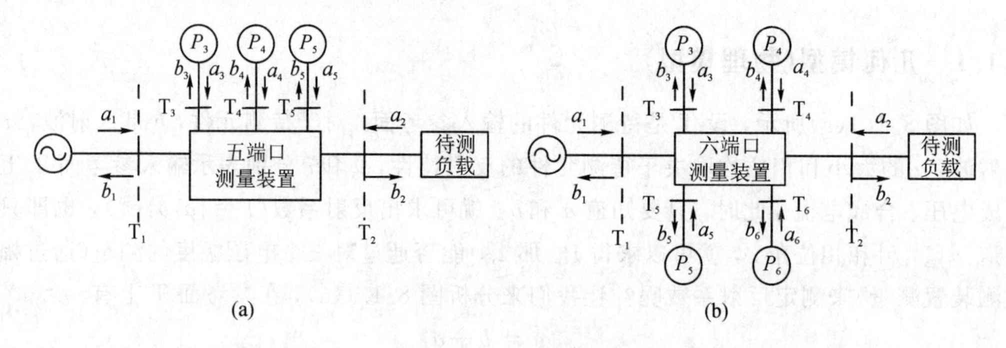

图 8.1.2 五端口和六端口测量电路方框图

(a) 五端口测量电路；(b) 六端口测量电路

下面分析六端口测量电路的几何模型。从五端口测量电路可知，P_3、P_4、P_5 分别为端口 3、端口 4、端口 5 的测量值，表征了式(8.1-1)、式(8.1-2)中四个量中的三个，但不管哪个，都与待测元件的入射波 b_2 和反射波 a_2 有关，或者说 P_3、P_4、P_5 均是 a_2 和 b_2 的函数，又由于该测量电路由无源线性元件所组成，因此它们都是 a_2 和 b_2 的线性函数。假定幅

度检测装置是功率计或平方律检波器，则有

$$P_3 = |Aa_2 + Bb_2|^2 \tag{8.1-3a}$$

$$P_4 = |Ca_2 + Db_2|^2 \tag{8.1-3b}$$

$$P_5 = |Ea_2 + Fb_2|^2 \tag{8.1-3c}$$

对于六端口测量电路，还有

$$P_6 = |Ga_2 + Hb_2|^2 \tag{8.1-3d}$$

式(8.1-3)中，$A \sim H$ 都是复常数，取决于六端口测量装置的网络参数，通过校准程序可以事先确定。设 $A \sim H$ 已知，为了简化分析，假定在四个功率指示值中有一个是与入射波 $|b_2|^2$ 成比例的，例如把 P_4 作为此量，则常数 $C=0$，式(8.1-3b)成为

$$P_4 = |Db_2|^2 \tag{8.1-4}$$

将式(8.1-4)与式(8.1-3a)、(8.1-3 c)、(8.1-3 d)联立求解得出

$$\frac{P_3}{P_4} = \left|\frac{A}{D}\right|^2 \cdot |\Gamma - q_3|^2$$

或

$$|\Gamma - q_3|^2 = \left|\frac{D}{A}\right|^2 \cdot \frac{P_3}{P_4} \tag{8.1-5a}$$

式中，$q_3 = -B/A$，$\Gamma = a_2/b_2$。

同理有

$$|\Gamma - q_5|^2 = \left|\frac{D}{E}\right|^2 \cdot \frac{P_5}{P_4} \tag{8.1-5b}$$

$$|\Gamma - q_6|^2 = \left|\frac{D}{G}\right|^2 \cdot \frac{P_6}{P_4} \tag{8.1-5c}$$

式中，$q_5 = -F/E$，$q_6 = -H/G$。在 Γ 平面上，式(8.1-5)中三个方程的变量 Γ 分别是以 q_3、q_5、q_6 为圆心，以等式右边之值的平方根为半径的轨迹圆。对于五端口测量电路，其解为式(8.1-5a)、式(8.1-5b)两个圆的交点，如图 8.1.3(a)所示。由图看出，尚有模糊度，须辅以判解措施。若待测元件为无源元件，由于 $|\Gamma| \leqslant 1$，可选单位圆内的交点为其解。然而，为避免两个交点同时位于单位圆内的情况，还要求 q_3 和 q_5 的连线不与单位圆相交，以使两个交点总有一个处在单位圆之外，其解才易取舍。

由上可知，五端口测量电路有时也能满足测量 Γ 的要求，但六端口测量电路较它更为有益。

对于六端口测量电路，把式(8.1-5a)、式(8.1-5 b)、式(8.1-5 c)三个方程同时绘于 Γ 平面上，在理想情况下，三个圆应交于同一点，其解为 Γ，如图 8.1.3(b)所示。但实际上由于存在测量误差交点将有所偏离，此时需要寻找某种统计方法进行处理。由图 8.1.3 可以看出，引入圆 q_6 解决了双根的选取问题。

以上，我们是在假定常数 $C=0$ 的情况下进行讨论的，这仅是一种近似于真实的假设。一般情况下 $C \neq 0$，式(8.1-3)的求解表明：待测值 Γ 仍然是多圆交点，每个方程 P_i/P_4 $(i=3, 5, 6)$ 仍为一个圆，三个圆交于一点，但圆心不再是式(8.1-5a)、式(8.1-5b)、式(8.1-5c))的 q_i。当 $C \neq 0$ 时，常把 P_4 改写为 $P_4 = |Db_2|^2(1 - \Gamma_g \Gamma)$，其中 $\Gamma_g = -C/D$。在这个六端口测量电路中选择接近于表示入射功率的那个端口作为 P_4，即 C 很小，Γ_g 很小，这时可把式(8.1-3)简写成

$$\frac{P_i}{P_4} = K_i \frac{|\Gamma - q_i|^2}{|1 - \Gamma_g \Gamma|^2} \tag{8.1-6}$$

式中，$i=3, 5, 6$；K_i 分别表示三个实数$|A/D|^2$、$|E/D|^2$ 和$|G/D|^2$。

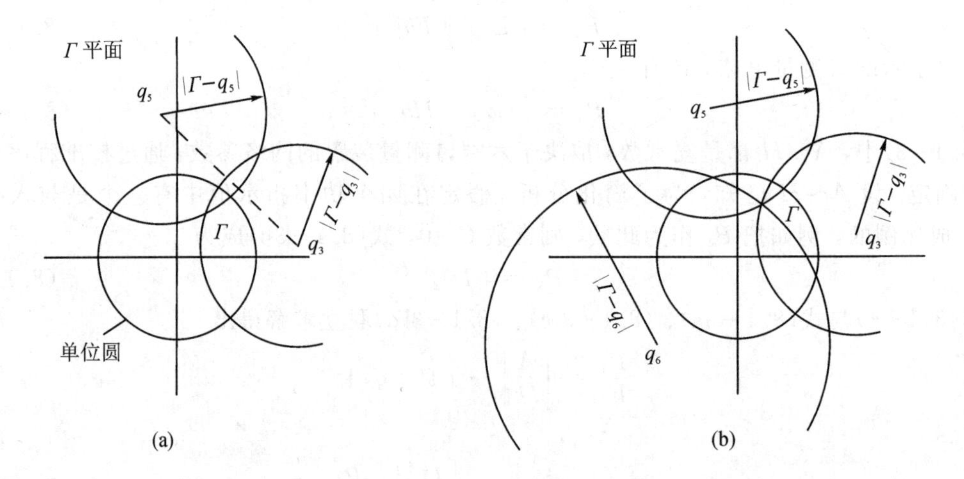

图 8.1.3　五端口、六端口测量 Γ 几何模型

(a) 五端口测量 Γ 几何模型；(b) 六端口测量 Γ 几何模型

8.1.2　设计准则

按几何模型(设 $C=0$，这并不是必需的)来考虑六端口测量装置的设计问题，主要是选择三个圆心 q_3、q_5 和 q_6 的最佳位置(见图 8.1.3(b))。若选择 $q_3=0$，$q_5\neq 0$，$q_6\neq 0$，则式(8.1-5a)所确定的圆的圆心与坐标原点重合，即

$$\frac{P_3}{P_4} = \left|\frac{A}{D}\right|^2 \cdot |\Gamma|^2 \tag{8.1-7}$$

此时，六端口测量电路变成 6.1 节所述的反射计。该装置中 P_5 和 P_6 虽能工作，但 Γ 很小时，不易确定三个圆的交点，所以不是最佳状态。很明显，应该考虑对称情况，即将 q_3、q_5 和 q_6 位于等边三角形的三个顶点，该三角形的重心位于原点，这时有$|q_3|=|q_5|=|q_6|=|q|$，三者的相角相差 120°。长度$|q|$的选择，建议选在 0.5 或 1.5 的邻域为宜。

总之，六端口测量电路的设计准则归纳为：力求使 $\Gamma_g=0(C=0)$；$|q_3|=|q_5|=|q_6|=|q|$，且三者相角相差 120°；$|q|=0.5$ 或 1.5。实现这一准则的方法是恰当地选择式(8.1-5)中的诸常数 A，B，…，H，以影响 q_i 值。它们都是复常数，取决于组成六端口反射计的元件性能。因此实现这一准则就是选择硬件，使其组合性能达到或接近准则的要求。

由于目前的微波元件很少能在宽频带内实现±120°的分支相移，因此上述的设计准则无严格约束力，但在设计上能起到指导作用，更完善的设计理论还在研究、发展之中。

以上述准则为指导，人们设计出了一个六端口测量电路，如图 8.1.4 所示，用来校准、测辐射热功率计和测量反射系数。电路中所用的指示计 P_3、P_4、P_5、P_6 是功率计，要求该电路工作在宽频带范围内假定各元件无耗。图 8.1.4 的六端口测量电路是接近上述设计准则的，图中虚线方框内的装置称为“矢量电压表”。

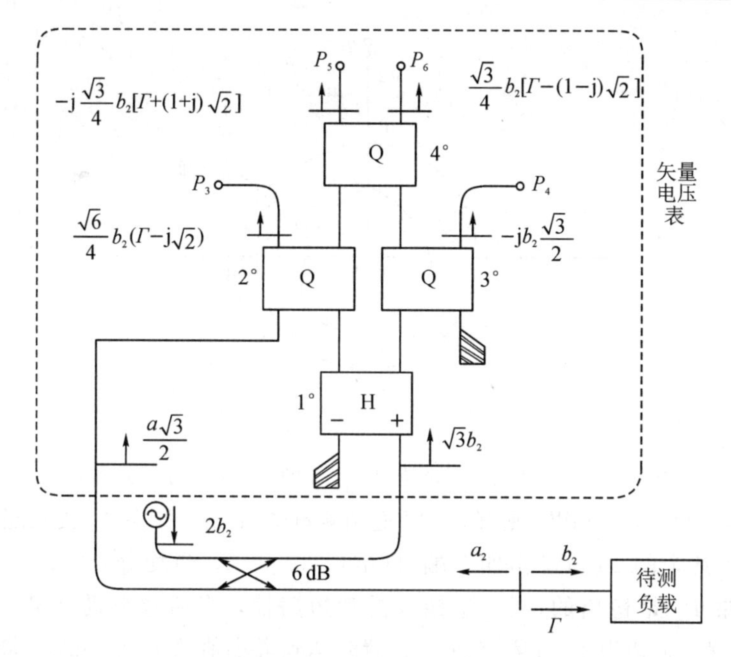

图 8.1.4　一种六端口测量电路

图 8.1.4 中的"Q"表示正交混合接头，如图 8.1.5(a)所示。"H"表示 180°混合接头，如图 8.1.5(b)所示。按波导术语，"Q"是 3 dB 定向耦合器，"H"为宽带魔 T 接头。假定这两种器件都是无耗且各端口都是匹配的。为达到宽频带的要求，采用带线元件，频率覆盖宽度最大可达 10∶1。

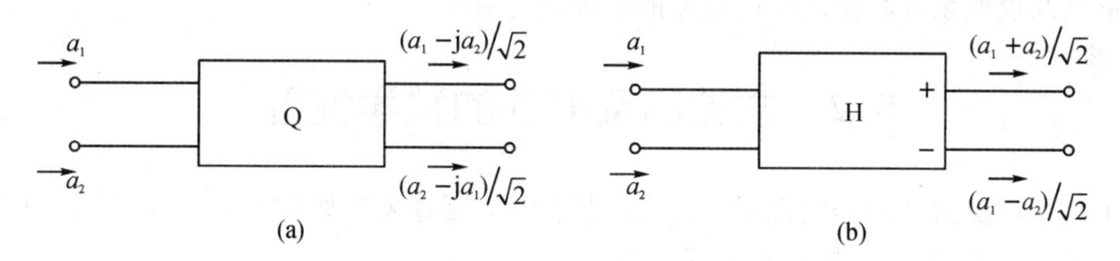

图 8.1.5　五端口和六端口几何模型两种接头

(a) 正交混合接头；(b) 180°混合接头

由图 8.1.4 的元件特性和电路的连接方式可知，各端口的输出功率分别为

$$\left.\begin{aligned}
P_3 &= \left[\frac{\sqrt{6}}{4}\right]^2 |b_2|^2 |\Gamma - j\sqrt{2}|^2 \\
P_4 &= \left[\frac{\sqrt{3}}{2}\right]^2 |b_2|^2 \\
P_5 &= \left[\frac{\sqrt{3}}{4}\right]^2 |b_2|^2 |\Gamma + (1+j)\sqrt{2}|^2 \\
P_6 &= \left[\frac{\sqrt{3}}{4}\right]^2 |b_2|^2 |\Gamma - (1-j)\sqrt{2}|^2
\end{aligned}\right\} \tag{8.1-8}$$

式中，$\Gamma = a_2/b_2$。P_3、P_5 和 P_6 的三个圆心分别为：$q_3 = j\sqrt{2}$，$q_5 = (-1-j)\sqrt{2}$，$q_6 = (1-j)\sqrt{2}$。$|q_3| = \sqrt{2}$，$|q_5| = |q_6| = 2$，如图 8.1.6 所示。用设计准则衡量该六端口测量电路，虽然不足，但接近设计准则。

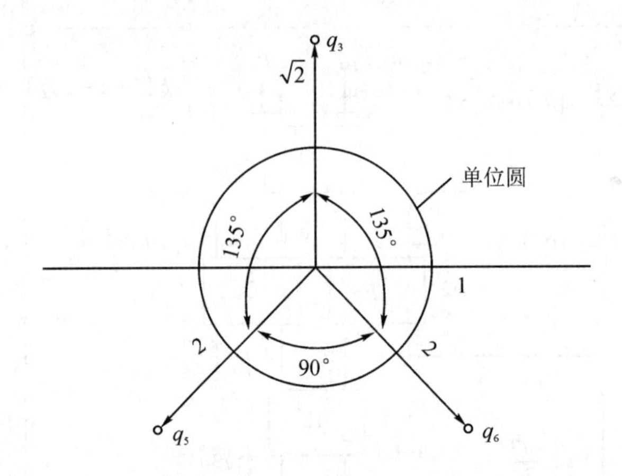

图 8.1.6　六端口测量电路图 8.1.4 的三个圆心 q_3、q_5 和 q_6

假定输入端功率为 20 mW，则有 5 mW 送到测量端口 T_2，如果 T_2 接匹配负载，则5 mW 功率全被吸收，其余的 15 mW 由四个端口（端口 3、4、5、6）均分，P_3、P_4、P_5、P_6 各为 3.75 mW。如果 P_4 是稳幅的，在 T_2 接入滑动短路器，当活塞滑动到某一短路位置时，P_3 将达到最大值，近似为 11 mW，在另一位置时达到最小值约为 0.3 mW，最大动态范围为 15 dB；P_5 和 P_6 最大值接近 8.5 mW。与式(8.1-5)对照可知，该电路提供了较为合理的常数 $A, B, \cdots, H$ 值，并把信号功率适当地分配在各功率计和测量端口。

综上可知，用购买的商品元件就能组成六端口测量电路，其他元件的不完善性可通过校准程序由计算机软件处理。当然处理后六端口测量电路所达到的精确度仍与构成电路的元件质量以及校准系统所用的标准量器的精确度等有关。

8.2　六端口反射计的数学模型

由于六端口反射计都是线性元件且为单模传输，测量装置如图 8.1-2(b)所示，所以各端口的出射波 b_i 与其入射波 a_i 有如下关系：

$$\begin{pmatrix} b_1 \\ b_2 \\ b_3 \\ b_4 \\ b_5 \\ b_6 \end{pmatrix} = \begin{pmatrix} S_{11} & S_{12} & S_{13} & S_{14} & S_{15} & S_{16} \\ S_{21} & S_{22} & S_{23} & S_{24} & S_{25} & S_{26} \\ S_{31} & S_{32} & S_{33} & S_{34} & S_{35} & S_{36} \\ S_{41} & S_{42} & S_{43} & S_{44} & S_{45} & S_{46} \\ S_{51} & S_{52} & S_{53} & S_{54} & S_{55} & S_{56} \\ S_{61} & S_{62} & S_{63} & S_{64} & S_{65} & S_{66} \end{pmatrix} \begin{pmatrix} a_1 \\ a_2 \\ a_3 \\ a_4 \\ a_5 \\ a_6 \end{pmatrix} \tag{8.2-1}$$

记为

$$[b]_6 = [S]_{6\times 6}\,[a]_6 \tag{8.2-2}$$

四只检测功率计 P_3、P_4、P_5、P_6 与测量装置的接口处有如下关系：

$$\begin{pmatrix} a_3 \\ a_4 \\ a_5 \\ a_6 \end{pmatrix} = \begin{pmatrix} \Gamma_3 & 0 & 0 & 0 \\ 0 & \Gamma_4 & 0 & 0 \\ 0 & 0 & \Gamma_5 & 0 \\ 0 & 0 & 0 & \Gamma_6 \end{pmatrix} \begin{pmatrix} b_3 \\ b_4 \\ b_5 \\ b_6 \end{pmatrix} \tag{8.2-3}$$

记为

$$[a]_{3\sim6}=[I][\Gamma]_{3\sim6}[b]_{3\sim6} \qquad (8.2-4)$$

式中，$[\Gamma]_{3\sim6}$是检测功率计的反射系数列向量，$[I]$为单位矩阵。式(8.2－2)和式(8.2－4)共10个线性方程，它们表示端变量$[a]_6$和$[b]_6$之间的相互关系。$[\Gamma]_{3\sim6}$、$[S]_{6\times6}$取决于具体电路，设为已知，$[b]_{3\sim6}$是端口3～6的检测装置的指示值，也为已知。可见式(8.2－2)和式(8.2－4)联立后，只剩下四个端变量，即$[b_1\ b_2]^{\mathrm{T}}$和$[a_1\ a_2]^{\mathrm{T}}$。这四个端变量根据待测量值的要求，由具体情况选定。下面分别介绍用六端口测量装置测量反射系数、负载吸收的净功率和矢量电压比的解析式。

8.2.1　测量反射系数

设待测量值为反射系数，$\Gamma_2=a_2/b_2$，a_1和b_1是测量装置输入端口1的入射波和出射波，视为已知。$[b]_{3\sim6}$是检测指示值P_3、P_4、P_5、P_6的相关量。由式(8.2－2)和式(8.2－4)可以求出以a_2和b_2为变量，以$[b]_{3\sim6}$为函数的四个方程式，记为

$$[b]_{3\sim6}=[A,\ B]_{3\sim6}\,[b_2,\ a_2]^{\mathrm{T}}=[A]_{3\sim6}b_2+[B]_{3\sim6}a_2 \qquad (8.2-5)$$

式中，

$$[A,\ B]_{3\sim6}=\begin{bmatrix} A_3 & A_4 & A_5 & A_6 \\ B_3 & B_4 & B_5 & B_6 \end{bmatrix}^{\mathrm{T}}$$

$[A,\ B]_{3\sim6}$由$[S]_{6\times6}$和$[\Gamma]_{3\sim6}$确定。为了用标量(绝对值)确定反射系数Γ_2，把式(8.2－5)写成

$$\begin{aligned}[|b|^2]_{3\sim6}&=[I]([A]_{3\sim6}b_2+[B]_{3\sim6}a_2)([A^*]_{3\sim6}b_2^*+[B^*]_{3\sim6}a_2^*)\\ &=[|A|^2]_{3\sim6}|b_2|^2+[|B|^2]_{3\sim6}|a_2|^2+[AB^*]_{3\sim6}b_2a_2^*+[A^*B]_{3\sim6}b_2^*a_2\end{aligned} \qquad (8.2-6)$$

令$a_2=|a_2|\mathrm{e}^{\mathrm{j}\psi_a}$，$b_2=|b_2|\mathrm{e}^{\mathrm{j}\psi_b}$，则有$\Gamma_2=|a_2/b_2|\mathrm{e}^{\mathrm{j}\psi_2}$，$\psi_2=\psi_a-\psi_b$，式(8.2－6)变成

$$\begin{aligned}[|b|^2]_{3\sim6}=&[|A|^2]_{3\sim6}|b_2|^2+[|B|^2]_{3\sim6}|a_2|^2+\\ &[AB^*]_{3\sim6}|a_2b_2|\mathrm{e}^{\mathrm{j}\psi_2}+[A^*B]_{3\sim6}|a_2b_2|\mathrm{e}^{-\mathrm{j}\psi_2}\end{aligned}$$

$$\begin{aligned}[|b|^2]_{3\sim6}=&[|A|^2]_{3\sim6},[|B|^2]_{3\sim6},[AB^*+A^*B]_{3\sim6},\mathrm{j}[AB^*-A^*B]_{3\sim6}\times\\ &[|b_2|^2,\ |a_2|^2,\ |a_2b_2|\cos\psi_2,\ |a_2b_2|\sin\psi_2]_{3\sim6}^{\mathrm{T}}\end{aligned} \qquad (8.2-7)$$

设式(8.2－7)右端的第一个矩阵为非奇异矩阵，则可解出

$$\begin{aligned}&[|b_2|^2,\ |a_2|^2,\ |a_2b_2|\cos\psi_2,\ |a_2b_2|\sin\psi_2]^{\mathrm{T}}\\ &=[|A|^2]_{3\sim6},[|B|^2]_{3\sim6},[AB^*+A^*B]_{3\sim6},\mathrm{j}[AB^*-A^*B]_{3\sim6}^{-1}[|b|^2]_{3\sim6}\end{aligned} \qquad (8.2-8)$$

把式(8.2－8)右端的逆矩阵记为

$$\begin{bmatrix} |A_3|^2 & |B_3|^2 & A_3B_3^*+A_3^*B_3 & \mathrm{j}(A_3B_3^*-A_3^*B_3) \\ |A_4|^2 & |B_4|^2 & A_4B_4^*+A_4^*B_4 & \mathrm{j}(A_4B_4^*-A_4^*B_4) \\ |A_5|^2 & |B_5|^2 & A_5B_5^*+A_5^*B_5 & \mathrm{j}(A_5B_5^*-A_5^*B_5) \\ |A_6|^2 & |B_6|^2 & A_6B_6^*+A_6^*B_6 & \mathrm{j}(A_6B_6^*-A_6^*B_6) \end{bmatrix}^{-1}=\begin{bmatrix} \alpha'_3 & \alpha'_4 & \alpha'_5 & \alpha'_6 \\ \beta'_3 & \beta'_4 & \beta'_5 & \beta'_6 \\ C'_3 & C'_4 & C'_5 & C'_6 \\ S'_3 & S'_4 & S'_5 & S'_6 \end{bmatrix} \qquad (8.2-9)$$

式(8.2-8)变成

$$\begin{bmatrix} |b_2|^2 \\ |a_2|^2 \\ |a_2b_2|\cos\psi_2 \\ |a_2b_2|\sin\psi_2 \end{bmatrix} = \begin{bmatrix} \alpha'_3 & \alpha'_4 & \alpha'_5 & \alpha'_6 \\ \beta'_3 & \beta'_4 & \beta'_5 & \beta'_6 \\ C'_3 & C'_4 & C'_5 & C'_6 \\ S'_3 & S'_4 & S'_5 & S'_6 \end{bmatrix} \begin{bmatrix} |b_3|^2 \\ |b_4|^2 \\ |b_5|^2 \\ |b_6|^2 \end{bmatrix} \tag{8.2-10}$$

由式(8.2-7)可知，方阵中元素必为实数。从式(8.2-10)可知

$$|b_2|^2 = \sum_{i=3}^{6} \alpha'_i |b_i|^2 \tag{8.2-11a}$$

$$|a_2|^2 = \sum_{i=3}^{6} \beta'_i |b_i|^2 \tag{8.2-11b}$$

$$|a_2b_2|\cos\psi_2 = \sum_{i=3}^{6} C'_i |b_i|^2 \tag{8.2-11c}$$

$$|a_2b_2|\sin\psi_2 = \sum_{i=3}^{6} S'_i |b_i|^2 \tag{8.2-11d}$$

式中的$|b_i|^2$是由端口3、4、5、6的检测装置测出的值，可以是电压、电流或功率。若采用功率计检测，则按散射参数的定义，有

$$|b_i|^2 = \frac{|U_i^+|^2}{2Z_{0i}} = \frac{P_i}{K_{bi}} = \frac{P_i}{\eta_{ei}(1-|\Gamma_i|^2)} = \xi_i P_i \tag{8.2-12}$$

式中，P_i为第i端口($i=3, 4, 5, 6$)功率计指示值；η_{ei}为第i端口($i=3, 4, 5, 6$)功率计有效效率(详细介绍见9.6.1节)；K_{bi}为第i端口($i=3, 4, 5, 6$)功率计校准系数(详细介绍见9.6.1节)；Z_{0i}为第i端口($i=3, 4, 5, 6$)的传输线特性阻抗；$|U_i^+|$为第i端口($i=3, 4, 5, 6$)的出射波电压振幅；$\xi_i = \dfrac{1}{\eta_{ei}(1-|\Gamma_i|^2)}$，($i=3, 4, 5, 6$)。

把式(8.2-12)代入式(8.2-11)，得出

$$|b_2|^2 = \sum_{i=3}^{6} \alpha_i P_i \tag{8.2-13a}$$

$$|a_2|^2 = \sum_{i=3}^{6} \beta_i P_i \tag{8.2-13b}$$

$$|a_2b_2|\cos\psi_2 = \sum_{i=3}^{6} C_i P_i \tag{8.2-13c}$$

$$|a_2b_2|\sin\psi_2 = \sum_{i=3}^{6} S_i P_i \tag{8.2-13d}$$

于是得出待测元件的反射系数为

$$\Gamma_2 = \left|\frac{a_2}{b_2}\right| e^{j\psi_2} = \frac{|a_2b_2|}{|b_2|^2} e^{j\psi_2} = \frac{|a_2b_2|\cos\psi_2 + j|a_2b_2|\sin\psi_2}{|b_2|^2}$$

把式(8.2-13)代入上式得

$$\Gamma_2 = \frac{\sum_{i=3}^{6} (C_i + jS_i) P_i}{\sum_{i=3}^{6} \alpha_i P_i} \tag{8.2-14}$$

式(8.2-14)表明，由四只功率计读数完全能确定待测元件的反射系数。其中常实数

C_i、S_i 和 α_i 只取决包括功率计在内的六端口测量装置的参数，其值由校准程序确定。

8.2.2 测量负载吸收的净功率

利用式(8.2-13a)、式(8.2-13 b)能直接求出负载吸收的净功率，即

$$P_{2净} = |b_2|^2 - |a_2|^2 = \sum_{i=3}^{6} (\alpha_i - \beta_i) P_i \tag{8.2-15}$$

式中，$(\alpha_i - \beta_i)$为实常数，取决于六端口测量装置的网络参数$[S]_{6\times 6}$和功率计的反射系数$[\Gamma]_{3\sim 6}$，与信号源和负载阻抗无关。

式(8.2-15)表明，在六端口测量装置的端口 T_2 接上负载，这个负载吸收的净功率等于四个检测端口上输出功率的线性组合。常实数(α_i 和 β_i)利用"校准"程序确定，测量时为已知。

1972 年，Engen 和 Hoer 设计了一个实验，用六端口技术和广义反射计(g-反射计)测量同一负载吸收的净功率，以验证式(8.2-15)的正确性。测量结果示于表 8.2.1 中。

表 8.2.1 用两种方法测量同一负载吸收的净功率时所得结果比较

负载反射系数的模 $\lvert\Gamma\rvert$	六端口测量 $P_{2净}$/mW	g-反射计测量 P_{2g}/mW	ΔP/mW ($\Delta P = P_{2g} - P_{2净}$)	$\frac{\Delta P}{P_\lambda}$/% ($P_\lambda = 8.40$ mW)
0.8	1.078	1.195	+0.117	1.39
0.8	1.229	1.196	−0.033	0.39
0.8	1.016	1.042	+0.026	0.31
0.8	1.028	1.123	−0.085	1.01
0.5	5.438	5.510	+0.072	0.86
0.5	5.492	5.564	+0.072	0.86
0.5	5.434	5.535	+0.101	1.20
0.5	5.496	5.541	+0.045	0.54
0.2	7.946	7.950	+0.004	0.05
0.2	7.943	7.949	+0.006	0.07
0.2	7.913	7.933	+0.020	0.24
0.2	7.967	7.965	−0.002	0.02
0.1	8.298	8.298	0.000	0.00
0.1	8.289	8.294	+0.005	0.06
0.1	8.277	8.286	+0.009	0.11
0.1	8.314	8.310	−0.004	0.05

表 8.2.1 中第 5 列数据表示两个测量装置的一致性。当$\lvert\Gamma\rvert$为 0.2 和 0.1 时，两种方法的一致性高于 0.25%；当$\lvert\Gamma\rvert$较大时，两种方法有时偏差较大。由于使用的仪器精度为 3%，所以两种方法的一致性都在实验误差之内。因此，式(8.2-15)得到验证。

8.2.3 测量复数比

测量装置如图 8.2.1 所示。端口 3～端口 6 接功率计，如果在端口 1 和端口 2 上分别接入待测的同频电压 a_1 和 a_2，就可以根据四只功率计读数求出这两个输入电压 a_1 和 a_2 之间

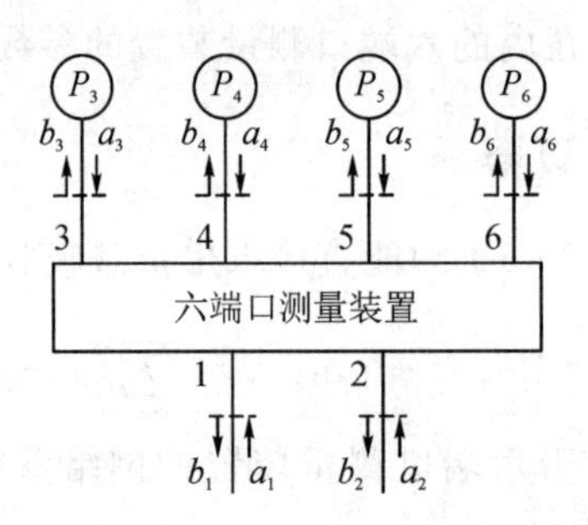

图 8.2.1　六端口测量复数比原理图

的幅度比和相位差，即复数比为

$$\text{复数比} = \frac{a_2}{a_1} = \frac{|a_2|}{|a_1|}e^{i(\psi_2-\psi_1)} = \frac{|a_2|}{|a_1|}e^{j\psi} = \frac{|a_2|}{|a_1|}(\cos\psi + j\sin\psi)$$

由六端口测量装置的基本关系式(8.2-2)和式(8.2-4)解出：

$$[b]_{3\sim6} = [C,\ D]_{3\sim6}\ [a_1\ a_2]^{\mathrm{T}} = [C]_{3\sim6}a_1 + [D]_{3\sim6}a_2 \tag{8.2-16}$$

式中，

$$[C,\ D]_{3\sim6} = \begin{bmatrix} C_3 & C_4 & C_5 & C_6 \\ D_3 & D_4 & D_5 & D_6 \end{bmatrix}^{\mathrm{T}}$$

它由$[S]_{3\sim6}$和$[\Gamma]_{3\sim6}$来确定。

与测量反射系数的分析同理，求出

$$[|b|^2]_{3\sim6} = [|C|^2]_{3\sim6}|a_1|^2 + [CD^*]_{3\sim6}a_1a_2^* + [C^*D]_{3\sim6}a_1^*a_2 + [|D|^2]_{3\sim6}|a_2|^2 \tag{8.2-17}$$

将复数比$=\frac{a_2}{a_1}=\frac{|a_2|}{|a_1|}e^{j(\psi_2-\psi_1)}=\frac{|a_2|}{|a_1|}e^{j\psi}$，$(\psi=\psi_2-\psi_1)$代入式(8.2-17)得出

$$\begin{bmatrix} |a_1|^2 \\ |a_1a_2|\cos\psi \\ |a_1a_2|\sin\psi \\ |a_2|^2 \end{bmatrix} = \begin{bmatrix} \rho'_3 & \rho'_4 & \rho'_5 & \rho'_6 \\ x'_3 & x'_4 & x'_5 & x'_6 \\ y'_3 & y'_4 & y'_5 & y'_6 \\ \sigma'_3 & \sigma'_4 & \sigma'_5 & \sigma'_6 \end{bmatrix} \begin{bmatrix} |b_3|^2 \\ |b_4|^2 \\ |b_5|^2 \\ |b_6|^2 \end{bmatrix} \tag{8.2-18}$$

将式(8.2-12)代入式(8.2-18)，得出

$$\begin{bmatrix} |a_1|^2 \\ |a_1a_2|\cos\psi \\ |a_1a_2|\sin\psi \\ |a_2|^2 \end{bmatrix} = \begin{bmatrix} \rho_3 & \rho_4 & \rho_5 & \rho_6 \\ x_3 & x_4 & x_5 & x_6 \\ y_3 & y_4 & y_5 & y_6 \\ \sigma_3 & \sigma_4 & \sigma_5 & \sigma_6 \end{bmatrix} \begin{bmatrix} P_3 \\ P_4 \\ P_5 \\ P_6 \end{bmatrix} \tag{8.2-19}$$

从而得出复数比：

$$\frac{a_2}{a_1} = \frac{|a_2|}{|a_1|}e^{j\psi} = \frac{|a_1a_2|}{|a_1|^2}(\cos\psi + j\sin\psi)$$

$$\frac{a_2}{a_1} = \frac{\sum_{i=3}^{6}(x_i + jy_i)P_i}{\sum_{i=3}^{6}\rho_iP_i} \tag{8.2-20}$$

式(8.2-20)是采用六端口测量装置测量复数比的基本公式。

为了验证六端口测量电路测量复数比的一般理论，1975 年，Hore 等人在 8～12 GHz 的频率范围内用同轴元件设计了一个如图 8.2.2(a)所示的六端口测量复数比电路。送入的微波信号由定向耦合器分为相互隔离的两路，一路为 a_1，送入端口 1；另一路经过可变移相器(ϕ_0)、电平调节衰减器(a_0)和一个两挡步进衰减器(见图 8.2.2(b))送入端口 2，作为校准和测量之用。两挡步进衰减器是该电路中唯一的精密元件，其衰减比不必已知，但必须有很高的重复性。该电路中采用的两挡步进衰减器是宽带的，由正交混合接头和功分器组成，衰减量为 3 dB，相移为 45°，重复性为 0.001 dB。调整 a_0 和 ϕ_0，在三种状态下记录两挡步进衰减器和在两个位置上的所有$[P]_{3\sim6}$值。这些都由编程控制器完成，并处理数据，从而得出式(8.2-20)的电路校准常数，以在测量时做计算用。

图 8.2.2(a)所示电路的频率范围为 8～12 GHz，P_3、P_4、P_5、P_6 是四只二极管功率计，其线性度为±1%，功率变化范围为 10 mW～10 μW。为保证二极管平方律检波，须使送入二极管的功率在 10 μW 以下。待测器件是一个两挡步进式衰减器(见图 8.2.2)，分别用六端口测量装置测其衰减和相移，再用 NIST 自动网络分析仪(NISTANA)测量它们，以作比较。测量结果列于表 8.2.2 中。实验结果表明两者的一致性在采用 1%线性度所预计的范围之内，式(8.2-20)得到验证。

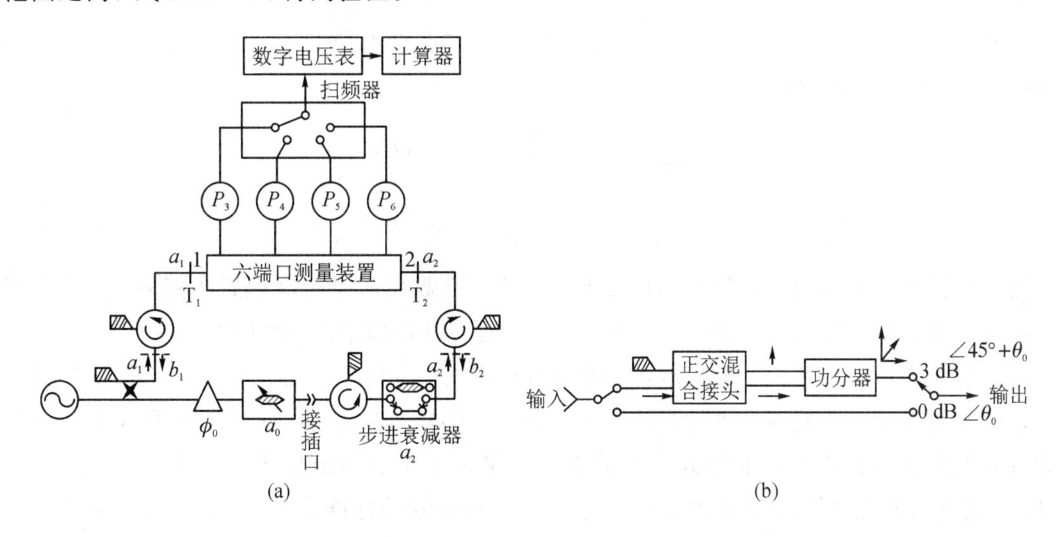

图 8.2.2　六端口测量复数比电路

(a) 六端口测量复数比电路；(b) 宽带两档步进衰减器

表 8.2.2　用六端口和 NISTANA 测量两挡步进式衰减器的衰减和相移结果

参数	设备与偏差	8 GHz	9 GHz	10 GHz	11 GHz	12 GHz
衰减/dB	六端口	7.82	7.58	7.52	7.91	8.53
	NISTANA	7.75	7.57	7.48	7.92	8.46
	偏差	0.07	0.01	0.04	−0.01	0.07
相移/(°)	六端口	38.15	34.13	33.19	31.49	31.00
	NISTANA	38.09	34.81	32.45	31.73	30.91
	偏差	0.06	−0.68	0.74	−0.24	0.09

8.3 六端口反射计校准原理

目前六端口反射计采用的校准方法很多，各种方法的区别主要是所用的标准终端数目和形式不同。为说明校准的基本原理，本节将介绍三种方法。

8.3.1 五个半终端法

把反射系数公式(8.2-14)中的 i 取为1，2，3，4，得出

$$\Gamma = \frac{\sum_{i=1}^{4}(C_i + \mathrm{j}S_i)P_i}{\sum_{i=1}^{4}\alpha_i P_i} \tag{8.3-1}$$

式中，$i=1, 2, 3, 4$；C_i、S_i 和 α_i 都是实常数，共计12个，对 α_4 归一化($\alpha_4=1$)，则有11个实常数待定。这些实常数需要由适当的校准程序求出，即在测量端口依次连接已知的标准终端进行校准。令

$$\Gamma = |\Gamma|\cos\psi + \mathrm{j}|\Gamma|\sin\psi = x + \mathrm{j}y \tag{8.3-2}$$

将式(8.3-2)代入式(8.3-1)，有

$$\sum_{i=1}^{4} C_i P_i - x\sum_{i=1}^{3}\alpha_i P_i = xP_4 \tag{8.3-3a}$$

$$\sum_{i=1}^{4} S_i P_i - y\sum_{i=1}^{3}\alpha_i P_i = yP_4 \tag{8.3-3b}$$

这两组方程可作为六端口反射计的校准方程。其校准需用四个标准偏置短路器、一个标准匹配负载和一个中等反射系数($0.3\leqslant|\Gamma|\leqslant 0.7$)的反射终端作为校准用的标准终端。

标准偏置短路器作为绝对标准，其响应由传输线尺寸计算确定。匹配负载是绝对标准，其零值反射系数由匹配不完善性，即剩余反射系数的轨迹圆心得到；中等反射系数由与滑动负载组装在一起的波导缩小高度计算得出，在同轴线中则由阶梯内导体和滑动负载得到，或者用高精度调配反射计测量出中等反射系数振幅的标准值。不过，中等反射系数的计算或高精度测试都是比较困难的，特别是该值还必须相对于某一个指定的参考相位面。为免去设计中等反射系数的精确值，在校准方法上利用过量方程来迭代校准。但是，若已知这些标准终端的反射系数振幅和相位，则不需要利用过量方程。

设测量端口接上第 n 个标准终端时，标准反射系数为

$$\Gamma_n = x_n + \mathrm{j}y_n = |\Gamma_n|\,\mathrm{e}^{\mathrm{j}\psi_n} \tag{8.3-4}$$

用 P_{ni}($i=1, 2, 3, 4$)表示端接第 n 个标准终端时四只功率计的指示值。

依次端接6次标准终端，由式(8.3-3)得到12个方程，其中11个未知实常数待求。第12个方程为过量方程，以满足这个方程作为考核依据并求出校准的不确定性。

如果有五个标准终端已知，再加上一个已知标准反射系数的实部或虚部，就可以从11个方程中求出11个实常数。六个标准终端内有半个为多余量，可用于迭代计算。所以这个校准方法称为五个半终端法。

接4次偏置短路器获得8个方程，其实部为

$$\begin{bmatrix} P_{11} & P_{12} & P_{13} & P_{14} \\ P_{21} & P_{22} & P_{23} & P_{24} \\ P_{31} & P_{32} & P_{33} & P_{34} \\ P_{41} & P_{42} & P_{43} & P_{44} \end{bmatrix} \begin{bmatrix} C_1 \\ C_2 \\ C_3 \\ C_4 \end{bmatrix} - \begin{bmatrix} x_1P_{11} & x_1P_{12} & x_1P_{13} \\ x_2P_{21} & x_2P_{22} & x_2P_{23} \\ x_3P_{31} & x_3P_{32} & x_3P_{33} \\ x_4P_{41} & x_4P_{42} & x_4P_{43} \end{bmatrix} \begin{bmatrix} \alpha_1 \\ \alpha_2 \\ \alpha_3 \end{bmatrix} = \begin{bmatrix} x_1 & P_{14} \\ x_2 & P_{24} \\ x_3 & P_{34} \\ x_4 & P_{44} \end{bmatrix} \tag{8.3-5a}$$

虚部为

$$\begin{bmatrix} P_{11} & P_{12} & P_{13} & P_{14} \\ P_{21} & P_{22} & P_{23} & P_{24} \\ P_{31} & P_{32} & P_{33} & P_{34} \\ P_{41} & P_{42} & P_{43} & P_{44} \end{bmatrix} \begin{bmatrix} S_1 \\ S_2 \\ S_3 \\ S_4 \end{bmatrix} - \begin{bmatrix} y_1P_{11} & y_1P_{12} & y_1P_{13} \\ y_2P_{21} & y_2P_{22} & y_2P_{23} \\ y_3P_{31} & y_3P_{32} & y_3P_{33} \\ y_4P_{41} & y_4P_{42} & y_4P_{43} \end{bmatrix} \begin{bmatrix} \alpha_1 \\ \alpha_2 \\ \alpha_3 \end{bmatrix} = \begin{bmatrix} y_1 & P_{14} \\ y_2 & P_{24} \\ y_3 & P_{34} \\ y_4 & P_{44} \end{bmatrix} \tag{8.3-5b}$$

接入匹配负载和中等反射系数负载得到4个方程，其实部为

$$\begin{bmatrix} P_{51} & P_{52} & P_{53} & P_{54} \\ P_{61} & P_{62} & P_{63} & P_{64} \end{bmatrix} [C_1\ C_2\ C_3\ C_4]^{\mathrm{T}} - \begin{bmatrix} x_5P_{51} & x_5P_{52} & x_5P_{53} \\ x_6P_{61} & x_6P_{62} & x_6P_{63} \end{bmatrix} [\alpha_1\ \alpha_2\ \alpha_3]^{\mathrm{T}} = \begin{bmatrix} x_5 & P_{54} \\ x_6 & P_{64} \end{bmatrix} \tag{8.3-5c}$$

虚部为

$$\begin{bmatrix} P_{51} & P_{52} & P_{53} & P_{54} \\ P_{61} & P_{62} & P_{63} & P_{64} \end{bmatrix} [S_1\ S_2\ S_3\ S_4]^{\mathrm{T}} - \begin{bmatrix} y_5P_{51} & y_5P_{52} & y_5P_{53} \\ y_6P_{61} & y_6P_{62} & y_6P_{63} \end{bmatrix} [\alpha_1\ \alpha_2\ \alpha_3]^{\mathrm{T}} = \begin{bmatrix} y_5 & P_{54} \\ y_6 & P_{64} \end{bmatrix} \tag{8.3-5d}$$

由式(8.3-5)中的前11个方程解出11个常数，即

$$\begin{bmatrix} C_1 \\ C_2 \\ C_3 \\ C_4 \\ S_1 \\ S_2 \\ S_3 \\ S_4 \\ \alpha_1 \\ \alpha_2 \\ \alpha_3 \end{bmatrix} = \begin{bmatrix} P_{11} & P_{12} & P_{13} & P_{14} & 0 & 0 & 0 & 0 & -x_1P_{11} & -x_1P_{12} & -x_1P_{13} \\ P_{21} & P_{22} & P_{23} & P_{24} & 0 & 0 & 0 & 0 & -x_2P_{21} & -x_2P_{22} & -x_2P_{23} \\ P_{31} & P_{32} & P_{33} & P_{34} & 0 & 0 & 0 & 0 & -x_3P_{31} & -x_3P_{32} & -x_3P_{33} \\ P_{41} & P_{42} & P_{43} & P_{44} & 0 & 0 & 0 & 0 & -x_4P_{41} & -x_4P_{42} & -x_4P_{43} \\ 0 & 0 & 0 & 0 & P_{11} & P_{12} & P_{13} & P_{14} & -y_1P_{11} & -y_1P_{12} & -y_1P_{13} \\ 0 & 0 & 0 & 0 & P_{21} & P_{22} & P_{23} & P_{24} & -y_2P_{21} & -y_2P_{22} & -y_2P_{23} \\ 0 & 0 & 0 & 0 & P_{31} & P_{32} & P_{33} & P_{34} & -y_3P_{31} & -y_3P_{32} & -y_3P_{33} \\ 0 & 0 & 0 & 0 & P_{41} & P_{42} & P_{43} & P_{44} & -y_4P_{41} & -y_4P_{42} & -y_4P_{43} \\ P_{51} & P_{52} & P_{53} & P_{54} & 0 & 0 & 0 & 0 & -x_5P_{51} & -x_5P_{52} & -x_5P_{53} \\ 0 & 0 & 0 & 0 & P_{51} & P_{52} & P_{53} & P_{54} & -y_5P_{51} & -y_5P_{52} & -y_5P_{53} \\ P_{61} & P_{62} & P_{63} & P_{64} & 0 & 0 & 0 & 0 & -x_6P_{61} & -x_6P_{62} & -x_6P_{63} \end{bmatrix}^{-1} \begin{bmatrix} x_1P_{14} \\ x_2P_{24} \\ x_3P_{34} \\ x_4P_{44} \\ y_1P_{14} \\ y_2P_{24} \\ y_3P_{34} \\ y_4P_{44} \\ x_5P_{54} \\ y_5P_{54} \\ y_6P_{64} \end{bmatrix} \tag{8.3-6a}$$

将式(8.3-5)的最后一个方程作为过量方程：

$$[P_{61}\ P_{62}\ P_{63}\ P_{64}][S_1\ S_2\ S_3\ S_4]^{\mathrm{T}} - [y_6P_{61}\ y_6P_{62}\ y_6P_{63}][\alpha_1\ \alpha_2\ \alpha_3]^{\mathrm{T}} = [y_6\ P_{64}] \tag{8.3-6b}$$

即

$$y_6=\frac{\sum_{i=1}^{4}S_iP_{6i}}{\sum_{i=1}^{3}\alpha_iP_{6i}+P_{64}} \tag{8.3-7}$$

若第 5 次用的终端为匹配负载，则有 $x_5=0$，$y_5=0$。获得零值反射系数的方法：若为滑动匹配负载，可以在 $\lambda_g/2$ 的范围内等间距地移动数点，取每只功率计读数的平均值作为端接"理想"匹配负载时所获取的值。

迭代求校准常数时，先求出 ψ_6 的原始估值（$|\Gamma_6|$为标准值），即

$$\Gamma_6=|\Gamma_6|\cos\psi_6+\mathrm{j}|\Gamma_6|\sin\psi_6 \tag{8.3-8}$$

$$\Gamma_6=x_6+\mathrm{j}y_6 \tag{8.3-9}$$

由式(8.3-6a)解出 11 个常数作为一阶估值，将其代入式(8.3-7)求出 y_6，与原始估值 $y_6=|\Gamma_6|\cdot\sin\psi_6$ 比较，若不相等，求出 ψ_6 的一阶估值，再求出 x_6，代回式(8.3-6a)求 11 个常数的二阶估值。如此迭代 ψ_6，直到$|\Gamma_6|\cdot\sin\psi_6$ 等于 y_6 为止（可能有相差为 180°的两个解，因此要事先知道 ψ_6 所在的象限）。

8.3.2 四个(或五个)终端法

将式(8.2-10)或式(8.2-13)用入射波电压的$|b_2|^2$ 去除，可写成

$$\begin{pmatrix}1\\|\Gamma|^2\\R\\I\end{pmatrix}=\frac{1}{r}\begin{pmatrix}\alpha_1&\alpha_2&\alpha_3&\alpha_4\\\beta_1&\beta_2&\beta_3&\beta_4\\C_1&C_2&C_3&C_4\\S_1&S_2&S_3&S_4\end{pmatrix}\begin{pmatrix}P_1\\P_2\\P_3\\P_4\end{pmatrix} \tag{8.3-10}$$

式中，$r=|b_2|^2$，r 与待测负载的入射波功率成比例；R 和 I 分别表示 Γ 的实部和虚部，有

$$|\Gamma|^2=\frac{1}{r}\sum_{i=1}^{4}\beta_iP_i$$

$$R=|\Gamma|\cos\psi=\frac{\frac{1}{r}\left(\sum_{i=1}^{4}C_iP_i\right)}{\sum_{i=1}^{4}\alpha_iP_i}$$

$$I=|\Gamma|\sin\psi=\frac{\frac{1}{r}\left(\sum_{i=1}^{4}S_iP_i\right)}{\sum_{i=1}^{4}\alpha_iP_i}$$

令

$$[\Gamma]=[1\quad|\Gamma|^2\quad R\quad I]^{\mathrm{T}}$$

$$[P]=[P_1\quad P_2\quad P_3\quad P_4]$$

$$[F]=\begin{pmatrix}F_{11}&F_{12}&F_{13}&F_{14}\\F_{21}&F_{22}&F_{23}&F_{24}\\F_{31}&F_{32}&F_{33}&F_{34}\\F_{41}&F_{42}&F_{43}&F_{44}\end{pmatrix}=\begin{pmatrix}\alpha_1&\alpha_2&\alpha_3&\alpha_4\\\beta_1&\beta_2&\beta_3&\beta_4\\C_1&C_2&C_3&C_4\\S_1&S_2&S_3&S_4\end{pmatrix}^{-1}=[\beta]^{-1} \tag{8.3-11}$$

则有

$$[P]=r[F][\Gamma] \tag{8.3-12}$$

在六端口测量装置的 T_2 端口依次接入 4 次已知负载，有

$$[P_n]=r_n[F_n][\Gamma_n] \tag{8.3-13}$$

式中，$n=1, 2, 3, 4$。当 $n=1$ 时，有

$$\begin{cases} P_{11}/r_1 = F_{11}+F_{12}\mid\Gamma_1\mid^2+F_{13}R_1+F_{14}I_1 \\ P_{12}/r_1 = F_{21}+F_{22}\mid\Gamma_1\mid^2+F_{23}R_1+F_{24}I_1 \\ P_{13}/r_1 = F_{31}+F_{32}\mid\Gamma_1\mid^2+F_{33}R_1+F_{34}I_1 \\ P_{14}/r_1 = F_{41}+F_{42}\mid\Gamma_1\mid^2+F_{43}R_1+F_{44}I_1 \end{cases}$$

同理，有 $n=2, 3, 4$ 的展开式，共 4 组(16 个)方程式，可解出$[F]$的 16 个实常数 F_{ji}。将每组第一个方程式取出，重新联为一组，写成

$$\begin{bmatrix} 1 & \mid\Gamma_1\mid^2 & R_1 & I_1 \\ 1 & \mid\Gamma_2\mid^2 & R_2 & I_2 \\ 1 & \mid\Gamma_3\mid^2 & R_3 & I_3 \\ 1 & \mid\Gamma_4\mid^2 & R_4 & I_4 \end{bmatrix}\begin{bmatrix} F_{11} \\ F_{12} \\ F_{13} \\ F_{14} \end{bmatrix}=\begin{bmatrix} P_{11}/r_1 \\ P_{21}/r_2 \\ P_{31}/r_3 \\ P_{41}/r_4 \end{bmatrix}=\begin{bmatrix} P_{11} & 0 & 0 & 0 \\ 0 & P_{21} & 0 & 0 \\ 0 & 0 & P_{31} & 0 \\ 0 & 0 & 0 & P_{41} \end{bmatrix}\begin{bmatrix} 1/r_1 \\ 1/r_2 \\ 1/r_3 \\ 1/r_4 \end{bmatrix}$$

记为

$$[G][F_1]=[\mathrm{Diag}(P_{11}, P_{21}, P_{31}, P_{41})][U_0] \tag{8.3-14}$$

式中 Diag 表示对角矩阵。由上式求出

$$[F_1]=[G]^{-1}[\mathrm{Diag}(P_{11}, P_{21}, P_{31}, P_{41})][U_0] \tag{8.3-15a}$$

同理有

$$[F_2]=[G]^{-1}[\mathrm{Diag}(P_{12}, P_{22}, P_{32}, P_{42})][U_0] \tag{8.3-15b}$$

$$[F_3]=[G]^{-1}[\mathrm{Diag}(P_{13}, P_{23}, P_{33}, P_{43})][U_0] \tag{8.3-15c}$$

$$[F_4]=[G]^{-1}[\mathrm{Diag}(P_{14}, P_{24}, P_{34}, P_{44})][U_0] \tag{8.3-15d}$$

式中，$[F_j]=[F_{j1}\quad F_{j2}\quad F_{j3}\quad F_{j4}]^{\mathrm{T}}(j=1, 2, 3, 4)$是$[F]$的第 j 行元素组成的列向量。$[U_0]$的元素 $1/r_n$ 通常在六端口测量装置的 T_1 面接入一个定向耦合器测量。这样，由式(8.3-15)求出$[F]$只需要 4 个已知终端即可。若不用定向耦合器，则须接入第 5 个已知终端，进行 5 次测量，求出$[U_0]$。由式(8.3-13)知(令 $n=5$)

$$[P_5]=r_5[F_5][\Gamma_5] \tag{8.3-16}$$

由上式得出第 $i(i=1, 2, 3, 4)$只功率计读数为

$$P_{5i}=r_5\,[F_j][\Gamma_5] \tag{8.3-17}$$

将式(8.3-15)中$[F_j]$代入上式得出

$$P_{5i}=r_5\,[[G]^{-1}[W_i][U_0]]^{\mathrm{T}}[\Gamma_5]=r_5\,[U_0]^{\mathrm{T}}[W_i]\,[[G]^{-1}]^{\mathrm{T}}[\Gamma_5] \tag{8.3-18}$$

式中，

$$[W_i]=\mathrm{Diag}[P_{1i}, P_{2i}, P_{3i}, P_{4i}]$$

$$[U_0]^{\mathrm{T}}=[1/r_1, 1/r_2, 1/r_3, 1/r_4]$$

$$[W_i]^{\mathrm{T}}=[W_i]$$

令$[G]^{-1}=[[G_1][G_2][G_3][G_4]]$，$[G_i]$是$[G]^{-1}$的列向量，得出

$$P_{5i}=r_5[U_0]^{\mathrm{T}}[[P_{1i}][G_1]^{\mathrm{T}}[\Gamma_5]],[[P_{2i}][G_2]^{\mathrm{T}}[\Gamma_5]],\\ [[P_{3i}][G_3]^{\mathrm{T}}[\Gamma_5]],[[P_{4i}][G_4]^{\mathrm{T}}[\Gamma_5]] \tag{8.3-19}$$

因此，有

$$P_{5i}=\sum_{j=1}^{4}\frac{r_5}{r_j}P_{ji}[G_j]^{\mathrm{T}}[\Gamma_5]\quad(i=1,2,3,4;\ j=1,2,3,4) \tag{8.3-20}$$

将上式写成矩阵形式，有

$$[P_5]=[P]\mathrm{Diag}[[[G]^{-1}]^{\mathrm{T}}[\Gamma_5]]\cdot r_5[U_0]$$

式中，$[P]=[P_1,P_2,P_3,P_4]$，是4×4功率矩阵。由式(8.3-20)解出$[U_0]$，即$1/r_n$，$n=1,2,3,4$。其中r_5使用的是相对值，令$r_5=1$。将$[U_0]$代入式(8.3-15)求出矩阵$[F]$的16个元素。由式(8.3-11)求出$[\beta]=[F]^{-1}$，再由式(8.3-10)计算待测反射系数，其中$[\Gamma]$的第一个元素是1，所以在计算中能自动调整相对电平。

求出矩阵$[F]$，很容易由式(8.3-12)求出圆心特性，即

$$q_i=-\frac{1}{2F_{2i}}(F_{5i}+\mathrm{j}F_{4i}) \tag{8.3-21}$$

8.3.3 四个短路/开路终端法

将式(8.1-6)写成如下形式：

$$\overline{P}_i=\frac{P_i}{P_4}=Q_i\left|\frac{1+A_i\Gamma}{1+A_4\Gamma}\right|^2\quad(i=1,2,3) \tag{8.3-22}$$

式中，$Q_i=K_i|q_i|^2$，是一个新的实常数，$A_i=-1/q_i$，$A_4=-\Gamma_{\mathrm{g}}$。其中有4个复常数A_i、A_4和三个实常数Q_i，总共仍有11个实常数待定。由式(8.3-22)知，在校准时，每接一次标准终端就有三个方程式，所以只需要4个标准终端就有12个方程式，解出11个实常数还有余。四个短路/开路终端法就是基于此式实现的。此外还有将优化法引入的校准方法等。

8.4 六端口反射计实际电路

六端口反射计的结构种类很多，按网络分支类型分，大致有反射型、传输型及反射-传输型三类；按传输线结构分，有同轴型、波导型、微带型及介质波导型等；用一个魔T组成的四端口网络分析仪也可归为六端口反射计。

8.4.1 反射型六端口反射计电路

反射型六端口反射计电路是指用定向耦合器、魔T等定向元件组成的六端口电路(亦称六端口“结”)。如图8.4.1(a)所示，反射型六端口反射计电路是由四个定向耦合器和一个魔T组成的，采用微型计算机控制并处理测量数据，由示波器显示和打印输出。一台半自动六端口测量系统如图8.4.1(b)所示。工作频段：Ka波段，点频工作；测量精度：反射系数的幅值不劣于±0.03，相位不劣于1.8°/|Γ|；系统再校准时间：5 min左右。

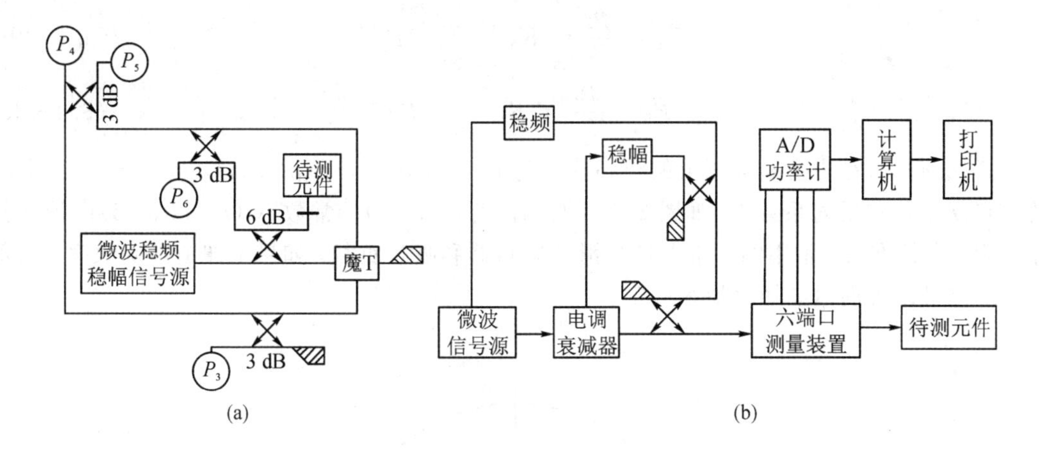

图 8.4.1　反射型六端口反射计

(a) 六端口反射计电路；(b) 六端口测量系统

反射型六端口电路的变化形式很多，主要考虑如何使 q_i 分布和各端口功率分配合理。在一定要求下，也可设计成五端口电路。

8.4.2　反射-传输型六端口反射计电路

反射-传输型六端口反射计电路由一个双定向耦合器反射计与一条双探针传输线组成，两个探针相距为 l，如图 8.4.2 所示。工作频段为 26.5～40 GHz，反射系数模值的测量误差小于±0.03 dB，相角误差小于±3°，由计算机控制逐点扫频。

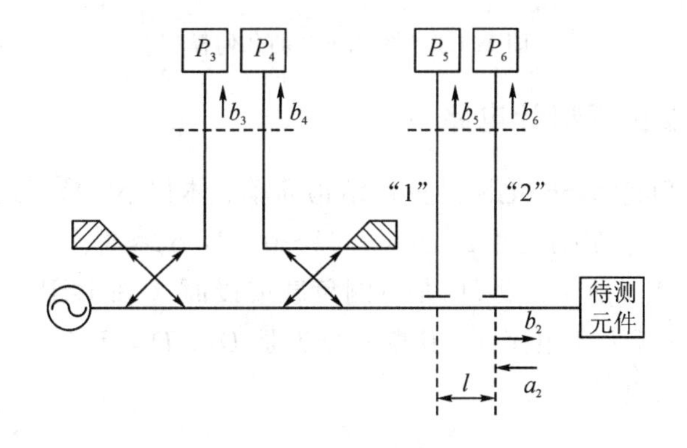

图 8.4.2　反射计与固定探针组成的反射-传输型六端口电路

下面简述反射-传输型六端口反射计工作原理。反射计和双探针测量线分别确定反射系数的模 $|\Gamma|$ 和相角 ψ。为避免模糊度，应使 $l<\lambda_g/4$，最佳距离为 $\lambda_g/8$。设参考面在探针"2"处，入射波和反射波分别用 b_2 和 a_2 表示。设测量装置由理想元件组成，即认为四个检波器 P_3、P_4、P_5、P_6 均无反射且为平方律检波，则有

$$a_i = 0 \quad (i = 3, 4, 5, 6)$$

$$P_i \propto |b_i|^2 \quad (i = 3, 4, 5, 6) \tag{8.4-1}$$

对 P_3 归一化，得到归一化方程：

$$\overline{P}_4 = \frac{P_4}{P_3} = K_4 |\Gamma|^2 \tag{8.4-2a}$$

$$\overline{P}_5 = \frac{P_5}{P_3} = K_5 \mid e^{j2\beta l} + \Gamma \mid^2 \tag{8.4-2b}$$

$$\overline{P}_6 = \frac{P_6}{P_3} = K_6 \mid 1 + \Gamma \mid^2 \tag{8.4-2c}$$

式(8.4-2)在史密斯圆图上的圆心分别为 $q_4=0$，$q_5=-\exp(j2\beta l)$，$q_6=-1$。三个圆的交点便是待测反射系数 Γ，如图 8.4.3 所示。式(8.4-2)的常数 $K_i(i=4, 5, 6)$由校准程序确定，在校准时，常用的标准器件是滑动短路器和吸收负载。如果不知道准确频率，其角度 $2\beta l$ 也可以借助滑动短路器来确定。

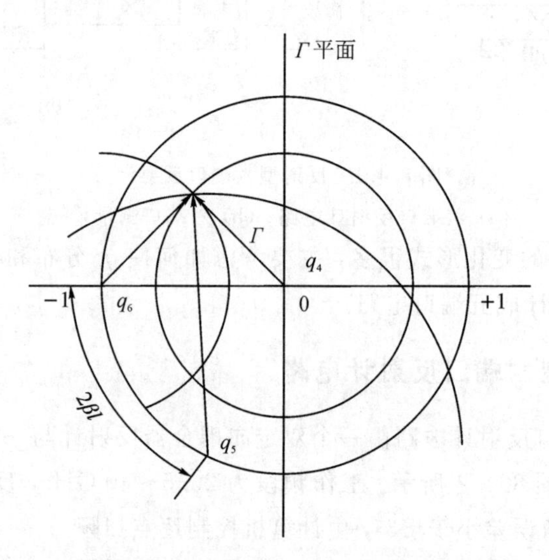

图 8.4.3　图 8.4.2 的几何模型

8.4.3　传输型六端口反射计电路

传输型六端口反射计(LSP)电路是一种结构简单、体积小、易于选择 Q 点分布状态的电路。在 3 cm 波段，一般精确度为 $\Delta|\Gamma|\approx 0.01\sim 0.02$，$\Delta\psi\approx 3°$。

LSP 电路如图 8.4.4 所示。设 D_T 是待测负载端接面 T 在 LSP 上的等效参考面位置。从 D_T 开始按等间距 l 插入 4 根探针，其位置分为是 D_T、D_2、D_3、D_4。探针的取样电压用 U_1、U_2、U_3、U_4 表示，则有

$$\frac{U_1}{b} = 1 + \Gamma \tag{8.4-4a}$$

$$\frac{U_2}{b} = 1 + \Gamma e^{-j2\beta l} \tag{8.4-4b}$$

$$\frac{U_3}{b} = 1 + \Gamma e^{-j4\beta l} \tag{8.4-4c}$$

$$\frac{U_4}{b} = 1 + \Gamma e^{-j6\beta l} \tag{8.4-4d}$$

式中，$\Gamma=a/b$，为待测负载的反射系数；β 为传输系数。由平方律检波知，相对功率为

$$\overline{P}_1 = \frac{P_1}{P_0} = \left| \frac{U_1}{b} \right|^2 = | \Gamma + 1 |^2 \tag{8.4-5a}$$

$$\bar{P}_2 = \frac{P_2}{P_0} = \left| \frac{U_2}{b} \right|^2 = |\Gamma + e^{j\theta}|^2 \tag{8.4-5b}$$

$$\bar{P}_3 = \frac{P_3}{P_0} = \left| \frac{U_3}{b} \right|^2 = |\Gamma + e^{j2\theta}|^2 \tag{8.4-5c}$$

$$\bar{P}_4 = \frac{P_4}{P_0} = \left| \frac{U_4}{b} \right|^2 = |\Gamma + e^{j3\theta}|^2 \tag{8.4-5d}$$

式中，P_0 为入射波功率，$\theta=2\beta l$，$\beta=2\pi/\lambda_g$，$\theta=4\pi l/\lambda_g$。

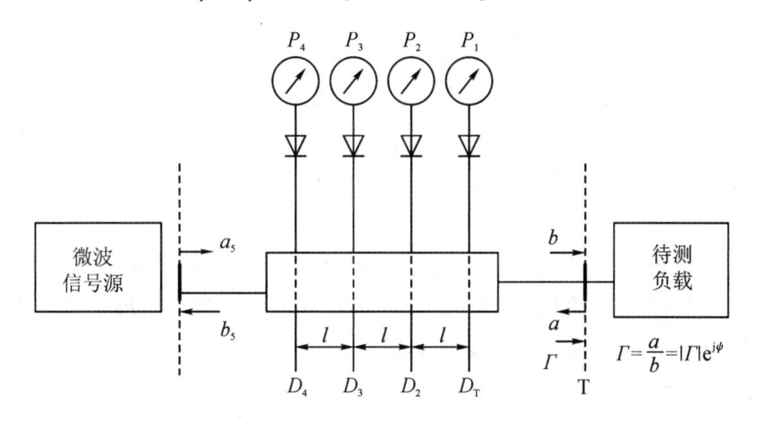

图 8.4.4　传输型六端口反射计电路

根据六端口设计准则，若选 $\theta=120°$，即 $l/\lambda_g=1/6$，则圆心分别为 $q_1=-1$，$q_2=-e^{j120°}=e^{-j60°}$，$q_3=-e^{j240°}=e^{j60°}$，$q_4=-e^{j360°}=-1$，$q_4=q_1$，说明 $\bar{P}_4$ 是冗余的，实际只需要 3 根探针。结构形式虽为五端口，但仍由 3 个圆确定反射系数 Γ，此时电路相当于反射型六端口反射计电路，如图 8.4.5(a)所示。

若选 $\theta=90°$，$l/\lambda_g=1/8$，则 $q_1=-1$，$q_2=-j$，$q_3=+1$，$q_4=+j$，4 根探针在 Γ 圆上形成的 4 个圆的交点可确定 Γ 值，此时电路相当于反射型七端口电路，如图 8.4.5(b)所示。

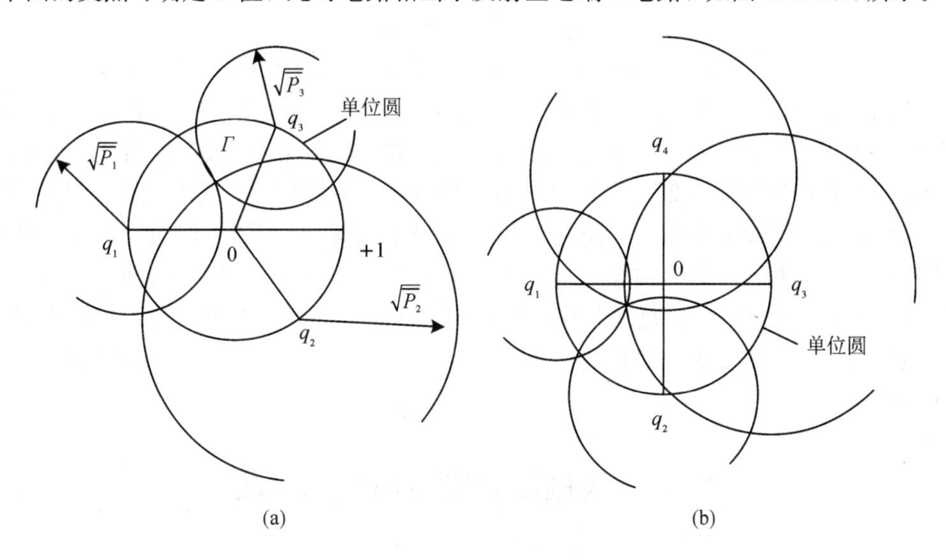

图 8.4.5　传输型六端口反射计几何模型

(a) $\theta=120°$时的几何模型(3 探针)；(b) $\theta=90°$时的几何模型(4 探针)

由上述 LSP 的几何模型可知，圆心 q_i 便于对称选择，且都位于单位圆上。考虑到实际情况，由于探针的加载效应和制造公差，因而 $|q_i|$ 会偏离 1，但仍在 1 的附近。按图 8.4.5(b)的 4 探针情况，由 4 个圆的交点确定 Γ 值，再用最小二乘法原理求解校准常数[C]和[S]，其精度将会更高。间距 l 仅在设计时需要考虑，在测量时 l 和参考面 D_T 都不是必须知道的(校准时已确定)。为使 $|q_i|$ 在 1.5 左右，可在 T 面接入一个适当衰减量(计算得出)的衰减器。

8.4.4　四端口魔 T 电路

用一个魔 T 组成自动网络分析仪，与六端口反射计电路相比较，其主要特点是：只有一个检波器和一个可调参考负载。这个参考负载是可调短路器，如图 8.4.6 所示。图 8.4.6(a)是反射系数的测量电路，信号功率从端口 1 输入，调整参考负载至少有三个不同状态，每个状态都由指示器记录其数据，每个状态都可以在复平面上画出一个圆，三个圆的交点是待求的反射系数。

传输参数的测量电路如图 8.4.6(b)所示。接入两个定向耦合器，入射波功率和传输波功率分别由端口 3 和端口 1 输入给魔 T。与测量反射系数同理，在每个频率上，其参考负载至少有三个不同状态，可以确定其传输参数。

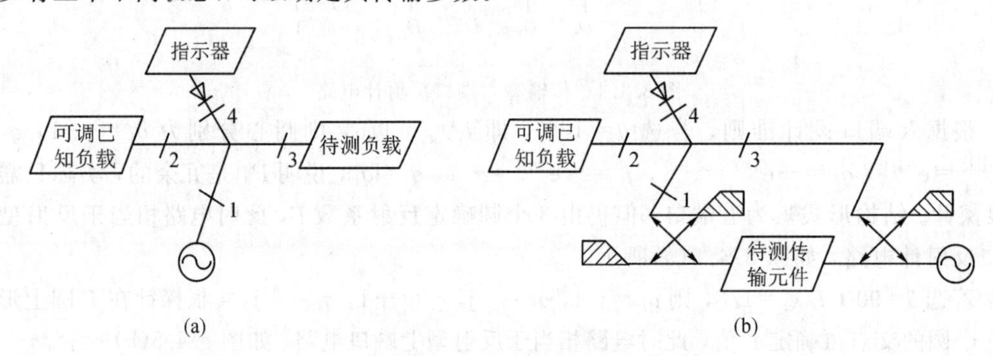

图 8.4.6　四端口魔 T 电路

(a) 反射系数的测量电路；(b) 传输系数的测量电路

上述四种类型的六端口电路，各有特点。反射型：由于使用多个定向耦合装置，所以可组合设计各种需要的 q_i 分布，以减小测量误差，但结构较为复杂，成本较高。传输型：由于 q_i 的分布受耦合探针间距控制，故易于得到最佳分布，结构简单，成本较低，但 q_i 的频率特性较为明显，在宽频带使用时，需在控制程序上予以解决。反射-传输型：具有反射型、传输型两种类型的特点，但比传输型结构复杂，成本高。四端口魔 T(或环形桥)：结构简单，只用一个幅度检波器，但每次测量时都需用三次标准负载。在毫米波段，从成本考虑，后三者较为适宜。这四种类型的精确度都可达到一般要求，但与所用测量系统和标准终端的精确度有关。

8.5　六端口网络分析仪原理

8.5.1　单六端口自动网络分析仪

单六端口自动网络分析仪的一种方案如图 8.5.1 所示。它是由图 8.2.2(a)所示的六端口测量装置与计算机组成的自动测量装置。它由反射/传输转换开关改接取样电路，以选择是测量反射参数还是测量传输参数。当开关置于“反射”时，待测双口网络的反射波便由定向耦合器取样并送入六端口测量装置的端口 2，同时与端口 1 的参考信号 a_1 相比较得出反射参数 S_{11}。

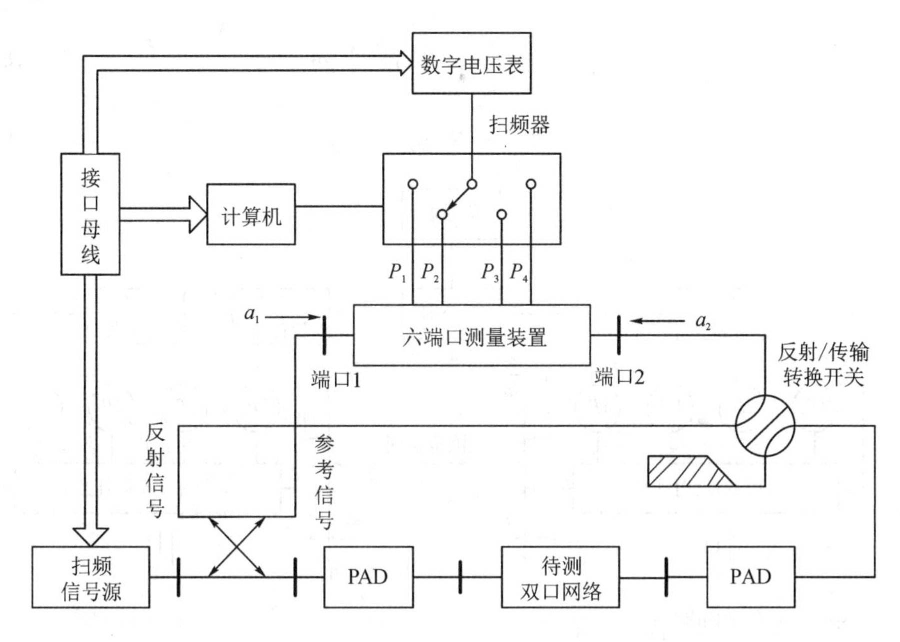

图 8.5.1　单六端口自动网络分析仪示意图

当开关置于“传输”时，待测网络的输出波直接送入端口 2，以测量 S_{21}。整个测量过程，除测量 S_{22}、S_{12} 时，需要手动倒接待测元件的方向外，测量其他参数都由计算机控制，自动完成测试操作，并打印输出结果。这种方案适于一般精度要求的测量，其精度约为 1% 和 1°，主要误差来自失配(图中 PAD 是良好的衬垫衰减器，是为减小失配误差而接入的)。

8.5.2　双六端口自动网络分析仪测量网络参数原理

用两个六端口反射计可组成双六端口自动网络分析仪(SPANA)，其原理电路如图 8.5.2(a)所示，它可以测量互易或非互易、有源或无源网络。

1. 互易网络 S 参数的测量

参见图 8.5.2(a)，微波信号经功分器分别加到两个六端口反射计上。用式(8.2-14)或(8.3-10)分别测出端面 T_1 和 T_2 处的参量 $\rho_1=b_1/a_1$ 和 $\rho_2=b_2/a_2$。ρ_1 和 ρ_2 不是通常所指的反射系数，而仅是相反方向传输的两个行波比值，其绝对值可以大于 1，也可以小于 1。这两个比值与插在两个反射计之间的待测网络 S 参数有关。待测网络的散射方程为

$$b_1 = S_{11}a_1 + S_{12}a_2 \tag{8.5-1a}$$

$$b_2 = S_{21}a_1 + S_{22}a_2 \tag{8.5-1b}$$

用 a_1 除式(8.5-1a)，用 a_2 除式(8.5-1b)得出

$$\rho_1 = \frac{b_1}{a_1} = S_{11} + S_{12}\frac{a_2}{a_1} \tag{8.5-2}$$

$$\rho_2 = \frac{b_2}{a_2} = S_{22} + S_{21}\frac{a_1}{a_2} \tag{8.5-3}$$

由式(8.5－2)和式(8.5－3)消去 a_2/a_1，得到

$$(\rho_1 - S_{11})(\rho_2 - S_{22}) = S_{12}S_{21} \tag{8.5-4}$$

或

$$\rho_2 S_{11} + \rho_1 S_{22} - \Delta = \rho_1\rho_2 \tag{8.5-5}$$

式中

$$\Delta = |\ S\ | = S_{11}S_{22} - S_{12}S_{21} \tag{8.5-6}$$

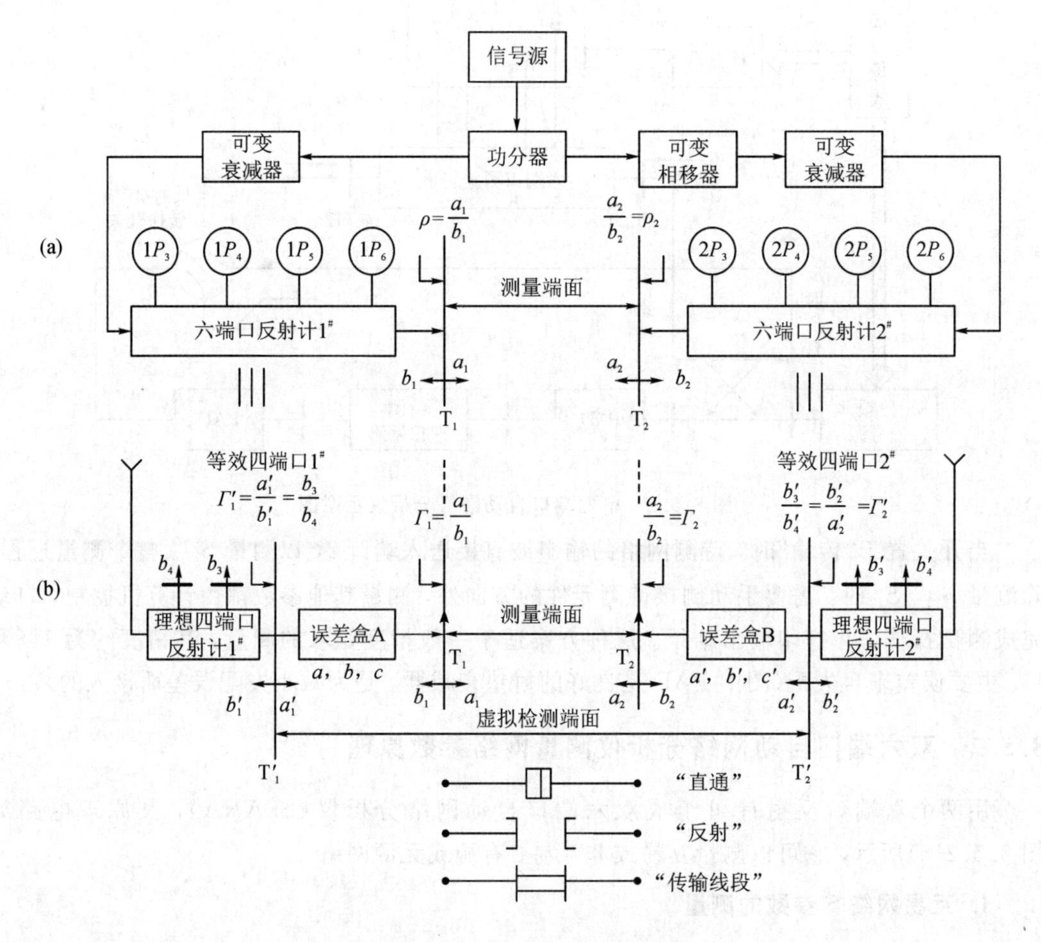

图 8.5.2　双六端口自动网络分析仪

(a) 原理电路；(b) TRL 校准电路(a、b、c 和 a'、b'、c' 是从左向右看入时求出的参数)

调整测量系统中的两个衰减器(A_1、A_2)和相移器(ψ)，给出三个不同的 a_2/a_1 的值，并通过反射计测出不同的 ρ_1 和 ρ_2，各三个量，记为 ρ_{1i}、ρ_{2i}，$i=1, 2, 3$，将其代入式(8.5－5)得

$$S_{11}\rho_{21} + S_{22}\rho_{11} - \Delta = \rho_{11}\rho_{21} \tag{8.5-7a}$$

$$S_{11}\rho_{22} + S_{22}\rho_{12} - \Delta = \rho_{12}\rho_{22} \tag{8.5-7b}$$

$$S_{11}\rho_{23} + S_{22}\rho_{13} - \Delta = \rho_{13}\rho_{22} \tag{8.5-7c}$$

由式(8.5－7)解出 S_{11}、S_{22}和 Δ。在调整 A_1、A_2 和 ψ 的三种不同的状态时，并不要求知道 A_1、A_2 和 ψ 的具体数值，因为它们不参与求解运算。为提高测量精确度，也可以调整

多于三种状态，以便得到更多的方程，进而求其统计平均值作为测量结果。

对于互易网络，有 $S_{12}=S_{21}$，由式(8.5－6)可算出传输参数的振幅：

$$|S_{12}|^2=|S_{21}|^2=|\Delta-S_{11}S_{22}| \tag{8.5-8}$$

由式(8.5－4)可算出

$$|S_{12}|^2=|S_{21}|^2=|(\rho_1-S_{11})(\rho_2-S_{22})| \tag{8.5-9}$$

传输参数的相位($\psi_{12}=\psi_{21}$)由式(8.5－2)和式(8.5－3)得出

$$\psi_{21}=\arg S_{21}=\arg\frac{(\rho_1-S_{11})a_1}{a_2}=\psi_1-\psi_a \tag{8.5-10a}$$

$$\psi_{12}=\arg S_{12}=\arg\frac{(\rho_2-S_{22})a_2}{a_1}=\psi_2+\psi_a \tag{8.5-10b}$$

式中，

$$\psi_1=\arg(\rho_1-S_{11}) \tag{8.5-11a}$$

$$\psi_2=\arg(\rho_2-S_{22}) \tag{8.5-11b}$$

$$\psi_a=\arg\left(\frac{a_2}{a_1}\right) \tag{8.5-11c}$$

由式(8.5－10a)、式(8.5－10b)求出

$$\psi_{21}=\psi_{12}=\frac{\psi_1+\psi_2}{2}+n\pi \tag{8.5-12}$$

$$\psi_a=\frac{\psi_1-\psi_2}{2}+n\pi \tag{8.5-13}$$

式中，n 为整数。须已知 ψ_a，才能确定 n。

2. 非互易网络 S 参数的测量

测量非互易网络 S 参数的基本原理与测量互易网络 S 参数的相似，所不同之处是 $|S_{21}|\neq|S_{12}|$，$\psi_{21}\neq\psi_{12}$。由式(8.5－2)和式(8.5－3)可求出 $|S_{12}|$ 和 $|S_{21}|$ 的模值：

$$|S_{12}|=|\rho_1-S_{11}|\left|\frac{a_1}{a_2}\right| \tag{8.5-14a}$$

$$|S_{21}|=|\rho_2-S_{22}|\left|\frac{a_2}{a_1}\right| \tag{8.5-14b}$$

由式(8.5－10a)、式(8.5－10b)可求出 ψ_{12} 和 ψ_{21}。

综上可知，测量互易网络参数需确定 ψ_a，以解决 180°(即 n)的模糊度；测量非互易网络参数需确定 ψ_a 和 $|a_2/a_1|$，这些都在校准之后才能给出。

8.5.3　双六端口网络分析仪校准原理

双六端口网络分析仪使用的是“直通-反射-传输线段”(Thru-Reflect-Line)校准方法，简称 TRL 校准法，“传输线段”简称“线段”。TRL 校准法的基本步骤如下：

(1) 将六端口反射计简化为理想四端口反射计和一个“误差盒”(误差网络)的级联电路，称为等效四端口电路，确定四端口系统常数。

(2) 确定误差盒(网络)参数。

(3) 确定 ψ_a 和 $|a_2/a_1|$。

TRL 校准法的主要特点是：

(1) 校准时不要求所用短路器和负载的反射系数已知(但反射不为零)。

(2) 不要求传输线段的长度和衰减量已知。

1. 六端口反射计简化为等效四端口反射计

已知 ANA 是由四端口电路与一个复值检波器(幅相接收机)组成的复反射计；而六端口反射计是由六端口电路和四个功率计(或检波器)组成的复反射计。这两者在原理上虽有不同，但共同点是都能测量反射系数，因此，可以将六端口反射计简化为一个等效四端口和复比值计的模型，这个等效四端口反射计可再等效为理想四端口反射计和一个误差盒的级联，如图 8.5.2(b)所示。下面介绍简化原理。

已知六端口的四个功率值表达一个过量方程组，包含固有多余度，由其中三个就可确定第四个方程，参看图 8.5.2(b)左边。如果将四个功率值中的某两个表示为 $|b_3|^2=P_3$，$|b_4|^2=P_4$，而 b_3/b_4 直接表示待测的量(如 $b_4=a_1$，$b_3=b_1$，则 $\Gamma=b_3/b_4$)，记为 W。按六端口一般理论，另两个功率值可写成 $P_5=|Kb_3+Lb_4|^2$，$P_6=|Mb_3+Nb_4|^2$，于是有

$$\frac{P_3}{P_4}=|W|^2 \tag{8.5-15a}$$

$$\zeta\left(\frac{P_5}{P_4}\right)=|W-W_1|^2 \tag{8.5-15b}$$

$$\rho\left(\frac{P_6}{P_4}\right)=|W-W_2|^2 \tag{8.5-15c}$$

式中，$W=b_3/b_4$，$W_1=-L/K$，$W_2=-N/M$，$\zeta=1/|K|^2$，$\rho=1/|M|^2$；P_3、P_4、P_5、P_6 是观测值，W_1、W_2、ζ 和 ρ 是六端口的系统参数，设为已知。式(8.5-15)可认为是 W 的联立方程式。消去 W，可得 $P_3\sim P_6$ 的限制方程式。展开式(8.5-15b)和式(8.5-15c)的右边式子，用式(8.5-15a)消去 $|W|^2$，得出

$$\begin{aligned}&x\left(\frac{P_3}{P_4}\right)^2+y\xi^2\left(\frac{P_5}{P_4}\right)^2+z\rho^2\left(\frac{P_6}{P_4}\right)^2+(z-x-y)\zeta\left(\frac{P_3P_5}{P_4^2}\right)+\\&(y-x-z)\rho\left(\frac{P_3P_6}{P_4^2}\right)+(x-y-z)\zeta\rho\left(\frac{P_5P_6}{P_4^2}\right)+x(x-y-z)\zeta\rho\left(\frac{P_3}{P_4}\right)+\\&y(y-x-z)\zeta\left(\frac{P_5}{P_4}\right)+z(z-x-y)\left(\frac{P_6}{P_4}\right)+xyz=0\end{aligned} \tag{8.5-16a}$$

式中，

$$x=|W_1-W_2|^2,\ y=|W_2|^2,\ z=|W_1|^2 \tag{8.5-16b}$$

将式(8.5-16a)再整理成

$$\begin{aligned}&A\left(\frac{P_3}{P_4}\right)^2+B\left(\frac{P_5}{P_4}\right)^2+C\left(\frac{P_6}{P_4}\right)^2+D\left(\frac{P_3P_5}{P_4^2}\right)+E\left(\frac{P_3P_6}{P_4^2}\right)+\\&F\left(\frac{P_5P_6}{P_4^2}\right)+G\left(\frac{P_3}{P_4}\right)+H\left(\frac{P_5}{P_4}\right)+I\left(\frac{P_6}{P_4}\right)+1=0\end{aligned} \tag{8.5-16c}$$

式中，常数 A，B，…，I 与 x、y、z、ζ 和 ρ 的关系为

$$y=\frac{2D-GH}{2AH-DG} \tag{8.5-17a}$$

$$z=\frac{2E-GI}{2AI-EG} \tag{8.5-17b}$$

$$x=y+z+G/A \tag{8.5-17c}$$

$$\zeta = + \sqrt{Bxz} \tag{8.5-17d}$$

$$\rho = + \sqrt{Cxy} \tag{8.5-17e}$$

若将 P_3/P_4、P_5/P_4 和 P_6/P_4 表示成三维"P 空间"的一个点，则式(8.5-16)是 P 空间的二次曲面-椭圆抛物面，它与 $P_3/P_4=0$、$P_5/P_4=0$ 和 $P_6/P_4=0$ 的面相切，因此确定 x，y，z，ζ，ρ，就使六端口简化为四端口。式中 9 个常数又是 x、y、z、ζ 和 ρ 5 个常量的函数，所以理论上给出 5 个任意未知终端，读出 P_3、P_4、P_5、P_6，代入式(8.5-16)就可求出 x，y，z，ζ，ρ 5 个常量。然而若没有良好的初值，可能迭代很长时间都得不到需要的根。为了获得初值，用 TRL 校准法采用可变相移器与直通、反射和线段得到 9 个方程式。将相应的功率数据组代入式(8.5-16c)，求出 A，B，…，I，再由式(8.5-17)求出 5 个常数 x，y，z，ζ，ρ。由于测量误差，抛物面与切面条件只能近似满足。为提高精确度，将这组 x，y，z，ζ，ρ 作为初值，再使用多维牛顿法迭代求出精确值。很明显，虽然这个系统是过量的，但以式(8.5-16)为基础的方程式却使用了全部观测值的信息。

求出 5 个常数后，还须确定圆心 W_1 和 W_2 的相角，其方法是：移动臂"4"的端面位置，影响 $\arg b_4$，但 P_5 不变，即改变 $\arg L$ 使 $\arg W_1=0$。同理，也可改变臂"3"的端面位置，由式(8.5-16b)，随之确定 $\arg W_2$。这样，求出 x，y，z，ζ，ρ 与观测值 P_3、P_4、P_5、P_6 一起就可确定复比值 b_3/b_4，即得到误差盒输入端的反射系数。令 $b_3/b_4=u+\mathrm{j}v$，推导给出

$$u = \frac{P_3 - \zeta P_5 + zP_4}{2P_4\sqrt{z}} \tag{8.5-18a}$$

$$v = \frac{P_3 - \rho P_6 + (y - uu_2 P_4)}{2P_4 v_2} \tag{8.5-18b}$$

式中，

$$u_2 = \frac{y + z + x}{2\sqrt{z}} \tag{8.5-18c}$$

$$v_2 = \sqrt{y - u_2{}^2} \tag{8.5-18d}$$

根号取正。这就完成了六端口简化为四端口的工作。上述常数还可以利用过量方程法求解。下面确定误差盒参数。

2. 确定误差盒参数

误差盒 A 和 B 是虚设的两个二端口网络(见图 8.5.2(b))，虚设面为 T_1' 和 T_2'。T_1' 到 T_1 和 T_2' 到 T_2 分别组成误差盒 A 和 B。A 的入射波和反射波分别是 a_1'、b_1 和 b_1'、a_1；同理，B 的入射波和反射波分别是 a_2'、b_2 和 b_2'、a_2。将 T_1' 和 T_2' 之间的三个网络(含 T_1T_2 之间所接网络)级联成一个网络，则有

$$b'_1 = S_{11}a'_1 + S_{12}a'_2 \tag{8.5-19a}$$

$$b'_2 = S_{21}a'_1 + S_{22}a'_2 \tag{8.5-19b}$$

得出

$$\Gamma'_2 S_{11} + \Gamma'_1 S_{22} - \Delta = \Gamma'_1 \Gamma'_2 \tag{8.5-20}$$

式中，

$$\Delta = S_{11}S_{22} - S_{12}S_{21}$$

$$\Gamma'_1 = \frac{b'_1}{a'_1} = \frac{b_3}{b_4}$$

$$\Gamma'_2 = \frac{b'_2}{a'_2} = \frac{b'_3}{b'_4}$$

由每个六端口的功率值和它们的 x、y、z、ζ、ρ，按式(8.5-18)求出 Γ'_1 和 Γ'_2。在3种状态下(3个不同的 a_2/a_1 值)激励这个网络，得出式(8.5-20)的三个线性方程式，解出 S_{11}、S_{22} 和 Δ(即 $S_{12}S_{21}$)。为了求出误差盒A、B的参数，需在"直通"和"传输线段"时各测三次，"反射"时只测一次，因为这时 $S_{12}+S_{21}=0$，$S_{11}=\Gamma'_1$，$S_{22}=\Gamma'_2$。

3. 误差盒A、B网络参数的TRL解

设直通、反射和传输线段时已求出虚设二端口 T'_1、T'_2 之间的散射参数 S_{11}、S_{22} 和 $S_{21}S_{12}$，但不能求出单个误差盒A、B的参数，为此引入"波级联矩阵"。将式(8.5-19)改写成

$$\begin{bmatrix} b'_1 \\ a'_1 \end{bmatrix} = \frac{1}{S_{21}} \begin{bmatrix} -\Delta & S_{11} \\ -S_{22} & 1 \end{bmatrix} \begin{bmatrix} a'_2 \\ b'_2 \end{bmatrix} = [R] \begin{bmatrix} a'_2 \\ b'_2 \end{bmatrix} \tag{8.5-21}$$

式中，$[R]$ 是虚设端口 T'_1、T'_2 之间的波级联矩阵(已知)，T_1、T_2 对接零长度传输线时为 $[R_{\text{thru}}]$，接线段时为 $[R_{\text{line}}]$。令误差盒A、B的波级联矩阵分别为 $[R_A]$ 和 $[R_B]$，则有

$$[R_{\text{thru}}] = [R_A][R_B] \tag{8.5-22}$$

$$[R_{\text{line}}] = [R_A][R_L][R_B] \tag{8.5-23}$$

式中，$[R_L]$ 是线段的波级联矩阵。由式(8.5-22)得出

$$[R_B] = [R_A]^{-1}[R_{\text{thru}}] \tag{8.5-24}$$

将上式代入式(8.5-23)，得出

$$[R_{\text{line}}] = [R_A][R_L][R_A]^{-1}[R_{\text{thru}}]$$

先后右乘 $[R_{\text{thru}}]^{-1}$ 和 $[R_A]$，得出

$$[T][R_A] = [R_A][R_L] \tag{8.5-25}$$

$$[T] = [R_{\text{line}}][R_{\text{thru}}]^{-1} \tag{8.5-26}$$

如果用 γ、l 表示线段的传输常数和长度，假定无反射，则有

$$[R_L] = \begin{bmatrix} e^{-\gamma l} & 0 \\ 0 & e^{\gamma l} \end{bmatrix} \tag{8.5-27a}$$

令

$$[R_{\text{thru}}] = \begin{bmatrix} t_{11} & t_{12} \\ t_{21} & t_{22} \end{bmatrix},\ [R_A] = \begin{bmatrix} r_{11} & r_{12} \\ r_{21} & r_{22} \end{bmatrix} \tag{8.5-27b}$$

展开式(8.5-25)得出

$$t_{11}r_{11} + t_{12}r_{21} = r_{11}e^{-\gamma l} \tag{8.5-28a}$$

$$t_{21}r_{11} + t_{22}r_{21} = r_{21}e^{-\gamma l} \tag{8.5-28b}$$

$$t_{11}r_{12} + t_{12}r_{22} = r_{12}e^{\gamma l} \tag{8.5-28c}$$

$$t_{21}r_{12} + t_{22}r_{22} = r_{22}e^{\gamma l} \tag{8.5-28d}$$

将式(8.5-28a)除以式(8.5-28b)，将式(8.5-28c)除以式(8.5-28d)，得出

$$t_{21}\ (r_{11}/r_{21})^2 + (t_{22} - t_{11})(r_{11}/r_{21}) - t_{12} = 0 \tag{8.5-29a}$$

$$t_{21}\ (r_{12}/r_{22})^2 + (t_{22} - t_{11})(r_{12}/r_{22}) - t_{12} = 0 \tag{8.5-29b}$$

由上述二次方程解出 r_{11}/r_{21} 和 r_{12}/r_{22}(根的选择见后)。将式(8.5-28d)除以式(8.5-28a)，得出

$$e^{2\gamma l}=\frac{t_{21}(r_{12}/r_{22})+t_{22}}{t_{12}(r_{21}/r_{11})+t_{11}} \tag{8.5-30}$$

一般来说，4 个方程可求出 4 个未知数的解，上面已经从[T]中解出 3 个变量(r_{11}/r_{21}，r_{12}/r_{22} 和 $e^{2\gamma l}$)。取式(8.5-25)的行列式(乘积的行列式等于行列式之积)，有

$$t_{11}t_{22}-t_{12}t_{21}=1 \tag{8.5-31}$$

由上式知，在[T]中只有 3 个独立变量。故在式(8.5-25)中，至少需要进行 3 次独立测量。

为求出误差盒 A、B 的全部参数，还需分别在 T_1、T_2 上接反射负载进行测量。误差盒 A 的参数用 a、b、c 表示，即 $r_{22}\begin{bmatrix}a & b\\ c & 1\end{bmatrix}=\begin{bmatrix}r_{11} & r_{12}\\ r_{21} & r_{22}\end{bmatrix}$，当 T_1 面接反射系数为 Γ_{reflect} 的负载时，在 T_1' 端有

$$\frac{b'_1}{a'_1}=\Gamma'_1=\frac{a\Gamma_{\text{reflect}}+b}{c\Gamma_{\text{reflect}}+1} \tag{8.5-32}$$

式中，$a=r_{11}/r_{22}$，$b=r_{12}/r_{22}$，$c=r_{21}/r_{22}$。与式(8.5-29)比较，只能从式(8.5-29)求出 b 和 a/c，再代入式(8.5-32)求出 a：

$$a=\frac{\Gamma'_1-b}{\Gamma_{\text{reflect}}(1-\Gamma'_1c/a)} \tag{8.5-33}$$

如果 Γ_{reflect} 已知，且不等于零，则由上式可确定 a，但 TRL 校准法只要求不为零。故重新回到式(8.5-22)，将它写成

$$r_{22}\rho_{22}\begin{bmatrix}a & b\\ c & 1\end{bmatrix}\begin{bmatrix}a' & b'\\ c' & 1\end{bmatrix}=g\begin{bmatrix}d & e\\ f & 1\end{bmatrix}$$

式中，$\rho_{22}\begin{bmatrix}a' & b'\\ c' & 1\end{bmatrix}=\begin{bmatrix}\rho_{11} & \rho_{12}\\ \rho_{21} & \rho_{22}\end{bmatrix}$，$[R_{\text{thru}}]=g\begin{bmatrix}d & e\\ f & 1\end{bmatrix}=\begin{bmatrix}t_{11} & t_{12}\\ t_{21} & t_{22}\end{bmatrix}$，$\rho_{22}\begin{bmatrix}a' & b'\\ c' & 1\end{bmatrix}$ 和[R_{thru}]分别是误差盒 B 和[R_{thru}]的波级联矩阵。展开上式求出

$$c'=\frac{-cd+fa}{a-ec}=\frac{f-dc/a}{1-ec/a},\ \frac{b'}{a'}=\frac{e-b}{d-fb},\ aa'=\frac{d-fb}{1-ec/a} \tag{8.5-34}$$

对于误差盒 B，可模仿式(8.5-33)的形式写出

$$a'=\frac{\Gamma'_2+c'}{\Gamma_{\text{reflect}}(1+\Gamma'_2b'/a')} \tag{8.5-35}$$

由于误差盒 B 与误差盒 A 的传输信号方向相反，故式中交换了 b' 和 c' 的位置。

将式(8.5-33)除以式(8.5-35)得出

$$\frac{a}{a'}=\frac{(\Gamma'_1-b)(1+\Gamma'_2b'/a')}{(\Gamma'_2+c')(1-\Gamma'_1c/a)} \tag{8.5-36}$$

式(8.5-36)的 a 与式(8.5-34)的 aa' 相乘得出

$$a=\pm\sqrt{\frac{(\Gamma'_1-b)(1+\Gamma'_2b'/a')(d-fb)}{(\Gamma'_2+c')(1-\Gamma'_1c/a)(1-ec/a)}} \tag{8.5-37}$$

$$a'=\frac{d-fb}{a(1-ec/a)} \tag{8.5-38}$$

式(8.5-37)的正负号可由$\Gamma_{reflect}$的标称值(不必精确)借助式(8.5-33)选取。至此，双六端口系统已经精确校准了，具有测量反射系数和S参数的基本能力。参照图8.5.2(b)和式(8.5-33)可知T_1面的反射系数

$$\Gamma_1=\frac{\Gamma'_1-b}{-c\Gamma'_1+a} \tag{8.5-39}$$

同理，由式(8.5-35)得到T_2面的反射系数

$$\Gamma_2=\frac{\Gamma'_2+c}{a'(1+\Gamma'_2b'/a')} \tag{8.5-40}$$

由上知，用图8.5.2所描述的双六端口自动网络分析仪测量S参数时，8.5.2节中的ρ_1、ρ_2等于这里的Γ_1、Γ_2。

关于式(8.5-29)二次方程根的选择，依据二次方程$ax^2+bx+c=0$，解出的a/c和b都有两个根，且有$b\neq a/c$的性质。因为$b=a/c$，有$a=bc$，即$-(S_{11}S_{22}-S_{21}S_{12})=-S_{11}S_{22}$(见式(8.5-21))，所以只有$S_{12}S_{21}=0$时该式才成立，但误差盒A在实际测量系统中是不可能出现这种情况的，故a/c与b总是相异，所以经常使用的判根方法是考虑两个根的绝对值之比，即$|b|/|a/c|=|bc|/|a|$。若$|bc|/|a|<1$，则$|b|<|a/c|$，这是判根的基础。为说明这点，展开式(8.5-21)(T'_1和T_1之间)得

$$b'_1=r_{12}\left(\frac{r_{11}}{r_{12}}b_1+a_1\right) \tag{8.5-41a}$$

$$a'_1=r_{22}\left(\frac{r_{21}}{r_{22}}b_1+a_1\right) \tag{8.5-41b}$$

式(8.5-41a)中r_{12}为标量因子。将其中b'_1与b_1相比较，则r_{11}/r_{21}是度量b'_1与b_1的耦合松紧程度的量。同理，适用于式(8.5-41b)中的r_{22}。

多数测量系统(包括六端口)要求有一个与入射波振幅a_1成比例的响应，这时要求$|r_{21}/r_{22}|\ll1$；对于四端口反射计还要求与反射波振幅b_1成比例，这又要求$|r_{11}/r_{12}|\gg1$；对于六端口更常用的是$|r_{11}/r_{12}|\approx1$，所以一般情况下有

$$|r_{21}/r_{22}|<|r_{11}/r_{12}| \tag{8.5-42}$$

即要求

$$|b|<|a/c| \tag{8.5-43}$$

这个判根方法在实际应用中已足够用了。

4. 四端口及其误差盒A、B的校准步骤要点

(1) 按式(8.5-16c)校准四端口，有9个常数待求，至少需要测量9次。一般测量13次，增加多余测量次数，以求最小二乘法的解。13组数据的基本测试步骤列于表8.5.1中。由相移器的4个状态给出4种不同的激励信号a_2/a_1。由9个方程解出A，B，…，I作为初值，再迭代求出四端口的5个常数x、y、z、ζ、ρ。

(2) 求a、b、c和a'、b'、c'。利用表8.5.1测出的数据，由TRL校准法求出误差盒A、B的6个复数(12个实常数)。

经过上述校准已经求出每个六端口的11个常数，余下的还需要校准等效三端口网络，以确定ψ_a和$|a_2/a_1|$。

表 8.5.1　双六端口技术基本测试步骤❶

功率数据 $\arg(a_2/a_1)/(°)$ T_1T_2 连接		0	90	180	270
对接(Thru) (四组数据)	六端口 1#	${}^1P_{13}\cdots{}^1P_{16}$	${}^1P_{23}\cdots{}^1P_{26}$	${}^1P_{33}\cdots{}^1P_{36}$	${}^1P_{43}\cdots{}^1P_{46}$
	六端口 2#	${}^2P_{13}\cdots{}^2P_{16}$	${}^2P_{23}\cdots{}^2P_{26}$	${}^2P_{33}\cdots{}^2P_{36}$	${}^2P_{43}\cdots{}^2P_{46}$
反射(Reflect) (一组数据)	1#	${}^1P_3\cdots{}^1P_6$ ❷			
	2#	${}^2P_3\cdots{}^2P_6$			
线段(Line) (四组数据)	1#	${}^1P'_{13}\cdots{}^1P'_{16}$	${}^1P'_{23}\cdots{}^1P'_{26}$	${}^1P'_{33}\cdots{}^1P'_{36}$	${}^1P'_{43}\cdots{}^1P'_{46}$
	2#	${}^2P'_{13}\cdots{}^2P'_{16}$	${}^2P'_{23}\cdots{}^2P'_{26}$	${}^2P'_{33}\cdots{}^2P'_{36}$	${}^2P'_{43}\cdots{}^2P'_{46}$
约 10 dB 的衰减器(四组数据)	1#	${}^1P''_{13}\cdots{}^1P''_{16}$	${}^1P''_{23}\cdots{}^1P''_{26}$	${}^1P''_{33}\cdots{}^1P''_{36}$	${}^1P''_{43}\cdots{}^1P''_{46}$
	2#	${}^2P''_{13}\cdots{}^2P''_{16}$	${}^2P''_{23}\cdots{}^2P''_{26}$	${}^2P''_{33}\cdots{}^2P''_{36}$	${}^2P''_{43}\cdots{}^2P''_{46}$

注❶：表中数据用于计算四端口、误差盒和等效三端口常数。

❷：T_1 和 T_2 分别接反射负载，$S_{12}=S_{21}=0$，与 $\arg(a_1/a_2)$ 无关。

5. 确定 ψ_a 和 $|a_2/a_1|$

a_2/a_1 是图 8.5.2 中六端口反射计 1#、2# 的相对关系式，它与整个电路有关，故需将图 8.5.2 中的端口 T_1、T_2 及与信号源的端接面 T_3 视为三端口网络。由三端口散射方程求出

$$\frac{a_2}{a_1}=\left(S_{21}-S_{11}\frac{S_{23}}{S_{13}}\right)\rho_1-\left(S_{12}\frac{S_{23}}{S_{13}}-S_{22}\right)\rho_2\frac{a_2}{a_1}+\frac{S_{23}}{S_{13}} \tag{8.5-44}$$

式中的 S_{ij} 为三端口测量系统的散射参数。把式(8.5-44)写成

$$\frac{a_2}{a_1}=c_1\rho_1-c_2\rho_2\frac{a_2}{a_1}+c_3 \tag{8.5-45}$$

式中的常效 c_1、c_2 和 c_3 由校准确定。将上式写成

$$\frac{a_2}{a_1}=\left(\frac{c_3+c_1\rho_1}{1+c_2\rho_2}\right) \tag{8.5-46}$$

校准 c_1、c_2 和 c_3 的要点(以表 8.5.1 为例)如下：

(1) 相移器 $\psi=0°$、$90°$、$180°$和 $270°$时确定三端口参数 c_1、c_2 和 c_3，得到四组 c_1、c_2 和 c_3 的值。

(2) 以 $\psi=0°$为例，说明确定 c_1、c_2 和 c_3 的方法。$\psi=0°$时，在 T_1 和 T_2 之间插接三个互易网络，分别测出相应的 ρ_1、ρ_2 和 a_2/a_1 值，并将它们代入式(8.5-45)或式(8.5-46)，联立求出 $\psi=0°$时的 c_1、c_2 和 c_3。

(3) 插接的三个互易网络是“对接”“线段”和衰减器，如表 8.5.1 所示。

(4) 确定 $|a_2/a_1|$ 和 ψ_a：由图 8.5.2(b)知，误差盒 A、B 的波级联矩阵分别是

$$\begin{bmatrix}b'_1\\a'_1\end{bmatrix}=r_{22}\begin{bmatrix}a & b\\c & 1\end{bmatrix}\begin{bmatrix}b_1\\a_1\end{bmatrix},\quad\begin{bmatrix}a_2\\b_2\end{bmatrix}=\rho_{22}\begin{bmatrix}a' & b'\\c' & 1\end{bmatrix}\begin{bmatrix}a'_2\\b'_2\end{bmatrix}$$

由式(8.5-20)知，$\Gamma'_1=b'_1/a'_1=b_3/b_4$，$\Gamma'_2=b'_2/a'_2=b'_3/b'_4$，将 Γ'_1、Γ'_2 代入上式求出 a_2 和 a_1 分别为

$$a_2 = \rho_{22}(a'a'_2 + b'b'_2) = \rho_{22}(a'b'_4 + b'b'_3) = \rho_{22}b'_4(a' + \Gamma'_2)$$

$$\begin{bmatrix} b_1 \\ a_1 \end{bmatrix} = \frac{1}{r_{22}}\begin{bmatrix} a & b \\ c & 1 \end{bmatrix}^{-1}\begin{bmatrix} b'_1 \\ a'_1 \end{bmatrix} = \frac{1}{r_{22}(a-bc)}\begin{bmatrix} 1 & -c \\ -b & a \end{bmatrix}\begin{bmatrix} b'_1 \\ a'_1 \end{bmatrix}$$

$$a_1 = \frac{1}{r_{22}(a-bc)}(-bb'_1 + aa'_1) = \frac{-bb_3 + ab_4}{r_{22}(a-bc)} = \frac{b_4(-b\Gamma'_1 + a)}{r_{22}(a-bc)}$$

得出

$$\left|\frac{a_2}{a_1}\right| = \alpha_0\left|\frac{(a-bc)(a' - \Gamma'_2)}{a + \Gamma'_1}\right| \tag{8.5-47}$$

信号在端口 T_3 输出功率不变时，$\alpha_0 = |r_{22}\rho_{22}b'_4/b_4|$ 不变，α_0 由 T_1 和 T_2 对接求出，即 $|\rho_1| = |a_2/a_1| = 1/|\rho_2|$，由式(8.5-47)求出 α_0。式(8.5-47)可用于接非互易待测元件时，进行 $|a_2/a_1|$ 的测量。

确定 ψ_a 有两种方法：

(1) 利用式(8.5-46)求出。

(2) 测量近似已知 ψ_{21} 的互易双端口元件，如测量“线段”、相移器等 S_{21} 的辐角 $\psi_{21测}$。由式(8.5-12)知，$\psi_{21测} = (\psi_1 + \psi_2)/2 + n\pi$，与近似 ψ_{21} 比较求出。

$$n = \mathrm{INT}\left\{\frac{1}{\pi}[\psi_{21} - (\psi_1 + \psi_2)/2] + 0.5\right\} \tag{8.5-48}$$

确定 n(整数)后，由式(8.5-10)或(8.5-13)求出 ψ_a。

双六端口自动网络分析仪测量系统的校准方法还在不断发展。这种校准方法在 1977 年首先被提出，1978 年又提出直通-短路-延迟(TSD)校准法。1979 年提出直通-反射-传输线段(TRL)校准法。1981 年建立了以二极管功率检波器为基础的双六端口网络分析仪，工作频率为 2～18 GHz，校准方法为改进的 TSD 校准法。1984 年，进一步讨论了 TRL 校准法，并论述了双六端口自动网络分析仪的测试性能，提出利用六端口反射系数振幅图(SPAC)和相位图(SPPC)的方法，实现了步进扫频测量。

第九章　微波功率测量

9.1　概　　述

微波功率是表征微波信号特性的一个重要参数，例如确定微波发射机的输出功率、测量微波接收机的灵敏度以及衰减与增益等参数都属于功率测量内容，也是工作中经常需要解决的问题。

微波范围内常用的传输系统有两种：一种为 TEM 波(包括准 TEM 波)系统；另一种为非 TEM 波系统。在 TEM 波(如同轴线中主模)系统中，行波电流 I、电压 U 与功率 P 之间有确定关系，即 $P=\mathrm{Re}(UI^*)$，这与低频电路相同；在非 TEM 波(如波导)系统中，则由于其工作模式的场分布使电流、电压失去唯一性，只能用给定模式的归一化电压($\bar{U}$)和归一化电流($\bar{I}$)(或称等效电压、等效电流)来表征，但传输功率仍然是确定的。因此，虽然有许多低于微波频段的电流、电压测量方法及装置(如晶体检波器、热偶表等)能发展成为微波功率计，但多数情况下，都是将微波功率直接转变为热，借某种热效应测量功率，从而使功率的测量在微波波段中成为一种重要的、直接的测量项目，在许多情况下代替了电压和电流的测量。

9.1.1　微波功率测量的一般电路

微波功率测量电路的连接方式一般分为终端式和通过式两种。终端式是把待测的信号功率直接送入功率计，由功率计指示其大小，如图 9.1.1 所示，实际上它是以功率探头为吸收负载，功率探头把吸收的微波功率转换为可以指示的某种电信号，再由指示器给出待测功率值。

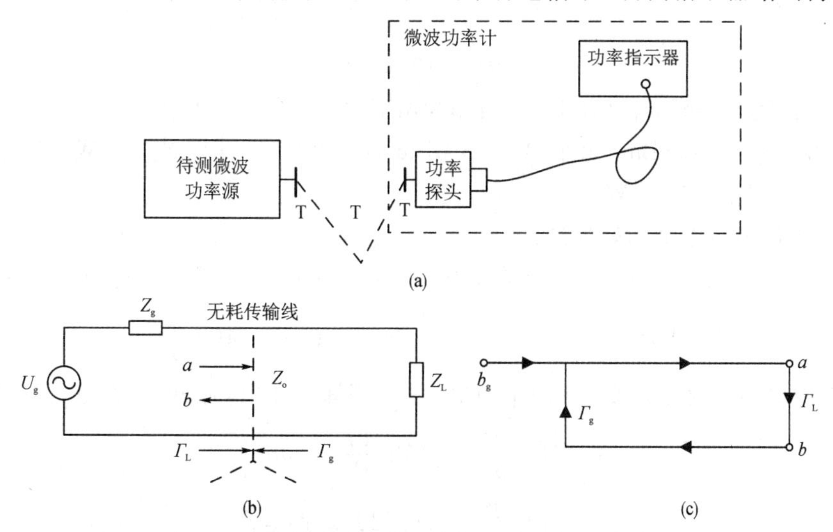

图 9.1.1　终端式功率测量方框图、电路图、信流图

(a) 微波功率源与微波功率计；(b) 测量系统电路；(c) 电路信号流图

这种方法适用于测量发射装置或微波信号源的输出功率，例如测量磁控管振荡器、速调管振荡器的输出功率等。

通过式是把传输线上通过的信号功率按一定比例取出一部分再由功率计指示其大小，如图 9.1.2 所示。这种连接方式的终端若为匹配负载，则功率计指示值为待测微波功率源的输出功率值(耦合比例已知)；若为实际负载，则为传输线工作在实际负载情况下传输给负载的净功率值，例如测量发射机馈送到天线的功率值。这种连接方式还经常用于监视信号或测量其相对电平之用，如测量线的晶体检波指示就是作为测量传输线上相对电平用的(其中的晶体检波器相当于功率探头)，这时的耦合比例不要求确切知道。

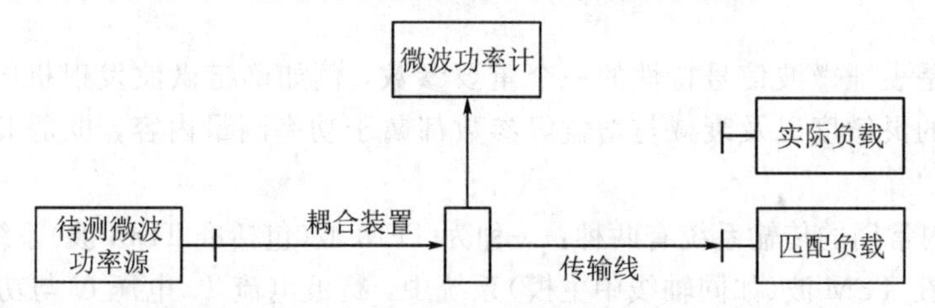

图 9.1.2　通过式功率测量系统组成方框图

9.1.2　功率的度量单位

功率(P)的度量单位常用的有兆瓦(MW)、千瓦(kW)、瓦(W)、毫瓦(mW)、微瓦(μW)、皮瓦(pW)。另一种常用表示法是利用某一功率 P_0 作为基准电平，以此作为比较标准来表示功率的大小，并以对数单位表示它，称为电平，即

$$A = 10\lg \frac{P}{P_0}\ \text{dB} \tag{9.1-1}$$

最常用的情况为 $P_0=1$ mW，这时将 A 写成

$$A = 10\lg \frac{P\ \text{mW}}{1\ \text{mW}}\ \text{dBm} \tag{9.1-2}$$

或

$$P = 10^{\frac{A}{10}}\ \text{mW} \tag{9.1-3}$$

式中 A 的单位为分贝毫瓦，记为 dBm，可作为功率的绝对单位。如 $P=1$ mW 时，$A=0$ dBm，$P=10$ mW 时，$A=+10$ dBm。又如 A 为 20 dBm 时，P 为 100 mW 或 0.1 W；A 为 -20 dBm 时，P 为 0.01 mW 或 10^{-5} W。

用对数单位表示电平的好处是：

(1) 如图 9.1.3(a)所示网络，欲表示 T_2 的功率电平比 T_1 高多少分贝，则有

$$A = A_2 - A_1 = 10\lg \frac{P_2}{P_0} - 10\lg \frac{P_1}{P_0} = 10\lg \frac{P_2}{P_1}$$

故也可用两个电平差的分贝数表示两个功率之比。同样，用于级联网络(见图 9.1.3(b))，有

$$\begin{aligned} A &= 10\lg \frac{P_4}{P_1} = 10\lg \frac{P_4}{P_0} - 10\lg \frac{P_1}{P_0} \\ &= 10\lg \frac{P_2}{P_1} + 10\lg \frac{P_3}{P_2} + 10\lg \frac{P_4}{P_3} \\ &= (A_1 + A_2 + A_3) \end{aligned} \tag{9.1-4}$$

即数个网络级联的总电平差等于各网络电平差的代数和，故可用分贝加减来代替功率乘除。

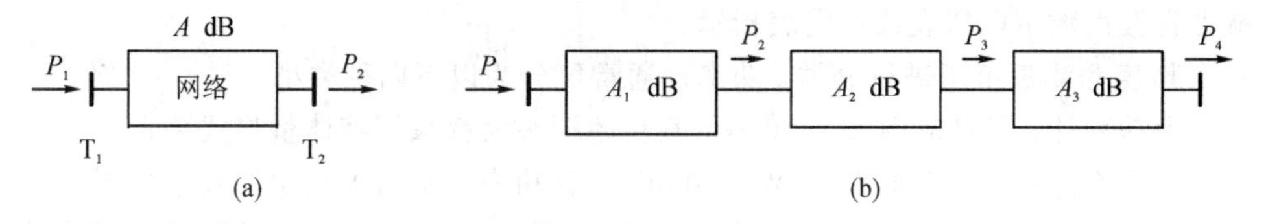

图 9.1.3 分贝意义示意图

(a) 衰减网络；(b) 级联衰减网络

(2) 在通信及雷达系统中经常遇到相差数千、数百万倍的功率范围，用分贝表示数值将大为方便。

对于电流、电压有确定意义的 TEM 波，也可以使用电流、电压表示信号电平差，当网络两端传输线特性阻抗分别为 Z_1 和 Z_2 时，有

$$P_1 = \frac{|U_1|^2}{Z_1} = |I_1|^2 Z_1,\ P_2 = \frac{|U_2|^2}{Z_2} = |I_2|^2 Z_2 \tag{9.1-5a}$$

$$A = 20\lg\left|\frac{U_2}{U_1}\right|\sqrt{\frac{Z_1}{Z_2}} = 20\lg\left|\frac{I_2}{I_1}\right|\sqrt{\frac{Z_2}{Z_1}} \tag{9.1-5b}$$

实际上，有时也抛弃上式中的阻抗因子 $\sqrt{Z_2/Z_1}$，直接用分贝表示两个电压或电流之比，即

$$A = 20\lg\left|\frac{U_2}{U_1}\right| \quad \text{或} \quad A = 20\lg\left|\frac{I_2}{I_1}\right|$$

9.1.3 功率计的基本组成和分类

功率计一般包括功率探头和功率指示器两部分。这两部分的灵敏度、精确度不同，使功率探头的结构和指示电路的繁简程度都不相同。功率计种类繁多，但概括起来可归纳为图 9.1.4 所示出的基本组成。功率探头的基本功能是把待测的微波功率转换为可测电信号，如经检波器转换后的直流信号、惠斯通电桥的失衡电流、热电偶的热电压等，其结构随可承受功率的大小及使用要求而不同。

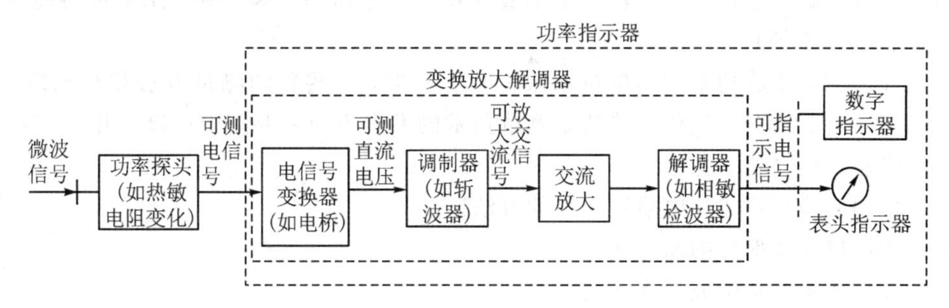

图 9.1.4 功率计基本组成方框图

注：晶体检波器和热偶式探头可不用变换放大器解调器，其他探头有时也不用调制解调器

功率指示器的基本功能是把可测电信号变换为可指示电信号，经过定度，使其读数直接表示微波功率值。功率指示器一般包括变换放大解调器和指示器两部分。前者的功能是放大可测电信号，提高功率计灵敏度和指示精度；后者常用的是表头指示器，也可以使用数字指示器。最简单的功率指示器也可以不采用变换放大解调器，而直接指示可测电信号，

如常用的晶体检波器，在连续工作时，它输出的可测电信号是直流电压，若这个电压足够大，就可直接由数字电压表或微安表指示。

按灵敏度和测量范围进行分类，功率计通常可分为以下四种类型：

(1) 大功率计：测量范围大于 10 W，其功率探头大都采用液体量热式装置。

(2) 中功率计：测量范围为 10 W～10 mW，其功率探头与大功率计基本相同。

(3) 小功率计：测量范围为 10 mW～1 μW，其功率探头大都采用测热电阻或热电偶装置。

(4) 超小功率：测量范围小于 1 μW，它是晶体检波器在性能上改进之后，直接按功率定标并读数的新型功率计，其量程下限可到 100 pW(－70 dBm)。

中功率计、大功率计也可以由小功率计用定向耦合器或取样器按通过式电路连接(即量程扩展)来组成。

9.1.4 脉冲功率与平均功率

在测量微波功率时，除测量连续信号功率外，还经常测量脉冲信号功率。脉冲功率的表征参数如下：

(1) 脉冲功率：单个脉冲时间内的平均功率值，亦称脉冲峰值功率。

(2) 平均功率：整个脉冲周期内的平均功率值。热效应式微波功率计的时间常数约为 1 毫秒或更大一些。因此，对于脉冲宽度在几微秒以下的脉冲振荡来说，功率计就仅能测量出它的平均功率。对于矩形脉冲，其脉冲功率可以根据下式计算：

$$P_{\text{脉冲}} = \frac{P_{\text{平均}}}{\tau F_{\text{重复}}} \tag{9.1-6}$$

式中，τ 是脉冲宽度，单位为 s；$F_{\text{重复}}$ 为脉冲重复频率，单位为 Hz。

脉冲峰值功率，通常用替代法来测量。

9.1.5 微波功率敏感元件的分类与发展方向

功率探头内常用的功率敏感元件大致有以下几种类型：测热电阻、薄膜热电偶、晶体二极管、水流负载、机械力效应金属片和霍尔效应半导体等。本章只介绍前四种敏感元件组成功率计的基本原理。

近二十年来，微波功率的测量技术取得显著进展，一些新的测量方法相继出现，而校准技术的发展更为迅速。现代微波功率测量技术的发展方向主要集中在以下几个方面：

(1) 研制和建立功率标准。

(2) 拟制精确测定测热电阻座效率的方法。

(3) 探讨校准功率计的新方法。

(4) 探讨精确测量微波功率的新方法。

(5) 探讨精确测量极小功率与极大功率的方法。

(6) 探讨提高测量精确度的各种可能途径。

9.2 微波晶体检波器

在微波测量中，经常需要检查微波功率的存在与否，或需要确定微波功率电平的相对大小，完成这种工作最为常用是晶体检波器，因为它是一种最简单、最灵敏的微波功率检查仪表。如测量线的探针检波器，用以确定微波功率的相对大小，在扫频测量中也需要宽带检波器指示微波功率相对电平。

在晶体检波器稳定性得到改善之后，人们已经制出晶体检波式超小功率计。

晶体检波器由晶体检波头(座)和指示器两部分组成。晶体检波头的核心器件就是晶体二极管，下面先介绍晶体二极管及其特性和等效电路。

9.2.1　晶体二极管及其特性和等效电路

在微波范围内，常用的晶体二极管有点触式和肖特基表面势垒二极管两种。在此基础上人们又研制出低势垒肖特基二极管，它在性能上完全可以代替点触式二极管，作为低电平检波器使用，而且在许多性能上有明显提高。

用于微波的晶体二极管与用于低频的晶体二极管在制造工艺和外壳形状有所不同。在外壳形状上应该考虑便于与微波传输线安装；在制造工艺上应该考虑适用于微波特性，如接触面积小等。

图 9.2.1 所示的是常用点触式二极管结构图。它们都是由一根极细的金属丝(直径约为几微米的钨丝或磷铜丝)与半导体(锗、硅或砷化镓)表面相接触而组成的。图 9.2.1(a)所示的陶瓷管式晶体二极管是最常见的一种，一般适合在长于 3 cm 以上的波段中采用。图 9.2.1(b)所示的同轴式晶体二极管，适合在短于 3 cm 波段中采用。图 9.2.1(c)所示的外形尺寸比前两种更小，因而在安装上更加灵活。晶体内部构造随工作频段的高低有所不同，工作于较高频段的晶体触丝应该更细，其压力应该更小，以减小其接触点面积的电容。因此，点触式二极管有灵敏度高、接触电容小和串联电阻小等优点。但是它的电气性能差、结构比较脆弱，且一致性差(即使同类二极管，特性也不相同)，又易受环境条件的影响，如遇到温度变化、机械振动等，在特性上都会发生一些难以预料的改变。不过，利用它在短时间内作相对指示，这种特性变化尚不严重，特别是作为功率检查用。

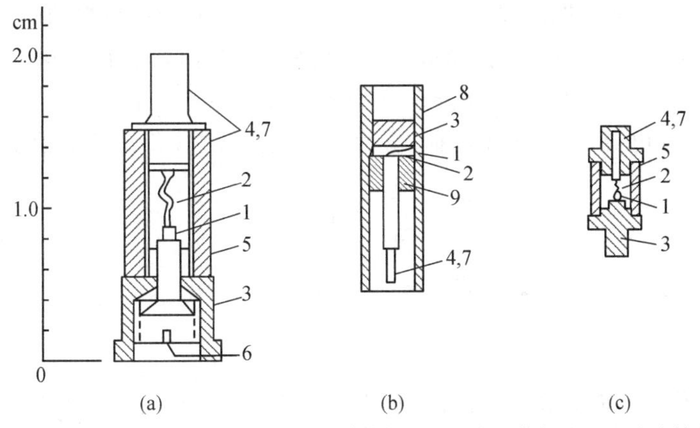

1—半导体；2—金属触丝；3—晶片接触端；4—触丝接触端；5—陶瓷管壳；6—调节螺丝；7—放大器接触端；8—外导体；9—绝缘垫圈

图 9.2.1　点触式二极管结构图

(a) 陶瓷管式，大型；(b) 同轴式；(c) 小型另一种常见的晶体二极管是肖特基表面势垒二极管，它是20世纪60年代初期随着半导体平面工艺的发展而出现的金属-半导体面接触型二极管，其管芯示意结构如图9.2.2所示。N^+为重掺杂硅或砷化镓半导体衬底，在衬底上生长一层厚度为微米级的外延层N，在外延层表面利用氧化工艺形成一层绝缘层(SiO_2)，在绝缘层上利用光刻工艺开一个直径约为几微米到几十微米的小窗孔，在小窗孔内蒸发一层金属膜，于是在小窗孔内形成面接触型金属-半导体结。在金属膜上再蒸发其他金属膜(如金、银、铬等)制成适当形状电极，在电极上再焊上梁式引线，以便安装于微带电路或封装于适当形状的管壳内，构成肖特基表面势垒二极管。在小窗孔内蒸发的金属类别要适当选择，它是控制势垒高低的重要因素。

点触式二极管与肖特基表面势垒二极管虽然制造工艺不同，结构有异，但都属于金属-半导体结型二极管。它们的典型伏安特性见图9.2.3。图中曲线A和B分别是普通肖特基二极管和点触式二极管的伏安特性曲线。由曲线A看出，用普通肖特基二极管作小信号检波时，应加约200 mV的正向启动偏压，即把小信号叠加到正向偏压上才能检波，因此对正向偏压的稳定度要求更高，以免因数百毫伏偏压的微小变动而使小信号检波产生不稳定。但在实际中是难以做到的，小信号可能淹没在偏压的不稳定度之内。所以要利用普通肖特基二极管作检波，需使用低频调幅信号，以便检波之后，由选频放大器放大有用信号，来减小偏压不稳定的影响。为使肖特基二极管能在零偏压下检波，近期又研制出低势垒肖特基二极管，其特性如图9.2.3所示曲线C，它与点触式二极管的特性相似，并在性能上有明显提高。

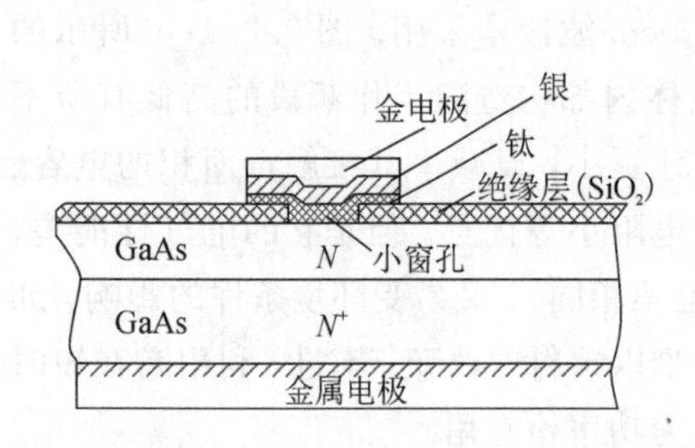

图9.2.2　面接触二极管管芯示意图

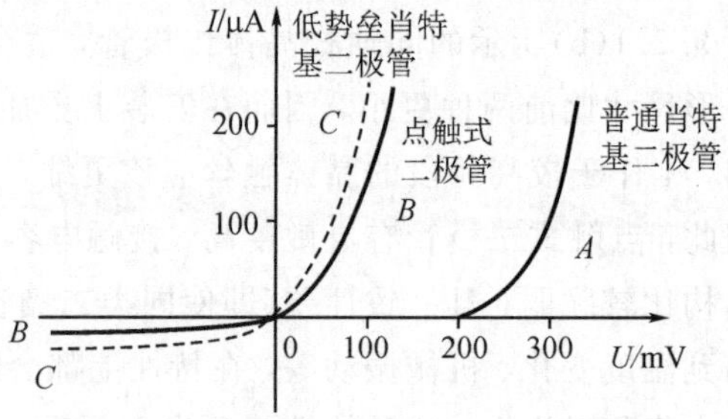

图9.2.3　金属-半导体结型二极管伏安特性

根据测量结果(见图9.2.3)与理论分析，一般金属-半导体结的伏安特性可以表示为

$$I = I_S(e^{qU/(kT)} - 1) \tag{9.2-1}$$

式中，I_S为反向饱和电流，q为电子电荷，k为玻尔兹曼常数，T为绝对温度。结电阻为

$$R = \frac{1}{\frac{dI}{dU}} = \frac{1}{\alpha I_S}e^{-\alpha U} \tag{9.2-2}$$

式中，$\alpha = q/kT$。对于小信号零偏检波状态($U=0$)，有

$$R_0 = \frac{1}{\alpha I_S} \tag{9.2-3}$$

式中，$I_S = AT^2 e^{-\psi/\alpha}$，$A$是常数，$\psi$是肖特基势垒高度。

下面介绍低势垒肖特基二极管(简称低势垒管)等效电路。一个检波晶体管接于电路之内，应与信号源内阻(Z_0)匹配，方能获得最大灵敏度。对于小信号的零偏检波状态，理应控制R_0，使$R_0 = Z_0 = 50\ \Omega$。但由式(9.2-3)看出，R_0受环境温度影响很大，不稳定。为此需采用补偿办法，即控制$R_0 = (10^1 \sim 10^3)Z_0$，再于输入端并联一个恒定电阻$R_m$，使其总电阻与信号源内阻匹配，如图 9.2.4 所示。图中 R_0 和 C_0 分别为零偏压时的结电阻和结电容；串联电阻 r_s 包括扩散电阻、衬底电阻和接触电阻，一般为数十欧姆；L_S 为引线电感，一般为零点几毫亨；管壳电容 C_p 包括引线分布电容和电极之间的杂散电容，一般为零点几皮法；C_v 和 R_v 是视频输出电路(R_v 为视频负载)。

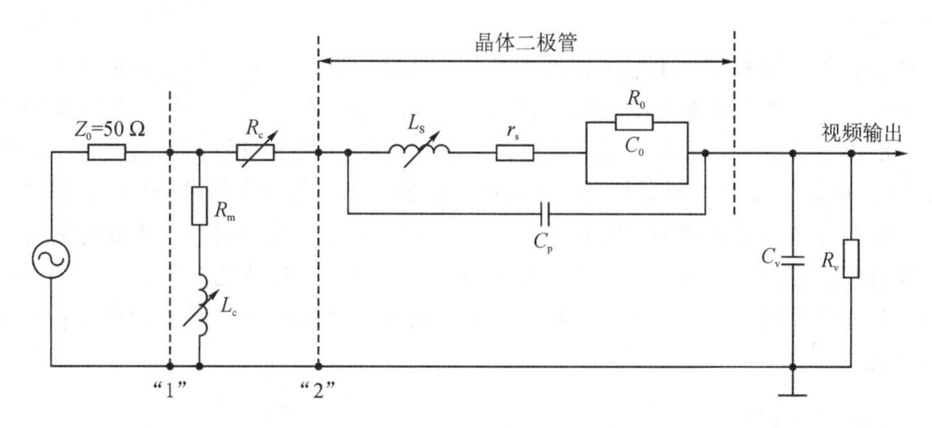

图 9.2.4　晶体二极管同轴检波器等效电路

为了匹配和减少温度影响，对于 50 Ω 同轴系统，在室温下使 R_0 在 1～2 kΩ 范围时，需使 $I_S≈20\ \mu A$；而一般肖特基二极管的 I_S 在千分之一微安的量级，显然前者的 I_S 大得多。而要想使 I_S 增加，就只有降低肖特基势垒高度 ϕ(见式(9.2-3)中的 I_S)，也就是在制造管芯时，要选择适当的金属蒸发到小窗孔之内，以达到降低势垒高度的目的，于是就构成了低势垒肖特基二极管。关于低势垒肖特基二极管的工作特性，结合图 9.2.4 简述如下：从频带特性上看，当信号频率增加到 L_S 和 C_0 发生串联谐振时，面"2"右端阻抗下降，驻波比增加，匹配状态变差，但面"1""2"之间的阻抗 $R_m+j\omega L_c$ 上升，使面"1"右端总阻抗也上升而使驻波比减小，因此电路的匹配状态得以保持，由此获得了匹配的宽频带特性；与此同时，再从灵敏度上来看，当 L_S 和 C_0 串联谐振时，作用于 R_0 上的电压升高，灵敏度随之增加，但补偿电阻 R_c 上的电压则由于 L_S 和 C_0 串联谐振也随之增加，又抵消了 R_0 上电压的升高，因此检波灵敏度也就保持不变，这样又获得了灵敏度的宽频带特性。

由此看出，对于低势垒肖特基二极管，由上述的优点，再加上面接触的固有稳定性，以及允许采取的某些补偿措施，从而使低势垒管可构成一种性能稳定的宽频带检波器，该宽频带检波器特别适用于作为扫频测量的检测装置。

还需要注意的是，晶体二极管(特别是点触式)结构脆弱，过载能力较差，易于烧毁，所以，在手持、储藏和使用中都必须加以注意，稍有不慎，就有损坏的危险。曾经发现，当把晶体二极管插入支架中时，人体积累的静电荷将晶体二极管烧坏，因此，在拿它之前最好先将手按一下接地物。晶体二极管在储存中也可能因为附近的大功率辐射而损坏，故应在屏蔽壳中存放。当用晶体二极管检查高电平时，最好采用低阻抗的指示器，以免在晶体二极管上产生高的反向电压而击穿它。将晶体检波器接到其他设备时，必须先将后者良好接地。

9.2.2　晶体检波头

把晶体二极管装入传输线元件之内，便构成了晶体检波装置，常见的有同轴式、波导式和微带式三种。表征它们的技术指标主要有五项：① 频率响应(频带宽度或频带)；② 工作频带内的反射系数(或驻波比)；③ 灵敏度；④ 传输特性；⑤ 响应时间等。根据具体情况可以突出某项或某几项，一般情况下，频带和驻波比是必须要求或要有所了解的。

晶体检波头包括三个部分：阻抗匹配网络、检波二极管和低通滤波器，其等效电路如图 9.2.4 所示。

几种老式的晶体检波头示意结构如图 9.2.5 所示。图 9.2.5(a)所示的是用于 10 cm 波段的同轴检波头，微波电流流经晶体二极管而得到检波；图 9.2.5(b)、(c)所示的是用于 3 cm波段的波导检波头，晶体二极管放在波导中并与电场平行，通过电耦合吸收微波能量。图 9.2.5(a)和图 9.2.5(b)所示的晶体检波头是固定式的，用于窄频带(窄带)；图 9.2.5(c)所示的晶体检波头是调谐式的，调节匹配器可以获得最大检波输出，而驻波比的可调小程度与二极管特性有关，点触式二极管一致性很差，一般能将驻波比调节到 1.5 左右，也许更大些，有时能调到 1.2 左右或更小些。调谐式的晶体检波头由于需要调谐，故属于窄频带的检波头。

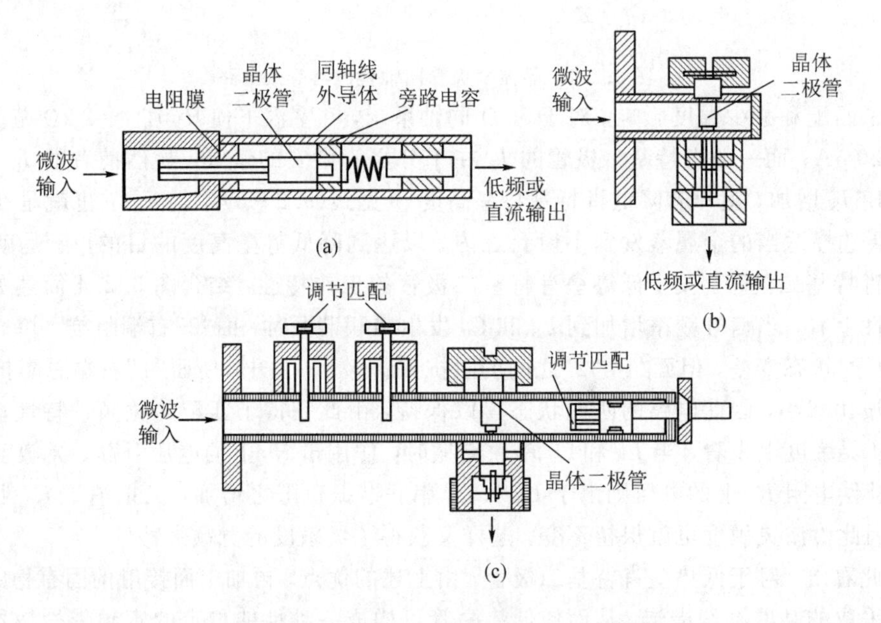

图 9.2.5　几种老式的晶体检波头示意结构

宽频带(窄带)晶体检波头如图 9.2.6 所示。在结构上除考虑匹配之外，都加入了恒定电阻 R_m。限制晶体二极管展宽频带的因素有：① 引线电感、分布电容和极间杂散电容；② 匹配电阻(R_m)和滤波电容(C_v)在结构上一前一后，距离晶体二极管过远，相当于前后插入两段短截线。为减弱这两个因素的作用，把匹配电阻、晶体二极管和滤波电容做成集成式(见图 9.2.6(a))。把晶体二极管的管壳喷涂电阻膜作为匹配电阻，把滤波电容装在管座上。利用这种结构可以制成宽带匹配式晶体检波头，其工作频带可达 0.4～8 GHz，每倍频程内灵敏度的起伏不超过±0.3 dB，电压灵敏度为 100 mV/mW(输出阻抗为 20 kΩ)。图 9.2.6(b)示出的宽带同轴式晶体检波头，加入了吸收环和电容环，以改善匹配和频响。其工作频率高端可达 12.4 GHz 甚至到 18 GHz。把匹配式同轴检波头与波导-同轴转换器组合在一起可构成宽带波导式晶体检波头(见图 9.2.5(c))。

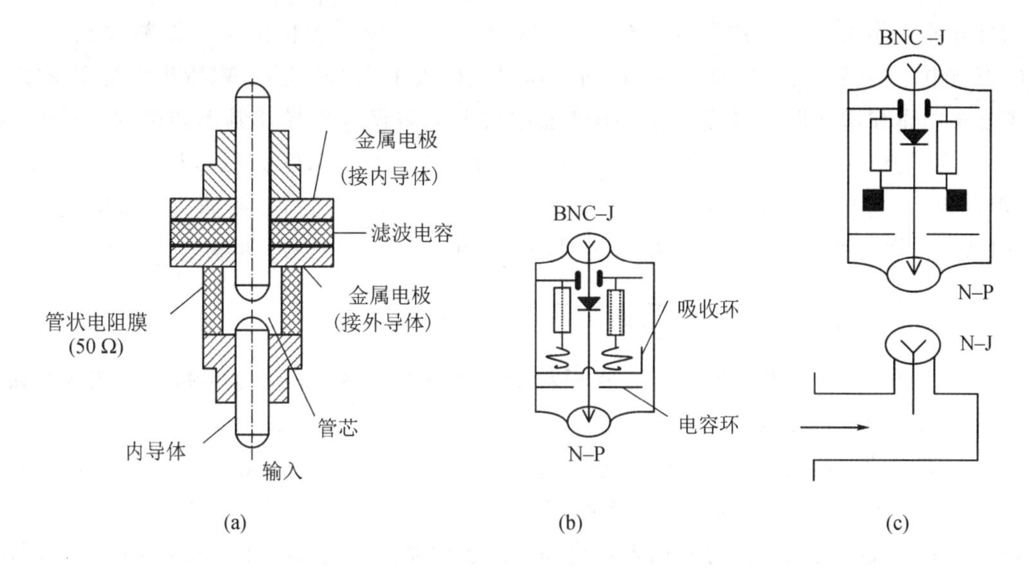

图 9.2.6　宽带同轴式和波导式检波头示意结构

(a) 宽带晶体二极管；(b) 宽带同轴式晶体检波头示意结构；(c) 宽带波导式晶体检波头结构示意图

图 9.2.7 所示是宽带微带线检波头，其核心的晶体二极管为集成式晶体二极管。

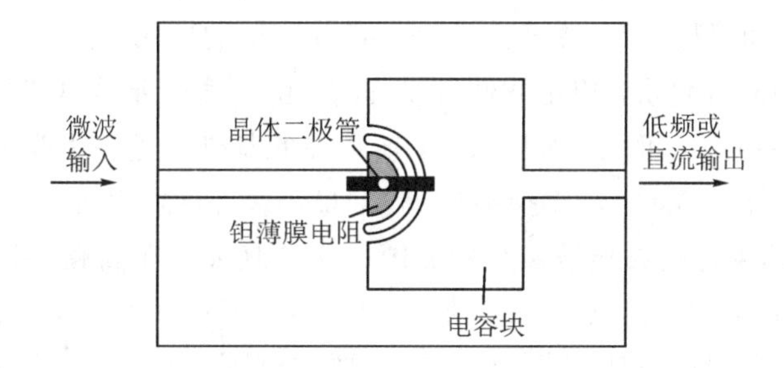

图 9.2.7　宽带微带线检波头(集成式宽带晶体二极管)

图 9.2.8(a)是采用非集成式晶体二极管制成的宽带同轴式检波头。在同轴线外导体的内壁加入吸收环(羰基铁材料)，在同轴线内外导体之间并联圆锥形吸收电阻(R_m)，在管座

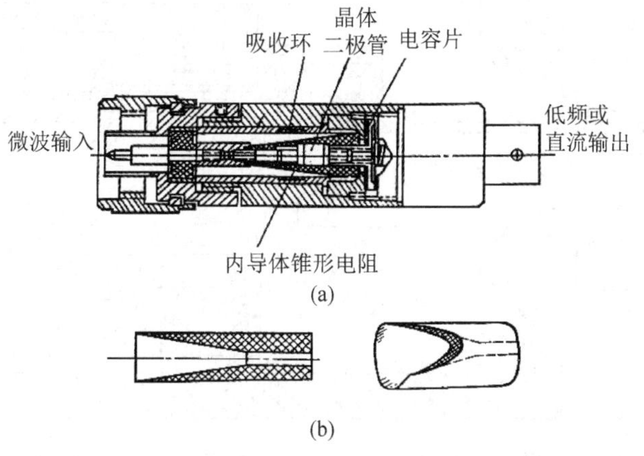

图 9.2.8　宽带同轴式检波头(非集成式晶体二极管)

(a) 宽带同轴式；(b) 锥形电阻

与外导体之间夹一层介质薄膜，作为滤波电容。该宽带同轴检波头工作频段在 7.2～11 GHz 范围，驻波比 $\rho\leqslant 2$，在 10 GHz 时电压灵敏度大于 0.15 mV/μW(输出阻抗 20 kΩ)。为了便于制作和增加匹配带宽，有的检波器把锥形电阻做成外导体锥形切削式(见图 9.2.8(b))，如 TJ8-4 型同轴晶体检波器，此检波器在 0.1～12.4 GHz 上，$\rho\leqslant 2$，灵敏度大于 0.08 mV/μW，频率响应(每倍频程)为 ±0.7 dB，50 Ω LG16-J(N)型插头，输出端为 Q9-50KY，可作为微波扫频测量和稳幅之用，输出阻抗为 3～20 kΩ，并联电容为 10 pF。

9.2.3 检波器的连接电路及其指示装置

检波器在测量电路中的连接方式相对于主传输线来说，有通过式和终端式两种接法，如图 9.1.1 和 9.1.2 所示。

关于它的指示装置，其一般方框图如图 9.1.4 所示。一般情况下，若输入信号为连续波，可采用微安表头或检流计等仪表直接接到检波头的输出端。如果希望有高分辨率指示，则需要在检波头与指示器之间插入斩波-放大-解调器。若输入信号为调制波(如 10 kHz 方波调制)，则可以采用选频放大器作为指示装置。

9.2.4 微波晶体超小功率计介绍

晶体检波器在微波测量与微波工程设计中有着广泛的应用，其主要原因是它的检波效率高，灵敏度高，响应时间快，使用方便等。目前，由于宽带集成式低势垒二极管的出现，使宽带匹配检波器不但成为可能，而且稳定，所以在此基础上进一步改进其性能就可以制成超小功率计。如 HP 公司的超小功率探头 8484A，最低量程下限达到 100 pW(−70 dBm)。

二极管式超小功率计高频检波头结构如图 9.2.9 所示。在高频结构上稍加改进，使驻波比在 0.03～4 GHz 频带时小于 1.15、在 4～10 GHz 频带时小于 1.2、在 10～18 GHz 频带时小于 1.3，这已达到功率计要求。由于功率要求测到 −70 dBm 的量级，所以在结构设计上主要从热学上考虑热平衡问题，以消除二极管模件(集成式)两端的温度差；在外壳上

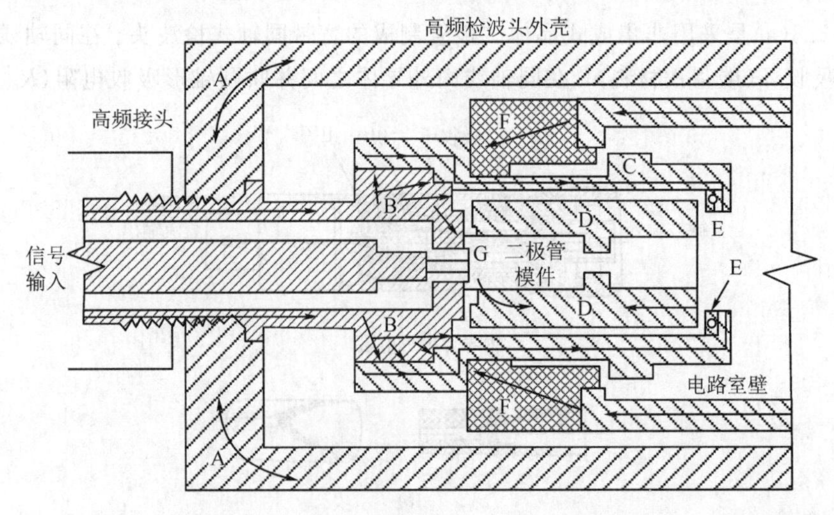

A—外壳；B—电阻膜；C、D—高导热区；E—电容；F—低导热区；G—二极管模块

图 9.2.9 二极管式超小功率计高频检波头结构举例及其热传导途径

考虑热隔离问题，以免受环境温度的影响而使指示漂移。在图中用不同截面符号标出高导热区(疏斜线)与低导热区(斜格线)，箭头表示热传导方向。

当待测信号功率小到－60 dBm 时，检波输出电压只有 0.5 μV 左右，需要把低噪声斩波放大器置于图 9.2.9 中的电路室内，与检波头组装在一起。斩波放大器采用双场效应管电路，为避免电源干扰采用 110 Hz 或 220 Hz 的振荡器驱动它，如图 9.2.10 所示。

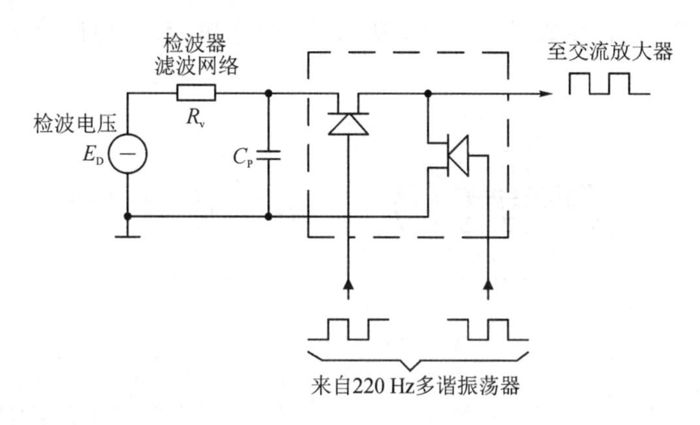

图 9.2.10 场效应管斩波电路

9.3 微波小功率计原理

9.3.1 热敏电阻小功率计原理

热敏电阻是测热电阻的一种。用它构成的小功率计，在测热电阻型小功率计中具有典型性，所以在简单介绍不同测热电阻的性能之后，主要讨论热敏电阻小功率计的原理。

测热电阻一词，以前曾称“测辐射热电阻”，用它构成的功率计曾称“电阻辐射热测量计”。

1. 测热电阻分类及性能简介

测热电阻是利用电阻的热效应把微波功率变换为可测电信号的，它是利用具有显著电阻温度系数的材料制成的一种电阻元件。按制造材料的不同，测热电阻又分为图 9.3.1 所示的各种测热电阻元件，它们的基本特性根据制造材料的不同，有正温度系数和负温度系数之分。

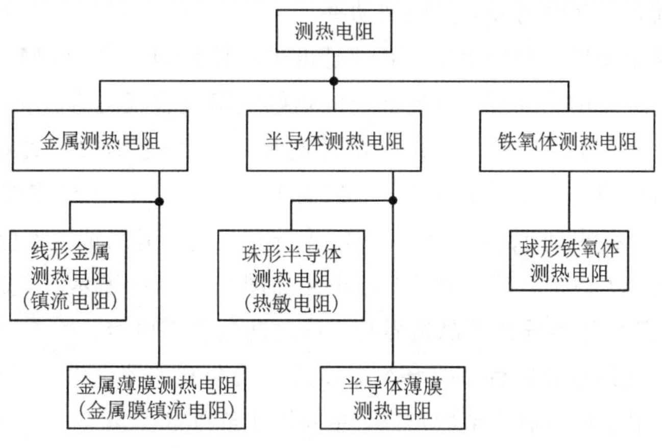

图 9.3.1 测热电阻的分类

其形状和尺寸只表示它们的具体参数，这些参数还取决于微波传输线的具体结构和频段。

1）金属测热电阻性能简介

线性金属测热电阻（镇流电阻）的阻值 R 随温度的升高而升高。图 9.3.2(a)、(b)给出了线性镇流电阻的典型结构。图 9.3.2(c)是金属膜镇流电阻。图 9.3.2(d)是用于矩形波导的金属薄膜镇流电阻，云母基片的厚度约为 1 mm。

镇流电阻的 $R-P$ 特性如图 9.3.2(e)所示，由图可知，镇流电阻是正温度系数的敏感元件。

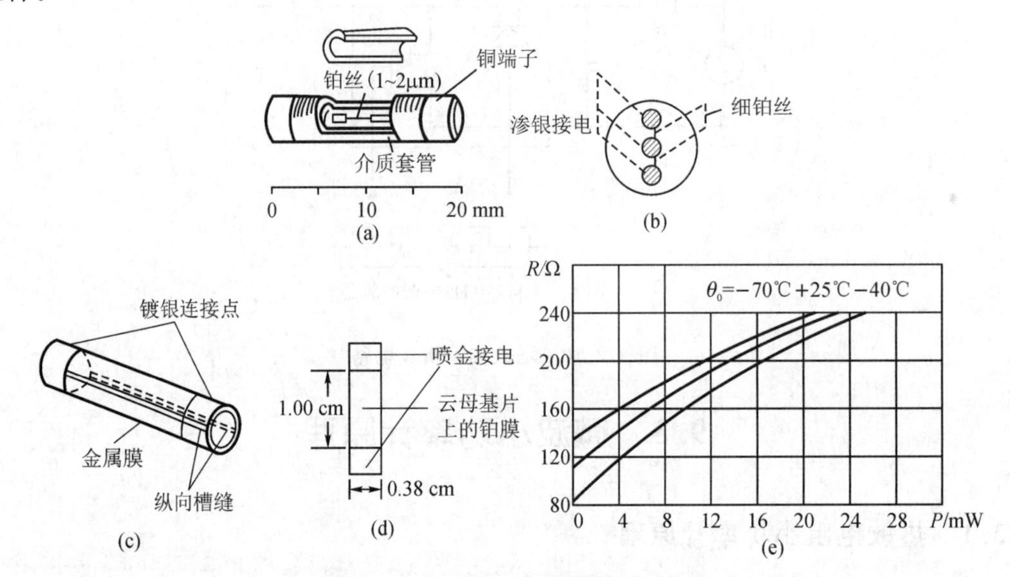

图 9.3.2　金属测热电阻外形及其特性

(a)、(b) 用于同轴线的铂丝镇流电阻外形；(c) 用于同轴线的金属膜镇流电阻；(d) 3 厘米波段铂膜镇流电阻；(e) 不同环境温度下镇流电阻阻值 R 与加热功率 P 的关系曲线

2）热敏电阻性能简介

热敏电阻是由负温度系数很大的多晶半导体制成的。它的电阻率与温度有强烈的依赖关系，将它与一般仪表结合使用，就能感应出百万分之一摄氏度(℃)的温度变化。热敏电阻这种可贵的特性，一直被用来测量微波功率。

微波功率测量中使用的热敏电阻，通常是由半导体材料 CuO 和 Mn_3O_4 研成粉末的混合物做成的，如图 9.3.3(a)所示。玻璃泡内的热敏电阻是直径为 50 μm～1 mm 的小球（或者厚度为 50～60 μm、直径为 0.3～0.5 mm 的圆片），再加上细的金属铂引线，外面用漆、珐琅和玻璃等覆盖而成。金属引线的直径一般为 100～150 μm，当频率较高时，为了减少集肤效应，要求引线直径小到 15 μm。为了使电流分布均匀，引线长度不应超过 $\lambda/8$。热敏电阻的时间常数约为 0.02 s。热敏电阻的等效电路如图 9.3.3(b)所示。R 是热敏电阻的电阻，r 是引线电阻，电容 C 是半导体单晶边界与引线之间的分布电容。

热敏电阻随温度的敏感特性和受环境温度的影响分别如图 9.3.4 的(a)和(b)所示。此外，半导体测热电阻也可以制成薄膜形式，主要用于红外线测量。

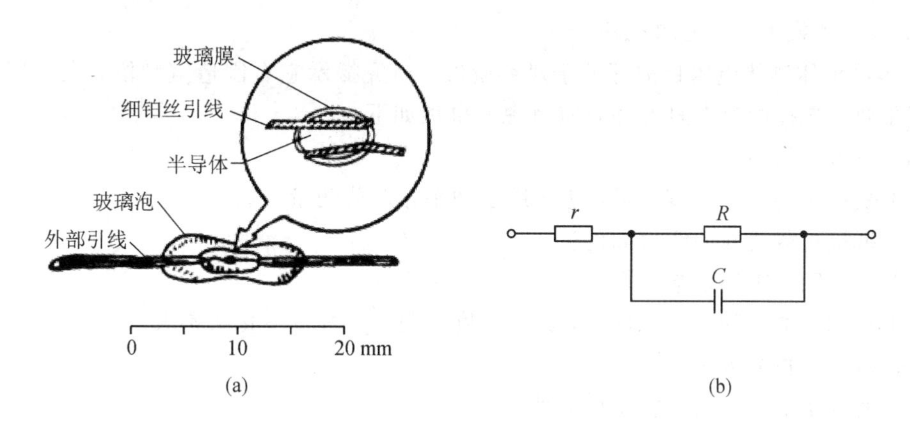

图 9.3.3　热敏电阻及其等效电路

(a) 热敏电阻；(b) 热敏电阻等效电路

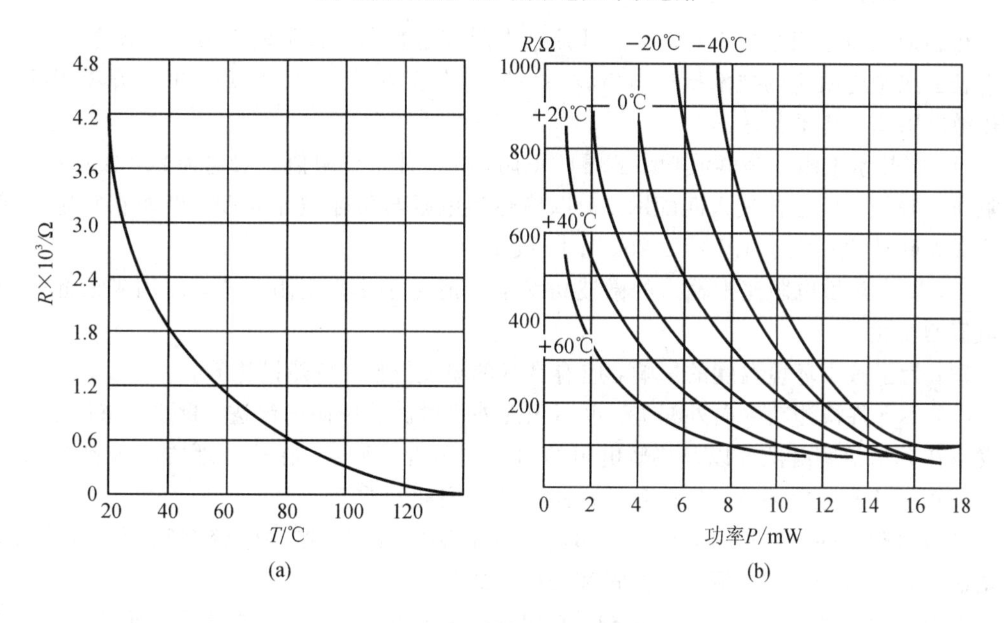

图 9.3.4　热敏电阻特性

(a) 热敏电阻阻值 R 随温度的变化曲线；(b) 在不同环境温度下，热敏电阻与吸收功率的关系曲线

热敏电阻和镇流电阻在小功率测量中应用广泛，都是用来测量同等数量级功率的。它们的主要特性见表 9.3.1。

表 9.3.1　测热电阻的主要特性

电阻种类	电阻温度系数 α	功率灵敏度 $\sum=\frac{\mathrm{d}R}{\mathrm{d}P}$	功率-电阻关系	温度稳定性	过载能力	互换性	时间常数
热敏电阻	负	50～100 Ω/mW	线性较差	较不稳定	较好	较差	较迟缓
镇流电阻	正	3～12 Ω/mW	近似线性	较稳定	较差	较好	快
薄膜电阻	正(金属膜)或负(碳膜)	50 Ω/W	近似线性	较稳定	好	较好	快

3) 球形铁氧体测热电阻现状

球形铁氧体测热电阻目前还处于研究阶段，研究揭示它有制造宽频段、大功率测热元件的可能性。选择测热电阻元件时应考虑的事项如下：

(1) 灵敏度的高低。

(2) 是用于功率绝对值测量，还是用于功率相对值测量。

(3) 抵抗过载烧毁的能力如何。

(4) 用于宽频带还是窄频带。

(5) 在同一类型的各种元件中，其灵敏度和阻抗特性的变化大不大。

(6) 时间常数的大小。

(7) 所要求辅助线路的复杂性如何。

(8) 测热电阻元件是否易于得到。

2. 热敏电阻座——功率探头

在制造热敏电阻小功率计时，设计热敏电阻座是基本的也是较复杂的任务之一。

表征热敏电阻座的技术指标与检波头一样仍为五项(见 9.2.2 节)，把这五项指标具体到热敏电阻座，其要点是：

(1) 将热敏电阻作为微波功率测量时电阻，其最佳工作阻值一般选为 200 Ω 左右，热敏电阻与传输线之间还需接入匹配网络，以使热敏电阻与传输线相匹配。例如在规定的带宽内使最大驻波比不大于 1.10、1.25、1.40 或 1.50 等。

(2) 要求热敏电阻座把输入的微波功率全部消耗在热敏电阻之中，以用来引起热敏电阻阻值的变化。

(3) 为了减小环境温度的影响，应有良好的温度补偿、隔热措施等。

(4) 不允许待测功率向外漏失，也不允许外界微波功率向内渗透。微波功率的漏失，大多发生在调谐活塞缝隙处以及热敏电阻的引出线附近，所以，在这些地方一般都要采用有效的高频抗流和旁路装置，或在对外通路中填以损耗物质。

热敏电阻座的种类很多，按结构分有同轴式和波导式，按频带分有宽频带和窄频带，按调谐方式分有调谐式、预定调谐式和非调谐式等。

下面介绍热敏电阻座的典型结构，它包括微波匹配网络、热敏电阻和旁通电路三部分。

1) 同轴线热敏电阻座

图 9.3.5(a)示出的是一种适用于 10 cm 波段的不调谐式同轴线热敏电阻座。它是与 50 Ω同轴线相配合的；它的中心导体是用一个宽频带的 $\lambda/4$ 短路同轴线来支撑的；它对高频是开路，对直流或低频是通路。由于热敏电阻在 50 Ω 上太接近于烧毁值，所以需要一个长约为 $\lambda/2$ 的内导体锥形变换器，把热敏电阻接在它的终点，从而可得到宽频带匹配。这种热敏电阻座经适当设计，在 8～12.5 cm 的波段上，驻波比为 1.1～1.3。

另一种较常用的同轴线热敏电阻座的结构示意图如图 9.3.5(b)所示。为了与 50 Ω 的同轴线匹配，这里采用了两只工作于 100 Ω 的热敏电阻，将它们对称连接起来作为同轴传输线的负载。末端接有事先调好长度的短路腔，或做成截面半径稍大于同轴外导体半径的终端短路腔，将两只热敏电阻放在腔的适当径向位置上，以资匹配。两个热敏电阻对称连接，以减小残余电感的影响。这样连接的两只热敏电阻对高频是并联的，对直流是串联的，因此它还便于与 200 Ω 的电桥连接。在同轴线探头中，这种类似结构很多，仅在细节上有所差异。

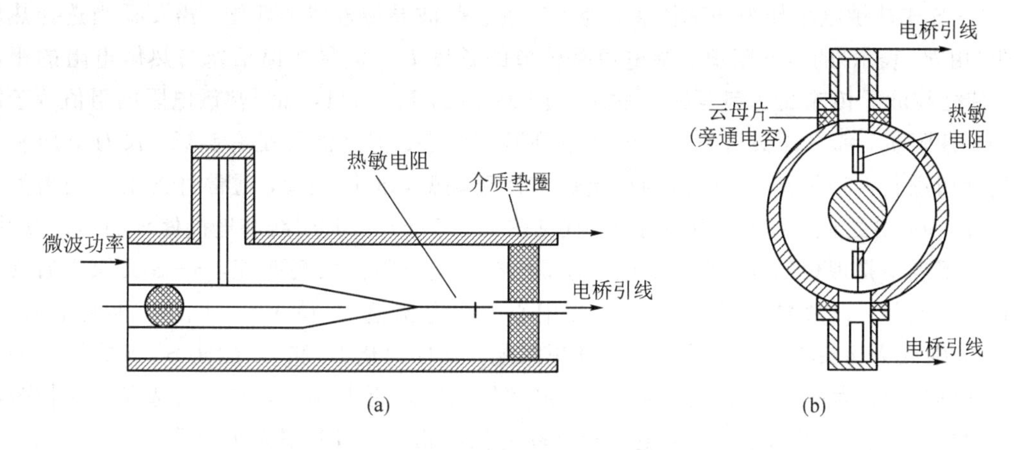

图 9.3.5　同轴线热敏电阻座示意图

(a) 一种用于 10 cm 波段的同轴线热敏电阻座示意结构；

(b) 一种采用两只热敏电阻的同轴线热敏电阻座示意结构

2）波导式热敏电阻座

在短于 10 cm 的波段中，大都采用波导式热敏电阻座，如图 9.3.6 所示。利用波导制成的热敏电阻座，通常将热敏电阻跨接在波导宽边中心线的上下波导壁之间，以处于电场最强的地方(TE_{10}模)。热敏电阻的直流或低频引线通常采用同轴短截线，常见的形式有两种，如图 9.3.6(a)、(c)所示。图 9.3.6(a)中上侧的短路枝节长度约为 $\lambda/2$，与波导壁之间垫以绝缘物质，作为直流通路的一端，热敏电阻的另一端与波导壁相接，作为直流通路的另一端，这种结构形式通常叫作短路-短路式(或称 S－S 式，因为波导的下侧可看成长度为零的短路枝节)。图 9.3.6(b)所示是 S－S 式的等效电路。图 9.3.6(c)所示结构的上下两个枝节长度约在 $\lambda/4$ 附近，因而该结构称为开路-开路式(或称 O－O 式)。下面分别说明它们的工作原理。

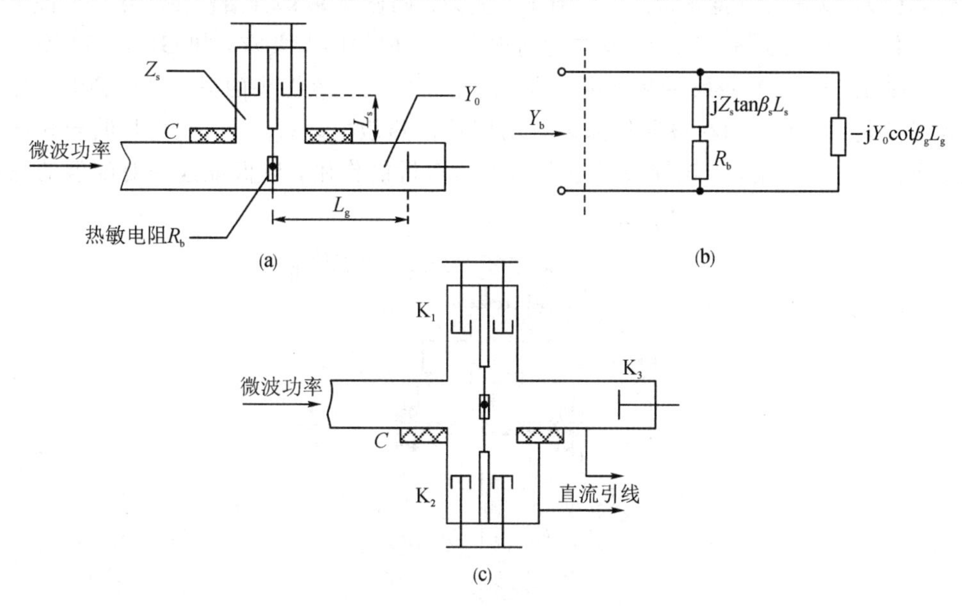

图 9.3.6　波导式热敏电阻座示意图

(a) S－S 式；(b) 图(a)的等效电路；(c) O－O 式

S-S式热敏电阻作为功率探头，为了实现它与波导传输线的匹配，需要适当选择热敏电阻(用 R_b 表示)的工作阻值，调整短路枝节的长度 L_s、波导短路活塞与热敏电阻的距离 L_g，使之与波导传输线达到匹配。例如，当 $L_s=\lambda/2$，$L_g=\lambda/4$，如果热敏电阻的阻值等于波导的特性阻抗，那么探头与波导传输线达到匹配状态。但是波导是有旋场，没有电压和电流的确切意义。考虑到热敏电阻的稳定性和便于调配，根据经验，通常将其工作电阻值选在 100～300 Ω 之间，同时由于热敏电阻(见图 9.3.3(b))及其引线和连接处等的不连续性，热敏电阻也不是理想的纯电阻，所以，为了能在一定频带内实现匹配，S-S式探头通常按下述方法调整：设总导纳 $Y=G+jB$，在中心频率上调整 L_s 使 $Y=1+jB'$，再调整 L_g 使 $B'=0$，则认为探头与波导传输线达到理想匹配；反复调整 L_s 和 L_g 能使 S-S式探头的驻波比达到最小。为使在中心频率两旁的一定频带内实现近似匹配，要适当选择短路枝节的特性阻抗 Z_s，使 L_s 和 L_g 引入的电纳随频率变化而相反，即斜率大小相等而符号相反，以使它们在规定的频带内近似抵消。

O-O式探头中，热敏电阻放在电场的最大波导中心(TE_{10} 模)处，直流引线从隔直流电容 C 的两端引出(见图 9.3.6(c))。调整原理是把热敏电阻看成是波导空腔中的接收振子，热敏电阻本身是这个振子的负载。调整短路器 K_3，可使热敏元件的有功分量归一化值等于1，而剩余的电抗分量可通过调整短截线 K_1 和 K_2，以抵消之。实际使用中，需要反复调整，以使驻波比达到最小。除上述调整之外，还可以调节热敏电阻在波导中的上下位置来影响匹配状态。关于所用的活塞，通常是在长于 3 cm 的波段上，采用接触式活塞，在短于 3 cm 的波段上，多采用扼流式活塞。

图 9.3.7 示出了采用T形探针耦合结构制成的波导热敏电阻座。T形结构的横杆作用是使探针上电流分布趋于均匀，降低阻抗($\frac{b'}{b}Z_{W0}\approx R_b$，$Z_{W0}$ 是按功率和电压定义的波导等效特性阻抗)，以获得较宽频带匹配。调配方法为：调整T形耦合结构在波导中的高度和短路活塞的位置(类似于S-S式)，使之达到规定频带内的匹配要求，如 GLX-11 型小功率计探头，在 8.2～12.4 GHz 的频带内，其驻波比 $\rho<1.5$。该探头的另一个特点是，在结构上考虑了热传导作用，即在波导外部装有温度补偿热敏电阻(R_{102})，使之与波导内部的探测热敏电阻(R_{101})相配对。该探头通过自动平衡双桥的作用，以保证这一对配偶的热敏电

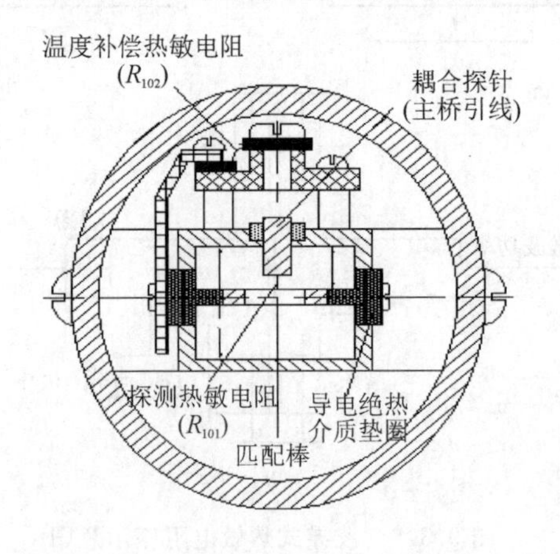

图 9.3.7　有温度补偿的波导热敏电阻座的示意图

阻始终保持在额定的工作阻值上，这对于阻抗匹配和温度补偿都是十分有利的。热敏电阻的工作阻值是根据制造厂的建议数据和阻抗匹配的要求确定的。GLX－11功率计采用150 Ω(长于3 cm波段)和200 Ω(短于2 cm波段)两种阻值。实现温度补偿的方法：首先通过一个导热良好的铜质导热带将配对的两只热敏电阻的一端引线连在一起，而另一端引线又设计得十分靠近，这样配对的两个热敏电阻虽然一个在波导内(R_{101})，一个在波导外(R_{102})，但仍然处于同一热环境之中(这对温度补偿十分重要)；其次在波导的窄边，用两个镀银的导电绝热介质垫圈(在有机玻璃上镀的几微米厚的银，达到导电隔热的要求)支撑横杆，从而隔绝了波导管的热变化对热敏电阻的影响；最后用高频泡沫塑料(聚苯乙烯泡沫塑料)封住波导口，缓冲了环境温度的急剧变化和气流对热敏电阻的影响，整个座子再加屏蔽罩，以屏蔽外界射频辐射功率和温度变化时对温度补偿热敏电阻的影响。

与横杆作用相似，另一种降低波导阻抗的方法是采用阶梯式渐变脊波导过渡段，以把矩形波导的Z_{W0}降低到等于热敏电阻的工作阻值R_b(见图9.3.8)。它具有良好的宽带特性，可以用于C波段，X波段甚至毫米波段，作为非调谐式探头。

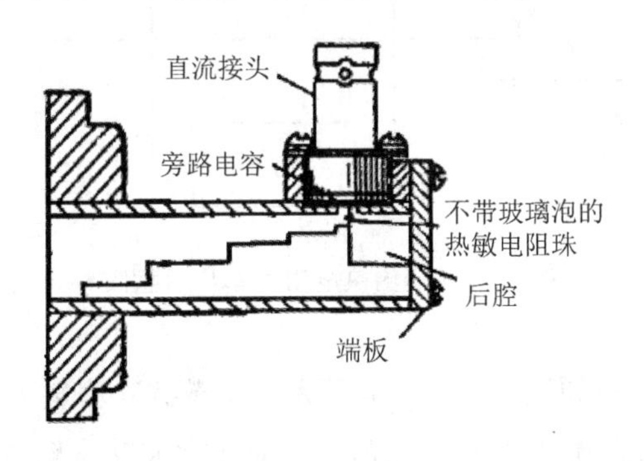

图9.3.8　脊状波导式热敏电阻座的示意结构

上面所述的各种热敏电阻座，若使用图9.3.2所示的金属测热电阻(镇流电阻)来代替热敏电阻，只要考虑适宜的匹配网络，就可以构成镇流电阻功率探头。实验证明，在矩形波导内，金属薄膜镇流电阻的阻值等于该波导内的等效特性阻抗($Z_{W0}=2\times377\times b\times\lambda_g/(a\lambda)$)时，在薄膜的后方接$\lambda/4$短路器，可获得良好匹配(见图9.3.9)。分析方法与S－S式相似。

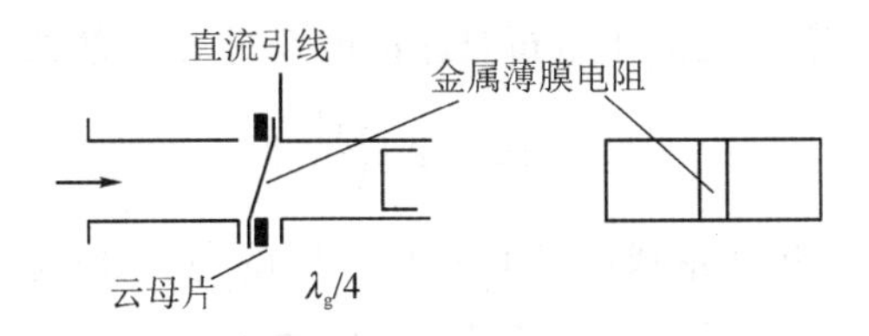

图9.3.9　波导金属膜电阻型功率探头示意图

3. 热敏电桥及其指示装置

把微波功率输入到热敏电阻座，则测量电阻由于吸收微波功率而使阻值发生变化，其阻值的变化量由电桥来检测。图9.3.10示出了一个简单惠斯通电桥。将测热电阻的两条引线接到电桥的一个臂上，其他三个臂由电阻R_1、R_2和R_3组成。测量微波功率的基本原理是：当未输入微波功率时，由偏置电源馈送直流功率，调整电阻 R_0 使测热电阻的阻值满足 $R_1/R_2=R_3/R_b$，此时电桥平衡(指示器指示为零)；当输入微波功率时，测热电阻由于吸收微波功率而受额外加热，阻值变化，致使电桥失衡，这时，如果减少偏置电源馈送的直流功率，再使电桥恢复平衡，那么，减少的直流功率便等于输入的微波功率。这种通过直流功率来替代微波功率的方法称为平衡电桥法。当然利用电桥的失衡输出亦能测出微波功率的大小，这种方法称为失衡电桥法。两种方法各有长短，后来出现了集二者之长的自动平衡电桥法。下面分别介绍这些方法。

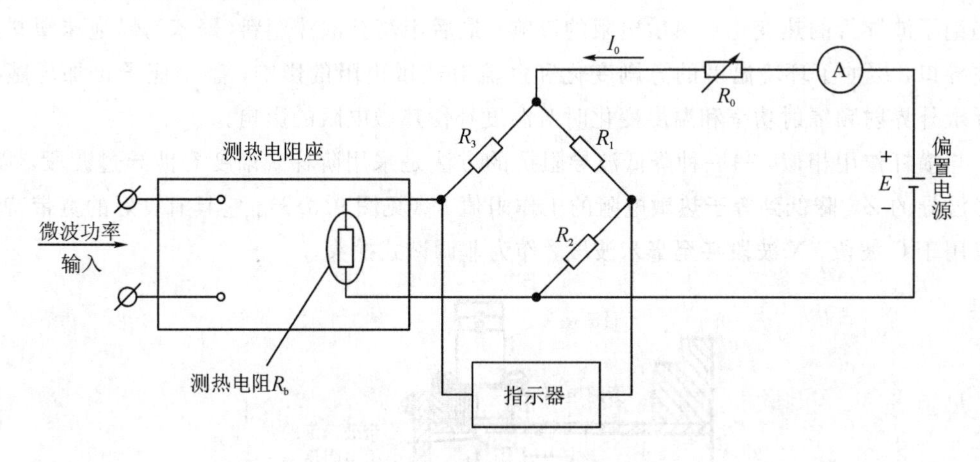

图 9.3.10 测热电阻功率计示意图

1) 平衡电桥法

惠斯通电桥的基本电路如图 9.3.11(a)所示。设微波功率输入之前电桥初平衡时的电流为 I_1，热敏电阻吸收的直流功率 $P_1=I_1^2R_0/4$；而在微波功率输入之后，电桥再平衡时的电流为 I_2，则热敏电阻吸收的功率为直流功率 $P_2=I_2^2R_0/4$ 与输入微波功率 P_{in}之和，即 $P_1=P_{in}+P_2$，于是有

$$P_{in}=\frac{(I_1^2-I_2^2)R_0}{4}=\frac{(I_1-I_2)(I_1+I_2)R_0}{4}=\frac{\Delta I(2I_1-\Delta I)R_0}{4} \tag{9.3-1}$$

式中，$\Delta I=I_1-I_2$ 为电桥电流的改变量。

通常，电桥初平衡电流 I_1 远大于电桥电流的改变量 ΔI，故式(9.3-1)近似表示为

$$P_{in}\approx I_1\Delta I\left(\frac{R_0}{2}\right) \tag{9.3-2}$$

可见 ΔI 的读数直接影响测量精度，而在适合 I_1 的毫安计(电桥电流表)上又不能准确地分辨出 ΔI，故常用的方法是精密电阻箱法、电位计法和分流法。

精密电阻箱法是利用两次平衡时桥路中电阻的变化量来度量 ΔI 的。设电桥初平衡时桥路电阻为 R_1，再平衡时为桥路电阻 R_2，当 $\Delta R=(R_2-R_1)\ll(R_1+R_0)$时，有

$$P_{in}=\frac{(I_1^2-I_2^2)R_0}{4}\approx\frac{I_1^2R_0}{2}\left(\frac{\Delta R}{R_0+R_1}\right) \tag{9.3-3}$$

电位计法是在桥路 S 处插接电阻 R(如 200 Ω)，由电位计测量桥路中两次平衡时的电流差 ΔI。

分流法是初平衡之后，在桥路 A、B 两端接入并联电路(见图 9.3.11(b))，调整分路电阻 R_k 使电桥再次平衡，则 $I_k=\Delta I$。

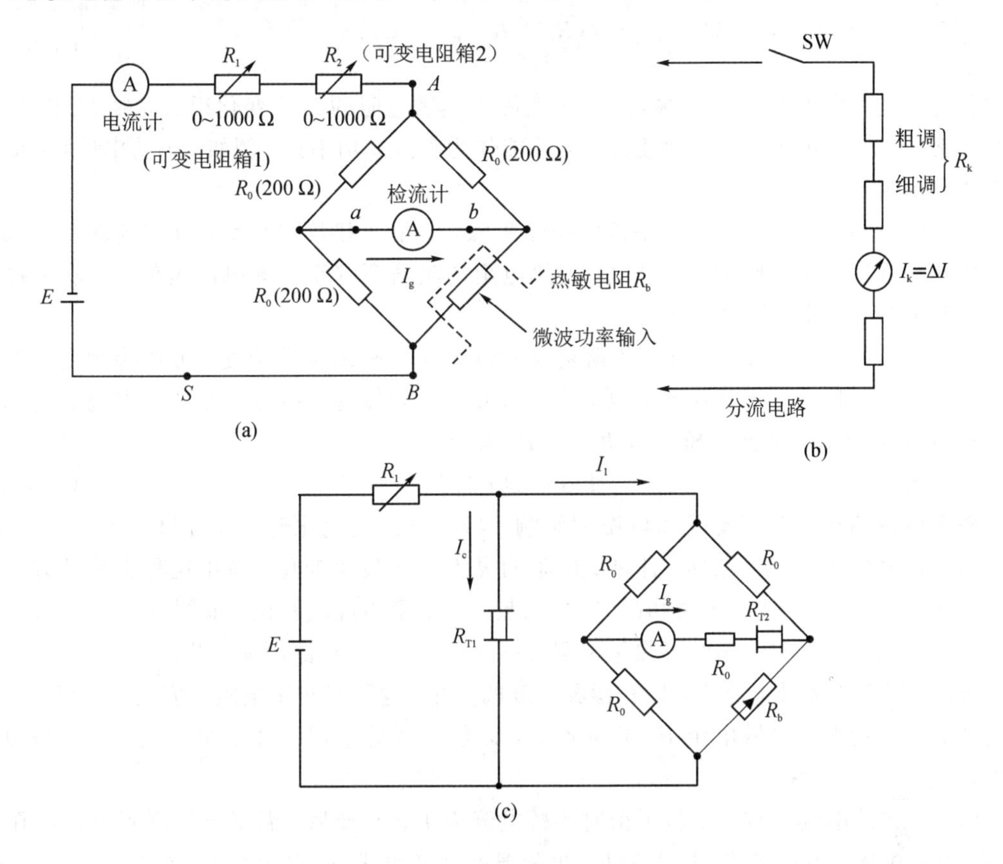

图 9.3.11　测热电桥原理

(a) 基本电桥电路；(b) 分流电路；(c) 有温度补偿的失衡电桥电路

由上述原理知，平衡电桥法测量微波功率的准确性除与 ΔI 读数有关之外，还与检流计指示电桥平衡时的灵敏度有关，该灵敏度也称为电桥灵敏度。设平衡时的热敏电阻 $R_b=R_0$，检流计电流 $I_g=0$；失衡(当输入微波功率)时，$R_b=R_0-\delta$，$I_g\neq 0$，分析得出失衡电流

$$I_g \approx \frac{E\delta}{4R_0(R_0+R_g)} = \frac{I_1\delta}{4(R_0+R_g)} \tag{9.3-4}$$

式中，R_g 为检流计内阻，I_g 的方向如图 9.3.11(c)所示。若 $R_b=R_0+\delta$，则 I_g 反向。

设热敏电阻的灵敏度为 Σ(单位为 Ω/W)，则 $\delta=P_{in}\Sigma$，代入式(9.3-4)得出电桥灵敏度公式为

$$I_{gmin} = \frac{P_{min}\Sigma}{4(R_0+R_g)} \cdot 2I_{b0} \tag{9.3-5}$$

式中 I_{gmin} 为检流计的最小可分辨偏转电流，Σ 为测热敏电阻的灵敏度(Ω/W)，P_{min} 为最小可辨的输入功率(W)，I_{b0} 为测热电阻的工作电流$\left(I_{b0}=\dfrac{E}{2R_0}\right)$。如果 $R_g=R_0$，电桥失衡时检流表的功率最大。因此，应尽可能选用内阻和电桥臂电阻接近的检流计。

2）失衡电桥法

由式(9.3.4)知，若输入微波功率使热敏电阻的改变量为$\delta(\delta=P_{in}\Sigma)$，$\delta\ll R$，则有

$$P_{in}=\frac{4(R_0+R_g)}{I_1\Sigma}I_g=f(I_g) \tag{9.3-6}$$

若Σ恒定，且失衡不大，则$P_{in}\propto I_g$，不过实际上热敏电阻的Σ值变化很大，故P_{in}和I_g的关系通常要用实验的方法标定刻度之后，才能作为直读式功率计。例如，小功率计GLX-6做直读测量时就是这种电路。

失衡电桥的优点是省去了再平衡的操作步骤，并能直接读取功率；其主要缺点是测热电阻特性易受环境温度影响，测量时，测热电阻的阻值不等于平衡时的阻值，使功率探头的驻波比上升，致使失配误差增大。

若用失衡电桥测量较大功率，为避免失衡过大而影响测量准确度，可在待测信号源与失衡功率计之间接入标定刻度衰减器，来扩展量程，以保持电桥处于小失衡状态。若标定刻度衰减量为A dB，失衡电桥指示功率为P，则有

$$P_{in}=P\cdot 10^{A/10} \tag{9.3-7}$$

失衡电桥的指示精度易受环境温度影响，当环境温度变化时，将引起工作点的改变，导致初平衡时的零点产生漂移，且热敏电阻的灵敏度Σ发生变化。减小这种影响的方法一是用隔热材料(如泡沫或棉等类物品)适当包装，二是采用温度补偿，如图9.3.11(c)所示。图中所示电路采用两只简易盘形热敏电阻，一只R_{T1}并联于桥路两端，以补偿零点漂移，另一只R_{T2}串联于检流计电路中，以补偿灵敏度的变化。这两只热敏电阻在安装时，都要置于探头外部最贴近珠形热敏电阻R_b的位置上，以使三者处于同一环境温度之中。补偿原因如下：

(1) 设在某温度t_1时，电桥平衡时的桥电流为I_1。平衡后，温度再升高到t_2，R_b阻值减小，电桥失衡，零点漂移。但由于R_{T1}也随温度升高而减小，分流增大，设分流增量为I_c，则桥电流为$I_1'=I_1-I_c$，较温度t_1时减小，可使热敏电阻R_b阻值恢复到R_0，即温度变化前后的R_b值几乎不变。

(2) 环境温度升高后，由于R_{T1}的补偿作用使R_b值未变，但是由于温度由t_1增加到t_2，使热敏电阻$R-P$曲线(见图9.3.2(b))的斜率发生变化，即$\Sigma=dR/dP$减小，致使桥路灵敏度(见式9.3-5)下降(P_{min}增加)；

(3) 在温度t_2时，由于桥路电流从I_1减小到I_1'，致使失衡检测时检流指示I_g减小，产生测试误差。

由(2)、(3)项分析可知，在R_{T1}补偿之后，尚需在检流计电路中予以补偿，为此，需要串入热敏电阻R_{T2}，以提高指示灵敏度，即温度升高时，由于R_{T2}阻值减小而使(2)、(3)项得以补偿。采用上述措施之后，在要求不高的情况下，可以采用失衡电桥功率计来测量微波功率，其误差约为±10%。

3）音频自动平衡电桥(GLX-11型小功率计)

采用平衡电桥法在测量时，需要由两次平衡读数来计算其待测功率，而在两次平衡过程中，环境温度变化又将影响到测量精度，为此改进平衡电桥法，得到自动平衡电桥法。该方法在替代功率上，有采用直流功率的，也有采用音频功率的。下面先介绍音频替代的自动平衡电桥工作原理。

图 9.3.12 示出的是音频自动平衡电桥原理图，它与图 9.3.7 示出的功率探头一起可组成微波小功率计。

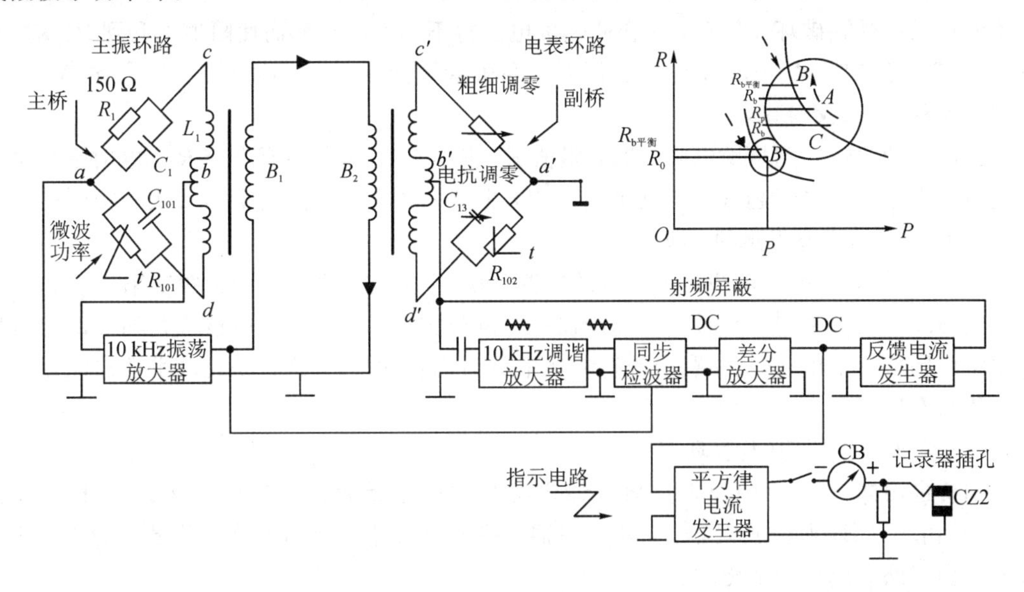

图 9.3.12　音频自动平衡电桥原理图

自动平衡电桥包括主桥、副桥和指示电路三部分。

(1) 主桥工作原理(主振环路)。

主桥是一个音频供电的阻抗电桥，它的 ac 臂由电阻 R_1 和电容器 C_1 组成，cb 臂由电感组成，ad 臂由热敏电阻 R_{101} 和电容器 C_{101} 组成，db 臂由电感组成。音频能量由 10 kHz 振荡放大器提供，该 10 kHz 振荡放大器连接在主桥的 b 点。平衡原理与简单的惠斯通电桥一样，只是把电阻臂用阻抗臂代替而已。

10 kHz 振荡放大器具有振荡和放大的双重作用，但它的基本状态是振荡器，产生 10 kHz音频能量供给主桥。

当微波功率未加载到热敏电阻 R_{101} 上时(开机之前)，热敏电阻处于环境温度之中，阻值约为 1～5 kΩ，在开机的瞬间主机就处在强烈的失衡状态。正如式(9.3-4)指出的，在 ab 之间有强烈失衡电流 I_g 流过，在开机瞬间 I_g 是暂态电流，有丰富的谐波，当 I_g 流入 10 kHz振荡放大器时，内部的 10 kHz 谐振电路，就把 10 kHz 信号取出来，经过放大输出到主桥变压器 B_1 的初级，再回授到次级，使这个闭合环路产生正反馈而振荡在10 kHz频率的信号。与此同时，主桥获得音频功率，热敏电阻吸收音频功率后，阻值降低到微大于平衡时的电阻 R_0 的数值，放大器便振荡在稳定状态，这就是微波功率未加入之前的初平衡状态，平衡过程是自动完成的。设电桥平衡时，热敏电阻 R_{101} 的阻值为 $R_{b平衡}$，那么，如果放大器的放大量很大，则在自动平衡时，热敏电阻的阻值 $R_{b平衡}$ 和电桥平衡时要求的额定值 R_0 将极为接近(见图 9.3.12 右上曲线的平衡点“B”)。但是热敏电阻的阻值也不可能小于它在平衡时的阻值 $R_{b平衡}$，因为，如果在 $R_{b平衡}>R_b>R_0$ 的范围内，正回授量将小于平衡时的回授量，音频功率减小，遂使 R_b 的阻值自动增加到 $R_{b平衡}$ 的值(点“A”趋于点“B”)，音频功率又会上升到原来的平衡点“B”。

热敏电阻的阻值 R_b 也不可能工作在比 R_0 还小的情况下，这是因为如果出现这种情况，$R'_b<R_0$，则由于失衡方向的改变使电流 I_g 将随之改变方向(见式(9.3-4))，将使主桥环路的正反馈受到破坏而停振，又会使热敏电阻得不到音频功率而使阻值上升到 $R_{b平衡}$ 之值(由点“C”趋于点“B”)。因此，电桥必须工作在微量失衡状态，才能维持稳定的振荡，放大量越大这种微量失衡越小。

当微波功率输入到热敏电阻上时，阻值 R_b 将小于 $R_{b平衡}$，甚至小于 R_0，这时主桥就会发生由“C”或“A”向“B”趋近的自动平衡过程，也就是再平衡。但这个第二次平衡时的阻值 $R_{b平衡}$ 是由两个功率源得到的，即

$$微波功率 + 主桥再平衡时的偏置功率 = 主桥初平衡时的音频功率 \tag{9.3-8}$$

式(9.3-8)说明初平衡时一部分音频功率被微波功率代替了，而被代替的那部分音频功率将由副桥指示出来(式中剩余的音频功率称为偏置功率)，这就是自动平衡法测量微波功率的基本原理。

(2) 副桥工作原理(电表环路)。

副桥也由同一个 10 kHz 振荡放大器供给与主桥等量的音频功率($c'd'$)，其检测支路($a'b'$)是由 10 kHz 调谐放大器、同步检波器、差分放大器和反馈电流发生器组成的，也是通过闭合环路完成自动平衡的。

当微波功率未加入时，副桥从 10 kHz 振荡放大器获得音频功率，再变换为直流功率，来完成副桥的自动平衡。即副桥的自动平衡不是用音频功率而是用 10 kHz 调谐放大器把微失衡量的音频放大之后，由同步检波器把它的直流分量检测出来，再经过反馈电流发生器产生一个直流电流，并反馈到副桥来维持它的平衡状态的。因此，副桥在初平衡时，热敏电阻 R_{102} 上的功率源为

$$副桥初平衡时的音频功率 + 副桥初平衡时的直流功率 = 主桥初平衡时的音频功率 \tag{9.3-9}$$

实际上副桥也总是保持一点微量失衡，稳定工作时，副桥热敏电阻工作阻值稍小于理想平衡的电阻值。副桥在初平衡状态时，通过粗细调零电位器和电抗调零可变电容器 C_{13} 把电表指针调到零位(即使式(9.3-9)中的副桥初平衡时的直流功率等于“零”。电表零点是一个参考零点，也就是说在零指示时仍保持有一定的很小直流反馈电流，加到副桥，这样不致使电表环路断开。因此，在表头 CB 上还需引入一个反向流经表头的电流，以使电表指针指在零点以下一定范围，来抵消由于副桥平衡状态时所保持的微小失衡而引起的电表指示，电表环路就不致断开)。然后输入微波功率，主副桥都自动完成再平衡过程。这时，由于主桥音频功率减小，致使副桥获得的音频功率减小，副桥失衡，其失衡量由 10 kHz 调谐放大器放大，再由同步检波器检测出直流分量，经反馈电流发生器产生恢复平衡副桥的直流电流，使副桥再次平衡，仍应满足式(9.3-9)，即

$$副桥再平衡的偏置功率 + 副桥再平衡的直流功率 = 主桥初平衡时的音频功率 \tag{9.3-10}$$

由于 10 kHz 振荡放大器供给主、副桥的偏置功率相等，故由式(9.3-10)和式(9.3-8)得出

$$微波功率 = 副桥再平衡时的直流功率 \tag{9.3-11}$$

上式表明输入的微波功率(主桥中热敏电阻 R_{101} 吸收的微波功率)等于副桥中热敏电阻 R_{102}

吸收的直流功率。

主桥热敏电阻R_{101}和副桥热敏电阻R_{102}在结构上共处于同一热环境之中，具有温度补偿作用，如图 9.3.7 所示。

(3) 指示电路。

从主、副桥工作原理可知，由微波功率去代替音频功率，被替代的音频功率又转换成直流功率，把这个直流功率经过适当的电路给予指示并定标，就可以测出微波功率。

由上述方案制成的小功率计，如 GLX－11，其指示精度为满程刻度的±5%；在 0.01 mW挡，预热一小时后，在电源电压稳定、周围无剧烈气流与温度变化时，漂移小于 0.5 μW/30 s。功率量程有 0.01 mW、0.03 mW、0.1 mW、0.3 mW、1 mW、3 mW、10 mW，共七挡。

4) 直流自动平衡电桥(GLK－12M1 型小功率计)

图 9.3.13 示出了直流自动平衡电桥的方框图，包括主桥、副桥和指示电路三部分。

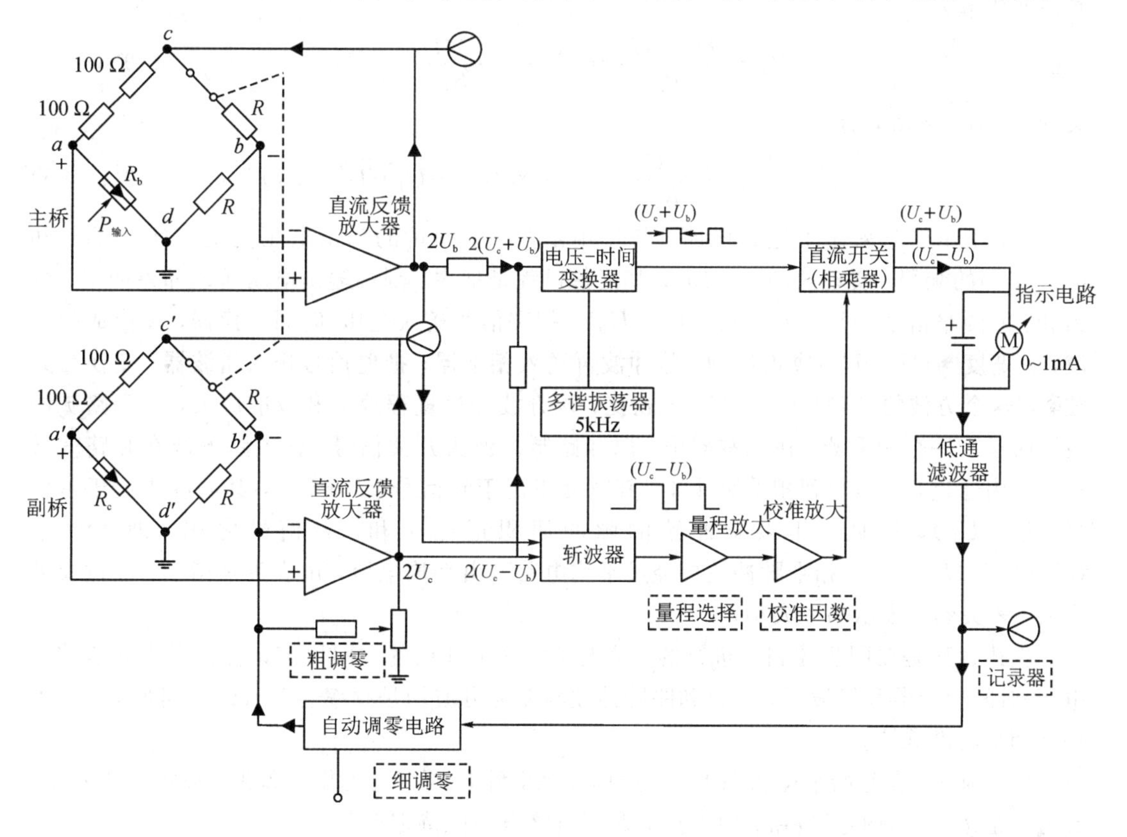

图 9.3.13　直流自动平衡电桥的方框图

该电路除具有音频自动平衡电桥的优点之外，又在两方面做了改进：其一，主桥、副桥分别采用各自的直流反馈放大器单独馈电，两个电桥完全对称(电路元件相同)，成为两个独立电桥，避免了两个电桥由一个电源馈电的电源耦合作用；其二，指示电路采用逻辑指示电路，使指示电路的精度提高到±1%。

直流自动平衡电桥的工作原理如下：

(1) 主桥工作原理。主桥的初平衡过程与图 9.3.12 右上角的图示相同，当电桥平衡之后，设直流反馈放大器的输出电压为 $2U_{b1}$，则 R_b 吸收的直流功率 $P_1=U_{b1}^2/R_b$。

(2) 副桥工作原理与主桥的完全相同。未加入微波功率时，设副桥平衡之后直流反馈放大器输出电压为 $2U_c$，则热敏电阻 R_c 吸收的直流功率 $P_c=U_c^2/R_c$。由于主、副两桥特性完全相同，所以有

$$P_1 = P_c = \frac{U_c^2}{R_c} \tag{9.3-12}$$

(3) 加入微波功率 P_{in}之后，电桥再次自动平衡。设在平衡时直流反馈放大器输出电压为 $2U_b$，则有

$$P_{in} + \frac{U_b^2}{R_b} = P_1 \tag{9.3-13}$$

副桥与主桥相互独立，且两只热敏电阻 R_b 和 R_c 共处同一热环境中，所以副桥不会由于主桥加入微波功率而改变其初平衡状态，因此 P_c 不变。由式(9.3-12)和式(9.3-13)得出待测微波功率为

$$P_{in} = \frac{U_c^2 - U_b^2}{R_b} = \frac{(U_c + U_b)(U_c - U_b)}{R_b} \tag{9.3-14}$$

又 $R_b = R_{b平衡} \approx R_0$，有

$$P_{in} = \frac{(U_c + U_b)(U_c - U_b)}{R_b} \propto (U_c + U_b)(U_c - U_b) \tag{9.3-15}$$

(4) 指示电路采用了逻辑电路。其作用是把主、副桥的输出电压变换为(U_c+U_b)和(U_c-U_b)的乘积，实现式(9.3-15)。其简单过程是把主、副桥输出电压送入和差网络，分为和、差两路信号 $2(U_c+U_b)$和 $2(U_c-U_b)$。把和信号送入电压-时间变换器，变换成脉冲波，其宽度与(U_c+U_b)成正比例，脉冲波再送入相乘器；把差信号送入斩波器，变换为方波，但这个方波的高度与(U_c-U_b)成正比，该方波经过量程放大和校准放大，与和路脉冲波同时送入一个相乘器。在相乘器中，以和路脉冲波为开关信号，使差路方波在和路信号宽度之内通过，于是得到相乘脉冲波，其宽度正比于和信号(U_c+U_b)，其高度正比于差信号$(U_c - U_b)$，因此，相乘脉冲波的脉冲面积正比于和、差信号之积，即正比于$(U_c+U_b)(U_c-U_b)$。相乘脉冲波再经过平均电路取出平均电流，由表头来指示，经过校准之后，表头刻度表示功率大小。

上述过程是在同步控制下进行的。该电路由一个共用的 5 kHz 多谐振荡器来同步控制电压-时间变换器和斩波器，所以和路脉冲波与差路方波均是频率为 5 kHz 的同步信号，可保证相乘的准确性。

(5) 调零。在起始平衡状态下，经过调零来消除 U_c 和 U_b 的微小差别，以保持零示值。其方法是按下“细调零”按钮，便由自动调零电路自动保持零点。

采取上述措施，可使此功率计能够在 0～10 μW 甚至 10 mW 的全部量程内达到±1%的精度。若改用数字指示，其指示仪表精度可达±0.5%。

9.3.2 薄膜热电偶小功率计

利用热电偶原理制成的薄膜热电偶功率计也是目前广泛应用的微波小功率计之一。

在微波小功率计中使用的热电偶结构与低频中的不同，通常做成薄膜式的。从作用原理上说，采用热电偶制成的功率计有两种形式：一种是把热电偶当作微波吸收负载，通过

温差电势来指示微波功率，这种功率计叫作薄膜热电偶式功率计或薄膜热电偶功率计；另一种是用热电偶测量出微波功率对负载加热前后的温度改变量，用负载温度的改变量来指示微波功率的大小，这种形式的功率计叫作量热式功率计，简称量热计。

1. 薄膜热电偶功率探头

GX2A 微瓦功率计的功率探头属于薄膜热电偶型，有同轴和波导两种形式。由于它们的基本原理相同，这里只介绍同轴探头(如图 9.3.14 所示)，它是两个铋锑薄膜热电偶串联组成的。在一片云母或聚酯类基片上蒸发上一层金膜，作为中心电极和两个分开的半月形外电极。在中心电极和每个外电极之间(即同轴线内、外导体之间)的空隙上镀一个铋、锑薄膜热电偶，(如图 9.3.14 中的点 a_1 和 a_2)。热电偶的两个电极分别与中心电极和半月形外电极以串联方式连接。每个热电偶的内阻为 100 Ω，对微波输入信号来说，其热电偶为并联，并与 50 Ω 的同轴线相匹配。在这个铋锑薄膜元件上再敷上一层电介质薄膜，以使同轴线的内、外导体分别与中心电极、外电极相紧贴，并使热电偶以电容耦合方式成为微波信号的吸收负载。当未输入微波功率时，由于内、外导体处于同一环境温度中(若考虑内部热传导作用，还有温度变化的二阶影响，这里予以忽略)，所以两个热电偶之间没有温差，因而没有输出电压；当输入微波功率时，通过电容耦合传到铋锑薄膜而使接点 a_1、a_2 的温度升高，并与另外的接点 b_1、b_2、b_3 之间产生温差，根据塞贝克效应，有温差电动势输出，微波输入功率越大，温差电动势越大。

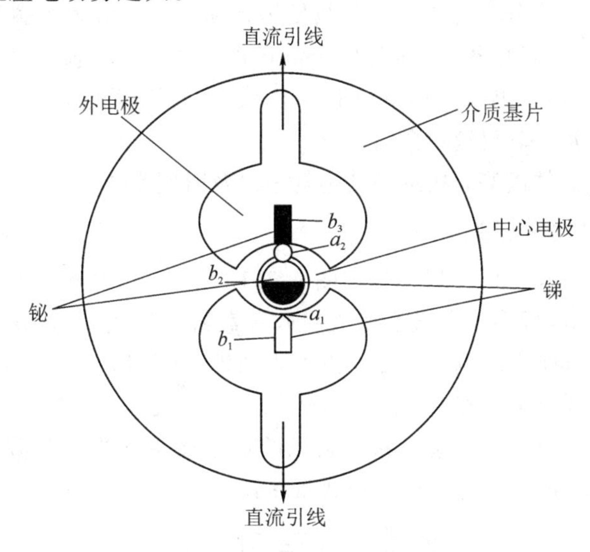

图 9.3.14　薄膜热电偶同轴探头示意图

铋锑薄膜热电偶可以制成各种灵敏度和功率容量的功率探头，如同轴探头 GX2－N1(1)(工作频率为 0.5～12.4 GHz，功率测量范围为 100 μW～100 mW，驻波比 $\rho<1.5$)，波导探头 GX2－N2(2)(工作频率为 34～36.6 GHz，功率测量范围为 100 μW～100 mW，驻波比 $\rho<1.35$)，等等。

在使用中应注意两点：① 在低量程，尤其是 10 μW 挡，需要精密测量时，要求反复测量三次，取其平均值作为测量结果，每次测量前要仔细调零；② 各功率探头只允许在额定功率范围内使用，超过上限时，即使是很短的时间也容易造成永久性的烧毁。后来发展出来的半导体-薄膜型热电偶，在抗过荷能力上已有所改进，所以热电偶式功率计还是比较有发展前途的。

2. 热电压指示方法

热电压正比于冷热点的温差，温差正比于输入微波功率，故表头的功率刻度为线性的。

热电偶产生的电压是很微小的，需要用低噪声、高增益、稳定性好的直流放大器来放大，然后再用微安表指示。为了克服零点漂移，功率指示器需采用斩波器做成变换型直流放大器。GX2A 微瓦功率计的最小直流信号的满度灵敏度为 10 μV。功率指示器的原理方框图如图 9.3.15 所示。

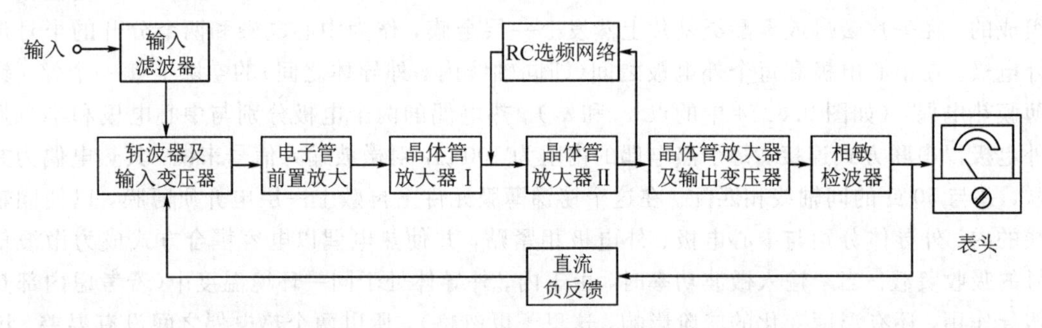

图 9.3.15　功率指示器的原理方框图

9.3.3　量热式干负载型小功率计

量热式功率计按结构分为静止式干负载量热计和流动式液体负载量热计两种。静止式干负载量热计(简称静止式量热计)通常用于测量微波小功率；流动式液体负载量热计(简称流动式量热计)通常用于测量大功率和中功率。这里介绍静止式量热计的基本原理，关于流动式量热计，将在大功率测量中介绍。

量热技术的优点是精度高，缺点是结构复杂以及时间常数大。

1. 静止式量热计功率探头

静止式量热计功率探头的一般结构如图 9.3.16 所示，该结构为对偶式，它由两个相同的量热体组成对偶负载(即参考负载和微波吸收负载)。在未输入微波功率时，两者处于同一环境温度之中，热电偶输出电压为零；当输入微波功率时，微波吸收负载由于吸收功率而发热，待温度上升到稳定状态时，温差电势就表示微波功率。参考负载作为温度的参考零点，并起温度补偿作用。根据这一原理制成的功率探头称为干负载式量热计功率探头，相对于流动负载而言，该量热计亦称静止式量热计。

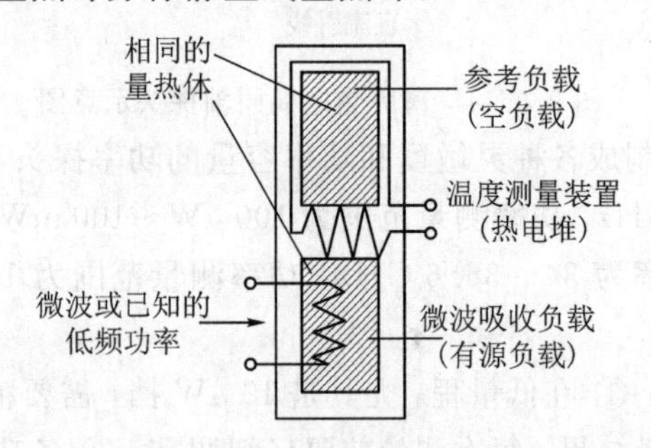

图9.3.16　静止式量热计功率探头的一般结构示意图

由上可见，这种功率探头与薄膜热电偶探头在原理和结构上都不相同。前者热电偶用作量热之用，后者用作微波吸收负载之用。

微波吸收负载中的电阻丝是为输入音频或直流功率而设置的，也为采用替代法进行校准微波功率之用。

图 9.3.17(a)是对偶波导式干负载量热计功率探头(GO－1 型)的结构示意图。在主波导宽边的中央安置负载片，作为微波吸收负载。副波导与主波导结构完全相同，作为参考负载。热电偶堆(或称热电堆、电偶堆)膜片放置在主、副波导之间，以度量两个波导之间的温差。图 9.3.17(b)(c)分别是波导内负载片和两波导间热电偶堆的结构。

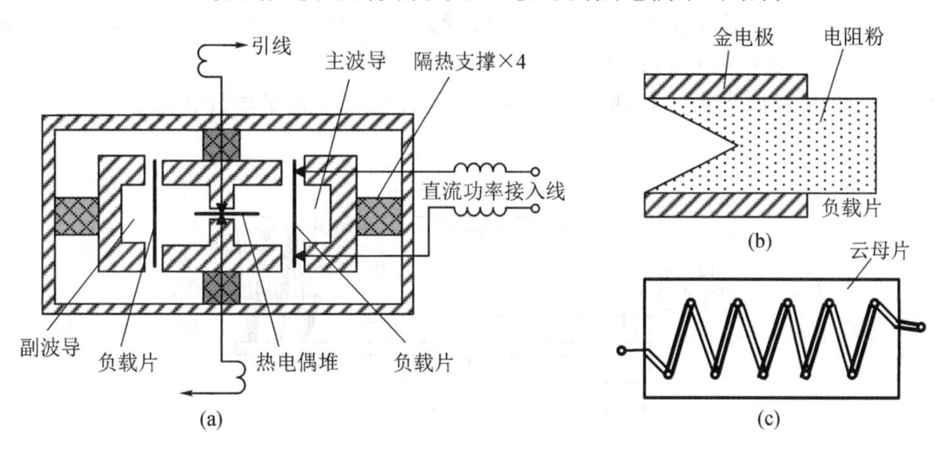

图 9.3.17　对偶波导式量热计功率探头示意图(GO－1 型)

(a) 对偶波导式干负载量热计功率探头的结构示意图；(b) 负载片结构；(c) 热电偶堆

图 9.3.18 示出了单波导式量热计功率探头，它是对偶波导式量热计功率探头的改进型。波导外壁(或同轴线)是由热容量足够大、导热性能良好的金属铝组成，它代替了图 9.3.17 中作为参考负载的副波导，经隔热板固定在外壳上(外壳由很薄的铝铸件做成)，使外界环境温度的突变得到缓冲。

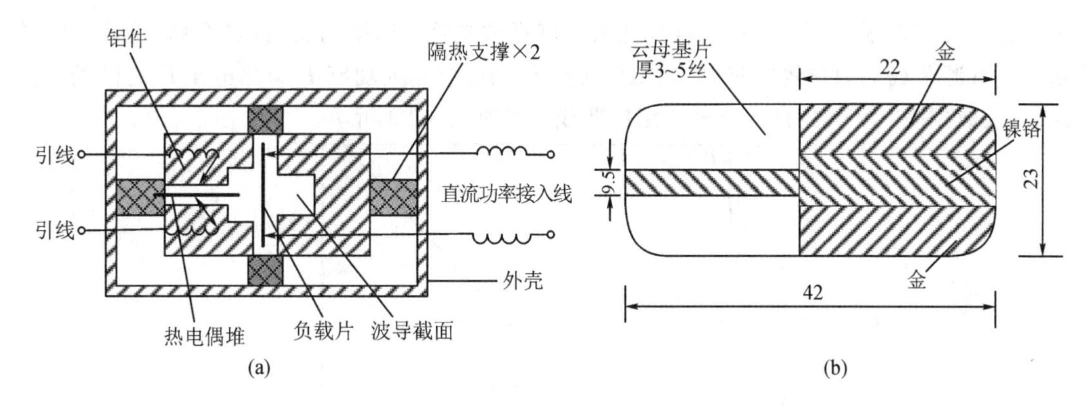

图 9.3.18　单波导式量热计功率探头示意图

(a) 单波导式量热计功率探头(GO－2 型)；(b) 负载片，单位：mm

当微波功率加到负载片上时，不但加热了负载片和它周围的空气，同时也加热了波导内壁的铝片，由于金属铝是一种良好的导热体，且有足够大的热容量(GO－2 的热容量为 16 000 J/℃)，因此由微波功率加热产生的有限热量就很快被铝件吸收，又向外散失，而铝件本身没有温升(起到参考零点作用)。但是，热电偶堆的热端却处在受功率加热的波导之内，故有温升。当温升稳定时，热电偶堆的两端就有一个稳定的温差，在热电偶堆的两端呈现一个温差电势。

为了取得尽可能高的灵敏度，热电偶堆采用了高纯锑和高纯铋通过真空蒸发的方法沉积在不易形变的云母片上(因为锑具有脆性，所以不易沉积在软性的基片如聚酰亚胺、涤纶等薄膜上)。

负载周围空气的温升正比于加入的直流或微波功率，(在一定范围内)热电偶堆的温差电势与热电偶堆两端的温差成正比。假定直流和微波功率在负载片上产生的热效应完全一样(事实上近似相等，引入替代误差)，则可以通过对直流功率和热电偶堆输出电势的精确测量，来确定微波功率的精确数值。

图 9.3.19 是对偶同轴式量热计示意图，其原理与波导式量热计相同。

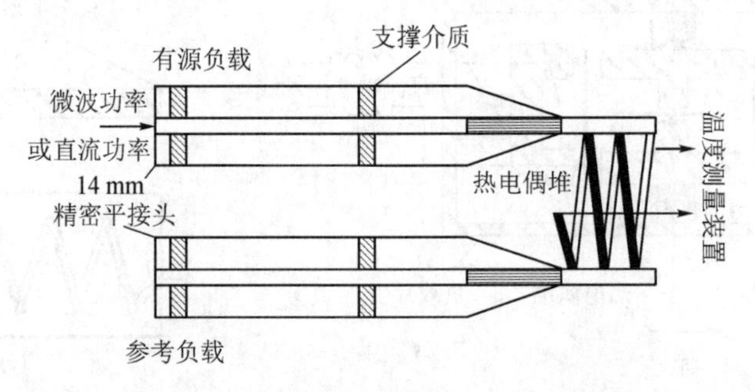

图 9.3.19　对偶同轴式量热计示意图

干负载量热式功率探头的一般性能举例如下：GO-1 型波导式量热计在 8.2～12.4 GHz 上，驻波比 $\rho<1.35$；同轴式量热计在 0～8.2 GHz 上，驻波比 $\rho<1.4$，在 8.2～10.0 GHz 上，驻波比 $\rho<1.7$，时间常数 $\tau<20$ s(时间常数 τ 为指示值达到基本稳定值的 65%时所需要的时间，基本稳定值是指理论稳定值的 99.8%)。

2. 热电压与微波输入功率的关系

通常采用直流(或音频)功率替代法来定度微波功率，即认为直流(或音频)功率与微波功率在有源负载上的热效应相同。定度之后，得到微波输入功率 P 与热电压 E 之间的关系曲线(或数据表)，称为功率-热电压定度曲线，如图 9.3.20 所示。

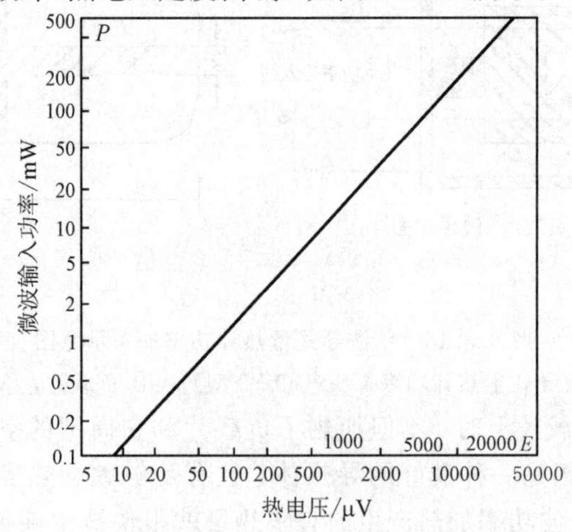

图 9.3.20　热电压随微波功率变化曲线

测定输入功率的方法如下：

(1) 当待测微波功率输入到有源负载时，待温升稳定后(如 3 min，具体时间由说明书给出或由时间常数确定)，读取量热计输出电势 E_1；

(2) 消除剩余温差，去掉待测功率源，待稳定后，读取剩余电势 E_0。这两个步骤要求至少重复三次，取其平均值，求出量热计的输出电势 $E=E_1+E_0$(E_0 的极性与 E_1 相同取"＋"，相反取"－")。再由 $P-E$ 曲线查出待测功率值 P_{in}。

此外，量热计还应进行温度修正(灵敏度与温度有关)、衰减修正及失配修正等，可按说明书或具体要求去做。量热计有较大的时间常数，不能用于快速测量，它有较强的过载能力，但不应超过最大可测功率的两倍。

9.4 微波中、大功率计原理

在微波功率测量中，常以能测功率的高低来划分功率计，主要是由测热元件所能承受的功率来决定的。在 9.3 节讨论的热敏电阻、薄膜热电偶和量热式干负载微波小功率计，最大量程都在毫瓦级，若以 10 mW 为限来划分小、中、大功率计，则薄膜热电偶和量热式干负载微波小功率计所能承受的功率超过 10 mW，属于中功率计低档。因此，划分界限是大致的。中、大功率测量一般采用两种方式：(1) 扩展小功率计量程；(2) 用量热式液体负载量热计做成终端式功率计。

9.4.1 扩展小功率计量程

扩展小功率计量程，是把中、大功率变换到小功率计量程内，测量其微波功率(变换比已知)，一般有衰减法和定向耦合器法两种。

衰减法是在待测功率源和终端式小功率计之间插入已知衰减量的衰减器来测量中、大功率。设小功率计量程上限为 P_b，待测的中、大功率为 P，量程扩展倍数为 n，则有 $n=P/P_b$，所需衰减量 $A=10\lg n$，待测功率上限为

$$P = P_b 10^{\frac{A}{10}} \tag{9.4-1a}$$

定向耦合器法是采用定向耦合器和小功率计组合来测量微波中、大功率源的输出功率(如图 9.4.1 所示)。设定向耦合器的过渡衰减量为 C(dB)，方向性为无穷大，可变衰减器的衰减量为 A(dB)，小功率计的观测值为 P_c，终端负载的驻波比为 1，则功率源的输出功率为

$$P_{out} = P_c 10^{\left(\frac{C+A}{10}\right)} \tag{9.4-1b}$$

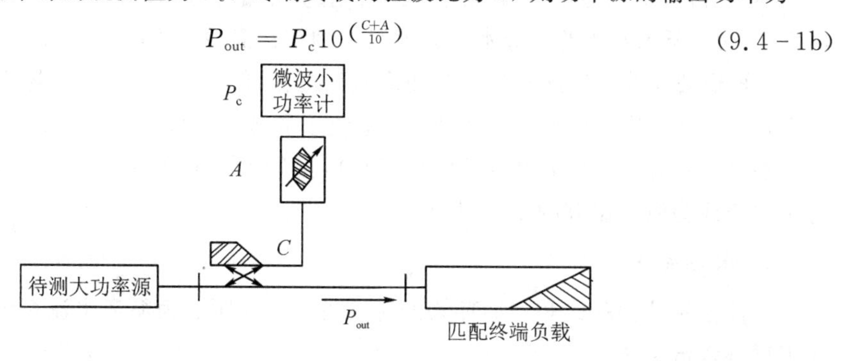

图 9.4.1 定向耦合器与小功率计组合测量大功率线路图

9.4.2 量热式液体负载型中、大功率计原理

在9.3中已经介绍了静止式量热计原理，现在介绍量热式液体负载型中、大功率计原理，其核心为水负载-流动式功率探头。

1. 水负载-流动式功率探头

流动式功率探头常用的液体一种是水，另一种是油，用它们做成的功率吸收体称为水负载或油负载。应用较为普遍的是水负载，如图9.4.2所示，它有入水口和出水口以提供液体的流动，入水口的水温是水负载量热计的参考零点，水负载由于吸收微波功率而使水温升高，吸收的微波功率越大，则水温升得越高，因此，由出水口温度的高低就能度量微波功率的大小。设水温升为ΔT(℃)，水的流速为v(m^3/s)，水的比热容c(J/kg)，加热时间为t(s)，水的密度为d(kg/m^3)，根据热功转换关系式，水负载吸收的微波功率为

$$P_L = cdv\Delta T \tag{9.4-2}$$

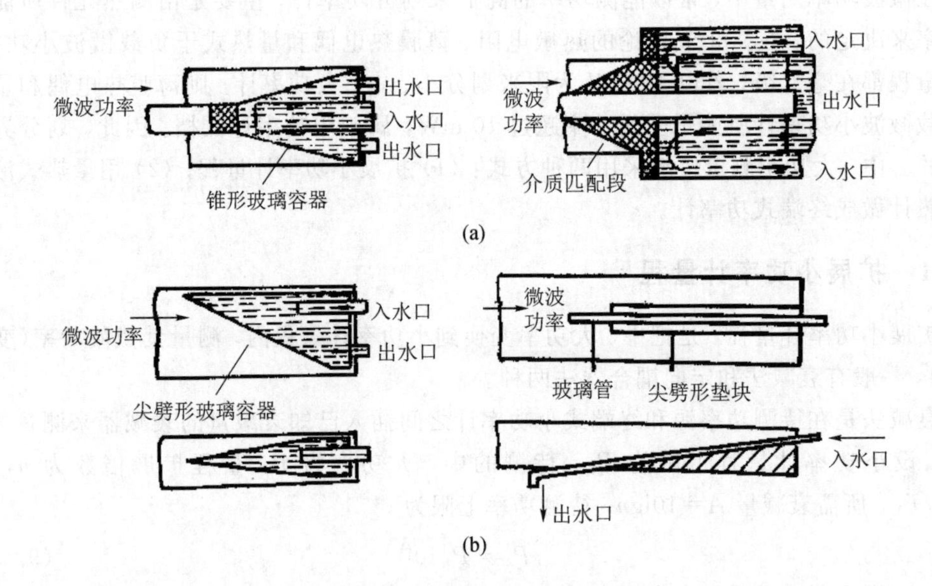

图9.4.2 水负载的结构示意图

(a) 同轴水负载；(b) 波导水负载

水负载的结构主要考虑阻抗匹配、水流平稳和热量分布均匀等三方面的问题。如图9.4.2(b)所示右边的波导水负载就是一种结构简单、性能良好的结构，它应用尖劈形垫块，使短形截面的波导逐渐过渡为凹形截面的波导，玻璃管放在波导中电场强度最大的位置上，沿着管长均匀地吸收微波功率，避免了局部过热现象。

在某些设计中，为了更容易解决阻抗匹配问题，常采用电阻材料作为功率吸收体，而应用水流作为测量温升的中间媒质。

2. 水流系统

水流系统分循环式和不循环式两种。图9.4.3所示为循环水流系统，图9.4.4(a)所示为不循环水流系统。

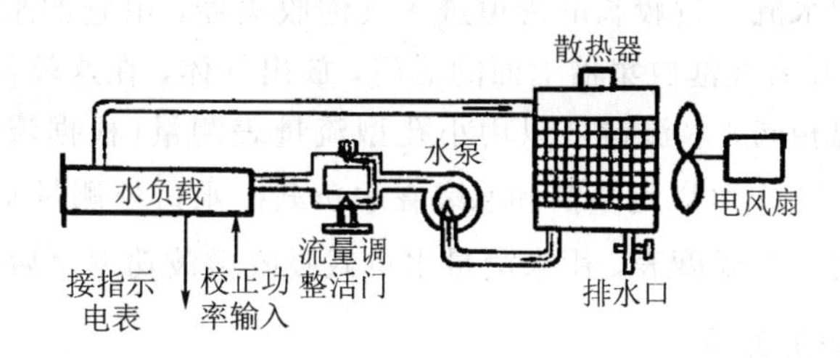

图 9.4.3　循环水流系统

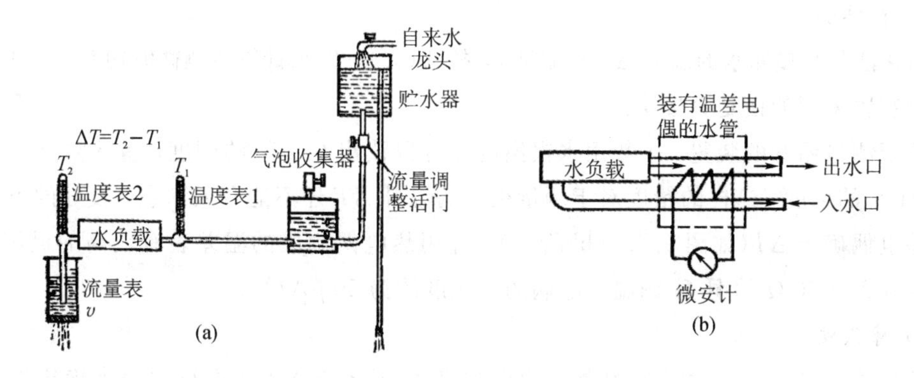

图 9.4.4　不循环水流系统、温差电偶测量误差

(a) 不循环水流系统；(b) 用温差电偶测量温差

对于循环水流系统，在水泵的作用下，水不断循环流动，水流量由流量调整活门调整。该系统采用风扇和散热器使循环水流系统和环境温度迅速达到热平衡。图 9.4.5 是应用替代法的量热式大功率计，它采用与低频功率比较的方法来测量微波功率，故不需要测量水流量的大小。

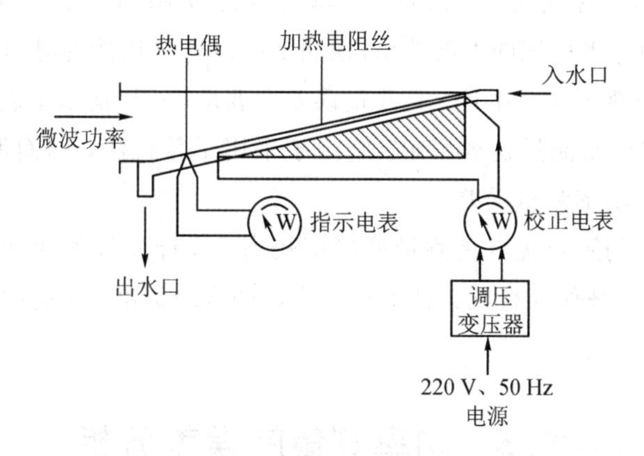

图 9.4.5　应用替代法的量热式大功率计

在一般条件下，不循环水流系统可以自行安装。把贮水器装在较高的位置上，调节自来水龙头和“流量调整活门”，使贮水器的水面和排水管的入口相平，以保证系统的流量稳定。

由贮水器输出的水流经过较长的管道进入气泡收集器，由它们来收集水流中夹带的小气泡。测量终止时，开启气泡收集器上面的活门，放出气体，在这较长的流动进程中，水的温度可以升到和室温相同。水流量可以用小孔型流量表测量(根据流量表中水面的高度来测量)。若没有流量表，也可以用量筒和水表在水负载出水口处测量水流量。在水负载的入水口和出水口处各装一个温度表，用来测量水负载吸收微波功率之后的温升 ΔT。

3. 确定微波功率的方法

确定微波功率的方法有直接法和替代法两种。

1) *直接法*

直接法是直接测水的温升 ΔT 和流量 v，按式(9.4-2)来计算待测微波功率。图 9.4.4(a)所示的装置采用的便是直接法。

关于测量温升的装置，一般用水银温度计可以读出 0.1 ℃的刻度，量热温度表可以读出 0.01 ℃的刻度，这样的精度对于测量很小的温升 ΔT 还不能令人满意，较好的方法是采用温差电偶确定 ΔT(如图 9.4.4(b)所示)。应用热电偶制成的温差表有较高的灵敏度。例如，内阻 20～30 Ω 的铜-康铜温差电偶的灵敏度约为 50 μA/℃。

2) *替代法*

替代法是采用水负载吸收的微波功率与直流(或交流)功率进行比较来确定微波功率的，例如，超高频大功率计 GLCD-2 型就是按此法制成的(如图 9.4.5 所示)。可测平均功率达 5～2 000 W，在 10 cm 波段最大可测脉冲功率达 1 MW(平均功率为 1 kW)。

从图 9.4.5 中看出，在水负载的管内装了一根加热电阻丝，在出水口附近装了一个热电偶。给加热电阻丝输入 50 Hz 交流功率，并由“校正电表”给以指示。水的温度由接到热电偶的微安计指示。当输入微波功率时，“指示电表”将偏转到一定刻度；去掉微波功率，再加入 50 Hz 交流功率使“指示电表”仍偏转到输入微波功率时的刻度，则在“校正电表”上读出的交流功率值，即等于待测的微波功率(在测量中注意量热计的时间常数 τ)。

应用替代法的量热式大功率计，其测量误差主要取决于“指示电表”和“校正电表”的精度，以及在测量过程中水流量是否恒定。它由于采用了替代法，因而消除了测量水流量和水负载热损耗引入的功率测量误差。

量热式大功率计的主要优点是测量准确度较高，设计良好的大功率计精度可在±3%以内。因此，也常用它来作为校正其他形式功率计的次级标准。它的缺点是测量费时，结构笨重复杂，使用不太方便。

9.5　功率测量的误差分析

9.5.1　功率测量的误差源

功率测量的主要误差源列于表 9.5.1 中，应该在设计、制造和使用中按不同的要求尽可能消除或减小这些误差。对于使用者来说主要是正确应用功率计来测量微波功率源向匹配负载的输出功率，尽量减小测量系统带来的误差。在微波功率测量中最常碰到的误差是表 9.5.1 中功率探头栏内的(1)、(2)、(3)项。本节讨论第一项失配误差，后两项在下一节作简单介绍。在分析失配误差之前，下面先讨论功率方程式。

表 9.5.1　功率测量的主要误差源及减小、修正方法

误差源	误差原因	减小和修正方法
功率探头	(1) 功率探头和传输线匹配不完善，即产生失配误差	正确安装测热电阻，并调整匹配网络，以尽量减小功率探头输入端的驻波比。必要时，在探头的输入端接入低损耗的阻抗变换器。一般情况下，可根据有关公式计算失配误差
	(2) 功率探头有损耗，即效率	测量有效效率或校准系数，修正测量结果
	(3) 在微波频率和音频(或直流)的情况下测热元件的热效应不相同，即产生替代误差	
	(4) 环境温度变化影响测热电阻的阻值	采用温度补偿电路，或将功率探头放在自动温度控制的恒温盒内，或采用有效的隔热措施
音频或直流替代电路	(1) 电源电压不稳定	采用较完善的电子稳压整流电路以及稳定的音频振荡电路
	(2) 指示器的仪表误差	根据具体电路分析，并计算误差。设仪表误差为 e，功率指示为 P_{ind}，则 $P_{ind}=(1\pm e)P_b$
	(3) 测量元件(如电阻、电流器、衰减器等)的误差	根据具体电路分析，并计算误差

9.5.2　功率方程式

用功率计测量功率源的输出功率时，由于功率探头与传输线不匹配而使功率测量值与功率源的实际输出功率有差别，这个差别不仅与功率探头的反射系数 Γ_L 有关，而且当 $\Gamma_L\neq0$时还与功率源的反射系数 Γ_g 有关。为了分析这个误差的数量关系，我们先推导功率方程式。

微波功率测量线路如图 9.5.1(a)所示。设 Γ_g 为待测功率源的反射系数，Γ_L 为功率探头的反射系数，Z_0 为无耗传输线特性阻抗。把待测功率源等效为恒压源，其内阻为 Z_g，电动势为 U_g。由图 9.5.1(b)知，$\Gamma_g=\dfrac{Z_g-Z_0}{Z_g+Z_0}$，$\Gamma_L=\dfrac{Z_L-Z_0}{Z_L+Z_0}$。在下面分析中把特性阻抗为 Z_0 的传输线称为 Z_0 线，把 $\Gamma_g=0$ 的功率源称为 Z_0 源，把 $\Gamma_L=0$ 的负载称为 Z_0 负载，把待测功率源(一般为 $\Gamma_g\neq0$)视为信号源。

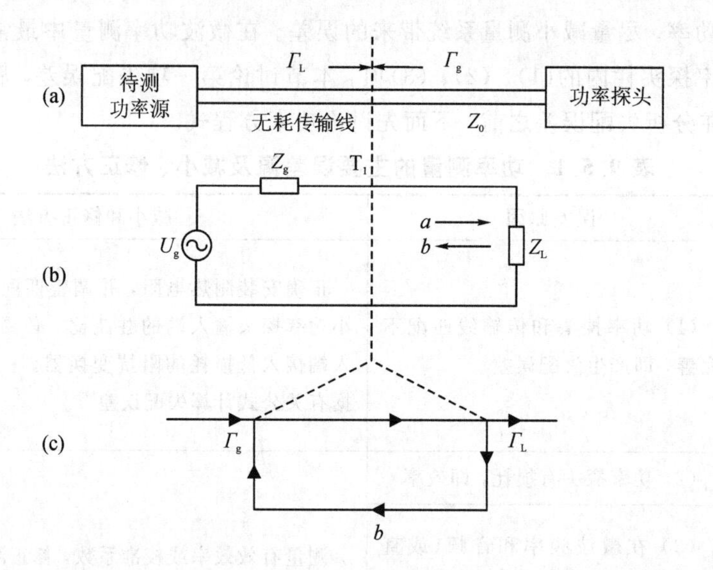

图 9.5.1 功率测量线路及其等效电路

(a) 功率测量线路；(b) T_1 面的等效电路；(c) T_1 面的信流图

根据上面规定，功率测量线路就是一个普通的馈源电路，这在前面各章的电路分析中曾不止一次碰到过(如图 3.1.12 所示的多次反射图就是一例)。一般情况下，图 9.5.1(a)所示线路处于非 Z_0 源、Z_0 线和非 Z_0 负载的状态。从暂态的物理过程来看，在信号源接通的瞬间，应该有一个向无反射负载方向送出去的出射波 b_g，由于在这一瞬间 b_g 尚未到达负载，所以不管 Z_L 是否等于 Z_0，该线路都处于 Z_0 线、Z_0 负载和非 Z_0 源的状态，如图 9.5.2 所示。

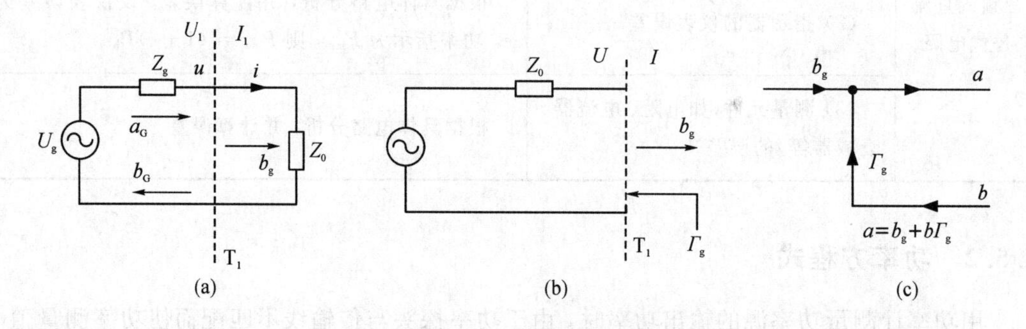

图 9.5.2 非 Z_0 源及一般信号源信流图

(a) Z_0 线、Z_0 负载和非 Z_0 源情况下恒压源等效电路；

(b) 非 Z_0 源向无反射负载输出射波 b_g 时的等效电路(若 $Z_g=Z_0$ 为 Z_0 源，$\Gamma_g=0$)；

(c) 一般信号源的信流图

设电源端 T_1 面的电压为 U_1，则有

$$U_1=U_g\frac{Z_0}{Z_g+Z_0}=\frac{U_g}{2}(1-\Gamma_g)=\frac{U_g}{2}-\frac{U_g}{2}\Gamma_g=U_{gi}-U_{gr}=U_{gi}(1-\Gamma_g) \tag{9.5-1}$$

式中，$U_{gi}=U_g/2$ 是 Z_0 线、Z_0 负载和非 Z_0 源时的源内入射波电压，$U_{gr}=U_g\Gamma_g/2$ 是与 U_{gi} 相同情况下的源内反射波电压，且有

$$\Gamma_g = \frac{U_{gr}}{U_{gi}}$$

电流 I_1 可以写成

$$I_1 = U_g \frac{1}{Z_g + Z_0} = \frac{U_g}{2Z_0}(1 - \Gamma_g) = \frac{1}{Z_0}(U_{gi} - U_{gr}) = I_{gi} - I_{gr} \qquad (9.5-2a)$$

式中，I_{gi}、I_{gr}分别是 Z_0 线、Z_0 负载和非 Z_0 源时源内入射波电流、源内反射波电流，即有

$$\begin{cases} I_{gi} = \dfrac{U_{gi}}{Z_0} \\ I_{gr} = \dfrac{U_{gr}}{Z_0} \end{cases} \qquad (9.5-2b)$$

根据式(9.5-2b)对源内入射波和反射波进行归一化，则由 $\sqrt{Z_0}I_{gi}=U_{gi}/\sqrt{Z_0}$ 和 $\sqrt{Z_0}I_{gr}=U_{gr}/\sqrt{Z_0}$，定义

$$a_G = \frac{U_{gi}}{\sqrt{Z_0}} = \sqrt{Z_0}I_{gi} \qquad (9.5-3a)$$

$$b_G = \frac{U_{gr}}{\sqrt{Z_0}} = \sqrt{Z_0}I_{gr} \qquad (9.5-3b)$$

把 a_G 和 b_G 分别称为上述条件下的源内归一化入射波和反射波。因此式(9.5-1)和式(9.5-2a)可以写成

$$\begin{cases} u = a_G - b_G = b_G \\ i = a_G + b_G \end{cases} \qquad (9.5-4)$$

式中，$u=U_1/\sqrt{Z_0}$，$i=\sqrt{Z_0}I_1$，u、i 分别是源内电源端 T_1 处合成的归一化电压和电流。可见归一化前后的电压和电流在功率上是不变的。b_g 是非 Z_0 源向 Z_0 线和 Z_0 负载系统的出射波，就是通常所说的向无反射负载的输出波。由式(9.5-4)可知，向无反射负载的输出功率为

$$\begin{aligned} P_0 &= b_g b_g^* = |b_g|^2 = (a_G - b_G)(a_G^* - b_G^*) = |a_G|^2 - |b_G|^2 - b_G a_G^* - a_G b_G^* \\ &= |a_G|^2 - |b_G|^2 = \left|\frac{U_g}{2\sqrt{Z_0}}\right|^2 - \left|\frac{U_g}{2\sqrt{Z_0}}\right|^2 |\Gamma_g|^2 \\ &= \left|\frac{U_g}{4Z_0}\right|^2 (1 - |\Gamma_g|^2) \end{aligned} \qquad (9.5-5)$$

式中，$b_G a_G^*$ 和 $a_G b_G^*$，根据正交性，在归一化条件下为零，即传输方向相反，相互间没有能量交换。式(9.5-5)说明非 Z_0 源向无反射负载输出的功率 P_0 为源内入射波与反射波功率之差，如图 9.5.3(a)所示。

再来看式(9.5-5)中右边第一个因子，令它为 P_a，有

$$P_a = \left|\frac{U_g}{4Z_0}\right|^2 \qquad (9.5-6a)$$

$$P_0 = P_a(1 - |\Gamma_g|^2) \qquad (9.5-6b)$$

P_a 就是 $Z_g=Z_0$ 时信号源输出的最大功率，称为资用功率，即 Z_0 源向 Z_0 线和 Z_0 负载输出的功率，是信号源的资用功率，如图 9.5.3(b)所示。

至此，我们只是分析了信号源接通的一瞬间，即信号源的出射波 b_g 还未到达负载之前的瞬间过程，展示了这一瞬间的物理过程。这一瞬间得出的结论和概念如下：① 不管信号

源与传输线匹配与否，功率探头与传输线匹配与否，都有一个向无反射负载的出射波 b_g，其出射波与真实源的关系为 $b_g=[U_g/(2\sqrt{Z_0})](1-\Gamma_g)$，$\Gamma_g=(Z_g-Z_0)/(Z_g+Z_0)$；向无反射负载输出的功率是 $P_0=|b_g|^2=P_a(1-|\Gamma_g|^2)$，其中 $P_a=|U_g|^2/(4Z_0)$是信号源的资用功率。因理想功率计 $\Gamma_L=0$，所以通常要求终端式功率计测出的功率也应该是 P_0，否则便有测量误差。② 由这一瞬间的分析中还得出了一般信号源的信流图关系，如图 9.5.2(c)所示，$a=b_g+b\Gamma_g$，这个关系在前面各章中也曾不止一次用过。

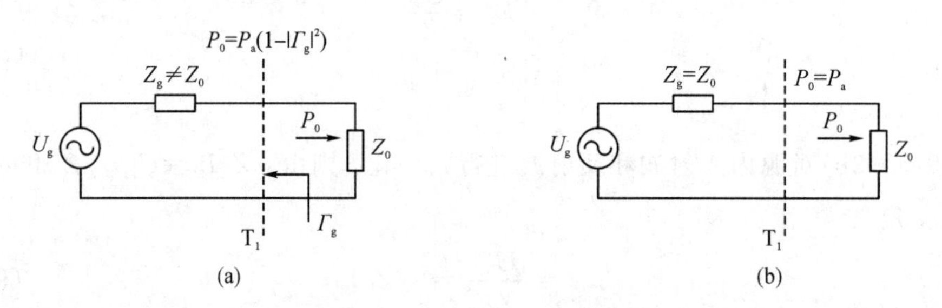

图 9.5.3　向无反射负载输出的功率

(a) 非 Z_0 源向无反射负载输出功率 $P_0=|b_g|^2=P_a(1-|\Gamma_g|)^2$；

(b) Z_0 源向无反射负载输出功率 $P_0=P_a$ 资用功率

下面继续分析。当出射波 b_g 经过 Z_0 线传输到负载 Z_L 时，若 $Z_L=Z_0$，则为图 9.5.3(b)所示的情况。若 $Z_L\neq Z_0$，则有反射波经过 Z_0 线传回到源端，此时如果待测功率源为 Z_0 源(匹配源)，则反射波被源吸收，不再反射，如图 9.5.4 所示；如果待测功率源为非 Z_0 源，则反射波又从源端反射回来，形成多次反射，待稳定后，其信流图如图 9.5.1(c)所示。这就是 Z_0 线、非 Z_0 源和非 Z_0 负载的一般情况。

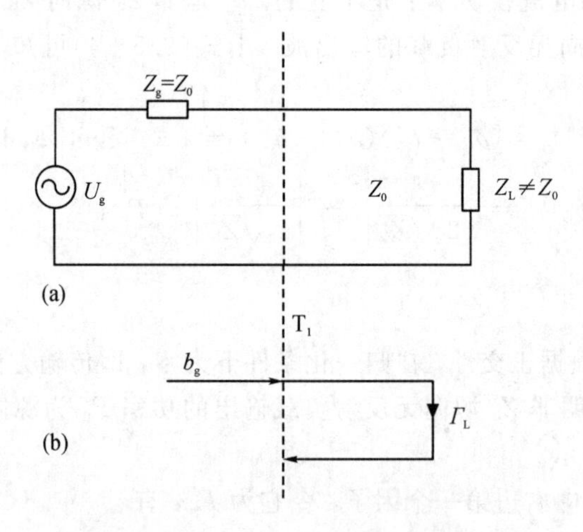

图 9.5.4　非 Z_0 负载情况

(a) Z_0 源、Z_0 线和非 Z_0 负载情况下的等效电路；(b) 图(a)的信流图

就一般情况而言，由图 9.5.1(c)求出待测功率源向 Z_0 线、非 Z_0 负载输出的功率为

$$P_L=|a|^2-|b|^2=P_i-P_r=P_i(1-|\Gamma_L|^2) \tag{9.5-7a}$$

$$P_i=\frac{P_L}{(1-|\Gamma_L|^2)} \tag{9.5-7b}$$

注意到 $a=b_g/(1-\Gamma_g\Gamma_L)$，$b=a\Gamma_L$，$|b_g|^2=P_0=P_a(1-|\Gamma_g|^2)$，于是有

$$P_L = P_a \frac{(1-|\Gamma_g|^2)(1-|\Gamma_L|^2)}{|1-\Gamma_g\Gamma_L|^2} \tag{9.5-8a}$$

或

$$P_L = P_0 \frac{1-|\Gamma_L|^2}{|1-\Gamma_g\Gamma_L|^2} = P_i(1-|\Gamma_L|^2) \tag{9.5-8b}$$

$$P_i = \frac{P_0}{|1-\Gamma_g\Gamma_L|^2} \tag{9.5-8c}$$

$$P_0 = P_a(1-|\Gamma_g|^2) \tag{9.5-8d}$$

式中，P_0 是信号源向无反射负载输出的功率，就是常说的源输出功率；P_a 是信号源输出的最大功率，即资用功率；Γ_g 是信号源与传输线不匹配时从负载端向信号源方向看入的源反射系数；Γ_L 是负载与传输线不匹配时从源向负载方向看入的负载反射系数。

式(9.5-8a)就是常用的功率方程式，它表示信号源、负载与其所连接传输线均不匹配时，信号源转移给负载的功率，也就是功率探头吸收的功率。从功率方程式，即式(9.5-8a)可以得出几个重要结论：

(1) Z_0 源、Z_0 线、Z_0 负载全匹配的情况下，有 $\Gamma_g=0$，$\Gamma_L=0$，则

$$P_L = P_0 = P_i = P_a \tag{9.5-9}$$

式(9.5.9)说明负载吸收的功率等于信号源向无反射负载输出的功率，如图 9.5.3(b)所示。

(2) 非 Z_0 源、Z_0 线、Z_0 负载的情况下，有 $\Gamma_g\neq0$，$\Gamma_L=0$，则 $P_L=P_0=P_a(1-|\Gamma_g|^2)$。

这说明失配源转移到匹配负载的功率小于资用功率。这是必须引起注意的，因为平常的测量中，往往容易把信号源的失配输出误认为额定输出(资用功率)，如图 9.5.3(a)所示。也就是说，用终端式功率计来测量失配源输出功率时，要求功率计的 $\Gamma_L=0$，这时测出的功率就是该信号源的失配输出功率(即 $P_a(1-|\Gamma_g|^2)$)；若 $\Gamma_L\neq0$，将引入测量误差。

(3) Z_0 源、Z_0 线、非 Z_0 负载的情况下，有 $\Gamma_g=0$，$\Gamma_L\neq0$，则

$$P_L = P_0(1-|\Gamma_L|^2) = P_a(1-|\Gamma_L|^2) \tag{9.5-10}$$

它表明 Z_0 源输送给不匹配负载的功率也小于资用功率，如图 9.5.4 所示。不过对于测量未知功率来说，不能要求 $\Gamma_g=0$；然而对于信号源输出功率来说，当然要求它输出最大功率，即资用功率，这是对设计信号源的要求。从功率测量角度看，多属于第(2)种情况。

(4) 如果 $\Gamma_L=\Gamma_g^*$，则 $P_L=P_a$，为共轭匹配。负载吸收的功率等于信号源资用功率。

(5) 非 Z_0 源、非 Z_0 负载、Z_0 线的任意情况下，$\Gamma_g\neq0$，$\Gamma_L\neq0$，则按式(9.5-8a)计算 P_L，负载吸收的功率 P_L 将随因子 $1/|1-\Gamma_g\Gamma_L|^2$ 而变化，其变化情况取决于 Γ_L 和 Γ_g 之间的相位关系。Γ_L 和 Γ_g 反相时，负载吸收的功率最小，即

$$P_{Lmin} = P_a \frac{(1-|\Gamma_g|^2)(1-|\Gamma_L|^2)}{[1+|\Gamma_g||\Gamma_L|]^2} \tag{9.5-11}$$

Γ_L 和 Γ_g 同相时，吸收功率最大，即

$$P_{Lmax} = P_a \frac{(1-|\Gamma_g|^2)(1-|\Gamma_L|^2)}{(1-|\Gamma_g||\Gamma_L|)^2} \tag{9.5-12}$$

由以上讨论得出：从功率测量角度要求看，信号源向无反射负载输出的功率 P_0 是理想终端式功率计所能测量的期望值(不管 $|\Gamma_g|$ 是否为零)，它在功率测量的误差分析与校准中经常用到；当然从功率源的设计要求看，应该使 $|\Gamma_g|$ 尽可能小，以输出更大的功率，这对于消除失配误差也有利；但是从终端式功率计要求看，只要求 $|\Gamma_L|$ 尽可能小，以便能在任何

给定系统中(即使 $\Gamma_g \neq 0$)测出 P_0，使引入的失配误差尽可能小。

9.5.3 功率测量中的失配误差

功率测量线路如图 9.5.1(a)所示。在测量中的失配误差分两种情况来讨论，即待测功率源的驻波比 $\rho_g = 1$ 和 $\rho_g \neq 1$ 两种情况。

1. 待测功率源驻波比 $\rho_g = 1(\Gamma_g = 0)$，即源匹配的情况

设功率探头反射系数为 Γ_L，驻波比为 ρ_L，则由功率方程式(9.5-8a)求出用功率计测得功率源的输出功率为

$$P_{测} = P_a(1 - |\Gamma_L|^2) = P_0(1 - |\Gamma_L|^2) \tag{9.5-13}$$

其相对失配误差为

$$(\delta_\rho)_{失配} = \frac{P_{测} - P_0}{P_0} = -|\Gamma_L|^2 \tag{9.5-14}$$

测出 $|\Gamma_L|$，就可求出 P_0 的校正值：

$$P_0 = \frac{P_{测}}{1 - |\Gamma_L|^2} = \frac{(1 + \rho_L)^2}{4\rho_L} P_{测} \tag{9.5-15}$$

2. 待测功率源驻波比 $\rho_g \neq 1(\Gamma_g \neq 0)$，即源失配的情况

由功率方程式(9.5-8a)可知测得功率源的输出功率为

$$P_{测} = P_0(1 - |\Gamma_L|^2)\frac{1}{|1 - \Gamma_g \Gamma_L|^2} \tag{9.5-16}$$

由式(9.5-16)看出，若待测功率源驻波比 ρ_g 和功率探头驻波比 ρ_L 均为已知，则非 Z_0 源向无反射负载输出的功率 P_0 除最后一个因子之外都是可以校正的，即

$$P_0 = \frac{P_{测}}{1 - |\Gamma_L|^2}(|1 - \Gamma_g \Gamma_L|^2) = P'_0(|1 - \Gamma_g \Gamma_L|^2) \tag{9.5-17}$$

式中

$$P'_0 = \frac{P_{测}}{(1 - |\Gamma_L|^2)} \tag{9.5-18}$$

注意：对非 Z_0 源，P_0 是它实际可输出的最大功率($Z_L = Z_0$ 时)，但小于 P_a；而 P_a 则表示最大可利用功率，但在 $\Gamma_g \neq 0$ 且又未达到共轭匹配的情况下，实际上并未全部输送出来。

由式(9.5-17)得出

$$P'_0 = P_0 \frac{1}{|1 - \Gamma_g \Gamma_L|^2} \tag{9.5-19}$$

式中，P'_0 是经过探头失配校正的源输出功率。上式说明，失配源真实输出功率 P_0 与校正值 P'_0 之间还存在误差因式 $1/|1 - \Gamma_g \Gamma_L|^2$，这个误差因式不仅取决于源反射系数 Γ_g 和探头反射系数 Γ_L 的绝对大小，还取决于两者之间的相位关系。其相位关系一般未知，具体出现的数值实际上具有随机性，所以，$|\Gamma_g|$、$|\Gamma_L|$ 对于功率源和探头来说虽然是系统误差，但对于功率测量来说却是不确定性误差。既然如此，这个误差因式一般是不可校正的。当 Γ_g 与 Γ_L 同相时，P'_0 出现最大值，当反相时，P'_0 出现最小值，即

$$P'_{0\max} = P_0 \frac{1}{(1 - |\Gamma_g \Gamma_L|)^2} \tag{9.5-20a}$$

$$P'_{0\min}=P_0\frac{1}{(1+|\Gamma_g\Gamma_L|)^2} \qquad (9.5-20b)$$

由上式可以看出，经探头失配校正的源输出功率测量值有可能大于实际输出功率，如式(9.5-20a)所示，也有可能小于实际输出功率，如式(9.5-20b)所示。由此求出在源和负载都失配的情况下的最大相对失配误差($|\Gamma_g\Gamma_L|\ll 1$ 时)：

$$(\delta_\rho)_{\max}\approx\pm 2|\Gamma_g\Gamma_L| \qquad (9.5-21)$$

所绘出曲线如图 9.5.5 所示。

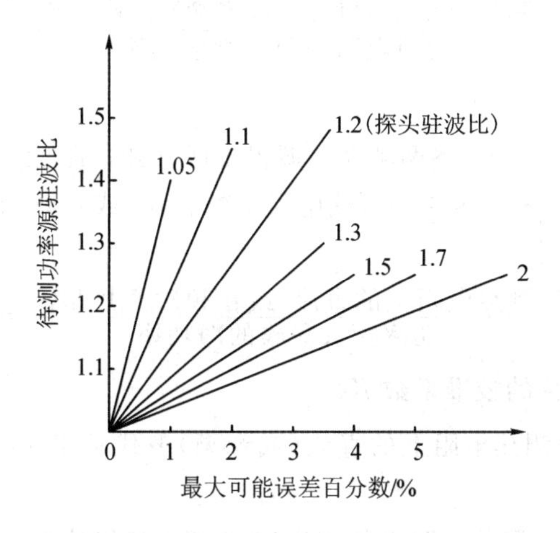

图 9.5.5　探头失配误差修正后的最大误差曲线($|\Gamma_g\Gamma_L|\ll 1$ 时)

3. 如何减小功率测量中的失配误差

由式(9.5-20)和式(9.5-21)可以看出，要想把“源输出功率”测量准确，应该尽可能减小功率探头的驻波比，如果 $\rho_L=1(\Gamma_L=0)$，那么误差因式 $1/|1-\Gamma_g\Gamma_L|^2$ 可以消除，测出的功率即为待测功率源的实际输出功率。

9.6　微波功率计的校准方法简介

微波功率计校准的目的在于使微波功率量值有统一的标准，以便在研究和生产中进行功率计互换。

校准的主要内容是功率探头由于损耗和替代所引入的误差，见表 9.5.1。

9.6.1　测热电阻功率探头的有效效率和校准系数

1. 测热电阻功率探头的效率

由于测热电阻座的波导壁或同轴线内外导体壁、测热电阻的支撑结构、调谐机构的接触部分和测热电阻的外壳等都会引起小量损耗，以致测热电阻不能完全吸收功率源转移给功率探头的功率。为了度量损耗的大小，定义测热电阻功率探头的效率 η 为测热电阻吸收的微波功率 P 与功率探头吸收的净功率 P_L 之比，即

$$\eta=\frac{\text{测热电阻吸收的微波功率}}{\text{功率探头吸收的净功率}}=\frac{P}{P_L} \qquad (9.6-1)$$

2. 替代效率(替代误差)

由于趋肤效应使微波电流在测热电阻和引线的半径方向与直流(或音频)电流的分布不一致，又由于微波频率的波长与引线的尺寸可以比拟，使微波电流沿线分布与直流(或音频)电流的分布也不一致，因此，由测热电阻对微波功率和直流功率的热效应不同而产生替代误差，也称为替代效率。替代效率 η_b 定义为测热电阻上的直流(或音频)替代功率 P_b 与测热电阻吸收的微波功率 P 之比，即

$$\eta_b = \frac{\text{测热电阻上的直流(或音频)替代功率}}{\text{测热电阻吸收的微波功率}} = \frac{P_b}{P} \tag{9.6-2}$$

3. 有效效率

在功率测量过程中，由于上述两项误差源很难区分开，故把它们包含在一个概念之中，这就是有效效率。有效效率 η_e 定义为测热电阻上的直流(或音频)替代功率 P_b 与功率探头吸收的净功率 P_L 之比，即

$$\eta_e = \frac{\text{测热电阻上的直流(或音频)替代功率}}{\text{功率探头吸收的净功率}} = \frac{P_b}{P_L} \tag{9.6-3}$$

4. 测热电阻功率探头的校准系数 K_b

校准系数 K_b 定义为测热电阻上的直流(或音频)替代功率 P_b 与功率探头端接面上的入射波功率 P_i 之比，即

$$K_b = \frac{\text{测热电阻上的直流(或音频)替代功率}}{\text{功率探头端界面上的入射波功率}} = \frac{P_b}{P_i} \tag{9.6-4}$$

上面四个量之间的关系如下：

(1) η、η_b 和 η_e 之间的关系。由式(9.6-1)、式(9.6-2)和式(9.6-3)可知，有效效率 η_e 包括了效率 η 和替代效率 η_b 两个误差源，即

$$\eta_e = \frac{P_b}{P_L} = \frac{P_b}{P} \cdot \frac{P}{P_L} = \eta_b \eta \tag{9.6-5}$$

由于有效效率只考虑替代功率和探头吸收的净功率，所以，它与探头的反射无关。

(2) η_e 和 K_b 之间的关系。由式(9.6-3)和式(9.6-4)可知，$K_b = P_b/P_i$，而 $P_L = P_i(1-|\Gamma_L|^2)$，所以

$$\begin{aligned} K_b &= \frac{P_b}{P_i} = \frac{P_b}{P_L}(1-|\Gamma_L|^2) = \eta_e(1-|\Gamma_L|^2) \\ &= \eta_b \eta (1-|\Gamma_L|^2) \end{aligned} \tag{9.6-6}$$

5. 有效效率 η_e 和校准系数 K_b 的使用方法

目前生产的功率计，一般都在功率探头的外壳上给出数个频率点的校准系数 K_b(或 η_e)。例如 GX2B 小功率计，在同轴探头上印有在工作频率为 0.05～12.4 GHz 范围内的六个频率点的 K_b 值，如 10 GHz，K_b=0.95。设功率计的指示值为 P_{ind}，则功率校正值为

$$P_i = \frac{P_{ind}}{K_b} = 1.05 P_{ind} \tag{9.6-7}$$

若不计仪表误差 e，则 $P_{ind} = P_b$(见表 9.5.1)。

有的功率计在指示器面板上装有校准系数开关，这时可以把开关放在相应的位置，如根据频率查出 K_b=0.95，把校准系数开关放在 0.95 位置上，其指示器的内部电路就自动

校准读数，不必计算。欲知道 η_e，可由 $\eta_e=K_b/(1-|\Gamma_L|^2)$ 来计算。

7. 对 η_e 或 K_b 的校准方法

上面共定义了四个参数，由于它们之间存在内在联系，考虑到易于测量，通常要求校准的参数是有效效率 η_e 或校准系数 K_b。知道了 η_e 或 K_b 就可以从功率测量值(即替代功率 P_b)求得功率源的输出功率 P_L 或探头端接面上的入射波功率 P_i。

η_e 或 K_b 的校准方法主要有四种：① 直接比较法；② 利用功率计和单定向耦合器组合单元进行比较；③ 利用反射计技术进行比较；④ 按功率方程法进行比较。其中以第①、②两种方法应用较普遍，校准精度分别可达到 1%～3%和 0.5%～3%，第③、④两种方法校准精确度较高，分别可达到 0.5%～2%和 0.2%，但所用设备复杂，校准过程较烦琐。

下文对第①种校准方法的工作原理予以简单介绍。

9.6.2　直接比较法校准 η_e 或 K_b

直接比较法校准功率计示意图如图 9.6.1 所示。其过程是先用标准功率计去测量(即校准)微波信号源的输出功率，然后再用待校功率计去测量同一个微波信号源的输出功率，也就是说用经过标准功率计校准过的微波信号源去校准待校功率计。

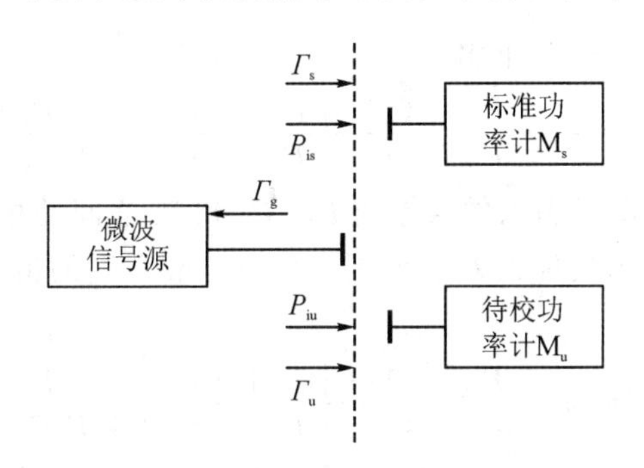

图 9.6.1　直接比较法校准功率计示意图

设 Γ_g 为信号源的反射系数；M_s 和 M_u 分别为标准功率计和待校功率计；Γ_s 和 Γ_u 分别为标准功率计和待校功率计的反射系数；P_{bs} 和 P_{bu} 分别为标准功率计和待校功率计的直流(或音频)替代功率，即指示的功率；P_{is} 和 P_{iu} 分别为标准功率计和待校功率计的入射波功率；P_{Ls} 和 P_{Lu} 为它们吸收的净功率。

调整信号源使之到规定的频率和连续波的工作状态。先接入标准功率计 M_s，并读取标准功率计的观测值，设为 P_{bs}，若考虑仪表误差(参见表 9.5.1)，则它不是标准功率计探头吸收的净功率。由功率方程式(9.5-8b)和式(9.5-16)可知，标准功率计功率探头吸收的净功率或者说微波信号源转移给标准功率计探头的功率应为

$$P_{Ls}=P_0\cdot\frac{1-|\Gamma_s|^2}{|1-\Gamma_g\Gamma_s|^2} \tag{9.6-8}$$

式中 $P_0=P_a(1-|\Gamma_g|^2)$，P_0 为信号源的输出功率，也就是向无反射负载($\Gamma_s=0$)的入射波功率，P_a 为信号源的资用功率。

再换待校功率计 M_u，并读取待校功率计的观测值，设为 P_{bu}。而待校功率计的探头吸收的净功率为

$$P_{Lu} = P_0 \cdot \frac{1-|\Gamma_u|^2}{|1-\Gamma_g\Gamma_u|^2} \tag{9.6-9}$$

由式(9.6－8)和式(9.6－9)求得

$$\frac{P_{Lu}}{P_{Ls}} = \frac{(|1-\Gamma_g\Gamma_s|)^2(1-|\Gamma_u|^2)}{(|1-\Gamma_g\Gamma_u|)^2(1-|\Gamma_s|^2)} \tag{9.6-10}$$

即待校功率计吸收净功率为

$$P_{Lu} = P_{Ls}\frac{(|1-\Gamma_g\Gamma_s|)^2(1-|\Gamma_u|^2)}{(|1-\Gamma_g\Gamma_u|)^2(1-|\Gamma_s|^2)} \tag{9.6-11}$$

标准功率计的有效效率是已知的，设为 η_{es}，则

$$\eta_{es} = \frac{P_{bs}}{P_{Ls}} \tag{9.6-12}$$

把式(9.6－12)代入式(9.6－11)，求出待校效率计探头吸收的净功率为

$$P_{Lu} = \frac{P_{bs}}{\eta_{es}}\frac{(1-|\Gamma_u|^2)(|1-\Gamma_g\Gamma_s|)^2}{(1-|\Gamma_s|^2)(|1-\Gamma_g\Gamma_u|)^2} \tag{9.6-13}$$

设待测功率计探头的有效效率为 η_{eu}，则

$$\eta_{eu} = \frac{P_{bu}}{P_{Lu}} \tag{9.6-14}$$

将式(9.6－14)代入式(9.6－13)求出

$$\eta_{eu} = \eta_{es}\cdot\frac{P_{bu}}{P_{bs}}\cdot\frac{(1-|\Gamma_s|^2)(|1-\Gamma_g\Gamma_u|)^2}{(1-|\Gamma_u|^2)(|1-\Gamma_g\Gamma_s|)^2} \tag{9.6-15}$$

可以看出，由电路失配所引入的误差与 Γ_g、Γ_u 和 Γ_s 之间的相位有关，而这个相位一般是不确定的，为此只能给出失配误差的范围。在相位最不利的情况下，待测有效效率的失配误差范围是

$$\eta_{eu} = \eta_{es}\cdot\frac{P_{bu}}{P_{bs}}\cdot\frac{(1-|\Gamma_s|^2)(|1\pm\Gamma_g\Gamma_u|)^2}{(1-|\Gamma_u|^2)(|1\mp\Gamma_g\Gamma_s|)^2} \tag{9.6-16}$$

由式(9.6－15)和式(9.6－16)可以看出，信号源的反射系数影响着有效效率的测量误差，Γ_g 越大引起的失配误差就越大。因此，在校准中应尽量减小信号源的不匹配程度，要求信号源输出端有相当大的隔离度，校准可采用定向耦合器隔离法。如果 $\Gamma_g=0$，则式(9.6－15)成为

$$\eta_{eu} = \eta_{es}\cdot\frac{P_{bu}}{P_{bs}}\cdot\frac{(1-|\Gamma_s|^2)}{(1-|\Gamma_u|^2)} \tag{9.6-17}$$

只要测出 $|\Gamma_s|$ 和 $|\Gamma_u|$ 的值，可代入上式修正有效效率 η_{eu}。

由式(9.6－6)可以求出待校功率计的校准系数：

$$K_{bu} = \eta_{eu}(1-|\Gamma_u|^2) \tag{9.6-18}$$

第十章　微波频率与波长及 Q 值的测量

10.1　微波频率测量

10.1.1　概述

1. 频率的意义和定义

微波信号的频率在微波通信、雷达、导航等微波工程中是表征微波信号特性的主要参数之一。

频率是周期现象的一种表征参数，定义为物体每秒振动的周期数，单位是赫兹(Hz)。微波电磁振荡就属于这一现象，设周期为 T，则频率为

$$f=\frac{1}{T} \tag{10.1-1}$$

设一个周期内经过的角度为 2π，则角频率为

$$\omega=\frac{2\pi}{T}=2\pi f \tag{10.1-2}$$

若在微分时间 $\mathrm{d}t$ 内经过的角度为 $\mathrm{d}\theta$，则称瞬时角频率，即

$$\omega(t)=\frac{\mathrm{d}\theta}{\mathrm{d}t} \tag{10.1-3}$$

瞬时频率为

$$f(t)=\frac{1}{2\pi}\frac{\mathrm{d}\theta}{\mathrm{d}t} \tag{10.1-4}$$

瞬时相位为

$$\theta=\int_0^t \omega(t)\mathrm{d}t+\psi=\int_0^t 2\pi f(t)\mathrm{d}t+\psi \tag{10.1-5}$$

式中，ψ 是振荡过程在起始状态时所确定的初相位。

从物理学中知道，电磁振荡实质上是最简单的简谐振动，即使是非简谐振动，也可以看成是不同频率、相位的简谐振动之和。因此微波信号的一般表达式可写成

$$a(t)=A\sin(\omega t+\psi)=A\sin(2\pi ft+\psi)$$

$$\text{或 } a(t)=A\cos(\omega t+\psi)=A\cos(2\pi ft+\psi) \tag{10.1-6}$$

式中，A 为振幅，ω 为角频率，f 为频率，ψ 为初相位。式(10.1-6)说明，表征微波信号的参数有振幅、频率和相位，常用的参数为前两个。关于振幅的测量已在微波功率测量介绍过，本章阐述频率测量。至于信号的初相位一般不去直接测量它，因为它的相位在传输过程中可以通过相移网络调整，关于相位移的测量将在第十二章讲述。

2. 时间的定义

式(10.1－1)说明，频率的测量实际上是时间间隔的测量，其标准应该是时间秒，时间秒是定义在微观基础上的原子秒。原子秒是在1967年10月召开的第13届国际计量大会上通过采用的，新定义为"秒是 Cs^{133} 原子基态的两个超精细结构能级[$F=4$，$m_F=0$]和[$F=3$，$m_F=0$]之间跃迁频率相对应的射线束连续9 192 631 770个周期的时间"。这个定义已被全世界所接受，并在1972年1月1日零时起，把时间单位"秒"由过去的"天文秒"改为"原子秒"。新的时间标准是由频率标准来定义的，于是将时间频率标准由天体基准转变为物质的自然基准，从而把时间单位建立在更加科学的基础之上。

3. 频率与波长的关系

频率(或周期)与波长之间的基本关系式为

$$f=\frac{v}{\lambda} \quad 或 \quad \lambda=vT \tag{10.1-7}$$

式中，λ 为电磁波的波长，v 为电磁波的相速度，f 为电磁波的频率。已知电磁波的相速度，就可以按式(10.1－7)进行波长与频率之间的换算。从频率测量角度看，可以按频率定义式(10.1－1)由周期来测定频率，也可以由波长和相速度来测定频率，前者取决于时间间隔的测量，后者取决于波长和相速度的测量(注意，后者不是频率的定义)。在稳态时，电磁波的频率不变，而波长却与相速度有关，而相速度又取决于传输媒质的特性、传输模式、传输系统的几何尺寸等因素，所以只有当这些因素可以精确确定时，才能准确地确定相速度，从而计算波长。在空气媒质中光速为 $29\,970\times10^6$ cm/s(空气介质常数为1.0006，真空中，光速为299 792 458 m/s)，将它代入式(10.1－7)求出

$$\lambda=\frac{29\,970}{f} \tag{10.1-8}$$

式中频率的单位为MHz。精确度要求不高时，式(10.1－8)简化为

$$\lambda\approx\frac{30\,000}{f} \tag{10.1-9}$$

由式(10.1－8)和式(10.1－9)算出的波长是以空气为介质的横电磁波波长，微波信号或信号源所指的波长即属于此。对非横电磁波来说，按下式计算波长

$$\lambda_g=\frac{\lambda}{\sqrt{1-(\lambda/\lambda_c)^2}} \tag{10.1-10}$$

式中，λ_c 是传输线的临界波长，λ_g 是传输线波长。在传输线中也可以用 λ_g 和 λ_c 计算频率(但不是频率定义)，把式(10.1－8)代入式(10.1－10)得出

$$f=29\,970\,\frac{\sqrt{\lambda_c^2+\lambda_g^2}}{\lambda_g\lambda_c} \tag{10.1-11}$$

或

$$f\approx30\,000\,\frac{\sqrt{\lambda_c^2+\lambda_g^2}}{\lambda_g\lambda_c} \tag{10.1-12}$$

4. 频率的测量方法

式(10.1－1)还说明，频率与时间在概念上是统一的。原子时标就更明显地证明了这点，所以频率的基本测量方法是比较法。所定义的时间标准是比较的原始基准，按不同需

要又制定出各级标准，由统一的原始基准逐级传递，以保持频率量值的统一。

比较法分为有源比较法和无源比较法两类。前者以标准频率源作为未知频率的比较标准，后者用已知频率特性的无源电路作为比较标准，通过已知频率特性求出未知频率，即

$$f_x = F(A, B, C, \cdots) \tag{10.1-13}$$

式中 A，B，C，…为无源电路的已知常数。式(10.1-11)就属于此种测频方法采用的计算式。也就是使未知频率的信号通过无源电路，与无源电路的已知特性相比较，从而测出未知频率。当然，无源电路的已知特性还是要求用更高一级的频率标准来校准，所以归根到底还是以标准频率源作为比较法的基准。本节讨论有源比较法，下节讨论无源比较法，前者常用于频率测量，后者常用于波长测量。

10.1.2　频率标准与有源比较法

已知测量微波频率的基本方法是比较法，比较的目的是确定未知频率。对于有源比较法，为了达到这个目的，需要解决两个问题：一是比较的基准；二是比较的方法。前者提供标准频率源，后者提供未知频率与频率标准比较的手段。

1. 频率标准

常用的频率标准有晶体频标和原子频标两类，下面简述其原理。

1）晶体频标

石英晶体具有高度稳定的物理性能和化学性能，并具有可贵的压电效应，因此它能作为极高 Q 值的谐振电路，组成高质量的频率标准。

石英晶体振荡器的结构及其等效电路如图 10.1.1(a)所示，它由压电石英片、电极和支架组成，可用机械钳制的办法强迫制止压电石英片的机械振动。压电石英片在谐振时有很大变形，谐振阻抗大大减小，通过压电石英片的电流大大增加，因此石英晶体振荡器相当一个串联谐振电路，R_q、L_q 和 C_q 为晶体本身的固有参数，C_0 为装置电容。石英晶体振荡器与有源器件可以组成任意三点式振荡器，其等效电路如图 10.1.1(b)所示，三点式振荡器再附以恒温等各种措施，就能制成高度稳定的晶体频标。

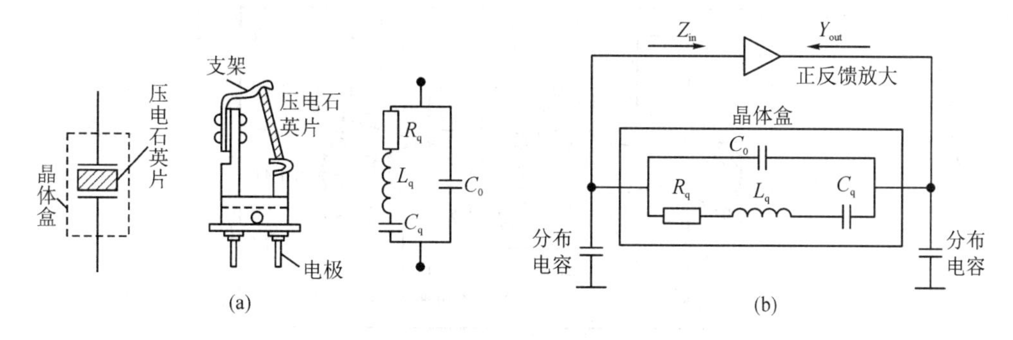

图 10.1.1　石英晶体振荡器示意图

(a) 石英晶体振荡器结构及其等效电路；(b)石英晶体振荡器等效电路

关于频率标准，有原始频标和次级频标之分。原始频标是一种高稳定度的 50 kHz 或 100 kHz 的石英晶体振荡器，再加装一些分频器，驱动一个同步电钟，以便定期地与天文观察的时间比较的装置，这种装置称为石英钟，它是以地球自转周期——平太阳日作为时间

的原始标准。石英钟的年稳定度约为 10^{-8}，日稳定度为$(2\sim3)\times10^{-10}$，有的产品优于$\pm5\times10^{-11}$/d，短期稳定度达 5×10^{-12}/s。晶体振荡器的缺点是需要较长时间预热，保持恒温，并要不间断地长期工作，在长期工作中会使振荡频率产生单方向的缓慢变化，即老化现象。因此，作为原始标准(工作标准)的晶体频标，要定期与天文时间进行比对、校正和调整，以保持足够高的准确度，达到工作标准的要求。

次级频标也是一种高稳定度的石英晶体振荡器，其频率稳定度不一定比原始标准低很多，只不过它的频率可能会随时间因素有所差异，必要时根据原始标准来校验。为了校验的方便，很多国家的计量标准机构都把直接与国家原始标准相联系的标准频率信号通过专门的广播电台向外播送，以便有关的业务部门能够接收此信号，随时校验自己的次级频率标准。这样，有可能把一般实验室的频率标准维持在 10^{-8} 的准确度。然而，应该注意，接收到的频率有可能因电离层高度的变化所引起的多普勒效应而造成颇大的变化(最大可达 10^{-7})，在中午和午夜观察较好，并将多次接收的结果进行平均，仍可维持在 10^{-8} 的准确度。

同样，作为实验室使用的微波精密频率计、数字频率计中，也需要一个产生标准频率的装置，通常采用的是石英晶体振荡器，实际上是用一个次级频标作本机的标准频率。它的稳定度和准确度一般要求在 10^{-6} 以上，优质的也可以达到 10^{-8}。

2) 原子频标

目前的原子频标有铯原子频标、铷原子频标和氢原子频标三种；又分无源和有源两类，前两者为无源的，后者为有源的，称氢脉泽。还有正在研究中的铷脉泽，也属有源。这里仅简单介绍铯原子频标的基本原理和方框图。

(1) 铯原子频标的基本原理。

铯原子谐振器的示意结构如图 10.1.2 所示，它由铯炉、两块相同的能态分选磁铁(A、B)、两个相同的谐振腔及钨电极组成。谐振腔由耦合波导注入微波频率。磁铁 A、B 之间安装有防止地磁或其他磁场影响的二重或三重磁屏蔽，中央开有间隙孔，整个屏蔽层内有均匀弱静磁场以使铯束原子获得能级分裂，并实现谱线的分离或检测。

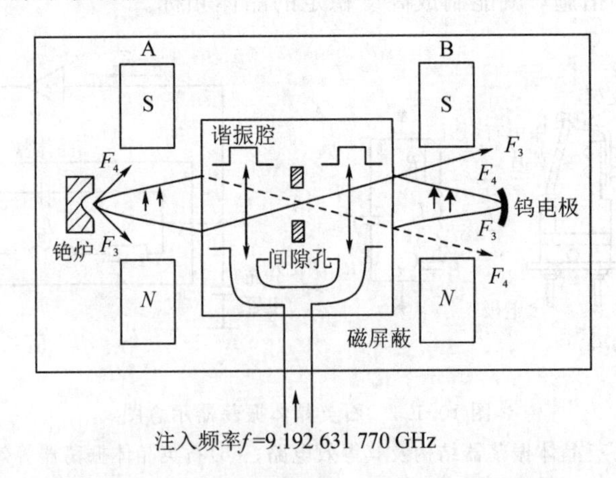

图 10.1.2　铯原子谐振器——铯束管示意结构

铯原子谐振器的工作原理如下：未注入微波频率时，把铯金属放入铯炉内加热至 100 ℃左右时，就会从铯炉的细孔中向外喷射出铯原子束。铯原子经过校直仪沿铯束管轴线做纵向运动。在磁铁A的作用下，由于不同能级的原子所受力的方向不同，在纵向运动中发生的偏折也不相同。例如能级[$F=4$，$m_F=0$](即(4，0))的铯原子，在磁铁A的作用下，它的运动轨迹开始上偏，然后下偏；而能级[$F=3$，$m_F=0$]的铯原子轨迹则与(4，0)的铯原子相反，如图10.1.2所示。又由于铯原子在均匀磁场和零磁场作用下路径不变，所以进入谐振腔之内仍按原来路径运动并穿过间隙孔到达磁铁B，在磁铁B的作用下，由于(3，0)和(4，0)的原子处于与在磁铁A中上下相反的位置，所以(3，0)和(4，0)的原子都打不到钨电极上，因此没有检测输出或输出很小(少数原子在能级(4，0)⇌(3，0)之间的自激跃迁)。

注入频率$f=9.192\ 631\ 770$ GHz的微波信号时，其交变磁场的频率与(4，0)⇌(3，0)之间能级的跃迁频率相同，使能级(4，0)的原子受到诱导发射而跃迁到能级(3，0)上，使能级(3，0)的原子发生共振吸收而跃迁到能级(4，0)上；也还有很少一部分原子发生(4，0)⇌(3，0)之间的自激跃迁(与没有微波频率注入时相同)，但这毕竟很少。因此，原来能级(4，0)的原子大量跃迁到(3，0)上，而能级(3，0)的原子又大量地跃迁到(4，0)上，在磁铁B的能态分选作用下，它们的路径分别向轴向偏折，而汇聚于钨电极上。没有发生跃迁的原子，按原来路径运动，打不到钨电极上。

钨电极加热到1000 ℃左右时，发生能级跃迁的大量铯原子打在钨电极被电离成离子流，所产生的自由电子再打到电子倍增器的靶极上，产生输出电流的直流分量，构成检测器的输出，并由指示装置指示其大小。

由上看出，当注入交变磁场的频率等于(4，0)⇌(3，0)的跃迁频率时，检测器输出最大，此时为谐振状态；当不相等时，由于跃迁原子数目减少而使输出减小，此时为失谐状态。铯原子谐振器的谐振曲线是一条非常尖锐的谐振曲线，如图10.1.3所示，称为莱姆塞(Ramsey)谐振曲线。这种有两个谐振腔的铯束管结构称为莱姆塞型铯原子谐振器，其主峰的半峰宽度Δf愈小，Q值愈高。铯原子谐振器的Q值可高达2×10^8量级，较好结构的信噪比大于300。

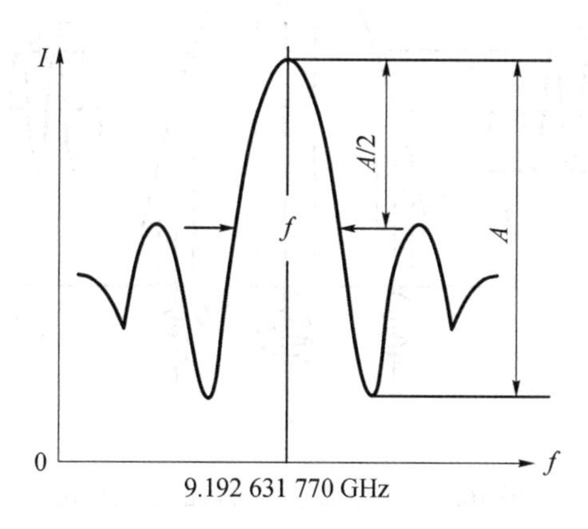

图10.1.3 莱姆塞(Ramsey)谐振曲线

(2) 铯原子频标方框图。

铯原子频标是利用铯原子谐振器作为鉴频器来自动锁定晶体振荡频率的一种装置，其方框图如图10.1.4所示。晶体振荡器(晶振)的频率经过音频f_M的调制之后，把载频倍频到铯原子谐振频率f_0上，就得到以f_0为中心频率的f_M调频波。把这个调频波注入到铯原子谐振器，若晶体振荡器的频率不稳，则输出频率有三种情况(A、B、C)，即 $f_{01}<f_r$、$f_{02}>f_r$、$f_0=f_r$，f_r 为铯原子谐振器的谐振频率。这三种情况的鉴频输出如图 10.1.5 所示。情况 A 的鉴频输出与情况 B 的鉴频输出反相，但都是频率为 f_M 的音频输出；情况 C 的鉴频输出，其频率为 $2f_M$，失去 f_M 的基波分量。当晶体振荡器的频率处于 f_{01} 与 f_r、f_r 与 f_{02} 之间又趋于 f_r 时，则由于谐振曲线变缓，使音频输出振幅减小且反相，即随着晶体振荡器的频率偏离 f_r 的程度，音频输出的大小随之而变，且在 f_r 两侧变化相反。这个音频输出称为误差信号，经放大、检相之后得出误差电压，再放大之后由频率控制器自动校正晶体振荡器的频率的偏离量，从而把晶体振荡器的频率锁定在铯原子谐振器的谐振频率 f_r 上。频标信号由晶体振荡器输出。对晶体振荡器的频率进行分频并变换得出秒信号后，去驱动同步电钟并取得标准时间。

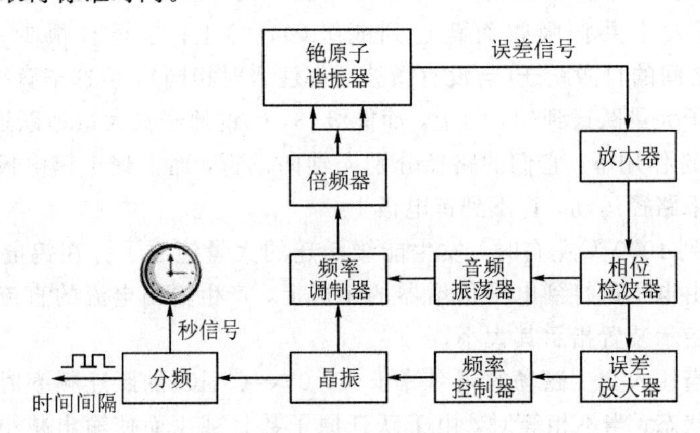

图 10.1.4　铯原子频标方框图

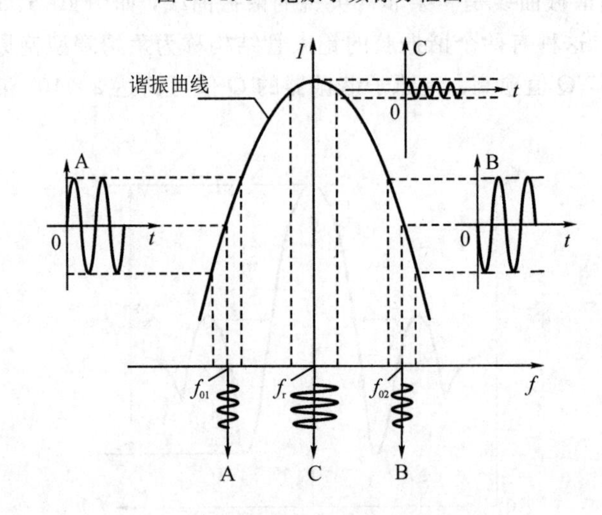

图 10.1.5　铯原子谐振器的鉴频作用

目前铯原子频标的典型参数：准确度为 5×10^{-13}，稳定度为 2×10^{-13}/h，再现度为 1×10^{-13}。

2. 有源比较法的基本原理

1) 零拍法

如图 10.1.6(a)所示，把未知频率 f_x 和标准频率 f_s 一起加到混频检波器，调节 f_s 出现零拍，得 $f_x=f_s$。当待测频率是一个频谱(或是单一频率但频谱不纯)时，若欲测频谱中的某一频率分量，则由于频谱中各频率成分相互组合而产生低频组合频率可能很多，从而使听取未知频率和标准频率之间的零拍音调很困难。这时可以采用图10.1.6(b)所示的方法，在混频器的输出电路中接固定频率 f_φ 的窄通带滤波器，再接到检波指示器上。连续调整 f_s 时，可以得到相邻两次的最大指示值，相应频率为 $f_x-f_{s1}=f_\varphi$ 和 $f_{s2}-f_x=f_\varphi$，得出

$$f_x=\frac{f_{s1}+f_{s2}}{2} \tag{10.1-14}$$

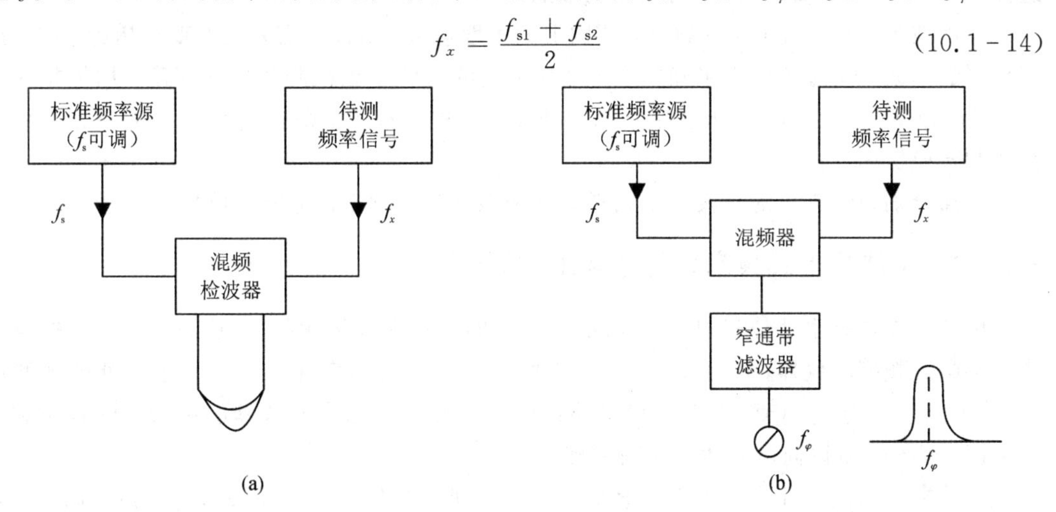

图10.1.6 零拍法

2) *直接测差法*

把未知频率 f_x 和与它靠得最近的标准频率 f_s 一起加到混频器上，得出它们的差频 $F=|f_x-f_s|$，再用较低频率计或一般数字频率计测出差频 F，则 $f_x=f_{s1}+F$ 或 $f_x=f_{s2}-F$。这种测量微波频率的方法，对 F 的测量准确度不必要求很高，而能使微波频率具有很高的测量准确度。例如需要把3 000 MHz左右的频率测准到 10^{-6}，即要求把差频 F 测准到3 kHz，这时如果选用足够靠近的标准频率，使 $F=3$ MHz左右，那么只要把 F 测准到 10^{-3} 就够了，这一般不难。作为微波所需要的标准频率，通常由较低标准频率的谐波得到，如欲测量3 000 MHz左右的频率时，可以利用1 500 MHz、1000 MHz、750 MHz以至晶振的10 MHz、5 MHz等标准频率的谐波作为所需要的微波标准频率。

3) *内插法*

所谓内插法，就是借助一个辅助振荡器(常称为内插振荡器，其频率在一定范围内连续可调、且具有直线刻度)，根据其频率与内插度盘刻度线性比例关系，得到待测频率。把内插振荡器的频率按零拍法调到与未知频率相等，读出内插度盘刻度 A_x。然后在内插振荡器的度盘上找出两点，这两点是最接近于未知频率 f_x 两侧的两个标准频率 f_{s1} 和 f_{s2}(如图10.1.7所示)。由于内插振荡器的频率连续可调且具有直线刻度，因此由 $(f_x-f_{s1})/(f_{s2}-f_{s1})=(A_x-A_1)/(A_2-A_1)$ 得出

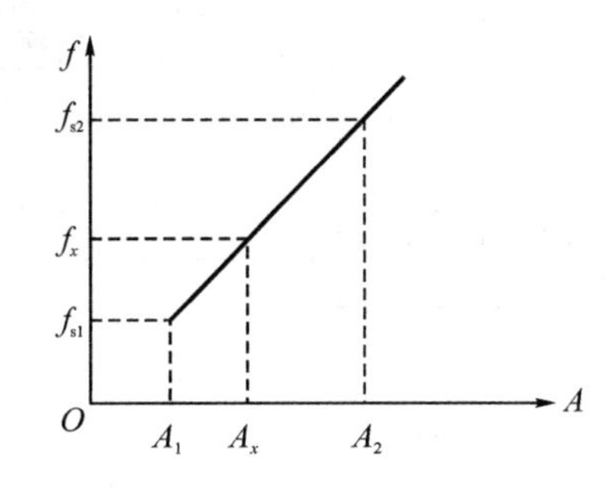

图10.1.7 内插法

$$f_x=f_{s1}+\frac{A_x-A_1}{A_2-A_1}(f_{s2}-f_{s1}) \tag{10.1-15}$$

式中，f_{s1}、f_{s2} 和 A_1、A_2 分别是两个标准频率和与之对应的内插度盘刻度。

用内插法测定频率插值的准确度，取决于内插度盘与频率之间的直线性。在成套的频率标准设备中通常设有专门的内插振荡器。很多外差式频率计中的本机振荡器在小范围具有频率与刻度的近似直线性，在度盘上通常也带有精密的等分刻度，必要时可以用它作为内插振荡器，当测量很小的频率增量时，能够得到较高的准确度，这时的两个标准频率应选择在 f_x 两侧并尽量靠近 f_x 的晶体校准点上。

在微波范围内，由于频率愈高，结构上的难度愈大，所以常需要采取变通措施，把内插振荡器的基波频率选得低于未知频率，再利用它的谐波达到欲测频率的高度，用零拍法指示，或用数字频率计测出谐波次数 n 和内插振荡器的频率 f_s，则有 $f_x=nf_s$，这就是谐波零拍法和转换振荡器比较法。

下面分别讨论常用的微波外差式频率计和微波数字频率计的基本原理。

10.1.3　微波外差式频率计的基本工作原理

微波外差式频率计是利用较低标准频率 f_s 的 n 次谐波倍频到微波频率 f_x 上，按零拍法测量微波频率的仪器，即 $f_x=nf_s$。这里所指的外差式频率计是指老式手动外差式测频仪器，测量过程较为烦琐，精度一般只能达到 $\pm5\times10^{-5}$。考虑到仪器的更新时间较长和实际中还会遇到，所以尚需简述其测频原理。

一种常见的微波外差式频率计 PW－10 的原理方框图如图 10.1.8 所示。测量时，一般要先经过校准，才能进行频率测量。

1. 校准原理

参见图 10.1.8，本机振荡器(简称本振)的输出频率 f_s 在 830～1110 MHz 范围内连续可调，用它测量未知频率之前，需要用石英晶体振荡器对它进行校准。晶体振荡器输出的标准频率 f_{s01}($f_{s01}=10$ MHz)作为本机扬荡频率的“基准”，用于 10 MHz 的校准。多谐振荡器产生 $f_{s02}=2$ MHz 的谐波信号，用于 2 MHz 的校准。

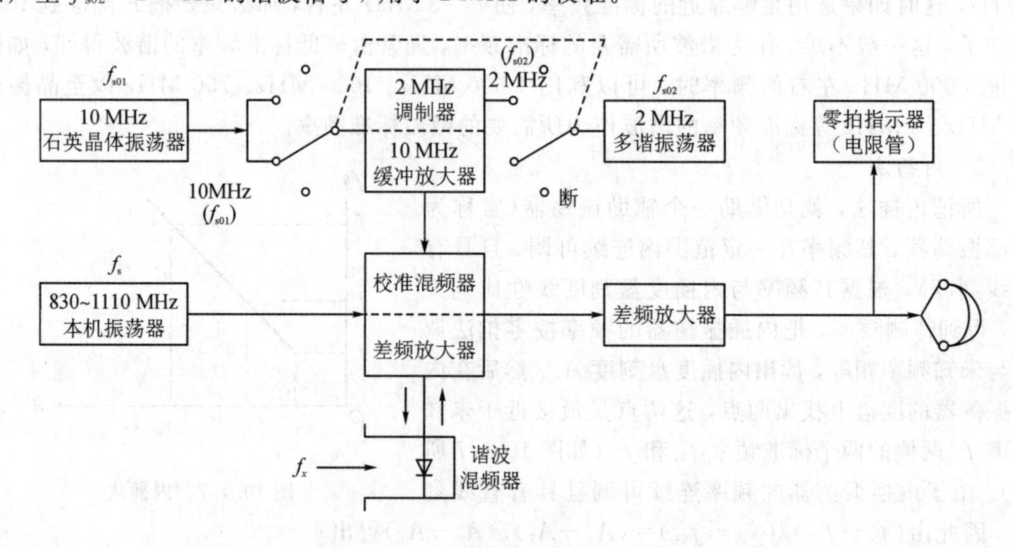

图 10.1.8　外差式频率计原理方框图

(1) 10 MHz(f_{s01})校准：当工作状态开关放在“10 MHz”位置时，是校准本振频率 10 MHz点的工作状态。

本振的基频为830～1110 MHz，石英晶体振荡器的基频为10 MHz。把两者共同加到校准混频器，则10 MHz信号电压产生高次谐波，得到以10 MHz为间隔的梳状频谱，如图10.1.9(a)所示，供校准本振基频用的谐波次数为83～111次。用这个频谱作为标准频率去校准本振基频的10 MHz间隔的校准点，可按零拍法进行。逐点校准之后，在 f_s 上得到10 MHz间隔的诸校准点，称为大间隔校准点。

(2) 2 MHz(f_{s02})校准：当工作状态开关放在"2 MHz"位置时，是校准本振频率2 MHz点的工作状态。

多谐振荡器产生2 MHz的脉冲，加到2 MHz调制器对10 MHz信号电压进行调制，产生8 MHz、10 MHz、12 MHz等频谱，其间隔为2 MHz。把这个频谱送到校准混频器中，将产生各次谐波，用它去校准本振基频的2 MHz间隔的校准点，如图10.1.9(b)所示，这样使 f_s 又得到间隔为2 MHz的标准频率，称为小间隔校准点。

经过校准的频率点在短时间内认为是稳定而"准确"的。

2. 测频原理

当工作状态开关置于"测量"位置时，把未知频率 f_x 和经过校准的 f_s 共同送入谐波混频器，调整 f_s，按零拍法得到 $f_x=nf_s$。

若不知道未知频率 f_x 的近似值，要分粗测和精测两步来测量 f_x 的"准确"值。

(1) 粗测未知频率 f_x：先进行大间隔校准，以得到 f_s 从830～1110 MHz范围内的间隔为10 MHz的大间隔校准频谱，如图10.1.9(a)所示的谱线。

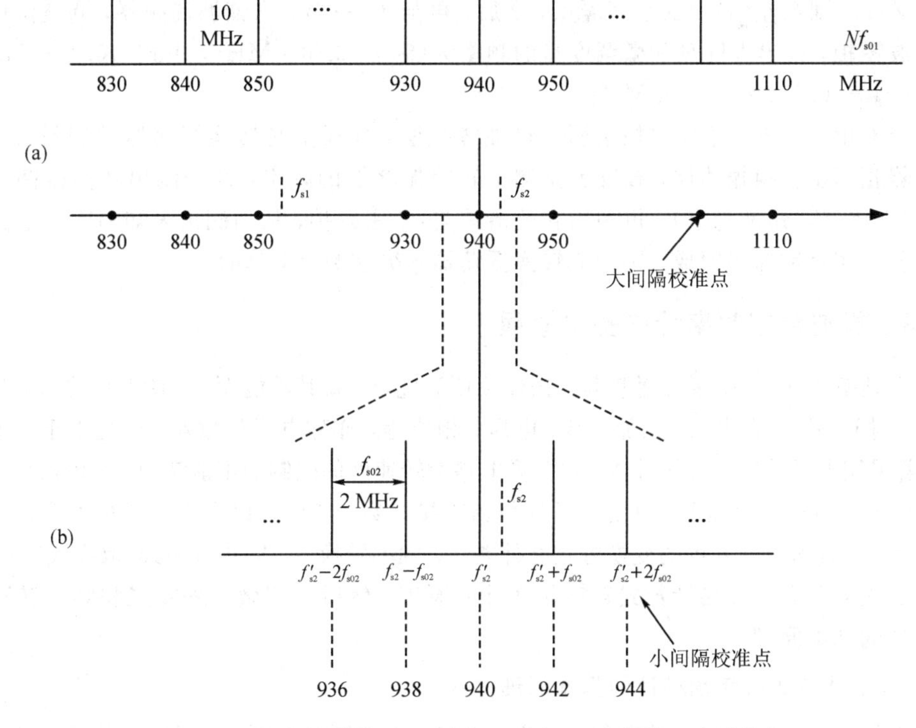

图10.1.9　校准频谱图(注：f_{s1} 和 f_{s2} 是与 f_x 相邻的两个零拍点)

(a) 大间隔(10 MHz)梳状频谱；(b) 小间隔(2 MHz)梳状频谱

然后把 f_s 和 f_x 一起送入谐波混频器，使 f_s 从低到高，连续得到两个相邻的零拍点，则有 $f_x=n_1f_{s1}=n_2f_{s2}$，其中 $n_2=n_1-1$，$f_{s2}>f_{s1}$求出 f_x 的近似值和谐波次数为

$$f_x \approx \frac{f_{s1}f_{s2}}{f_{s2}-f_{s1}},\ n_1=\frac{f_x}{f_{s1}} \tag{10.1-16}$$

(2) 精测未知频率 f_x：在精测之前，为使 f_s 得到短时间稳定而"准确"的频率，需对 f_s 重新校准，方法是：在 f_{s1} 和 f_{s2} 当中任选一个频率，设为 f_{s2}；先对 f_{s2} 临近的大间隔点(10 MHz 点)进行 10 MHz 校准；然后对该校准点左右的小间隔(2 MHz 点)进行 2 MHz 校准；最后把 f_s 的大度盘放置在稍小于 f_{s2} 的 2 MHz 校准点上，设为 f'_{s2}，如图 10.1.9 所示放在 940 MHz 的校准点上。

把校准之后的 f'_{s2} 和 f_x 再送入谐波混频器，这时的 f'_{s2} 只能在小范围内微调，已达到零拍指示的要求，在小范围内微调 f'_{s2} 时，须使用专门设置的"测量"旋钮来调整 f'_{s2} 的微调刻度盘，微调的频率是 0～2 MHz，即 0～f_{s02}，而 f'_{s2} 的大度盘位置要保持在原来的校准点不动。这时微调 f_s 得到零拍，读出大度盘的频率读数 f'_{s2} 和微调刻度盘上的频率读数，后者是小于 2 MHz(f_{s02})的尾数。于是测得未知频率

$$f_x = n_2(f'_{s2} + \text{小于 } f_{s02} \text{ 的尾数}) \tag{10.1-17a}$$

$$\text{或 } f_x = n_1(f'_{s1} + \text{小于 } f_{s02} \text{ 的尾数}) \tag{10.1-17b}$$

例如，两个相邻零拍点的本振频率为 $f_{s1}=855$ MHz，$f_{s2}=941$ MHz(如图 10.1.9 所示)。由式(10.1-16)求出 $f_x\approx9355$ MHz，$n_1=10.9$，$n_2=9.9$，取 $n_1=11$，$n_2=10$。然后，把本振频率置于 f_{s2} 临近的 10 MHz(f_{s01})校准点上，即 940 MHz 上，($f'_{s2}=940$ MHz)，对 f_s 的 940 MHz 重新进行 10 MHz 校准，再用 2 MHz(f_{s02})在 940 MHz 的右侧(若估计 f_x 小于 940 MHz，则在左侧)校准小间隔点，之后，再与 f_x 一起送入谐波混频器，调整微调度盘得到谐波零拍，读出大度盘和微调度盘的频率为(940+0.50) MHz，由式(10.1-17a)求出 $f_x=10(940+0.50)=9405.0$ MHz。

由上看出，微波外差式零拍法属于谐波零拍法，实质上是转换振荡器的测量方法，本机振荡器相当于转换振荡器，校准就是测定转换振荡器的频率，即先测出转换振荡器输出频率的"准确"值(短期稳定)，再利用它的谐波与 f_x 去差拍，从而测出未知频率 f_x。这种测频方法若采用计数器来完成，则构成转换振荡器式微波数字频率计。

10.1.4　微波数字频率计的基本原理

数字频率计具有精度高、速度快、操作简便等优点，就其功能而言，除测频之外，还可测量周期、时间间隔、频率比、累加计数、电压、相位等，亦称电子计数器。但是由于微波频率较高，若采用电子计数器直接计数，则会受电路翻转速度的限制而不能实现。所以需要先把微波频率变换到较低的射频上，再由电子计数器直接计数，然后乘以变换比或加上差值来实现微波频率的数字显示。常用的变换方式有外差式、频率转换式、同步分频式(取样式)三种。

下面先简要介绍直接计数式数字频率计的原理，然后介绍微波外差式和频率转换式数字频率计的基本原理。

1. 直接计数式数字频率计的基本原理

直接计数式数字频率计的简化方框图如图 10.1.10 所示。待测信号 f_x 从 A 通道输入，经过放大整形使每个周期形成一个脉冲，即把输入的周期信号转化成频率为 f_x 的脉冲信

号。把脉冲信号送入门控单元，闸门开启时，信号通过闸门经放大整形后进入计数电路；闸门关闭时，终止计数。

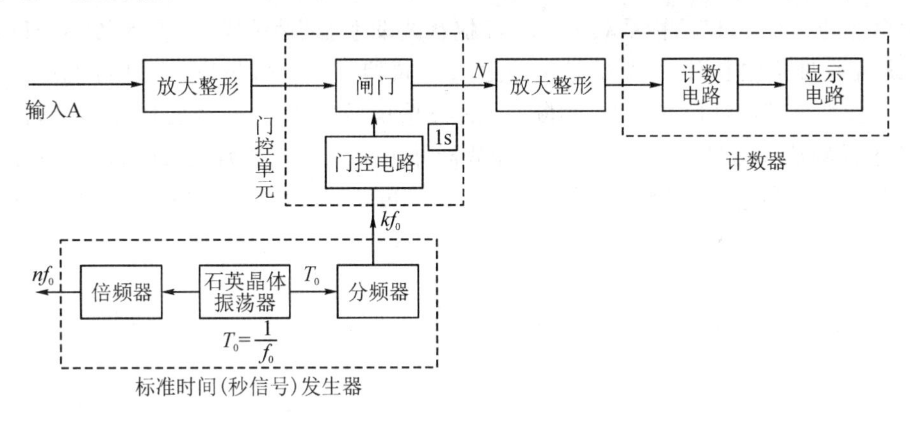

图 10.1.10　直接计数式数字频率计的简化方框图

闸门的启闭时刻是受一个脉冲宽度非常标准(如准确等于 1 s)的秒方波信号严格控制的。当秒方波信号到来时(对应于方波前沿瞬间)，闸门立即开启，在方波后沿瞬间，闸门断然关闭。这样，计数器电路在 1 s 内所累计的脉冲个数就有了频率意义。如果闸门启闭时间为 T，单位为 s，计数器累计数目为 N，则未知频率 $f_x=N/T$。可见秒方波信号是数字频率计中的本机标准，它通常是由恒温控制的高稳定度的石英晶体振荡器产生的标准信号再经过分频而获得，如图 10.1.10 所示。若振荡器周期为 T_0，分频次数为 k，则秒方波信号周期为 $T=kT_0$。在数字频率计中常用的闸门时间 T 有 1 ms、10 ms、0.1 s、1 s、10 s 这五种。

由于数字频率计还要求能测量周期、时间间隔等参数，以及进行仪器本身的自检，常常需要比周期 T_0 更短的标准频率信号，因此它还要设有倍频器。设倍频次数为 n，则有标准频率 nf_0(周期为 T_0/n)可供本机使用或供输出外用。

2. 微波外差式数字频率计的基本原理

从外差式频率计的测频原理知道，未知频率 f_x 与仪器内部标准 f_s 的谐波混频之后能得到差频 f_D，且 $f_D=|f_x-nf_s|$，则 $f_x=nf_s\pm f_D$。将差频 f_D 由计数器直接计数，谐波次数 n 由模拟电路求出，并能判断 f_D 的符号，就可以构成外差式数字频率计，如图 10.1.11 所示。可见外差式数字频率计至少包括手动变频器插件和直接计数两部分。

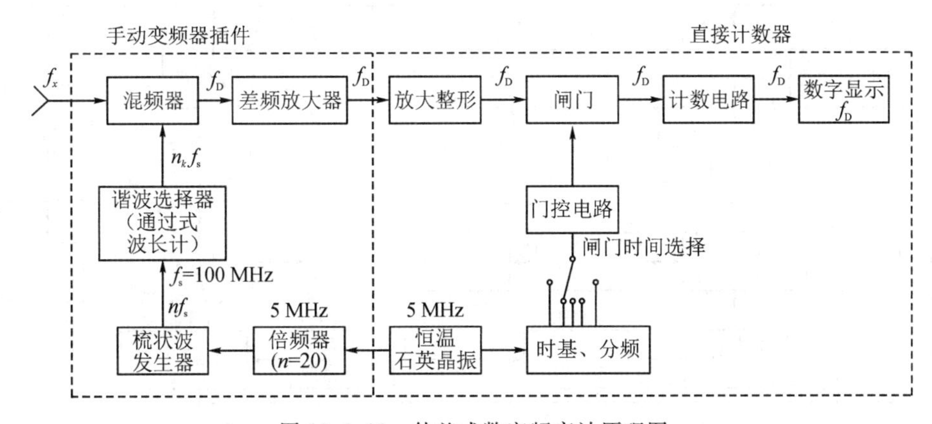

图 10.1.11　外差式数字频率计原理图

图 10.1.11 示出的是外差式数字频率计的原理方框图。机内标准频率取自直接计数器中的恒温石英晶体振荡器输出的基频 5 MHz 信号(频率稳定度一般可达 10^{-9} 量级)，经过 20 次倍频得到 100 MHz 的标准频率 f_s，经梳状波发生器获得间隔为 $f_s=100$ MHz 的梳状频谱。设由通过式波长计来选择谐波并送入混频器，与未知频率 f_x 进行混频。参看图 10.1.12，设波长计由低向高调整(判断 f_D 的符号)，调到第 k 条谱线时有 $f_x=n_kf_s+f_D$，若 f_D 落于差频放大器带宽之内，则进入计数器并记录 f_D。再根据波长计选出的 n_kf_s，求出 n_kf_s 与 f_D 之和，即 f_x。为减少差错，可把波长计再调高一次谐波到 $(n_k+1)f_s$，应有差频 $f'_D=(n_k+1)f_s-f_x$，说明测量无误。

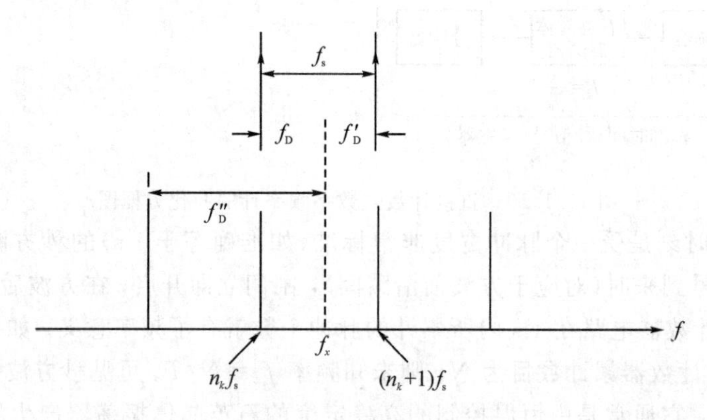

图 10.1.12　梳状频谱

由上看出：

(1) 差频放大器的带宽应是梳状频谱间隔的宽度($0\sim f_s$)，以免波长计调到其他谱线时产生差错，若像图 10.1.12 中的 $f''_D>f_s$，也不会有谱线 $(n_k-1)f_s$ 与 f_x 的差频通过差放而失误。

(2) 数字频率计的测量方法属于测差法，故精度较高。

自动测量差频及求谐波次数 n 的原理方框图如图 10.1.13 所示，由控制电路使 YIG 滤波器从低到高扫描，以选择谐波频谱并依次送入混频器。当待测信号 f_x 输入之后，分为两

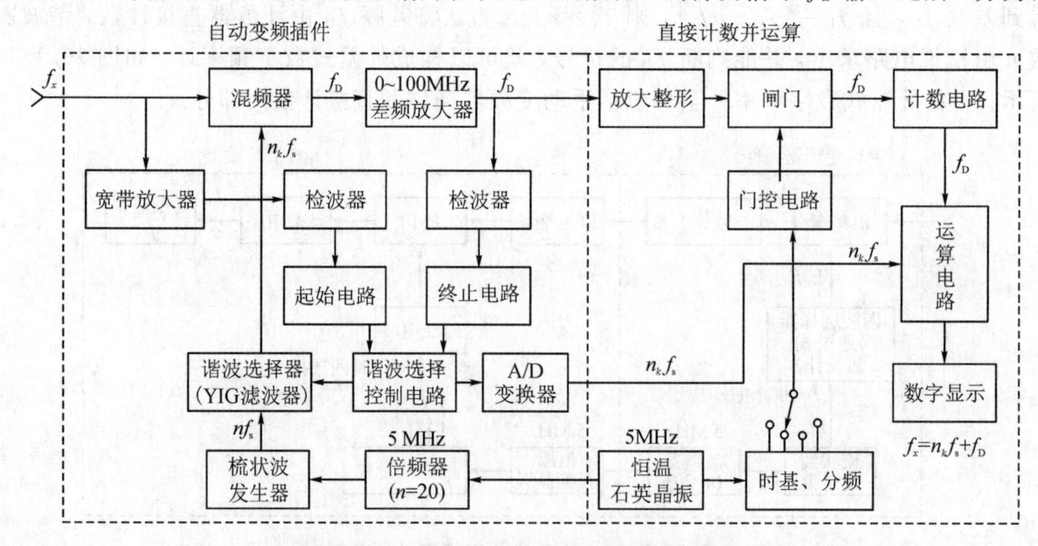

图 10.1.13　微波外差式数字频率计方框图

路，一路送入混频器，一路送入宽带放大器和检波器。后者用来驱动起始电路发出指令，使谐波选择控制电路自动地从梳状谱线的低端开始扫描，让梳状谱线经过 YIG 滤波器从低到高依次通过，送入混频器与 f_x 混频。若 f_x 与第 k 次谐波 $n_k f_s$ 混频输出 f_D($f_D = f_x - n_k f_s$)落在差频放大器带宽(设 0～100 MHz)之内，则差频信号 f_D 也分为两路输出，一路经检波器驱动终止电路发出指令，使谐波选择控制电路停止扫描，并把这时的扫描电压由 A/D 变换器变换成表征 $n_k f_s$ 的电信号并送入运算电路；另一路直接送入计数电路测出差值 f_D，并与 $n_k f_s$ 一起送入运算电路相加，其结果由数字显示出来，即 $f_x = n_k f_s + f_D$，其误差为±1个数字显示字加减晶振频率稳定度引入的误差 Δf。

外差式数字频率计的特点：工作原理简单；不易受调频信号的影响，只要调频信号保持在差频放大器带宽之内，就可读出其平均值；对 f_D 直接计数有较高的分辨力，如闸门时间为 1 s，则可分辨 1 Hz，但灵敏度较低，其测频范围已达 18 GHz。

3. 微波频率转换式数字频率计的基本原理

频率转换式(置换式)数字频率计是把微波频率的测量转换到较低射频上来进行测频的一种装置，这个较低射频可由计数器直接计数，其原理方框图如图 10.1.14 所示。

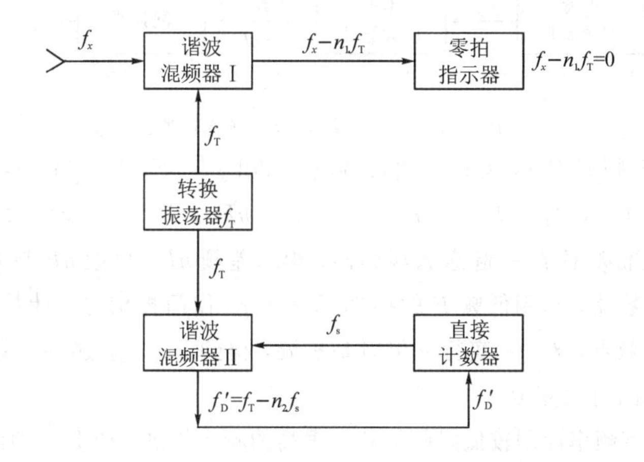

图 10.1.14　频率转换式数字频率计原理方框图

把未知频率 f_x 和转换振荡器输出的频率 f_T 一起送入谐波混频器 I，其差频 $f_D = |f_x - n_1 f_T|$(f_T 是较低射频)。调整转换振荡器频率 f_T，使差频为零，则有 $f_x = n_1 f_T$，获得零拍的同时由计数器测出 f_T。为使 f_T 的测量值建立在标准频率的基础上，把 f_T 与来自计数器的标准频率 f_s 一起送入谐波混频器 II，产生差频 $f'_D = |f_T - n_2 f_s|$，再由计数器记录 f'_D，并求出 $f_T = n_2 f_s + f'_D$，故 $f_x = n_1 f_T = n_1 n_2 f_s + n_1 f'_D$。由于 f'_D的测试与 f_x 的零拍几乎是同时进行的，所以转换振荡器的稳定性所引入的误差可以忽略。也可以不用谐波混频器II，f_T 直接由计数器记录，再乘以 n_1 得 f_x。测量时若不知道 f_x 的近似值和谐波次数，可按式(10.1-16)来求解。可见，一个频率转换式数字频率计必须包括 f_T 的测量电路和求 n 电路两部分。

一种自动频率转换式数字频率计原理方框图如图 10.1.15 所示。这个方案把零拍法改为恒差法，其原理是：把 f_x 分为两路，一路与转换振荡器输出的频率 f_T 一起送入谐波混频器 I，当差频 f_D($f_D = f_x - n_1 f_T$)落入中频放大器 I 的带宽之内时，就有中频 f_D 输出，把 f_D 与来自计数器的标准频率 f_s 一起送入鉴相器，经鉴相检测得出误差电压，再经环路滤波器滤除高频分量，并把误差电压送入转换振荡器，对它施以压控微调，使 f_x 与 nf_T 的差值 f_D 保持在标准频率 f_s 上（这是锁相环路，经锁相的振荡器称为电压控制振荡器(VCO)）。把 VCO 的输出频率 f_T 送到计数器记录并进行 n 倍时基扩展，与此同时把恒差值 f_s 预置到数字显示器上，得出 $f_x=nf_T+f_s$。余下的问题是求谐波次数 n（见图 10.1.15 中虚线方框）。

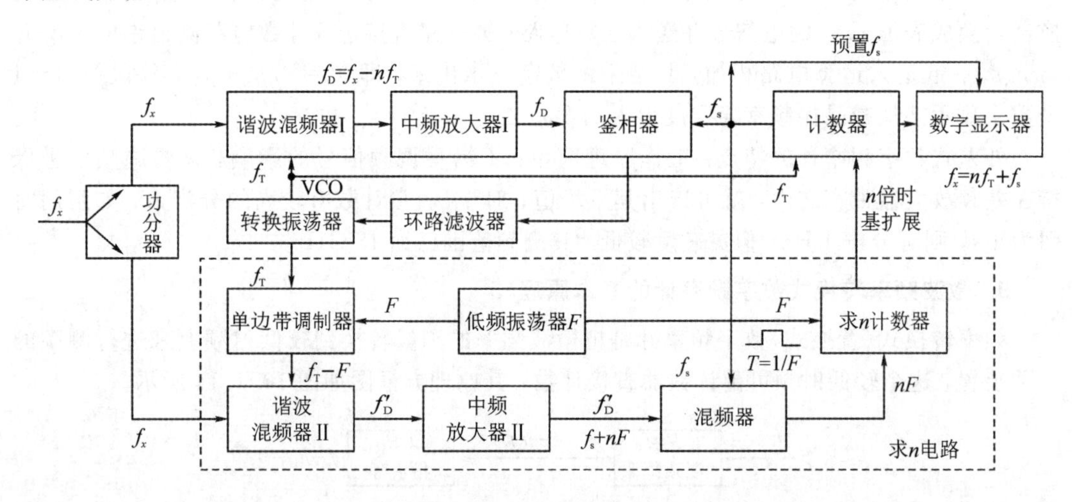

图 10.1.15　自动频率转换式数字频率计原理方框图

为了求 n，用低频 F 对 f_T 实行单边带调制，得出 f_T-F，并与另一路 f_x 一起送入谐波混频器Ⅱ，得出差频 f'_D($f'_D=f_x-n(f_T-F)=f_s+nF$)。差频 f'_D经中频放大器Ⅱ放大后，与来自计数器的标准频率 f_s 一起送入混频器，得出差频 nF。再把 nF 与来自低频振荡器的 F 一起送入求 n 计数器，即用低频 F 的周期($T=1/F$)作门控信号，计数 nF，有 $TnF=n$。最后把 n 再送入计数器，对 f_T 实行 n 倍时基扩展，得到 nf_T。上述的一系列过程都是由控制和搜索扫描等电路自动完成。

频率转换式数字频率计用较低射频能获得很高的频率扩展。如 E_{3255} 微波频率自动置换装置，与 E_{325}(300 MHz)通用计数器配用，其测频范围可扩展到 26～40 GHz，还可以更高，其灵敏度可达－30 dBm，一般来说比外差式的灵敏度要高(外差式的灵敏度一般为－10 dBm)。

另一种频率转换方案是 E_{3255} 型的简化方框图，如图 10.1.16 所示，采用的恒差是 40 MHz，并用计数法求 n。用 VCO 作为扫频振荡器(它是本机的转换振荡器)，扫频范围是 512～534 MHz。经过锁相环路使 f_x 与 nf_T 保持在恒差 f_s(40 MHz)上。

工作原理如下：VCO 按控制器输出的扫描电压同步使 f_T 由低频扫向高频，与 f_x 一起送入谐波混频器，得出差频 $f_D=f_x-nf_T$，当差频 f_D 落入放大鉴相器带宽之内时，则锁在 $f_D=f_s$ 上，有 $f_x=nf_T+f_s$。与此同时，由鉴相器输出高电平使控制器停止扫描(扫描电压保持不变)，设这时的 $f_T=f_{0L}$，则有

$$f_x=nf_{0L}+f_s \tag{10.1-18}$$

这段过程称为第一次取样(时间约为 100 ms)。完毕之后，由程序器发出步进指令去触发控制器，控制器立即使扫描电压继续向高频扫去，相应的 VCO 频率从 f_{0L} 继续向高频端扫描。紧接着，f_T 升高到与 f_x 满足关系式 $f_x=n'f'_T+f_s$ 时又被锁住，并停止扫描，这时 f'_T相对

于 f_{0L} 是相邻的低一次谐波，即 $n'=n-1$，设 $f'_T=f_{0h}$，有

$$f_x=(n-1)f_{0h}+f_s \tag{10.1-19}$$

这段过程称为第二次取样(时间约为 100 ms)。由式(10.1-18)和(10.1-19)求出

$$n=\frac{f_{0h}}{f_{0h}-f_{0L}} \tag{10.1-20}$$

若由上式求出 n 来，则计数器就可用式(10.1-18)或式(10.1-19)求出未知频率 f_x。

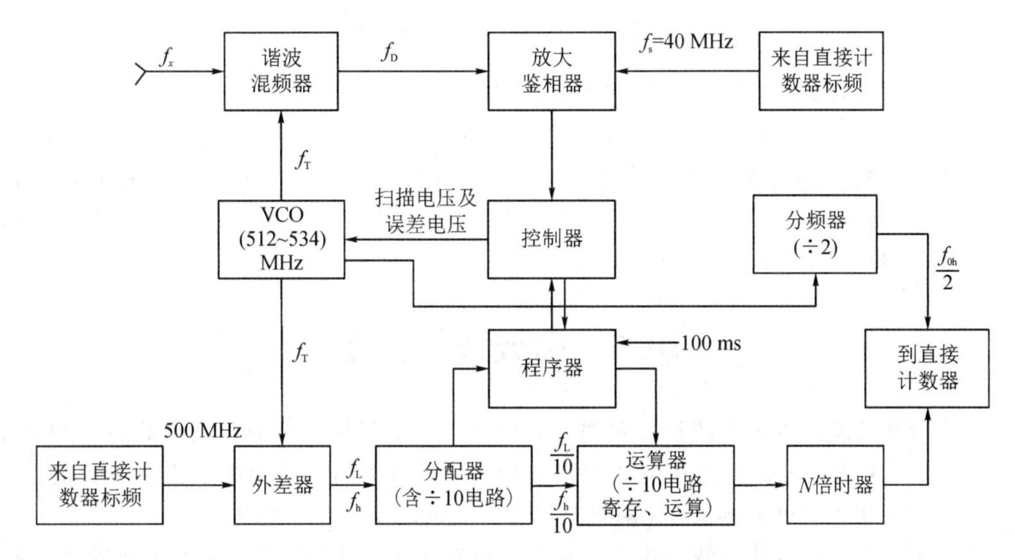

图 10.1.16　另一种频率转换式数字频率计简化方框图

下面求 n。第一次取样时间内，在满足式(10.1-18)的同时要完成下列运算，即把 $f_T=f_{0L}$ 与标准频率 500 MHz 一起送入外差器，得出差频 $f_L=(f_{0L}-500)$ MHz，经过分配器除 10，得出 $f_L/10$，送入运算器，由程序器来控制，使在 100 ms 内由运算器完成两个操作：① 除 10 得 $f_L/(10\times10)$；② 采用电子门控技术做减法运算得出

$$\left(-\frac{f_L}{100}\times100\right)\text{ ms}=(-f_L\times1)\text{ ms} \tag{10.1-21}$$

把上式寄存在运算器内。同理，在第二次取样时间内，做加法运算得出

$$\left(\frac{f_h}{100}\times100\right)\text{ ms}=(f_h\times1)\text{ ms} \tag{10.1-22}$$

由式(10.1-21)和式(10.1-22)相加得出

$$\left(\frac{f_h-f_L}{100}\times100\right)\text{ ms}=((f_h-f_L)\times1)\text{ ms} \tag{10.1-23}$$

第二次取样之后，控制器不再启动扫描电路，因而锁相环一直处于锁相状态。这时按式(10.1-20)做除法运算求 n。先用 20 ms 的时间间隔把分配器送到运算器，$f_h/10$ 信号(不除 10)做 20 ms 的计数，得出

$$\left(\frac{f_h}{10}\times20\right)\text{ ms}=(2f_h\times1)\text{ ms} \tag{10.1-24}$$

紧接着向运算器送入 10 MHz 标准频率，并做 100 ms 计数，得出

$$10\text{ MHz}\times100\text{ ms}=(2\times250)\text{ MHz}\times1\text{ ms} \tag{10.1-25}$$

由式(10.1-24)加式(10.1-25)再被式(10.1-23)整除，得出

$$M=\frac{(2f_{\mathrm{h}}+(2\times 500)\ \mathrm{MHz})\times 1\ \mathrm{ms}}{(f_{\mathrm{h}}-f_{\mathrm{L}})\times 1\ \mathrm{ms}}=2\,\frac{f_{\mathrm{h}}+500\ \mathrm{MHz}}{(f_{\mathrm{h}}+500\ \mathrm{MHz})-(f_{\mathrm{L}}+500\ \mathrm{MHz})}$$

$$=\frac{2f_{0\mathrm{h}}}{(f_{0\mathrm{h}}-f_{0\mathrm{L}})}=2n \tag{10.1-26}$$

再除以 2 得出谐波次数 n，把 n 送入计数器，再做 $2(n-1)$倍时基扩展。已知求 n 时的 VCO 处于第二次取样状态，其频率为 $f_{0\mathrm{h}}$，把 $f_{0\mathrm{h}}$做二次分频得出 $f_{0\mathrm{h}}/2$，即

$$f'_x=2(n-1)\times\frac{f_{0\mathrm{h}}}{2}=(n-1)f_{0\mathrm{h}} \tag{10.1-27}$$

将式(10.1-27)与式(10.1-19)比较得出未知频率：

$$f_x=(n-1)f_{0\mathrm{h}}+f_{\mathrm{s}}=f'_x+f_{\mathrm{s}} \tag{10.1-28}$$

由于式中的 f_{s} 对于具体转换装置是恒定的，故有时使用式(10.1-27)去显示测量结果，再由测试者加上 f_{s}。例如 E_{3255}其中的一种工作状态就是这种显示法(即读数加 f_{s}($f_{\mathrm{s}}=$ 40.000 000 MHz)为待测频率值)。

10.2　微波波长测量

频率测量实质上可根据波长与频率之间的关系，从测量波长的角度来获得未知频率。由式(10.1-11)知，若认为光速的数值足够准确，则频率测量精确度取决于波长的测量，而波长的测量属于长度的测量，无源电路尺寸的测量误差将成为主要误差。

波长测量常用的方法有测量线法、谐振法和光学法。测量线法已为大家所熟知，光学法主要用于毫米波段，本节讨论谐振法，即波长计法。

波长计法与上节讨论的有源比较法相比较，在原理上不同，波长计法简便灵活，但准确度较低；有源比较法准确度较高，但仪器笨重而且价格较贵，因而波长计法在微波工程中仍会得到广泛应用。

10.2.1　谐振式波长计结构介绍

谐振式波长计按结构分有同轴式和空腔式两种。

1. 同轴式波长计

同轴式波长计广泛用在长于 3 cm 波段范围，品质因数较低，约为 2 500 左右。同轴式波长计有 $\lambda/4$ 型和 $\lambda/2$ 型两种，图 10.2.1 给出了这两种结构的示意图，采用磁耦合(环耦合)或电耦合(探针耦合)来激发与输出。商品波长计常标以频率计名称，并把频率标在刻度盘上，如 PXZ-11 型频率计，但它是 $\lambda/4$ 型同轴式波长计，由环耦合输出，可测范围是 2 500～3 750 MHz。

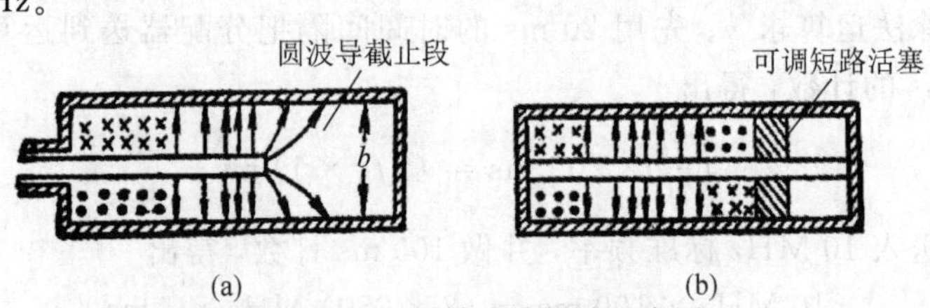

图 10.2.1　同轴式波长计示意图

(a) $\lambda/4$ 型；(b) $\lambda/2$ 型

$\lambda/4$ 型同轴腔的谐振长度 L 等于未知波长的奇数倍，即 $L=(2n-1)\lambda/4$，$n=1$，2，…，实际中由于内导体一端没有支撑，不易保持平直，故一般取 $\lambda/4(n=1)$ 型，其无载品质因数 Q_0 为

$$Q_0=\frac{\lambda}{\delta}\left(\frac{b}{\lambda}\right)\frac{2\ln(b/\mathrm{a})}{1+(b/\mathrm{a})} \tag{10.2-1}$$

式中，a 和 b 分别为内外导体的半径，δ 是趋肤深度。当 $b/a=3.59$ 时，Q_0 有最大值，为

$$Q_0=0.557\,\frac{\lambda}{\delta}\cdot\frac{b}{\lambda} \tag{10.2-2}$$

对于镀银表面，当 $\lambda=10$ cm 时，$\lambda/\delta=89\,000$。

$\lambda/2$ 型同轴腔的谐振长度 $L=n\lambda/2$，$n=1$，2，…，其 Q_0 值为

$$Q_0=\frac{\lambda}{\delta}\cdot\frac{n}{4+\dfrac{b}{L}\cdot\dfrac{1+(b/\mathrm{a})}{\ln(b/\mathrm{a})}} \tag{10.2-3}$$

2. 空腔式波长计

空腔式波长计与同轴式波长计比较有高得多的 Q 值，能用于更高的频率范围。大约从 1 GHz 起，当同轴腔的较低 Q 值不能满足准确度要求时，便开始采用空腔式波长计。当频率增高到同轴腔不适用时，空腔式波长计便成唯一可用的了，因此空腔式波长计在波长测量中占有重要地位。空腔式波长计在实际中考虑到准确加工的方便，多采用圆柱腔。根据对 Q 值的要求常采用 H_{011} 模(高 Q)、H_{111} 模(中 Q)和 E_{010} 模(低 Q)三种模式，它们的场结构示于图 10.2.2 中。圆柱腔的谐振波长 λ_0 与腔体尺寸的关系式为

$$\lambda_0=\frac{2}{\sqrt{(\chi_{mn}/(\pi R))^2+(p/L)^2}} \tag{10.2-4}$$

式中，R 是腔体半径，L 是谐振长度，m 是沿角向环绕一周电场变化的正周期数目，n 和 p 是电场沿径向和轴向变化的半周期数目，χ_{mnp} 对于 E_{mn} 模是 m 阶第一类贝塞尔函数 $J_m(\chi)=0$ 的第 n 个根，对于 H_{mn} 模是 m 阶第一类贝塞尔函数 $J'_m(\chi)$ 的第 n 个根。

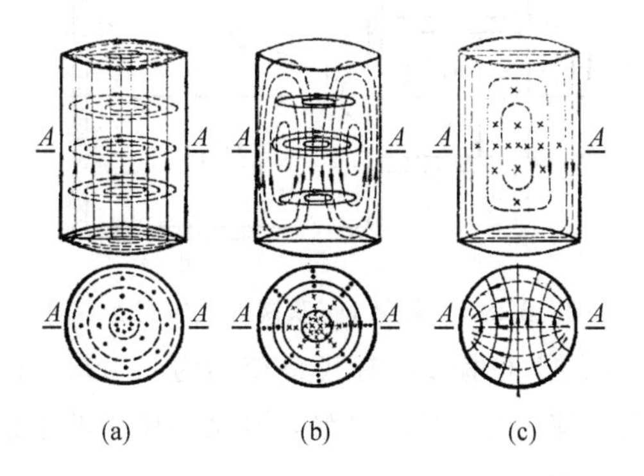

图 10.2.2　圆柱腔的三个场结构

(a) E_{010}；(b) H_{011}；(c) H_{111}

(1) E_{010} 模是圆柱腔中最低振荡模式，$\chi_{01}=2.405$，谐振波长 $\lambda_0=2.16R$，等于圆波导传输 E_{01} 模时的临界波长，并正比于 R 而与 L 无关，它的 Q_0 值为

$$Q_0=\frac{\lambda}{\delta}\cdot\frac{2.405}{2\pi(1+R/L)} \tag{10.2-5}$$

工作在 E_{010} 模式的圆柱腔波长计，有载 Q 值约达 4 000～5 000。E_{010} 模谐振腔也可以看成径向传输线被短路时构成的谐振腔。在腔的顶端插入调谐杆，相当于通过改变分布电容来改变谐振波长。

（2）H_{111} 模是 H_{mnp} 中最低振荡模式。$\chi_{11}=1.84$，相应的谐振波长 $\lambda_0=2RL/\sqrt{R^2+0.34L^2}$。$H_{mnp}$ 的 Q_0 值为

$$Q_0=\frac{\lambda}{\delta}\left(\frac{L}{\lambda}\right)\frac{\left[(\chi_{mn})^2+\left(\frac{\pi D}{2L}\right)^2\right]\left[1-\left(\frac{p}{\chi_{mn}}\right)^2\right]}{\left[\frac{2L}{D}(\chi_{mn})^2+\frac{\pi^2}{2}\left(\frac{D}{L}\right)^2+\frac{D(L-D)}{2L^2}\left(\frac{\pi p}{\chi_{mn}}\right)^2\right]} \tag{10.2-6a}$$

上式在 $D/L=1.5$ 附近有一个平缓的最大点，即

$$Q_0=0.275\left(\frac{\lambda}{\delta}\right) \tag{10.2-6b}$$

H_{111} 模式谐振器可以应用在厘米波和毫米波（低端）范围，具有中等 Q 值和较宽的调谐覆盖范围。10 cm 波段的理论 Q_0 约为 25 000，典型有载 Q 值为 10 000 至 15 000 左右，这样的 Q 值较同轴腔还是高很多。

对于 H_{111} 波长计的设计有一个需要注意的问题，就是当腔体由于加工上的缺陷而有些椭圆度时，H_{111} 模有可能分裂为两个极化方向，分别与椭圆长、短轴相符合的 H_{11} 型振荡，而这两个振荡模式激励的强弱取决于椭圆轴的方向与激发场方向的相对关系。一般来说这两个振荡模都会同时发生，由于它们的振荡频率稍有差别，故当活塞调到某一谐振位置时，可能发生一种双峰响应，甚至发现两个相邻近的单独谐振点。为此需在结构上采取措施，加以避免。例如在耦合孔处腔壁的内侧加设一个用电阻丝做成的半环形的交连带，并使交连带跨接在耦合孔上（如图 10.2.3 所示），环的平面应与由波导激发的正常 H_{111} 模的电场线相垂直，以阻尼其他极化方向振荡的分裂模，而对正常的 H_{111} 模没有多大影响。

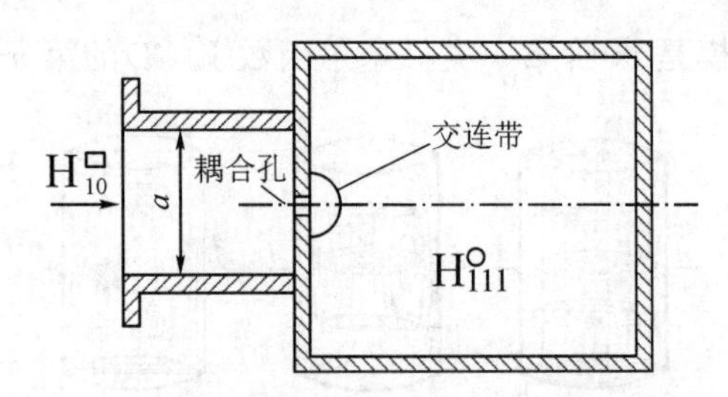

图 10.2.3　避免 H_{11} 双模出现的交连带图

（3）H_{011} 模是圆柱腔中的高 Q 模式，有载 Q 值约为 25 000～40 000。在这种腔中表面电流仅仅沿着圆柱体的内壁环流，而无纵向分量，因此避免了调谐活塞与圆柱体之间引入的损耗。H_{011} 的谐振波长 $\lambda_0=2\mathrm{RL}/\sqrt{R^2+1.488L^2}$，此时 $\chi_{01}=3.832$，Q_0 值为

$$Q_0=0.61\left(\frac{\lambda}{\delta}\right)\sqrt{1+\left(\frac{0.410D}{L}\right)^2}\cdot\frac{1+0.168\,(D/L)^2}{1+0.168\,(D/L)^3} \tag{10.2-7}$$

上式在 $D/L=1$ 时有最大值 $Q_0=0.66(\lambda/\delta)$。对于镀银表面，$\lambda=10$ cm 时，$Q_0\approx59\,000$。

图 10.2.4 是 H_{011} 模圆柱腔波长计的结构示意图，波长计两个小孔相距 $\lambda_g/2$，电磁波经过这两个小孔与外波导相耦合，通过调整活塞来改变腔体的长度，以进行频率调谐。由于

H_{011}模在活塞与圆筒的间隙处没有跨越电流，所以只用板状活塞而没有设置扼流槽。又由于其他干扰模都有电流跨越这个间隙，所以在腔的调谐范围内有可能在活塞的后腔激发振荡，为此在活塞背面装有吸收盘(如由铁粉等吸收材料制成)，以耗散其干扰模式，将它们的 Q 值降低到很小而不能建立干扰振荡。

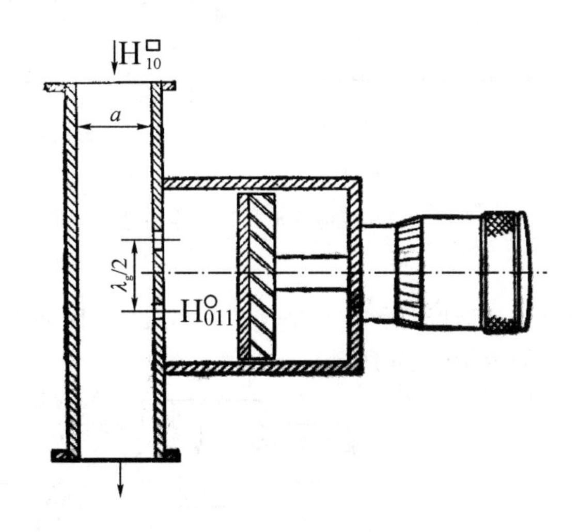

图 10.2.4　H_{011}圆柱腔波长计的结构示意图

10.2.2　波长计的连接电路

采用谐振式波长计测量微波频率时，根据谐振腔的耦合和指示方法的不同，波长计的连接电路分为反应式(吸收式)电路和通过式(传输式)电路两种，相应的波长计也称为反应式波长计和通过式波长计。

1. 反应式电路

反应式波长计的连接电路如图 10.2.5(a)所示。反应式波长计的分支长度 l 大约为 $\lambda/4$，在这个条件下，当谐振时，谐振回路巨大的输入阻抗变换到 ab 点成为很小的阻抗，再与传输线相并联，因而在指示器中出现最小指示点，这个指示点就是空腔的谐振点，如图 10.2.5(b)所示。实际中经常遇到图 10.2.5(c)所示的情况，这是由于电长度 l/λ 随频率变化，最小点也稍有偏移，这时仍以最小点作为谐振点。

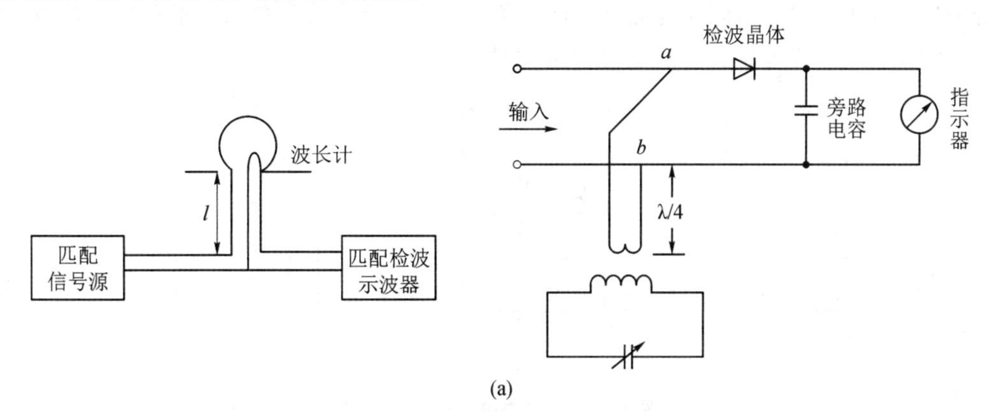

(a)

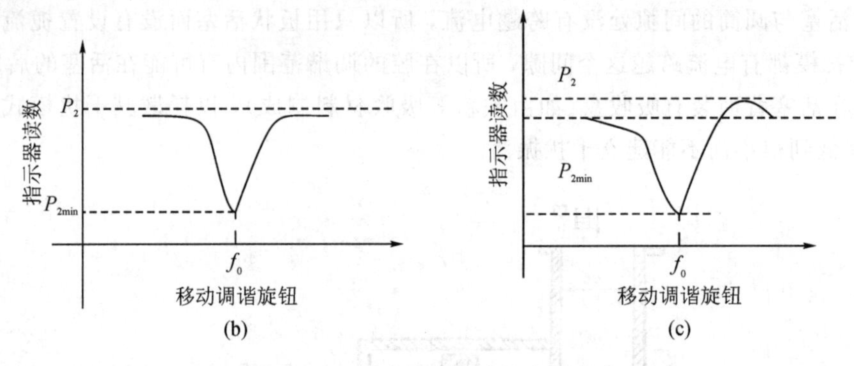

图 10.2.5　反应式波长计的连接电路

2. 通过式电路

通过式波长计，当波长计谐振时，有最大微波功率通过，因而可用指示器的最大指示点表示波长计的谐振点，如图 10.2.6 所示。

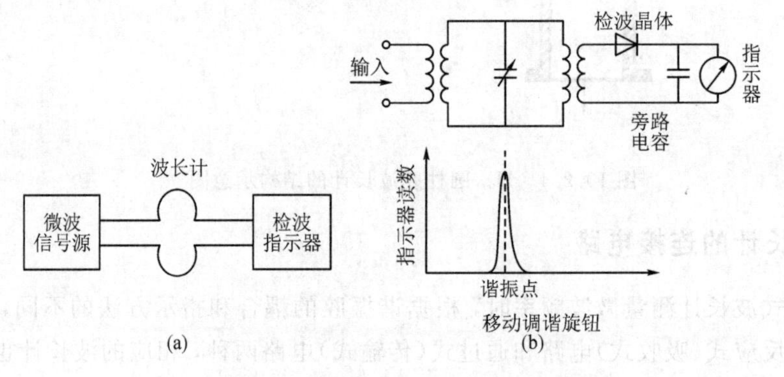

图 10.2.6　通过式波长计的连接电路

(a) 通过式电路连接；(b) 电路图与频率响应

10.2.3　波长计的等效电路参数

波长计是封闭系统，且具有分布参数的振荡电路，在每个谐振频率上可以近似等效为集总参数的 LC 回路，如图 10.2.7 所示。它的等效参数如下：① 谐振波长 λ_0（或谐振频率 f_0）；② 有效电导 G_0（或有效电阻 R）；③ 无载品质因数 Q_0，它表示腔体无功电纳 $\mathrm{j}B$ 与它本身损耗之间的关系，即储能与耗能之间的关系。这三个等效参数如同集总参数电路一样，都能由测量得到。这里需要特别说明的是 Q 值。

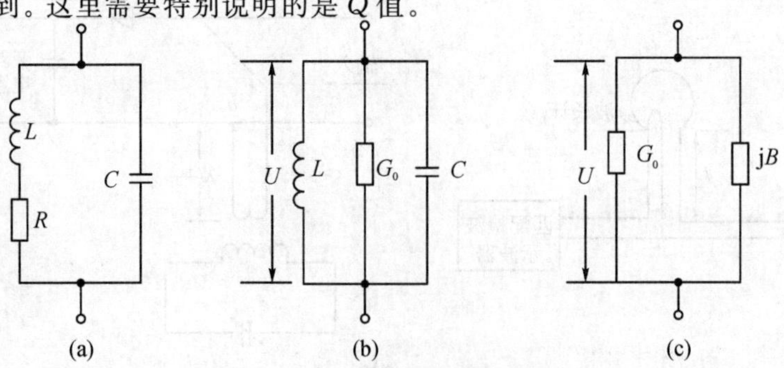

图 10.2.7　谐振腔等效电路类型

品质因数 Q 定义为

$$Q = 2\pi \frac{\text{谐振腔中的储能}}{\text{每振荡周期内的耗能}} \tag{10.2-8}$$

在实际应用中，波长计总要与外电路连接，因此它的谐振特性不仅与腔体本身的特性有关，而且与外电路的负载有关。为了方便分析问题，把品质因数 Q 值分为无载品质因数 Q_0、有载品质因数 Q_L 和外界品质因数 Q_e，它们分别表示腔体中的储能与腔体本身的耗能、腔体的总耗能和外电路的耗能之间的关系。根据 Q 值定义式(10.2-8)可知

$$Q_0 = 2\pi \frac{\text{腔体中的储能}}{\text{每振荡周期内腔体本身的耗能}} \tag{10.2-9}$$

$$Q_L = 2\pi \frac{\text{腔体中的储能}}{\text{每振荡周期内腔体的总耗能}} \tag{10.2-10}$$

$$Q_e = 2\pi \frac{\text{腔体中的储能}}{\text{每振荡周期内腔体外电路的耗能}} \tag{10.2-11}$$

三者之间的关系为

$$\frac{1}{Q_L} = \frac{1}{Q_0} + \frac{1}{Q_e} \tag{10.2-12}$$

此外为了表示腔体与外电路的耦合程度，还引入耦合参数 β，定义为

$$\beta = \frac{\text{外电路的耗能}}{\text{腔体本身的耗能}} = \frac{Q_0}{Q_e} \tag{10.2-13}$$

$\beta=1$ 时，$Q_0=Q_e$，表示腔体与外电路处于临界耦合状态；当 $\beta>1$ 时，$Q_0>Q_e$，表示腔体与外电路处于过耦合状态；当 $\beta<1$ 时，$Q_0<Q_e$，表示腔体与外电路处于欠耦合状态。

腔体的效率 η 定义为

$$\eta = \frac{\text{外电路的耗能}}{\text{系统中的总耗能}} = \frac{Q_L}{Q_e} = \beta\frac{Q_L}{Q_0} = 1 - \frac{Q_L}{Q_0} \tag{10.2-14}$$

上式表明，要得到高效率，应该有高 Q_0 值。

由上看出，品质因数是波长计的一个重要参数，其测量方法将在下一节讨论。

10.2.4 波长计误差分析

用波长计测量频率时，主要误差有：调谐误差，标尺读数误差，测量系统的失配误差，环境温度、湿度和气压变化引起的误差，等等。

1. 调谐误差

调谐误差是指调谐时受限于指示器分辨率而造成的调谐不准确。

1）通过式波长计的调谐误差

设信号源和检波器都分别与所连接的传输线相匹配，其等效电路如图 10.2.8 所示。把微波信号源等效为恒流源，把腔体的输入、输出耦合装置等效为变压器网络。Y_{01} 和 Y_{02} 分别是 T_1 和 T_2 两端传输线的特征导纳。把图 10.2.8(a)的等效导纳都转换到波长计的输入端 T_1 上(如图 10.2.8(b)所示)，求出 T_1 端的总导纳，并根据 Q 值和耦合参数的定义给出：$Q_0=\omega_0 C/G_0$，$Q_{e1}=n_1^2\omega_0 C/Y_{01}$，$Q_{e2}=n_2^2\omega_0 C/Y_{02}$，$\beta_1=Q_0/Q_{e1}=Y_{01}/n_1^2 G_0$，$\beta_2=Q_0/Q_{e2}=Y_{02}/n_2^2 G_0$，$Q_{L2}=Q_0/(1+\beta_1+\beta_2)$。其中，$\omega_0=1/\sqrt{LC}$，$\omega_0$ 为谐振角频率。由图 10.2.8(b)求出总导纳：

$$Y_{总} = n_1^2 G_0 (1+\beta_1+\beta_2)\left[1+\mathrm{j}Q_{L2}\left(\frac{f}{f_0}-\frac{f_0}{f}\right)\right] \tag{10.2-15}$$

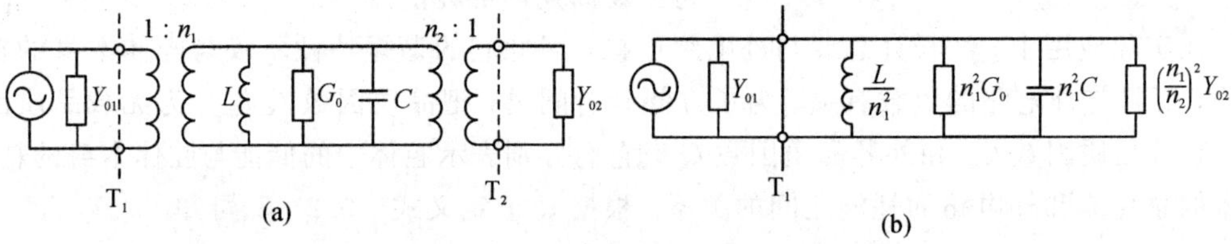

图 10.2.8　通过式波长计等效电路

由此求出加到负载的功率为

$$P_2(f) = \frac{I^2}{Y_{总}\,Y_{总}^*}\left(\frac{n_1}{n_2}\right)^2 Y_{02} = \frac{I^2}{Y_{01}}\cdot\frac{\beta_1\beta_2}{(1+\beta_1+\beta_2)^2}\cdot\frac{1}{1+Q_{L2}^2\left(\frac{f}{f_0}-\frac{f_0}{f}\right)^2} \tag{10.2-16}$$

当波长计谐振时，$f=f_0$，则 $P_2(f_0)$将达到最大值。由此求出加到负载的相对功率为

$$\frac{P_2(f)}{P_2(f_0)} = \frac{1}{\left[1+Q_{L2}^2\left(\frac{f}{f_0}-\frac{f_0}{f}\right)^2\right]} \tag{10.2-17}$$

式中频率项在谐振点临近处有$(f/f_0-f_0/f)=(\lambda_0/\lambda-\lambda/\lambda_0)\approx 2\delta\lambda/\lambda_0$，将该式代入式(10.2-17)，在平方律检波条件下，求出调谐不准确的相对误差为

$$(\delta_{\lambda_0})_{调谐} = \frac{\delta\lambda}{\lambda_0} = \frac{1}{2Q_{L_2}}\sqrt{\frac{I_2(f_0)}{I_2(f)}-1} \tag{10.2-18}$$

式中，λ_0 和 $I_2(f_0)$分别是调谐时的波长和检波指示值，$\delta\lambda$ 为 λ_0 的偏移量，$I_2(f_0)/I_2(f)$是由分辨率引入的分辨误差。所谓分辨率是指可分辨最小格数的相对值。例如 100 分格的表头，可分辨最小格数为 1 格，则满量程分辨率为 1%。若 $I_2(f_0)=80$ 格，则式(10.2-18)中 $I_2(f_0)/I_2(f)\approx 1\mp\Delta I/I_2(f_0)=1\mp 1.25\%$，在式(10.2.18)中根号内应取 101.25%来计算分辨率引入的调谐误差。

2) 反应式波长计的调谐误差

假定反应式波长计的条件与通过式波长计的相同，为了分析方便，取微波信号源为恒压源。把谐振器的等效参数变换到输入端 T_1(如图 10.2.9 所示)，由图 10.2.9(b)求出 T_1 端总阻抗为

$$Z_{总} = \frac{2Z_0\left[\left(1+\frac{\beta}{2}\right)+\mathrm{j}Q_0\left(\frac{f}{f_0}-\frac{f_0}{f}\right)\right]}{1+\mathrm{j}Q_0\left(\frac{f}{f_0}-\frac{f_0}{f}\right)}$$

式中，$\beta=1/n^2G_0Z_0$，$Q_L=Q_0(1+\beta/2)$。

加到负载的功率是

$$P_2(f) = \frac{U^2}{Z_{总}Z_{总}^*}Z_0 = \frac{U^2}{4Z_0}\cdot\frac{\left[1/\left(1+\frac{\beta}{2}\right)^2\right]+Q_L^2\left(\frac{f}{f_0}-\frac{f_0}{f}\right)^2}{1+Q_L^2\left(\frac{f}{f_0}-\frac{f_0}{f}\right)^2} \tag{10.2-19a}$$

谐振时 $f=f_0$，加到负载的功率最小，为

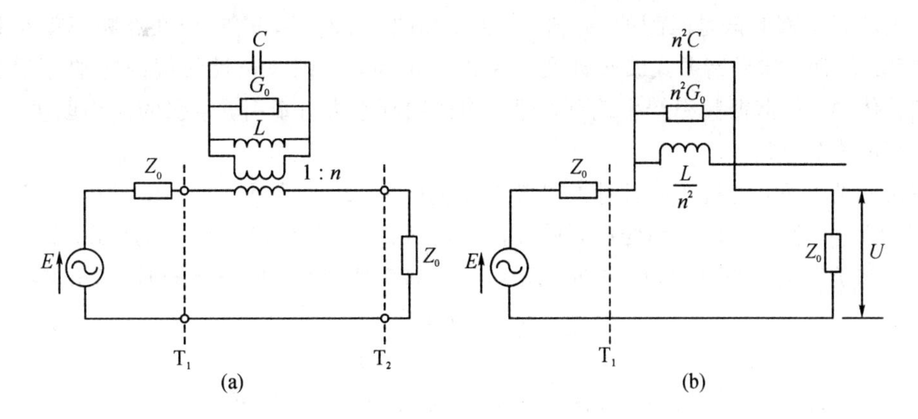

图 10.2.9　反应式波长计的等效电路

$$P_2(f_0)=\frac{U^2}{4Z_0}\cdot\left[\frac{1}{\left(1+\frac{\beta}{2}\right)^2}\right]$$

加到负载的相对功率为

$$\frac{P_2(f)}{P_2(f_0)}=\frac{1+\left(1+\frac{\beta}{2}\right)^2Q_L^2\left(\frac{2\delta\lambda}{\lambda_0}\right)^2}{1+Q_L^2\left(\frac{2\delta\lambda}{\lambda_0}\right)^2}\tag{10.2-19b}$$

对于平方律检波，设输出指示的相对值为 $I_2(f)/I_2(f_0)$，将其代入上式求出调谐不准确的相对误差为

$$(\delta_{\lambda_0})_{调谐}=\frac{1}{2Q_L}\sqrt{\frac{[I_2(f)/I_2(f_0)]-1}{(1+\beta/2)^2-I_2(f)/I_2(f_0)}}\tag{10.2-20}$$

由式(10.2-18)和式(10.2-20)可以看出，为了减小调谐误差，必须提高波长计的有载 Q 值和指示装置的分辨率。在操作上，为提高调谐准确度，可采用交叉读数法确定波长计的谐振点刻度值，即在谐振点两侧取等指示点，以这两点刻度的平均值作为谐振点刻度值。

2. 标尺读数误差

已知谐振法测量波长主要是长度的测量，所以调整活塞传动机构的读数将直接影响调谐准确度，关系式为

$$\Delta\lambda_0=\frac{\partial\lambda_0}{\partial L}\Delta L\tag{10.2-21}$$

式中，ΔL 是活塞传动机构的测量误差，$\partial\lambda_0/\partial L$ 是谐振波长 λ_0 随活塞移动的变化率，$\Delta\lambda_0$ 是谐振波长 λ_0 的偏移量。由式(10.2-21)求出由于读数误差引入波长测量的相对误差为

$$(\delta_{\lambda_0})_{读数}=\frac{\partial\lambda_0}{\partial L}\frac{\Delta L}{\lambda_0}\tag{10.2-22}$$

可见读数误差和传动机构的测量误差 ΔL、谐振波长 λ_0 随腔体长度的变化率成正比，与 λ_0 成反比。ΔL 取决于标尺测量装置，千分测微装置的 ΔL 一般在 0.02 mm 左右。$\partial\lambda_0/\partial L$ 与腔体模式有关，参见 10.2.1 节。

3. 测量系统的失配误差(频率牵引)

谐振式波长计的刻度是在匹配良好的测量系统中进行校准的。从波长计向源端和检波

器端看入的阻抗都应该是匹配的(见图 10.2.8 和图 10.2.9)，这时校准点频率就是腔体的谐振频率。然而，如果谐振式波长计在失配系统中使用，则波长计两端的电纳分量必然会反映到腔体内，使谐振频率产生偏移，即对腔体的频率进行牵引，牵引的大小取决于 Q_0、β 和外电路的失配情况。

在失配情况下，通过式波长计的等效电路如图 10.2.10 所示，$Y_1=G_1+\mathrm{j}B_1\neq Y_{01}$，$Y_2=G_2+\mathrm{j}B_2\neq Y_{02}$。把 Y_1 和 Y_2 都变换到腔体回路内，如图 10.2.10(b)、(c)所示，B_1 和 B_2 分别是源端和负载端的电纳分量，这时的谐振频率将有所变化，回路谐振时，总电纳为零，即

$$\omega'_0 C-\frac{1}{\omega'_0 L}+\left(\frac{B_1}{n_1^2}+\frac{B_2}{n_2^2}\right)=0 \tag{10.2-23}$$

式中，ω'_0为电路失配时腔体的谐振频率，与 ω_0 比较有所偏离。把 $\omega_0=1/\sqrt{LC}$代入式(10.2.23)，则有

$$\omega'^2_0-\omega_0^2+\omega_0^2 L\omega'_0\left(\frac{B_1}{n_1^2}+\frac{B_2}{n_2^2}\right)=0 \tag{10.2-24}$$

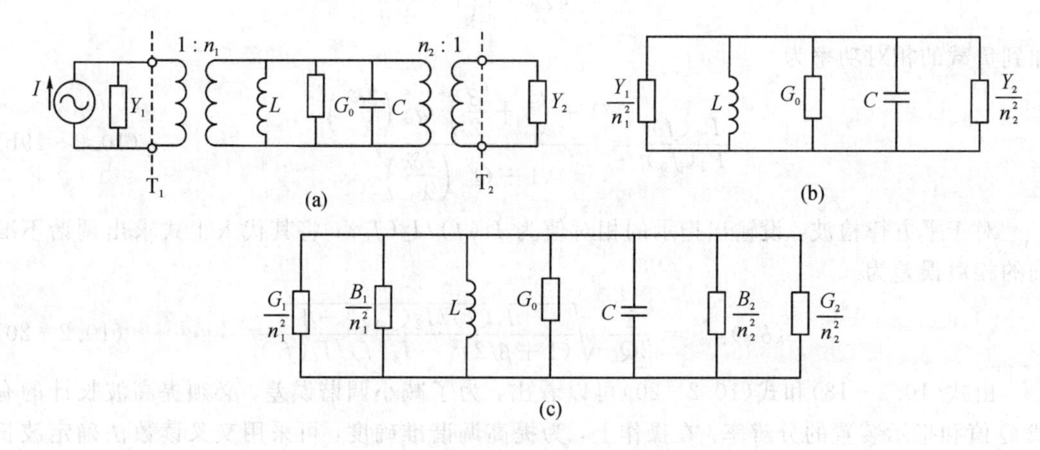

图 10.2.10　通过式波长计失配等效电路

在$(B_1/n_1^2+B_2/n_2^2)$极小的情况下，$\omega'_0\approx\omega_0$，式(10.2.24)变为

$$\omega'_0\approx\omega_0\left[1-\left(\frac{\omega_0 L}{2}\right)\left(\frac{B_1}{n_1^2}+\frac{B_2}{n_2^2}\right)\right] \tag{10.2-25}$$

注意到前面推导式(10.2-15)时给出的参数条件，则有

$$\omega'_0\approx\omega_0\left[1-\left(\frac{1}{2Q_e}\right)(\beta_1 b_1+\beta_2 b_2)\right] \tag{10.2-26}$$

式中，$b_1=B_1/Y_{01}$，$b_2=B_2/Y_{02}$，b_1、b_2 分别为源端和负载端的归一化电纳。设传输线上最小点到波长计端接面的距离为 L，由表 4.1.1 知，归一化电纳与驻波比 ρ 的关系为 $b=(\rho^2-1)\cot\beta l/(\rho^2+\cot^2\beta l)$，求出 b 为最大值的条件是$\pm\cot\beta l=\rho$，由此求出 $b_{\max}=\pm(\rho^2-1)/(2\rho)$，将其代入式(10.2-26)得出

$$\omega'_0\approx\omega_0\pm\left(\frac{\omega_0}{4Q_e}\right)\left[\beta_1\frac{(\rho_g^2-1)}{\rho_g}+\beta_2\frac{(\rho_L^2-1)}{\rho_L}\right] \tag{10.2-27}$$

式中，ρ_g 和 ρ_L 分别是信号源和负载(检波器)的驻波比。于是测量系统由于失配而对腔体引起的频率牵引为

$$\Delta f=f'_0-f_0\approx\pm\left(\frac{f_0}{4Q_e}\right)\left[\beta_1\frac{(\rho_g-1)}{\rho_g}+\beta_2\frac{(\rho_L-1)}{\rho_L}\right] \tag{10.2-28}$$

当两个耦合装置相同时，$\beta_1=\beta_2$，$Q_{L2}=Q_0/(1+2\beta)$，有

$$\Delta f\approx\pm f_0\left(\frac{Q_0-Q_{L2}}{8Q_0Q_{L2}}\right)\left[\left(\rho_g-\frac{1}{\rho_g}\right)+\left(\rho_L-\frac{1}{\rho_L}\right)\right] \tag{10.2-29}$$

Δf 就是由测量系统失配引入的最大频偏。

同理求出反应式波长计频率牵引的近似式为(设 $\rho_g=1$)

$$\Delta f\approx\pm f_0\left[\frac{Q_0-Q_L}{2Q_0Q_L}\right]\left[\frac{\rho_L-1}{\rho_L+1}\right] \tag{10.2-30}$$

实际应用中，若波长计与检波器是固定组合单元，则在校准波长计刻度时，作为谐振指示器的晶体检波器是它的负载，这个负载对腔体谐振频率的影响已经在校准时一并考虑在内了，因此只有信号源失配引起的谐振频率偏移。为此，应采用隔离器或定向耦合器的连接电路，如图 10.2.11 所示，以减小信号源失配的影响，但是更换晶体管后由于负载的变化而应该重新校准频率刻度。对于经常拆装的波长计则应注意对源端和负载端的匹配与隔离。

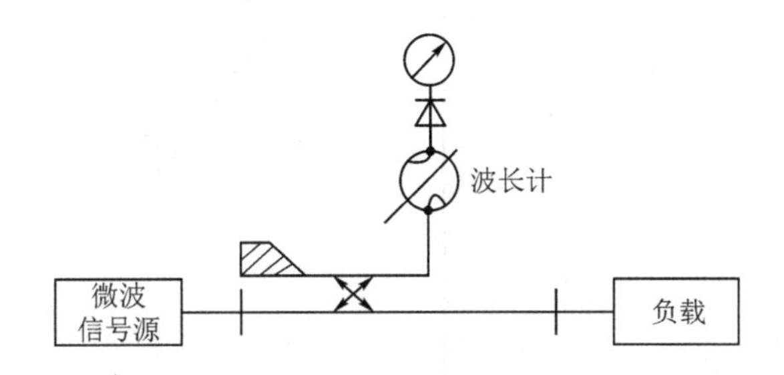

图 10.2.11 采用定向耦合器连接的波长计电路

4. 温度、湿度和气压变化引起的误差

波长计的定度通常是在环境温度为 25 ℃、湿度为 60%的标准大气压(P=101 325 Pa)的条件下进行的，因此用波长计测量频率时，若改变了上述环境，则谐振频率会发生偏移。环境的变化主要表现在温度、湿度、气压上，这三者的变化对波长测量的准确度都有影响。温度变化引起热胀冷缩使腔体和调谐等机构的尺寸发生改变；温度、湿度和气压的变化，还会使腔体中的介电常数发生变化。

减小温度变化引起的误差的方法是采用线胀系数甚小的材料制造腔体和调谐螺杆(或将某些部件采用不同膨胀系数的材料实现温度补偿)。例如用黄铜(线胀系数 α 为 1.85×10^{-5}/℃)制成的波长计，当温度变化 20 ℃时，谐振频率的变化可达 0.04%左右；若改用殷钢(α 为 10×10^{-6}/℃)，此项变化为 0.02%左右。当腔体用同一种金属制成，且 α 不小于 10×10^{-6}/℃时，谐振频率的变化很接近于线性关系：

$$(\Delta f)_t=-f_0\alpha\Delta t \tag{10.2-31}$$

式中，$\Delta t=(t-25)$ ℃，α 为金属的线胀系数。

温度、湿度、气压的变化影响谐振频率变化的规律，通常是温度愈高、湿度越大，影响越大，对谐振频率的影响可达万分之几的误差。为减小此项误差，可将腔体抽空或充以干燥的惰性气体，并采取气密措施，有的在波长计上附有一个装入干燥剂的小盒。关于这项误差的估计可查图 10.2.12 所示列线图，该图是以环境温度为 25 ℃、相对湿度为 60 %的正常测量条件为标准进行归一化的列线图。

气压引起谐振频率的相对变化，可按下式计算：

$$\frac{\Delta f}{f_0}=-\left[\frac{0.7898}{T}\right]\Delta P\times10^{-6} \tag{10.2-32}$$

式中，$\Delta P=(P-101325)$ Pa，T 为热力学温度，单位为 K。一般情况下，气压变化引起的误

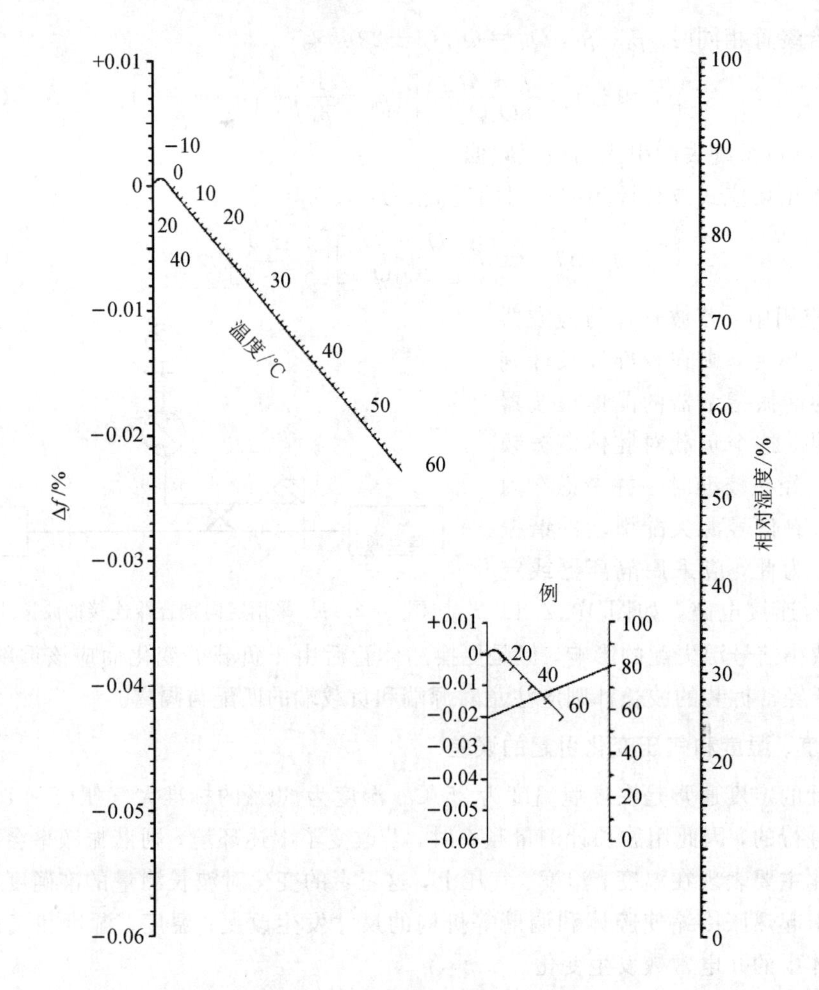

图 10.2.12 温度、湿度列线图

差可以忽略。

10.2.5 波长计的校准方法

校准波长计采用比较法，根据不同的比较标准，比较法分为有源比较法和无源比较法两种。有源比较法是以外差频率计或数字频率计作为比较标准；无源比较法是以标准波长计作为比较标准。根据对精确度的要求不同，选用的标准也不相同。

无论哪种方法在组成波长计校准系统时都要注意：

(1) 波长计两端的源驻波比和负载驻波比要足够小(期望值 1)，若不满足精确度要求，须接入"隔离/调配"网络，以减小 Γ_g 和 Γ_L；

(2) 信号源频率要有足够的稳定度；

(3) 检波指示装置要有足够的分辨率，不要因分辨率不够而产生较大的调谐误差；

(4) 若要求精确度较高时，还要注意温度、湿度等的修正。

校准波长计的基本方法是用有源频率计或无源波长计与待校波长计同时测定同一信号源的频率，从而定度待校波长计的刻度，如图 10.2.13 所示。

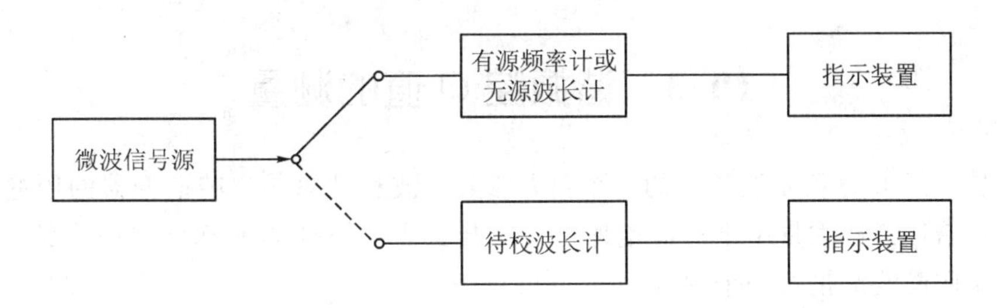

图 10.2.13 校准波长计基本方框图

图 10.2.14 和图 10.2.15 分别示出有源比较法和无源比较法校准波长计电路。为避免信号源频率漂移的影响，并提高调谐指示度的分辨率，可采用示波器作为指示装置(亦称动态显示法)，或对信号源采取稳频措施。

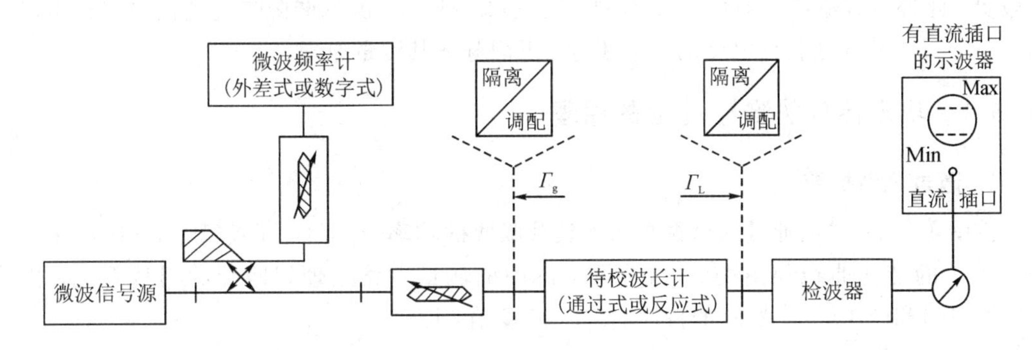

图 10.2.14 有源比较法校准波长计电路

对于图 10.2.14 所示的有源校准系统，其中的信号源输出频率连续可调。将波长计置于待校刻度，以检波器输出作为波长计的谐振指示装置。调整信号源频率，当波长计谐振时，用频率计测出这时的信号源输出频率，这个频率就是波长计该刻度的谐振频率。波长计的指示装置常用表头式仪表，也可用具有直流插口的示波器(如 SB－14)，用于实时显示波长计的谐振状态。

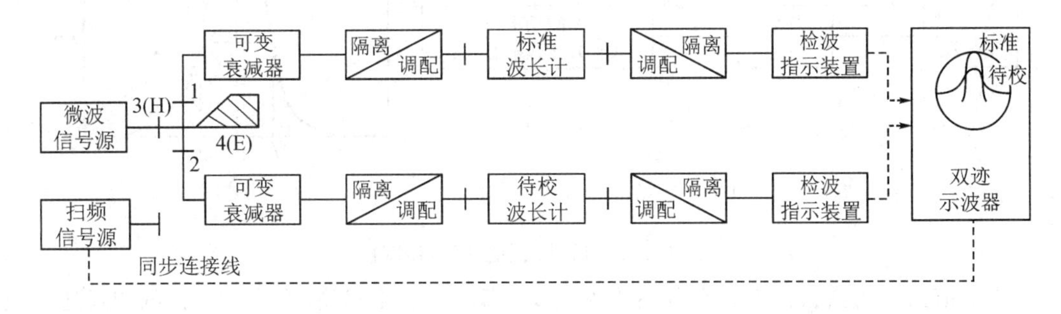

图 10.2.15 无源比较法校准波长计电路

对于图 10.2.15 所示的无源校准系统，其校准方法与图 10.2.14 相同，只是把微波频率计换为标准波长计，标准波长计和待校波长计的谐振指示装置分别由上、下支路的检波指示装置来担任。这种校准方法常采用示波器进行实时显示，同时需改用扫频信号源，连接电路和显示波形如图 10.2.15 中的虚线和示波器上的曲线所示。

10.3 谐振腔 Q 值的测量

在上节曾指出 Q 值是波长计的一个重要参数。波长计只是空腔谐振器的用途之一，除此之外空腔谐振器还大量用于有源电路、天线开关和滤波器等元部件之中。因此，Q 值的测量也可算作微波测量的一个内容。

测量谐振腔 Q 值的基本方法是测量谐振腔频率特性的半功率点带宽 Δf 和谐振频率 f_0，即 $Q=f_0/\Delta f$。根据 Q 值的高低有不同的测量方法。对于中 Q 值的测量常采用功率传输法和功率反射法。阻抗法可适用于高、中、低 Q 值的测量。前两者测量方法简单，但准确度较低；后者较准确，但测量过程较烦琐，用网络分析仪测其阻抗则可简化测量过程，但设备较贵。此外还有适用于测量高 Q 值的暂态法（$Q>10^4$）。测量谐振腔 Q 值的电路在组成原则上与上节中校准波长计电路的要求相近，下面分述其测量原理。

10.3.1 功率传输法测量 Q 值的原理

1. 通过式谐振腔

按图 10.2.8 求出通过式谐振腔匹配负载吸收的功率 $P_2(f)$，即式(10.2-16)。$P_2(f)$ 随频率 f 的变化曲线如图 10.3.1 所示，图中的测量电路是理想匹配的测量系统。由式(10.2-16)和图 10.3.1 所示的特性曲线求出 Q 值，即

$$Q_{L2}=\frac{f_0}{f_2-f_1}=\frac{f_0}{\Delta f} \tag{10.3-1}$$

式中 f_1 和 f_2 分别为功率 $P_2(f_1)=P_2(f_2)=[P_2(f_0)-0]/2=\Delta P_2/2$ 时的半功率点所对应的频率值。

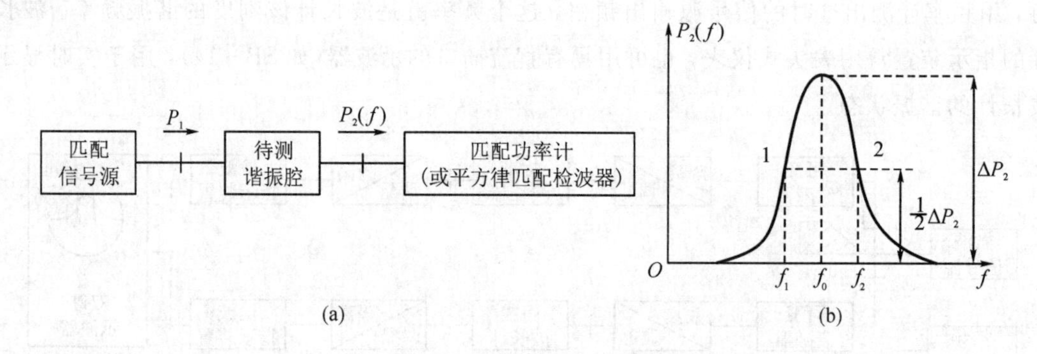

图 10.3.1 通过式谐振腔传输特性

鉴于谐振腔的谐振频率和有载品质因数 Q_L 都与外电路有关，因此，Q 值的测量通常规定在信号源和检测系统都匹配的情况下进行。在实际应用中，往往需要知道 Q_0 值，然而从传输特性曲线上求出的通频带只能用来确定有载品质因数，无法确定 Q_0 的值。若谐振腔耦合度是可调的话，则可减弱耦合使通频带几乎不再缩窄时来测量 Q_{L2}，以此值近似代替 Q_0。如果耦合装置是小孔或膜片，则不能用减弱耦合的办法来测量 Q_0 值，这时按下式算出无载 Q_0：

$$Q_0=\frac{Q_{L2}(\rho_{01}+1)(\rho_{02}+1)}{(\rho_{01}\rho_{02}-1)} \tag{10.3-2}$$

式中，ρ_{01} 和 ρ_{02} 分别是从谐振腔向两端看入的驻波比。

2. 反应式谐振腔

由式(10.2-19a)求出图10.3.2(a)所示平方律匹配检波器吸收的功率为

$$P_2(f) = P_2(f_0)\,\frac{1+(1+\beta/2)^2 Q_L^2\,(f/f_0 - f_0/f)^2}{1+Q_L^2\,(f/f_0-f_0/f)^2} \tag{10.3-3}$$

式中 $P_2(f_0)$ 为谐振腔谐振时匹配功率计或平方律匹配检波器吸收的功率。功率传输特性曲线如图10.3.2(b)所示。图中 P_0 是巨大失谐时的传输功率。由式(10.3-3)求出 $Q_L = f_0/(f_2-f_1)=f_0/\Delta f$，$f_1$ 和 f_2 分别为 $P_2(f_1)=P_2(f_2)=[P_0-P_2(f_0)]/2=\Delta P_2/2$ 时半功率点所对应的频率值。

当巨大失谐时($f\to\infty$)，式(10.3-3)变成 $P_2(f)=P_2(f_0)(1+\beta/2)^2=P_0$，利用 $Q_L=Q_0/(1+\beta/2)$ 求出无载品质因数：

$$Q_0 = Q_L\sqrt{\frac{P_0}{P_2(f_0)}} \tag{10.3-4}$$

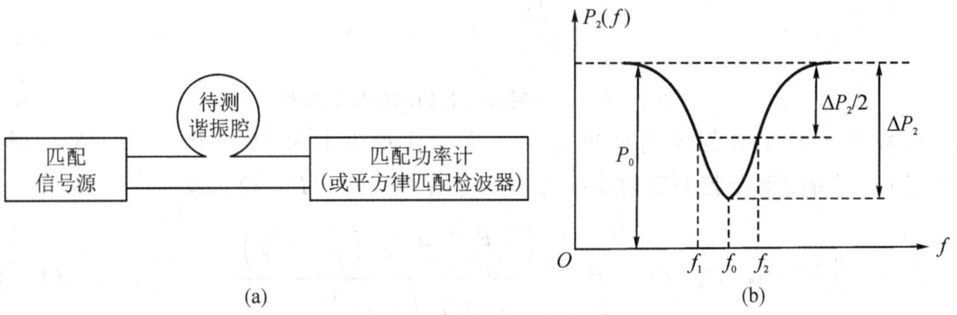

图10.3.2　反应式谐振腔传输特性

需要指出的是，功率传输法只能用来测量中 Q 值(Q_L 为800左右)。例如在3 cm波段，一般实验室用的微波信号源，其频率稳定度约为 2×10^{-4}，而波长计的准确度约为 5×10^{-4}，为减小测量误差，待测谐振腔的通频带不应小于20 MHz，其测量误差主要取决于半功率点频率的测量误差，通常采用直接测量 Δf 的办法来减小其影响。

10.3.2　功率反射法测量 Q 值的原理

功率反射法是根据谐振腔的功率反射特性来确定其品质因数的。图10.3.3(a)、(b)是测量功率反射特性的电路及功率反射特性曲线，图10.3.3(c)是谐振腔等效电路。在 T_1 面的总导纳为

$$Y_{总} = n^2 G_0(1+\beta)\left[1+jQ_L\left(\frac{f}{f_0}-\frac{f_0}{f}\right)\right]$$

式中 $\beta=Y_0/n^2G_0$，$Q_L=Q_0/(1+\beta)$。

待测谐振腔吸收的功率为

$$P_2(f) = \frac{I^2 n^2 G_0}{YY^*} = \frac{I^2}{Y_0}\left[\frac{\beta}{(1+\beta)^2}\right]\cdot\frac{1}{1+Q_L^2\left(\dfrac{f}{f_0}-\dfrac{f_0}{f}\right)^2} \tag{10.3-5}$$

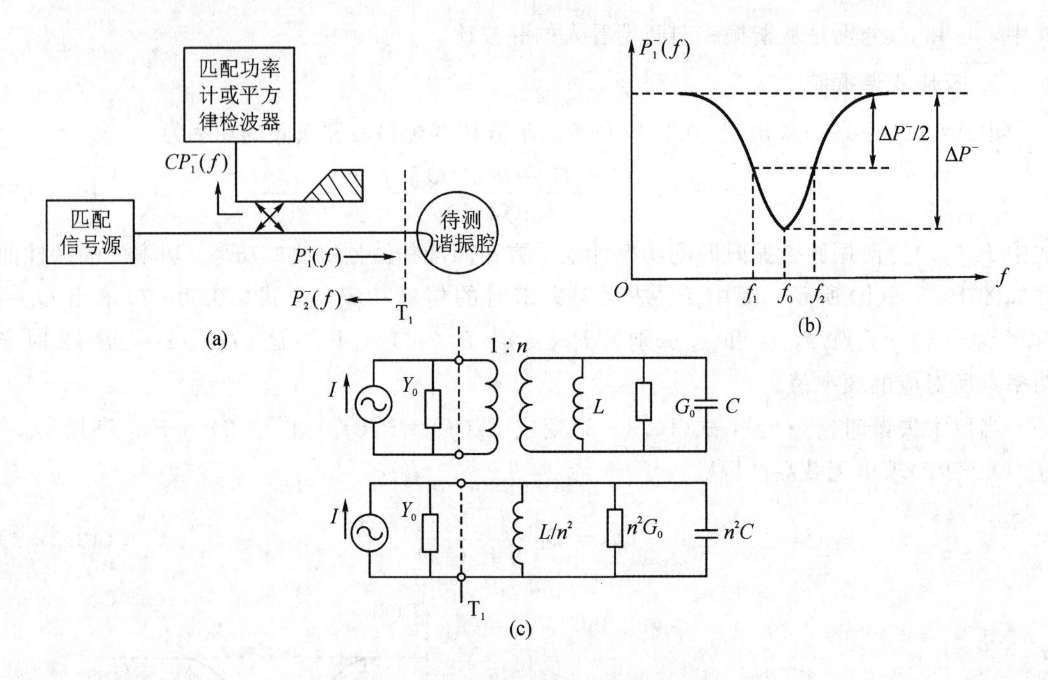

图 10.3.3　待测谐振腔的功率反射特性

而匹配信号源向无反射负载的输出功率，即入射波功率为 $P_0=P^+=I^2/4Y_0$，结合式(10.3-5)求出待测谐振腔的反射功率为 $P_2^-(f)=P^+(f)-P_2(f)$，即

$$P_2^-(f)=P_0\frac{\left[\dfrac{(1-\beta)}{(1+\beta)}\right]^2+Q_L^2\left(\dfrac{f}{f_0}-\dfrac{f_0}{f}\right)^2}{1+Q_L^2\left(\dfrac{f}{f_0}-\dfrac{f_0}{f}\right)^2} \tag{10.3-6}$$

当 $f=f_0$ 时，$P_2^-(f)$降到最小，$P_{2\min}^-=P_2^-(f_0)=P_0\left[(1-\beta)/(1+\beta)\right]^2$；当 f 自 f_0 偏离到 0 和∞时，$P_2^-(f)$升到 P_0 的电平，即产生全反射，反射功率最大，$P_{2\max}^-=P_0$；当 $Q_L(f/f_0-f_0/f)=\pm1$时，半功率点电平为 $P_2^-(f_1,f_2)=(P_0/2)(1-\beta)^2/(1+\beta)^2$，所以按半功率点带宽来计算有载品质因数的公式仍为 $Q_L=f_0/(f_2-f_1)=f_0/\Delta f$，并注意到$f=f_0$时，有

$$\beta=\frac{Y_0}{n^2G_0}=\begin{cases}\dfrac{1}{\rho_0} & (n^2G_0>Y_0)\\ \rho_0 & (n^2G_0<Y_0)\end{cases} \tag{10.3-7}$$

则有

$$Q_0=(1+\beta)Q_L=\begin{cases}\left(1+\dfrac{1}{\rho_0}\right)Q_L & (\beta<1)\\ (1+\rho_0)Q_L & (\beta>1)\end{cases} \tag{10.3-8}$$

由式(10.3-8)知，为了求出 Q_0 需要知道β值，那么如何判断$\beta>1$还是$\beta<1$呢？判断方法是：当待测谐腔的谐振电导 $n^2G_0>Y_0$ 时，$\beta<1$；反之，$\beta>1$。$n^2G_0>Y_0$ 说明待测谐振腔的输入端 T_1 处在波节位置；反之处在波腹位置。当待测谐振腔失谐极其严重时，导纳为无穷大，相当于短路，入射波产生全反射。根据这一判断可知具体方法是：把测量线接在待测谐振腔和匹配源之间，首先是待测谐振腔产生巨大失谐，将探针移到波节点，并用交叉

读数法确定其位置，此波节位置即为失谐短路点，亦为空腔输入端 T_1 的等效端接面；其次把待测空腔调到谐振状态，左右微调探针，如果出现电压波节，说明谐振电导 $n^2G_0>Y_0$，即$\beta<1/\rho_0<1$，反之 $\beta=\rho_0>1$。

同理，功率反射法只能用来测量中 Q 值，优点与功率传输法相同。

上述功率传输法和功率反射法都是测量功率的谐振曲线，从而求出半功率点频率 f_1 和 f_2。这一测量过程若用示波器动态显示，则既直观又可以降低对信号频率稳定度的要求。其方法类似于动态法校准波长计的显示方法，如图 10.2.15 所示，由标准波长计的尖锐曲线即可测出半功率点频率 f_1 和 f_2。为提高 Δf 的分辨率，还可采用频谱分析仪，即利用频谱分析仪中的标志频率来测量半功率点带宽。

10.3.3　阻抗法测量 Q 值的原理

上述两种方法可直接测出有载 Q 值，如果欲知 Q_0，尚需借助公式换算，并且只适用于中 Q 值的测量。而阻抗法适用范围较大，且可以直接测量出 Q_0 值。

由前面分析知道，求 Q 值的中心问题是要测出三个数据，即谐振腔的谐振频率 f_0、半功率点的频率 f_1 和 f_2。所谓阻抗法就是找出阻抗与这三个频率的对应关系，从而用阻抗测量的方法来测量这三个参数，再计算出 Q 值。依据谐振腔的阻抗、驻波比、反射系数和最小点相位在不同 Q 值时对频率的响应不同，阻抗法又分为阻抗轨迹法（中 Q_L 值，$\beta\approx1$）、驻波比法（高 Q_L 值，$\beta\ll1$）、反射系数法（低 Q_L 值，$\beta\approx1$，适用测谐振腔 Q 值）和相位法（低 Q_L 值，$\beta\gg1$）四种。这里仅介绍阻抗法的基本测量原理。

由图 10.3.4 所示等效电路求出待测空腔输入导纳：

$$y=\frac{Y}{Y_0}=\frac{1}{\beta}\left[1+\mathrm{j}Q_0\left(\frac{f}{f_0}-\frac{f_0}{f}\right)\right]=g+\mathrm{j}b \tag{10.3-9}$$

式中，$\beta=\dfrac{Y_0}{n^2G_0}$，$g=\dfrac{1}{\beta}$，$b=gQ_0\left(\dfrac{f}{f_0}-\dfrac{f_0}{f}\right)$。

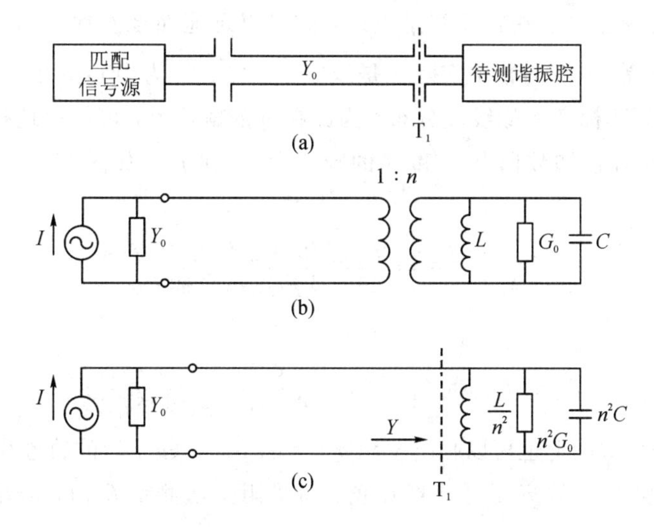

图 10.3.4　阻抗法测量 Q 值的等效电路

令$|b|=g$，则有$Q_0=\frac{f}{f_0}-\frac{f_0}{f}=\pm 1$，$Q_0=\frac{f_0}{f'_2-f'_1}=\frac{f_0}{\Delta f}$，$f'_1$和$f'_2$为等电纳(绝对值相等)的频率值，$\Delta f$为其频宽。

由式(10.3-9)知，如果把输入导纳y画在直角坐标导纳平面上，y的轨迹将是一条直线，如图10.3.5(a)所示。由导纳y的轨迹与$b=\pm g$的轨迹之交点来确定半功率点频率f'_1和f'_2，从而可以求出Q_0。根据y的轨迹也可以求出Q_L，将$Q_0=(1+\beta)Q_L$(见式(10.3-5)的导出条件)代入式(10.3-9)得出$b=\pm\frac{1+\beta}{\beta}=\pm(g+1)$时，$Q_L=\frac{f_0}{f_2-f_1}=\frac{f_0}{\Delta f_0}$。因此，由$y$的轨迹与$b=\pm(g+1)$的轨迹的交点可以确定半功率点的频率$f_1$和$f_2$，从而可以计算出$Q_L$。

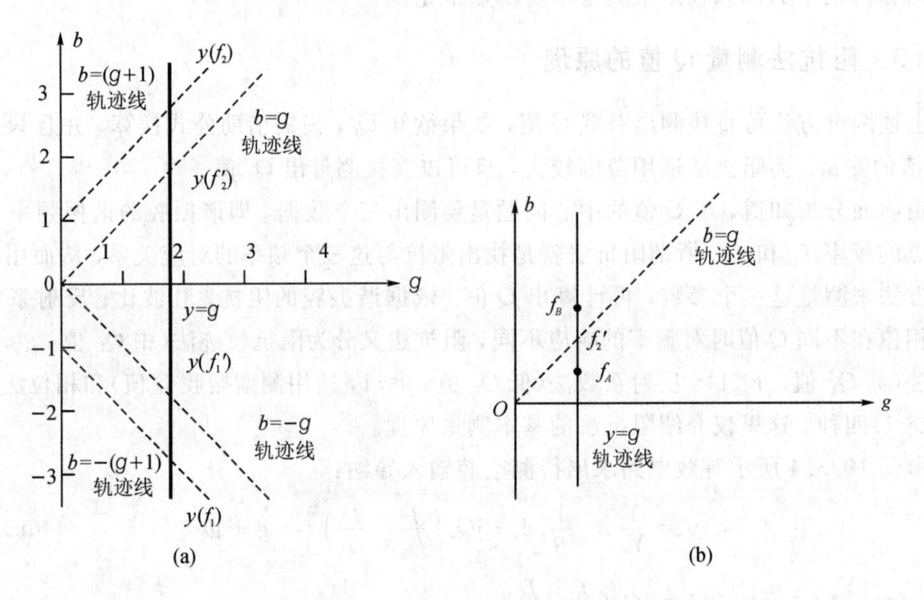

图10.3.5 用图解法确定半功率点频率

由于在直角坐标上，这些轨迹都是直线，故可以迅速而准确地画出。在y的轨迹上高于f_0和低于f_0的等$|b|$点的频率实际上是以$f_0=\sqrt{f_{x1}f_{x2}}$为中心按几何对称关系分布的。不过在f_0附近，频率标度近似线性分布。因此在y的轨迹上，可简单地按比例关系来确定等$|b|$点的频率。例如已知数据点A和B的频率为f_A和f_B，如图10.3.5(b)所示，按直线关系有

$$\frac{f'_2-f_A}{f_B-f_A}=\frac{f'_2\text{点和}A\text{点纵坐标差}}{A\text{、}B\text{两点纵坐标差}}$$

即

$$f'_2\approx f_A+(f_B-f_A)\frac{f'_2\text{点和}A\text{点纵坐标差}}{A\text{、}B\text{两点纵坐标差}} \tag{10.3-10}$$

同理，在极坐标圆图上也可以画出y和$b=\pm g$、$b=\pm(g+1)$的轨迹线，如图10.3.6(a)所示，从中求出等$|b|$点频宽便可计算Q值。可见阻抗法测量Q值，若用测量线确实比较烦琐。

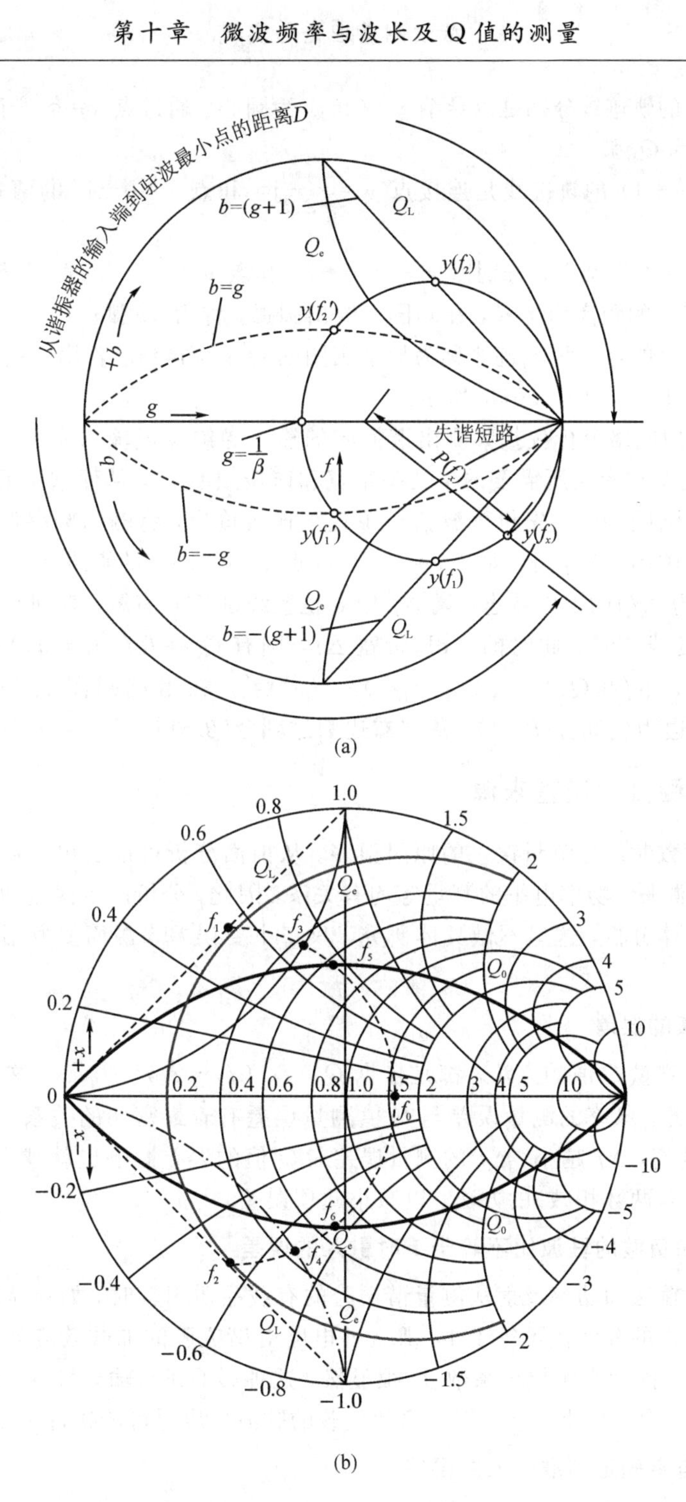

图 10.3.6　圆图上的 Q 值标度线

(a) 在导纳圆图上的 Q 值标度线；(b) 在阻抗圆图上的 Q 值标度线

10.3.4　网络分析仪法测量 Q 值的原理

参见导纳圆图(见图 10.3.6(a))，图中示出：

(1) $b=\pm g$ 的轨迹线分别是以导纳 $y=0\pm j1$ 为圆心，通过点 $y=\infty+j\infty$ 和点 $y=0\pm j0$ 的两个圆弧，称为 Q_0 弧。

(2) $b=\pm(g+1)$ 的轨迹线是连接点 $y=\infty+j\infty$ 和点 $y=0\pm j1$ 的两条直线，称为 Q_L 线段。

(3) 在圆图的外周圆上，分别以点 $y=\infty+j\infty$ 和点 $y=0\pm j1$ 的切线交点为圆心，以该圆心到 $y=\infty+j\infty$ 的距离为半径，在圆图上绘出圆弧，称为 Q_e 弧。

在导纳圆图上的这三种轨迹线称为导纳圆图的 Q 值标度线。若用阻抗圆图来表示这三种 Q 值标度线，则如图 10.3.6(b)所示。

由上可知，用网络分析仪扫频测出谐振腔的输入导纳 y 或输入阻抗 z，就能由该轨迹与 Q 值标度线的交点求出所需要的半功率带宽和谐振频率 f_0，从而求出 Q_L、Q_0 和 Q_e。其方法是：以阻抗圆图为例，先将微波信号源置于连续输出，将输出频率调到谐振频率 f_0，使该点阻抗落在圆图的实轴上(即点 $z=0+j0$ 与点 $z=\infty+j\infty$ 的直线上)；再将信号源调到对称扫频(带宽为 Δf)的工作状态，调 Δf 使 z 轨迹线延长或缩短，直到它恰好接触到所要求的 Q 值的标度线，记下此时的 3 dB 带宽 Δf，则有 $Q_0=f_0/(f_6-f_5)=f_0/\Delta f'$，$Q_L=f_0/(f_2-f_1)=f_0/\Delta f$ 和 $Q_e=f_0/(f_4-f_3)=f_0/\Delta f''$。在阻抗圆图上，$z(f_0)$ 落在圆心($z=1+j0$)的左边为欠耦合($\beta<1$)，落在右边为过耦合($\beta>1$)。

10.3.5 Q 值测量的误差来源

测量品质因数时产生测量误差的原因很多。从前面分析可以看出，品质因素与频率的测量、驻波比的测量、功率电平的测量等均有关系，因此，分析产生误差的原因必须根据采用的方法进行具体分析，这里不做具体研究，只将主要误差来源简要概括，以便在测量中引起注意。

1. 频率测量的误差

本节提出的测量 Q 值的方法，都是依据 $Q=f_0/(f_2-f_1)=f_0/\Delta f$ 这个基本公式来测量和计算的，因此，频率的测量误差与 Q 值测量误差有着最密切的关系。不难看出，待测谐振腔的 Q 值越高，Δf 越小，Δf 的测量误差对 Q 值的误差影响也就越大，所以，应采用直接测量 Δf(不是两数相减)的方法，以减小此项误差。

2. 信号源和负载的驻波比不等于 1 时引入的误差

采用功率传输法和功率反射法测量谐振腔的有载品质因数时，如果从谐振腔向信号源和向负载方向看去的驻波比不等于 1，那么外电路对谐振腔的加载效应与源端和负载端的驻波比大小有关，因而影响耦合系数 β，很显然，这种影响还与输入波导、输出波导的长度有关。在测量中，为了减小误差，信号源和负载的驻波比应尽可能接近 1。

3. 半功率电平确定不准引入的误差

采用功率传输法和功率反射法测量谐振腔的有载品质因数时，由于半功率电平确定的不够准确也会导致频率差 Δf 测量不准，致使 Q_L 的值产生误差。

4. 驻波比的测量误差

用功率传输法和功率反射法测量 Q_0 值时，需要测量出驻波比才能计算出无载品质因数 Q_0，因此，驻波比的测量误差会引起 Q_0 的测量误差。阻抗法也是如此。

第十一章　衰 减 测 量

关于传输参数 S_{21}（或 S_{12}）的测量已在第四章、第六章中介绍了，下面两章将依据网络特性参数的衰减与相移的分项来讲述它们的测量原理和方法。

衰减与相移的测量是一个问题的两个方面。按式 $S_{21}=|S_{21}|e^{j\psi_{21}}$ 来测量它的绝对值就是衰减测量，测量它的相角就是相移测量。

11.1　定　　义

在微波传输系统中，插入的各种微波元件，如波导段、拐弯、接头、过渡段、衰减器、滤波器等，必然会影响传输线输送给负载的功率电平，这种影响的数量关系常用“衰减”表示，因此，“衰减”便成为衡量插入元件对功率电平影响的一个重要参数。

在前述各种测量电路中，曾不止一次用到衰减器，其衰减量的单位是 dB，但是对它的含义和内容并未阐明。

将一个双口微波元件插入传输系统时，它对功率电平影响的数量关系与插入的两个端面分别向信号源端和向负载端看入的匹配情况有关。由于这一实际情况，使衰减测量的含义变得复杂了。为适应各实际情况，对衰减通常有如下几种定义。

11.1.1　衰减

如图 11.1.1 所示，图 11.1.1(a)是插入衰减网络之前的测量线路，它属于 Z_0 源、Z_0 线、Z_0 负载的情况，由式(9.5－9)知，负载吸收的功率等于信号源的资用功率 P_a；图(a)所示线路插入衰减网络之后，见图 11.1.1(b)，其负载吸收的功率电平将受到影响，设为 P_2。由此定义衰减 A 为

$$A=10\lg\frac{\text{匹配源向与它相接的匹配负载传输的功率}}{\text{衰减网络插入其间同一匹配源向同一匹配负载传输的功率}}=10\lg\frac{P_a}{P_2}\tag{11.1-1}$$

A 的单位是分贝(dB)。

由图 11.1.1(c)、(d)和图 9.5.3(b)可知($\Gamma_g=0$，$\Gamma_L=0$)

$$|a_1|^2=|b_g|^2=P_a\tag{11.1-2a}$$

又有

$$|b_2|^2=P_2\tag{11.1-2b}$$

把式(11.1－2)代入式(11.1－1)得出衰减：

$$A=10\lg\left|\frac{a_1}{b_2}\right|^2=10\lg\frac{1}{|S_{21}|^2}=-20\lg|S_{21}|\tag{11.1-3}$$

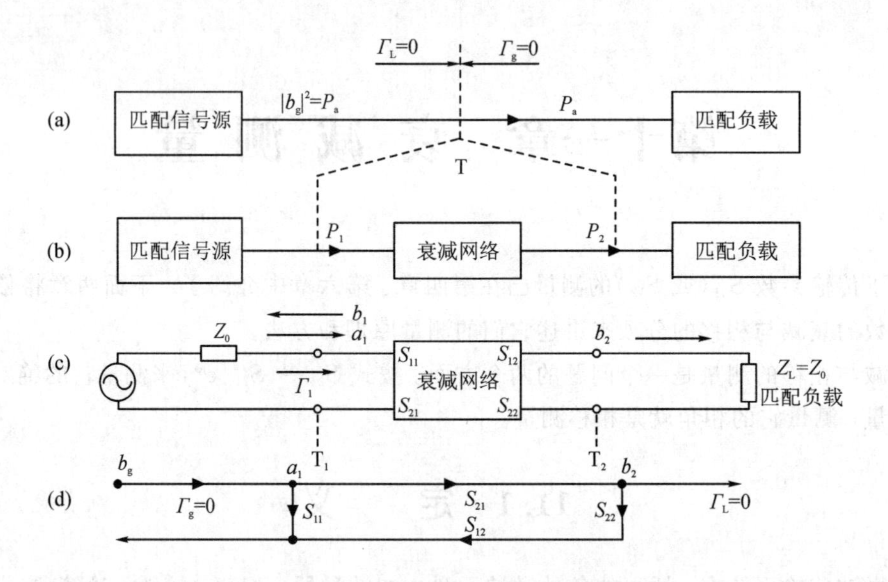

图 11.1.1　衰减定义的图解

(a) 插入衰减网络之前的电路；(b) 插入衰减网络之后的电路；

(c) 图(b)的等效电路；(d) 图(a)的信流图

11.1.2　衰减与反射损失和耗散损失间的关系

在图 11.1.1 的条件下，定义网络的反射损失为

$$A_{\text{反射}}=10\lg\frac{\text{网络 }T_1\text{ 端入射波功率}}{\text{网络 }T_1\text{ 端吸收净功率}}=10\lg\frac{|a_1|^2}{|a_1|^2-|b_1|^2}=10\lg\frac{1}{1-|S_{11}|^2}\tag{11.1-4}$$

注意：$A_{\text{反射}}$ 与回波损耗 RL 不同，$RL=-20\lg|\Gamma|$。

定义网络的耗散损失为

$$A_{\text{耗散}}=10\lg\frac{\text{网络 }T_1\text{ 端吸收的净功率}}{\text{网络 }T_2\text{ 端输出功率}}=10\lg\frac{|a_1|^2-|b_1|^2}{|b_2|^2}=10\lg\frac{1-|S_{11}|^2}{|S_{21}|^2}\tag{11.1-5}$$

由式(11.1-4)和式(11.1-5)可知，任何网络的衰减 A 等于反射损失与耗散损失之和，即

$$A=A_{\text{反射}}+A_{\text{耗散}}=-20\lg|S_{21}|\tag{11.1-6}$$

上式的条件是 $\Gamma_g=\Gamma_L=0$，式(11.1.6)适用于一切双口网络(不管它是否匹配，是否无耗)。对于标准衰减器，则希望 S_{11} 和 S_{22} 都尽可能小，以使 $A_{\text{反射}}$ 几乎可以忽略，而衰减几乎完全表示为 $A_{\text{耗散}}$。

11.1.3　插入损失及其与衰减之间的关系

当信号源与负载均有失配时，即在非 Z_0 源、Z_0 线、非 Z_0 负载的情况下，设：

(1) 信号源和负载的反射系数分别为 Γ_g 和 Γ_L(从设计电路考虑，Γ_g 和 Γ_L 都要求尽可能小)，如图 11.1.2 所示。

(2) 未插入衰减网络时(见图 11.1.2(a))，信号源向负载传输的功率为 P_1，即负载吸收的净功率为 P_1。

(3) 插入衰减网络之后(见图 11.1.2(b))，负载吸收的净功率为 P_2。在上述条件下定

义插入损失为

$$A_{插入} = 10\lg \frac{P_1}{P_2} \tag{11.1-7a}$$

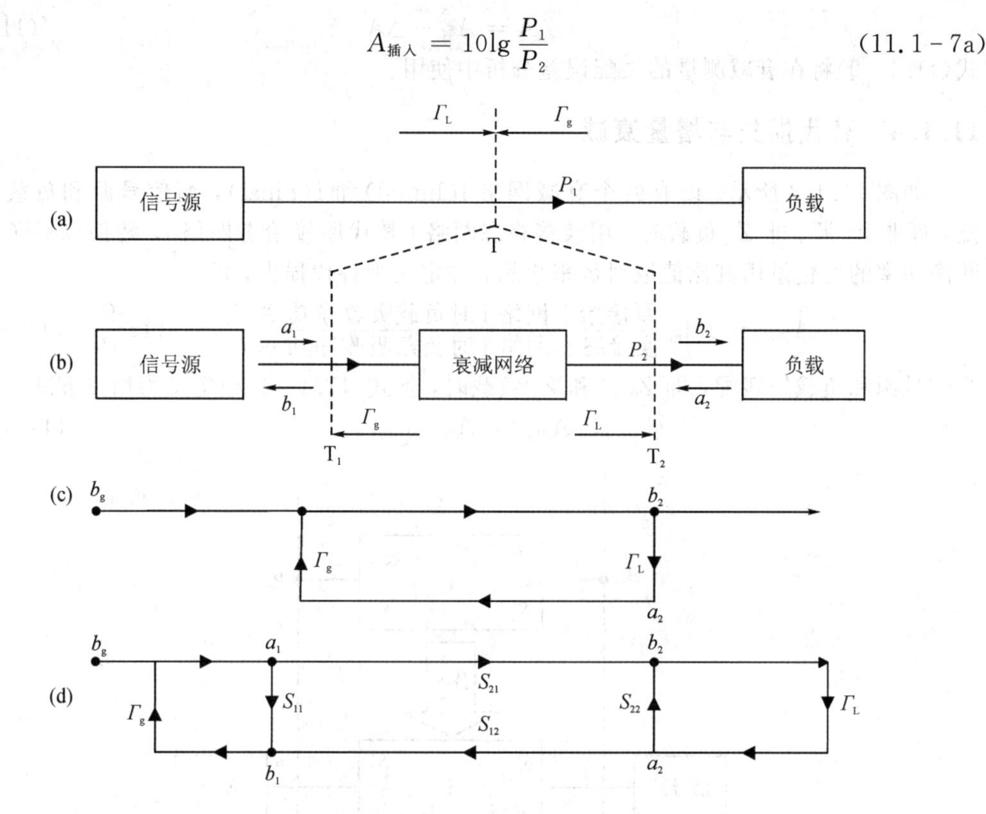

图 11.1.2　插入损失定义的图解

(a) 插入衰减网络之前的电路；(b) 插入衰减网络之后的电路；

(c) 图(a)的信流图；(d) 图(b)的信流图

由图 11.1.2(a)的信流图(见图 11.1.2(c))求出

$$P_1 = |b_2|^2 - |a_2|^2 = |b_2|^2(1-|\Gamma_L|^2) = |b_g|^2 \frac{1-|\Gamma_L|^2}{|1-\Gamma_g\Gamma_L|^2}$$

由图 11.1.2(b)的信流图(见图 11.1.2(d))求出

$$b_2 = \frac{b_g S_{21}}{1-(S_{11}\Gamma_g + S_{22}\Gamma_L + S_{21}S_{12}\Gamma_L\Gamma_g) + S_{11}S_{22}\Gamma_L\Gamma_g} \tag{11.1-7b}$$

$$P_2 = |b_2|^2 - |a_2|^2 = |b_2|^2(1-|\Gamma_L|^2) \tag{11.1-7c}$$

把式(11.1-7b)代入式(11.1-7c)，再把 P_1 和 P_2 代入式(11.1-7a)求出插入损失为

$$\begin{aligned} A_{插入} &= 20\lg\left[\frac{1}{|S_{21}|} \cdot \frac{|1-(S_{11}\Gamma_g + S_{22}\Gamma_L + S_{21}S_{12}\Gamma_L\Gamma_g) + S_{11}S_{22}\Gamma_L\Gamma_g|}{|1-\Gamma_g\Gamma_L|}\right] \\ &= 20\lg\frac{1}{|S_{21}|} + 20\lg\frac{|1-(S_{11}\Gamma_g + S_{22}\Gamma_L + S_{21}S_{12}\Gamma_L\Gamma_g) + S_{11}S_{22}\Gamma_L\Gamma_g|}{|1-\Gamma_g\Gamma_L|} \end{aligned} \tag{11.1-8a}$$

与式(11.1-3)比较得出

$$A_{插入} = A + \Delta A \tag{11.1-8b}$$

式(11.1-8)说明插入损失等于衰减 A 与 ΔA 之和。或者说，当 $\Gamma_g = \Gamma_L = 0$ 时，有 $\Delta A = 0$，则插入损失与衰减相同；当 $\Gamma_g \neq 0$，$\Gamma_L \neq 0$ 时，$\Delta A \neq 0$，故 ΔA 是衰减 A 的失配误

差项，即

$$A = A_{测} - \Delta A \tag{11.1-9}$$

式(11.1-9)将在衰减测量的失配误差分析中使用。

11.1.4　替代损失与增量衰减

如图 11.1.3 所示。设有两个衰减网络 i(Initial)和 f(Final)，当信号源和负载均有失配，即非 Z_0 源、非 Z_0 负载时，用换接终态网络 f 替代原接始态网络 i，替换前后负载所吸收净功率的变化量用其比值取对数来表示，并定义为替代损失，即

$$A_{替代} = 10\lg \frac{原接始态网络\ i\ 时负载吸收净功率\ P_1}{换接终态网络\ f\ 时负载吸收净功率\ P_2} = 10\lg \frac{P_1}{P_2} \tag{11.1-10a}$$

当信号源和负载均匹配，即 Z_0 源和 Z_0 负载时，把式(11.1-10a)定义为增量衰减，即

$$A_{增量} = A_{替代(\Gamma_g=\Gamma_L=0)} \tag{11.1-10b}$$

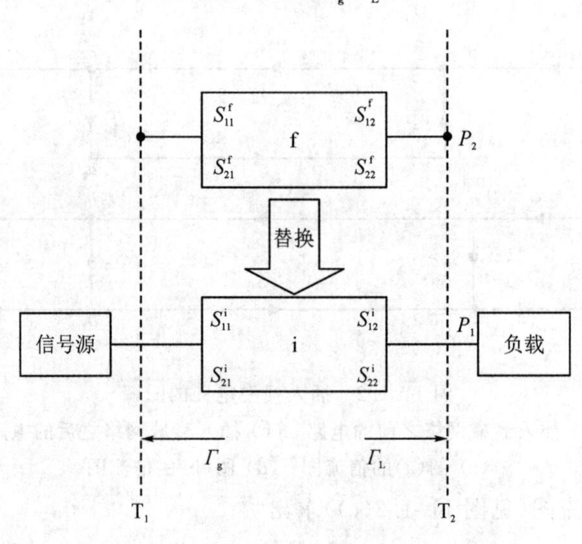

图 11.1.3　替代损失与增量衰减定义的图解

与图 11.1.2(d)所示的信号流图和导出式(11.1-7b)、式(11.1-7c)同理，当 $\Gamma_g \neq 0$，$\Gamma_L \neq 0$ 时，求出原接始态网络 i 时负载吸收净功率为

$$P_1 = |b_g|^2 \frac{|S_{21}^i|^2(1-|\Gamma_L|^2)}{|(1-S_{11}^i\Gamma_g)(1-S_{22}^i\Gamma_2)-S_{21}^iS_{12}^i\Gamma_g\Gamma_L|^2}$$

再用网络 f 替换网络 i，求出

$$P_2 = |b_g|^2 \frac{|S_{21}^f|^2(1-|\Gamma_2|^2)}{|(1-S_{11}^f\Gamma_g)(1-S_{22}^f\Gamma_L)-S_{21}^fS_{12}^f\Gamma_g\Gamma_L|^2}$$

把 P_1 和 P_2 代入式(11.1-10a)，求出替代损失为

$$A_{替代} = 20\lg\left|\frac{S_{21}^i}{S_{21}^f}\right| + 20\lg\left|\frac{(1-S_{11}^f\Gamma_g)(1-S_{22}^f\Gamma_L)-S_{21}^fS_{12}^f\Gamma_g\Gamma_L}{(1-S_{11}^i\Gamma_g)(1-S_{22}^i\Gamma_L)-S_{21}^iS_{12}^i\Gamma_g\Gamma_L}\right| \tag{11.1-11a}$$

或

$$A_{替代} = 20\lg\left|\frac{S_{21}^i}{S_{21}^f}\right| + \Delta A = A_{增量} + \Delta A \tag{11.1-11b}$$

当 $\Gamma_g=\Gamma_L=0$ 时，$\Delta A=0$，式(11.1-11a)或式(11.1-11b)化为

$$A_{增量}=A_{替代(\Gamma_g=\Gamma_L=0)}=20\lg\left|\frac{S_{21}^{i}}{S_{21}^{f}}\right| \qquad (11.1-11c)$$

式(11.1-11b)和式(11.1-11c)说明了替代损失与增量衰减之间的关系与区别。当 $\Gamma_g=\Gamma_L=0$时，二者相等；当 $\Gamma_g\neq0$，$\Gamma_L\neq0$ 时，对于测量增量衰减来说，ΔA 为其失配误差。

例如，当待测网络为可调元件时(如可变衰减器)，欲测量从某一起始状态到另一终止状态之间的增量衰减时，则可看成将始态网络 i 换接终态网络 f 所引起的替代损失，即

$$A_{替代}=20\lg\left|\frac{1}{S_{21}^{f}}\right|-20\lg\left|\frac{1}{S_{21}^{i}}\right|+\Delta A=A^{f}-A^{i}+\Delta A=A_{增量}+\Delta A$$

当 $\Gamma_g=\Gamma_L=0$ 时，$\Delta A=0$，有

$$A_{增量}=A_{替代(\Gamma_g=\Gamma_L=0)}=20\lg\left|\frac{1}{S_{21}^{f}}\right|-20\lg\left|\frac{1}{S_{21}^{i}}\right|=A^{f}-A^{i} \qquad (11.1-12)$$

若 $\Delta A\neq0$，它便是测量可变元件的 $A_{增量}$时的失配误差。

11.1.5　衰减测量方法概述

本节将要讨论的衰减测量方法是按定义式(11.1-1)所进行的。当 $S_{11}\neq0$ 时，衰减是反射损失和耗散损失之和。在测量系统中发生的失配影响($\Gamma_g\neq0$，$\Gamma_L\neq0$)将作为衰减测量的误差因素来对待(即作为失配误差)。注意：$A_{反射}$与失配误差不能混淆，即使当$|S_{11}|=0$ 时，有 $A_{反射}=0$，但是假如测量系统的 Γ_g 和 Γ_L 都不为 0，则仍然有失配误差，即 $\Delta A\neq0$。衰减测量的主要方法和应用条件列于表 11.1.1 中。

表 11.1.1　衰减测量的主要方法和应用条件

测量方法	应用条件
1. 功率比法 (1) 平方律检波法(功率计法) (2) 驻波法	根据功率比关系测量未知衰减 衰减：$A\leqslant15\sim20$ dB 衰减：$A\leqslant5$ dB
2. 替代法 (1) 高频替代法 (2) 中频替代法 (3) 低频替代法	需要用标准可变衰减器作为替代标准 衰减：$A\leqslant70\sim80$ dB 衰减：$A\leqslant80\sim90$ dB 衰减：$A\leqslant20\sim25$ dB，调制副载波法 $A\leqslant50\sim60$ dB
3. 功率反射法	根据功率反射关系测量未知衰减(0.1 dB$<A<$10 dB)
4. 扫频测量法	快速测量衰减的频率特性

本章主要讨论功率比法和替代法的测量原理，并介绍扫频测量法的基本原理，最后讨论失配误差。

11.2　直接测量衰减——功率比法

功率比法是根据衰减的定义，即式(11.1-1)来确定待测元件的衰减。根据待测元件衰减的大小，功率比法又分为平方律检波法(或称功率计法)和驻波法，前者适用于中衰减(小于 15～20 dB)的测量，后者适用于小衰减(小于 5 dB)的测量。

11.2.1 平方律检波法测量衰减的原理

平方律检波法是一种常用的测量方法。具有平方律的检波器和测量放大器组合起来作为相对功率指示器，可以替代功率计使用，它的测量范围受限于检波系统的噪声和平方律上限。一般的硅晶体检波器可以测到 15～20 dB。如果采用功率计，则取决于功率计的量程，一般可达 30～50 dB。

由衰减定义式(11.1-1)知，测量系统的匹配要求较高，往往需要附加一些元件以减小失配误差。

平方律检波法测量衰减的线路如图 11.2.1 所示，微波信号源输出端要有不小于 15 dB 的隔离衰减量。隔离-调配器Ⅰ作为匹配信号源之用；隔离-调配器Ⅱ作为匹配检波头之用；由隔离-调配器Ⅱ、可变衰减器、检波头、放大器等组成平方律检波指示器；可变衰减器用于调节检波器灵敏度。

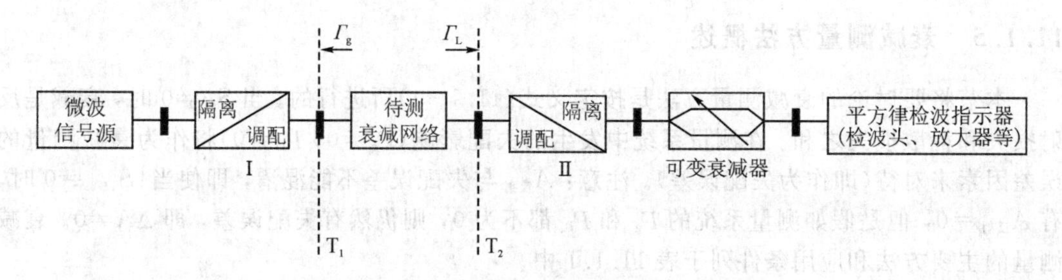

图 11.2.1 平方律检波法测量衰减的线路

设：端接面 T_1 向信号源看入的反射系数为 Γ_g，端接面 T_2 向负载方向看入的反射系数为 Γ_L，经仔细调配之后，假定 $\Gamma_g = \Gamma_L = 0$；待测元件接入之前测量放大器指示为 $k'm'\alpha'$，接入之后为 $k''m''\alpha''$，则待测衰减为

$$A = 10\lg \frac{k'm'\alpha'}{k''m''\alpha''} \tag{11.2-1}$$

式中 k'、m'、α' 和 k''、m''、α'' 分别是接入待测元件前后测量放大器的量程扩展倍乘数和电表指示值。

11.2.2 驻波法测量衰减的原理

驻波法测量衰减的线路如图 11.2.2(a)所示，设源端驻波比 ρ_g 和负载端驻波比 ρ_L 均很小，认为线路是匹配的。在测量线路的终端接短路板，使测量线中形成纯驻波。当未接入待测元件时，T_1 和 T_2 对接，在测量线内形成驻波，其驻波曲线如图 11.2.2(b)中的曲线 1 所示，根据纯驻波的正弦分布规律可知

$$u_1(d) = u_{1\max} \left| \sin\left(\frac{2\pi d}{\lambda_g}\right) \right|$$

式中，d 是离开波节点的距离，$u_{1\max}$ 是未接入待测元件时驻波波腹电压，λ_g 是传输线波长。

当接入待测元件后，由于衰减而使驻波波形变低。设最大电压为 $u_{2\max}$，令 $u_1(d) = u_{2\max}$ 时(点 A、B)的宽度为 W，则

$$u_1\left(\frac{W}{2}\right) = u_{2\max} = u_{1\max} \left| \sin\left(\frac{\pi W}{\lambda_g}\right) \right|$$

由上式求出

$$\frac{u_{1\max}}{u_{2\max}}=\frac{1}{\left|\sin\left(\frac{\pi W}{\lambda_g}\right)\right|} \tag{11.2-2}$$

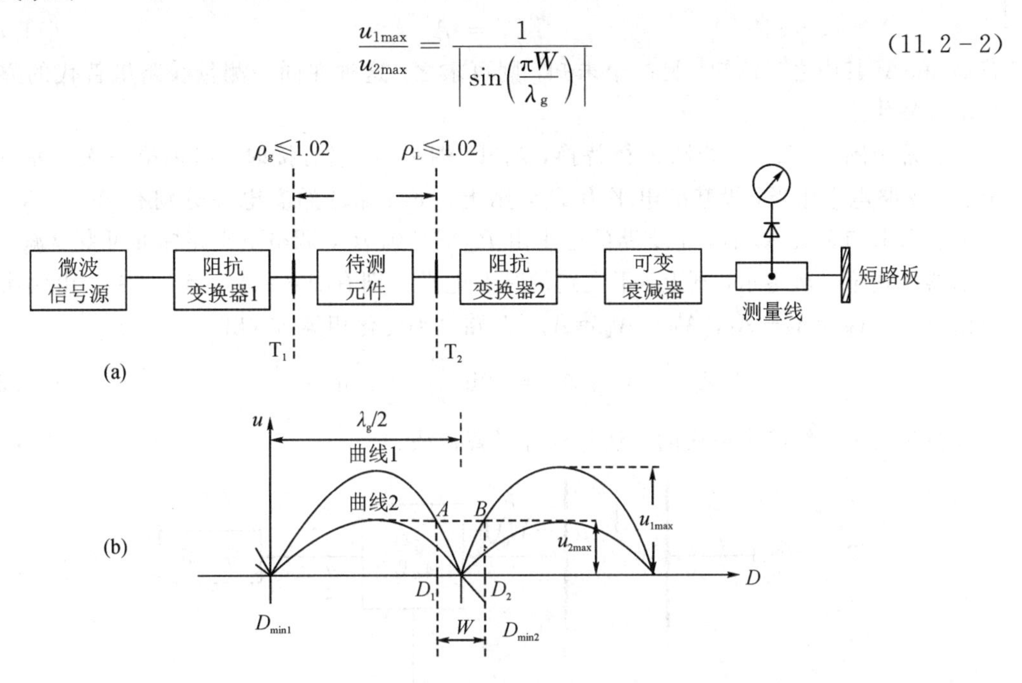

图 11.2.2 驻波法测量衰减原理

(a) 驻波法测量衰减的线路；(b) 驻波图形

因为信号源资用功率 $P_a\propto u_{1\max}^2$，从待测元件输出到与它相匹配的负载的功率 $P_2\propto u_{2\max}^2$，所以，待测元件的衰减为

$$A=10\lg\frac{P_a}{P_2}=20\lg\frac{u_{1\max}}{u_{2\max}}=20\lg\frac{1}{\left|\sin\left(\frac{\pi W}{\lambda_g}\right)\right|} \tag{11.2-3}$$

上式表明，衰减 A 是 W 和 λ_g 的函数，它在测量线上是以衰减后驻波波腹最大值($u_{2\max}$)为等指示度，而在衰减前的驻波图形上测量其宽度 W，再测出传输线波长 λ_g，从而按式(11.2-3)计算衰减。所以在测量时，应该首先调整好测量系统，达到匹配要求之后，接入待测元件，测出 $u_{2\max}$；然后去掉待测元件，使 T_1 和 T_2 对接，再在测量线上以 $u_{2\max}$ 为等指示度测出波节点两侧的宽度 W，而后测出 λ_g。

式(11.2-2)是在短路板没有损耗的条件下得到的关系式。对于实际的有耗情况来说，式(11.2-3)仅是一个近似式。当测量准确度要求较高时，不宜采用这种方法测量 5 dB 以上的衰减。同时，用测量线测量 W 值时，应尽可能减小探针插入深度，以使驻波图形产生的畸变最小。这一方法的主要特点是检波器的特性与衰减的测量无关。

11.3 替代法测量衰减的原理

替代法测量衰减是按增量衰减的定义测量未知衰减的。由式(11.1-12)知，增量衰减是终态网络 f 和始态网络 i 两者的电平之差。按图 11.1.3 所示的替代损失与增量衰减定义，当 $\Gamma_g=\Gamma_L=0$ 时，两者电平之差为 $A_{增量}=20\lg\frac{P_1}{P_2}=A^f-A^i$。测量时为减小平方律检波器误差的

影响，常采用零示法来测量，即替换网络前后电平相等($P_1=P_2$)，则有 $A_{增量}=0$，得出

$$A^{f}=A^{i} \tag{11.3-1}$$

若 A^{f} 和 A^{i} 其中之一已知，另一个未知，则可求之。这种在同一测量线路里替代的方法称为串联替代法。

若采用图 11.3.1 的线路进行替换，当 T_1 端和 T_2 端对接时，出现第一次零示，说明上、下支路电平相当，设基准电平为 P_1，则上、下支路的始态电平分别有 $A^{i}_{上}=0$，$A^{i}_{下}=A_1$；插入未知衰减 A_x 后，上支路的电平由 P_1 减小到 P_2，调整下支路标准可变衰减器，使零示器出现第二次零示，则上、下支路的终态电平分别有 $A^{f}_{上}=A_x$，$A^{f}_{下}=A_2$。由两次零示得出 $A^{f}_{下}-A^{i}_{下}=A_2-A_1$，$A^{f}_{上}-A^{i}_{上}=A_x$，两路电平变化相等，得出

$$A_x=A_2-A_1=10\lg\frac{P_1}{P_2}=20\lg\frac{1}{|S_{21}|_x} \tag{11.3-2}$$

这种在两条平行线路中替代的方法称为并联替代法。

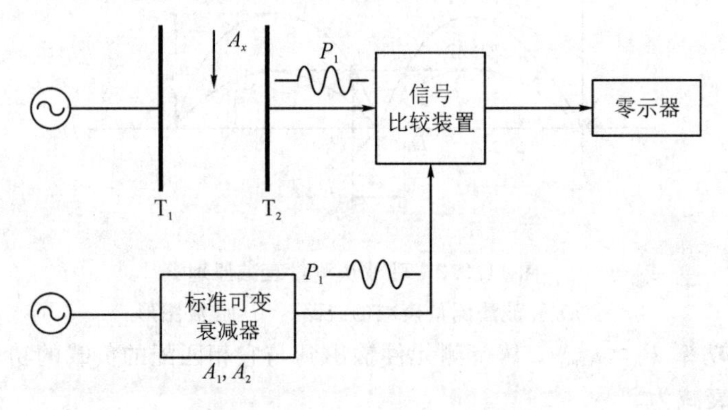

图 11.3.1　并联替代法测量原理

测量微波衰减的替代法按标准衰减器所处的频段分为三种：高频替代法、中频替代法和低频替代法。

11.3.1　高频串联替代法测量衰减的原理

高频替代法分串联替代和并联替代两种，称为高频串联替代法和高频并联替代法，常用的为前者，其测量线路如图 11.3.2 所示。待测元件与标准可变衰减器级联相接，两者工作在同一微波频率上。使用的衰减测量标准是微波标准衰减器，常用的有精密旋转式极化衰减器(当旋转角度精确到接近±0.001°时，重复性精度直到 60 dB 不劣于±0.01 dB)、精密活塞式过极限(截止式)衰减器、精密叶片移动式衰减器等。

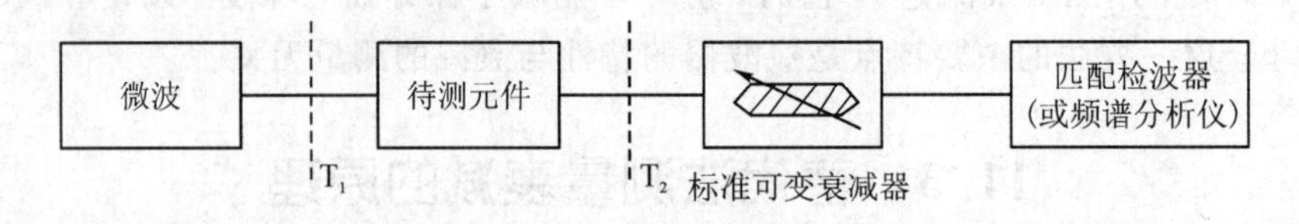

图 11.3.2　高频串联替代法测量线路

测量方法是：先不接入待测元件，将 T_1 和 T_2 对接，调整线路使匹配检波器指示值接近满度(或一半以上)，以此电平 P_1 为基准并读取标准衰减 A_1，视为始态，则有 $A^{i}=A_1$；随后接入待测元件，减小标准可变衰减器的衰减，使检波器指示值达到未接入待测元件时

的基准电平，即 $P_2=P_1$，再读取标准可变衰减器的衰减 A_2(视为终态)，则有 $A^f=A_x+A_2$，由式(11.3-1)求出未知衰减 A_x：

$$A_x = (A_1 - A_2)_{标准} \tag{11.3-3}$$

即两次标准可变衰减器的衰减之差就是待测元件的衰减。若用频谱分析仪作指示，可测量70～80 dB的衰减。测试中应注意：由于标准可变衰减器的精度通常是按衰减范围给出，所以在替代过程中，要注意在相同量级上替代。如 $A_x\approx2$ dB，须使用标准可变衰减器10 dB以下的值来替代，不要使用高于10 dB的范围，因为从不同范围读数求出差值的误差不同。

11.3.2　中频替代法测量衰减的原理

中频替代法是把微波频率的信号经本机振荡器混频之后，再把微波衰减信息携带(变换)到中频频率上，最后由标准中频衰减器来替代并测量其衰减。常用的标准中频衰减器有截止式精密衰减器等。中频替代法亦分串联和并联两种，即中频串联替代法和中频并联替代法。

1. 中频串联替代法测量衰减的原理

如图11.3.3所示，中频串联替代法测量衰减的原理同高频串联替代法，只是把始态i、终态f的衰减读数 A_1 和 A_2 改为标准中频衰减器的读数。需要进一步说明的主要有两点：

其一，对混频器的线性要求较高(信号振幅远小于本振振幅)，也就是把微波衰减信息带到中频上去时，要求保持线性关系不变，以使中频替代的衰减等于微波未知衰减。

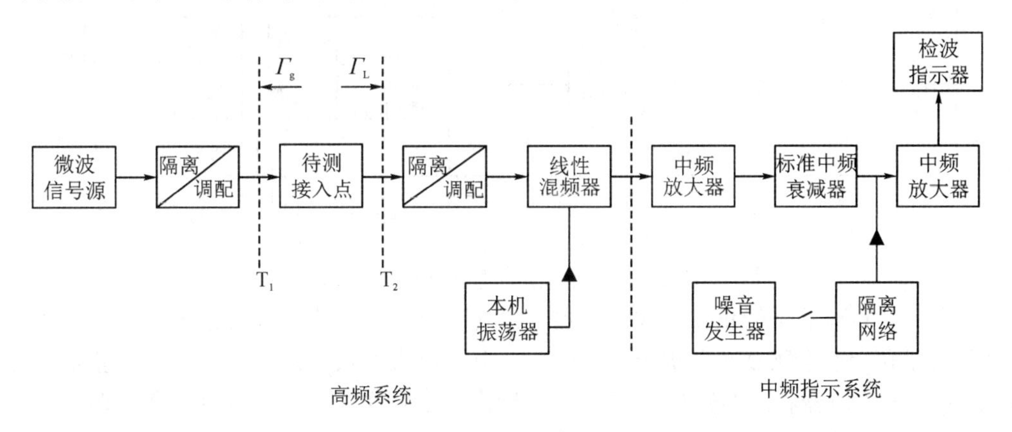

图 11.3.3　中频串联替代法原理方框图

其二，附加噪声发生器作为噪声补偿装置。在未接入待测元件时(T_1 和 T_2 对接)，标准中频衰减器的衰减处于较大值 A_1，这时本振噪声(主要噪声源)、线性混频器噪声和中频放大器的噪声都受到标准中频衰减器的衰减，此时信噪比较高。当接入待测元件，并使指示值 $P_2=P_1$ 时，A_1 减小到 A_2($A_2<A_1$)，而使终态f的信噪比较低。因此，严格地说，始态i、终态f两态的电表指示相等并不表示两次的有效中频振幅相等。为消除此项误差需要额外"注入噪声"以进行噪声补偿。补偿办法：① 未注入噪声之前，依串联替代法读出标准中频衰减器的 A_1 和 A_2；② 保持在终态f(读数 A_2)不动，并关掉微波信号源，由指示器测出并记录终态f噪声值，再把中频衰减器的衰减由 A_2 提高到 A_1，则噪声指示减小，此时注入附加噪声，调节噪声源，使指示值恢复到原记录的终态f噪声值；③ 去掉待测元件，使

T_1 和 T_2 对接，并打开微波信号源，读出输出的指示值 P_1，这时的 P_1 是信号与终态 f 噪声之和，以这个 P_1 作为始态 i 基准指示值，然后去掉噪声源，接入待测网络，减小标准中频衰减器的衰减，直到指示值恢复到 $P_1(P_2=P_1)$ 为止，读出此时的标准中频衰减 A_2^f（即为新的终态 f 读数）。由此求出未知衰减：

$$A_x = A_1 - A_2^f \tag{11.3-4}$$

这样便使始态 i、终态 f 保持了相同的信噪比，使替代结果更加可靠。

2. 中频并联替代法测量衰减的原理

下面介绍中频并联替代法测量衰减的原理，其原理方框图如图 11.3.4 所示。图中左边部分是高频系统，右边部分是中频指示系统。线性混频器把微波信号线性地变成 30 MHz 的中频信号。为了便于和标准中频衰减器的输出进行幅度比较，微波信号源受 1 kHz 方波调制。中频指示系统的核心部分是中频振荡器及标准中频衰减器。30 MHz 的中频振荡器也受 1 kHz 方波调制，但在时间上它恰好和微波信号错开，是时间的正交信号。

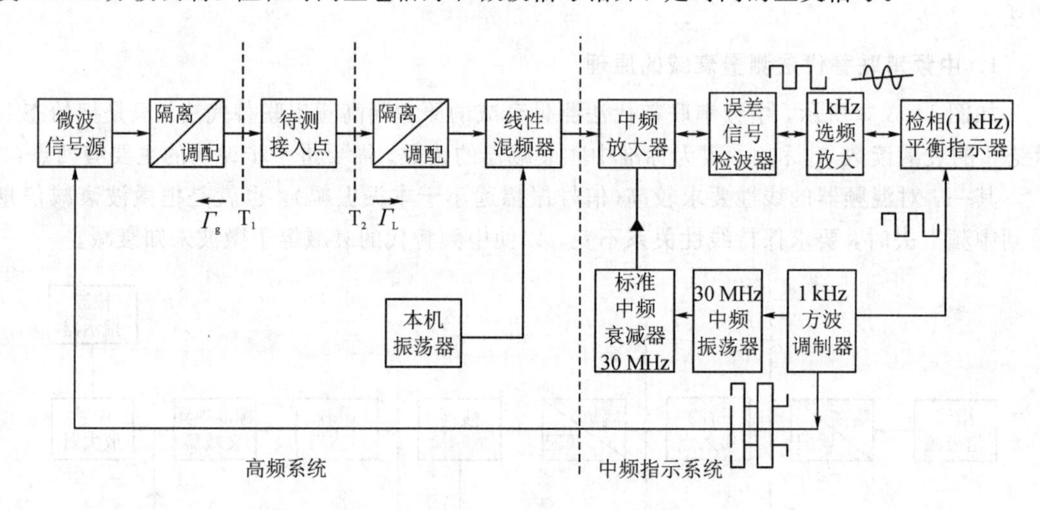

图 11.3.4　中频并联替代法原理方框图

标准中频衰减器是截止波导式衰减器，它具有很高的精度。这两路正交信号分别经过线性混频器和标准中频衰减器输出，一起送入中频放大器放大之后，再送入误差信号检波器。误差信号检波器将这两路信号的幅度差检出，如果这两路信号幅度相等，误差信号检波器输出直流信号，此时选频放大器无信号输出，检相平衡指示器为零。如果两路信号幅度不等，误差信号检波器将输出 1 kHz 的方波信号，经选频放大后输出 1 kHz 的正弦波并加到检相平衡指示器，检相平衡指示器失去平衡，指示不再为零。检相平衡指示器的作用是提高系统的分辨能力，并判断信号的极性，便于操作。

当待测接入点对接（未接入待测元件）时，微波信号源有一适当输出，调节标准中频衰减器使输入到中频放大器的中频信号与由线性混频器输入到中频放大器的中频信号的幅度相等，则检相平衡指示器输出为零。这时标准中频衰减器的刻度 A_1 就是待测元件的基准电平（始态 i）。

当接入待测元件时，进入线性混频器的微波信号由于受到衰减而减小，进入中频放大器的两路中频信号的幅度不再相等，检相平衡指示器有输出，基准电平的平衡受到破坏。再增加标准中频衰减器的衰减，使检相平衡指示器第二次平衡，读取此时标准中频衰减器的衰减 A_2（终态 f）。两路电平变化相等，由式（11.3-2）得出

$$A_x = A_2 - A_1 \qquad (11.3-5)$$

当系统失配误差为零时，其测量误差主要取决于标准中频衰减器的精度，如 30 MHz 的截止衰减器的精度为±(0.01+0.001A) dB。当然，在测量中还要注意消除其他误差源，如混频器非线性等。

中频替代法的优点是标准中频衰减器能够用于测量不同工作频率的微波元件的衰减。但这种方法的测量范围却受限于线性混频器的线性度，理论分析和实验表明，当本机振荡器加到线性混频器的功率大于信号功率的 10 倍以上时，线性混频器可以有足够好的线性度。如果要求线性混频器的非线性小于 0.01 dB，必须使信号功率比本机振荡器功率小 23 dB 以上。

图 11.3.4 所示的方案中，由于标准中频衰减器采用了并联方式，所以在始态 i、终态 f 之间无信噪比变化，而中频振荡器所含噪声又很小，故不需要加噪声补偿。

11.3.3 低频替代法测量衰减的原理

低频替代法是把微波频率的衰减信息变换到低频范围进行测量的一种方法，它用低频(或直流)标准分压器作为标准衰减器，即以标准低频(或直流)衰减作为替代的标准。

1. 平方律检波法测量衰减的原理

如图 11.3.5(a)所示，其测量衰减的原理与前述中频串联替代法相同。标准低频衰减器应该在匹配条件下工作，即低频放大器的输入阻抗应当调校到等于标准低频衰减器的特性阻抗 R_c。参看图 11.3.5(b)，当衰减器终端接有匹配负载 $R_2=R_c$ 时，它的输入阻抗 R_1 也应当等于 R_c。

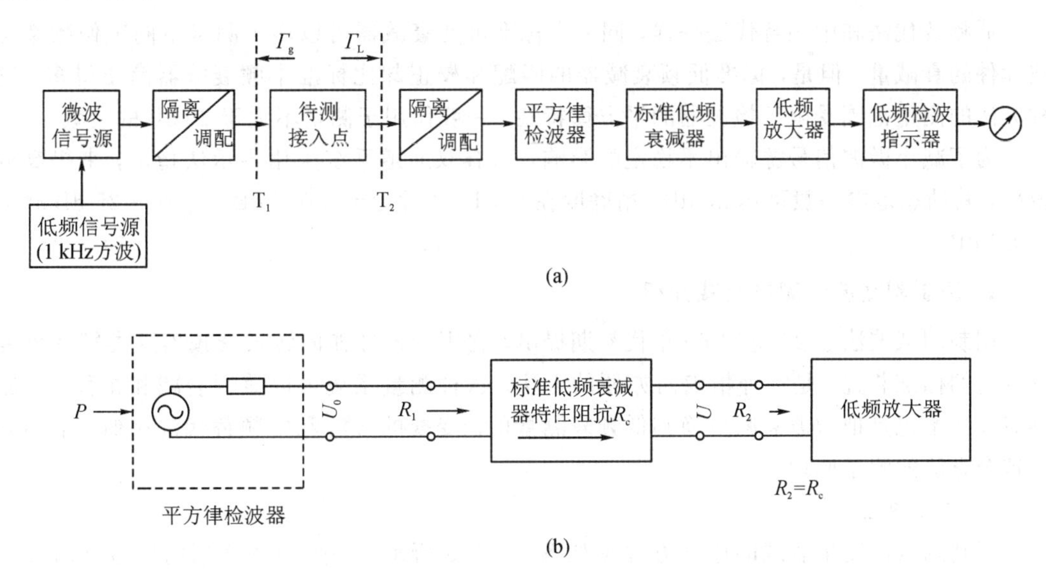

图 11.3.5 低频替代法测量衰减的原理

(a) 低频替代法原理方框图(平方律法)；(b) 标准低频衰减器匹配示意图

在平方律检波条件下，检波输出电压 $U_0 \propto P$。当未接入待测元件时，T_1 和 T_2 对接，即始态 i 时，调整电路使输出指示器有适当指示值，标准低频衰减器读数为 A_1，设始态 i 时平方律检波器输出为 $U_{01} \propto P_1$，标准低频衰减器输出电压为 U_1；当接入待测元件时，减小标准低频衰减器的衰减，使输出指示值恢复始态 i 时的指示值(检波输出电压 $U_2=U_1$)，即终态 f，设终态

f 时平方律检波输出为 $U_{02} \propto P_2$，标准低频衰减器读数为 A_2。根据衰减定义有

$$A_x = 10\lg \frac{P_1}{P_2} = 10\lg \frac{U_{01}}{U_{02}} = 10\lg \frac{U_{01}/U_1}{U_{02}/U_2} = 10\lg 10^{\frac{A_1 - A_2}{20}} = \frac{1}{2}(A_1 - A_2) \tag{11.3-6}$$

注意：式(11.3.6)的推导中 $U_2 = U_1$，低频衰减 $A_1 = 20\lg \frac{U_{01}}{U_1}$，$A_2 = 20\lg \frac{U_{02}}{U_2}$。式(11.3-6)说明，由于平方律检波器的作用，A_x 等于低频衰减增量的一半。

如果要求测量误差较小，还需要考虑标准低频衰减器实际存在的失配误差，即在标准低频衰减器终端接上等于特性阻抗 R_c 的负载，在标准低频衰减器所有的衰减位置上的输入阻抗都应该等于 R_c(专门设计的梯形电阻网络式低频衰减器，一般都能满足这个条件)，否则，标准低频衰减器在测量电路中实际提供的衰减应该是

$$A_{标准} = 10\lg\left[\left(\frac{U_0}{U}\right)^2\left(\frac{R_c}{R_1}\right)\right] = 20\lg\left(\frac{U_0}{U}\right) + 10\lg\left(\frac{R_c}{R_1}\right) = A + C \tag{11.3-7}$$

式中，输入阻抗 R_1 可以用惠斯通电桥测量。式(11.3-7)中的第二项为校正量。

根据式(11.3-7)，用实验方法近似地测出衰减器的分贝刻度 $A_{标准}$ 的校正量。按校正的分贝 $A_{标准}$ 来计算微波待测元件衰减的公式变为

$$A_{标准} = \frac{1}{2}[(A_1 - C_1) - (A_2 - C_2)]_{标准} \tag{11.3.8}$$

式中，$C_1 = 10\lg(R_c/R_1)_{A_1}$，$C_2 = 10\lg(R_c/R_1)_{A_2}$，$C_1$ 和 C_2 分别为衰减 A_1 和 A_2 时的校正量(计算分贝值)。

低频替代法和中频替代法一样，同一个标准可变衰减器可以用于测量不同工作频率微波元件的衰减量。但是，标准低频衰减器的匹配和校正却比标准中频衰减器简便得多。这种方法的测量范围受限于检波器的平方律特性，一般仅用于测量不大于 20 dB 的衰减。

为了减小微波信号源输出不稳定的影响，已有双通道系统采用零示法指示，来提高分辨率，其动态范围一般可达 25 dB，精确度在 0～1 dB 时为±0.005 dB，在 20～25 dB 时为±0.1 dB。

2. 调制副载波法测量衰减介绍

调制副载波法于 20 世纪 60 年代初期提出，它用于校准如回转式衰减器这类精密可变衰减器的标准装置，是一种精确而方便的方法。这种测量系统可以兼测衰减和相移。调制副载波技术也是把微波衰减变换到低频来测量的。变换的方法和中频替代法相似，下面介绍这个方法的测量原理。

1) *工作原理*

调制副载波测量衰减的原理方框图如图 11.3.6 所示。一个稳频稳幅的信号被魔 TⅠ(或定向耦合器)分成两部分并送入两个通道，上通道具有比较高的电平，称为载波通道；下通道具有比较低的电平，称为副载波通道。

载波通道输出一个电平适当、相位可调的信号(相当于中频替代法的本振信号)$e_c = E_c\cos(\omega t)$，经魔 TⅡ和下通道来的信号合成，再加到幅度检波器上。副载波通道的信号被音频信号调幅，即有

$$e_{sc} = E_{sc}[1 + m\cos(\Omega t)]\cos(\omega t + \psi)$$

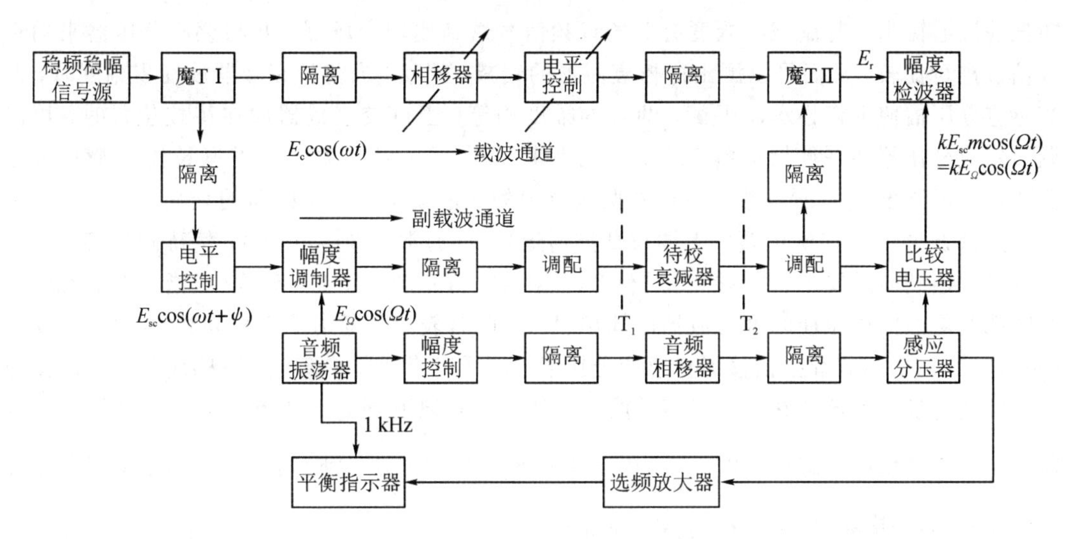

图 11.3.6　调制副载波法测量衰减的原理方框图

式中，$m=E_\Omega/E_{sc}$，m 为副载波的调幅度；E_Ω 为音频电压的最大值。

e_{sc}信号经过待校衰减器衰减后加到魔 TⅡ，并与载波信号相加，在幅度检波器上得到合成信号：

$$e_r = E_c\cos(\omega t) + E_{sc}[1 + m\cos(\Omega t)]\cos(\omega t + \psi)$$

根据余弦定理求出合成信号(如图 11.3.7 所示)：

$$E_r = \{E_c^2 + E_{sc}^2[1 + m\cos(\Omega t)]^2 + 2E_cE_{sc}[1 + m\cos(\Omega t)]\cos\psi\}^{\frac{1}{2}} \quad (11.3-9a)$$

如果幅度检波器是理想线性检波器，则检波器输出信号 $E_{out}=kE_r$，式中 k 为检波效率。

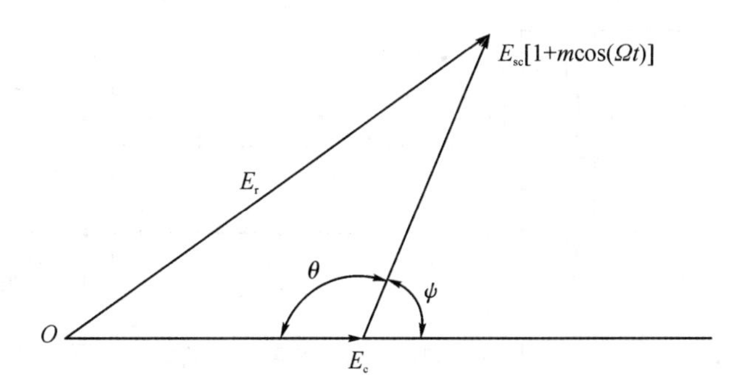

图 11.3.7　E_c 与 $E_{sc}[1+m\cos(\Omega t)]$的合成矢量

如果副载波与载波同相或反相，即 $\psi=0°$或 180°时，式(11.3-9a)简化为

$$\begin{aligned} E_r &= \{E_c^2 + E_{sc}^2[1 + m\cos(\Omega t)]^2 \pm 2E_cE_{sc}[1 + m\cos(\Omega t)]\}^{\frac{1}{2}} \\ &= E_c \pm E_{sc}[1 + m\cos(\Omega t)] \end{aligned} \quad (11.3-9b)$$

由上式可知，当 $\psi=0°$或 180°时，合成电压中的调制音频的基波成分最大。经检波后输出电压为

$$E_{out} = kE_{sc}m\cos(\Omega t) = kE_\Omega\cos(\Omega t) \quad (11.3-10)$$

即输出电压正比于副载波的调幅度。因此只要保持两通道的信号同相或反相，则检波器的输出信号与载波信号的幅度无关。这样就巧妙地把高频衰减转换到音频上来比较其大小，

即把检波器输出只与副载波幅度有关的音频信号送到比较变压器，并与感应分压器来的音频信号进行比较，从而可以测出待校衰减器的衰减。例如，当待校衰减器放在零刻度时，调节感应分压器使平衡指示器平衡，两者的幅度相等；当待校衰减器放在待校位置时，再次调节感应分压器使平衡指示器第二次达到平衡(两次 E_Ω 不同，相当于并联替代)。感应分压器读数 α 正比于 E_Ω，所以感应分压器两次读数的比值就是待校衰减器的衰减。

测量方法：① 在所用频率上调整载波通道功率(通常为 2～3 mW)，使待测件接入点的 T_1 和 T_2 达到匹配要求；② 接入待校衰减器，若为可变的，置于零刻度(或指定的始态位)，调节载波信号的相位使幅度检波器的输出最大，此时表示两通道的信号同相($\psi=0°$)或反相($\psi=180°$)；③ 调节音频相移器和感应分压器，使平衡指示器平衡，记下感应分压器的读数 α_1；④ 把待校衰减器放在待校刻度，重复上述步骤，记下感应分压器读数 α_2，则待校衰减器相对于零刻度的衰减 $A=20\lg\dfrac{\alpha_1}{\alpha_2}$(由于不是平方律检波法，所以此时的衰减 A 不应该像式(11.3-6)那样除以 2)。

图 11.3.8 为另一种调制副载波法校准衰减器装置的简化原理图。它是由魔 T 式线性平衡混频器来完成两路信号合成并进行幅度检波的。

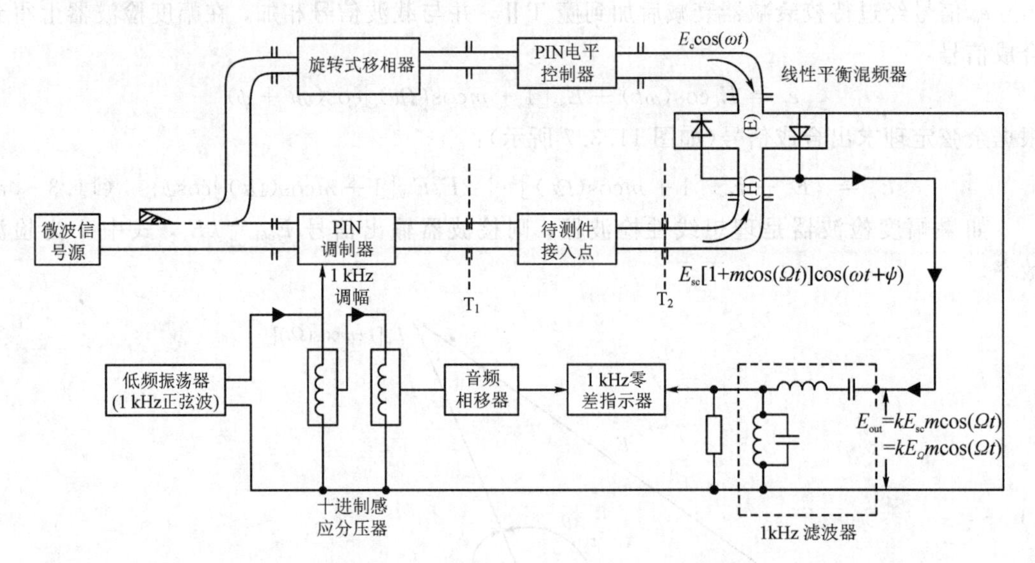

图 11.3.8　另一种调制副载波校准衰减器装置的简化原理图

2) *载波抑制法*

已知一组单音调幅波含有三个频谱分量，因此对副载波调制后有

$$
\begin{aligned}
e_{sc} &= E_{sc}[1+m\cos(\Omega t)]\cos(\omega t+\psi) \\
&= E_{sc}\left[\cos(\omega t+\psi)+\frac{1}{2}m\cos(\omega+\Omega)t+\psi\right]+\frac{1}{2}m\cos[(\omega-\Omega)t+\psi]
\end{aligned}
\tag{11.3-11}
$$

可见音频信息包含在上、下两个边频之内，而副载波的载频显得毫无用处，若保留下来还有不利因素。因此经改进的调制副载波技术大都采用抑制载波法。例如采用平衡调制器，抑制掉载波之后成为双边带副载波法；若采用单边带调制器，就成为单边带副载波法。单边带不仅带有衰减信息，而且带有相位信息，因此可以组成兼测 S_{21} 相角的系统。

对于双边带副载波法，抑制载波之后，有

$$e_{sc} = E_{sc} m\cos(\Omega t)\cos(\omega t + \psi)$$

与载波通道的载波合成之后，当 $\psi=0°$或 $\psi=180°$时，仍有

$$E_r = E_c \pm E_{sc} m\cos(\Omega t)$$

使其中所含音频输出最大。但上、下边频(双边带信号)与载波混频(检波)之后却有

$$E_{out} = kE_{sc} m\cos(\Omega t)\cos\psi \tag{11.3-12}$$

当 $\psi=\pm\frac{\pi}{2}$时，$E_{out}=0$，所以双边带副载波法亦称零差法。利用这个关系可以测量相移。若去掉调制副载波的载波之后，还可以充分利用检波器的线性范围。

调制副载波技术中由于采用低频的感应分压器(误差 $10^{-4}\sim10^{-5}$ dB)作衰减标准，使测量精度大大提高。在 0.01～50 dB 范围内精度可达到 0.0001～0.2 dB。其动态范围用双边带副载波法可以达到 60 dB。国内已经建立 3 cm 和 5 cm 波段副载波衰减标准，即在 0～40 dB范围内，误差为 0.004 dB/10 dB。

11.4 衰减测量的扫频技术

关于传输参数的扫频测量方法已在 6.2.3 节中讲过。如图 6.2.9 所示，它采用功分器两路比较法同时测量衰减与相位；从传输参数的单项(衰减)测量来看，还可以把扫频反射计电路稍加改变来测量衰减，下面就来讨论这个问题。

图 11.4.1 所示为衰减扫频测量系统。其测量原理与扫频反射计相似，从图 11.4.1(a)看出，

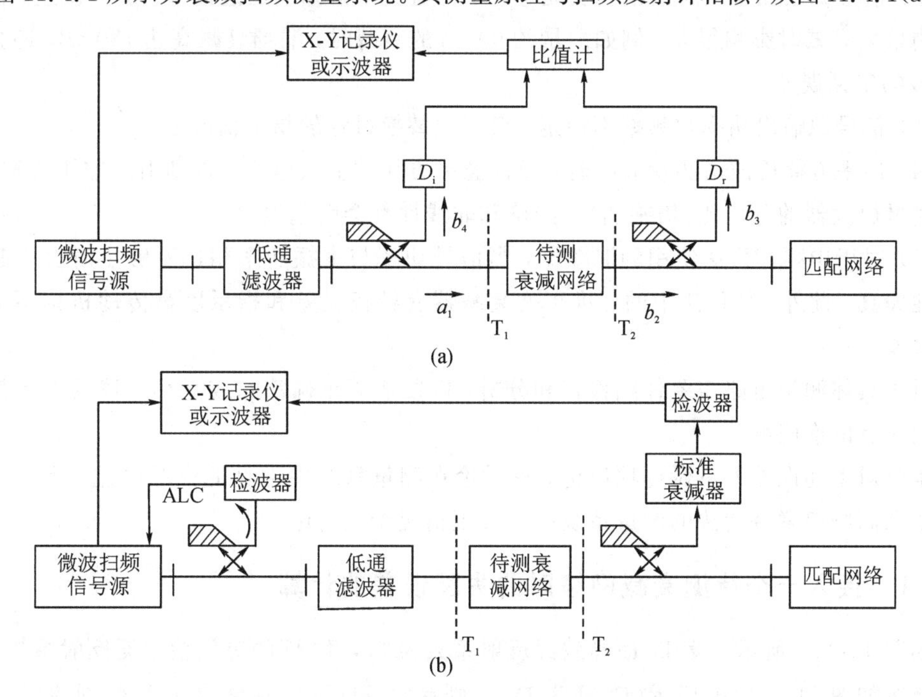

图 11.4.1 衰减扫频测量系统

(a) 双定向耦合器系统；(b) 单定向耦合器系统

当定向耦合器方向性为无限大、耦合系数相同时，测试系统匹配，则$|b_4|$正比于$|a_1|$，$|b_3|$正比于$|b_2|$，所以比值计的指示为

$$\frac{|b_3|}{|b_4|}=\frac{|b_2|}{|a_1|}=|S_{21}| \tag{11.4-1}$$

若以未接入待测衰减网络为参考，将端接面 T_1 和 T_2 对接，调整比值计，使满度为零分贝(相当于反射系数$|\Gamma|=1$时的测量情况)。当接入待测衰减网络时，$|b_3|$有了衰减，而$|b_4|$如前一样，如果比值计用 dB 表示，则比值计指示值就可以直接给出衰减 A_x。

$$A_x=20\lg\left|\frac{b_3}{b_4}\right|=-20\lg|S_{21}| \tag{11.4-2}$$

由此看出，在测量标量反射系数的反射计基础上，把电路稍加改变就可以用来测量网络衰减(衰减也是标量参数)。对于能够扫频测量$|S_{11}|$和$|S_{21}|$的装置，有时称之为标量网络分析仪。

11.5　衰减测量的误差源和失配误差分析

衰减测量中的误差源主要有以下几个方面：

(1) 失配误差。根据衰减的定义，测量系统的源端和负载端失配都会引起失配误差。它表现在信号源系统的驻波比不等于1，以及检测系统的驻波比不等于1时。因此对于精确度要求较高的场合，必须注意测量系统匹配问题。对增量衰减(见式 11.1-12)也是如此。

(2) 信号源或测量线路的漏场要足够小，以避免串话漏到通过波中，造成误差，特别是对于测量大衰减时影响很大。例如测量约 90 dB 的衰减时，漏场衰减高达 130 dB，还会引入 0.1 dB 的串话误差。

(3) 信号源输出功率和频率不稳定，会引起替换过程的指示值改变。

(4) 用平方律检波法测量衰减时，要注意平方律的上限电平，否则引入非平方律误差；所用测量放大器的分压比(倍乘挡)不准确和非线性都会引起误差。

(5) 对于中频替代法使用的混频器，当信号功率与本振功率相比不够小时会引起混频非线性失真。此外，替代法中的标准可变衰减器有校正误差和指示度盘传动机构不准等引入的误差。

对于具体测量电路需要仔细检查和分析，以便能够正确消除或减小上述的误差使测量值达到应有的准确度。

本节对上述误差源不做逐项讨论，只讨论在测量系统中常见的失配误差。下面结合功率比法和高频串联替代法的测量系统中的失配情况予以讨论。

11.5.1　接入一个待测衰减网络时的失配误差的计算

如图 11.2.1 所示，设 T_1 面等效源反射系数为 Γ_g，T_2 面的等效检波器反射系数为 Γ_D，其信流图如图 11.1.2(d)所示(Γ_L 换为 Γ_D)，则在此条件下所测量的衰减 A_x 实际上是插入衰减，按衰减定义式(见式(11.1-1))将引入失配误差 ΔA。由式(11.1-9)及式(11.1-8a)可知

$$A = A_x - \Delta A = A_x \pm |\Delta A| \tag{11.5-1}$$

$$\Delta A = 20\lg \frac{|1-(S_{11}\Gamma_g + S_{22}\Gamma_D + S_{21}S_{12}\Gamma_D\Gamma_g) + S_{11}S_{22}\Gamma_D\Gamma_g|}{|1-\Gamma_g\Gamma_D|} \tag{11.5-2}$$

为了测量方便，由信流图 11.1.2(d)求出待测衰减网络输入端从 T_1 向负载方向看入的输入反射系数 Γ_1 为

$$\Gamma_1 = \frac{b_1}{a_1} = S_{11} + \frac{S_{21}S_{12}\Gamma_D}{1-S_{22}\Gamma_D} \tag{11.5-3}$$

将上式代入式(11.5-2)，得到失配误差为

$$\Delta A = 20\lg \frac{|1-\Gamma_g\Gamma_1||1-S_{22}\Gamma_D|}{|1-\Gamma_g\Gamma_D|} \tag{11.5-4}$$

从式(11.5-4)看出，为了减少失配误差应尽量调配信号源和检波器。同时，失配误差中有两个反射系数相乘的因子，所以 ΔA 与反射系数之间的相位有关，而这个相位是随机的，考虑到相位最不利的情况，式(11.5-4)给出的最大误差范围是

$$\Delta A_{max} = 20\lg \frac{(1+|\Gamma_g||\Gamma_1|)(1+|S_{22}||\Gamma_D|)}{(1-|\Gamma_g||\Gamma_D|)}$$

$$\Delta A_{min} = 20\lg \frac{(1-|\Gamma_g||\Gamma_1|)(1-|S_{22}||\Gamma_D|)}{(1+|\Gamma_g||\Gamma_D|)}$$

或写成

$$\Delta A = [20\lg(1\pm|\Gamma_g||\Gamma_1|) + 20\lg(1\pm|S_{22}|\Gamma_D) - 20\lg(1\mp|\Gamma_g||\Gamma_D|)] \tag{11.5-5}$$

如果待测衰减网络是可变的，应以最小衰减量(即“0”刻度的起始衰减)为基准电平，在所测刻度上的衰减 A_x 则为相对于“0”刻度的衰减量，因此，属于增量衰减的测量。设“0”刻度为始态 i，所测刻度为终态 f，由式(11.1-12)知

$$A_x = A_{增量} = 20\lg\left|\frac{1}{S_{21}^f}\right| - 20\lg\left|\frac{1}{S_{21}^i}\right| \tag{11.5-6}$$

当 $\Gamma_g \neq 0$，$\Gamma_D \neq 0$ 时，所测 A_x 实为替代损失，由式(11.1-11b)有

$$A_{测} = A_{替代} = A_x = A_{增量} + \Delta A$$

即

$$A_{增量} = A_x - \Delta A = A_x \pm |\Delta A| \tag{11.5-7}$$

ΔA 为测量 $A_{增量}$ 的失配误差。依式(11.5-4)同理导出

$$\Delta A = 20\lg \frac{|1-\Gamma_g\Gamma_1^f||1-S_{22}^f\Gamma_D|}{|1-\Gamma_g\Gamma_1^i||1-S_{22}^i\Gamma_D|} \tag{11.5-8}$$

由于反射系数之间的相位是随机的，故得相位最不利时的最大失配误差范围为

$$\Delta A = [20\lg(1\pm|\Gamma_g||\Gamma_1^f|) + 20\lg(1\pm|S_{22}^f||\Gamma_D|) - 20\lg(1\mp|\Gamma_g||\Gamma_1^i|) - 20\lg(1\mp|S_{22}^i||\Gamma_D|)] \tag{11.5-9}$$

11.5.2 接入两个衰减网络时的失配误差的计算

在测量线路中接有待测衰减器和标准衰减器两个级联网络，其散射网络如图 11.5.1 所示，两个连接衰减器通过信流图运算化成一个等效的衰减网络(T_1 面和 T_3 面之间)。其散射参数为

$$\left.\begin{aligned}S_{11} &= m_{11} + \frac{m_{21}m_{12}n_{11}}{1-m_{22}n_{11}}\\ S_{12} &= \frac{m_{12}n_{12}}{1-m_{22}n_{11}}\\ S_{21} &= \frac{m_{21}n_{21}}{1-m_{22}n_{11}}\\ S_{22} &= n_{22} + \frac{n_{21}n_{12}m_{22}}{1-m_{22}n_{11}}\\ \Gamma_1 &= \frac{b_1}{a_1} = S_{11} + \frac{S_{21}S_{12}\Gamma_D}{1-S_{22}\Gamma_D}\end{aligned}\right\} \tag{11.5-10}$$

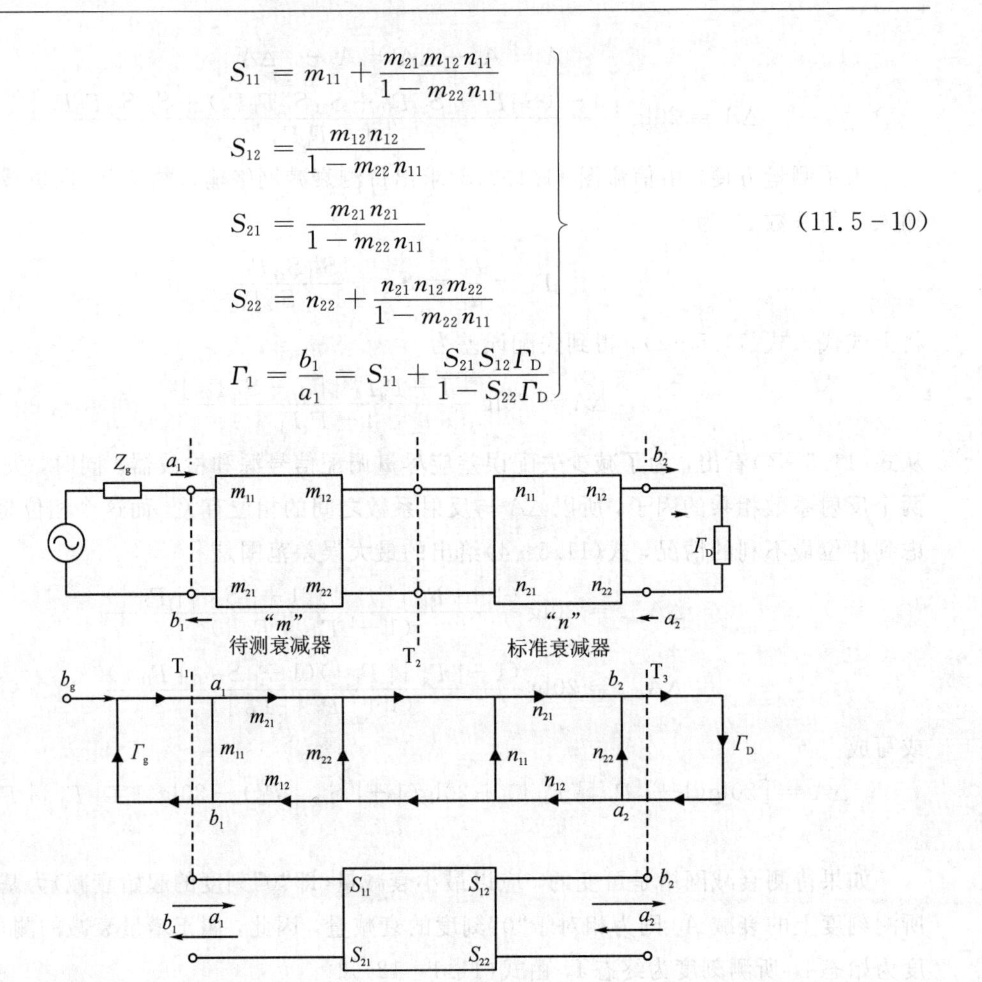

图 11.5.1　级联网络

如果待测衰减器"m"是可变衰减器，则应以零刻度为起始衰减，标准衰减器置于预定刻度 A_1 时，检波器指示的净功率作为基准电平，即始态 i。

当标准衰减器"n"调到终值 A_2(减小标准衰减量)，并调整待测可变衰减量(增加待测衰减量)，使检波器指示的净功率恢复到基准值，即终态 f。

由于 $\Gamma_g \neq 0$, $\Gamma_D \neq 0$，对于 T_1 面和 T_3 面之间的衰减网络，实为替代损失，将式(11.5-10)中始态 i、终态 f 的 S_{21}^i 和 S_{21}^f 代入式(11.1-11b)得出

$$A_{替代} = 20\lg\left|\frac{m_{21}^i n_{21}^i}{m_{21}^f n_{21}^f}\right| + \Delta A \tag{11.5-11}$$

式中，

$$\Delta A = 20\lg\frac{|1-\Gamma_g\Gamma_1^f||1-S_{22}^f\Gamma_D||1-m_{22}^f n_{11}^f|}{|1-\Gamma_g\Gamma_1^i||1-S_{22}^i\Gamma_D||1-m_{22}^i n_{11}^i|} \tag{11.5-12}$$

由于始态 i、终态 f 两态的检波器指示值相同，所以 $A_{替代}=0$，式(11.5-11)成为

$$\left[20\lg\frac{1}{|m_{21}^f|} - 20\lg\frac{1}{|m_{21}^i|}\right] + \left[20\lg\frac{1}{|n_{21}^f|} - 20\lg\frac{1}{|n_{21}^i|}\right] + \Delta A = 0 \tag{11.5-13}$$

即待测衰减器相对于“0”刻度的衰减为

$$A = 20\lg\frac{1}{|m_{21}^{f}|} - 20\lg\frac{1}{|m_{21}^{i}|} = (A_1 - A_2) - \Delta A = A_x \pm |\Delta A| \quad (11.5-14)$$

式中，$A_x = A_1 - A_2$，ΔA 为失配误差。

考虑到相位最不利的情况，有

$$\begin{aligned}\Delta A = [&20\lg(1 \pm |\Gamma_g||\Gamma_1^f|) + 20\lg(1 \pm |S_{22}^f||\Gamma_D|) + \\ &20\lg(1 \pm |m_{22}^f||n_{11}^f|) - 20\lg(1 \mp |\Gamma_g||\Gamma_1^i|) \\ &- 20\lg(1 \mp |S_{22}^i||\Gamma_D|) - 20\lg(1 \mp |m_{22}^i||n_{11}^i|)]\end{aligned} \quad (11.5-15)$$

如果待测衰减器“m”是固定衰减器，则应以不接入待测网络时为基准电平，即始态 i 时，有 $m_{21}^i = 1$，$m_{11}^i = m_{22}^i = 0$。由式(11.5-14)得出待测衰减为

$$A = 20\lg\frac{1}{|m_{21}^f|} = (A_1 - A_2) - \Delta A = A_x \pm |\Delta A| \quad (11.5-16)$$

由式(11.5-12)得出

$$\Delta A = 20\lg\frac{|1 - \Gamma_g\Gamma_1^f||1 - S_{22}^f\Gamma_D||1 - m_{22}^f n_{11}^f|}{|1 - \Gamma_g\Gamma_1^i||1 - S_{22}^i\Gamma_D|} \quad (11.5-17)$$

考虑到相位最不利的情况（$S_{22}^i = n_{22}^i$），有

$$\begin{aligned}\Delta A = &20\lg(1 \pm |\Gamma_g||\Gamma_1^f|) + 20\lg(1 \pm |S_{22}^f||\Gamma_D|) + \\ &20\lg(1 \pm |m_{22}^f||n_{11}^f|) - 20\lg(1 \mp |\Gamma_g||\Gamma_1^i|) - \\ &20\lg(1 \mp |S_{22}^i||\Gamma_D|)\end{aligned} \quad (11.5-18)$$

第十二章 相位移测量

12.1 定 义

相位移测量简称相位测量或相移测量，它与前一章讨论的衰减测量是一个问题的两个方面。电磁波通过微波元件时，除了振幅可能发生变化外，相位还发生变化，前者的变化用传输系数的模$|S_{21}|$表示，即衰减；后者的变化用传输系数的相位角表示，即相位移。关于相位移的单项定义，从理论上讲并非必须，因为它与$|S_{21}|$是联系在一起的。S_{21}作为网络参数的一个分量，在散射网络中已有严格定义，但为了实际上使用方便和某些工程上对相位参数的侧重要求，需要对相位移进行单项测量，此时相位移必须给予定义。不过相位移的定义应该与衰减的各种定义相对应(当然，衰减定义中常取$|S_{21}|$倒数的对数，在相位移中则不必要)。

12.1.1 本征相位移 ψ_{21}

图 11.1.1 中的衰减网络改为相移网络，就成为强调相位移单项测量的线路。根据图 11.1.1(d)的信号流图，当 $\Gamma_g=0$，$\Gamma_L=0$ 时，定义 b_2 与 a_1 之间的相位差为本征相位移，即

$$\psi_{b_2-a_1}=\arg\frac{b_2}{a_1}=\arg S_{21}=\psi_{21} \tag{12.1-1}$$

相角 ψ_{21}是 Z_0 源和 Z_0 负载时网络端面 T_2 相对于 T_1 的相位移。

12.1.2 插入相位移 $\psi_{b_2-b_g}$及其与 ψ_{21}的关系

当 $\Gamma_g\neq0$，$\Gamma_L\neq0$ 时，根据图 11.1.2(d)的信流图，定义 b_2 与 b_g 之间的相位差为插入相位移，即

$$\psi_{b_2-b_g}=\arg\frac{b_2}{b_g}=\arg\frac{S_{21}}{(1-\Gamma_g\Gamma_1)(1-S_{22}\Gamma_L)} \tag{12.1-2}$$

式中

$$\Gamma_1=\frac{b_1}{a_1}=S_{11}+\frac{S_{21}S_{12}\Gamma_L}{1-S_{22}\Gamma_L} \tag{12.1-3}$$

把式(12.1-2)改写成

$$\psi_{b_2-b_g}=\psi_{21}+\arg\frac{1}{(1-\Gamma_g\Gamma_1)(1-S_{22}\Gamma_L)}=\psi_{21}+\Delta_2 \tag{12.1-4a}$$

式中，ψ_{21}为本征相位移；Δ_2 为本征相位移的失配误差，当 $\Gamma_g\neq0$，$\Gamma_L\neq0$ 时，有

$$\Delta_2=\arg\frac{1}{(1-\Gamma_g\Gamma_1)(1-S_{22}\Gamma_L)} \tag{12.1-4b}$$

当 $\Gamma_g=0$ 时，Δ_2 简化为

$$\Delta_1=\arg\frac{1}{(1-S_{22}\Gamma_L)} \tag{12.1-4c}$$

当 $\Gamma_g=\Gamma_L=0$ 时，插入相位移等于本征相位移 $\psi_{b_2-b_g}=\psi_{21}$。

12.1.3 替代相位移 $\Delta\psi$ 及差分相位移 $\Delta\psi_{21}$

如图 11.1.3 所示，接始态网格 i 时，设插入相位移(参见式 12.1-2)为

$$\psi_{b_2-b_g}^{i} = \arg \frac{S_{21}^{i}}{(1-\Gamma_g\Gamma_1^{i})(1-S_{22}^{i}\Gamma_L)} \tag{12.1-5}$$

接终态网络 f 时，插入相位移为

$$\psi_{b_2-b_g}^{f} = \arg \frac{S_{21}^{f}}{(1-\Gamma_g\Gamma_1^{f})(1-S_{22}^{f}\Gamma_L)} \tag{12.1-6}$$

用终态网络 f 替代始态网络 i 所引起的插入相位移的变化称为替代相移，即

$$\Delta\psi = \psi_{b_2-b_g}^{f} - \psi_{b_2-b_g}^{i} = \arg S_{21}^{f} - \arg S_{21}^{i} + \arg \frac{(1-\Gamma_g\Gamma_1^{i})(1-S_{22}^{i}\Gamma_L)}{(1-\Gamma_g\Gamma_1^{f})(1-S_{22}^{f}\Gamma_L)} = \Delta\psi_{21} + \Delta_4 \tag{12.1-7}$$

式中

$$\Delta\psi_{21} = \psi_{21}^{f} - \psi_{21}^{i} \tag{12.1-8}$$

$\Delta\psi_{21}$ 为 $\Gamma_g=\Gamma_L=0$ 时的替代相移，亦即终态网络 f 与始态网络 i 的本征相位移之差，称为差分相位移(或称增量相位移)。

$$\Delta_4 = \arg \frac{(1-\Gamma_g\Gamma_1^{i})(1-S_{22}^{i}\Gamma_L)}{(1-\Gamma_g\Gamma_1^{f})(1-S_{22}^{f}\Gamma_L)} \tag{12.1-9}$$

当 $\Gamma_g=0$ 时，Δ_4 变为

$$\Delta_3 = \frac{(1-S_{22}^{i}\Gamma_L)}{(1-S_{22}^{f}\Gamma_L)} \tag{12.1-10}$$

Δ_3、Δ_4 为差分相位移的失配误差。

式(12.1-1)是一般相位移的基本定义式，它表示微波元件本身固有的绝对相位移。但对可变相移器的相位移，通常需要测量的是终态网络 f 和始态网络 i 之间的差分相位移 $\Delta\psi_{21}$，它的度盘通常是以最小相位移作为起点(始态)来刻度这个差分相位移的，即取最小相位移的位置作为刻度的零点。相位移的测量在微波工程中日趋重要，特别是在相控阵雷达、相控阵导航等设备中大量使用着相移器件，对这些器件的相位移测量是首先需要解决的。

相位移测量的主要方法和特点见表 12.1.1。

表 12.1.1 相位移测量的主要方法和特点

测量方法	特　点
1. 测量线法： (1) 反射波法 (2) 传输波法	测量装置简单，根据驻波节点偏移量确定未知相位移； 步骤简单，误差较大，仅适用于测低耗器件； 步骤简单，误差较大，适用于大功率情况，并可测有耗器件
2. 替代法： (1) 平衡电桥法 (2) 调制副载波法	测量装置较复杂，误差很小，需要校正的可变移相器作为比较标准
3. 相位计法(向低频变换法)	制成直接测量相位移的专门仪器，如数字相位计

衰减与相位移分项测量时的定义较多，且各文献的名词用法不甚一致，故把第 11、12

两章所用定义列表于 12.1.2，以便参阅它们的异同。

表 12.1.2　衰减与相位移分项测量时的定义对照表

衰减定义	表达式	相位移定义	表达式
衰减（“固有”衰减） $\Gamma_g=\Gamma_L=0$	$A=10\lg\dfrac{P_a}{P_2}=-20\lg\lvert S_{21}\rvert$ $=A_{反射}+A_{耗散}$	本征相位移 $\Gamma_g=\Gamma_L=0$	$\psi_{b_2-a_1}=\arg S_{21}=\psi_{21}$
插入损失 $\Gamma_g\neq0$，$\Gamma_L\neq0$	$A_{插入}=10\lg\dfrac{P_1}{P_2}=A+\Delta A$	插入相位移 $\Gamma_g\neq0$，$\Gamma_L\neq0$	$\psi_{b_2-b_g}=\psi_{21}+\Delta_2$
替代损失 $\Gamma_g\neq0$，$\Gamma_L\neq0$	$A_{替代}=10\lg\dfrac{P_1^i}{P_2^f}=A_{增量}+\Delta A$	替代相位移 $\Gamma_g\neq0$，$\Gamma_L\neq0$	$\Delta\psi=\Delta\psi_{21}+\Delta_4$
增量衰减 $\Gamma_g=\Gamma_L=0$	$A_{增量}=A_{替代(\Gamma_g=\Gamma_L=0)}$ $=20\lg\dfrac{1}{\lvert S_{21}^f\rvert}-20\lg\dfrac{1}{\lvert S_{21}^i\rvert}$ $=A^f-A^i$	差分相位移 （增量相位移） $\Gamma_g=\Gamma_L=0$	$\Delta\psi_{21}=\arg S_{21}^f-\arg S_{21}^i$ $=\psi_{21}^f-\psi_{21}^i$

12.2　测量线法测量相移的原理

在前面讨论测量线法测量网络参数时，其中包含了 S_{21} 的相位角 ψ_{21} 的测量，这就是测量线法。除此之外，这里再从分项测量的角度介绍两种用测量线测量 ψ_{21} 的方法——反射波法和传输波法。

12.2.1　反射波法测量相移

反射波法测量本征相位移的测量线路如图 12.2.1 所示。设 $\Gamma_g=0$，短路板为理想导体，待测相移网络 $S_{11}=S_{22}=0$，$S_{21}=S_{12}$，$S_{21}=|S_{21}|e^{j\psi_{21}}$。

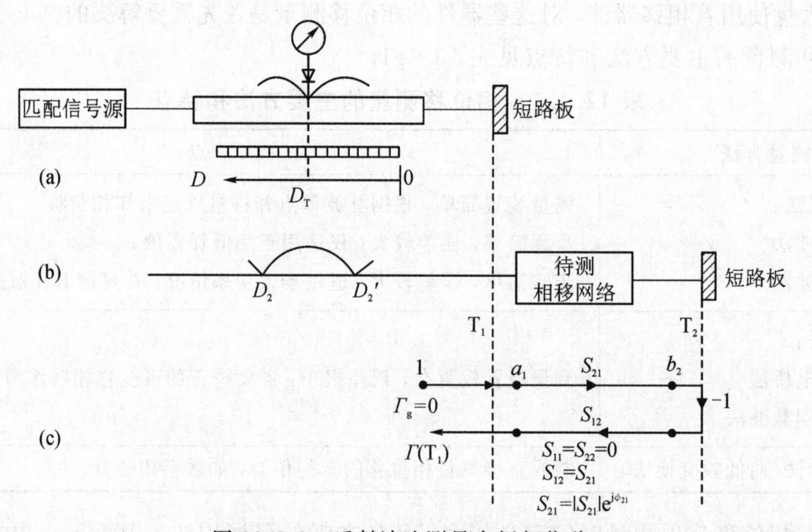

图 12.2.1　反射波法测量本征相位移

在未接入待测相移网络时，先把测量线输出端短路，并在测量线上用交叉读数法确定 T_1 的等效参考面位置 D_T。由图 12.2.1(c)的信流图看出，只要测出 T_1 面(即 D_T)的反射系数相角，就可以求出 ψ_{21}，即

$$\Gamma(T_1) = S_{21}^2 e^{j\pi} = |S_{21}|^2 e^{j(2\psi_{21}+\pi)} \tag{12.2-1}$$

接入待测相移网络，并在测量线上用交叉读数法确定 D_2(或 D_2')，则 D_2 处的反射系数(波节点相位为 $\pm\pi$)为

$$\Gamma(D_2) = |\Gamma(T_1)| e^{\pm j\pi} \tag{12.2-2}$$

D_2 向负载方向(若取 D_2'，D_2'应向信号源方向，并注意史密斯圆图的旋转方向，向信号源时为负角，取 $e^{-j\pi}$，向负载时为正角，取 $e^{+j\pi}$)转换到 D_T，则有

$$\Gamma(D_T) = \Gamma(D_2) e^{j2\beta(D_2-D_T)} = |\Gamma(T_1)| e^{j(2\beta(D_2-D_T)+\pi)} \tag{12.2-2}$$

由于 $\Gamma(D_T)=\Gamma(T_1)$，所以由式(12.2-1)和式(12.2-2)相等求出

$$\psi_{21} = 360° \frac{D_2 - D_T}{\lambda_g} \tag{12.2-3}$$

若取 D_2'，则有

$$\psi_{21} = 360° \frac{D'_2 - D_T}{\lambda_g} - 180° \tag{12.2-4}$$

例如，测得 $D_T=23.93$ mm，$D_2=40.39$ mm，$D_2'=18.09$ mm，$\lambda_g=44.60$ mm，则由式(12.2-3)求出

$$\psi_{21} = 360° \frac{D_2 - D_T}{\lambda_g} = 132.86°$$

或由式(12.2-4)求出

$$\psi_{21} = 360° \frac{D'_2 - D_T}{\lambda_g} - 180° = -47.14° - 180° = -227.14°$$

式中 ψ_{21} 加上 360°仍为 132.86°。

若 $|S_{21}|<1$，由式(12.2-1)知，还可以通过驻波比 ρ 的测量求出 $|S_{21}|$，即 $|\Gamma(T_1)|=(\rho-1)/(\rho+1)$，$|S_{21}|=\sqrt{|\Gamma(T_1)|}$，则衰减为

$$A = 10\lg \frac{1}{|\Gamma(T_1)|} \tag{12.2-5}$$

所以，反射波法还能兼测衰减。不过未知相移网络的衰减应该很小，否则，这个方法确定 D_2 位置时将由于变化平缓而不易测量准确。

用反射波法测量相移，若有好的滑动短路器，可用来代替短路板，并由短路器上的读数来计算 ψ_{21}。反射波法的优点是测量装置简单，操作简便，但失配误差较大，故只适用于测量低损耗、匹配好的元件。

12.2.2　传输波法测量相移

传输波法测量本征相位移的线路如图 12.2.2 所示，它相当于把双向定向耦合器反射计的反射耦合器调转 180°。把 a_1 和 b_2 经过耦合器取样之后，输入到测量线的两个端口，在测量线内干涉为驻波分布。设 l_1 为从端口 T_1 到测量线标尺左端起点的距离，l_2 为从端口 T_2 到标尺右端起点的距离，则在测量线内的驻波电压分布为($D=L-D'$)

$$U = a_1 e^{-j\beta(l_1+D')} + b_2 e^{-j\beta(l_2+D)}$$

$$= a_1 e^{-j\beta(l_1+D')}\left[1 + S_{21} e^{+j\beta(l_1+D'-l_2-D)}\right]$$
$$= a_1 e^{-j\beta(l_1+D')}\left\{1 + |S_{21}| e^{j[\psi_{21}+\beta(l_1-l_2-L+2D')]}\right\} \tag{12.2-6}$$

当 $\psi_{21}+\beta(l_1-l_2-L+2D')=\pi$ 时，对应位置为波节点，即

$$U = |U_{\min}| = 1 - |S_{21}| \tag{12.2-7}$$

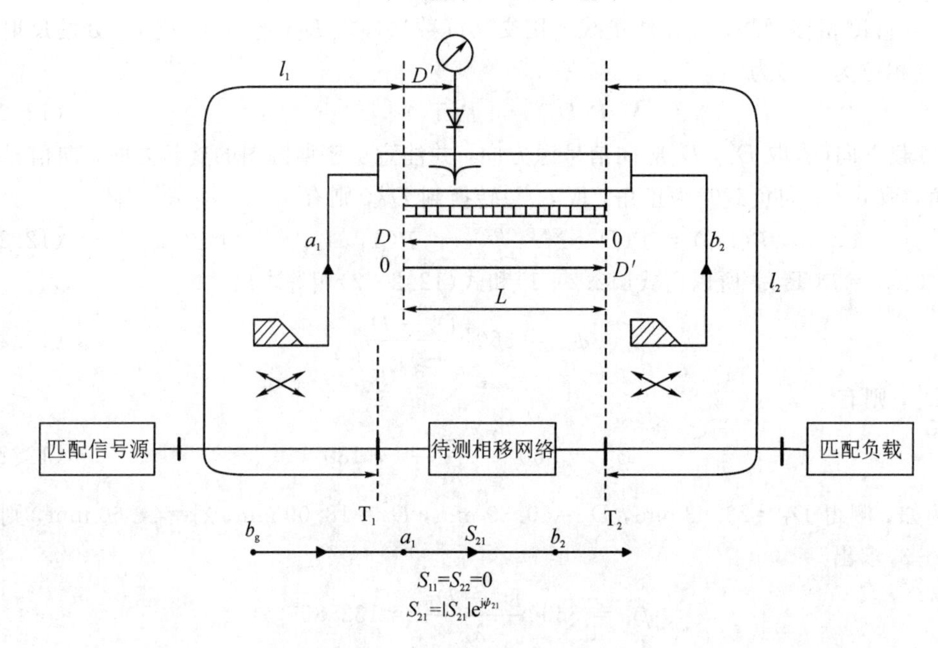

图 12.2.2　传输法测量本征相位移

设待测相移网络为可变相移器，以零刻度(最小相位移)为起始状态，即始态 i，以所测刻度为终态，即终态 f，则由式(12.2-6)有

$$\psi_{21}^{i} + \beta(l_1 - l_2 - L + 2D'_{i}) = \pi \tag{12.2-8a}$$
$$\psi_{21}^{f} + \beta(l_1 - l_2 - L + 2D'_{f}) = \pi \tag{12.2-8b}$$

由上两式求出相对零刻度的差分相移为

$$\Delta\psi = \psi_{21}^{f} - \psi_{21}^{i} = 2\beta(D'_{i} - D'_{f}) = 720^\circ \frac{D'_{i} - D'_{f}}{\lambda_g} \tag{12.2-9}$$

测量时，将可变相移器放在最小相移位置(零刻度)，将探针放在测量线最左端的波节处，设为 D'_{i}，把相移器调到最小相移为 ψ'_{i} 的位置，再移动探针到波节位置，设为 D'_{f}，由式(12.2-9)计算差分相移。

由式(12.2-1)知，测出 $|U_{\max}|=1+|S_{21}|$，并与式(12.2-7)联立还可以求出 $|S_{21}|$。当然，对于相移网络来说，$|S_{21}|$ 不应该太小。

传输波法的优点与反射波法相同，此外，由于待测网络的终端接有良好匹配负载，故失配误差较反射波法小得多，又由于使用了定向耦合器，因此，还可以用于大功率时的相移测量。在反射波法和传输波法的相移测量中要注意：

(1) 信号源要留有足够大的隔离衰减量(不小于 10 dB)，以减小由于源失配而引入的失配误差。

(2) 测量波节位置时要使用交叉读数法。

12.3　替代法测量相移的原理

12.3.1　平衡电桥法测量相移

平衡电桥法是用标准可变相移器作为参考，把标准可变相移器与待测相移网络分别接入比较电桥的两个支臂中，通过比较待测相移网络与标准可变相移器来测量待测相位移，如图 12.3.1所示(实际上它是高频并联替代法测量衰减电路)。

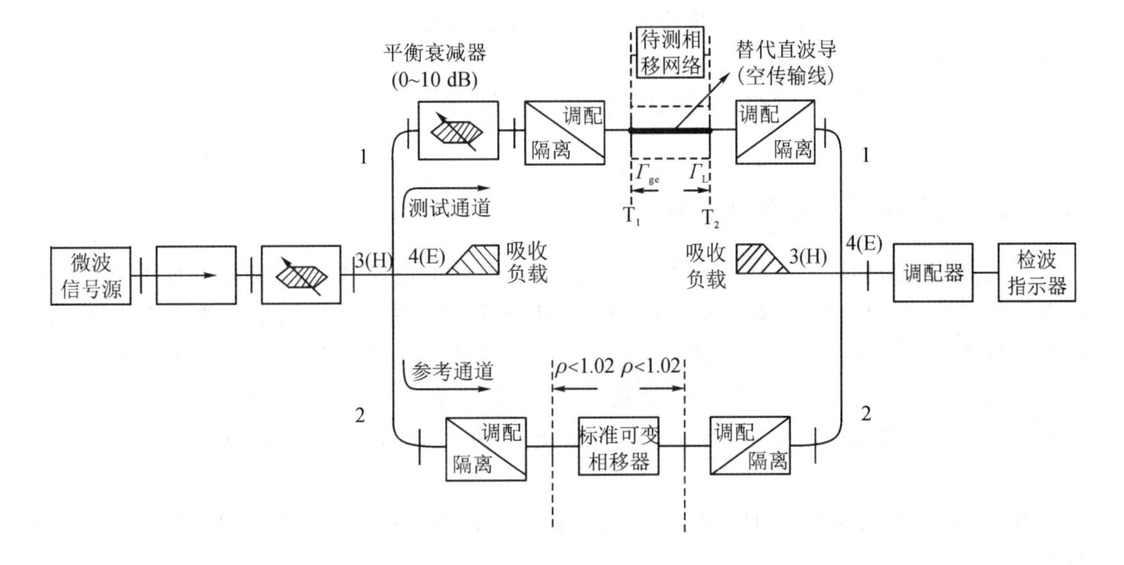

图 12.3.1　平衡电桥法测量相移的线路

平衡电桥由微波信号源、两个魔 T 接头和检测系统组成。在测试通道中接有平衡衰减器和替代直波导(长度 L 与待测相移网络的长度相等)，平衡衰减器用于调节两路信号幅度平衡；在参考通道中接有隔离-调配器和标准可变相移器，标准可变相移器用于调节两路信号相位平衡。

1. 相位初平衡状态

信号源输出的微波信号馈入左边的魔 T 臂“3”，并等分为两路信号，由臂“1”和臂“2”分别进入相互隔离的参考通道和测试通道，再由右边的魔 T 合成在一起，经臂“4”送入检波指示器。

相位初平衡的调整方法：在端面 T_1 和 T_2 之间接入替代直波导，调整平衡衰减器和标准可变相移器使臂“4”的检测输出为零，这就是相位初平衡状态，即始态 i。

假设：替代直波导的相移为 $\psi_{直}$，$\psi_{直}$ 为已知(用其他方法测定，或计算得出 $\psi_{直}=360°(L/\lambda_g)$)，两通道行程差相移为 $\Delta\psi$，则相位初平衡状态时有

$$\psi^{i}_{标准}=\Delta\psi+\psi_{直} \tag{12.3-1}$$

2. 相位再平衡状态

将替代直波导去掉，换上待测相移网络，再调节平衡衰减器和标准可变相移器，使检测输出为零，得到第二次平衡状态。设这时的标准可变相移器读数为 $\psi^{f}_{标准}$，则有

$$\psi^{\mathrm{f}}_{标准} = \Delta\psi + \psi_{21} \tag{12.3-2}$$

由式(12.3-2)减去式(12.3-1)，得到待测相位移为

$$\psi_{21} = (\psi^{\mathrm{f}}_{标准} - \psi^{\mathrm{i}}_{标准}) + \psi_{直} \tag{12.3-3}$$

($\psi_{21}-\psi_{直}$)亦可称为待测相移网络的差分相移(或增量相移)。

如果待测相移网络是可变相移器，只要求知道可变相位移，就可以直接把待测的可变相移器接入测试通道中，以待测可变相移器规定的起始相位移为初始状态，以终态相位移为再平衡状态，按下式计算差分相位移：

$$\Delta\psi_{21} = (\psi^{\mathrm{f}}_{标准} - \psi^{\mathrm{i}}_{标准}) \tag{12.3-4}$$

式中 $\psi^{\mathrm{i}}_{标准}$ 和 $\psi^{\mathrm{f}}_{标准}$ 分别是待测可变相移器在初态(规定的起始相位移)和终态(所测刻度)时，标准可变相移器所对应的相位移。

平衡电桥法的优点是测量精度高，但设备较复杂，且需要标准可变相移器作为比较标准。

12.3.2 调制副载波法测量相移

调制副载波法作为衰减测量技术已在11.3节介绍过。从它的衰减测量原理可知，其过程中含有微波相位移信息，如 $\psi=0°$ 和 $\psi=180°$ 时音频输出最大。但调制副载波法作为一般衰减测量技术，其音频输出只有衰减信息而无相位信息，如式(11.3-10)所示。而抑制副载波的双边带和单边带法，不但含有衰减信息，而且含有相位信息，如式(11.3-12)所示，于是可以组成测相副载波电路。下面介绍一般副载波电路(如图11.3.6所示)的测相基本原理。

由于式(11.3-10)不含相位信息，因此，须从式(11.3-9(a))讨论起。把式(11.3-9(a))改写成

$$E_{\mathrm{r}} = E_{\mathrm{c}}[1 + R^2 + 2R\cos\psi]^{1/2} \tag{12.3-5}$$

式中

$$R=\frac{E_{\mathrm{sc}}}{E_{\mathrm{c}}}[1+m\cos(\Omega t)] \tag{12.3-6}$$

令 $R\ll 1$，忽略 R^2 项，并展开取一阶近似得出

$$E_{\mathrm{r}} \approx E_{\mathrm{c}}[1 + R\cos\psi] = E_{\mathrm{c}} + E_{\mathrm{sc}}\cos\psi + E_{\mathrm{sc}}m\cos(\Omega t)\cos\psi \tag{12.3-7}$$

经线性幅度检波后，得出

$$E_{\mathrm{out}} = kE_{\mathrm{sc}}m\cos(\Omega t)\cos\psi \tag{12.3-8}$$

式(12.3.8)与双边带副载波法输出相同(见式(11.3-12))，由此看出抑制副载波法十分重要，因为那里并不需要 $R\ll 1$ 的条件来保证。

由式(12.3-8)知，在 $R\ll 1$ 的条件下，其音频输出与 $\cos\psi$ 成正比，如图12.3.2所示。当 $\psi=\pm\frac{\pi}{2}$ 时，$|E_{\mathrm{out}}|\approx 0$，与零的近似程度取决于 $R\ll 1$ 的条件。通常要求副载波电平比载波电平低40～60 dB为好，并在测量过程中注意保持此值。

设待测网络是可变相移器，接于图11.3.6的 T_1、T_2 面之间，并放于零刻度。调整载波通道中的标准可变相移器，使 $|E_{\mathrm{out}}|=0$，则有

$$\psi^{\mathrm{i}}_{标准} = \Delta\psi + \psi^{\mathrm{i}}_{21} \pm \frac{\pi}{2} \tag{12.3-9}$$

式中，$\Delta\psi$ 为两路程差的相移量。

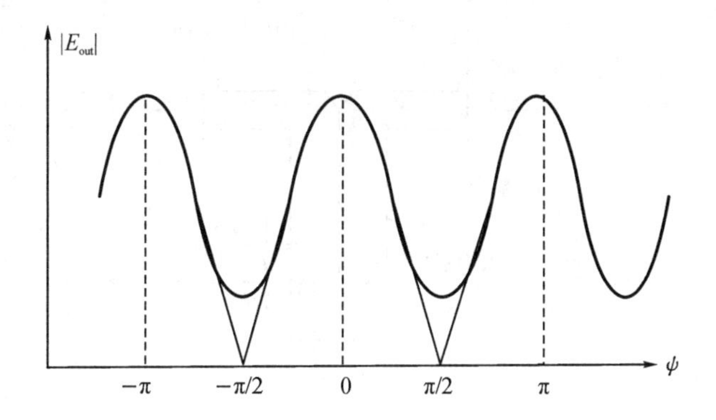

图 12.3.2　调制副载波法测量相移的原理

当待测可变相移器调到所测刻度时，再调整标准可变相移器，使$|E_{\text{out}}|=0$，则有

$$\psi_{标准}^{f} = \Delta\psi + \psi_{21}^{f} \pm \frac{\pi}{2} \tag{12.3-10}$$

由此得出差分相移

$$\Delta\psi_{21} = \psi_{21}^{f} - \psi_{21}^{i} = (\psi_{标准}^{f} - \psi_{标准}^{i}) \tag{12.3-11}$$

由上式看出，i、f 两态必须跟踪同一最小点($\pm\frac{\pi}{2}$取其一)，否则将有 π 角之差。其避免办法：改用$\psi=0°$时的最大点作检测指示，即先检测出两个最小点$\psi=\pm\frac{\pi}{2}$位置，读取标准可变相移器中间相位移作为$\psi_{标准}^{i}$和$\psi_{标准}^{f}$，再由公式(12.3-11)计算差分相移(因为$\pm\frac{\pi}{2}$之间总是夹着$\psi=0°$或 180°的最大值)。

由上看出，调制副载波法测量相移仍属于高频替代法。与平衡电桥法相似，与用此法测量衰减时相比，在替代标准上是不同的(后者属于低频替代法)。

12.3.3　标准可变相移器

1. 介质片可变相移器

介质片可变相移器中有移动介质片式和旋转介质片式两种，其结构分别与电阻片型移动式衰减器和旋转式衰减器相似。对于移动介质片式，当介质片从波导窄壁移向中央时，相位移逐渐从最小增到最大。介质片可变相移器必须用其他方法校准，绘出度盘读数和相位移的校正曲线。

2. 机械位移可变相移器

图 12.3.3 画出了一种用短路活塞和 3 dB 耦合器组成的机械位移可变相移器，它是精密测量相位移时使用的标准。

从臂“1”进入的入射波a_1等分地进入臂“2”“4”(两者相位相差 90°)，再由两个活塞反射回到臂“1”和臂“3”(两者相位又相差 90°)。回到臂“1”的两个反射波反向叠加为零，输送到臂“3”的两个反射波同相叠加，并传输到与臂“3”相连接的无反射负载。由此看出，活塞移动距离为L时，将改变b_3和a_1之间的相对相位移。相对相位移ψ与L的关系为

$$\psi = \beta(2L) = 720°\frac{L}{\lambda_g} \tag{12.3-12}$$

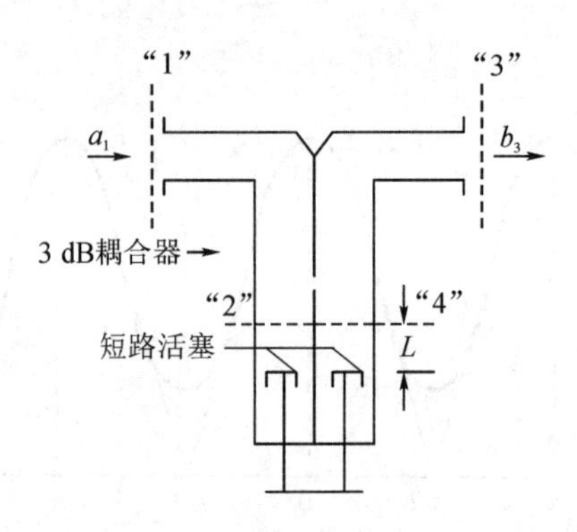

图 12.3.3 机械位移可变相移器

式中，λ_g 是短路器中的波导波长。图 12.3.3 的结构中，如果臂"1"和臂"3"之间无直接耦合，3 dB 耦合器为真正的 3 dB 正交式的，两活塞反射波在臂"1"中相位真正相差 180°，在臂"3"中相位真正同相，且结构中又无损耗，那么，就能得到理想的标准可变相移器。这些条件在频率不宽的范围内可以近似实现。

图 12.3.3 的结构不仅可以制成波导式的，也能够制成同轴式(同轴 U 形拉管)的。此外，利用单耦合器反射计原理也可以制作标准可变相移器。

12.4 变换到低频测量相移及数字相位计简介

上两节讨论的测量相位移方法，都是在微波频率上测量的。本节介绍一种把微波相位移信息变换到低频上来测试的方法，这种方法还便于实现微波相位计的数字显示。

12.4.1 微波相位移变换到低频的过程

如图 12.4.1 所示，上下通道三次变频的原理与平衡电桥法相似。把待测相移元件 ψ_x 接在测试通道的 T_1、T_2 面之间，在参考通道接有标准可变相移器 ψ_a，来自微波信号源的微波信号经过 3 dB 功分器等分为两路，分别送入测试通道和参考通道。测试通道信号经过待测相移元件产生相位移 ψ_x，记为 $f_0+\psi_x$，f_0 为信号源的频率，再经过单向隔离器进入定向耦合器，并与本机振荡的 n 次谐波 nf_1（f_1 为本振频率）一起进入混频器 1，混出频率为 $(f_0+\psi_x)-nf_1=35\ \text{MHz}\pm\Delta f+\psi_x$，$\Delta f$ 为频率不稳定度引入的频差。同理，参考通道混出频率为$(f_0+\psi_a)-nf_1=35\ \text{MHz}\pm\Delta f+\psi_a$，此过程为第一次变频。

第一次变频过程为(混频器为肖特基二极管)：

(1) $f_0=2\sim4.15$ GHz 时，f_0 与本振 f_1（$f_1=2\sim4.15$ GHz）的基波混频，得到 35 (MHz)$\pm\Delta f+\psi_x$(或 ψ_a)的第一中频。

(2) $f_0=4\sim8.3$ GHz 时，f_0 与本振 f_1 的 2 次谐波($2f_1=4\sim8.3$ GHz)混频，得到第一中频。

(3) $f_0=8.3\sim12.4$ GHz 时，f_0 与本振 f_1 的 3 次谐波($3f_1=6\sim12.45$ GHz)混频，得到第一中频。

(4) $f_0=1\sim2$ GHz 时，要求外来信号(即 f_0 信号)的功率远大于本振 f_1 的信号功率，用外来信号推动肖特基二极管的动态电导，即利用 f_0 的二次谐波与本振信号 f_1 的基波混

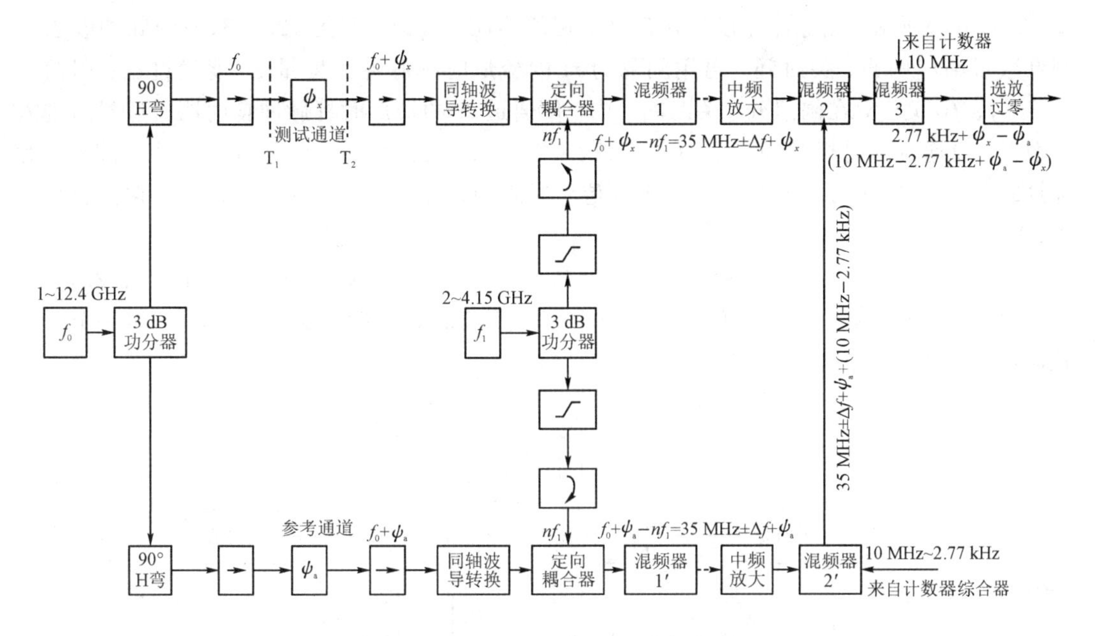

图 12.4.1　上下通道三次变频方框图

频得到第一中频。因此，在此频段范围内测出的相位移应除以 2。

经过第一次变频后，两条通道的信号分别进入第二次变频，为得到便于数字测相的低频(2.77 kHz)做好准备。

参考通道的第一中频 35 MHz$\pm\Delta f+\varphi_a$ 与来自计数器综合器的标准信号(10 MHz～2.77 kHz)混频，得到(35 MHz$\pm\Delta f+\varphi_a$)+(10 MHz−2.77 kHz)的信号，把该信号送入测试通道并与测试通道第一中频(35 MHz$\pm\Delta f+\varphi_x$)再混频，得到(10 MHz−2.77 kHz$+\varphi_a-\varphi_x$)的信号，把这个信号再送到混频器 3 与来自计数器的 10 MHz 信号进行第三次混频，得到(2.77 kHz$+\varphi_x-\varphi_a$)的信号，于是微波的相位移 φ_x 和 φ_a 转换到了易于数字显示的低频(2.77 kHz)上。

微波变换到低频以后，可以采用低频相位标准或低频相位计来测量相位移，也可以采用数字测相移。

12.4.2　数字相位计原理

实现相位的数字显示，必须把相位量化，以便采用计数器显示。这里介绍的一种方案是先把相位差转换为时间间隔，再由时标脉冲度量(计数)并转换为相位。

经过上述三次变频后，微波相位移已转换到具有高稳定度的 2.77 kHz 上，然后再与计数器里同稳定度的 2.77 kHz 参考信号进行比较，可测出微波相位移($\varphi_x-\varphi_a$)。测量方法是把带有微波相位移的低频信号 f_{B1}(f_{B1}=2.77 kHz$+\varphi_x-\varphi_a$)和低频参考信号 f_{B2}(f_{B2}=2.77 kHz)送到低频数字频率计里，来测量两者之间的时间间隔，再换算成相位移，如图 12.4.2 所示。信号 f_{B1} 和 f_{B2} 的时间间隔，即两个信号同方向过零点的时间间隔，如图 12.4.3 所示。由于严格测量正弦波同方向过零点难以实现，所以需要把这两个信号经过不失真地、对称地放大限幅，使之变换成理想的对称方波(放大整形)，如图 12.4.3(a)、(b)所示，然后用这两个对称方波的前沿去触发双稳态鉴相器，使之变成一个宽度为 τ 的脉冲波，如

图 12.4.3(c)所示，此脉冲宽度 τ 就正比于相位移($\psi_x-\psi_a$)。用图 12.4.3(c)的脉冲波去控制计数器闸门的开、关时间，再用间隔为 t_0 的梳形时标脉冲去度量 τ。度量过程：用信号 f_{B1} 开门、f_{B2} 关门，在闸门开、关时间 τ 内，使通道 A 的梳形时标脉冲自由地通过闸门进入计数器。设通过的时标脉冲个数为 N，则 $\tau=Nt_0$，N 为正整数，t_0 是时标脉冲的间隔，为标准时间。若 $t_0=0.1\ \mu s$(或 $1\ \mu s$)，则两信号时间间隔 $\tau=0.1N\times10^{-6}$ s，再把它换成相位移，即

$$\psi_x-\psi_a=\omega\tau=2\pi f\tau=360°\times2.77\times10^3\times0.1N\times10^{-6}=0.1°N \quad (12.4-1)$$

因此，在计数器上所显示的时标脉冲个数，就直接代表相位移($\psi_x-\psi_a$)，而每一个时标脉冲代表 0.1°。

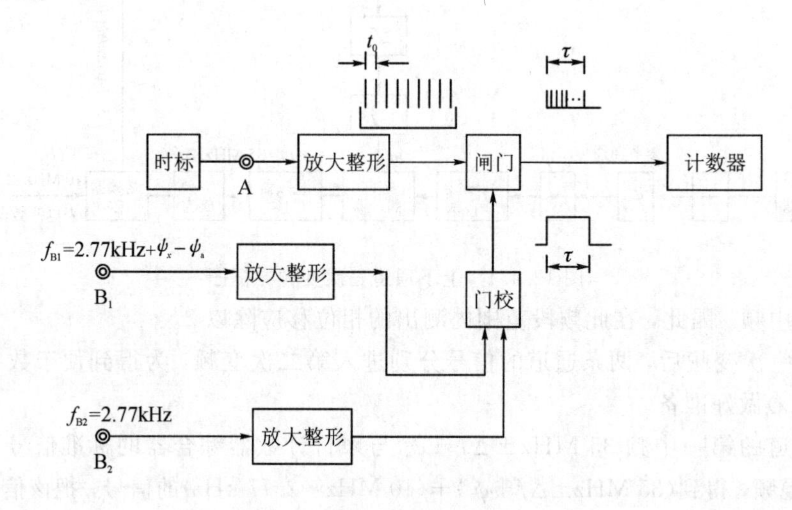

图 12.4.2　测量时间间隔的原理方框图

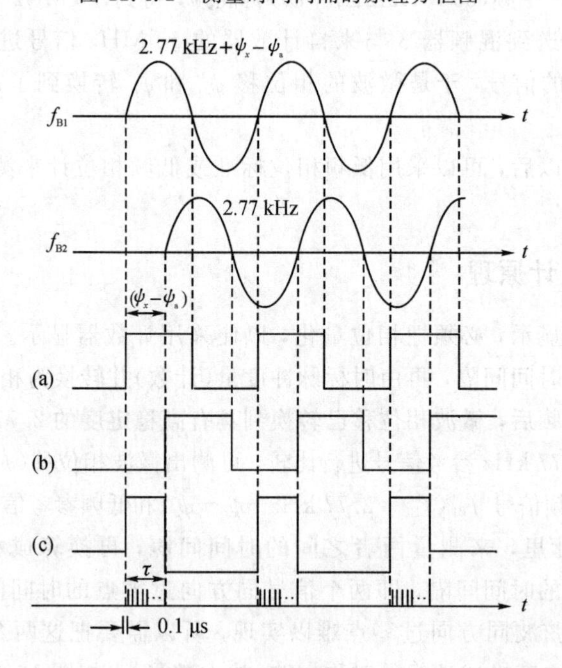

图 12.4.3　用脉冲法测量相位移($\psi_x-\psi_a$)的原理图

上面所讨论的是在第一次开关时间内测出的相位移($\psi_x-\psi_a$)。实际上，由于触发电平的抖动、信号噪声的干扰、外接信号源频率稳定度的影响以及计数器本身±1个数字的变化，要保证±0.1°的相位稳定往往是困难的，因此，为了稳定相位，还需采用累计平均的办法，如BX-6型相位计采用了内外电子开关1000对累计平均，即在图12.4.1混频器1的虚线处加接外电子开关电路，在混频器3后边经选放过零电路再加接内电子开关电路，从而获得1000对累计平均。

用这种方案制成的数字相位计，如BX-6型，其测相范围为：频率f_0在2000～12 400 MHz范围时，可测相位移为0.5°～359.5°；频率f_0在1000～2000 MHz范围时，可测相位移为0.5°～179.5°。

12.5　相移测量的误差源及失配误差分析

12.5.1　误差源

相移测量中的误差源与所用测量线路有直接关系。对于所用仪器应做具体分析。一般地，误差源主要有：

(1) 失配误差。

与衰减测量一样，本征相位移ψ_{21}是定义在信号源和检测系统均为匹配条件之下测出的相位移。因此，测量误差与源驻波、检测系统的驻波、标准相移器以及待测相移器的驻波均有直接关系。为此，在测试过程中应该特别注意减小测量系统的驻波，必要时应加入调配器以减小失配误差。

(2) 测量线法引入的误差。

使用测量线法时，须使用交叉读数法来测量波节点位置，因为驻波最小点偏移和波导波长λ_g测量不准确都会引入相移测量误差。测量线本身的系统误差也是误差源之一。

(3) 标准可变相移器的校准误差。

信号源频率输出不稳定，波导截面不均匀、短路活塞不平稳、比较电桥隔离不完善及信号源测量电路的漏场等因素都是相移测量中的误差来源，在使用时应给予注意。

下面分析失配误差。

12.5.2　失配误差分析

相移测量的失配误差分析与具体线路有关，下面将以用测量线的反射波法为例说明其分析方法。参见图12.2.1，设待测相移网络为固定相移器，其信号源为匹配源$\Gamma_g=0$；短路板为理想导体，其反射系数为-1；相移器$|S_{11}|=|S_{22}|=0.15(\rho_{11}=\rho_{22}=1.35)$，这样的测量结果实为插入相位移，即$\psi_{测}=\psi_{b_2-b_g}$，失配误差为式(12.1-4c)，即

$$\Delta_1=\arg\frac{1}{1-S_{22}\Gamma_L}\tag{12.5-1}$$

当$|S_{22}|$很小，有

$$\Delta_1\approx\arg(1+S_{22}\Gamma_L)\tag{12.5-2}$$

若 $S_{22}\Gamma_L$ 大小和相位都已知，由图 12.5.1(a)可以求出 Δ_1。但实际上是不可行的，由于相位的随机性，难以求出确定的值。为此采用失配不确定性估计法，如图 12.5.1(b)所示，即在相位最不利的情况下，取 Δ_1 的极限值：

$$\Delta_{1max} = \arcsin|S_{22}\Gamma_L| \tag{12.5-3}$$

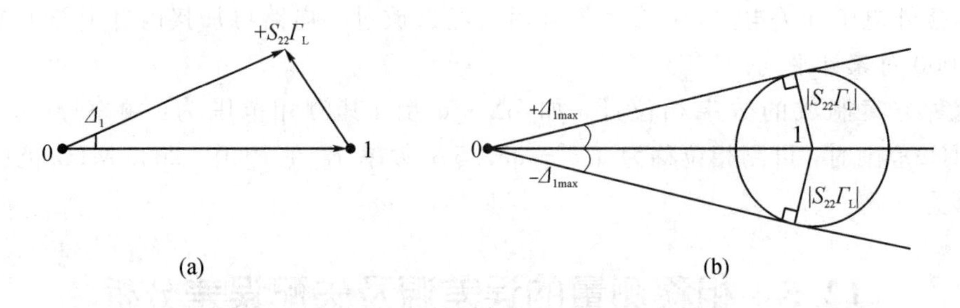

图 12.5.1　固定相移器的相位失配误差计算方法

(a) 失配误差的真实情况；(b) 失配不确定性估计

由式(12.1-4a)求出测量结果为

$$\psi_{21} = \psi_{测} \pm \Delta_{1max} \tag{12.5-4}$$

把上例数字代入式(12.5-3)求出

$$\Delta_{1max} = \arcsin 0.15 = 8.6°$$

若待测相移网络为可变相移器，则差分相位移测量值实为替代相位移，当 $\Gamma_g=0$ 时，失配误差为式(12.1-10)，即

$$\Delta_3 = \arg\frac{1-S_{22}^{i}\Gamma_L}{1-S_{22}^{f}\Gamma_L} \tag{12.5-5}$$

当 S_{22}^{i}、S_{22}^{f} 很小时，有

$$\Delta_3 = \arg(1-S_{22}^{i}\Gamma_L+S_{22}^{f}\Gamma_L) \tag{12.5-6}$$

由图 12.5.2 求出失配不确定性为

$$\Delta_{3max} = \arcsin(|S_{22}^{i}\Gamma_L|+|S_{22}^{f}\Gamma_L|) \tag{12.5-7}$$

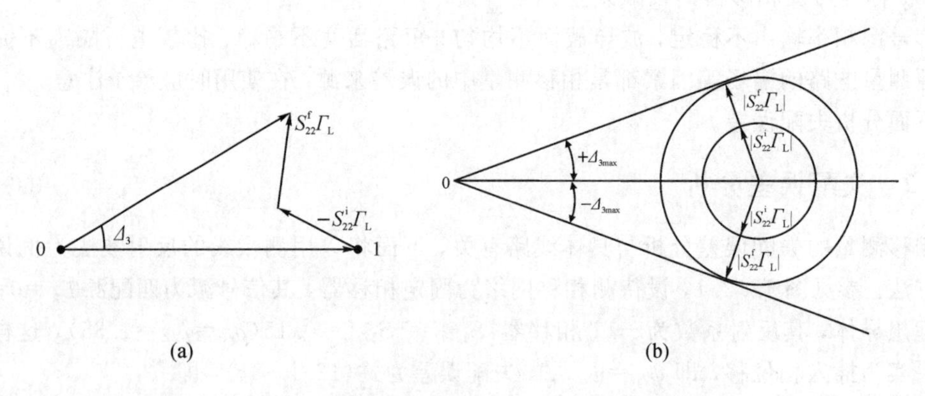

图 12.5.2　可变相移器的相位失配误差计算方法

(a) 失配误差的真实情况；(b) 失配不确定性估计

若 $|S_{22}^{i}|=|S_{22}^{f}|=0.15$，$|\Gamma_L|=1$，则 $\Delta_{3max}=17.5°$，失配不确定性为 $\pm17.5°$。

当 $\Gamma_g\neq0$ 时，失配误差分析方法同 $\Gamma_g=0$ 时的分析方法。

第十三章　微波噪声系数测量

一个网络(有源或无源)、一台仪器、一部接收机，都有内部噪声，其来源主要有：电阻的热噪声，电子管、晶体管的散弹噪声，分配噪声和闪烁噪声，等等。来自设备外部的噪声主要有：天线噪声、宇宙噪声、工业干扰噪声、天电干扰噪声等。在微波频段，由于外部噪声的影响急剧减小，所以人们主要致力于减小微波设备的内部噪声。为减小噪声和度量通信、雷达等接收微波信号的能力，需要测量微波设备的噪声特性。因此，噪声测量日趋重要。

13.1　噪声系数定义及其测量基本原理

13.1.1　噪声系数定义

噪声来源不同，其噪声功率表达式也不相同，一般以热噪声作为参考。故从热噪声开始讨论噪声系数定义。

1. 单口网络噪声(噪声源)的表征参数

1) 热噪声功率

1928年，奈奎斯特在热力学统计理论分析和实验研究的基础上，导出电阻热噪声均方电压表达式：

$$U_n^2 = 4kTRB \qquad (13.1-1)$$

式中，k 为玻尔兹曼常数，且 $k=1.38\times10^{-23}$ J/K；T 为电阻温度(K)；R 为电阻值；B 为测试设备通频带(Hz)。

上式就是奈奎斯特定理的表达式。U_n^2 表示在带宽 B 内，处于热力学温度 T 的电阻 R 所产生的热噪声开路均方电压(长时间观测热噪声电压的变化，发现其平均值为零，故电阻热噪声常用均方电压、均方电流或功率来描述)。若用等效源表示，可将一个热噪声电阻 R 等效为一个无噪声电阻 R 与一个噪声电压源 U_n^2 串联而成的等效电压源，或等效为一个无噪声电导 G 与一个噪声电流源 I_n^2 并联而成的等效电流源，$I_n^2=U_n^2/R=4kTGB$，$G=1/R$。当几个电阻串联时，采用等效电压源比较方便；并联时，采用等效电流源比较方便。

由等效电压源可知，当接入负载电阻 $R_L=R$ 时，温度为 T 的电阻 R 在带宽 B 内产生的资用噪声功率是

$$N = \frac{U_n^2}{(2R)^2}\cdot R = kTB \qquad (13.1-2)$$

下面证明资用噪声功率是温度 T 的普适函数。设 R_L 与 R 处于同一温度 T，电阻 R_L 的均方电压 $U_{nL}^2=4kTR_LB$。将 R 和 R_L 的两个等效电压源连接起来形成回路，则 R 向 R_L 传输的噪声功率为 $N_L=[U_{nR}^2/(R+R_L)^2]\cdot R_L=4kTRR_LB/(R+R_L)^2$；$R_L$ 向 R 传输的噪声

功率为 $N_R=[U_{nL}^2/(R+R_L)^2]\cdot R=4kTRR_LB/(R+R_L)^2$。$N_L$ 和 N_R 两者相等，说明 R 和 R_L 的能量既不增加也不减少，处于温度 T 的热平衡状态。当 $R_L=R$ 时，N_L 和 N_R 变为式(13.1-2)，这证明了资用噪声功率是 T 的普适函数。

热噪声是一种随机过程，通过傅里叶分析，其频率分量是连续、均匀的频谱分布，称为白噪声。由(13.1-2)得出资用噪声功率的谱密度为

$$W_n = kT \tag{13.1-3}$$

式中，谱密度单位为 W/Hz。上式表明，电阻输出的单位带宽资用噪声功率只与热力学温度(K)成正比，与电阻的类型和阻值无关。式(13.1-3)还适用于气体放电管，但要将其中的 T 换成该管的等效噪声温度。

2) 噪声温度

根据奈奎斯特定理，资用噪声功率是温度的普适函数，故一个噪声源可用噪声温度表示。由式(13.1-3)知，电阻处于物理温度 T_n 时，有

$$T_n = \frac{W_n}{k} \tag{13.1-4}$$

T_n 就称为该电阻的噪声温度，表征其噪声的大小。可见，若一个噪声源的噪声温度已知，用它计算出的资用噪声功率与该噪声源所产生的噪声功率相同。但要注意，噪声源的噪声温度不一定是它的物理温度，例如饱和二极管噪声源的噪声温度就不是指它本身所处的物理温度，这只是共同约定的噪声功率谱密度的一种单位，用开尔文(K)表示。例如，噪声温度为 290 K 的噪声源，$W_n\approx4\times10^{-21}$ W/Hz，相当于 −174 dBm/Hz，显然，单位 W/Hz 太大，用起来不方便，故引入噪声温度作为表征参数。

3) 标准噪声温度 T_0

由于微波设备都在一定环境温度下工作，不可避免地存在噪声。为了度量噪声大小，目前规定标准噪声温度为 $T_0=290$ K。引入 T_0 使噪声测试的一些术语有了明确定义。

4) 等效输出噪声温度

等效输出噪声温度表示噪声源实际输出的噪声温度。如气体放电管噪声源，它与传输线连接构成输出电路。由于噪声源与传输线耦合不完善、存在失配，传输线存在损耗等，使输出噪声温度与噪声源的计算噪声温度有所偏离。对传输线损耗、噪声源与传输线失配等进行修正之后的噪声温度，便是等效输出噪声温度。

例如，一个电阻 R 的噪声源与一个衰减系数为 L 的衰减器匹配连接，衰减器用等效电阻 R' 表示，总输出噪声源相当于 R 和 R' 串联组成的等效噪声源。设 R 和 R' 的温度分别是 T 和 T'，总资用噪声功率 $N=4k(TR+T'R')B/(4(R+R'))=kT''B$，则等效输出噪声温度

$$T'' = \frac{R}{R+R'}T + \frac{R'}{R+R'}T' = \frac{1}{L}T + \left(1-\frac{1}{L}\right)T' \tag{13.1-5}$$

式中，L 是衰减器在两端匹配状态下输入资用噪声功率与输出资用噪声功率之比，设输入电压源为 U，则 $L=(U^2/4R)/(U^2/4(R+R'))=(R+R')/R$。

5) 超噪比

超噪比(Excess Noise Ratio，ENR)定义为

$$\mathrm{ENR} = \frac{T-T_0}{T_0} = r_n - 1$$

$$或\ \mathrm{ENR_{dB}} = 10\lg \frac{T - T_0}{T_0} \tag{13.1-6}$$

超噪比的含义是噪声源超过标准噪声温度 T_0 热噪声的倍数。r_n 定义为噪声源的噪声比。例如，气体放电管和饱和二极管噪声源的等效输出噪声温度通常为 10 000～20 000 K，用 $\mathrm{ENR_{dB}}$表示，则为 15.2～18.3 dB，可见用 dB 为单位，表示更方便。

2. 双口网络噪声的表征参数

1）等效输入噪声温度

一个实际双口网络（线性或准线性），设网络增益为 G，其输出端产生的总噪声功率 N_{out}应为网络输入端电阻 R_i 产生的噪声功率 N_i 和网络内部噪声功率在输出端的贡献之和。将实际网络用理想网络代替，把网络内部噪声折合到输入端，用等效输入噪声功率 N_e 和等效输入电阻 R_e 来表示，则 N_e 通过理想网络传输到输出端所贡献的噪声功率，将与网络内部噪声功率在输出端的贡献相等，如图 13.1.1(a)所示。由此得出

$$N_{out} = G(N_i + N_e) = Gk(T_i + T_e)B = GkT_iB + GkT_eB \tag{13.1-7}$$

由上式求出实际网络的等效输入噪声温度为

$$T_e = \frac{N_{out}}{Gk} - T_i \tag{13.1-8}$$

式中 T_i 为网络输入电阻（或等效输入电阻）的噪声温度。

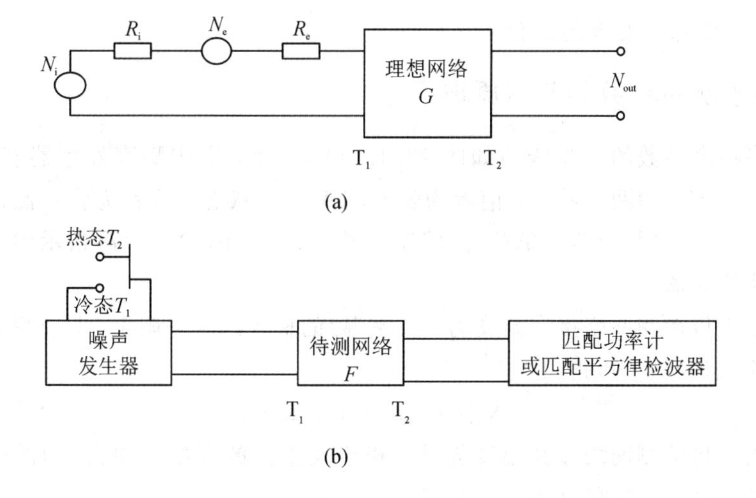

图 13.1.1　测量噪声系数原理图

(a) 双口网络的噪声等效电路；(b) 噪声系数测量基本线路

由式(13.1-3)知，如果知道一个网络的等效输入噪声温度，则它的输出噪声功率密度已知，即 $W_{out}=GkT_e$。

2）噪声系数

噪声系数定义为当规定输入端温度处于 $T_0=290$ K 时，网络输入端资用信号－噪声功率比(S_i/N_i)与输出端资用信号－噪声功率比(S_{out}/N_{out})的比值，其表达式为

$$F = \frac{S_i/N_i}{S_{out}/N_{out}} = \frac{S_i}{S_{out}} \cdot \frac{N_{out}}{N_i} = \frac{N_{out}}{GN_i} = \frac{N_{out}}{GkT_iB} \tag{13.1-9a}$$

由式(13.1-7)得

$$F=\frac{G(N_i+N_e)}{(GN_i)}=1+\frac{N_e}{N_i} \text{ 或 } N_e=(F-1)N_i \tag{13.1-9b}$$

式中，$G=S_{out}/S_i$ 是网络资用功率增益。将式(13.1-7)代入式(13.1.9a)并令 $T_i=T_0$，得出

$$F=\frac{T_0+T_e}{T_0}=1+\frac{T_e}{T_0} \tag{13.1-10a}$$

用分贝表示，有

$$F_{dB}=10\lg(1+\frac{T_e}{T_0}) \tag{13.1-10b}$$

$$T_e=(F-1)T_0=(F-1)290 \tag{13.1-11}$$

例如，设输入端处于温度 T_0，匹配衰减器处于温度 T_a，由式(13.1-5)知，输出端资用噪声功率 $N_{out}=kB[T_0/L+(1-1/L)T_a]$，代入(13.1-9)得出匹配衰减器的噪声系数($G=1/L$)：

$$F=1+\frac{(L-1)T_a}{T_0} \tag{13.1-12}$$

此外，随着低噪声放大器的出现，接收机的内部噪声大大减小，而外部噪声与它相比较显得接近，甚至更大。为描述在内部噪声和外部噪声同时作用下接收机工作时的噪声特性，又引入了工作噪声温度的概念。

13.1.2　测量噪声系数的基本原理

测量网络噪声系数的基本线路如图13.1.1(b)所示。图中噪声发生器有"点燃"(热态 T_2)与"熄灭"(冷态 T_1)两个状态，前者为噪声功率输出状态，后者为将待测网络的输入端接到冷态噪声发生器(相当匹配负载)的状态。图13.1.1(b)中的检测指示器为匹配功率计或匹配平方律检波器。

冷态相当于将待测网络接在温度为 T_1(室温)的输入匹配电阻上。设此时输出的噪声功率为 N_{out1}，由式(13.1-7)得出

$$N_{out1}=Gk(T_1+T_e)B \tag{13.1-13}$$

热态相当于将待测网络接在温度为 T_2(噪声发生器的等效噪声温度)的输入匹配电阻上。设此时测出的噪声功率为 N_{out2}，即有

$$N_{out2}=Gk(T_2+T_e)B \tag{13.1-14}$$

设噪声发生器处于热、冷两态下，测出的功率指示值为 N_{out2} 和 N_{out1}，得出它们的比值 Y 为

$$Y=\frac{N_{out2}}{N_{out1}}=\frac{T_2+T_e}{T_1+T_e} \tag{13.1-15}$$

根据 Y 值求出待测网络的等效输入噪声温度和噪声系数的方法，称为 Y 系数法。

1) 等效输入噪声温度

测得 Y 系数之后，由式(13.1-15)得出待测网络的等效输入噪声温度为

$$T_e=\frac{T_2-YT_1}{Y-1} \tag{13.1-16}$$

式中 $T_1=T_0$=室温，T_2 为噪声发生器等效噪声温度，如果 T_1 和 T_2 精确已知，并测得 Y 系数，则可按(13.1-16)计算待测网络的等效输入噪声温度 T_e。

2）噪声系数

将式(13.1-16)代入式(13.1-10a)，得出待测网络的噪声系数为

$$F=1+\frac{T_2-YT_1}{(Y-1)T_0}=\frac{\left|\frac{T_2}{T_0}-1\right|-Y\left(\frac{T_1}{T_0}-1\right)}{Y-1}$$

$$=\frac{\left(\frac{T_2}{T_0}-1\right)\left[1-\frac{Y(T_1-T_0)}{T_2-T_0}\right]}{(Y-1)}=\frac{\mathrm{ENR}}{Y-1}\left[1-\frac{Y(T_1-T_0)}{T_2-T_0}\right] \quad (13.1-17a)$$

$$F_{\mathrm{dB}}=10\lg F=10\lg\left[\left(\frac{T_2}{T_0}-1\right)-Y\left(\frac{T_1}{T_0}-1\right)\right]-10\lg(Y-1)$$

$$=\mathrm{ENR}_{\mathrm{dB}}-10\lg(Y-1)+10\lg\left[1-\frac{Y(T_1-T_0)}{T_2-T_0}\right]$$

$$=\mathrm{ENR}_{\mathrm{dB}}-10\lg(Y-1)+\Delta \quad (13.1-17b)$$

式中，$\mathrm{ENR}_{\mathrm{dB}}=10\lg\left(\frac{T_2}{T_0}-1\right)$，ENR 是噪声发生器的等效输出超噪比，一般由噪声发生器的技术说明书给出，如某气体放电管发生器的 $\mathrm{ENR}_{\mathrm{dB}}=17.9$ dB；$Y=N_{\mathrm{out2}}/N_{\mathrm{out1}}$ 是噪声发生器处于热、冷两态时，测出的噪声功率的比值；Δ 是室温 T_1 不等于标准噪声温度 T_0 时的噪声系数修正值(可按近似式 $\lg(1-x)=0.434\ln(1-x)\approx 0.434x$ 求出，$|x|\ll 1$)。如果室温 $T_1=T_0$，则修正项 $\Delta=0$，式(13.1-17b)变成

$$F_{\mathrm{dB}}=\mathrm{ENR}_{\mathrm{dB}}-10\lg(Y-1) \quad (13.1-18)$$

式(13.1-17)和(13.1-18)亦称为 Y 系数方程，也是后面 13.2.1 节中直接比较法的工作方程。

3）级联网络的噪声系数

由式(13.1-7)和式(13.1-9)知，一级网络的输出噪声功率为

$$N_{\mathrm{out}}=G(N_i+N_e)=G[N_i+(F-1)N_i]=G[kT_iB+(F-1)kT_iB]$$

$$=kT_iGB+(F-1)kT_iGB=FGkT_iB \quad (13.1-19)$$

可见网络的输出噪声功率包括两部分：其一为网络输入端的噪声功率 N_i 经网络放大产生的输出噪声功率；其二是网络的内部噪声折合到输入端的噪声功率$(F-1)N_i$(即 kT_eB)经网络放大产生的输出噪声功率$(F-1)N_iG$。

当两个网络级联时，设第一、第二个网络的噪声系数和增益分别是 F_1、G_1 和 F_2、G_2，两级网络总噪声系数和总增益分别为 F_{12} 和 G_{12}，则 $G_{12}=G_1G_2$。由式(13.1-19)知，第一级网络的输出噪声功率为 $F_1G_1kT_iB$，它相当于第二级网络的输入端的输入噪声功率，经第二级网络放大后，成为$(F_1G_1kT_i)G_2B=F_1G_1G_2kT_iB$。第二级网络的内部噪声折合到输入端的噪声功率为$(F_2-1)kT_iB$，经第二级网络放大后，成为$(F_2-1)kT_iG_2B$，所以两级网络的总噪声功率为

$$N_{\mathrm{out}}=F_1G_1G_2kT_iB+(F_2-1)G_2kT_iB=F_tG_tkT_iB \quad (13.1-20)$$

所以级联网络噪声系数为

$$F_{12}=F_1+\frac{F_2-1}{G_1} \quad (13.1-21)$$

对于 n 个级联网络，有

$$F_t = F_1 + \frac{F_2 - 1}{G_1} + \frac{F_3 - 1}{G_1 G_2} + \cdots + \frac{F_n - 1}{G_1 G_2 \cdots G_{n-1}}$$

或

$$T_{et} = T_{e1} + \frac{T_{e2}}{G_1} + \frac{T_{e3}}{G_1 G_2} + \cdots + \frac{T_{en}}{G_1 G_2 \cdots G_{n-1}}$$

可见，对于级联网络，如果第一级有足够的增益，总噪声主要来源于第一级的贡献。故应设法减小第一级的噪声，并提高其增益。

13.2　噪声系数测量方法及误差分析

噪声系数测量的基本方法是 Y 系数法。在具体测量中，按 Y 值的取值分为直接比较法(简称直接法)、等功率指示法和 3 dB 法(功率倍增法，$Y=2$)。

13.2.1　Y 系数法及其误差分析

1. 直接比较法

直接比较法测量线路如图 13.1.1(b)所示。用直接比较法测定噪声系数时，需选用精确校准的平方律检波器。测量方法：分别测出热、冷两态的噪声功率比值 Y(Y 任意)，代入 Y 系数方程式(13.1-17b)或式(13.1-18)求出噪声系数 F。式中的 Δ 是当测量时室温偏离 290 K时的修正值，一般可忽略不计。例如，$ENR_{dB}=18$ dB，$Y=10$，$T_1=300$ K 时，Δ 仅约为 -0.03 dB。

按图 13.1.1(b)的测量线路，直接比较法的工作方程和误差方程分析如下，假设：(1) 在检测带宽内，待测网络为线性，它的资用功率增益 G_a 和等效输入噪声温度 T_e 为常数，且为单值响应；(2) 功率计在检测带宽内为线性功率响应，无噪声，无反射；(3) 噪声发生器的 T_2、T_1 为已知常数，冷、热两态时的源阻抗与待测网络匹配，则直接比较法的工作方程即为式(13.1-16)和式(13.1-17)。

由式(13.1-16)和式(13.1-17)求偏微分得等效噪声温度和噪声系数的测量误差方程分别为

$$\Delta T_e = \frac{1}{Y-1}\Delta T_2 + \frac{Y}{Y-1}\Delta T_1 + \frac{T_1 - T_2}{(Y-1)^2}\Delta Y \tag{13.2-1}$$

$$\Delta F = \Delta \mathrm{ENR} + \frac{4.34}{Y-1}\Delta Y + \frac{4.34Y}{T_2 - T_0}\Delta T_1 \tag{13.2-2}$$

式中

$$\Delta Y = \frac{1}{N_1}\Delta N_1 + \frac{N_2}{N_1^2}\Delta N_2 \tag{13.2-3}$$

在导出式(13.2-2)时考虑了 $\lg x = \ln x/\ln 10 \approx 0.434 \ln x$。

使用直接比较法应注意：由于噪声谱中含有在短周期内幅度远大于均方噪声功率的分量，所以，必须严格保持待测接收机不过载；由于宽带噪声信号动态范围很大，检波规律的校准很困难，采用标准正弦信号校准检波器的检波律与采用噪声功率校准也不尽相同，而且当 Y 值太大时，待测设备有可能因限幅而产生噪声，这时应选用下述的衰减等功率指示法。

2. 等功率指示法

在测量噪声系数的各种方法中，等功率指示法的测量精确度最高。测量中，用精密衰减器读取数据，指示器的两次读数相同，指示器仅作为等指示之用，不必进行平方律校准。常用这种方法测量低噪声器件特性。等功率指示法有高频衰减等功率法和中频衰减等功率法两种。基本原理均是用可变高频精密衰减器测量 Y 系数。

1）高频衰减等功率法

高频衰减等功率法测量线路如图 13.2.1(a)所示。冷态 T_1 时，将衰减器置于 A_1 dB，使指示器有合适指示值；再接入热态 T_2，增加衰减量至 A_2 dB，使指示器恢复到原指示值，则 Y 为

$$Y = 10^{\frac{(A_2 - A_1)}{10}} = 10^{\frac{A}{10}} \tag{13.2-4}$$

其中 $A=(A_2-A_1)$ dB。将 Y 值代入式(13.1-17)或式(13.1-18)可求出 F。

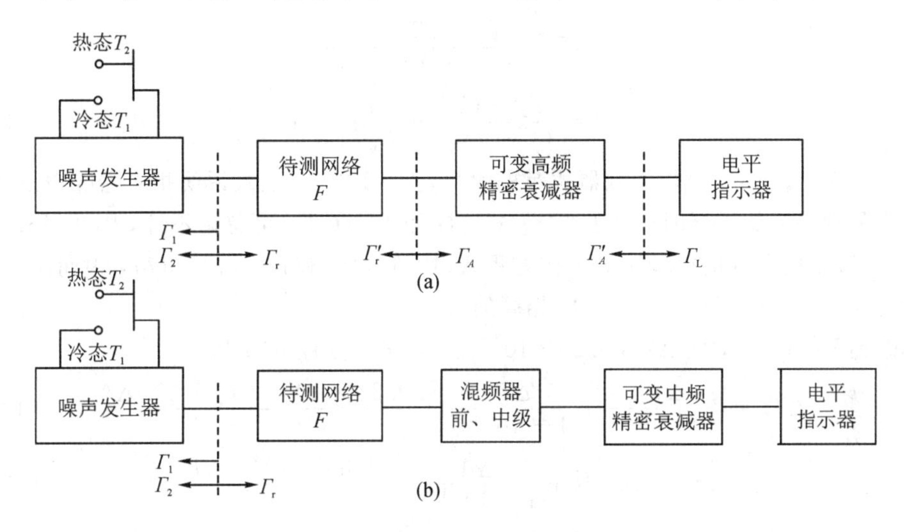

图 13.2.1　等功率法测量噪声系数

(a) 高频衰减等功率法；(b) 中频衰减等功率法

可变高频精密衰减器精度一般为零点几分贝，为提高测量精确度最好采用中频衰减等功率法。

2）中频衰减等功率法

中频衰减等功率法测量线路如图 13.2.1(b)所示。测量方法除衰减量 A_1、A_2 由可变中频精密衰减器读出之外，其余与高频衰减等功率法相同。但必须强调，此时得到的测量结果是待测网络与混频器前、中级的总噪声系数 F_{12}，需再取下待测网络，将噪声发生器直接输入到混频器前、中级，测出混频器前、中级的噪声系数 F_2，再求出待测网络的噪声系数 F_1。由式(13.1-21)知

$$F_1 = F_{12} - \frac{F_2 - 1}{G} \tag{13.2-5}$$

式中 G 为待测网络的功率增益。

3）工作方程与误差方程

等功率指示法的工作方程与误差方程的导出条件除满足直接比较法的假设条件(1)、

(3)之外，还需设衰减器的频率响应平坦，且两端匹配。

设 G_r 和 T_r 分别是指示器的增益和噪声温度，在冷、热两态时的输出噪声功率分别为 N_1 和 N_2，即

$$N_1 = k(T_1 + T_e)G_a G_r B + kT_r G_r B$$

$$N_2 = k[(T_2 + T_e)G_a 10^{-\frac{A}{10}} + (1 - 10^{-\frac{A}{10}})T_a]G_r B + kT_r G_r B$$

式中方括号内第二项是衰减器在温度 $T_a(K)$ 时辐射的噪声功率，T_a 一般为室温。由 $N_1 = N_2$ 得出工作方程为

$$T_1 + T_e = \frac{T_2 + T_e}{Y} + \frac{T_a}{G}$$

$$T_e = \frac{T_2 - YT_1}{Y - 1} + \frac{YT_a}{(Y-1)G}$$

考虑到 $Y \gg 1$，所以

$$T_e = \frac{T_2 - YT_1}{Y - 1} + \frac{T_a}{G_a} \tag{13.2-6}$$

$$F = \frac{T_2 - YT_1}{(Y-1)T_0} + \frac{T_a}{G_a T_0} + 1 \tag{13.2-7}$$

式中 T_a/G_a 和 $T_a/(G_a T_0)$ 是衰减器贡献的噪声，$Y = 10^{A/10}$。上式说明指示器噪声没有贡献。

当待测网络为放大器时，由于 $G \gg 1$，T_a/G 和 $T_a/(GT_0)$ 可忽略不计，则式(13.2-6)和式(13.2-7)简化为直接比较法的工作方程式(13.1-16)和式(13.1-17)，因而误差方程也应具有与式(13.2-1)和式(13.2-2)相同的形式。

考虑到 $Y = 10^{A/10}$，则 $\Delta Y = 0.23 \times 10^{A/10} \Delta A$，误差方程可写为

$$\Delta T_e = \frac{\Delta T_2}{10^{A/10} - 1} + \frac{\Delta T_1}{1 - 10^{-A/10}} + \frac{0.23 \times 10^{A/10}(T_2 - T_1)\Delta A}{(10^{A/10} - 1)^2} \tag{13.2-8}$$

$$\Delta F = \Delta \text{ENR} + \frac{\Delta A}{1 - 10^{-A/10}} + \frac{4.34 \times 10^{A/10} \Delta T_1}{T_2 - T_1} \tag{13.2-9}$$

4) 等功率指示法误差分析

当待测网络与测量系统不满足假设条件时，将产生测量误差。

(1) 读数装置的不确定性：从式(13.2-8)看出，ΔT_1、ΔT_2 和 $\Delta Y = 0.23(10^{A/10})\Delta A$ 将引入 ΔT_e 的不确定性。

(2) 源阻抗失配误差：噪声发生器的源阻抗失配，将使入射到待测网络输入端的功率不等于资用功率，加上噪声发生器在冷、热两态时的源阻抗并不相等，这都会导致噪声系数测量值产生源失配误差。综合上述影响，在相位最不利的条件下有

$$\Delta F = \pm \frac{4.34Y}{Y-1}\left[\left(\frac{1 + |\Gamma_1 \Gamma_r|}{1 - |\Gamma_2 \Gamma_r|}\right)^2 - 1\right] = \frac{\frac{4.34\mathrm{d}M}{M}}{1 - \frac{1}{Y}} \tag{13.2-10}$$

$$\frac{\mathrm{d}M}{M} = \left[\frac{1 + |\Gamma_1 \Gamma_r|}{1 - |\Gamma_2 \Gamma_r|}\right]^2 - 1 \tag{13.2-11}$$

式中，Γ_r 为待测网络输入端反射系数，Γ_1、Γ_2 为噪声发生器处于冷、热两态时的反射系数。

源阻抗失配误差影响较大，测量中必须注意。特别是精密测量时，必须选用源驻波小和冷、热两态源驻波比变化不大的噪声发生器。为减小源失配误差，在源输出端可加入隔

离器，以减小源阻抗失配误差，同时也减小了源阻抗对待测网络增益的影响。此外，等功率指示法的测量误差还有放大器、混频器和检波器的非线性误差，衰减器失配误差以及分辨力、增益波动随机误差等。

3. 3 dB 法

当噪声发生器的 ENR 连续可调或输出噪声峰值使待测网络或指示器饱和时，可采用 3 dB法，即 $Y=2$。测量方法有两种，分述如下。

1）噪声输出可变法

噪声输出可变法测量线路如图 13.2.2(a)所示。在冷态 T_1 时，不接入 3 dB 衰减器，使指示器有合适的指示值 N_{out1}。在热态 T_2 时，接入 3 dB 衰减器，调节 ENR，使指示器恢复原指示值，则有 $Y=2$。由式(13.2-6)和式(13.2-7)得到(忽略衰减器贡献的噪声)

$$T_e = T_2 - 2T_1 \tag{13.2-12}$$

$$F = 1 + \frac{T_2 - 2T_1}{T_0} \tag{13.2-13}$$

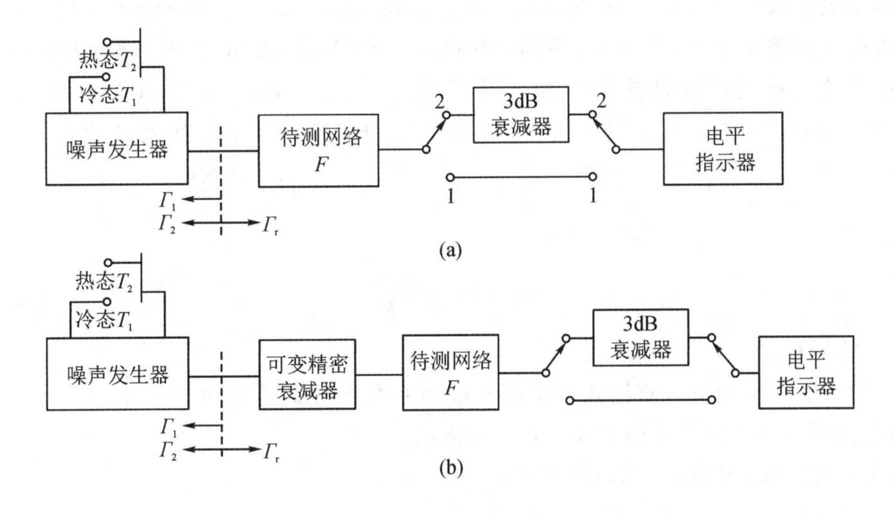

图 13.2.2　3 dB 法($Y=2$)

(a) 噪声输出可变法；(b) 噪声输出恒定法

在测量中若无法插入 3 dB 衰减器，可以采用功率计读数实现 $Y=2$，这相当于 $Y=2$ 的直接比较法。若采用可变精密衰减器的两次读数差获得 $A=A_2-A_1=3$ dB，即变为衰减等功率法。

2）噪声输出恒定法

噪声输出恒定法测量线路如图 13.2.2(b)所示。由于噪声发生器的输出不可调，故需在源端加入可变精密衰减器，用于调整输出噪声功率，故该测量方法与噪声输出可变法相同。但由于加入了可精密变衰减器(设其物理温度为 T_a)，所以待测网络的等效噪声温度 T_e 和噪声系数 F 为

$$T_e = (T_2 - T_a)10^{\frac{-A}{10}} - T_a \tag{13.2-14}$$

$$F = \frac{T_2 - T_a}{T_0}10^{-\frac{A}{10}} - \frac{T_a - T_0}{T_0} \tag{13.2-15}$$

用 dB 为单位，则有

$$F_{dB} = ENR_{dB} - A + \Delta \tag{13.2-16}$$

其中

$$\Delta = 10\lg\left[1+\frac{T_a - 2T_1 + T_0(1+10^{-A/10})}{(T_2 - T_0)10^{-A/10}}\right] = 10\lg\left[1+\frac{(T_a - 2T_1 + T_0)10^{-A/10} + T_0}{T_2 - T_0}\right] \tag{13.2-17}$$

当 $T_a \approx T_1 \approx T_0$ 时，通常可忽略 Δ，$\Delta \approx 0$。

13.2.2 噪声系数的自动及扫频测量

上节所述噪声系数的各种测量方法都是手动点频测量，其特点是精确度高。但是，如果用来测量噪声系数的频率响应，测量速度自然很慢。这时可采用噪声系数自动测量仪进行测量，它能同步、连续并直接显示待测网络的噪声系数，还可实现扫频测量，在产品调试时，易于得到产品噪声系数的最佳值。

自动测量的基本原理已如前所述。由图 13.1.1(b)可知，实现自动测量，需将平方律检波器的指示表头按噪声系数 F 刻度或数字显示直接读出。设 α 为网络输出单位噪声功率的检波器所产生的输出电压，U_1、U_2 为冷、热两态时检波器的输出电压，系统中的放大器工作于线性状态，检波律为理想平方律，则有 $U_1 = \alpha N_{out1}$，$U_2 = \alpha N_{out2}$，$Y = N_{out2}/N_{out1} = U_2/U_1$。由式(13.1-17a)知，当 $T_1 = T_0$ 时，有 $F = ENR/(Y-1)$，代入 Y 值有

$$F = \frac{ENR}{\left(\frac{U_2}{U_1}-1\right)} = ENR\frac{U_1}{U_2 - U_1} = U_1 \cdot \frac{ENR}{U_0} \tag{13.2-18}$$

或

$$U_0 = U_1 \cdot \frac{ENR}{F} \tag{13.2-19}$$

这里 $U_0 = U_2 - U_1$。

由式(13.2-18)可知，直读式自动测量噪声系数的方案可有如下几种：

(1) U_2(或 U_1)为定值，用 U_1(或 U_2)作指示；

(2) U_1 为定值，用$(U_2 - U_1)$作指示；

(3) $(U_1 + U_2)/2$ 为定值，用 U_0 作指示。

其中，后两种方案较佳，特点是小分贝读数的分辨率高。

图 13.2.3 示出了自动测量 F 的一种实际方案。虚线框内、外分别是自动指示器和外接测量系统。若待测网络是接收机，可不接本振和混频器。自动指示器内设有方波发生器，输出频率通常取 1 kHz，用来控制测量与检测的时序关系。在方波的一个周期内，用 $t_1 \sim t_2$ 表示正半周，$t_2 \sim t_3$ 为负半周，倒相器的输出波形与此方波反相，其波形分别指示在它们的方框图之上。图中还示出其他各级波形，其中“校准”时的波形标有“校”字，其他是“测量”时的波形。用开关 SW 控制“校准”与“测量”的工作状态。下面介绍自动指示器的工作原理。

1) 校准

由直读式自动测量噪声系数的方案(2)知，校准是给出 U_1 的预定值。校准时，将 SW 放在“校准”位置，噪声发生器处于冷态，由于未受方波调制，其噪声温度为 T_1，它与待测网络噪声一起经过混频器、中频放大器(中放)，到达输入门控电路。由于输入门控电路受来自倒相器的反相方波控制，只有在 $t_2 \sim t_3$ 时间导通，因此使冷态噪声受到方波控制。经平方律检波器检出幅度为 U_1 的脉冲波，其中交流方波的峰-峰值为 U_1，再由同步检波器检

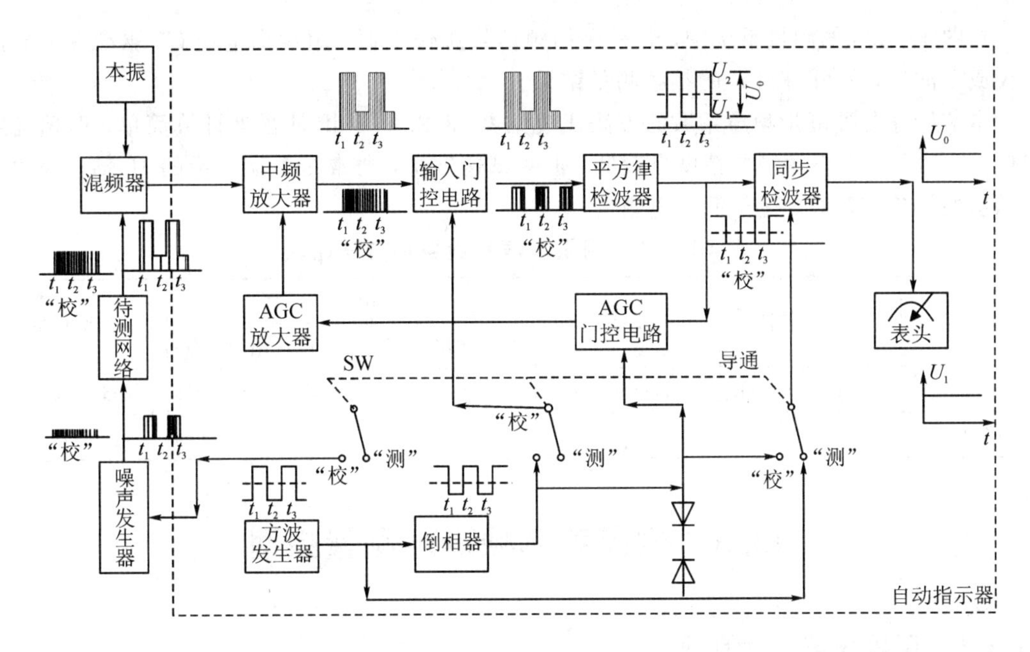

图 13.2.3　噪声系数自动测量仪框图

出 U_1，经积分电路由表头指示。为使 U_1 达到预定值，须由自动增益控制环路 AGC 来完成，即将平方律检波器输出反馈到 AGC 门控电路（$t_2 \sim t_3$ 导通），经 AGC 放大器使中放在 $t_2 \sim t_3$ 时间内受到增益控制。当 N_{out1} 大时，中放增益随之减小，反之，升高，故 U_1 可为常数。在一定动态范围内，U_1 的大小可由 AGC 放大器的增益确定。通过调整 AGC 放大器的增益，将使 U_1 调到预定值。

2）测量

将 SW 放在“测量”位置，噪声发生器受方波调制，在 $t_1 \sim t_2$ 正半周内输出噪声温度为 T_2 的噪声功率（热态），在 $t_2 \sim t_3$ 负半周内输出噪声温度为 T_1 的噪声功率（冷态），经待测网络、混频器、中放送到“输入门控电路”。此时的输入门控电路，由于在 $t_1 \sim t_2$（经过 BG_2）和 $t_2 \sim t_3$（经过 BG_1）分别受正、反相方波控制，在一个周期内全部导通，故输出波形不变。平方律检波器输出 U_2 和 U_1 的波形，取出交流方波（其峰-峰值为 $U_0 = U_2 - U_1$）。经同步检波器和积分电路，输出 U_0，并由表头指示。表头根据式（13.2－18）或（13.2－19）标出 F，故可直接读出 F 的测量结果。由式（13.2－18）知

$$F_{dB} = 10\lg U_1 + ENR_{dB} - 10\lg U_0 \tag{13.2-20}$$

若对表头满度指示值归一化，则满度时有 $U_0 = 1$。由式（13.2－18）知，U_1 为预定值，故可规定满度时 $F = 1$ 或 0 dB。由式（13.2－20）得出

$$10\lg U_1 = -ENR_{dB} \quad 或 \quad U_1 = \frac{T_0}{T_2 - T_0} \tag{13.2-21}$$

可见预定值 U_1 与 ENR 有关。将 U_1 调到规定的预定值，由式（13.2－20）得出 $F_{dB} = -10\lg U_0$。例如 $U_0 = 1$，0.794，0.5，0.1259 时，$F_{dB} = 0$，1，3，9 dB。

在“测量”过程中，还需说明两点：① AGC 门控电路仍受反相方波控制，在 $t_2 \sim t_3$ 时导通。此时，噪声发生器熄灭，中放增益与“校准”时相同；② 在 AGC 环路中，只要积分时间足够长，可使中放在正、负半周内的增益不变，以保证测量的准确性。

在图 13.2.3 的测量系统中，若采用扫频信号源作本振，用输出电压 U_0 驱动 X－Y 记录仪或示波器，就可得到 F 的扫频测量结果。

本节所述各种测量噪声系数的方法比较见表 13.2.1。3 dB 法虽然计算简单，但精确度较低；自动测量和扫频测量精度也较低，但测试速度快，通常是手动测量的 10 倍；等功率指示法的精确度较高，适于低噪声测量。

表 13.2.1　测量噪声系数各种方法比较

测量方法	直接比较法	等功率指示法	3 dB 法		自动测量
			噪声输出可变法	噪声输出恒定法	
频段	1 MHz～60 GHz	1 MHz～60 GHz	1 MHz～3 GHz	1 MHz～60 GHz	1 MHz～60 GHz
精确度/%	2～15	2～10	10～60	5～25	7～25

13.3　调幅或调频噪声测量原理

13.3.1　调幅噪声测量原理

调幅或调频发射机，当去掉调制输入时，其输出的包络幅度仍有变化，这是由噪声调制引起的，这种由噪声引起的调幅称为调幅噪声。该噪声的内部来源有：电流的交流声、音频布线杂散拾波、发射机有源电路中的热噪声和其他附加噪声。虽然交流声是近似呈正弦形的，但由于它是一种不需要的信号，所以也是一种噪声。

测量调幅噪声的方法：从发射机的传输馈线上或从天线上耦合(取样)出一小部分功率，将这个取样功率送到调幅检波器进行检测。调幅检波器应该具有线性峰值载波响应。对于待测调幅发射机来说，在 0%(去掉调制输入)和 100%调制时，检测出的音频电平之比就是调幅噪声电平，通常以 dB 表示。当测量调频发射机的调幅噪声电平时，采用同样的检波器，去掉频率调制输入，检测出的包络峰值与检测出的平均直流电压之比就是调频发射的调幅噪声电平。在上述两种情况下，当发射机无调制信号输入时，发射机的音频输入端应接上一个电阻，其数值等于额定音频源的源电阻。

测量调幅噪声还可以采用含有二极管检波器的谐波失真分析仪，这种仪器常用作调幅广播电台的监测设备，以便附带测量射频包络的音频失真。其待测信号是通过安装在天线上的耦合环取得的。

13.3.2　调频噪声测量原理

噪声对振荡器的调制，不仅产生调幅也产生调频。这种由噪声而引起的调频，就是调频噪声，也称相位噪声。调频噪声使振荡频率不稳定，因此，调频噪声的测量就是频率稳定度的测量。

调频噪声测量与上述调幅噪声测量的不同点仅在于把调幅检波器换成鉴频器或鉴相器，除此之外，其他均相同，测量方法也相同。鉴频器也可采用频偏仪或调频接收机充任，但它的静噪(Quieting)特性(接收机在输入无调制信号时的特性)应比待测网络的调频噪声电平更大。对于调频发射机而言，使系统处于满额频偏状态与无音频输入时，在两态下鉴频器输出的比值就是调频噪声电平；对于调幅设备，不管有无调幅，其调频检波器输出都要进行测量，参考量是调频检波器的调频输入具有某一标准频偏值(如 1000 Hz)时的输出。

13.4　频谱仪法测量噪声

已知噪声带宽是很宽的。真正的白噪声具有无限的带宽，显然噪声带宽比频谱仪的分辨带宽宽得多，因此用频谱仪测量噪声电压或功率取决于所使用的分辨带宽。又因噪声功率谱是由频率间隔趋于零的无限数目的谱线组成，所以只能用在某频率下单位带宽有多少功率或电压来表示，或称带宽谱强度。故噪声测量必须指明测量时能使用的频带宽度，其噪声单位常用 dBm/Hz、V/MHz 等。本节讨论脉冲噪声和随机噪声(如热噪声等)的测量方法及用频谱分析仪测量放大器噪声系数的方法。

13.4.1　频谱仪法测量脉冲噪声电压谱强度

脉冲噪声是一种宽带噪声。在时域中，它是一列窄脉冲，其重复频率通常很低，谱线间隔趋于零而数目无限多，分布频带极宽，其幅度和重复频率可能是随机的，也可能不是随机的，例如发动机点火或电动机整流子换向所引起的尖峰电压就属脉冲噪声。若脉冲噪声不是随机的，在相位上是相干的，即任一瞬时谱线分量在相位上与其他谱线分量相干，当测量带宽加倍时，则所测得噪声电压也加倍。所以脉冲噪声通过具有一定频带宽度的频谱仪而产生的峰值电压取决于所用的频带宽度。测量脉冲噪声时，必须将其归一化成频谱仪的脉冲频带。脉冲频带的定义：将频谱仪中频滤波器的电压响应曲线所围的面积，等效为一个同面积的理想矩形滤波器的电压响应曲线，并使两个曲线的高度相等，如图 13.4.1 所示，这个矩形的带宽称为频谱仪的“脉冲频带”。故所测量脉冲噪声的电压谱强度的单位是 V/Hz。例如在电磁干扰测量中常用 dBμV/MHz 作为单位($x\text{dB}\mu\text{V}=20\lg X\dfrac{\text{V}}{1\ \mu\text{V}}$，如 0.223 V为 107 dBμV)。

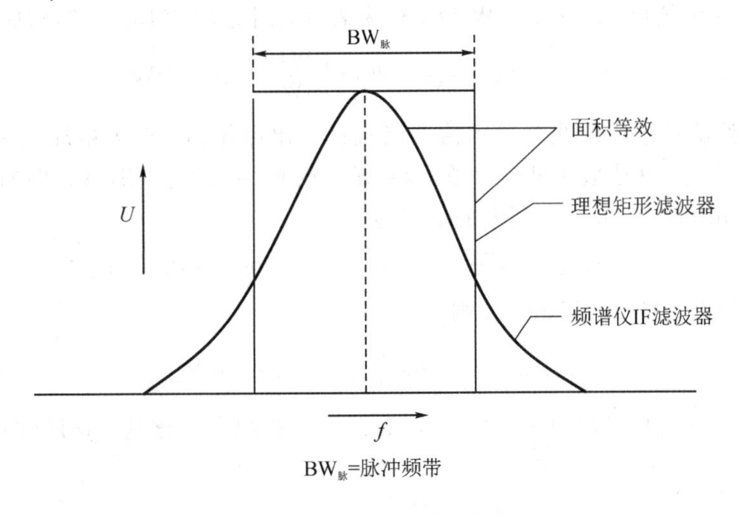

图 13.4.1　脉冲频带的定义

用频谱仪测量脉冲噪声的谱强度，要先测量频谱仪的“脉冲频带”，其步骤如下：

(1) 将信号源的输出在给定频率下输入到频谱仪，调整频谱仪，在线性显示状态下，显示信号源输出的峰值电压响应。

(2) 调整信号源输出幅度，使峰值电压响应偏转 8 格，并减小扫频宽度，直到整个电压响应填满显示器的屏幕。

(3) 计算电压响应曲线所围的面积，可采用计数屏幕上曲线占有的小方块或者采用积分的方法，计算其面积，然后把得到的面积除以 8 就得到了“脉冲频带”。其中水平轴的频带校准，由频谱仪的扫频宽度控制旋钮给定。

频谱仪中的检波器是包络检波器，这样的检波器能响应瞬态信号的幅度，因此，可作为显示脉冲噪声的峰值电压值。但需注意，不能使用视频滤波器，否则会失去峰值读数的能力。

由于脉冲噪声谱强度通常按指定频带进行归一化来表示，故测量出频谱仪脉冲频带之后，需将它变换为指定的归一化频带。例如测出频谱仪的脉冲频带为 140 kHz，将它归一化到 1 MHz 的频带，则归一化频带 $\bar{B}=140\ \text{kHz}/1\ \text{MHz}=0.140$，通常用 dBHz 或 dBMHz 作为单位来表示，则有

$$B_{\text{dBMHz}}=20\lg\frac{140\ \text{kHz}}{1\ \text{MHz}}=-17.1\ \text{dBMHz} \tag{13.4-1}$$

由此得出：设测出的脉冲频带为 $\text{BW}_{\text{脉冲}}$，被归一化的频带宽度是 BW，则以 BW 为指定频带的归一化频率，即

$$B_{\text{dBBW}}=20\lg\frac{\text{BW}_{\text{脉}}}{\text{BW}}=-20\lg B\ \text{dBBW} \tag{13.4-2}$$

B_{dBBW}亦称为校正因子。当将待测脉冲噪声输入到频谱仪，且频带为 $\text{BW}_{\text{脉}}$ 时，设显示器指示的待测电压为U，则由频谱仪测出的脉冲噪声谱强度为

$$S=\frac{U}{\text{BW}_{\text{脉}}}\ \text{V/Hz} \tag{13.4-3}$$

式中的电压U通常用 dBμV 为单位，而 $\text{BW}_{\text{脉}}$ 由于与所用仪器有关，故需将 $\text{BW}_{\text{脉}}$ 转换为指定频带下的归一化频带，即用 dBBW 为单位来表示。因此，式(13.4-3)写成

$$S=\left(20\lg\frac{U}{1\ \mu\text{V}}-20\lg\frac{\text{BW}_{\text{脉}}}{\text{BW}}\right)\text{dB}\mu\text{V/BW} \tag{13.4-4}$$

另外，虽然从频谱仪的线性显示值上能直接读出电压值，但为增加测量的动态范围，仍多采用对数放大，其读数为 dBm，故需将 dBm 转换为电压值 dBμV。例如，测出脉冲噪声功率为−47 dBm，在 50 Ω 电阻上的电压为

$$U=\sqrt{(10^{-4.7}\ \text{mW})\times(50\ \Omega)}=0.9976\ \text{mV}\approx 1\ \text{mV}$$

将 1 mV 用电压的 dBμV 表示，则有

$$1\ \text{mV}=20\lg\frac{1\ \text{mV}}{1\ \mu\text{V}}=60\ \text{dB}\mu\text{V} \tag{13.4-5}$$

将式(13.4-1)和式(13.4-5)代入式(13.4-4)得出归一化到 1 MHz 的脉冲噪声谱强度为

$$S=\frac{60\ \text{dB}\mu\text{V}}{-17.1\ \text{dB MHz}}=77.1\ \text{dB}\mu\text{V/MHz} \tag{13.4-6}$$

所以，当显示值为 xdBm 时，式(13.4-4)可写成

$$S = 20\lg[(10^{\frac{x\,\text{dBm}}{10}} \times 10^{-3} \times R)^{1/2} \times 10^{6}] - 20\lg\frac{\text{BW}_{\text{脉}}}{\text{BW}}$$

$$= \left(x + 10\lg(R \times 10^{-3}) + 120 - 20\lg\frac{\text{BW}_{\text{脉}}}{\text{BW}}\right)\ \text{dB}\mu\text{V/BW} \qquad (13.4-7)$$

当 $R=50\ \Omega$ 时

$$S = \left(x\ \text{dBm} + 107\ \text{dB}\mu\text{V} - 20\lg\frac{\text{BW}_{\text{脉}}}{\text{BW}}\right)\ \text{dB}\mu\text{V/BW} \qquad (13.4-8)$$

式中 BW 是指定的被归一化频带，如 1 MHz、1 Hz 等。

综上得出：用频谱仪测量脉冲噪声时，需先测出频谱仪的脉冲频带 $\text{BW}_{\text{脉}}$，然后用频潜仪的线性模式显示脉冲噪声的 dBm 值。当负载电阻为 50 Ω 时，在指定被归一化频带的情况下，利用式(13.4-8)即可计算脉冲噪声的归一化频带噪声谱强度。

13.4.2 随机噪声测量

随机噪声的各个频率分量在幅度和相位上都是随机的，如热噪声等。随机噪声的测量取决于统计特性。一般处理随机噪声的过程包括积分或平均，然后取平均的有效值。由于谱分量的相位具有随机性，若把测量带宽增加一倍，并不能使测量的电压增加一倍，然而却使测量的功率增加一倍。因此，随机噪声通常规定用每单位频带的噪声功率大小来表示，单位为 dBm/Hz。把归一化的频带称作随机噪声频带或噪声功率频带，大约是 1.2 倍的 3 dB频带。噪声功率频带的定义与脉冲频带的定义类似，它是一个与实际仪器的中频滤波器有相同功率响应的理想滤波器的频带(将图 13.4.1 中的 U 改为噪声功率 N，$\text{BW}_{\text{脉}}$ 改为噪声功率频带 BW_N)。测量噪声功率最好的方法是用前面描述过的测量脉冲频带的方法，但须用功率响应曲线代替在测量脉冲频带时的电压响应曲线。另一种简单的方法是测量 3 dB频带，然后乘以 1.2 倍。测 3 dB 频带的步骤如下：

(1) 把信号源连到频谱仪的输入端，再把信号源的辅助输出连到记数频率计上。调整信号源，使信号源输出以线性状态显示在频谱仪上。调整信号源的输出，在屏幕上得到 7.1 格的峰值显示。

(2) 将峰值显示集中在显示器中心，并用开关打在零扫描，采用同步示波器显示其波形。仔细调整信号源频率(如将频率升高)，直至垂直偏转是 5 格，并在记数频率计上计数。然后，再使频率降低，使它通过峰值响应，直至垂直偏转再一次出现 5 格，读出并记录频率。将这两次得出的频率值相减，得到 3 dB 带宽。

注意，前述的频谱仪法测量脉冲噪声时，是用包络检波，但对随机噪声检波，所得到的读数低于平均噪声实际有效值，而且频谱仪的对数形成器所放大的噪声峰值也小于噪声信号的其他值，所检测的信号也比真正的有效值小。考虑到检波器、对数形成器的影响，在对数显示状态所测量的任何随机噪声都加上 2.5 dB 的校正因子。这样，测量随机噪声的步骤为：先用 dBm 为单位测信号电平，再加上校正因子 2.5 dB，归一化到合适的噪声功率频带。

例如在 10 kHz 频带测得某信号为 −35 dBm，需求出以 dBm/Hz 表示的电平。首先加上 2.5 dB 得 −32.5 dBm，若噪声功率频带是 12 kHz，归一化到 1 Hz 频带，可以计算出校正因子为

$$10\lg\frac{12\ \text{kHz}}{1\ \text{Hz}} = 40.8\ \text{dB}$$

与脉冲噪声测量时使用的归一化校正方法相似，只不过随机噪声计算是功率相加，其结果是

$$\frac{-32.5\ \text{dBm}}{12\ \text{kHz}} = 10\lg\frac{10^{-32.5/10}\ \text{mW}}{(1\ \text{mW})(12\ \text{kHz})}\cdot\frac{1\ \text{Hz}}{1\ \text{Hz}} = 10\lg\frac{10^{-32.5/10}\ \text{mW}}{(1\ \text{mW})(1\ \text{Hz})} - 10\lg\frac{12\ \text{kHz}}{1\ \text{Hz}}$$

$$= \frac{-32.5\ \text{dBm}}{12\ \text{kHz}} - 40.8\ \text{dB}$$

$$= -73.3\ \text{dBm/Hz}$$

13.4.3 频谱仪法测量放大器噪声系数

由式(13.1-19)知，放大器的噪声系数定义为

$$F = \frac{N_{\text{out}}}{kTBG} \tag{13.4-9}$$

式中，N_{out} 为输入端短接时在输出端的噪声功率；T 为环境温度(K)；k 为玻耳兹曼常数且 $k=1.38\times10^{-23}$ J/K；B 为放大器的频带；G 为放大器的增益。

一个理想放大器的噪声系数为 1，也就是说输出端的所有噪声都是由输入端产生的噪声引起的。用对数表示噪声系数为

$$F_{\text{dB}} = 10\lg F$$

或

$$F_{\text{dB}} = 10\lg\frac{N_{\text{out}}}{kTBG} \tag{13.4-10}$$

由上面等式可知，实际上我们并不需要测量放大器输出端的总噪声功率，而只要测量单位频带内的功率，然后替代等式中的 B 即可。所以需要已知的参数是：单位频带内噪声的功率输出、放大器增益和环境温度，即

$$F_{\text{dB}} = 10\lg\frac{N_{\text{out}}}{kTBG} = 10\lg\frac{N_{\text{out}}}{B} - 10\lg G - 10\lg(kT)$$

在实际测量中，考虑到噪声功率的输出是很小的，可以在待测放大器和频谱仪之间接入前置放大器，实际上相当于提高了频谱仪的灵敏度。前置放大器的作用是提高系统增益，所以前置放大器的增益也包括在上面的等式中。

在实际测量时以线性刻度来提高分辨力，因此读出的噪声电平是电压值。这样，放大器噪声系数的公式变为

$$F_{\text{dB}} = 10\lg\frac{U^2}{R} - 10\lg B - 10\lg(G\cdot G_1) - 10\lg(kT) \tag{13.4-11}$$

式中 U 是由频谱仪测得的噪声电压，B 是频谱仪噪声功率频带，G_1 和 G 分别是前置放大器和待测放大器的增益。对于 50 Ω 系统阻抗，采用高斯滤波器，在室温 290 K(17 ℃)条件下，式(13.4-11)变成

$$F_{\text{dB}} = [20\lg U - 10\lg \text{BW} - 10\lg(G\cdot G_1) + 187.27]\ \text{dB} \tag{13.4-12}$$

式中 BW 为频谱仪 3 dB 频带宽度。式(13.4-12)中的 187.27 dB 是四个数的总和：$-10\lg 50\ \Omega$，$-10\lg(kT)$，$-10\lg 1.2$（从噪声功率频带到高斯滤波器 3 dB 频带的近似校正因子）和 1.05 dB。1.05 dB 是检波校正因子，因为频谱仪使用包络检波器，在检测随机噪声时，得到的读数比

平均噪声的实际有效值小一些，两者的差值为 1.05 dB。

图 13.4.2(a)是校正待测放大器和前置放大器增益的连接系统。先使信号源的输出在频谱仪上有适当显示，以作为基准电平，记录这时信号源的衰减器读数；再去掉两个放大器，把信号源直接连到频谱仪输入端，逐渐减少信号源的衰减量，使频谱仪指示值恢复到基准电平，于是两次衰减器读数的差便是这两个放大器增益，即 $G_{dB}+G_{1dB}$；最后把测试系统连接成图 13.4.2(b)所示线路，在线性状态测量噪声电压，并测出频谱仪 3 dB 带宽，用下式计算噪声系数：

$$F_{dB}=\left[10\lg\frac{U^2}{BW}-(G_{dB}+G_{1dB})+187.27\right]\text{dB} \tag{13.4-13}$$

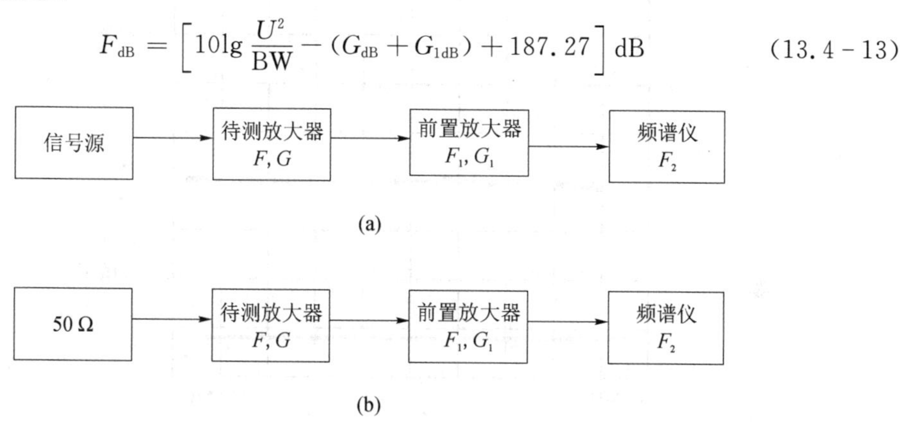

图 13.4.2　频谱仪法测量噪声系数

(a) 校准放大器增益 G 和 G_1；(b) 测量噪声系数

测量小噪声系数时，测量结果取决于频谱仪的灵敏度和待测放大器的增益。首先根据式(13.1-21)计算前置放大器和频谱仪的总噪声系数 F_{12}，设前置放大器的噪声系数为 F_1，增益为 G_1，频谱仪的噪声系数为 F_2，则

$$F_{12}=F_1+\frac{F_2-1}{G_1} \tag{13.4-14}$$

上式中噪声系数和增益都是指功率的比值，单位不是 dB。例如：频谱仪的噪声系数是 24 dB，前置放大器的增益和噪声系数分别为 20 dB 和 5 dB，则这两级的总噪声系数计算如下：

$$F_1=10^{\frac{5}{10}}=3.16$$

$$F_2=10^{\frac{24}{10}}=251$$

$$G_1=10^{\frac{20}{10}}=100$$

$$F_{12}=3.16+\frac{251-1}{100}=5.66\ (\text{若以 dB 为单位，}F_{12}\text{ 为 7.5 dB})$$

由于前置放大器的噪声系数 F_1 较小、G_1 较大，使图 13.4.2(b)测量系统的总噪声系数 F_S 与待测放大器的噪声系数 F 近似相等。例如，设待测放大器的增益和噪声系数分别为 20 dB和 5 dB，则得到的系统噪声系数为

$$F_S=F+\frac{F_{12}-1}{G}=3.16+\frac{5.66-1}{100}=3.206\ (\text{若以 dB 为单位，}F_S\text{ 为 5.06 dB})$$

这样与实际值 5 dB 相比较，只引入 0.06 dB 的误差。

用频谱仪测量噪声系数的最大优点是可以测量在某一频带内噪声系数的变化情况。例

如，测得某放大器在 10～110 MHz 范围内的噪声输出如图 13.4.3 所示。频谱仪的 3 dB 频带是 10.5 kHz，分别测出 30 MHz、60 MHz、90 MHz 的两个放大器的增益($G_{dB}+G_{1dB}$)和频谱仪指示的噪声电压 U，就可得到该放大器噪声系数 F_{dB} 的测量结果。

30 MHz 时，$G_{dB}+G_{1dB}=48.5$ dB，$U=19\ \mu$V，由式(13.4-13)求出

$$F_{dB}=10\lg\frac{(19\times10^{-6})^2}{10.5\times10^{-3}}-48.5+187.27=4.13\text{ dB}$$

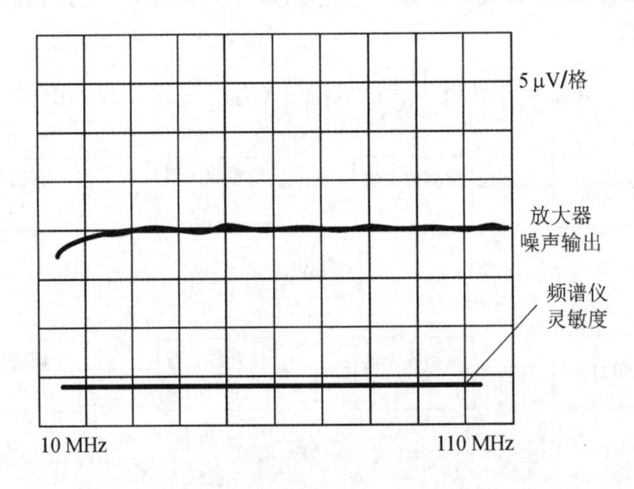

图 13.4.3　噪声系数测试举例

60 MHz 时，$G_{dB}+G_{1dB}=49.0$ dB，$U=20\ \mu$V，依上同理求出 $F_{dB}=4.08$ dB。

90 MHz 时，$G_{dB}+G_{1dB}=49.3$ dB，$U=21\ \mu$V，同理求出 $F_{dB}=4.20$ dB。

13.5　典型实验室设备及指标

目前实验室配备的典型微波噪声分析仪为思仪 3986F 噪声系数分析仪，如图 13.5.1 所示。

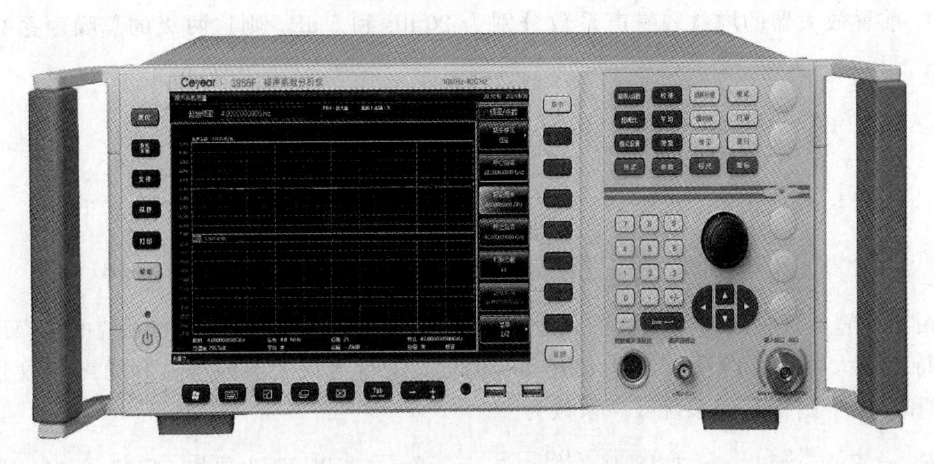

图 13.5.1　思仪 3986F 噪声系数分析仪

技术指标如下：

频率范围：10 MHz～40 GHz。

频率参考准确度：优于±0.2×0.0001%(23 ℃±3 ℃)。

频率调谐准确度：优于±(10 MHz～4 GHz)(参考频率误差+100 kHz)；

　　　　　　　　优于±4 GHz～40 GHz(参考频率误差+400 kHz)。

噪声系数测量范围：0～30 dB(超噪比：12～17 dB)。

噪声系数测量不确定度：优于±0.1 dB。

增益测量范围：－20～＋40 dB。

增益测量不确定度：优于±0.17 dB。

输入端口驻波比：＜1.90∶1(10 MHz≤f≤4 GHz)；

　　　　　　　　＜2.10∶1(4 GHz＜f≤18 GHz)；

　　　　　　　　＜2.40∶1(18 GHz＜f≤26.5 GHz)；

　　　　　　　　＜2.40∶1(26.5 GHz＜f≤40 GHz)。

本机噪声系数：＜8.0 dB(10 MHz≤f≤4 GHz)；

　　　　　　　＜7.5 dB(4 GHz＜f≤18 GHz)；

　　　　　　　＜8.0 dB(18 GHz＜f≤26.5 GHz)；

　　　　　　　＜10.0 dB(26.5 GHz＜f≤40 GHz)。

工作温度：0～40 ℃。

存储温度：－40～＋70 ℃。

第十四章　介质参数测量

在微波设备和微波电路中，特别是在微波集成电路中，使用着各种介质材料。这些材料有两类：一类材料的磁导率 μ 与自由空间磁导率 μ_0 相差很小，这是习称的介质材料；另一类材料是磁导率 μ 远大于 μ_0 的铁磁材料。本章主要讨论前一类材料（$\mu=\mu_0$）介质参数的测量方法，对后一类材料的测量予以简单介绍。

微波介质参数的测量方法有传输线法（如波导法、同轴传输线法等）、谐振腔法和准光法。传输线法简便易行，不需要特殊的仪表设备，但材料的损耗角很小时不易测准确。谐振腔法，当采用高 Q 腔体时，可测量小损耗角的介质材料。准光法主要用在毫米波段。下面重点介绍传输线法和谐振腔法。近代微波测量技术 ANA（网络分析仪）的发展，使传输线法又有新的进展。

14.1　介质参数简介

14.1.1　介质参数定义及其影响因素

一种给定的均匀材料，为了在电磁方面应用，一般的描述方法是用复介电常数张量和复磁导率张量表示。当材料为各向同性时，可用简单的复数表示，而不用张量。

在一个填充均匀各向同性的区城中，用国际单位制（SI）为单位的麦克斯韦方程组写为

$$\begin{cases}\nabla\times \boldsymbol{E}=-\dfrac{\partial \boldsymbol{B}}{\partial t}\\ \nabla\times \boldsymbol{H}=\dfrac{\partial \boldsymbol{D}}{\partial t}+\sigma\boldsymbol{E}\end{cases}\tag{14.1-1}$$

电磁波随时间做简谐振动，时间因子为 $e^{j\omega t}$，且有

$$\boldsymbol{B}=\mu^{*}\boldsymbol{H},\ \boldsymbol{D}=\varepsilon\boldsymbol{E}\tag{14.1-2}$$

将式(14.1-2)代入式(14.1-1)有

$$\nabla\times \boldsymbol{E}=-j\omega\boldsymbol{B}=-j\omega\mu^{*}\boldsymbol{H}\tag{14.1-3a}$$

$$\nabla\times \boldsymbol{H}=j\omega\varepsilon\boldsymbol{E}+\sigma\boldsymbol{E}\tag{14.1-3b}$$

式中，μ^{*} 为复磁导率，ε 为介电常数。应该注意，式(14.1-2)和式(14.1-3)已经假设了介质是线性的，即适用于低功率（小信号）情况。

把(14.1-3b)写成

$$\nabla\times \boldsymbol{H}=j\omega\left(\varepsilon-j\frac{\sigma}{\omega}\right)\boldsymbol{E}=j\omega\varepsilon^{*}\boldsymbol{E}\tag{14.1-4}$$

式中，ε^{*} 为复介电常数，即

$$\varepsilon^{*}=\left(\varepsilon-j\frac{\sigma}{\omega}\right)\tag{14.1-5}$$

式中，σ 为材料的传导特性(电导率)。当 σ 很大时，材料实质上可认为是金属；当 σ 很小时，材料认为是介质材料。

本节讨论 ε^* 的测试原理和方法，并认为 $\mu=\mu_0$。将式(14.1-5)写成

$$\varepsilon^* = \varepsilon_0\left(\frac{\varepsilon}{\varepsilon_0} - \mathrm{j}\frac{\sigma}{\omega\varepsilon_0}\right) \tag{14.1-6a}$$

或

$$\varepsilon^* = \varepsilon_0(\varepsilon' - \mathrm{j}\varepsilon'') \tag{14.1-6b}$$

式中，$\varepsilon'=\dfrac{\varepsilon}{\varepsilon_0}$，$\varepsilon'$称为相对复介电常数的实部，表示存储电能的能力，通常称为相对介电常数；$\varepsilon''=\dfrac{\sigma}{\omega\varepsilon_0}$，$\varepsilon''$称为介质的损耗因子，表示产生的介质损耗；$\varepsilon_0$ 为真空介电常数或叫电容率，$\varepsilon_0=(36\pi\cdot10^9)^{-1}$ F/m。

实际应用中，介质参数常用相对复介电常数 ε_r 表示，即

$$\varepsilon_r = \frac{\varepsilon^*}{\varepsilon_0} = \varepsilon' - \mathrm{j}\varepsilon'' \tag{14.1-7a}$$

$$\varepsilon' = \mathrm{Re}\left(\frac{\varepsilon^*}{\varepsilon_0}\right) = \mathrm{Re}(\varepsilon_r) \tag{14.1-7b}$$

$$\varepsilon'' = -\mathrm{Im}\left(\frac{\varepsilon^*}{\varepsilon_0}\right) = -\mathrm{Im}(\varepsilon_r) \tag{14.1-7c}$$

式(14.1-7a)又常表示为

$$\varepsilon_r = \varepsilon'(1 - \mathrm{j}\tan\delta) \tag{14.1-8a}$$

式中

$$\tan\delta = \frac{\varepsilon''}{\varepsilon'} = \frac{\sigma}{\omega\varepsilon'\varepsilon_0} = \frac{\sigma}{\omega\varepsilon} \tag{14.1-8b}$$

式中，δ 定义为损耗角，它正比于介质热损耗功率(即介质损耗)与每周期储能的比值，因此它可度量介质材料损耗程度。

同理，按照介电常数的定义方法，涉及磁导率的符号与定义，也规定为

$$\mu^* = \mu_0\mu_r = \mu_0(\mu' - \mathrm{j}\mu'') \tag{14.1-9}$$

真空磁导率 $\mu_0=4\pi\cdot10^{-7}$ H/m。

介质参数受下列因素的影响：

(1) 频率。ε'在相当小的频谱范围内不变，在相当宽的频谱范围变化足够缓慢，可认为不变，但是宽到厘米波段与毫米波段之差，则不能认为不变。从表达式(14.1-6)可以看出，ε''随频率的变化显然与频率有关，其百分比变化永远大于 ε'，所以应该在所用频率附近测量 ε_r，同时注意 σ 随频率的变化。

(2) 温度。在很多情况下，ε_r 还随温度有可以觉察到的变化，在测量时应该适当地保持温度恒定。

(3) 湿度。某些材料的介质参数还受环境湿度的影响，或随水的百分比含量变化。因此，在特殊要求时必须尽可能保持环境湿度不变，如果这个因素影响很大，还必须确定其校正量。

14.1.2　与介质参数相关的几种关系式

介质参数 ε_r 的测量属于间接测量，它以某种函数关系式包含在可观察的测量值内，因此，ε_r 的测量方法一般是建立在传输线理论、特性阻抗和传输常数的基础之上的，与其实

际可测量值存在着函数关系。这些关系式分为以下几种。

(1) 平板结构的电容定义为

$$C=\frac{1000\varepsilon' A}{36\pi d} \tag{14.1-10}$$

式中，C 为平板电容器电容(pF)；d 为板间距离(m)；ε'为板间介质材料的相对复介电常数实部。

(2) 同轴结构的电容定义为

$$C=\frac{1000\varepsilon' l}{18\ln(r_o/r_i)} \tag{14.1-11}$$

式中，C 为同轴电容器电容(pF)；r_o 为外导体内直径；r_i 为内导体外直径；ε'为导体间介质材料的相对复介电常数实部。

(3) 空间平面波的特性阻抗定义为

$$Z_\varepsilon=\frac{120\pi}{\sqrt{\varepsilon_r\mu_r}} \tag{14.1-12}$$

式中，Z_ε 为把空间线极化平面波表示为均匀传输线时的特性阻抗；ε_r 为填充该空间的介质材料的相对复介电常数。

(4) 同轴线主模(TEM)特性阻抗定义为

$$Z_\varepsilon=\frac{60}{\sqrt{\varepsilon_r/\mu_r}}\ln\frac{r_o}{r_i} \tag{14.1-13}$$

(5) 同轴线高次模或波导模式特性阻抗定义为

$$Z_\varepsilon=\frac{120\pi\mu}{[\varepsilon_r\mu_r-(\lambda/\lambda_c)^2]^{\frac{1}{2}}} \tag{14.1-14}$$

式中，Z_ε 为均匀同轴波导磁模(TE)的特性阻抗；λ_c 为 TE 模截止波长；ε_r 为填充波导的介质材料的相对复介电常数；λ 为所用微波信号的自由空间波长。

(6) 传输常数定义为

$$\beta_\varepsilon=\frac{2\pi}{\lambda}\left[\varepsilon_r\mu_r-\left(\frac{\lambda}{\lambda_c}\right)^2\right]^{\frac{1}{2}}=\frac{2\pi}{\lambda_{g\varepsilon}} \tag{14.1-15}$$

式中，$\lambda_{g\varepsilon}=\lambda/[\varepsilon_r\mu_r-(\lambda/\lambda_c)^2]^{\frac{1}{2}}$；$\beta_\varepsilon$ 为填充介质 ε_r、μ_r 的均匀传输线某一模式的传输常数；λ_c 为截止波长。对于矩形波导主模(TE_{10})，$\lambda_c=2a$；对于圆波导主模(H_{11})，$\lambda_c=3.41R$，R 是横截面半径；在同轴线中和介质填充的自由空间中，$\lambda_c=\infty$。

(7) 平面反射系数定义为

$$\Gamma_\infty=\frac{1-\varepsilon_r}{1+\varepsilon_r},\ \mu_r=1 \tag{14.1-16}$$

式中，Γ_∞ 为电压反射系数，对于空间平面波，是从空气填充的半无限空间向介质填充的半无限空间看 λ 的电压反射系数，对于同轴线是从空气填充域向半无限长介质填充域看入的电压反射系数(即匹配终端)；ε_r 为所填充介质材料的相对复介电常数。

(8) 磁模传输线的反射系数定义为

$$\Gamma_\infty=\frac{\sqrt{1-(\lambda/\lambda_c)^2}-\sqrt{\varepsilon_r-(\lambda/\lambda_c)^2}}{\sqrt{1-(\lambda/\lambda_c)^2}+\sqrt{\varepsilon_r-(\lambda/\lambda_c)^2}},\ \mu_r=1 \tag{14.1-17}$$

式中，Γ_∞ 与式(14.1-16)定义相同，它是均匀波导磁模等效传输线的反射系数(λ、λ_c、ε_r 与

式(14.1-14)相同)。

14.1.3　介质材料的取样方法

为了测量待测介质材料的 ε_r，待测介质材料需要制成适当的样品形状。我们在这里只研究均匀各向同性介质材料的测量方法，对于各向异性介质材料要注意取向，取向不同则测量的 ε_r 值亦不同。样品的最大分块要比波长小得多。

1. 各向异性介质样品的取向

常用的各向异性材料有：木材(如分层木片天线罩等)、某些各向异性晶体、层胶板、布胶板等。制备这些材料样品时，应遵守如下规则：样品的主轴方向要平行或垂直于电磁波的传播方向和测量时所用模式的电场方向。所谓样品的主轴方向，是指材料的纤维方向和垂直于分层介质交界面的方向。在某些情况下，当介质材料含有编织线但又很细密，使得经纬并不分明，且相邻线间距离比波长小得多时，可不考虑线的取向，并将介质材料作为均匀平面的总体来看。

为了说明这个规则的应用，下面讨论木材的允许取向问题。图 14.1.1 中分别示出纤维质材料的允许和不允许取向。在同轴线中，只能使纤维按旋转轴方向取向(指主模 TEM 模)。在矩形波导中，纤维方向必须平行于三个坐标轴之一(对主模 TE_{10} 而言)。在自由空间若用线极化平面波，纤维取向为下面三者之一，即平行于传播方向、平行于电场方向或平行于磁场方向。

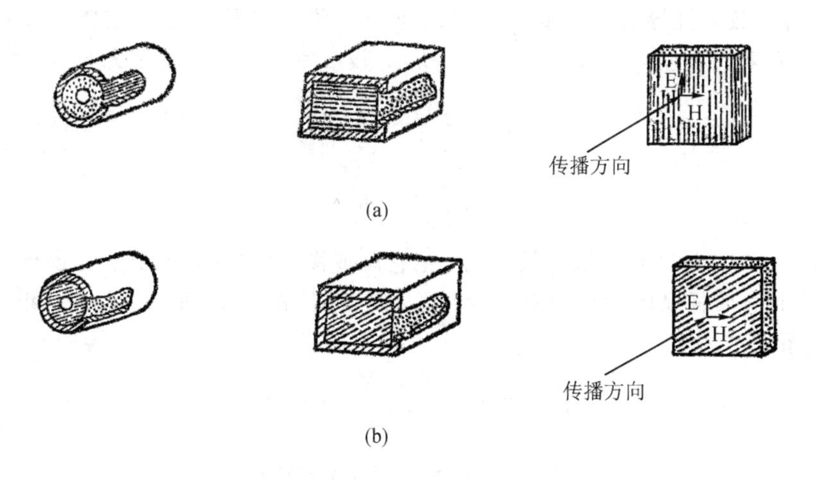

图 14.1.1　在同轴线、矩形波导(或谐振腔)和自由空间中纤维质材料的允许和不允许取向举例

(a) 允许取向；(b) 不允许取向

对于这种材料一旦确定了适当的取向，就可以制备出合适的样品，并按介质样品的某种测量方法的详细步骤进行测量。其测量结果的报告中，必须注明纤维的取向，因为不同取向有不同结果。

2. 波导和同轴线介质样品的制备

介质参数 ε_r 的测量精度很大程度取决于样品的表面粗糙度、密合度和交界面彼此之间的“正方性”(即规则性)。样品越小，对规则性的要求越严格，因此对于样品的平滑、尺寸和方形表面要合理地、仔细地加工。

在设计插入到传输线的介质样品时，至少需要滑动装配，但压入装配更可取。对于圆形和矩形波导的介质样品可以采用更好的冷压配合方法，先使介质样品的横向尺寸稍大些，再将其缩小(如使用干冰冷却法)，在冷状态把样品装入波导管中，待恢复到环境温度时，再进行测量。由于介质参数随温度而变，所以一定要注意使介质样品恢复到环境温度或测量所要求的温度时再进行测量。温度恢复要有足够时间。计算 ε_r 所用的样品长度 l_ε 是在测量温度下的长度。

如果待测的介质材料是片状的，要制备成几种不同厚度的样品，就需要用材料本身做成黏合剂。对于塑料介质，经常将适当溶剂涂于表面，待表面稍溶解，让它在压力下(如用老虎钳或压榨机)黏合成一体。

关于液体介质取样方法，需根据具体测量方法设计适当的液体介质容器，波导法有其方便之处，圆形腔中采用盘形液体容器也可取。

14.2 波导法测量介质参数

波导法是传输线法的一种，实质是网络参数法，即通过介质样品对网络参数的反应来测量其 ε_r。由前述章节可知，那些阻抗与网络参数的测量方法都适用。本节以波导法为例说明介质参数测量原理。

14.2.1 介质样品的双口等效网络及 ε_r 的测定公式

把介质样品放入波导管内，如图 14.2.1 所示。设波导传输单一主模，为 H 模。介质(ε_r)填充波导的特性阻抗，如式(14.1-14)所示(设 $\mu_r=1$)；当空气填充时，$\varepsilon_r=1$，则有

$$\frac{Z_0}{Z_\varepsilon}=\frac{\sqrt{\varepsilon_r-(\lambda/\lambda_c)^2}}{\sqrt{1-(\lambda/\lambda_c)^2}} \tag{14.2-1}$$

令

$$\left(\frac{Z_0}{Z_\varepsilon}\right)^2=R_\varepsilon \tag{14.2-2}$$

根据图 14.2.1 中的 Y 参数等效电路，把它画成图 14.2.2 的形式。介质样品的对称面是 $A-A$，它到介质样品的两个端面 $T_{\varepsilon1}$ 和 $T_{\varepsilon2}$ 的距离都是 $l_\varepsilon/2$。使 $A-A$ 面相继短路和开路得出如下关系式：

$$\begin{cases} Y_{11}+Y_{12}=-\mathrm{j}\dfrac{Y_\varepsilon}{Y_0}\cot\left(\dfrac{\beta_\varepsilon l_\varepsilon}{2}\right) \\ Y_{11}-Y_{12}=\mathrm{j}\dfrac{Y_\varepsilon}{Y_0}\tan\left(\dfrac{\beta_\varepsilon l_\varepsilon}{2}\right) \end{cases} \tag{14.2-3}$$

式中，Y_{11} 和 Y_{12} 是 Y_ε 的归一化值，将式(14.2-3)中的两项相乘得出

$$Y_{11}^2-Y_{12}^2=\frac{Y_\varepsilon^2}{Y_0^2}=R_\varepsilon \tag{14.2-4}$$

R_ε 与 Z 参数、S 参数之间关系式为

$$R_\varepsilon=Y_{11}^2-Y_{12}^2=\frac{1}{Z_{11}^2-Z_{12}^2}=\frac{(1-S_{11})^2-S_{12}^2}{(1+S_{11})^2-S_{12}^2} \tag{14.2-5}$$

由网络参数的三点法测量知

$$\begin{cases} Z_{11}=Z_{oc} \\ Z_{12}=Z_{oc}(Z_{oc}-Z_{sc}) \end{cases} \tag{14.2-6}$$

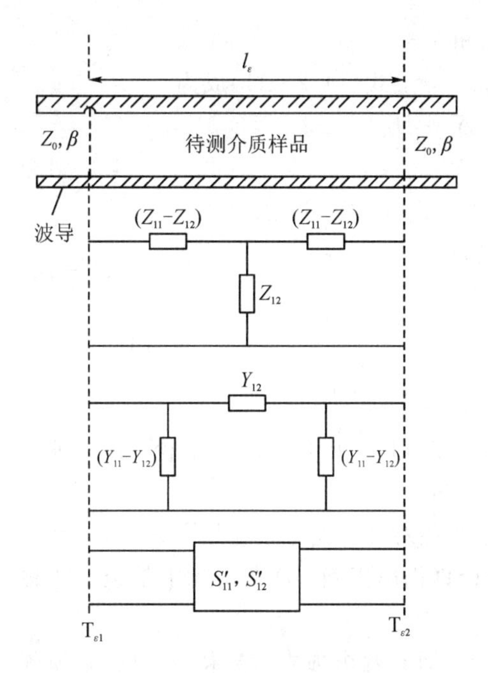

图 14.2.1　介质样品双口等效网络(对称)

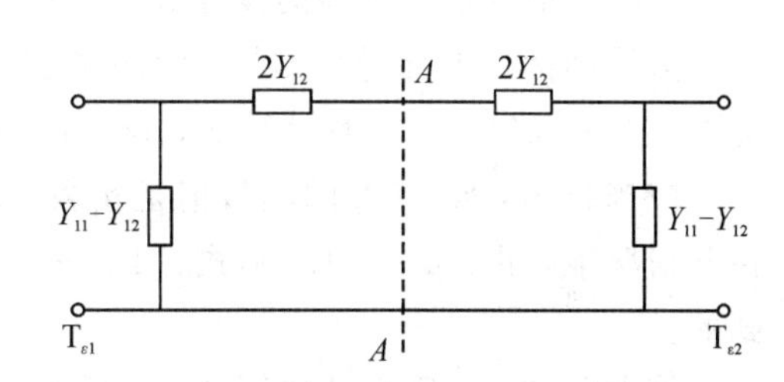

图 14.2.2　导纳等效电路

式中，Z_{oc}和 Z_{sc}分别是 $T_{\varepsilon2}$端开路和短路时，在 $T_{\varepsilon1}$端测出的相对输入阻抗，如图 14.2.3 所示，于是式(14.2-5)成为

$$R_\varepsilon = \frac{1}{(Z_{oc}Z_{sc})} = Y_{oc}Y_{sc} \tag{14.2-7}$$

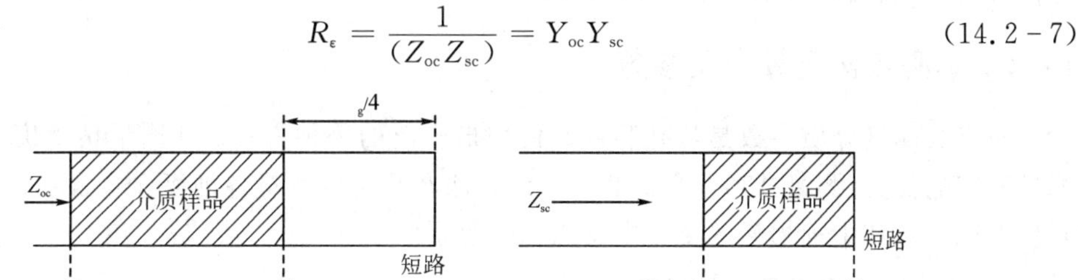

图 14.2.3　开路和短路阻抗(或导纳)

R_ε 还与 Z_ε、Y_ε 和 β_ε 有如下关系(见式(14.1-12)～式(14.1-15))：

$$R_\varepsilon = \left[\frac{Y_\varepsilon}{Y_0}\right]^2 = \left[\frac{Z_0}{Z_\varepsilon}\right]^2 = \left[\frac{\beta_\varepsilon}{\beta}\right]^2 \tag{14.2-8}$$

式中，Y_0、Z_0 和 β 分别是在同一个传输线内填充空气时的特性导纳、特性阻抗和传输常数。求出 R_ε，代入式(14.2-1)和(14.2-2)得出

$$R_\varepsilon = \frac{\varepsilon_r - (\lambda/\lambda_c)^2}{1-(\lambda/\lambda_c)^2} \tag{14.2-9}$$

利用

$$\frac{1}{\lambda^2} = \frac{1}{\lambda_c^2} + \frac{1}{\lambda_g^2} \tag{14.2-10}$$

消去 λ，求出

$$\varepsilon_r = \frac{R_\varepsilon + (\lambda_g/\lambda_c)^2}{1+(\lambda_g/\lambda_c)^2} \tag{14.2-11}$$

R_ε 一般情况下为复数，令

$$R_\varepsilon = A_\varepsilon + jB_\varepsilon \tag{14.2-12}$$

R_ε 与相对复介电常数的关系式取决于波导截面尺寸和模式。

如果在同轴线中使用主模 TEM 进行测量，则 $\lambda_c \to \infty$，式(14.2－11)成为

$$\varepsilon_r = \varepsilon' - j\varepsilon'' = R_\varepsilon = A_\varepsilon + jB_\varepsilon$$

$$\varepsilon' = A_\varepsilon,\ \varepsilon'' = -B_\varepsilon \tag{14.2-13}$$

如果用矩形波导测量，使用主模 TE_{10}，则 $\lambda_c = 2a$，式(14.2－11)成为

$$\varepsilon' = \frac{A_\varepsilon + (\lambda_g/2a)^2}{1 + (\lambda_g/2a)^2} \tag{14.2-14}$$

$$\varepsilon'' = \frac{-B_\varepsilon}{1 + (\lambda_g/2a)^2} \tag{14.2-15}$$

式中，λ_g 为空气填充波导的波导波长，a 为波导宽边尺寸。

如果用圆形波导进行测量，使用主模 H_{11}，则 $\lambda_c = 3.14R$，R 是圆波导半径。在这种情况下，仍用式(14.2－14)计算 ε_r，只是用 $3.14R$ 代替 $2a$。

应当指出，如果 R_ε 的测量值是实数，即 $B_\varepsilon = 0$，则相对复介电常数也是实数，即 $\varepsilon'' = 0$。在此情况下，式(14.2－13)和式(14.2－14)对 ε_r 的计算仍属正确，这在实际中是经常能碰到的。

综上可知，介质样品的等效电路是互易对称网络，只有两个独立参数待求，故“必须测量”次数为两次。可见，以前各章有关阻抗与网络参数的测量方法，都可用于 ε_r 的测量。下面以测量线法为例，说明波导法测量 ε_r 的原理和方法。按测量次数分为两点法、半精密法与精密法(多点法)。下面只讨论两点法。

14.2.2 两点法测量介质参数

两点法测量介质参数是最熟悉也是使用最广泛的一种方法。其测量精确度主要取决于测量系统的优劣、测量技巧与仔细程度。该方法几乎可以测量各种复介电常数，一般适用于测量无耗介质和中等损耗的复介电常数。测量原理如下。

1. 终端短路法测量介质参数

将长度为 l_ε 的介质样品装入直波导，使 $T_{\varepsilon2}$ 与直波导的一个端口取齐，再接上短路板，并要求 $T_{\varepsilon2}$ 与短路板严密换触，组成含介质样品的单口网络，如图 14.2.4 所示下面波导。设已测出与空气交界面 $T_{\varepsilon1}$ 处的反射系数为 $\Gamma = |\Gamma| e^{j\varphi}$，则 $T_{\varepsilon1}$ 面的输入阻抗为

$$Z_{T1} = \frac{1 + |\Gamma| e^{j\varphi}}{1 - |\Gamma| e^{j\varphi}} \cdot Z_0 \tag{14.2-15}$$

式中 $Z_0 = \omega\mu/\beta$，Z_0 是空气填充波导段的特性阻抗。设直波导和短路板无耗，样品为有耗介质，则 $T_{\varepsilon1}$ 面的输入阻抗还可以写成

$$Z'_{T1} = Z_\varepsilon \tanh(\gamma_\varepsilon l_\varepsilon) \tag{14.2-16}$$

式中，$\gamma_\varepsilon = \alpha_\varepsilon + j\beta_\varepsilon$，$Z_\varepsilon = j\omega\mu/\gamma_\varepsilon$，$\gamma_\varepsilon$ 和 Z_ε 分别是有耗介质填充波导段的传输常数和特性阻抗。

式(14.2－15)和式(14.2－16)应该恒等，代入 Z_0 和 Z_ε 的数，就可得出 $T_{\varepsilon1}$ 面的反射系数和阻抗关系式，分别为

$$\frac{1}{j\beta l_\varepsilon}\left(\frac{1 + |\Gamma| e^{j\varphi}}{1 - |\Gamma| e^{j\varphi}}\right) = \frac{\tanh(\gamma_\varepsilon l_\varepsilon)}{\gamma_\varepsilon l_\varepsilon} \tag{14.2-17}$$

$$\frac{R+\mathrm{j}X}{\mathrm{j}\beta l_\varepsilon}=\frac{\tanh(\gamma_\varepsilon l_\varepsilon)}{\gamma_\varepsilon l_\varepsilon} \tag{14.2-18}$$

其中 R 和 X 按表 4.1.1 的公式计算，令式(14.2-17)的左端为

$$C\mathrm{e}^{\mathrm{j}\psi}=\frac{1}{\mathrm{j}\beta l_\varepsilon}\left(\frac{1+|\Gamma|\mathrm{e}^{\mathrm{j}\varphi}}{1-|\Gamma|\mathrm{e}^{\mathrm{j}\varphi}}\right)=\frac{R+\mathrm{j}X}{\mathrm{j}\beta l_\varepsilon} \tag{14.2-19}$$

令右端分母为

$$\gamma_\varepsilon l_\varepsilon=T\mathrm{e}^{\mathrm{j}\tau} \tag{14.2-20}$$

则有

$$C\mathrm{e}^{\mathrm{j}\psi}=\frac{\tanh(T\mathrm{e}^{\mathrm{j}\tau})}{T\mathrm{e}^{\mathrm{j}\tau}} \tag{14.2-21}$$

上式左端为可测量，右端为待求量，解此方程可求出 $T\mathrm{e}^{\mathrm{j}\tau}$。再由式(14.2-12)知

$$R_\varepsilon=A_\varepsilon+\mathrm{j}B_\varepsilon=\left(\frac{Z_0}{Z_\varepsilon}\right)^2=\left(\frac{\omega\mu/\beta}{\mathrm{j}\omega\mu/\gamma_\varepsilon}\right)=\left(\frac{\gamma_\varepsilon l_\varepsilon}{\mathrm{j}\beta l_\varepsilon}\right)^2=\left(\frac{T}{\beta l_\varepsilon}\right)^2\mathrm{e}^{\mathrm{j}2(\tau-90^\circ)} \tag{14.2-22}$$

将 R_ε 代入式(14.2-13)(同轴型)或式(14.2-14)(波导型)，可求出 ε_r 的值。

注意：式(14.2-21)是超越方程，其解有多值性。为求出待测介质的实际介质参数，需用不同长度的两个介质样品进行两次测试，取相同解为待测 ε_r。若已知 ε_r 的近似值可从一次测量数据计算求出的各解中确定正确值。解式(14.2-21)时，可用计算机、图表或近似法求解。

终端短路法的测量系统如图 14.2.4 所示。其测量方法如下：

(1) 先测出波导波长 λ_g。

(2) 在直波导中不装入介质样品，在终端短路时确定短路面 T 在测量线上的参考面位置 D_T，即 $T_{\varepsilon2}$ 的参考面。

(3) 在直波导中装入长度 l_ε 已知的介质样品(注意，要使 $T_{\varepsilon2}$ 面与短路面 T 接触可靠)。

(4) 测出驻波比 ρ 和驻波最小点位置 $D_{\min}$。

(5) 求出 $T_{\varepsilon1}$ 面的反射系数 $|\Gamma|\mathrm{e}^{\mathrm{j}\varphi}$，即 $|\Gamma|=(\rho-1)/(\rho+1)$，$\varphi$ 为

$$\varphi=\frac{4\pi\bar{D}}{\lambda_g}+\pi=\frac{4\pi(D_{\min}-D_T-l_\varepsilon)}{\lambda_g}+\pi \tag{14.2-23}$$

式中，$\bar{D}$ 从图 14.2.4 求出，即 $\bar{D}=D_{\min}-(D_T+l_\varepsilon)$，其中 (D_T+l_ε) 相当于 $T_{\varepsilon1}$ 在测量线上的参考面位置(也可从图中所标长度关系求出)。

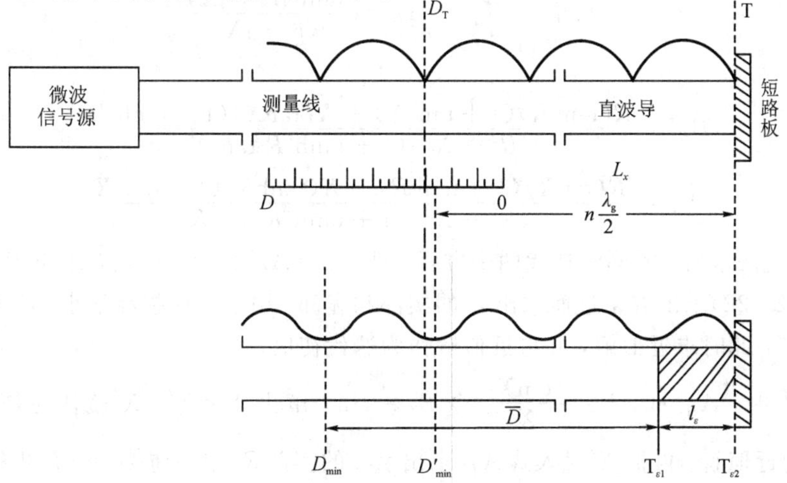

图 14.2.4　终端短路法测量介质参数

(6) 将 λ_g、l_ε、$|\Gamma|$ 和 φ 代入式(14.2-19)求出 $Ce^{j\psi}$，再代入式(14.2-21)解出 $Te^{j\tau}$，即可求出 R_ε 和 ε_r。

注意：在测量 λ_g、D_T 和 D_{min} 时须用交叉读数法。当介质无耗时，$\gamma_\varepsilon=j\beta_\varepsilon$，$|\Gamma|=1(\rho\to\infty)$，再利用 $\coth(jz)=(e^{jz}+e^{-jz})/(e^{jz}-e^{-jz})=-j\cot z$，式(14.2-17)变成

$$\frac{\cot(\varphi/2)}{\beta l_\varepsilon}=\frac{\tan(\beta_\varepsilon l_\varepsilon)}{\beta_\varepsilon l_\varepsilon} \tag{14.2-24}$$

将式(14.2-23)代入上式得出

$$\frac{\tan[2\pi(D_T-D_{min}+l_\varepsilon)/\lambda_g]}{\beta l_\varepsilon}=\frac{\tan(\beta_\varepsilon l_\varepsilon)}{\beta_\varepsilon l_\varepsilon} \tag{14.2-25}$$

式(14.2-25)中，左端括号内为消去负号做了变动，在图 14.2.4 中的 D_{min} 或 D'_{min} 取哪个值都一样，但必须注意 D 的坐标方向(规定向信号源为正方向)。式(14.2-25)是式(14.2-21)在无耗情况下的实数超越方程。由于多解，求 ε_r 时的注意事项与式(14.2-21)的相同。令式(14.2-25)左端计算值为 C，则有 $C=\tan(T)/T$ 的形式。解出 T，求出 β_ε，代入式(14.2-8)和式(14.2-13)(同轴型)或式(14.2-14)(波导型)，即可求出 R_ε 和 ε_r(实数)。

式(14.2-17)的近似解法：实际应用的介质材料很大部分是损耗极小或很小的电介质，其传输常数的实部远小于它的虚部。在此条件下可用近似法求解超越方程式(14.2-17)。其近似解也可作为迭代求解的初值，进一步求出精确解。

设介质样品中的传输常数 $\gamma_\varepsilon=\alpha_\varepsilon+j\beta_\varepsilon$。当介质损耗很小时，$\alpha_\varepsilon\ll\beta_\varepsilon$，式(14.2-20)中的 τ 接近 90°。使用下述近似法有相当好的精度。令式(14.2-17)的左端等于 $B_左+jA_左$，设 $|\Gamma|\exp(j\varphi)$ 已经测出，β_ε 和 l_ε 已知，则有

$$左端=B_左+jA_左=\frac{1+|\Gamma|e^{j\varphi}}{j\beta l_\varepsilon(1-|\Gamma|e^{j\varphi})}$$

解出

$$B_左=\frac{2|\Gamma|\sin\varphi}{\beta l_\varepsilon(1-2|\Gamma|\cos\varphi+|\Gamma|^2)}$$

$$A_左=\frac{|\Gamma|^2-1}{\beta l_\varepsilon(1-2|\Gamma|\cos\varphi+|\Gamma|^2)}$$

令式(14.2-17)的右端等于 $B_右+jA_右$，$\gamma_\varepsilon l_\varepsilon=(\alpha_\varepsilon+j\beta_\varepsilon)l_\varepsilon=R+jX$，则有

$$右端=B_右+jA_右=\frac{\tanh(R+jX)}{R+jX}$$

解出

$$B_右=\frac{R(\tanh R)(1+\tan^2X)+X(\tan X)(1-\tanh^2R)}{(R^2+X^2)(1+\tanh^2R\tan^2X)}$$

$$A_右=\frac{R(\tan X)(1-\tanh R)-X(\tanh R)(1+\tan^2X)}{(R^2+X^2)(1+\tanh^2R\tan^2X)}$$

若用迭代法求解，需同时迭代两个方程，即 $A_左=A_右$ 和 $B_左=B_右$，求出 $R+jX=Te^{j\tau}$，代入式(14.2-22)求出 R_ε，进而求出 ε_r 的实部和虚部。由于介质损耗很小，将有 $R\ll X$，故可认为 $R\to0$，此时求近似解，并将近似解作为迭代初值。

当 $R\to0$ 时，$A_右\to0$，$B_右=\dfrac{\tan X}{X}$。令 $B_右=B_左$，解出 $X=X'$，X' 就认为是小损耗介质参数的 X 的近似解。再把 X' 代入式 $A_右$ 求出 $\gamma_\varepsilon l_\varepsilon$ 的实部 R。由于损耗小，R 也很小，$A_右$ 近似为

$$A_{右} \approx \frac{R[\tan X' - X'(1+\tan^2 X')]}{X'^2}$$

解出
$$R \approx \frac{A_{右}\ X'^2}{\tan X' - X'(1+\tan^2 X')}$$

令 $A_{左}=A_{右}$，代入上式求出 $R=R'$，于是求出 $\gamma_\varepsilon l_\varepsilon$ 的近似解为 $R'+jX'$。但需注意，求近似解的开始曾认为 $A_{右}=0$，实际上没有考虑 $A_{左}$ 的实际数值，但又使用了 $A_{右}=0$ 时解出的 X' 去求 R'，故须验证近似解 $R'+jX'$ 的合理性。把 $R'+jX'$ 代入式 $B_{右}$ 的右端，重新计算 $B_{右}$，设计算结果为 $B'_{右}$。如果 $B_{右}$ 与 $B_{左}$ 的数值近似相等，则已求出的近似解是合理的，否则上述方法不能使用。

将求的解 $R'+jX'$ 转换为 $T=\sqrt{R'^2+X'^2}$，$\tau=\arctan(X'/R')$，再由式(14.2-22)求出 R_ε，进而求出 ε_r。

2. 终端两次电抗法测量介质参数

终端两次电抗法测量系统与图 14.2.4 基本相同。将短路板去掉，在样品的右端 $T_{\varepsilon 2}$ 处端接两次已知电抗，由滑动短路器的两次不同长度获得相对复介电常数。该方法优点是不用解超越方程，且所用的测量设备简单。如果精确度要求不高，可采用此法。

如图 14.2.2 所示，在 $T_{\varepsilon 2}$ 处接入输出导纳 $Y_{out}^{(n)}$，测出 $T_{\varepsilon 1}$ 处相应的输入导纳 $Y_{in}^{(n)}$，n 为端接次数，$n=1, 2$。由图 14.2.2 求出 $Y_{in}=(Y_{11}^2-Y_{12}^2+Y_{11}Y_{out})/(Y_{22}+Y_{out})$，再将式(14.2-4)中的 $Y_{11}^2-Y_{12}^2$ 代入该式，得出

$$Y_{in}^{(n)} = \frac{R_\varepsilon + Y_{11}Y_{out}^{(n)}}{Y_{11}+Y_{out}^{(n)}} \tag{14.2-26}$$

解出
$$Y_{11} = \frac{R_\varepsilon - Y_{in}^{(n)}Y_{out}^{(n)}}{Y_{in}^{(n)} - Y_{out}^{(n)}} \tag{14.2-27}$$

式中，$R_\varepsilon = Y_{11}^2 - Y_{12}^2 = Y_\varepsilon^2/Y_0^2$。

由 $n=1, 2$ 得出如下关系式：

$$Y_{11} = \frac{R_\varepsilon - Y_{in}^{(1)}Y_{out}^{(1)}}{Y_{in}^{(1)} - Y_{out}^{(1)}} = \frac{R_\varepsilon - Y_{in}^{(2)}Y_{out}^{(2)}}{Y_{in}^{(1)} - Y_{out}^{(2)}}$$

解出
$$R_\varepsilon = \frac{Y_{in}^{(1)}Y_{out}^{(1)}(Y_{in}^{(2)}-Y_{out}^{(2)}) - Y_{in}^{(2)}Y_{out}^{(2)}(Y_{in}^{(1)}-Y_{out}^{(1)})}{(Y_{in}^{(2)}-Y_{out}^{(2)})-(Y_{in}^{(1)}-Y_{out}^{(1)})} \tag{14.2-28}$$

终端两次电抗法的测量方法与终端短路法的测量方法(1)～(5)步骤相同。其中步骤(6)根据步骤(5)的计算结果 $|\rho|$ 和 φ 按表 4.1.1 计算。

终端两次电抗的获取方法：先测出滑动短路器的等效参考面位置 S_T，再依次拉出两个位置得出 $\overline{S}_1=S_1-S_T$，$\overline{S}_2=S_2-S_T$，由 $\overline{S}_1$，$\overline{S}_2$ 计算 $Y_{out}^{(1)}$ 和 $Y_{out}^{(2)}$。若分别取 (S_1-S_T) 和 (S_2-S_T) 使 T 面短路和开路，则可使计算得以简化。

14.2.3　与介质样品位置或长度无关的介质参数测量方法

在传输线法中，与介质样品位置或长度无关的介质参数测量方法，是一种网络参数测量法。由于这种方法省略了一个测量项目（样品长度或位置），因而减少一项误差源，同时也解决了某些实际困难。例如，在同轴线测量系统中，准确地确定样品位置较为困难，在波导系统中样品位置较容易确定，这时可以分别采用与样品位置无关和与样品长度无关的测量方法。当然，即便是波导系统，有时样品的端面 $T_{\varepsilon 2}$ 也不易与直波导的端面取齐，这时采

用与样品位置无关的方法也是有利的。

1. 测量系统与原理

下面以测量线系统为例说明其测量原理。如图 14.2.5 所示，将介质样品装入直波导内，在直波导的一端接可调短路器(设连接面为 T)，另一端接测量装置，设为测量线(亦可采用矢量网络分析仪等)。设介质样品的端面 $T_{\varepsilon1}$ 和 $T_{\varepsilon2}$ 到 T 面的距离分别为 l_1 和 l_2，介质样品长度为 l_ε。假定单一端面 T 的网络参数已经测出，设为 S_{11}、S_{21}、S_{12} 和 S_{22}。由于介质样品的网络是互易而且对称的，故有 $S_{11}=S_{22}$，$S_{12}=S_{21}$。根据散射参数移动端面原理，将 T 面分别移到介质样品的两个端面 $T_{\varepsilon1}$ 和 $T_{\varepsilon2}$，变换为这两个端面之间的网络参数，即

$$\begin{bmatrix} S'_{11} & S'_{12} \\ S'_{21} & S'_{22} \end{bmatrix} = \begin{bmatrix} e^{-j\theta_1} & 0 \\ 0 & e^{-j\theta_2} \end{bmatrix} \begin{bmatrix} S_{11} & S_{12} \\ S_{21} & S_{22} \end{bmatrix} \begin{bmatrix} e^{-j\theta_1} & 0 \\ 0 & e^{-j\theta_2} \end{bmatrix} = \begin{bmatrix} S_{11}e^{-j2\theta_1} & S_{12}e^{-j(\theta_1+\theta_2)} \\ S_{21}e^{-j(\theta_1+\theta_2)} & S_{22}e^{-j2\theta_2} \end{bmatrix} \tag{14.2-29}$$

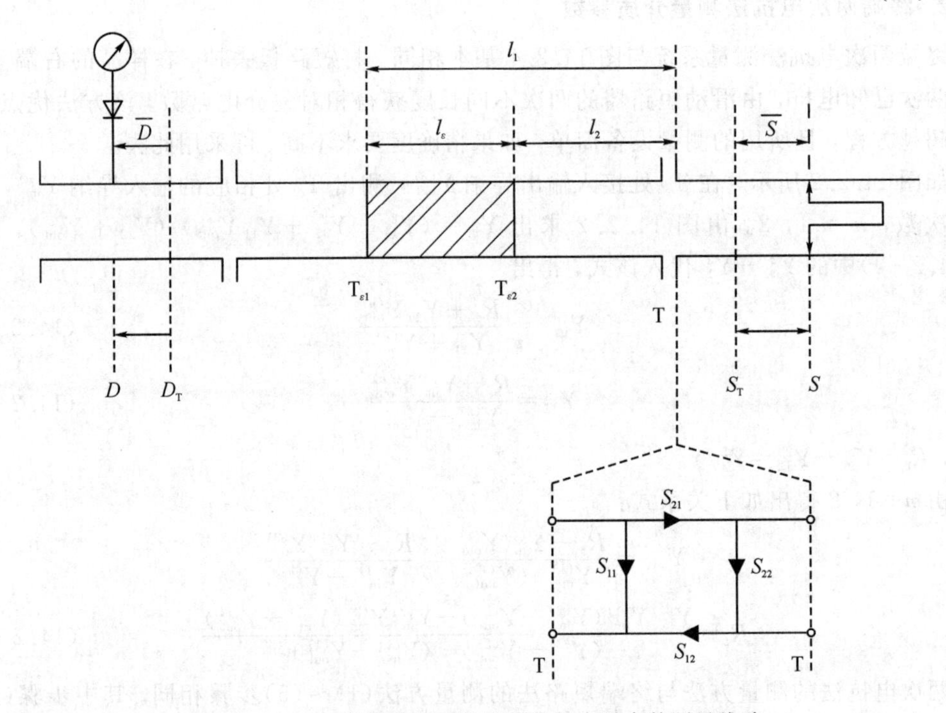

图 14.2.5　与样品位置或长度无关的介质参数测量线路

式中，$\theta_1=\beta l_1$，$\theta_2=-\beta(l_1-l_\varepsilon)$，$\beta=2\pi/\lambda_g$。由式(14.2-29)得出

$$S'_{11}=S_{11}e^{-j2\beta l_1} \tag{14.2-30a}$$

$$S'_{22}=S_{22}e^{j2\beta(l_1-l_\varepsilon)} \tag{14.2-30b}$$

$$S'_{12}=S_{12}e^{-j\beta[l_1-(l_1-l_\varepsilon)]}=S_{12}e^{-j\beta l_\varepsilon} \tag{14.2-30c}$$

$$S'_{21}=S'_{12} \tag{14.2-30d}$$

由于 $S'_{11}=S'_{22}$，将式(14.2-30a)、(14.2-30b)两式相等求出

$$-2\beta l_1=-\beta l_\varepsilon+\left[\frac{\arg S_{22}-\arg S_{11}}{2}\right] \tag{14.2-31}$$

将式(14.2-31)代入式(14.2-30a)得出

$$S'_{11}=|S_{11}|\exp\left[j\left(\frac{\arg S_{22}-\arg S_{11}}{2}-\beta l_\varepsilon\right)\right] \tag{14.2-32}$$

或
$$S'_{11}=|S_{11}|\exp\left[\mathrm{j}\left(\frac{\arg S_{11}+\arg S_{22}}{2}-\beta l_{\varepsilon}\right)\right] \tag{14.2-33a}$$

或由式(14.2-30a、14.2-30b)两式相乘，再开方求出

$$S'_{11}=\pm|S_{11}|\exp\left[\mathrm{j}\left(\frac{\arg S_{11}+\arg S_{22}}{2}-\beta l_{\varepsilon}\right)\right] \tag{14.2-33b}$$

把式(14.2-30c)重写为

$$S'_{12}=|S_{12}|\exp\mathrm{j}(\arg S_{12}-\beta l_{\varepsilon}) \tag{14.2-34}$$

S'_{11}和S'_{12}是在$T_{\varepsilon 1}$和$T_{\varepsilon 2}$之间的网络参数，可利用T面散射参数表示，它与介质样品在波导中的位置无关。其介质参数先由式(14.2-5)求出R_{ε}，再由式(14.2-13)(同轴型)或(14.2-14)(波导型)求出ε_r。注意，式(14.2-33b)中的“±”号，以使$A_{\varepsilon}>1$为准来取舍。事实上S_{12}式的右边也有“±”号，但因式(14.2-5)计算R_{ε}时，式中仅出现S_{12}^2项，所以没有必要标出“±”号。

上述测量方法与样品位置无关，它的对偶测量方法与样品长度l_{ε}无关，即令$l_2=0$，则有$l_1=l_{\varepsilon}$，使样品的$T_{\varepsilon 2}$正好处于T面位置上。这时在端面$T_{\varepsilon 1}$和$T_{\varepsilon 2}$(即T面)之间的散射参数，由式(14.2-30)得出

$$S'_{11}=S_{11}\mathrm{e}^{-\mathrm{j}2\beta l_{\varepsilon}}=S'_{22}=S_{22} \tag{14.2-35}$$
$$S'_{12}=S_{12}\mathrm{e}^{-\mathrm{j}\beta l_{\varepsilon}}$$

由S'_{11}和S_{22}的相位角相等，得出

$$-\beta l_{\varepsilon}=\frac{\arg S_{22}-\arg S_{11}}{2} \tag{14.2-36}$$

由此得出与样品长度无关的测量公式：

$$S'_{11}=S_{22}\text{或}S'_{11}=\pm S_{22} \tag{14.2-37}$$

$$S'_{12}=|S_{12}|\exp\left[\mathrm{j}\left(\arg S_{12}+\frac{\arg S_{22}-\arg S_{11}}{2}\right)\right] \tag{14.2-38}$$

式(14.2-37)和(14.2-38)是与介质样品长度无关的计算ε_r的公式，使用方法同式(14.2-33b)和式(14.2-34)。

2. 测量方法

网络参数测量法测量介质参数，主要是测量T面散射参数，实际上就是测量含有介质样品直波导两个端口之间的网络参数，用散射参数求R_{ε}和ε_r。下面介绍几种测量方法。

1) 用三点法测量T面散射参数

以图14.2.5为例，在装入介质样品之前，先确定T面在测量线和可调短路器上的参考面位置D_T和S_T，然后，相对S_T将可调短路活塞拉开三个位置，得到T面的三个已知反射系数$\Gamma_{\mathrm{out},k}=-\mathrm{e}^{-\mathrm{j}2\beta(S_k-S_T)}$。在测量线上测出相应的三个输入反射系数$\Gamma_{\mathrm{in},k}$，则有

$$\Gamma_{\mathrm{in},k}=S_{11}-\frac{S_{12}^2\mathrm{e}^{-\mathrm{j}2\beta(S_k-S_T)}}{1+S_{22}\mathrm{e}^{-\mathrm{j}2\beta(S_k-S_T)}} \tag{14.2-39}$$

式中，$k=1, 2, 3$。由这三个方程解出S_{11}、S_{22}和S_{12}^2。

这三个已知反射系数也可采用$\Gamma_{\mathrm{out},1}=-1$(短路)、$\Gamma_{\mathrm{out},2}=1$(开路)和$\Gamma_{\mathrm{out},3}=0$(匹配负载)。设在测量线上分别测出相应的输入反射系数为$\Gamma_{\mathrm{in,S}}$、$\Gamma_{\mathrm{in,O}}$和$\Gamma_{\mathrm{in,L}}$将上述三组数据代入式(14.2-39)解出

$$S_{11}=\Gamma_{\mathrm{in,L}} \tag{14.2-40a}$$

$$S_{22}=\frac{(\Gamma_{\text{in, O}}+\Gamma_{\text{in, S}})-2\Gamma_{\text{in, L}}}{\Gamma_{\text{in, O}}-\Gamma_{\text{in, S}}} \tag{14.2-40b}$$

$$S_{12}^2=S_{11}S_{22}+\frac{\Gamma_{\text{in, L}}(\Gamma_{\text{in, O}}+\Gamma_{\text{in, S}})-2\Gamma_{\text{in, O}}\Gamma_{\text{in, S}}}{\Gamma_{\text{in, O}}-\Gamma_{\text{in, S}}} \tag{14.2-40c}$$

将解出的 S_{11}、S_{22} 和 S_{12}^2 代入式(14.2-33b)、式(14.2-34)或代入式(14.2-37)、式(14.2-38)，求出 S'_{11} 和 S'_{12}，再用 S'_{11} 和 S'_{12} 求出 R_ε 和 ε_r。

2）提高精确度的方法

上述三点法是属于必须测量。若增加点数，即增加多余测量次数，就可得到精密的、具有平均意义的网络参数测量结果，使求出的 ε_r 精确度得以提高。若用网络分析仪的误差模型法测量其网络参数，不但可以提高精确度，还可以得到扫频测量结果。

3）正切网络法

当测量无耗介质参数时，可采用正切网络法，得到精密结果。正切网络法测量网络参数的原理，如无耗网络参数测量中所述。设 T 面正切参数(D_0，S_0，γ)已经求出，转换为 T 面的散射参数为

$$S_{11}=\frac{\gamma+1}{\gamma-1}e^{-j2\beta D_0} \tag{14.2-41a}$$

$$S_{22}=\frac{\gamma+1}{\gamma-1}e^{j(2\beta S_0+\pi)} \tag{14.2-41b}$$

$$S_{12}^2=\frac{-4\gamma}{(\gamma-1)^2}e^{j2\beta(D_0+S_0)} \tag{14.2-41c}$$

将式(14.2-41)代入式(14.2-30)得出

$$S'_{11}=\frac{\gamma+1}{\gamma-1}e^{j2\beta(D_0-l_1)} \tag{14.2-42a}$$

$$S'_{22}=\frac{\gamma+1}{\gamma-1}e^{j2\beta(l_1-l_\varepsilon+S_0+\frac{\pi}{(2\beta)})} \tag{14.2-42b}$$

$$(S'_{12})^2=\frac{-4\gamma}{(\gamma-1)^2}e^{j2\beta(D_0+S_0-l_\varepsilon)} \tag{14.2-42c}$$

由 $S'_{11}=S'_{22}$，得出

$$D_0-l_1=l_1-l_\varepsilon+S_0+\pi/(2\beta)$$

$$-l_1=\frac{S_0-D_0-l_\varepsilon}{2}+\pi/(4\beta) \tag{14.2-43}$$

将上式代入式(14.2-42a)的相位角，则有

$$2\beta(D_0-l_1)=\beta(D_0+S_0-l_\varepsilon+\pi/(2\beta))=\beta D \tag{14.2-44}$$

式中，$D=D_0+S_0-l_\varepsilon+\pi/(2\beta)$。由式(14.2-42)得出

$$S'_{11}=\frac{\gamma+1}{\gamma-1}e^{j\beta D} \tag{14.2-45a}$$

$$S'_{22}=\frac{\gamma+1}{\gamma-1}e^{j\beta D} \tag{14.2-45b}$$

$$(S'_{12})^2=\frac{4\gamma}{(\gamma-1)^2}e^{j2\beta D} \tag{14.2-45c}$$

令 $D'_0=D/2$，则

$$D'_0 = \frac{D_0 + S_0 - l_\varepsilon}{2} + \frac{\lambda_g}{8} \tag{14.2-46}$$

$$S'_{11} = \frac{\gamma + 1}{\gamma - 1} e^{j2\beta D'_0} \tag{14.2-47a}$$

$$S'_{22} = S'_{11} \tag{14.2-47b}$$

$$(S'_{12})^2 = \frac{4\gamma}{(\gamma - 1)^2} e^{j4\beta D'_0} \tag{14.2-47c}$$

由式(14.2-47)可计算 R_ε，即

$$R'_\varepsilon = \frac{(1 - S'_{11})^2 - (S'_{12})^2}{(1 + S'_{11})^2 - (S'_{12})^2} = \frac{\gamma(1 - e^{j2\beta D'_0})^2 - (1 + e^{j2\beta D'_0})^2}{\gamma(1 + e^{j2\beta D'_0})^2 - (1 - e^{j2\beta D'_0})^2}$$

利用三角关系式 $\tan x = j\dfrac{1 - e^{j2x}}{1 + e^{j2x}}$求出

$$R'_\varepsilon = \frac{-\gamma \tan^2(\beta D'_0) - 1}{\gamma + \tan^2(\beta D'_0)} = -\frac{1 + \alpha^2 \gamma}{\alpha^2 + \gamma} \tag{14.2-48}$$

式中，$\alpha = \tan(\beta D'_0)$。

当求出 T 面正切网络参数(D_0，S_0，γ)之后，将 D_0 和 S_0 代入式(14.2-46)求出 D'_0，再将 D'_0代入式(14.2-48)求出 R'_ε。计算时注意：① D_0 和 S_0 是分别相对于 D_T 和 S_T 的距离；② 注意 R'_ε值的选取，若 $R'_\varepsilon > 1$，则取 $R_\varepsilon = R'_\varepsilon$计算 ε_r，若 $R'_\varepsilon < 1$，则取 $R_\varepsilon = 1/R'_\varepsilon$计算 ε_r。

式(14.2-46)和式(14.2-48)是计算与样品位置无关的介质参数时使用的。当计算与样品长度无关时，由于 $l_1 = l_\varepsilon$，依上同理得到

$$R'_\varepsilon = -\frac{\beta'^2 + \gamma}{1 + \beta'^2 \gamma} \tag{14.2-49a}$$

$$\beta' = \tan(\beta S_0) \tag{14.2-49b}$$

$$R_\varepsilon = R'_\varepsilon \ (R'_\varepsilon > 1) \tag{14.2-49c}$$

$$R_\varepsilon = \frac{1}{R'_\varepsilon} \ (R'_\varepsilon < 1) \tag{14.2-49d}$$

用式(14.2-49)计算 ε_r 的方法同上。

14.2.4　高损耗材料介质参数的测量——无限取样法(长样品)

测量高损耗材料介质参数时，若采用中、低损耗的方法有两个困难：一是如果样品很短，待测样品长度的相对误差可能很大；二是如果样品很长，则端接阻抗的改变不能使输入端数据有显著变化。可见，高损耗材料介质样品若采用合理长度时，就会把入射到样品中的微波能量消耗掉一大部分，致使反射回到输入端的能量很小，即远远超过了测量仪器的检测能力而无法测量。因此，在这种情况下可认为样品是“无限”长的，其测量步骤就变得相当简单，主要确定归一到样品前端面 $T_{\varepsilon1}$的输入阻抗，也不要求精密的波导终端，即采用无限取样法。若感到此法精度不够高，可采用腔体微扰法。在某些情况下也可采用传输线法(或衰减法)。

高损耗材料介质参数测量系统与图 14.2.4 基本相同，不同点是将样品装在直波导的前端口，并使 $T_{\varepsilon1}$与直波导前端口正好对齐，再与测量线输出口 T′严格密合，使连接能精密地替换短路器，以便测量 T'_1(即 $T_{\varepsilon1}$)在测量线上的等效参考面位置 D_T。对于矩形波导，可用平板作为 T′面的短路板。对于同轴线，这个面是不易确定的。因此，测量时必须以高

度集中的注意力恰当地安装样品的前端面 $T_{\varepsilon 1}$，并在这个同一平面上确定短路面位置，设 D_T 已经确定。

测量时，先观察样品是否足够长。其方法是：在含有介质样品直波导的输出端接入几种不同阻抗终端，来观察最小点位置 D_{min} 和驻波此 ρ 的变化。如果观察不到 D_{min} 和 ρ 的变化，说明样品长度足够长，记录 D_{min} 和 ρ 的值。在观察 D_{min} 和 ρ 的变化时，任何未知阻抗都可以使用，例如可变短路器的某几个位置、短路或匹配负载。如果观测到 D_{min} 和 ρ 的变化，说明样品过短，必须使用更长的样品或者使用不同的测量手段。

ε_r 计算公式推导如下：由于样品"无限"长，$T_{\varepsilon 1}$ 面的输入阻抗等于介质波导的特性阻抗 Z_0，测出 $T_{\varepsilon 1}$ 面的相对输入阻抗 Z_{in}，则有 $Z_{\varepsilon 1}=Z_0 Z_{in}$，式中 Z_0 为空气填充波导的特性阻抗，Z_ε 和 Z_0 由式(14.2-24)(其中 $\mu_r=1$)给出，Z_{in} 可以测量得到，因此 ε_r 的计算式为

$$\varepsilon_r=\frac{1}{1+(\lambda_c/\lambda_g)^2}+\frac{1}{1+(\lambda_c/\lambda_g)^2}\left[\frac{\rho-\tan(\beta\bar{D})}{1-j\rho\tan(\beta\bar{D})}\right]^2 \tag{14.2-50}$$

式中，$\left[\dfrac{\rho-\tan(\beta\bar{D})}{1-j\rho\tan(\beta\bar{D})}\right]^2=\dfrac{\{\rho[1+\tan^2(2\pi\bar{D}/\lambda_g)+j(\rho^2-1)\tan(2\pi\bar{D}/\lambda_g)]\}}{(1+\rho^2\tan^2(2\pi\bar{D}/\lambda_g))}$；$\bar{D}=D_{min}-D_T$；$\lambda_c$ 为波导截止波长。矩形波导的 λ_c 为 $2a$，a 是波导宽边尺寸；圆波导主模的 λ_c 为 $3.14R$，R 是圆波导半径。

14.2.5 波导法测量介质参数的误差源

波导法测量介质参数时的主要误差源有：

(1) 介质样品与波导之间的间隙引入的测量误差。

(2) 介质样品的长度测量误差和装入波导时的位置误差。

(3) 装入介质样品的取样波导和使用的短路器的损耗引入的误差。

(4) 测量线本身的误差，测量驻波比和驻波最小点位置时引入误差等。

下面讨论样品间隙产生的测量误差及其校正。

在矩形波导中，传输 TE_{10} 模时，电场矢量平行于波导窄边，垂直于宽边，并沿宽边按正弦分布，在窄边表面上电场为零。因此，介质样品与波导壁之间的间隙产生的 ε_r 测量误差，与波导窄边之间的小间隙关系很小，而主要决定于介质样品与波导宽边之间的间隙。

设介质样品与波导窄边的高度分别为 b' 和 b，b' 稍小于 b，由于 b' 不等于 b，故样品与波导宽边 a 之间的小间隙 $\Delta b=b-b'$，除间隙 Δb 之外都是严密填充的。设相对复介电常数为 ε_r，在截面上以 b 边为 y 轴方向，a 边为 x 轴方向，沿 z 方向为部分填充的均匀波导。根据在部分填充介质波导中沿介质和空气交界面在垂直方向看入的阻抗关系来求解 Δb 引入的误差和校正公式。

沿 y 轴方向的波动方程为

$$\nabla_{xy}^2 E_y=\frac{\partial^2 E_y}{\partial x^2}+\frac{\partial^2 E_y}{\partial z^2}=-K_c^2 E_y \tag{14.2-51}$$

式中，K_c 为特征值，$K_c^2=K_x^2+K_z^2=\gamma_y^2+\omega^2\varepsilon\mu$；$K_x$ 和 K_z 是用分离变量法解波动方程时解出的常数，称为沿 x 和 z 方向的波数；γ_y 是沿 y 方向的传输常数。

在矩形波导中，由于传输 TE_{10} 模式只有沿 y 方向的电矢量，故可认为沿 y 方向传输波为横磁波模式，因而沿 y 方向的特性阻抗为

$$Z_{cy} = \mathrm{j}\frac{\gamma_y}{\omega\varepsilon_0\varepsilon_r}$$

在波导中，介质部分的特性阻抗和空气部分的特性阻抗分别用脚号“2”和“1”表示，即 $Z_{cy,2}$和 $Z_{cy,1}$。由上式知，两者之比为

$$\frac{Z_{cy,2}}{Z_{cy,1}} = \frac{\gamma_{y2}}{\varepsilon_r\gamma_{y1}} \tag{14.2-52}$$

根据横向阻抗关系式，有

$$Z_{cy,2}\tanh(\gamma_{y2}b') + Z_{cy,1}\tanh(\gamma_{y1}\Delta b) = 0$$

得到

$$\frac{Z_{cy,2}}{Z_{cy,1}} = -\frac{\tanh(\gamma_{y1}\Delta b)}{\tanh(\gamma_{y2}b')}$$

由于 $\gamma_{y1}\Delta b$ 和 $\gamma_{y2}b'$都很小，所以

$$\frac{Z_{cy,2}}{Z_{cy,1}} \approx -\frac{\gamma_{y1}}{\gamma_{y2}}\left(\frac{\Delta b}{b'}\right) \tag{14.2-53}$$

由式(14.2-52)和式(14.2-53)得出

$$\left(\frac{\gamma_{y2}}{\gamma_{y1}}\right)^2 \approx -\varepsilon_r\left(\frac{\Delta b}{b'}\right) \tag{14.2-54}$$

将上式代入下两式：

$$\gamma_{y1}^2 = K_c^2 - \omega^2\varepsilon_0\mu_0 \tag{14.2-55a}$$

$$\gamma_{y2}^2 = K_c^2 - \varepsilon_r(\omega^2\varepsilon_0\mu_0) \tag{14.2-55b}$$

得出

$$K_c^2 \approx \frac{1}{1-\frac{b'}{b}\left(1-\frac{1}{\varepsilon_r}\right)}\omega^2\varepsilon_0\mu_0 \tag{14.2-56}$$

按波导法测量介质参数时，所有计算公式都是在波导全部填充介质的理想条件下推导出来的。在这种条件下 $b'=b$，沿 y 方向的传输常数为零。由式(14.2-55b)得出

$$K_c^2 = \varepsilon_{rm}\omega^2\varepsilon_0\mu_0 \tag{14.2-57}$$

式中，ε_{rm}表示按公式计算出来的测量值。将上式代入式(14.2-56)得出

$$\varepsilon_{rm} \approx \frac{1}{1-\frac{b'}{b}\left(1-\frac{1}{\varepsilon_r}\right)} \tag{14.2-58}$$

或

$$\varepsilon_r \approx \frac{b'\varepsilon_{rm}}{b-\varepsilon_{rm}\Delta b} \tag{14.2-59}$$

上式代入 $\varepsilon_r=\varepsilon'(1-\mathrm{j}\tan\delta)$和 $\varepsilon_{rm}=\varepsilon'_m[1-\mathrm{j}(\tan\delta)_m]$，展开右边项，略去 $\tan\delta$ 和 Δb 的乘项，得到

$$\varepsilon' = \varepsilon'_m\frac{b'}{b-\varepsilon'_m\Delta b} \tag{14.2-60a}$$

$$\tan\delta \approx (\tan\delta)_m\frac{b}{b-\varepsilon'_m\Delta b} \tag{14.2-60b}$$

式中，ε'_m和$(\tan\delta)_m$ 是测量值，ε'和 $\tan\delta$ 是校正值。

14.2.6 铁磁材料测量方法

对于铁磁材料，通常要求知道它的相对复介电常数 ε_r 和相对复磁导率 μ_r 两个参数。这

两个参数可在同一个测量装置中测出。测量方法通常使用“开路－短路”法，即两次终端法，如图 14.2.3 所示，但铁磁材料与无磁性材料情况不同，计算也更复杂些。除非 ε_r 和 μ_r 的近似值已知，否则必须制备两种不同长度的样品，以便得到唯一结果。在这方面与前述的终端短路法相似，但不必解超越方程。铁磁材料的测量方法，除波导法外，常采用腔体微扰法。下面介绍波导法。

1. 测量原理

波导法测量原理如图 14.2.3 所示。设空波导部分的传输常数为 β，介质样品长度为 l_ε，其中传输常数为 $\beta_\varepsilon=\beta-\mathrm{j}\alpha$。当终端（$T_{\varepsilon2}$ 面）接短路和开路终端时，在输入端（$T_{\varepsilon1}$ 面）测得输入导纳分别为 Y_{sc} 和 Y_{oc}。则有如下关系式：

$$Y_{sc}=-\mathrm{j}\frac{Y_\varepsilon}{Y_0}\cot(\beta_\varepsilon l_\varepsilon) \tag{14.2-61a}$$

$$Y_{oc}=\mathrm{j}\frac{Y_\varepsilon}{Y_0}\tan(\beta_\varepsilon l_\varepsilon) \tag{14.2-61b}$$

式中，Y_ε 和 Y_0 分别是介质填充波导和空波导部分的特征导纳。将式（14.2-61a）和（14.2-61b）分别相乘和相除得到

$$\frac{Y_\varepsilon}{Y_0}=\sqrt{Y_{sc}Y_{oc}} \tag{14.2-62a}$$

$$\cot(\beta_\varepsilon l_\varepsilon)=\sqrt{-Y_{sc}/Y_{oc}} \tag{14.2-62b}$$

由式（14.2-62b）得出

$$\frac{\beta_\varepsilon}{\beta}=\frac{1}{\beta l_\varepsilon}\operatorname{arccot}\sqrt{\frac{-Y_{sc}}{Y_{oc}}} \tag{14.2-63}$$

式（14.2-62a）和式（14.2-63）的右端都可用测量数据计算得出，上述两个关系式适合任意传输线和模式。然而为了测量 ε_r 和 μ_r，必须给定某种专门的波导和模式，为此假定传输线中只传输单一 TE 模式。其传输常数为

$$\beta_\varepsilon=\frac{2\pi}{\lambda}\sqrt{\varepsilon_r\mu_r-\left(\frac{\lambda}{\lambda_c}\right)^2} \tag{14.2-64}$$

其中，λ 和 λ_c 分别是自由空间波长和波导截止波长；当空气填充波导时，其中的 $\varepsilon_r\mu_r=1$，代入式（14.2-64）即为 β。于是得到

$$\frac{\beta_\varepsilon}{\beta}=\frac{\sqrt{\varepsilon_r\mu_r-(\lambda/\lambda_c)^2}}{\sqrt{1-(\lambda/\lambda_c)^2}} \tag{14.2-65}$$

对于 TE 模式，传输常数与特性导纳有如下关系：

$$Y_\varepsilon=\frac{\beta_\varepsilon}{\omega\mu},\ Y_0=\frac{\beta}{\omega\mu_0} \tag{14.2-66}$$

式中，μ 和 μ_0 分别是铁磁材料样品和自由空间的磁导率。由此得出

$$\frac{Y_\varepsilon}{Y_0}=\frac{1}{\mu_r}\left(\frac{\beta_\varepsilon}{\beta}\right) \tag{14.2-67a}$$

由式（14.2-62a）求出铁磁材料的相对磁导率：

$$\mu_r=\frac{\beta_\varepsilon/\beta}{Y_\varepsilon/Y_0}=\frac{\beta_\varepsilon/\beta}{\sqrt{Y_{sc}Y_{oc}}} \tag{14.2-67b}$$

由式（14.2-65）可求出铁磁材料的相对复介电常数为

$$\varepsilon_r = \frac{1}{\mu_r}\left\{(\beta_\varepsilon/\beta)^2\left[1-\left(\frac{\lambda}{\lambda_c}\right)^2\right]+\left(\frac{\lambda}{\lambda_c}\right)^2\right\} \tag{14.2-68}$$

将上述公式用于TEM模式时，$\lambda/\lambda_c=0$。

计算式(14.2-63)中的 $\text{arccot}\sqrt{-Y_{sc}/Y_{oc}}$，令

$$\sqrt{-Y_{sc}/Y_{oc}} = R + jI = \cot(a+jb) = \cot Z$$

用指数表示 Z，则有

$$\cot Z = j\frac{e^{j2Z}+1}{e^{j2Z}-1} = R + jI$$

求出

$$a+jb = Z = \frac{-j}{2}\ln\frac{jR-I-1}{jR-I+1} = \frac{-j}{2}\ln\left\{\sqrt{\frac{4R^2+(R^2+I^2-1)^2}{[(I-1)^2+R^2]^2}}e^{j[(\arctan\frac{2R}{R^2+I^2-1})+k\pi]}\right\}$$

$$a = \frac{1}{2}\left(\arctan\frac{2R}{R^2+I^2-1}\right)+k\frac{\pi}{2} \quad (k=0,1,\cdots) \tag{14.2-69a}$$

$$b = -\frac{1}{4}\ln\frac{4R^2+(R^2+I^2-1)^2}{[(I-1)^2+R^2]^2} \tag{14.2-69b}$$

当 b 由式(14.2-69b)唯一确定时，而式(14.2-69a)求出的 a 却要加上 $k\pi/2(k=0,1,\cdots)$，因此，为确定 ε_r 和 μ_r 必须选择合适的解。选择合适的解的方法与解超越方程法相似，① 已知 ε_r 和 μ_r 的充分接近的近似值；② 对同一种铁磁材料的两种不同长度的样品 l_ε 和 l'_ε 进行测量，设 l_ε 和 l'_ε 的解为 a 和 a'，当满足如下关系时，为所求的解：

$$\frac{a}{l_\varepsilon} = \frac{a'}{l'_\varepsilon} \tag{14.2-70}$$

2. 测量数据分析

(1) 按图14.2.3用阻抗测量装置(测量线或网络分析仪等)测出 $T_{\varepsilon 1}$ 面的导纳 Y_{sc}(终端短路时)和 Y_{oc}(终端开路时)。

(2) 求出 $\cot Z$：

$$\cot Z = R + jI = \pm\sqrt{\frac{-Y_{sc}}{Y_{oc}}} \tag{14.2-71}$$

选择方根的正负号时，须以"I"为正实数为依据。

(3) 由式(14.2-69)求出 a 和 b，其中 a 值不是唯一的，而是附加 $\pi/2$ 的整数倍，即 $a=a_0+\frac{(k\pi)}{2}$ $(k=0,1,2,\cdots)$，a_0 是反正切的最小正值，而 b 值必定是负值。

(4) 如果已知 ε_r 和 μ_r(或其中之一)的近似值，仅需测量一种长度的样品，并按下面第(6)条进行计算(要记住，a 是多值的)。

(5) 如果 ε_r 和 μ_r 的近似值未知，则需测量同种材料、不同长度的样品，即再对长度为 l'_ε 的样品进行测量，并按前述第(3)条求出 $a'=a'_0+(m\pi)/2$ $(m=0,1,2,\cdots)$，取满足式(14.2-70)的解，按下面第(6)条进行计算。

(6) 按式(14.2-63)求出 β_ε/β：

$$\frac{\beta_\varepsilon}{\beta} = \frac{a+jb}{\beta l_\varepsilon}$$

(7) 按式(14.2-67)求出 μ_r：

$$\mu_r = \pm\left(\frac{\beta_\varepsilon}{\beta}\right)\frac{1}{\sqrt{Y_{sc}Y_{oc}}}$$

选择正、负号，使 μ_r 的实部为正，虚部为负。

(8) 按式(14.2-68)求出 ε_r。实部应该为正，虚部为负(在同轴系统中，取 $\lambda/\lambda_c=0$)。

(9) 假如 μ_r 和 ε_r 的近似值是已知的，与上述第(7)、(8)条的解进行比较，并选取合适解。

14.3 谐振腔法测量介质参数

谐振腔法测量介质参数的基本原理：将介质样品放入空腔谐振腔中，根据放入前后其谐振频率和 Q 值的变化来测量介质参数。常用的谐振腔有：

(1) H_{01n} 模圆形腔体(简体 H_{01n} 腔)，适合于圆盘形介质样品或杆形样品。

(2) E_{010} 圆形谐振腔(简称 E_{010} 腔)，适用于杆形样品。

(3) 其他模式谐振腔，如矩形腔体常用于测量小介质样品(小球或小杆等)。

(4) 准光腔和干涉仪法主要用于毫米波段的介质测量。

由于 H_{01n} 模圆形腔有高 Q 值的特点，故可测量低耗介质材料，又由于沿壁只有环向电流，所以样品与腔壁之间的小空隙对测量结果的影响很小。

当待测介质是液体时，可用一个侧壁适合于腔体的容器装入待测液体介质，容器的壁越薄越好。在 9 GHz 时用金属薄料制作容器引入误差较小，但在 25 GHz 时用聚乙烯材料塑制的薄容器为好。需要指出，用盘形容器装入液体介质时，由于液体表面有张力，所以样品的厚度不是均匀的。如果液体的损耗很大(如水等)，必须取小的厚度时，则表面不平度引入的误差将会增大，这时可采用杆状容器。

在较低频率(1～3 GHz)时，由于 H_{01n} 腔尺寸过大，可采用 E_{010} 腔，E_{010} 腔也能有足够大的 Q 值。当介质材料损耗较大时，可采用在谐振腔中测量小样品的方法。小样品的计算基础是微扰法。

本节讲述 H_{01n} 腔测量介质参数的方法和微扰法原理。

14.3.1 H_{01n} 腔测量盘形介质样品

H_{01n} 腔主要用来测量小损耗介质，测量 ε_r 的实部 ε' 时，采用谐振法，测量虚部 ε'' 时采用 Q 值法。

1. 测量 ε'

测量 ε' 的原理图如图 14.3.1(a)、(b)所示。

未放入介质时，设谐振长度为 l_1，放入介质后其谐振长度缩短到 l_2。从 A-A 向上看入的等效电抗和向下看入的等效电抗之和应等于零。又因为信号源频率是固定不变的，所以在图 14.3.1(a)和图 14.3.1(b)两种情况下，由 A-A 向下看入的阻抗应该相等，在介质损耗很小时($\tan\delta \ll 1$)，得出

$$Z_\varepsilon \tan(\beta_\varepsilon l_\varepsilon) \approx Z_0 \tan[\beta(l_\varepsilon + \overline{S})] \tag{14.3-1}$$

式中，Z_ε 和 β_ε 是图 14.3.1(b)中介质样品段的特性阻抗和传输常数；Z_0 和 β 是图 14.3.1(a)中 A-A 下面空气段的特性阻抗和传输常数；$\overline{S}=l_1-l_2$ 是短路活塞位置的改变量，即活塞刻度

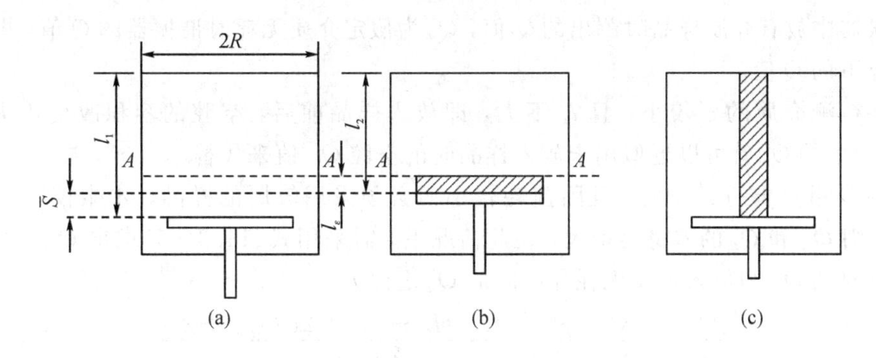

图 14.3.1　H_{01n}测试介质参数原理图

(a) 放置盘形样品前；(b) 放置盘形样品后；(c) 杆形样品

的改变量。在 H 模式情况下，空气段和介质样品段的特性阻抗为 $Z_0=\mu\omega/\beta$(空气段)和 $Z_\varepsilon=\mu\omega/\beta_\varepsilon$(介质样品段)，将 Z_0 和 Z_ε 代入式(14.3－1)得出

$$\frac{\tan(\beta_\varepsilon l_\varepsilon)}{\beta_\varepsilon l_\varepsilon}\approx\frac{\tan[\beta(l_\varepsilon+\overline{S})]}{\beta l_\varepsilon} \tag{14.3-2}$$

式中，$\beta=2\pi/\lambda_g$，$\lambda_g=\lambda_0/\sqrt{1-(\lambda_0/1.64R)^2}$。

式(14.3－2)与 14.2.2 节终端短路法有相同的形式。解出 β_ε，求出

$$\varepsilon'=\left(\frac{\lambda_0}{2\pi}\right)^2\left[\left(\frac{2\pi}{1.64R}\right)^2+\beta_\varepsilon^2\right]=\left(\frac{\lambda_0}{2\pi}\right)^2\left[\left(\frac{3.832}{R}\right)^2+\beta_\varepsilon^2\right] \tag{14.3-3a}$$

或

$$\varepsilon'=\frac{\beta_\varepsilon^2R^2+\left(\dfrac{2\pi}{1.64}\right)^2}{\beta^2R^2+\left(\dfrac{2\pi}{1.64}\right)^2}=\frac{\beta_\varepsilon^2R^2+14.7}{\beta^2R^2+14.7} \tag{14.3-3b}$$

式中，R 为谐振腔半径。为简化计算，可将已知的定值 λ_0、R 和 l_ε 代入式(14.3－2)和式(14.3－3)，事先作出 ε'-$\overline{S}$ 曲线，以便测量和查找结果。

式(14.3－2)和式(14.3－3)是计算低耗介质时的近似式。如果介质损耗较大，则实际测出的 $\overline{S}$ 数据与理想无耗时的 $\overline{S}$ 会有些偏差。此偏差量可严格按公式计算出来，并绘制出校正曲线。但由于 H_{01n}腔中测量盘形样品的方法主要是用来测量低耗介质，故在一般情况下，按上法计算的误差还是较小的。

2. 测量 $\tan\delta$

测量损耗角正切，即 $\tan\delta$ 的公式可根据品质因数的基本公式推导。在振荡系统中，总耗能等于谐振器的金属壁的损耗与介质样品的损耗之和，导出的计算式为

$$\tan\delta=\left[1+\frac{1}{\varepsilon' p}\left(\frac{L}{L_\varepsilon}\right)\right]\left(\frac{1}{Q}-\frac{1}{Q'_{\mathrm{m}}}\right) \tag{14.3-4}$$

式中

$$p=\left\{\frac{\sin\beta[l_1-(l_\varepsilon+\overline{S})]}{\sin(\beta l_\varepsilon)}\right\}^2=\left[\frac{\sin\beta(l_\varepsilon+\overline{S})}{\sin(\beta l_\varepsilon)}\right]^2$$

$$L=2[l_1-(l_\varepsilon+\overline{S})]-\frac{\sin[2\beta[l_1-(l_\varepsilon-\overline{S})]]}{\beta}$$

$$L_\varepsilon=2l_\varepsilon-\frac{\sin(2\beta l_\varepsilon)}{\beta},\ l=\frac{n\lambda_g}{2}=\frac{n\pi}{\beta}$$

Q 为谐振器中放有介质样品时测出的 Q 值，Q'_m 为假定介质无耗时谐振器的 Q 值，即空腔壁损耗情况下的 Q 值。

如果待测介质的 ε' 较小，且 l_ε 不大，即放入样品前后，空腔的容积改变不大，则式(14.3-4)中的 Q'_m 就可以近似用未放入样品时的空腔 Q_m 值来代替。

如果待测介质的 ε' 较大，且因损耗较小而必须采用较厚的样品，才能较准确地确定 $\tan\delta$ 时，则 Q_m 和 Q'_m 的差将会增大。在此情况下，需采用式(14.3-5)求出 Q'_m，即谐振未放入样品时的 Q_m 与放入理想无耗样品时的 Q'_m 之比为

$$\frac{Q_m}{Q'_m}=\frac{K_c^2+\beta^2}{K_c^2+\beta_\varepsilon^2}=\frac{K_c^2(pL_\varepsilon+L)+2R(p\beta_\varepsilon^2+\beta^2)}{\left(K_c^2+\dfrac{2R}{l_1}\beta^2\right)\left(pL_\varepsilon+\dfrac{1}{\varepsilon'}L\right)} \tag{14.3-5}$$

式中 K_c^2 是波动方程的本征值(或固有值)，即

$$K_c^2=\frac{2\pi}{\lambda_c}=\frac{3.832}{R}\ (\mathrm{H}_{01}\ 模) \tag{14.3-6}$$

测出 Q_m 之后，按式(14.3-5)求出 Q'_m。为简便，也可以将已知的定值代入式(14.3-5)，画出$(Q_m/Q'_m)-\bar{S}$ 的曲线，查找 Q_m/Q'_m 的值，再求出 Q'_m，最后由式(14.3-4)求出 $\tan\delta$。

14.3.2 微扰法测量介质参数

微扰法是采用小样品，利用微扰原理来测量介质参数的。它不仅能用来测量电介质、铁氧体磁介质，而且还推广到测量半导体材料(如硅、锗等)的介质特性。

空腔微扰理论给出的基本方程式为

$$\frac{\Delta f_0}{f_0}+\mathrm{j}\Delta\left(\frac{1}{2Q_0}\right)=\frac{-(\varepsilon_r-1)\int_{V_s}\boldsymbol{E}_1\cdot\boldsymbol{E}_2\,\mathrm{d}V-(\mu_r-1)\int_{V_s}\boldsymbol{H}_1\cdot\boldsymbol{H}_2\,\mathrm{d}V}{\int_{V_c}(\boldsymbol{E}_1^2+\boldsymbol{H}_1^2)\,\mathrm{d}V} \tag{14.3-7}$$

式中，f_0 为空腔的谐振频率；Q_0 为空腔的原有品质因数；V_s 和 V_c 分别为样品和空腔的体积；ε_r 和 μ_r 分别为介质的相对复介电常数和相对复磁导率；$\boldsymbol{E}$ 和 $\boldsymbol{H}$ 分别为电场和磁场矢量，脚注 1 和 2 表示在样品外(空气部分)和在样品内(介质部分)的场。

微扰理论的基本假定包括：

(1) 介质样品放入后引起谐振频率的相对变化量很小。

(2) 除介质样品的附近外，样品的放入引起场结构的变化很小。

基于上述假定，微扰法仅能用于小样品的测量。当然，根据微扰法推导出来的计算公式还只能认为是近似的。

式(14.3-7)表达出 f_0 和 Q_0 的改变量与 ε_r 和 μ_r 的基本关系。如果小介质样品是在谐振器中的电场最大而磁场为零的位置上，则 f_0 和 Q_0 的改变量仅与 ε_r 有关。反之，如果小介质样品是在谐振腔中的电场为零而磁场最大的位置上，则 f_0 和 Q_0 的改变量仅与 μ_r 有关。这样，只要根据谐振器中的电磁场结构适当地放置小介质样品，就可以分离开介质的电和磁的效应，而式(14.3-7)便可分写成两个方程：

$$\frac{\Delta f_0}{f_0}+\mathrm{j}\Delta\left(\frac{1}{2Q_0}\right)=\frac{-(\varepsilon_r-1)\int_{V_s}\boldsymbol{E}_1\cdot\boldsymbol{E}_2\,\mathrm{d}V}{\int_{V_c}(\boldsymbol{E}_1^2+\boldsymbol{H}_1^2)\,\mathrm{d}V} \tag{14.3-8}$$

$$\frac{\Delta f_0}{f_0}+\mathrm{j}\Delta\left(\frac{1}{2Q_0}\right)=\frac{-(\mu_r-1)\int_{V_s}\boldsymbol{H}_1\cdot\boldsymbol{H}_2\mathrm{d}V}{\int_{V_c}(\boldsymbol{E}_1^2+\boldsymbol{H}_1^2)\mathrm{d}V} \tag{14.3-9}$$

下面介绍一种利用微扰法测量介质参数的方法。将一段矩形标准波导的两端分别安置一个有耦合孔的金属膜片，波导长度 $L=3\lambda_g/2$，截面尺寸为 $a\times b$，组成一个 H_{103} 的矩形谐振腔。在谐振腔的中央，电场最大，而磁场为零。在中央放置一个长度等于波导高度 b 的小杆形介质样品(杆半径为 r)，杆轴平行于电场方向，即 $\boldsymbol{E}_1=\boldsymbol{E}_2$。根据 H_{103} 模式的场分量，按式(14.3-8)求出

$$\frac{\Delta f_0}{f_0}=-(\varepsilon'-1)G\left(\frac{V_s}{V_c}\right) \tag{14.3-10}$$

$$\Delta\left(\frac{1}{Q_0}\right)=2\varepsilon''G\left(\frac{V_s}{V_c}\right) \tag{14.3-11}$$

式中，几何因数 G 等于 2。

计算 ε' 和 ε'' 的公式分别为

$$\varepsilon'=1+\frac{1}{2}\left(\frac{aL}{\pi r^2}\right)\left(\frac{f_0-f}{f_0}\right) \tag{14.3-14}$$

$$\varepsilon''=\frac{1}{4}\left(\frac{aL}{\pi r^2}\right)\left(\frac{1}{Q}-\frac{1}{Q_0}\right) \tag{14.3-13}$$

而损耗角正切则为

$$\tan\delta=\frac{\varepsilon''}{\varepsilon'}$$

按微扰法测量介质参数时，必须注意使介质样品有良好的几何形状。样品截面的椭圆度和沿轴的不均匀性将引入较大的测量误差。一般情况下，按上述微扰法测量介质特性参数时的误差为：ε' 和 μ' 约为 3～5%，ε'' 和 μ'' 约为 0.001。

介质参数测量方法归纳如下：

(1) 波导法只需一段标准直波导，易于得到。它适于测量无耗介质和中等损耗介质参数，对损耗角很小的介质不易测得准确。

(2) 谐振腔法需要一个高 Q 腔体，它能较准确地测量小损耗角介质参数，并可制成介质参数的定型仪表。

(3) 准光法适用于毫米波段。这是由于毫米波波导和谐振腔(闭腔)的尺寸小，损耗增加，故需利用准光腔、干涉仪等方法。在 3 mm 波段采用准光腔法测量沙尘相对复介电常数，是解决短毫米波段沙尘暴测试的一条途径。

第十五章　天 线 测 量

15.1 概　　述

15.1.1 天线测量中的基本概念

天线自从发明以来，在社会生活中的重要性是与日俱增的，几乎已经变成了人们生活中不可或缺的部分。无论是在家庭或工作场所，还是在汽车、飞机、船舶、卫星和航天器的有限空间内，天线几乎无处不在。天线是人们见闻世界的耳目，是人类与太空的联系，是文明社会的组成要素。

天线是指“辐射或接收无线电波的装置”。换言之，天线提供了由传输线上的导行波向“自由空间”电磁波的转换(接收状态反之)，因而可不借助任何中间设备，进行不同地点间的信息传递。除辐射或接收能量外，通常还要求天线能增强某些方向的辐射，并抑制其他方向的辐射。因而，天线作为辐射器，还必须具有方向性。

天线的形式是多种多样的，如图 15.1.1 所示，它可以是一段导线、一个口径，也可以是辐射元的组合、反射面等。

喇叭天线

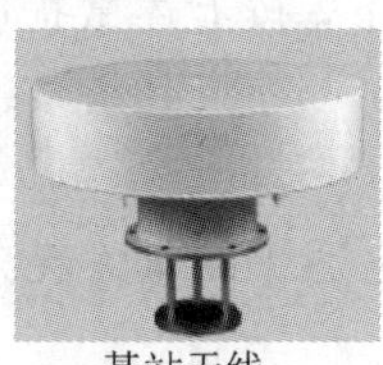
基站天线

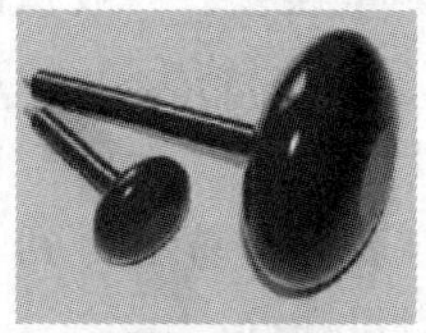
偶极子天线

偏馈天线

平板天线

图 15.1.1　天线形式

常规天线测量参数：天线增益、方向性、工作频率、极化特性、端口驻波比、主瓣宽度、旁瓣抑制、天线效率等。天线测量参数的表现形式多样，如图 15.1.2 所示。

天线理论是建立在麦克斯韦(Maxwell)方程的基础上的。

要确定微波、毫米波天线的实际性能，例如增益、波瓣图、极化、频带宽度和效率等，精确的测量是必不可少的。天线在不同的应用场合有不同的、严格的指标要求。例如，点对点无线通信线路按照已授权的标准应对应满足确定的增益、旁瓣电平和交叉极化等要求。在大多数情况下，天线的各项性能可以非常准确地通过理论计算。但是理论计算对于复杂的天线来说是不可能的，需要做非常多的理想化和简化。一般情况下，我们很难对天线的使用环境来建立模型，比如说接近于人头部或装置在飞机上的天线，即使能够算出理想天线的性能，现实中的天线仍需要通过测量来检验。由于加工容差和制造误差，其性能也不如预期的那么理想，只有测量结果才能为解决争议给出有价值的信息。

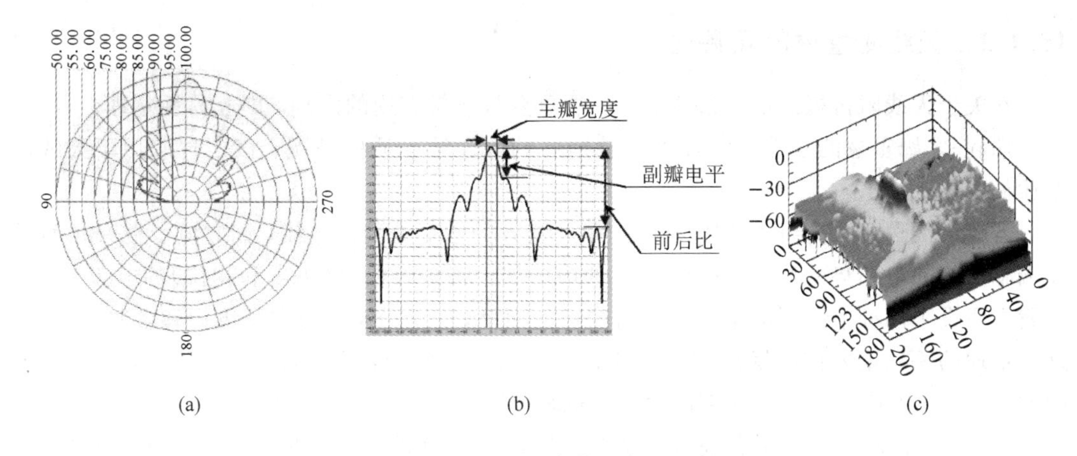

图 15.1.2　测量参数的表现形式

(a) 极坐标方向图示例；(b) 二维直角方向图示例；(c) 立体方向图示例

辐射天线场分布如图 15.1.3 所示。

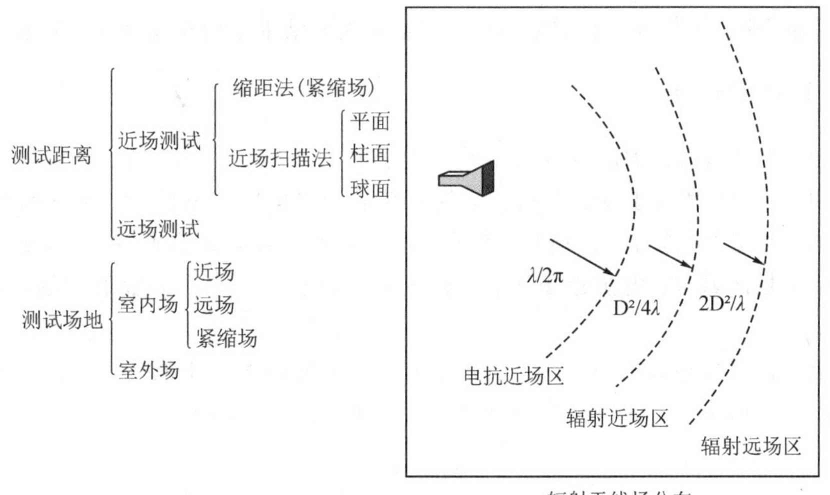

图 15.1.3　测试场定义及辐射天线场分布

大多数天线的测量主要是测量它的远场辐射特性，如波瓣图、增益等。

图 15.1.4 给出了测量天线辐射特性的典型配置，基本测量步骤是将一架发射或接收的源天线放在相对于待测天线(AUT)等距离的不同位置上，借以采集大量波瓣图取样值。通常，其不同位置是借助待测天线的原地旋转来实现的。为使波瓣图能保真地取样其蜕变形状，在待测天线与源天线之间应该只存在直接的传播途径，这就要求在无反射的测试环境(吸波室或自由空间)来进行测量。

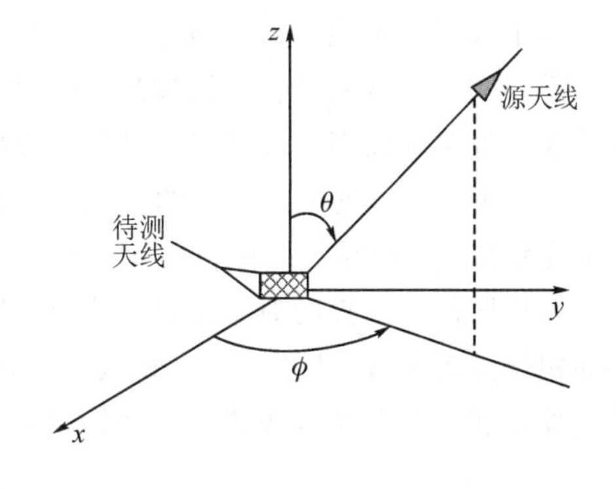

图 15.1.4　测量天线辐射特性的典型配置

15.1.2 天线测量中的互易性

在关于天线阻抗概念的发展中，有一项重要且非常有用的定理，即互易性定理。

瑞利-亥姆霍兹的互易性定理被卡森推广到含连续媒质的情况，该定理应用于天线时阐述如下：

若在天线 A 的馈端上施加电动势，在天线 B 的馈端处测得电流，则对应于在天线 B 的馈端施加相同电动势的情况，在天线 A 的馈端处也将得到相等(幅度和相位)的电流。在这里我们假设了两种情况下的电动势具有同样的频率，并且媒质是线性、无源和各向同性的。这一定理的一项重要推论就是：在上述条件下，同一副天线用作发射或接收时，具有相同的波瓣图，在阻抗匹配时的功率流通状况也相同。

很显然，待测天线的所有辐射参量既可以按发射模式测量，也可按接收模式测量。这在待测天线按信号流向既用于接收又用于发射的大型设备的情况下尤其有用。然而，在实际的天线测量中我们要谨慎地使用互易性定理。如果待测天线集成有任何有源或铁氧体部件时，媒质是线性、无源和各向同性的这一条件就不符合了，而且“在阻抗匹配时的功率流通状况也相同”这一条件也是很难实现的，它会使测量结果看似违反互易性定理。

15.1.3 近场和远场

根据惠更斯原理，在围绕待测天线的某个表面上采样，可为场提供足够的信息，但在实际测量中，在很大程度上受到从待测天线到该表面之间距离的限制。根据围绕待测天线的分区界限占优势场(作为一种相对的概念，使界限的距离随定义而变化)来定义，天线附近的几种辐射场区域有：电抗近场区、辐射近场区(或菲涅耳区)、辐射远场区(或夫琅和费区)。

电抗近场区的外边界的典型定义：界外远场分量的幅度大于电抗近场分量的幅度。对于小尺度的基本偶极子，该边界的距离取决于弧度球的半径，即

$$\mathrm{rmf} = \frac{\lambda}{2\pi}$$

其中，rmf 表示小尺度待测天线至电抗近场外边界的距离，单位是 m；λ 表示波长，单位是 m。

对于大尺度天线的近场测量，可按衰落近场在 3λ 距离以外不重复来估计。

近场测量的基础是：若已知在闭合表面上由其内部某天线所产生的辐射场，就能计算在该表面外空间任何点处的场，于是从近场的测量入手就能计算远场波瓣图。近场场地非常紧凑，使所需远场距离很长的待测天线得以在室内小空间中测量。由于测得的场是对辐射的完整描述，根据这些数据可以计算得出天线多种参量。

远场区的内边界的典型定义：从源天线按球面波前到达待测天线边缘与待测天线之中心的相位差为 $\pi/8$(即 22.5°)，相当于 $\lambda/16$ 的波程差。这样我们就导出了众所周知的表示菲涅耳区和夫琅和费区边界的瑞利距离：

$$\mathrm{rff} = \frac{2D^2}{\lambda}$$

其中，rff 表示待测天线至远场区之内边界的距离，单位是 m；λ 表示波长，单位是 m；D 表

示天线物理口径的最大尺寸，单位是 m。

在可允许波程差较小的某些情况下，有时采用较大的远场距离，如 2rff。对于小尺度天线，波程差的判据不适用于定义远场条件，甚至当 $D<(\lambda/4)$时会出现 rff<rmf 的谬误！对于这种情况需要对远场测量所需距离进行附加判据。

远场测量的优点主要有：

(1) 按任何距离测量的场波瓣图都是有效的，只需要对场强按 $1/r$ 进行简单的变换。

(2) 若要得到功率波瓣图，只需要简单进行功率(幅度)测量。

(3) 测量结果对于天线相位中心的位置变化不太敏感，因而旋转待测天线不会导致明显的测量误差。

(4) 待测天线和源天线之间的耦合和多次反射并不重要。

图 15.1.5 总结了远场测量的几种形式。远场测量的主要缺点是天线之间所必需的距离要求很大。测量距离可能大得使吸波室无法容纳，而室外测量又会受到大气层的衰减影响。在这一情况下，我们就需考虑在辐射近场内的测量，简称近场测量。

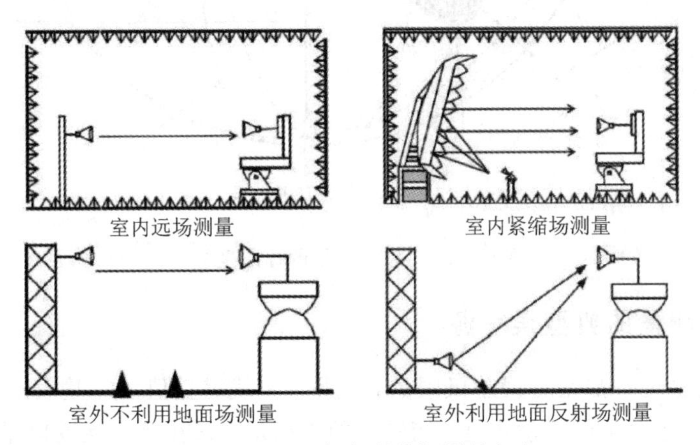

图 15.1.5　远场与紧缩场测量方法

15.1.4　坐标系

天线测量的标准坐标系如图 15.1.6 所示。待测天线置于原点，极角 θ 从 z 轴(天顶)量起，方位角 ϕ 在 xy 面(水平面)内从 x 轴($\phi=0$)逆时针量到球半径矢量的投影。通常，坐标系按天线机械结构的取向定义，取天线的最大辐射方向为 x 轴。

沿等 ϕ 弧线或等 θ 弧线移动源天线，当 θ 不变时导致圆锥截割或 ϕ 截割；当 ϕ 不变时导致大圆截割或 θ 截割；沿 $\theta=\pi/2$ 的截割则兼属上述两类。要说明天线的特征，通常定义两个主平面截割，它们是包含天线主瓣轴线的正交的大圆截割。具有线极化的天线，选取其截割面与主瓣 E 场和 H 场的方向一致，分别称为 E-面截割和 H-面截割。

当测量天线的极化时，需要为每个测量方向(θ, ϕ)构筑一个本地坐标系，其参考方向通常取成沿标准球坐标系的单位矢量 $\boldsymbol{u}_\phi$(如图 15.1.6 所示)。对于 z 轴测量方向，其参考方向可以有多种定义，例如沿正 y 轴。关于极化的旋向定义，将待测天线用作发射，波的传播方向(即旋向的观察方向)背离该待测天线。

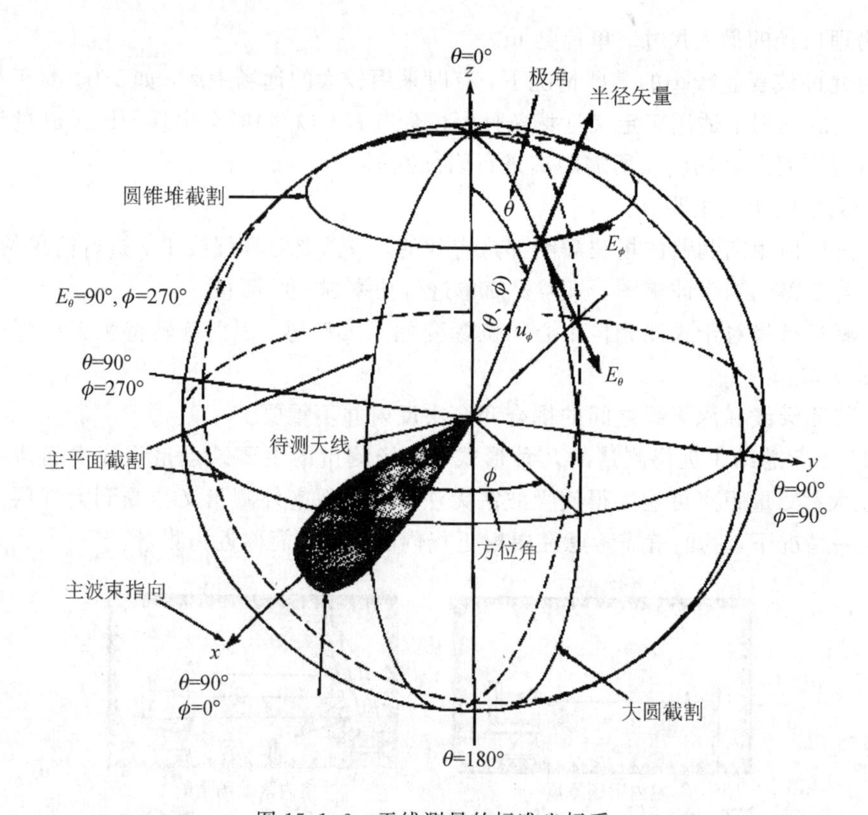

图 15.1.6　天线测量的标准坐标系

15.1.5　天线测量的典型误差源

任何被测的物理量都是有误差极限的，于是，天线增益值的完整表示可以是 15 dBi±0.5 dB，说明有半个分贝的不确定度。当测量的不确定度减少到可接受电平时，该临界的误差源也就被认可了。

测量远场波瓣图时的理想测量场应该是一种纯(均匀相位与幅度)的平面波。然而，实际的场总不可避免地偏离平面波：天线之间距离不足造成波程相位差和幅度锥削，来自周围的反射造成相位与幅度的起伏。前者会显著影响主波束，而后者会扰乱旁瓣测量的准确性。这些测试场的不完善性在视觉上难以从天线误差中辨认，因此需致力于减小它们。天线测量的其他误差源还有：与电抗性近场的耦合、对准误差，干扰信号、大气层的影响，电缆的泄漏与辐射，仪器误差，等等。

15.1.6　测量场地

人们一般都希望了解天线的远场特性，因为大多数天线都工作在远场模式。在基本的远场测试中，待测天线距离源天线至少 $2D^2/\lambda$。小天线能在吸波室内测量，但远场测量往往需要有物理尺度很大的室外场地。在低频测量时，地面的反射不可避免，直射波与反射波之间以受控的方式干涉。紧缩场和天线的近场测量避免了大尺度场地的要求而可在室内测量。要测量大尺寸毫米波和亚毫米波天线，其远场距离可达几公里之遥，紧缩场或近场测量场地是必不可少的。

对于确定的天线，其最适合的测量场地主要取决于天线的物理尺寸和频率。有时，最好的测量位置正是该天线的使用环境。对于非常大的固定天线，可用航空运载器进行测量。基本的远场测量采用如图 15.1.7 所示的架高场地。天线被置于高塔、建筑物或山冈上，以减小环境的影响。在大多数场合下，待测天线工作在接收状态。H_T 为发射天线高度，D_T 为发射天线直径，H_R 为接收天线高度，D 为接收天线直径，R 为收、发天线间距离。

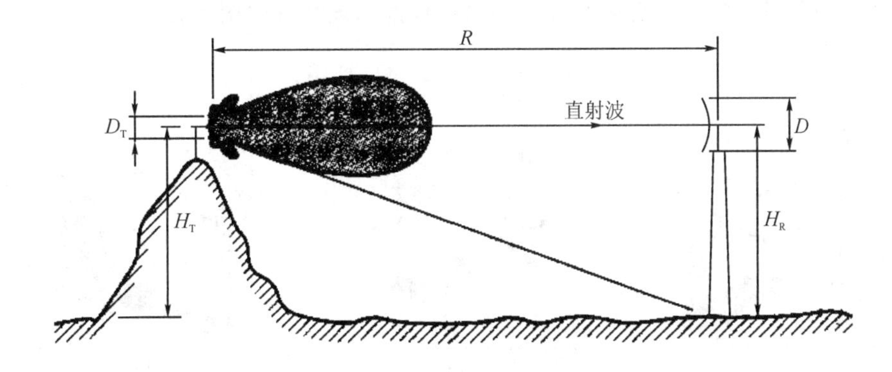

图 15.1.7　反射波最小化的架高场地

对于甚高频(VHF)以下的频率，源天线的尺寸限制了它的定向性，使地面的反射难以避免，只能利用如图 15.1.8 所示的存在地面反射的测量场地。天线位于平整的反射表面上方，其镜面反射来自镜像源。真实源和镜像源共同形成干涉波瓣图，待测天线通常位于干涉波瓣图的具有最平坦幅度分布的第一个波瓣内。

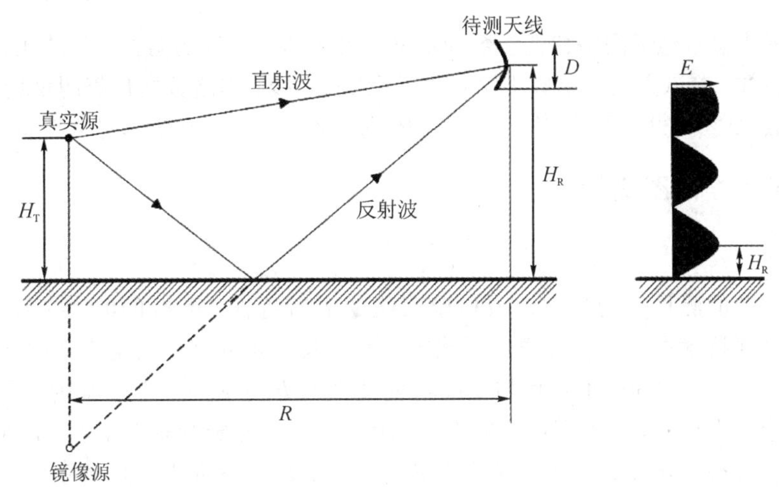

图 15.1.8　地面反射的场地以及直射与反射波

吸波室的墙壁、天花板和地板，都被吸波材料所覆盖，用以模拟无反射的自由空间，以便允许在可控的实验室环境中进行全天候的测量。吸波室的测试空间与干扰信号的隔离远比室外场地好，进一步改善它还可以采用屏蔽技术。吸波室可用于小天线的远场测量。如果将吸波室的一端敞开，与室外测量场地连通，大天线也可以利用装置在吸波室内按照紧缩场或近场法进行测量，这种吸波室可以不用全部内衬吸波材料。吸波材料是天线技术中必需的组成部分，既可用于测量场地，也可用作减小旁瓣和后瓣辐射的天线部件。

紧缩场的天线测量借助于反射镜、透镜、喇叭、阵列或全息术所产生的平整波前来仿真无限长度的场地。大多数紧缩场天线由一架或多架反射镜组成，测试场通常被装置在吸波室内，但特别大的紧缩场天线也可置于室外。

对测量场地质量的评价最好是用测试区内所测量的场的均匀性，评价的结论既可用于误差估计，又可作为改进场地的依据。

近场天线测量模型如图 15.1.9 所示，近场探头在某一面内接收被测天线辐射近场的幅度、相位数据，利用 FFT 变换实现近场幅相数据到远场方向图的转换。

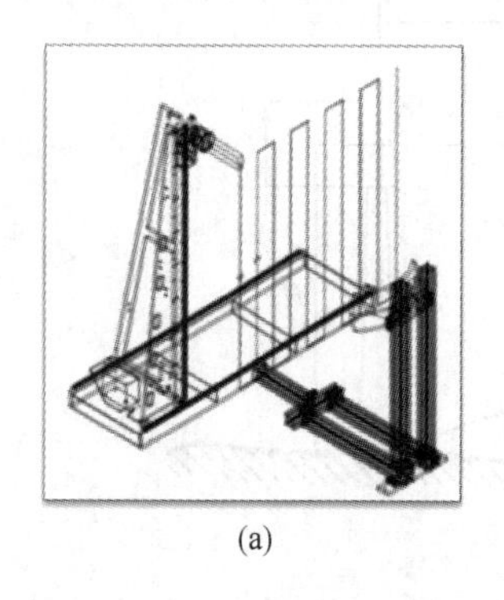
(a)

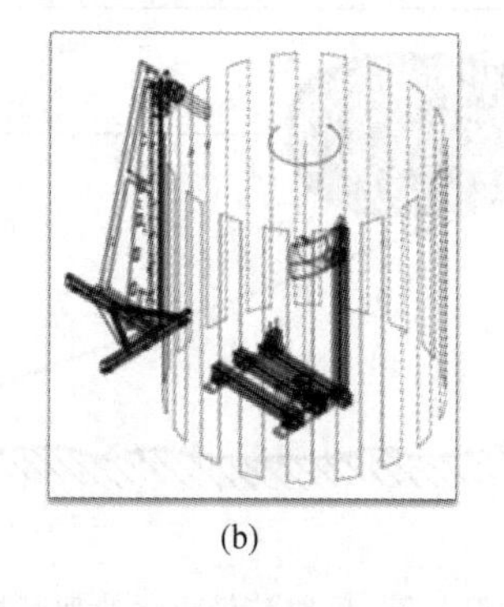
(b)

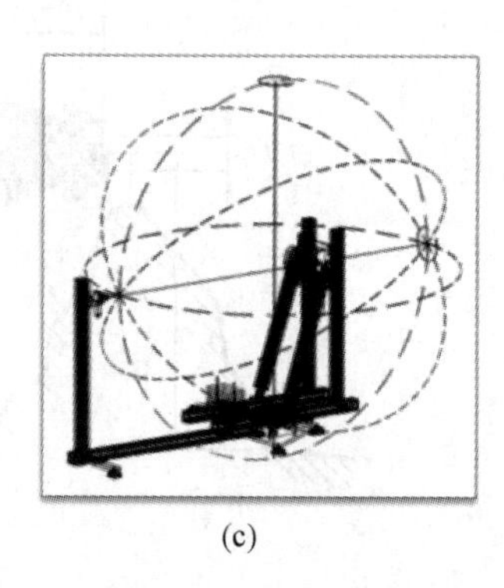
(c)

图 15.1.9　近场天线测量模型

(a) 平面近场测量；(b) 柱面近场测量；(c) 球面近场测量

15.2　天线的基本参数及其测量方法

天线的基本参数包括网络特性参数和信号特性参数，天线的阻抗、驻波比、反射系数等为网络特性参数，测试方法与单口器件一样，可用测量线、网络分析仪等测量设备进行测量；信号特性参数主要有方向图、增益、极化、相位等。本节介绍天线的信号特性参数的测量。

15.2.1　天线方向图测量

1. 概述

天线方向图的测量目的是测定或检验天线的辐射特性。天线的波束宽度、旁瓣特性、天线增益等多项技术指标由天线方向图确定，国际电工委员会将它定为天线入网测试的主要指标之一。表征天线的辐射特性与空间角度关系的方向图是一个三维的空间图形，它是以天线相位中心为球心，在半径 r 足够大的球面上，逐点测定其辐射特性并绘制而成的。测量场强振幅就可得到场强方向图；测量功率就可得到功率方向图；测量极化就可得到极化方向图；测量相位就可得到相位方向图。方向图是一个空间图形，实际中为了简便常取两个正交面的方向图，例如取垂直面和水平面方向图进行讨论，而且除了特殊的需要，一般只测量功率方向图或场强方向图。垂直面方向图是包含线极化波电场矢量与天线轴线平面上的方向图，即 E 面方向图；水平面方向图是包含磁场矢量与天线轴线平面上的方向图，即 H 面方向图。垂直面和水平面是相互垂直的两个平面。方向图有主瓣和若干个副瓣，最靠近主瓣的副瓣称为第一副瓣，通常它的电平是副瓣当中最高的一个，因此要加以限制，如 6 m 天线的接收站要求它低于主瓣 14 dB(国际标准)。

天线方向图可以用极坐标绘制，也可以用直角坐标绘制。图 15.2.1 给出了分别用极坐标和直角坐标绘制的方向图。极坐标绘制的方向图的特点是直观、简单，从方向图上可以直接看出天线辐射场强的空间分布特性。但当天线方向图的主瓣窄而电平低时，直角坐标绘制的天线方向图显示出更大的优点，因为表示角度的横坐标和表示辐射强度的纵坐标均可任意选取，即使不到1°的主瓣宽度也能清晰地表示出来，而极坐标无法绘制这样的方向图。这种情况在测试卫星天线时尤为突出，所以在绘制卫星天线的方向图时，一般画直角坐标下的方向图。

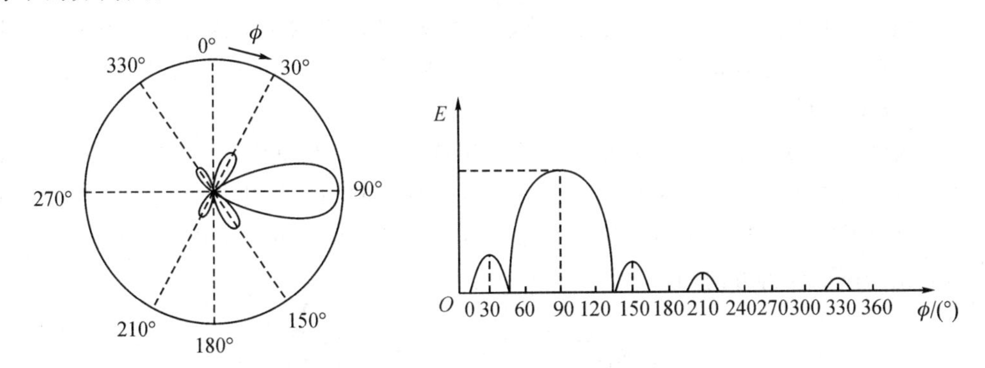

图 15.2.1　方向图表示法

(a) 极坐标；(b) 直角坐标

通常绘制的方向图都是经过归一化的，即径向长度(极坐标)或纵坐标值(直角坐标)是用相对场强 $E(\theta, \phi)/E_{max}$表示的。$E(\theta, \phi)$是任一方向的场强值，E_{max}是最大辐射方向的场强值，因此，归一化最大值是1。对于极低副瓣电平天线的方向图，大多采用分贝值表示，归一化最大值取为零分贝。

2. 方向图的测量方法

1) 固定天线法

固定天线法常用于以下情况：大型固定地面天线或天线结构庞大笨重时；天线架设场地、环境作为辐射系统的一部分时；最后总体天线工程鉴定时。测量长、中、短波天线可以有各种各样的实施方案。下面结合图15.2.2所示的例子来说明所涉及的问题。

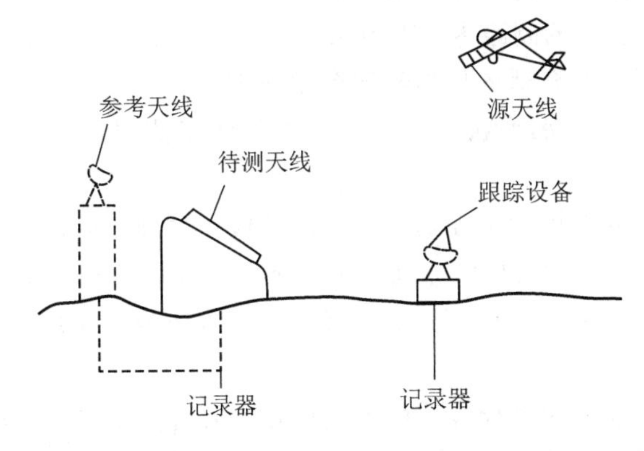

图 15.2.2　固定天线法测量系统

测量水平面方向图时，事先用经纬仪在预定的测量区域选好一系列方位角，并在地面上标记出离开天线距离大于最小测量距离的等距离测量点，将测量仪表装在车上，再沿所标记的测量点逐点测量。

测量垂直面方向图时，常将仪表装在飞行器上，操纵飞行器使之通过天线周围的指定空间。跟踪设备将飞行器的方向数据送到记录器的位置坐标上，用待测天线接收到的方向图响应数据控制记录器的位置，最后就能按要求的形式画天线方向图。

飞行器可以是一般的飞机、直升式飞机、小型飞船或气球。当远区距离大于飞行器最大航程时，可以利用卫星、太阳或射电星等。

飞机或直升式飞机上的天线与待测天线相对姿态在测量过程中应保持不变。

在测量中，由于发射功率、接收灵敏度、相对极化都可以变化，因而需要引进一个参考天线。参考天线应尽可能靠近待测天线。参考天线还可以作为测量增益和极化的设备。

2）*旋转天线法*

旋转天线法是最基本也是最常用的方向图测量方法，测量框图如图 15.2.3 所示。待测天线也可以作为发射天线，但通常作为接收天线进行方向图测量比较简便。测量时旋转待测天线，记录因天线方向变化而引起的场强（或功率密度）的变化，绘出场强（或功率密度）随方向变化的图形即得方向图。

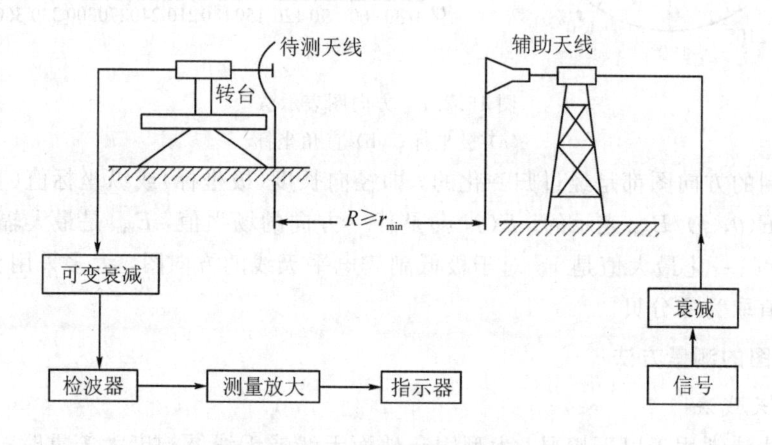

图 15.2.3　天线方向图测量框图

测量步骤大致如下：

（1）根据测量目的确定工作频率和测量精度。

（2）确定收、发天线间的间距 R，$R\geqslant r_{min}$。

（3）根据实际情况选择合适的仪器和转台角速度。

（4）调整转台使之处于水平状态，架设天线并使待测量的天线方向图剖面处于水平位置。

（5）调整辅助天线使其极化平面与待测天线的极化平面一致。

（6）调整收、发天线使主瓣最大方向对准，交替调节收、发两端的方位、俯仰角，使接收端有足够的信号强度，指示器有合适的指示值。如果不够，需加大发射端的功率或在接收端附加放大器。

（7）利用衰减器校准接收端检波器的检波律，如果精度要求不太高，在小信号情况下，通常近似认为检波器采用平方律检波，即读数与信号功率成正比，测得的方向图为功率方向图。

旋转待测天线，记录场强指示器的指示，且应注意最大值、半功率和副瓣的读数。

如果待测天线是椭圆极化的，应在同一平面内测量两个正交分量 E_θ 和 E_ϕ 的方向图。

若要测量交叉极化分量方向图，应将辅助天线的极化方向扭转 90°。

3）测量方向图时需要注意的事项

无论用哪种方法进行天线方向图的测量，都必须注意下述几点：

（1）根据互易原理，待测天线可以作为接收天线，也可以作为发射天线，这要视进行测量的方便程度而定，但测试方法和结果是不变的。

（2）收、发天线之间的距离应大于最小测量距离。

（3）测量主平面方向图时，收发天线的最大辐射方向应对准，且都在旋转平面内。

（4）天线转动的轴线应通过天线的相位中心。

（5）若非连续记录而是逐点测量时，视天线方向图波瓣的多少和大小选取足够的测量点。一般来说，一个波瓣的测量点应不少于 10～20 个（根据精度要求），且对波瓣最大值和最小值所在区域更应特别注意。

（6）测量时必须注意信号输出的稳定和接收机的校准。

15.2.2　天线增益测量

1. 概述

天线增益是表征天线特性的重要参数，是天线设计的主要指标之一。我们知道各种天线都有一定的方向性。方向性函数或方向图仅描述天线的辐射场强（功率）在空间的相对分布，为了定量描述天线在某一特定方向上辐射能量的集中程度，需引入天线方向性系数这一参数。

天线在某一方向 (θ, ϕ) 上的方向性系数 $D(\theta, \phi)$ 定义为天线在该方向上辐射功率密度 $p(\theta, \phi)$ 与天线在各方向的平均辐射功率密度 p_{av} 之比，即

$$D(\theta, \phi) = \frac{p(\theta, \phi)}{p_{av}} = \frac{p(\theta, \phi)}{P_r/(4\pi r^2)} \tag{15.2-1}$$

式中，P_r 为天线总辐射功率。

显然，天线方向性系数仅相对于辐射功率而言，没有考虑天线转换能量的效率。实际上，输入给天线的功率不可能全部转换为辐射功率，往往有一小部分功率在天线里或地面变成热能损耗掉，为了较完整地描述天线这一特性，引入了天线增益这一参数。天线在某方向 (θ, ϕ) 的增益定义为天线在该方向上的辐射功率密度 $p(\theta, \phi)$ 与有相同输入功率的理想（无方向性且无损耗）点源天线的辐射功率密度 p_o 之比，即

$$G(\theta, \phi) = \frac{p(\theta, \phi)}{p_o} = \frac{p(\theta, \phi)}{P_{in}/(4\pi r^2)} \tag{15.2-2}$$

式中，P_{in} 为天线的输入功率。

显然，天线方向性系数与增益有如下关系：

$$G(\theta, \phi) = \eta_A \cdot D(\theta, \phi) \tag{15.2-3}$$

式中，$\eta_A = \dfrac{P_r}{P_{in}}$ 为天线的效率。

实际应用中，一般都是指最大辐射方向上的方向性系数和增益，故可表示为

$$G = \eta_A \cdot D \tag{15.2-4}$$

当天线效率 $\eta_A = 1$ 时，天线增益就等于天线的方向性系数。

天线增益还可定义为在远区某方向(θ, ϕ)上场强保持相同时，理想的点源天线输入功率与该天线的输入功率之比，即

$$G(\theta, \phi)=\frac{P_{\mathrm{oin}}}{P_{\mathrm{Ain}}} \tag{15.2-5}$$

式中，P_{oin}为理想点源天线的输入功率，P_{Ain}为该天线的输入功率。

有些天线(如半波振子、喇叭天线)的理论分析比较成熟，增益的理论计算值与实验结果又比较吻合，故可以直接由理论计算来求得这类天线的增益。但是，对于大多数天线都需要通过实际测量来确定其增益。用什么方法来测量天线增益在很大程度上取决于天线的工作频率。例如，对工作在1 GHz以上的天线，常用自由空间测量场地，喇叭天线作为标准增益天线，用比较法测量天线增益。对工作在0.1～1 GHz的天线，由于很难或者无法模拟自由空间测量条件，故此时常用地面反射测量场来确定天线的增益。对飞行器(飞机、导弹、卫星、火箭等)天线，由于飞行器往往是天线辐射体的一部分，在此情况下多采用模型天线理论。按照模型天线理论，除要求按比例选择天线的电尺寸、几何形状及它的工作环境外，还必须按比例改变天线和飞行器导体的电导率，而后者在实际中都无法实现，故一般只用模型天线模拟实际天线的方向图，再用方向图积分法确定实际天线的方向增益。如果能用其他方法确定天线的效率，把方向性系数与效率相乘就得到了天线增益。对工作频率低于0.1 GHz的天线，由于地面对天线的电性能有明显的影响，加之工作在该频段上定向天线的尺寸又很大，所以只能在原地测量它的增益。对工作频率低于1 MHz的天线，一般不测量天线增益，只测量天线辐射波的场强。

2. 天线增益的测量方法

测量天线增益的方法通常可以分为两类：绝对增益测量和相对增益测量。具体测量方法又可分为比较法、两相同天线法、镜像法、三天线法、外推法、辐射计法，以及通过测量与增益有关的其他参数而求出天线增益等方法。比较法属于相对增益测量，只能确定待测天线的增益；其他方法都属于绝对增益测量，不仅可以确定待测天线的增益，而且可以确定标准天线的增益。

1）比较法

比较法是测量天线常用的方法，其实质是把待测天线的增益与已知标准天线的增益进行比较，从而得出待测天线的增益。此法要求具备一只增益已知的标准天线。在UHF、VHF频段，多把半波偶极子天线作为标准天线。在微波波段，例如在0.35～90 GHz的频段内，多把增益为14～25 dB的角锥形喇叭天线作为标准天线。这类天线的结构牢固、性能稳定，故增益的测定值变化较小。

根据互易性定理，可以把待测天线作为发射天线，也可作为接收天线。图15.2.4示出了把待测天线和标准天线作发射天线，用比较法测量天线增益的测量系统方框图。

根据天线增益的定义，当与传输线匹配的待测天线和标准天线作为发射天线时，在离发射天线距离$r\left(r>\frac{2D^2}{\lambda}\right)$处的辅助天线接收到的功率密度$p$，应为

$$p=\frac{GP_{\mathrm{in}}}{4\pi r^2} \tag{15.2-6}$$

振荡器
可变精密衰减器
匹配器
待测天线
匹配器
检波器

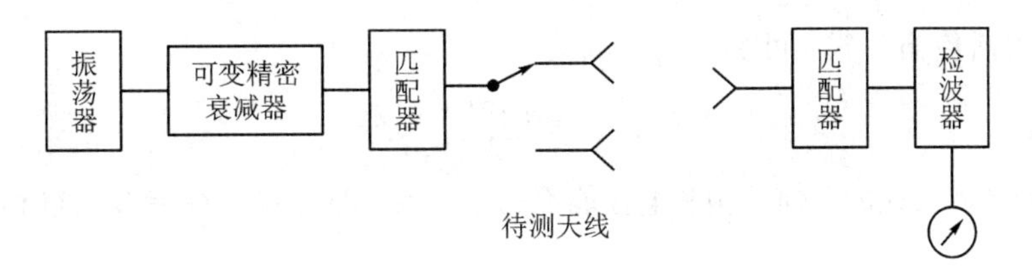

图 15.2.4　待测天线作发射天线测量增益

调节待测天线和标准天线分别作为发射天线时的输入功率，使接收点的功率密度恒定，此时有如下关系：

$$\frac{G_s P_{sin}}{4\pi r^2}=\frac{G_x P_{xin}}{4\pi r^2} \tag{15.2-7}$$

即有

$$G_x=\frac{P_{sin}}{P_{xin}}G_s \tag{15.2-8}$$

式中，P_{sin}、G_s 分别为标准天线的输入功率和增益；P_{xin}、G_x 分别为待测天线的输入功率和增益。功率比 P_{sin}/P_{xin} 可以用功率计分别测得，也可以用可变精密衰减器的衰减量(dB)之差来表示。如果增益也用 dB 为单位，式(15.2-8)可以改写为

$$G_{xdB}=G_{sdB}+A_x-A_s \tag{15.2-9}$$

式中，A_x、A_s 是在维持接收点相同指示的情况下可变精密衰减器的分贝读数。

用比较法测量增益时，标准天线的增益 G_s 与待测天线的增益 G_x 差别不能太大，一般不超过 20 dB，否则测量误差将增大。

2）两相同天线法

两相同天线法的测量系统如图 15.2.5 所示。若两副待测天线相同，设天线“1”作为发射天线，天线“2”作为接收天线，收、发天线均与传输线匹配，两天线相距 $r=\frac{2D^2}{\lambda}$。如果输入天线“1”的输入功率为 P_{1in}，那么在天线“2”处的辐射功率密度为

$$p_1=\frac{P_{1in}G_1}{4\pi r^2} \tag{15.2-10}$$

而天线“2”的有效面积为

$$S_{2e}=\frac{G_2\lambda^2}{4\pi} \tag{15.2-11}$$

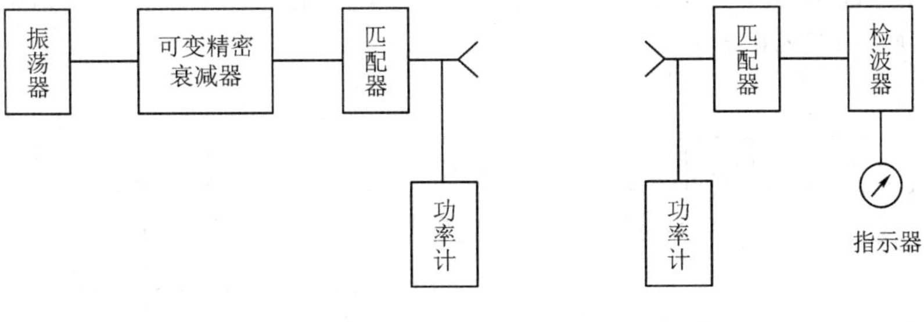

振荡器
可变精密衰减器
匹配器
功率计
功率计
匹配器
检波器
指示器

图 15.2.5　两相同天线法

因此，当两天线最大辐射(和接收)方向对准时，天线“2”的接收功率为

$$P_{2r}=S_{2e}p_1=\frac{P_{1in}G_1G_2\lambda^2}{(4\pi r)^2} \tag{15.2-12}$$

上式也称弗利斯传输公式，可变换为

$$G_1G_2 = \left(\frac{4\pi r}{\lambda}\right)^2 \frac{P_{2r}}{P_{1in}} \tag{15.2-13}$$

假如两副待测天线的几何结构和电性能都完全一致，即有 $G_1=G_2=G$，这时式(15.2-13)变为

$$G = \frac{4\pi r}{\lambda}\sqrt{\frac{P_{2r}}{P_{1in}}} \tag{15.2-14}$$

可见，用两副相同增益的天线，只要测得收、发天线间的距离 r、工作波长 λ 及接收天线的接收功率与发射天线的输入功率之比 P_{2r}/P_{1in}，就可由式(15.2-14)确定天线的增益。

为了消除由于加工引起的误差，可把收、发天线互换，再测一遍，取其平均值。

3) 镜像法

镜像法是两相同天线法的一种变形，也是实现两相同天线法的一个具体措施。这种方法是将待测天线作发射天线，在其前方距离为 r 处放置一块大金属反射板，当金属反射板足够大时，根据镜像原理，反射板的作用好像距发射天线 $2r$ 处有一个镜像天线存在，这个镜像天线就相当于一个接收天线。如果发射功率为 P_{tin}，天线增益为 G，则根据式(15.2-14)有

$$G = \frac{8\pi r}{\lambda}\sqrt{\frac{P_r}{P_{tin}}} \tag{15.2-15}$$

这里，接收功率 P_r 实际上是由于反射板的反射后再进入发射天线的功率，它可以用反射系数的模来表示，即

$$|\Gamma| = \sqrt{\frac{P_r}{P_{tin}}} \tag{15.2-16}$$

反射系数与驻波系数之间有以下关系：

$$|\Gamma| = \frac{\rho - 1}{\rho + 1} \tag{15.2-17}$$

由式(15.2-15)、式(15.2-16)和式(15.2-17)，求得天线增益为

$$G = \frac{8\pi r}{\lambda}\left(\frac{\rho - 1}{\rho + 1}\right) \tag{15.2-18}$$

因此，只要测得工作波长 λ、天线到反射板之间的距离 r 及驻波系数 ρ，就可以按式(15.2-18)计算求得待测天线增益。

为了提高测量精度，应改变距离进行多次测量，并用图解法修正所得结果，这种方法的测量系统如图 15.2.6 所示。

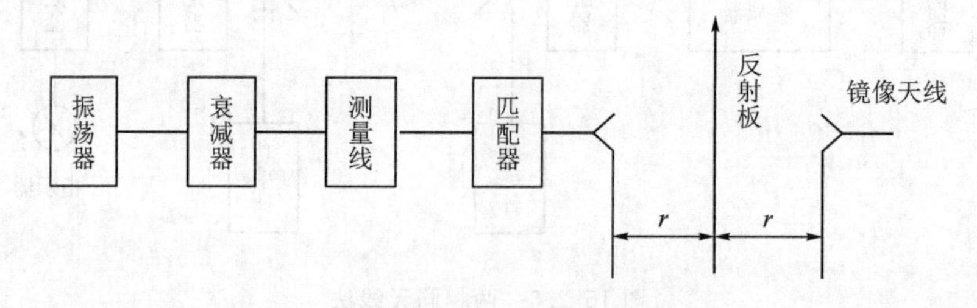

图 15.2.6 镜像法

镜像法能精确测量喇叭一类天线的增益。对电尺寸比较大的天线，由于所需反射板的尺寸太大而不便使用。

4）三天线法

采用“两相同天线法”测量天线增益时，要求两副天线的结构与电性能完全一致，镜像法又要有足够大的金属反射板，这两种要求实际上都不易满足，故它们测量结果的精度受到一定的影响。如果有三副以上的天线就可以采用三天线法，它只要进行三次测量，就可分别求出三副天线的绝对增益。三天线法的测量系统如图 15.2.7 所示。

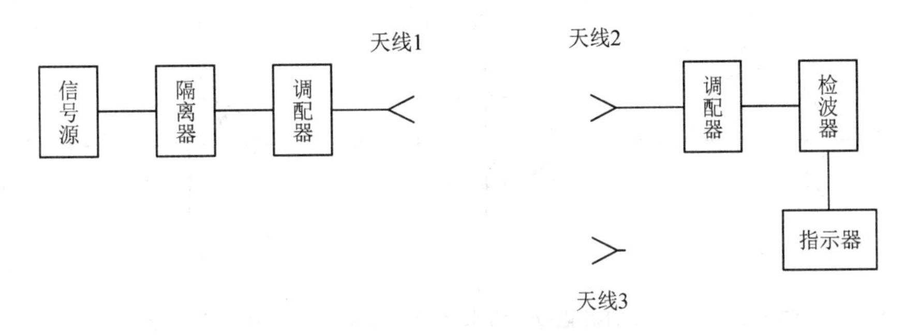

图 15.2.7　三天线法的测量系统

若令三副待测天线的增益分别为 G_1、G_2、G_3，假设将增益为 G_1 的天线作为发射天线，增益为 G_2 的天线作为接收天线，收、发天线分别与传输线相匹配，则由式(15.2－13)可得

$$G_1G_2=\left(\frac{4\pi r}{\lambda}\right)^2\frac{P_{2r}}{P_{1in}} \tag{15.2-19}$$

同理，若将增益为 G_2 的天线作为发射天线，增益为 G_3 的天线作为接收天线；再将增益为 G_3 的天线作为发射天线，增益为 G_1 的天线作为接收天线，则分别有

$$G_2G_3=\left(\frac{4\pi r}{\lambda}\right)^2\frac{P_{3r}}{P_{2in}} \tag{15.2-20}$$

和

$$G_3G_1=\left(\frac{4\pi r}{\lambda}\right)^2\frac{P_{1r}}{P_{3in}} \tag{15.2-21}$$

联立上面三组方程进行求解，就能求出每个天线的增益。在保证测量距离相同的情况下，其值分别为

$$G_1=\frac{4\pi r}{\lambda}\sqrt{\frac{P_{1r}}{P_{3in}}\cdot\frac{P_{2in}}{P_{3r}}\cdot\frac{P_{2r}}{P_{1in}}}$$

$$G_2=\frac{4\pi r}{\lambda}\sqrt{\frac{P_{3r}}{P_{2in}}\cdot\frac{P_{2r}}{P_{1in}}\cdot\frac{P_{3in}}{P_{1r}}}$$

$$G_3=\frac{4\pi r}{\lambda}\sqrt{\frac{P_{1r}}{P_{3in}}\cdot\frac{P_{3r}}{P_{2in}}\cdot\frac{P_{1in}}{P_{2r}}}$$

15.2.3　天线极化测量

1. 概述

所谓极化是指在与波的传播方向垂直的平面内，电场矢量 $\boldsymbol{E}$ 随时间变化一周期，电场矢量终端所描出的轨迹。如果电场矢量终端所描出的轨迹是直线，则称为线极化，如图 15.2.8 (a)、(b)所示；如果电场矢量终端所描出的轨迹是圆，则称为圆极化，如图 15.2.8 (c)、(d)所示；如果电场矢量终端所描出的轨迹是椭圆，则称为椭圆极化，如图 15.2.8(e)、(f)所示。

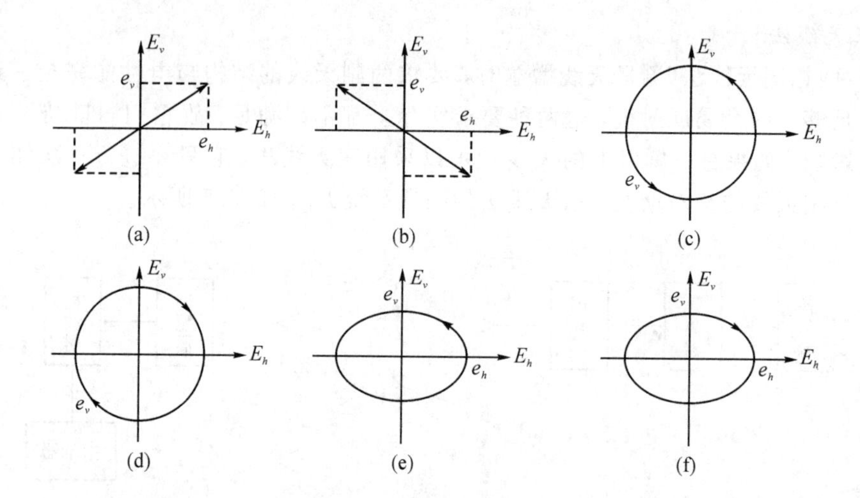

图 15.2.8　天线的极化(E_h 为水平极化分量，E_v 为垂直极化分量)

(a) 线极化；(b) 线极化；(c) 右旋圆极化；(d) 左旋圆极化；(e) 右旋椭圆极化；(f) 左旋椭圆极化

描述椭圆极化的参数有：旋向、轴比 γ 和倾角 β。

旋向：如果用右手的拇指指向波传播的方向，其他四指所指的方向正好与电场矢量运动的方向相同，这个波就是右旋极化波；如果一个波可以用左手来表示，它就是左旋极化波。

轴比：椭圆的长轴 e_1 和短轴 e_2 之比，定义为轴比 γ，即

$$\gamma = \frac{e_1}{e_2} \tag{15.2-22}$$

用分贝表示的轴比 AR 为

$$\mathrm{AR} = 20\lg\gamma \tag{15.2-23}$$

圆极化和线极化是椭圆极化的两个特殊情况，即当 $\gamma=1$ 或 AR＝0 dB 时，为圆极化；当 $\gamma=\infty$ 或 AR＝∞ 时，为线极化。

倾角：倾角 β 与坐标系的选择有关，如图 15.2.9 所示的椭圆极化，由 $\boldsymbol{E}$ 沿右旋至椭圆 e_1 方向的夹角，定义为倾角 β。

一般形式的椭圆极化常用 Poincare 极化球表示，如图 15.2.10 所示。球上每一点都唯一对应一种极化状态，球的上半部的点表示左旋椭圆极化，球的下半部的点则表示右旋椭圆极化，球的赤道表示线极化。

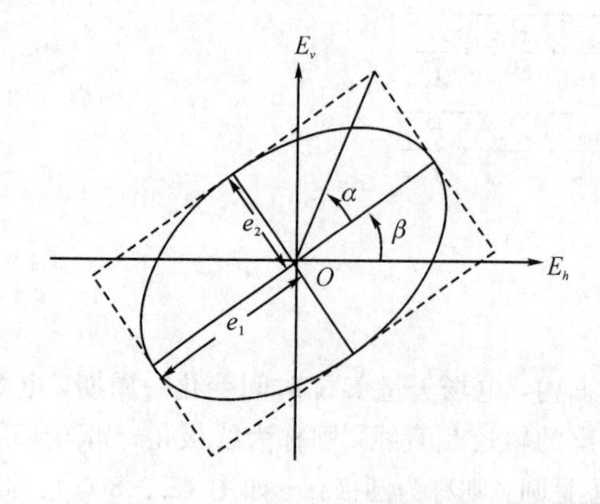

图 15.2.9　天线的椭圆极化

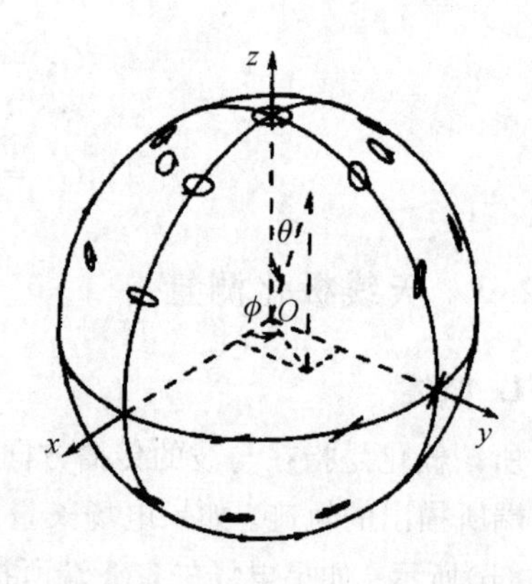

图 15.2.10　Poincare 极化球

2. 天线极化的测量方法

天线的极化特性，目前大多采用轴比 γ、旋向和倾角 β 三个参数来评定，因此测量天线的极化特性就是直接或间接测量这三个参数。

由于天线辐射场是有方向性的，因此极化特性也具有方向性。多数情况下，天线极化参数的测量主要是针对天线特定方向来进行的，如天线主波束最大辐射方向或主波束半功率点方向等，但有时也测量一定立体角范围内的天线极化特性，即极化方向图。

测量天线特定方向上的极化特性的方法有很多，大致可以分为如下三类：

(1) 部分测量法。这种方法只能测量部分极化参数。

(2) 比较法。这种方法需要一副已知极化参数的辅助天线作为测量时的参考天线，它可测出全部极化参数。

(3) 绝对法。这种方法也可测出全部极化参数，但不需要参考天线，如三天线法。

上述测量方法的选择主要依据天线的形式、要求的精度、时间以及资金状况。

极化图法是另一种最简便、直接而常用于测量极化方向图的方法，该法通常用线极化辅助天线测出轴比 γ 和倾角 β，用两副旋向相反的圆极化天线(比如螺旋天线)来确定旋向。

如图 15.2.11 所示，待测天线(椭圆极化)作为发射天线，用一个线极化天线，即辅助天线(如半波偶极天线)作为接收天线，两者的最大辐射方向对准以后，将线极化天线绕收、发连线轴旋转，记录与转动角度相应的各电压值，据此绘出图 15.2.11 (b)所示的极化方向图(实线)。极化方向图的最大值和最小值分别是椭圆极化(虚线)的长轴和短轴，据此可确定待测天线的轴比 AR 和倾角 β。如果测得的极化方向图是图 15.2.11 (b)所示的“8”字形，则待测天线是个线极化天线。若待测天线是圆极化天线，则测得的极化图是一个圆。

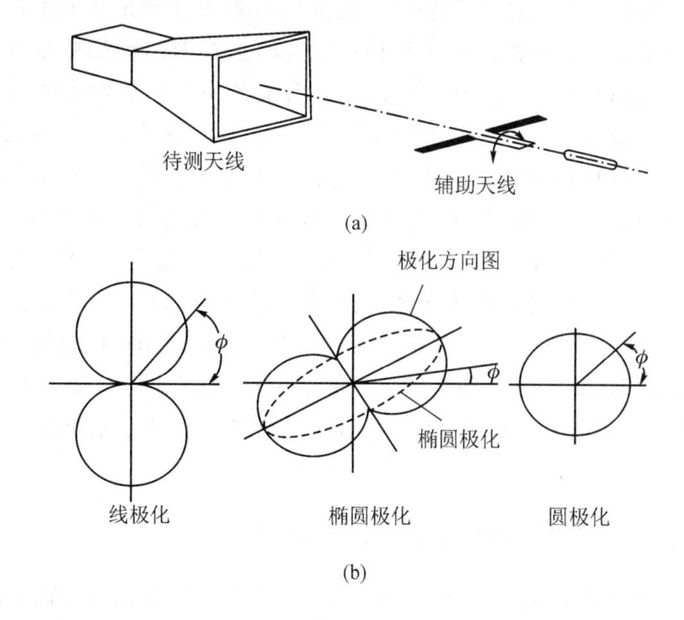

图 15.2.11　极化图法

(a) 极化测量示意图；(b) 极化方向图

待测天线的旋向可用两副旋向相反的圆极化天线来判定，它们分别在同一位置接收来自待测天线的信号，收到信号强的那副圆极化天线的旋向就是待测天线的旋向。

15.3　微波毫米波天线测试系统概述

微波毫米波天线是现代武器装备发射和接收信息的核心，无论是各种用途的雷达、不同类型导弹的导引头、电子通信设备、各种电子干扰机和敌我识别系统，甚至包括C3I(指挥、控制、通信和情报)系统，都离不开各种类型的天线。近年来，随着新型空袭兵器的不断问世和先进反辐射技术的广泛应用，雷达的生存与发展面临着严峻的挑战。国外一些国家为全面提高雷达的生存能力，充分发挥雷达在现代战争中的作用，使其适应日趋复杂的作战环境，改善雷达整体技术目前仍落后于反雷达技术的现状，目前在雷达中大量采用各个领域的最新技术成果，与反雷达技术形成新一轮对抗。天线作为雷达的重要组成部分也获得了长足发展，很多新型天线、天线阵列、天线阵面，其方向性、零深、增益等性能指标都有了很大的提高，这就对天线测试设备提出了非常高的要求，尤其是相控阵雷达天线阵面的测试，难度非常大，需要高精度并能进行快速测试的新型测试设备。随着毫米波雷达、毫米波电子侦察、毫米波精确制导等电子信息装备的发展。目前电子装备的发展趋势是由微波频段向毫米波频段发展。装备的工作波段范围从8 mm波段一直覆盖到3 mm波段。由于毫米波具有窄波束、低旁瓣和高定向的特点，给电子对抗设备造成难以截获、监视和干扰的困难，因此目前我国正在研制适应于电子对抗的毫米波设备，以进行毫米波天线的测试。

目前天线的设计制造技术和测试技术已成为发展天线产业的核心和关键，不论是天线的研制、生产、维护以及大修之后的全面测试都离不开天线测试系统，面对种类繁多、数量巨大的待测天线，单靠一台仪器进行手动连接显然是难以实现的。近年来，由于网络分析仪的技术越来越成熟，网络分析仪作为高精度、大动态范围的锁相接收机，已广泛地应用于微波毫米波天线的自动测试系统中，天线测试系统的一个明显的发展趋势就是以高灵敏度锁相接收机为核心设备组成自动测试系统，同时将操作系统更换为天线测试系统软件。以网络分析仪为核心组成的天线测试系统继承了现代网络分析仪动态范围大、测量精度高和测量速度快的优点，能实时测量天线的方向图及其幅频特性、相频特性和群延迟特性，从而使天线测量前进了一大步。本系统可广泛应用于航空/航天、通信、导航、导弹制导等军用和民用领域。微波毫米波天线测试系统采用通用化、模块化设计思想，通过配置不同的微波毫米波扩频模块，可以实现工作频率0.1～110 GHz范围内全频段测试(并具有更高频段扩展的能力)。在测试仪器设备基础上，根据用户需求提供近/远场测试方案选择、暗室/室外场等场地条件设计、扫描架/转台等运动机构选型以及全系统集成设计等完善的测试方案。

15.3.1　微波毫米波天线测试系统的主要用途

微波毫米波天线测试系统具有测量速度快、精度高、智能化程度高、测量参数种类齐全和系统配置灵活(根据用户的具体要求选用相应的仪器设备进行搭建)等特点，主要应用于卫星、导弹、雷达、通信、导航等各种信息化装备配套的微波毫米波天线各项性能参数的测试领域，可实现微波毫米波天线的极化、半波宽度、幅度方向图、相位方向图、轴比、增益、主副瓣、零深等技术指标的自动测量。

15.3.2　天线测试的几种典型系统组成

（1）射频微波子系统：信号源、接收机、网络分析仪、放大器、变频组件、天线。

（2）机械子系统：转台系统、扫描架系统、定位设备。

（3）测量控制与分析子系统：系统控制软件、数据变换处理软件。

（4）场地附属设施：测试场、微波暗室、紧缩场、吸波材料。

常规微波远场天线测试系统组成如图 15.3.1 所示。该系统的特点是配置灵活、扩频方便、技术成熟、通用性强。

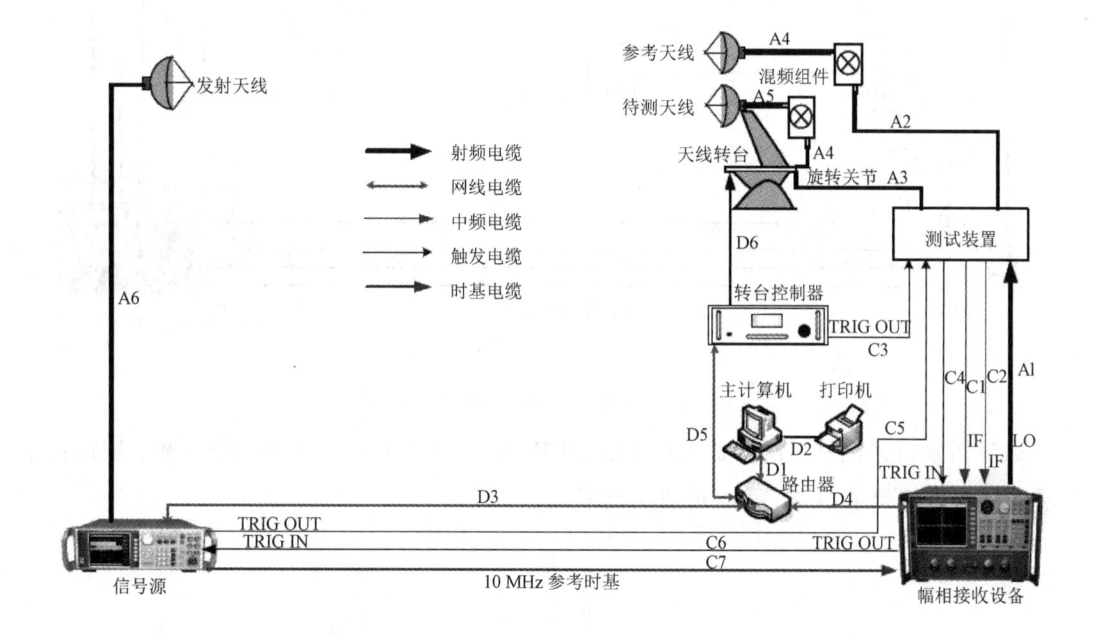

图 15.3.1　常规微波远场天线测试系统组成

经济型微波远场天线测试系统组成如图 15.3.2 所示。该系统特点是系统组成简单、成本低、测试距离有限。

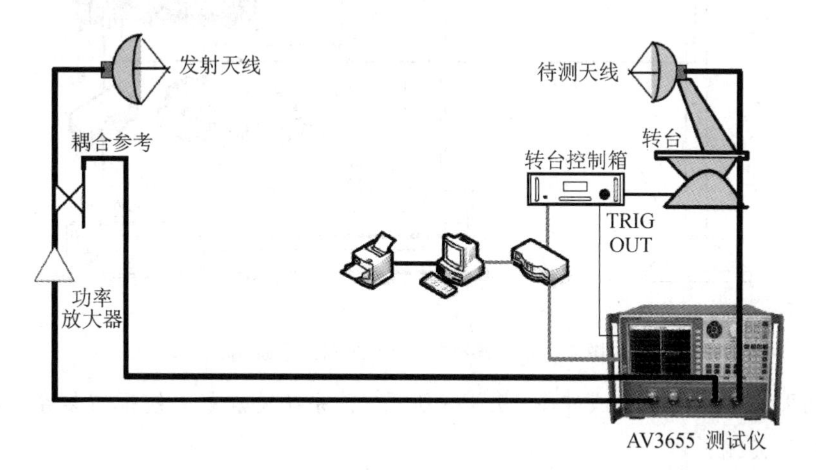

图 15.3.2　经济型微波远场天线测试系统组成

常规毫米波远场天线测试系统组成如图 15.3.3 所示。该系统特点是配置灵活、技术成熟、通用性强。

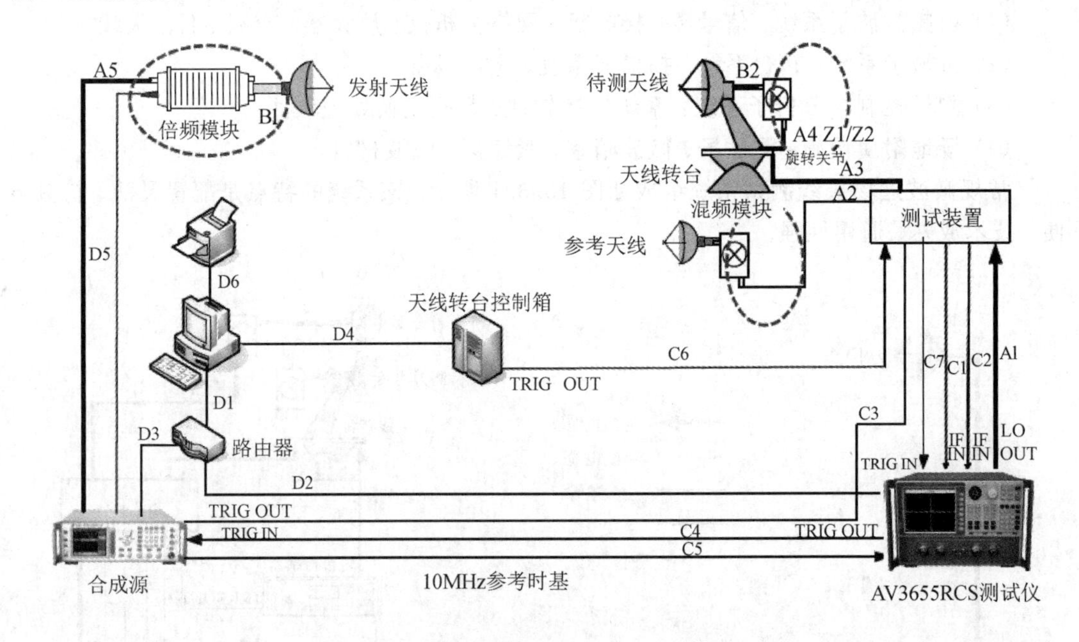

图 15.3.3　毫米波远场天线测试系统组成

微波近场天线测试系统组成如图 15.3.4 所示。该系统特点是系统组成简单、测试技术成熟、场地条件要求不高、有一定适用范围。

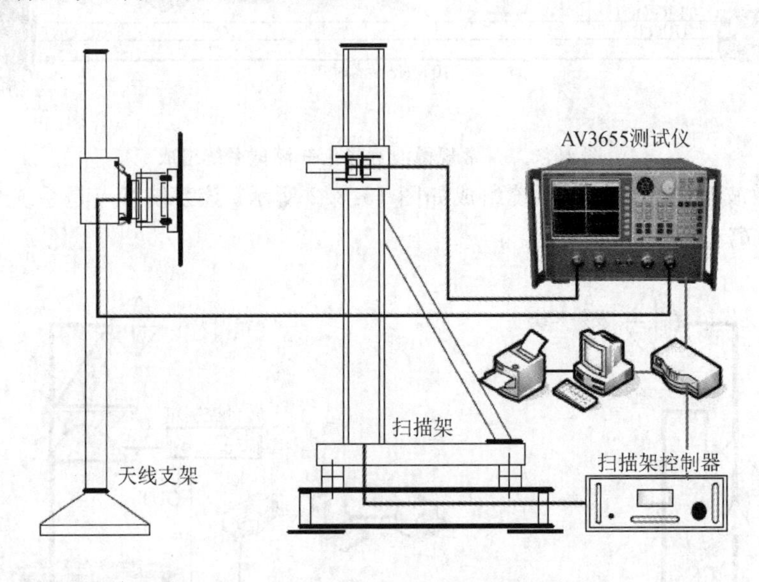

图 15.3.4　微波近场天线测试系统组成

紧缩场天线测试系统组成如图 15.3.5 所示。该系统特点是系统配置复杂、造价高、可以测试大口径天线。

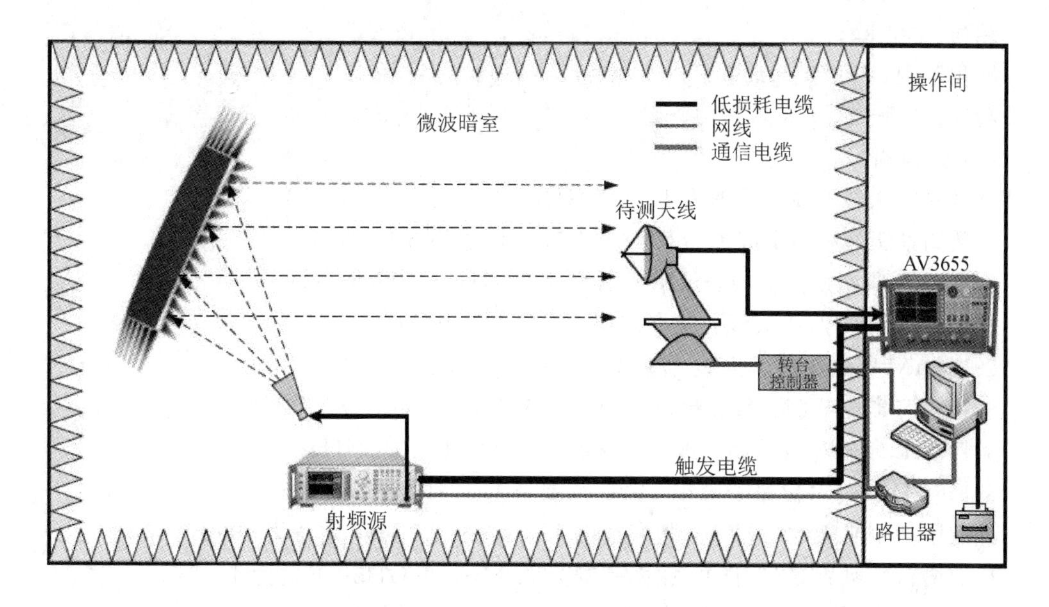

图 15.3.5　紧缩场天线测试系统组成

15.4　典型实验室设备及指标

目前实验室配备的微波天线测试系统为思仪 9820TA 天线技术教学实验系统，如图 15.4.1 所示。

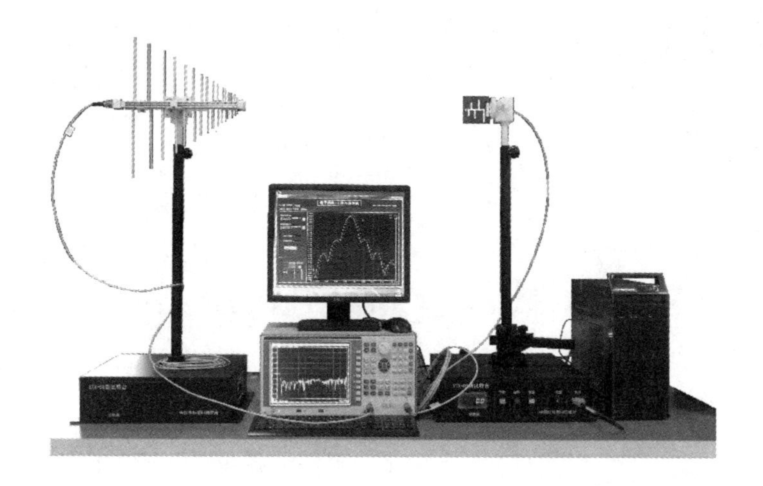

图 15.4.1　实验室微波天线测试系统

主要技术指标如下：

(1) 系统指标。

工作频率范围：1～3 GHz(可扩展至 8.5 GHz)；

最大发射功率：≥0 dBm；

系统灵敏度：≤－100 dBm。

(2) 转台指标。

载荷：≥5 kg；

转角范围：−180°～180°；

转速：0.5～6(°)/s。

(3) 天线指标。

宽带喇叭天线：频率范围为1～8.5 GHz，增益为1.8～13 dBi；

对数周期天线：频率范围为0.4～3 GHz，增益为6.5 dBi；

89106AP 印刷贴片天线：频率范围为2.62 GHz±10 MHz；

89106AY 印刷八木天线：频率范围为2 GHz±10 MHz；

89106AM 印刷单极子天线：频率范围为2 GHz±10 MHz；

89106AS 印刷缝隙天线：频率范围为2.5 GHz±10 MHz；

89106AL 印刷对数周期天线：频率范围为2 GHz±10 MHz；

89106AD 印刷对称振子天线：频率范围为1.6 GHz±10 MHz；

标准增益喇叭天线(选件)：频率范围为2.2～3.3 GHz，增益为10 dBi；

标准增益喇叭天线(选件)：频率范围为7.05～8.5 GHz，增益为10 dBi；

螺旋天线(选件)：频率范围为2.3～2.5 GHz，增益为10 dBi；

螺旋天线(选件)：频率范围为6.5～7 GHz，增益为10 dBi；

盘锥天线(选件)：频率范围为1～8.5 GHz；

对称振子天线(选件)：频率范围为1.45～1.55 GHz，增益为2 dBi；

单极子天线(选件)：频率范围为2.3～2.5 GHz，增益为1 dBi；

八木天线(选件)：频率范围为2.4～2.5 GHz，增益为10 dBi。

(4) 电源。

交流电压：220 V±10%；

频率：50 Hz±10%；

功率：≤400 W。

参 考 文 献

[1] 董树义. 微波测量[M]. 北京：国防工业出版社，1985.
[2] 董树义. 微波测量技术[M]. 北京：北京理工大学出版社，1990.
[3] 恽特 M，辣帕璞德 H. 微波测量方法[M]. 吴培亨，等译. 上海：上海科学技术出版社，1968.
[4] 郭宏福，马超，邓敬亚，等. 电波测量原理与实验[M]. 西安：西安电子科技大学出版社，2015.
[5] 戴晴，黄纪军，莫锦军. 现代微波与天线测量技术[M]. 北京：电子工业出版社，1979.
[6] 张篝葆. 微波测量仪器的理论及设计[M]. 北京：北京科学教育出版社，1961.
[7] 黄宏嘉. 微波原理[M]. 北京：科学出版社，1963.
[8] 周清一. 微波测量技术[M]. 北京：国防教育出版社，1964.
[9] KERNS D M，BEATTY R W. 波导接头理论和微波网络分析[M]. 陈成仁，译. 北京：人民邮电出版社，1978.
[10] OLIVER B M，CAGE J M. 电子测量和仪器[M]. 张伦，韩家瑞，李世英，等译. 北京：科学出版社，1978.
[11] 纪亮. 微波功率测量方法译文集[M]. 北京：国防工业出版社，1973.
[12] 203 教研室编. 微波测量原理[M]. 西安：西北电讯工程学院，1976.
[13] WARNER F I. Microwave attenuation Measurements[M]，1977.
[14] Microwave Scalar Network Measurements Seminar . HP，1977.
[15] Vector Measurements of High Frequency Network . HP，1977.
[16] 胡希平. 六端口技术[J]. 无线电计量，1979.
[17] 董树义. 晶体定标的计算机辅助拟合：84625[C]. 西安：西北电讯工程学院第五届科学技术报告会，1984.
[18] 董树义. 测量线校正网络研究：84619[C]. 西安：西北电讯工程学院第五届科学技术报告会，1984.
[19] 谢上次，董树义. 微波自动网络分析仪[J]. 无线电计量，1979.
[20] 李秀萍，高建军. 微波射频测量技术基础[M]. 机械工业出版社，1979.
[21] 中电科思仪科技股份有限公司产品用户手册.
[22] 顾瑞龙，黎滨洪，沈民谊，等. 微波技术与天线[M]. 北京：国防工业出版社，1980.